Kurt Bergmann

Elektrische Messtechnik

Formeln und Tabellen Elektrotechnik
herausgegeben von W. Böge und W. Plaßmann

Vieweg Handbuch Elektrotechnik
herausgegeben von W. Böge und W. Plaßmann

Einführung in die elektrische Messtechnik
von T. Mühl

Regelungstechnik für Ingenieure
von M. Reuter und S. Zacher

Hochfrequenzmeßtechnik
von M. Thumm, W. Wiesbeck und S. Kern

Regelungstechnik I und II
von H. Unbehauen

Automatisieren mit SPS
Theorie und Praxis
von G. Wellenreuther und D. Zastrow

Automatisieren mit SPS
Übersichten und Übungsaufgaben
von G. Wellenreuther und D. Zastrow

Steuerungstechnik mit SPS
von G. Wellenreuther und D. Zastrow

Lösungsbuch Steuerungstechnik mit SPS
von G. Wellenreuther und D. Zastrow

Übungsbuch Regelungstechnik
von S. Zacher

www.viewegteubner.de

Kurt Bergmann

Elektrische Messtechnik

Elektrische und elektronische Verfahren,
Anlagen und Systeme

6., überarbeitete und ergänzte Auflage

Mit 287 Abbildungen

STUDIUM

**VIEWEG+
TEUBNER**

Bibliografische Information der Deutschen Nationalbibliothek
Die Deutsche Nationalbibliothek verzeichnet diese Publikation in der
Deutschen Nationalbibliografie; detaillierte bibliografische Daten sind im Internet über
<http://dnb.d-nb.de> abrufbar.

1. Auflage 1981
2., neubearbeitete Auflage 1984
3., durchgesehene Auflage 1986
   Nachdruck 1987
4., neubearbeitete Auflage 1988
   Nachdruck 1989
5., überarbeitete und ergänzte Auflage 1993
6., überarbeitete und ergänzte Auflage 1997
   korrigierter Nachdruck 2000

Lektorat: Reinhard Dapper

www.viewegteubner.de

Umschlaggestaltung: KünkelLopka Medienentwicklung, Heidelberg

ISBN 978-3-528-54080-7   ISBN 978-3-663-01616-8 (eBook)
DOI 10.1007/978-3-663-01616-8

Vorwort

Dieses Lehrbuch der Elektrischen Meßtechnik erscheint nunmehr in der sechsten Auflage. Als es geschrieben wurde, schien es mir wünschenswert zu sein, eine zusammengefaßte Darstellung der klassischen elektrischen Meßverfahren und der neueren elektronischen Verfahren zu realisieren. Es fehlte damals nicht an Lehrbüchern mit Schwerpunktbildungen in dem einen oder dem anderen Bereich, doch schien mir die getrennte Darstellung dieser heute so eng verflochtenen Bereiche die Verständnisentwicklung während des Studiums zu erschweren. Jeder Studierende wird heute schon in den Anfangssemestern mit elektronischen Geräten konfrontiert und benötigt dafür gewisse grundlegende Erläuterungen, auch wenn die innere Wirkungsweise und Schaltungstechnik dieser Geräte erst später behandelt werden kann.

Eine derartige Gesamtschau setzt wegen der Fülle des Stoffes voraus, daß man in Form einer geeignet strukturierten Darstellung Hinweise darauf gibt, welche Textteile grundlegend wichtige Informationen enthalten, so daß man sie bereits während des Grundstudiums durcharbeiten sollte, wo etwa Ergänzungen für ein erweiterndes Fachstudium stehen, und wo schließlich der Nachschlagebereich für Ergänzungsstudien und Literaturrecherchen beginnt. Eine solche Strukturierung ist hier realisiert durch spezielle Hinweiszeichen vor den Kapitelüberschriften, durch zwei verschieden große Schrifttypen, durch Einrahmung besonders wichtiger Hinweise und Zusammenfassungen sowie schließlich durch auffallende Leitworte am rechten Textrand, welche zugleich den Gebrauch des Buches als Nachschlagewerk erleichtern.

Die geschilderte Strukturierung setzt eine Gewichtung des Stoffes nach der Wahrscheinlichkeit voraus, mit der ein noch nicht spezialisierter Studierender oder Ingenieur dem jeweiligen Problemkreis später in der Praxis voraussichtlich begegnen wird. Obwohl ich mich hierbei um größtmögliche Objektivität bemüht habe, liegt es in der Natur einer derartigen Gewichtung, daß manche Einordnungen oder Auslassungen anderen Fachkollegen subjektiv erscheinen mögen. In dieser Hinsicht habe ich zwischenzeitlich manches an vorgetragene Wünsche anpassen können, und ich bitte da auch weiterhin um förderliche Kritik.

Die rasche Veränderung vieler für die Meßtechnik wichtigen Normen, Vorschriften und Verfahren hat mich veranlaßt, zahlreiche Teile des Inhalts auch zur sechsten Auflage wiederum neu zu bearbeiten. Nachdem zur fünften Auflage wichtige Kapitel über Elektromagnetische Verträglichkeit, Lichtwellenleiter und das Einschwingverhalten impulsoptimaler Übertragungssysteme ergänzt worden sind, wurde zur sechsten Auflage der fortschreitenden Europäischen Harmonisierung vieler Normen und Vorschriften Rechnung getragen und in diesem Zusammenhang insbesondere das Kapitel über Elektromagnetische Verträglichkeit wesentlich erweitert.

In besonderem Maße bin ich meinen Fachkollegen *J. Rockschies* und *H. Saure* für frühere förderliche Diskussion zu Dank verbunden.

Herzlich danken möchte ich ebenfalls allen beteiligten Mitarbeitern im Hause Vieweg, die auch diese Auflage wiederum in einer sehr ansprechenden Weise realisiert haben.

Kurt Bergmann

Hinweise für den Leser

Der Text des Buches ist nach zwei Gewichtungsstufen gegliedert. In der hier gewählten normalgroßen Schrift sind diejenigen Texte geschrieben, die in der Regel beim erstmaligen Durcharbeiten eines Kapitels gelesen werden sollten.

Kleinere Schrift kennzeichnet Zusätze, die in der Regel für eine spätere Intensivierung des Studiums genutzt werden können. Zum Teil handelt es sich dabei um rein ergänzende Hinweise oder Literaturangaben, zum Teil aber auch um zusätzliche Erläuterungen zur Fundierung eines tiefergehenden Verständnisses.

► Dieses Zeichen weist auf Überschriften von Kapiteln hin, die beim erstmaligen Durcharbeiten des Buches gelesen werden sollten. Der normalgroß geschriebene Standardtext der so gekennzeichneten Kapitel der Teile 1 und 2 des Buches gibt beispielsweise etwa den Inhalt einer zweisemestrigen Grundvorlesung über Elektrische Meßtechnik einschließlich der zugehörigen Praktika wieder, wie sie vom Autor an der Fachhochschule Aachen im Studiengang Elektrotechnik gehalten wird.

Die ebenso gekennzeichneten Textteile im Teil 3 des Buches entsprechen etwa typischen Inhaltsquerschnitten speziellerer Wahlvorlesungen über die elektrische Messung nichtelektrischer Größen, über Anlagen zur Prozeßdatenerfassung und Prozeßführung sowie über einige grundlegende Aussagemöglichkeiten der Theorie linearer Übertragungssysteme. Das abschließende Kapitel über Systemtheorie hat jedoch nicht mehr den Charakter eines Lehrgangs, sondern soll lediglich Ausblicke auf weiterführende Literatur und auf weitere meßtechnisch relevante Studiengebiete geben.

Textkapitel, deren Überschrift kein Hinweiszeichen vorgestellt ist, können in der Regel als Ergänzungskapitel für eine spätere Intensivierung des Studiums angesehen werden.

* Ein Stern vor einer Überschrift deutet an, daß der folgende Text in erster Linie für Nachschlagezwecke eingefügt worden ist oder lediglich einige Literaturhinweise enthält.

Nach Schluß jedes Hauptkapitels folgt eine kurze rückblickende Zusammenfassung und eine kurze Charakterisierung der wichtigsten einschlägigen Fachbücher. Die Zusammenfassung hat stets genau die gleiche Gliederung wie die dem Hauptkapitel vorangehende Zielsetzungsübersicht.

Inhaltsverzeichnis

Teil 1   Elektrische Hilfsmittel und Verfahren

Grundlehrgang, der ohne Kenntnisse über elektronische
Bauelemente durchgearbeitet werden kann.

1 Allgemeine Grundlagen 1
Darstellungsziele

   1.1 Ausgangspunkt und heutige Bedeutung des Messens 2
▶ 1.2 Normen- und Vorschriftenwerke 2
▶ 1.3 Größen und Einheiten 5
▶ 1.4 Darstellung und Analyse von Zeitfunktionen 12
▶ 1.5 Grundbegriffe der Meßtechnik 21
▶ 1.6 Meßabweichungen 24
▶ 1.7 Meßabweichungen von Meßgeräten 28
▶ 1.8 Darstellung von Meßergebnissen 31
      Zusammenfassung 32
      Literatur 33

2 Elektrische Hilfsmittel 34
Darstellungsziele

   2.1 Elektromechanische Anzeiger 34
▶ 2.1.1 Meßprinzipien 34
▶ 2.1.2 Meßwerke 37
▶ 2.1.3 Zeichen und Sinnbilder 49
   2.1.4 Bauformen 49
   2.1.5 Einstellverhalten 49

   2.2 Anpassende Geräte und Normale 53
▶ 2.2.1 Widerstände 53
▶ 2.2.2 Induktivitäten 58
▶ 2.2.3 Kapazitäten 60
▶ 2.2.4 Spannungsteiler 62
▶ 2.2.5 Meßverstärker 64
▶ 2.2.6 Meßumformer 66
▶ 2.2.7 Meßwandler 67
▶ 2.2.8 Meßumsetzer 73
   2.2.9 Filter 76

          2.2.10 Rechengeräte 77
     *   2.2.11 Normalelemente 77

     2.3 Elektronische Anzeiger 78
     ▶   2.3.1 Anzeigeverstärker 78
     ▶   2.3.2 Oszilloskope 78
     ▶   2.3.3 Ereigniszähler 85
     ▶   2.3.4 Digitalvoltmeter 86

     2.4 Registrierende Geräte 87
     ▶   2.4.1 Linienschreiber 87
     ▶   2.4.2 Koordinatenschreiber 88
          2.4.3 Punktschreiber 89
          2.4.4 Plotter 89
     *   2.4.5 Registrierkameras 89
     *   2.4.6 Drucker 89
     *   2.4.7 Lochstreifenausgeber 89
     *   2.4.8 Magnetbandausgeber 89
     *   2.4.9 Meßwertspeicher 90
                 Zusammenfassung 90
                 Literatur 91

3 Elektrische Meßverfahren 92
   Darstellungsziele

     3.1 Strom, Spannung, Widerstand 93
     ▶   3.1.1 Grundschaltungen und Fehlerursachen 93
     ▶   3.1.2 Spitzenwert, Gleichrichtwert, Effektivwert 95
     ▶   3.1.3 Meßbereichsanpassung, Vielbereichsinstrumente 98

     3.2 Leistung und Arbeit 102
     ▶   3.2.1 Gleichstrom 102
     ▶   3.2.2 Wechselstrom 105
     ▶   3.2.3 Drehstrom 108

   ▶ 3.3 Kapazität, Induktivität, Scheinwiderstand 112
     3.4 Meßbrücken und Kompensatoren 116
     ▶   3.4.1 Gleichspannungsgespeiste Meßbrücken 116
     ▶   3.4.2 Gleichspannungskompesatoren 119
          3.4.3 Gleichstromkompensatoren 120
     ▶   3.4.4 Wechselspannungsgespeiste Meßbrücken 120
          3.4.5 Erdung und Schirmung 126
          3.4.6 Wechselspannungskompensatoren 129
          3.4.7 Wechselstromkompensatoren 130

   ▶ 3.5 Frequenz, Phasenunterschied, Leistungsfaktor 130
     3.6 Messungen an Zwei- und Vierpolen 137
   ▶ 3.7 Analyse nichtsinusförmiger Wechselgrößen 142
     3.8 Messung magnetischer Größen 143

3.9   Leitungen in der Meßtechnik 148
        3.9.1 Leitungskenngrößen 148
        3.9.2 Messung von Leitungskenngrößen 157
        3.9.3 Leitungen als Meßhilfsmittel 160
        3.9.4 Leitungen als Verbindungsmittel 165
        3.9.5 Fehlerortung auf Leitungen 166

3.10   Störsignale und Gegenmaßnahmen 169
   ▶   3.10.1 Allgemeine Begriffserklärungen 169
   ▶   3.10.2 Systeminterne Störsignale 169
   ▶   3.10.3 Eingestreute Störsignale 172
   ▶   3.10.4 Gleichtakt- und Gegentaktsignale 177
   ▶   3.10.5 Trennung von Meß- und Störsignalen 179
        3.10.6 Elektromagnetische Verträglichkeit 180
               Zusammenfassung 189
               Literatur 192

Teil 2   Elektronische Hilfsmittel und Verfahren

Aufbaulehrgang, in dem Grundkenntnisse über elektronische
Bauelemente und Schaltungen vorausgesetzt werden.

4 Elektronische Hilfsmittel 195
Darstellungsziele

   ▶   4.1   Impulsformende Netzwerke 196
   ▶   4.2   Grundschaltungen der Verstärkertechnik 209
   ▶   4.3   Gegengekoppelte Verstärker 218
   ▶   4.4   Lineare Operationsverstärkerschaltungen 221
   ▶   4.5   Nichtlineare Operationsverstärkerschaltungen 225
   ▶   4.6   Torschaltungen 228
   ▶   4.7   Gatterschaltungen 229
   ▶   4.8   Speicherschaltungen 232
   ▶   4.9   Kippschaltungen 233
   ▶   4.10   Triggerschaltungen 243
   ▶   4.11   Verzögerungsschaltungen 244
   ▶   4.12   Multiplizierer 245
   ▶   4.13   Spannungs- und Stromquellen 247
   ▶   4.14   Sinusgeneratoren 249
   ▶   4.15   Funktionsgeneratoren 250
        4.16   Integrierte Schaltungen 253
        4.17   Mikroprozessoren 255
               Zusammenfassung 259
               Literatur 261

5 Elektronische Meßgeräte 262
Darstellungsziele

5.1 Oszilloskope 262
▶ 5.1.1 Standardoszilloskop 262
▶ 5.1.2 Zweistrahloszilloskop 265
▶ 5.1.3 Zweikanaloszilloskop 266
▶ 5.1.4 Zweite Zeitbasis 268
    5.1.5 Bildspeicherröhren 270
* 5.1.6 Digitale Bildspeicherverfahren 271
* 5.1.7 Transientenspeicher 271
* 5.1.8 Sampling-Oszilloskop 272
* 5.1.9 Logikanalysatoren 272

5.2 Meß- und Anzeigeverstärker 272
    5.2.1 Meßverstärker, Filter, Rechengeräte 273
    5.2.2 Spannungsmesser und Meßempfänger 283
* 5.2.3 Geräte zur Leistungsmessung 285
* 5.2.4 Analog anzeigende Frequenzmesser 287
* 5.2.5 Analysatoren und Klirrgradmesser 287
* 5.2.6 Rauschmeßgeräte und Korrelatoren 287
* 5.2.7 Stochastisch-ergodische Meßgeräte 287

5.3 Zwei- und Vierpolmeßgeräte 288
    5.3.1 R-, L-, C-, tan δ- und Q-Meßgeräte 288
    5.3.2 Impedanzmeßgeräte und Wobbler 290
    5.3.3 Phasen- und Dämpfungsmeßgeräte 294
* 5.3.4 Meßgeräte für elektronische Bauelemente 294

5.4 Ereigniszähler 294
▶ 5.4.1 Flip-Flop-Zählschaltungen 294
▶ 5.4.2 Dualzähler und BCD-Zähler 295
▶ 5.4.3 Dekodierung und Anzeige 297
▶ 5.4.4 Organisation eines Universalzählers 298

5.5 Meßumsetzer und signalstrukturändernde Meßumformer 302
    5.5.1 Spannungs-Frequenz-Umformer 302
    5.5.2 Widerstands-Periodendauer-Umformer 303
    5.5.3 Frequenz-Spannungs-Umformer 303
▶ 5.5.4 Digital-Analog-Umsetzer 304
▶ 5.5.5 Analog-Digital-Umsetzer 305

5.6 Digital arbeitende Geräte 307
▶ 5.6.1 Digitalvoltmeter 307
    5.6.2 Digitalmultimeter 308
    5.6.3 Erfordernisse der Präzisionsmeßtechnik 309
* 5.6.4 Digitale Zweipol-Meßgeräte 310
* 5.6.5 Digitale Vierpol-Meßgeräte 310

5.7 Signalquellen und Normale 310
    5.7.1 Gleichspannungsquellen 310

	5.7.2	Gleichstromquellen	311
*	5.7.3	Transfer-Standards	311
	5.7.4	RC- und LC-Generatoren	311
	5.7.5	Impulsgeneratoren	312
	5.7.6	Funktionsgeneratoren	312
*	5.7.7	Rauschgeneratoren	313
*	5.7.8	Präzisionsmeßsender	313
	5.7.9	Frequenzaufbereitung	313
*	5.7.10	Frequenz- und Zeitnormale	316
		Zusammenfassung	317
		Literatur	318

Teil 3   Anlagen zur Kontrolle technischer Prozesse

Aufbaulehrgang, der die elektrische Messung nichtelektrischer
Größen einschließt und zum systemtheoretischen Denken überleitet.

6   Elektrische Messung nichtelektrischer Größen   319
Darstellungsziele

	6.1	Einleitende Bemerkungen	319
▶	6.2	Weg	320
▶	6.3	Dehnung	327
▶	6.4	Druck	344
▶	6.5	Menge	349
▶	6.6	Schwingungsgrößen	353
▶	6.7	Temperatur	359
	6.8	Feuchte	366
	6.9	Wasseranalyse	368
		6.9.1 pH-Wert	368
		6.9.2 Redoxpotential	370
		6.9.3 Leitfähigkeit	370
		6.9.4 Sauerstoffgehalt	370
	6.10	Gasanalyse	371
*		6.10.1 Wärmeleitfähigkeitsverfahren	371
*		6.10.2 Infrarot-Absorptionsverfahren	372
*		6.10.3 Mikrowellen-Absorptionsverfahren	372
*		6.10.4 Gas-Chromatographen	372
*		6.10.5 Elektronenspin-Resonanz-Spektroskopie	373
*		6.10.6 Gasspurenanalyse	373
*	6.11	Radioaktivität	373
		Zusammenfassung	375
		Literatur	376

7 Elektrische Meßanlagen 377
Darstellungsziele

    7.1   Einleitende Bemerkungen 377
▶ 7.2   Energieübertragung 377
▶ 7.3   Verfahrenstechnik 378
▶ 7.4   Umweltschutz 384
    7.5   Explosionsschutz 386
* 7.6   Fernmessung 396
* 7.7   Vielkanalmeßtechnik 397
* 7.8   Vielstellenmeßtechnik 398
* 7.9   Datenverarbeitung 400
* 7.10 Datenbussysteme 400
* 7.11 Meß- und Abgleichautomaten 408
    7.12 Lichtwellenleiter 408
          Zusammenfassung 412
          Literatur 413

8 Systemtheorie der Meßtechnik 414
Darstellungsziele

    8.1   Systemstrukturen 415
    8.2   Übertragungsverhalten 419
          8.2.1 Klassifizierung von Übertragungssystemen 419
        ▶ 8.2.2 Lineare zeitunabhängige Systeme 426
        ▶ 8.2.3 Netzwerke aus konzentrierten Elementen 434
        ▶ 8.2.4 Dynamische Meßfehler und Korrekturmöglichkeiten 437
        ▶ 8.2.5 Meßtechnisch günstige Übertragungssysteme 442
        ▶ 8.2.6 Abtastung und Digitalisierung 445
          8.2.7 Bandbreite, Anstiegszeit, Impulsdauer 446
* 8.3   Zustandsbestimmung 454
* 8.4   Erkennungsprobleme 455
* 8.5   Adaptive Systeme 455
          Zusammenfassung 457
          Literatur 458

Literaturverzeichnis 460

A. Bücher 460
B. Sammlungen 467
C. Verzeichnisse 468
D. Zeitschriften 468
E. Aufsätze 468

Sachwortverzeichnis 477

Teil 1
Elektrische Hilfsmittel und Verfahren

In Teil 1 werden allgemeine Grundlagen der Meßtechnik sowie grundlegende elektrische Hilfsmittel, Meßverfahren und Meßgeräte so behandelt, daß keine Kenntnisse über elektronische Bauelemente und Schaltungen vorausgesetzt werden müssen. Das heißt nicht, daß keine elektronischen Meßgeräte erwähnt werden; eine derartige Ausklammerung wäre unrealistisch, weil heute selbst elementarste praktische Meßaufgaben in der Regel sofort zu einer Konfrontation mit elektronischen Geräten führen. Vielmehr werden elektronische Meßgeräte zunächst in einer rein logisch zu erfassenden, ausschließlich an der Meßaufgabe orientierten Darstellungsweise behandelt. Ihre innere Struktur und Schaltungstechnik wird in Teil 2 erläutert.

1 Allgemeine Grundlagen

Darstellungsziele

1. *Bedeutung des Messens für naturwissenschaftliches Erkennen und technisches Schaffen (1.1).*
2. *Notwendigkeit der Normung von allgemein benötigten Begriffen, Methoden und Erzeugnissen (1.2).*
3. *Vorstellung der für die Meßtechnik wichtigen Normen- und Vorschriftenwerke (1.2).*
4. *Abstufung der Verbindlichkeit von Normen: Empfehlung, Richtlinie, Regel, Vorschrift, Gesetz (1.2).*
5. *Umgang mit Größengleichungen und Einheitensystemen (1.3).*
6. *Aufgaben der Physikalisch-Technischen Bundesanstalt (1.3).*
7. *Erläuterung der wichtigsten zeitabhängigen Vorgänge und ihrer Benennungen, soweit deren Kenntnis für die behandelten Meßverfahren vorausgesetzt werden muß (1.4).*
8. *Spektrale Zerlegung von Zeitfunktionen, soweit dies für hier behandelte Meßverfahren von grundlegender Bedeutung ist (1.4).*
9. *Grundlegende Wort- und Begriffsbildungen der Meßtechnik (1.5).*
10. *Grundbegriffe über Meßabweichungen (1.6).*
11. *Regeln für die Angabe der Fehlergrenzen von Meßgeräten (1.7).*
12. *Empfehlungen für die Darstellung von Meßergebnissen (1.8).*

1.1 Ausgangspunkt und heutige Bedeutung des Messens

„Wenn jemand aus allen Künsten die Rechenkunst und die Meßkunst und die Waagekunst ausscheidet, so ist es, geradeheraus zu sagen, nur etwas Geringfügiges, was von einer jeden dann noch übrigbleibt."

Sokrates, 469 bis 399 v. Chr., in Platons Dialog Philebos [A1].

„Angehende Wissenschaftler und Ingenieure sollten deshalb mehr als bisher Fundamentalkenntnisse in der gesamten wissenschaftlichen und industriellen Meßtechnik aufweisen."

Dr.-Ing. H. Toeller in einer Denkschrift der Deutschen Forschungsgemeinschaft [A2].

Man könnte diese beiden Zitate in einen unmittelbaren Zusammenhang bringen, obwohl zwischen ihnen fast zweieinhalb Jahrtausende kulturgeschichtlicher Entwicklung liegen. Das Messen ist von ältesten Zeiten an stets eng mit der Kulturentwicklung verbunden gewesen [A3]. Unser heutiges naturwissenschaftliches Weltbild beruht sehr weitgehend auf Lehrsätzen, die durch Messungen gefunden worden sind, und die nur deshalb allgemein anerkannt werden, weil sie jederzeit durch Messungen nachgeprüft werden können. Eine Vielzahl technischer Funktionsabläufe, beispielsweise in der Energietechnik, in der Verfahrenstechnik oder in der Fertigungstechnik, muß ständig meßtechnisch kontrolliert werden, wenn ein zufriedenstellendes Ergebnis erreicht werden soll. In jüngster Zeit zeigt sich am Beispiel der relativ neuartigen und vielschichtigen Problematik des Umweltschutzes besonders deutlich, daß sich viele Aufgaben erst nach der Entwicklung geeigneter meßtechnischer Möglichkeiten lösen lassen.

▶ 1.2 Normen- und Vorschriftenwerke

Messungen sollen eine präzise Beschreibung von Naturvorgängen ermöglichen oder der quantitativen Kontrolle technischer Funktionsabläufe dienen. Es ist daher einleuchtend, daß die Meßtechnik klarer Wort- und Begriffsbildungen bedarf, deren Bedeutung zumindest für jeden Fachmann genau festliegt. Natürliche Sprachen sind in dieser Hinsicht sehr unzuverlässig. *Das ist vermessen!* Was soll dieser Satz aussagen? Ist etwas gemessen worden? Oder ist etwas falsch gemessen worden? Oder hat jemand eine Forderung erhoben, die ihm nicht zusteht? In Fachsprachen müssen derartige Unklarheiten durch Wort- und Begriffsnormen beseitigt werden. Darüber hinaus ist es zweifellos sinnvoll, auch bewährte Regeln und Arbeitsmethoden zu normen, sofern sie für eine allgemeine Anwendung geeignet erscheinen. Durch Normung von Erzeugnissen kann eine wirtschaftliche Herstellung und eine allgemeine Austauschbarkeit beispielsweise bei Reparaturen erreicht werden. Schließlich müssen Begriffe und Regeln von erheblicher wirtschaftlicher oder sozialer Bedeutung, beispielsweise für den Handel wichtige Maßeinheiten oder der Unfallverhütung dienende Vorschriften, durch gesetzliche Regelungen allgemein verbindlich gemacht werden.

Für die elektrische Meßtechnik sind in der Bundesrepublik Deutschland die folgenden normenbildenden Institutionen wichtig:

DIN	Deutsches Institut für Normung e.V., Berlin
VDE	Verband Deutscher Elektrotechniker e.V., Frankfurt
VDI	Verein Deutscher Ingenieure e.V., Düsseldorf
DKE	Deutsche Elektrotechnische Kommission im DIN und VDE

Die 127. VDE-Delegiertenversammlung beschloß, zum VDE-Kongreß am 21./22. Oktober 1998 den Namen des VDE wie folgt zu ändern:

VDE TECHNISCH WISSENSCHAFTLICHER VERBAND DER
       ELEKTROTECHNIK ELEKTRONIK INFORMATIONSTECHNIK

Die DKE koordiniert die Erarbeitung von Normen und Sicherheitsbestimmungen auf dem Gebiet der Elektrotechnik und vertritt die deutschen Interessen in internationalen Normungsorganisationen [E168], [A213], [A215].

ISO	International Organization for Standardization, Internationale Organisation für Normung.
IEC	International Electrotechnical Commission, Internationale Elektrotechnische Kommission.
CISPR	Comité International Spécial des Perturbations Radioélectriques, Internationale Sonderkommission für Funkstörungen.
CCITT	Comité Consultatif International Téléfonique et Télégrafique, Internationale beratende Kommission für Telephonie und Telegraphie.
CEN	Comité Européen de Normalisation, Europäisches Komitee für Normung.
CENELEC	Comité Européen de Normalisation Electrotechnique, Europäisches Komitee für Elektrotechnische Normung.
ETSI	European Telecommunications Standards Institute, Europäisches Institut für Telekommunikationsnormen.

DIN-Normen

Das DIN gibt die Ergebnisse seiner Arbeit in Form von DIN-Blättern bekannt, die jeweils durch eine DIN-Nummer gekennzeichnet sind.

DIN-Normen	gelten in der Bundesrepublik Deutschland,
DIN-EN-Normen	sind europäische Normen,
DIN-IEC-Normen	sind weltweite Normen.

DIN-Normen sind Empfehlungen; wer in der Anwendung einer bestimmten DIN-Norm keinen Nutzen sieht, braucht sie nicht anzuwenden. Eine Anwendungspflicht kann sich jedoch aus Rechts- oder Verwaltungsvorschriften oder aus Verträgen ergeben.

Für die elektrische Meßtechnik sind die folgenden DIN-Blätter grundlegend wichtig:

DIN 1313	Physikalische Größen und Gleichungen
DIN 1304	Formelzeichen
DIN 1301	Einheiten
DIN 1319	Grundbegriffe der Meßtechnik
DIN 5483	Zeitabhängige Größen
DIN 1333	Zahlenangaben
DIN 5478	Maßstäbe in graphischen Darstellungen

Eine Gesamtübersicht bietet der laufend aktualisierte DIN-Katalog für technische Regeln [C1], [C3]. Besonders häufig benötigte DIN-Blätter werden in DIN-Taschenbüchern zusammengefaßt: beispielsweise findet man die meisten der vorstehend aufgeführten DIN-Blätter in [B2] oder [B12]. Vgl. auch [C4] und [A215].

VDE-Vorschriftenwerk

Der VDE gibt die Ergebnisse seiner normenbildenden Arbeit in Zusammenarbeit mit dem DIN heraus; hierfür haben beiden Institutionen durch Vertrag vom 13. Oktober 1970 die DKE gebildet [A210]. Nach dieser Zusammenfassung erschien das VDE-Vorschriftenwerk im Regelfalle zunächst unter den DIN-Nummern 57000 bis 57999; später wurde dann die Kennzeichnung DIN VDE eingeführt.

VDE-Bestimmungen

Die VDE-Bestimmungen befassen sich mit Festlegungen für elektrische Anlagen und Betriebsmittel. Sie dienen in erster Linie der Verhütung von Unfällen, aber auch der Sicherung eines zuverlässigen Betriebsverhaltens elektrischer Einrichtungen.

VDE-Vorschriften *müssen* grundsätzlich eingehalten werden, um Gefahren für Personen oder Sachen auszuschließen;
VDE-Regeln *sollen* eingehalten werden, um die Zuverlässigkeit von elektrischen Einrichtungen zu gewährleisten;
VDE-Leitsätze enthalten technische Empfehlungen, die mit den Vorschriften oder Regeln in einem Sachzusammenhang stehen.
Enthält eine VDE-Publikation mehrere dieser Untergruppen, so heißt sie in jedem Falle „VDE-Bestimmung".

Nach der Durchführungsverordnung vom 31.8.1937 zum Energiewirtschaftsgesetz vom 13.12.1935 gelten die VDE-Bestimmungen als „anerkannte Regeln der Elektrotechnik", d.h. sie treten an die Stelle einer unmittelbaren gesetzlichen Regelung. Dies hat den Vorteil, daß die VDE-Bestimmungen jeweils dem technischen Fortschritt angepaßt werden können, ohne daß jedesmal der langwierige Weg über die Gesetzgebung beschritten werden muß.

VDE-Merkblätter

In den VDE-Merkblättern werden Festlegungen und Ratschläge zusammengefaßt, die sich je für sich bereits in den verschiedenen VDE-Bestimmungen finden lassen.

VDE-Richtlinien

In den VDE-Richtlinien sind technische Aussagen enthalten, die nach Meinung des VDE den Stand der Technik wiedergeben, aber noch nicht als „anerkannte Regeln der Elektrotechnik" angesehen werden können.

VDE-Druckschriften

Die VDE-Druckschriften unterrichten über Aufgaben, Organe und Arbeiten des VDE.

Für die elektrische Meßtechnik sind die folgenden VDE-Bestimmungen von besonderer Bedeutung:

DIN VDE 0410 VDE-Bestimmungen für elektrische Meßgeräte
DIN VDE 0411 VDE-Bestimmungen für elektronische Meßgeräte und Regler
DIN VDE 0414 Bestimmungen für Meßwandler
DIN VDE 0418 Bestimmungen für Elektrizitätszähler

Eine Gesamtübersicht findet man in [C1], [C2], [A210].

Aus einer Zusammenarbeit von VDI und VDE ist ein für die Meß- und Regelungstechnik wichtiges Richtlinienwerk hervorgegangen, in dem 220 Begriffe definiert und weitere 300 Begriffe erwähnt werden [B5]:

VDI/VDE 2600   Metrologie (Meßtechnik)

Eine Gesamtübersicht über Richtlinienarbeiten des VDI findet man in [C1].

Im geschäftlichen und amtlichen Verkehr sind Maßeinheiten Abrechnungsgrundlagen für Waren und Leistungen. Sie müssen deshalb in diesem Bereich rechtsverbindlich und daher durch ein Gesetz festgelegt sein. Für die Bundesrepublik Deutschland ist durch ein am 5. Juli 1970 in Kraft getretenes Gesetz ein „Internationales Einheitensystem" verbindlich vorgeschrieben:

Gesetz über Einheiten im Meßwesen vom 2. Juli 1969 (Bundesgesetzblatt, 1969, Teil I, Nr. 55, S. 709–712)
Ausführungsverordnung der Bundesregierung vom 26. Juni 1970 (Bundesgesetzblatt, 1970, Teil I, Nr. 62, S. 981–991)

Zur Anpassung an Richtlinien des Rates der Europäischen Gemeinschaft ist das Gesetz noch am 6.7.1973 und die Ausführungsverordnung am 27.11.1973 geändert worden. Eine zusammenfassende Textwiedergabe findet man in [A4], Erläuterungen in [A238], [B13]. Das Gesetz berührt nicht den geschäftlichen und amtlichen Auslandsverkehr sowie die Wahl von Einheiten in Wissenschaft, Lehre und Schrifttum.

Die in den folgenden Abschnitten erläuterten Begriffsbildungen, Darstellungsweisen und Verfahren entsprechen weitgehend den hier vorgestellten Normen- und Vorschriftenwerken.

▶ 1.3 Größen und Einheiten

Das Ziel meßtechnischer Bemühungen ist die zahlenmäßige Erfassung spezieller Werte physikalischer Größen, beispielsweise einer Länge, einer Zeit, einer Temperatur, einer elektrischen Spannung, eines elektrischen Stromes. Hierbei ist ein Größenwert stets als Vielfaches einer Einheit auszudrücken, beispielsweise eine Länge als Vielfaches einer Längeneinheit oder ein Strom als Vielfaches einer Stromeinheit. Die Zahl, die angibt, wieviel mal die Einheit in dem zu erfassenden Meßwert der Größe enthalten ist, nennt man ihren Zahlenwert:

Größenwert = Zahlenwert × Einheit   (DIN 1313)

Formelzeichen für Größen werden in kursiver Schrift gedruckt, Zahlenwerte und Einheiten sowie Kurzzeichen für Einheiten in senkrechter Schrift.

Bei der Aufstellung von Gleichungen kann man entweder für alle vorkommenden Größen vereinbaren, welche Einheiten zugrunde gelegt werden sollen, und dann in die Gleichungen nur die zugehörigen Zahlenwerte einsetzen, oder man kann vereinbaren, daß für jede Größe grundsätzlich das Produkt aus Zahlenwert und Einheit einzusetzen ist. Drückt man einen Gleichungszusammenhang durch Formelzeichen aus, so bedeuten die Formelzeichen im ersten Falle Zahlenwerte, im zweiten Falle dagegen Größen. Dementsprechend spricht man im ersten Falle von Zahlenwertgleichungen, im zweiten Falle von Größengleichungen.

Größengleichungen sind Gleichungen, in denen die Formelzeichen physikalische Größen bedeuten, soweit sie nicht als mathematische Zahlzeichen oder als Symbole mathematischer Funktionen und Operatoren erklärt sind.

Daneben muß man vielfach die zahlenmäßigen Beziehungen zwischen verschiedenen Einheiten in Form von Gleichungen anschreiben. In solchen Gleichungen treten dann nur Einheiten und Zahlenwerte auf, man nennt sie deshalb Einheitengleichungen.

Einheitengleichungen geben die zahlenmäßigen Beziehungen zwischen Einheiten an.

Beim Ausrechnen einer Zahlenwertgleichung erhält man nur dann ein richtiges Ergebnis, wenn alle einzusetzenden Zahlenwerte unter Zugrundelegung der richtigen, bei der Aufstellung der Gleichung vorausgesetzten Einheiten ermittelt worden sind. Da bezüglich der vorausgesetzten Einheiten leicht Mißverständnisse oder Verwechslungen auftreten können, ergibt sich eine beträchtliche Fehlerwahrscheinlichkeit. Bei einer Größengleichung ist das anders. Hier sind bei der Ausrechnung die Produkte aus Zahlenwert und Einheit einzusetzen. Mit den Einheiten kann dabei unter Zugrundelegung festliegender Einheitengleichungen ebenso wie mit Zahlenwerten gerechnet werden, so daß sich unabhängig von der Wahl der Einheiten ein richtiges Ergebnis finden läßt.

Größengleichungen gelten unabhängig von der Wahl der Einheiten. Sie sind deshalb nach DIN 1313 bevorzugt anzuwenden.

Beispiel

Zur Erläuterung der vorstehenden Begriffsbildungen sei das folgende einfache Beispiel betrachtet. Die Geschwindigkeit v eines sich gleichförmig bewegenden Körpers ist als Verhältnis des von ihm zurückgelegten Weges s zu der hierfür benötigten Zeit t definiert:

$$v = s/t .$$

Der Weg kann beispielsweise in „Seemeilen" oder in „Kilometern" oder in „Metern" gemessen werden, die Zeit in „Stunden" oder „Minuten" oder „Sekunden". Zwischen diesen verschiedenen Einheiten bestehen die Einheitengleichungen

1 Seemeile = 1,853 km = 1853 m,
1 h = 60 min = 3600 s.

Ist z.B. der zurückgelegte Weg 6 Seemeilen und die hierfür benötigte Zeit 20 min, so sind aufgrund der bestehenden Einheitengleichungen die folgenden Angaben äquivalent:

s = 6 Seemeilen = 11,118 km = 11118 m,
t = 20 min = 0,33$\bar{3}$ h = 1200 s.

Faßt man nun die gegebene Gleichung als Größengleichung auf, so kann man s und t in beliebigen Einheiten einsetzen:

$$v = \frac{6 \text{ Seemeilen}}{20 \text{ min}} = 0,3 \text{ Seemeile/min},$$

$$v = \frac{11,118 \text{ km}}{0,33\bar{3} \text{ h}} = 33,354 \text{ km/h},$$

$$v = \frac{11118 \text{ m}}{1200 \text{ s}} = 9,265 \text{ m/s}.$$

Das eine Ergebnis ist so richtig wie das andere; beispielsweise kann mit Hilfe der bestehenden Einheitengleichungen das erste Ergebnis in das dritte überführt werden:

$$0,3 \frac{\text{Seemeile}}{\text{min}} = 0,3 \frac{1853 \text{ m}}{60 \text{ s}} = \frac{0,3 \cdot 1853}{60} \frac{\text{m}}{\text{s}} = 9,265 \text{ m/s}.$$

Nun sei einmal der Fall diskutiert, daß das Formelzeichen s den Weg in Seemeilen und das Formelzeichen t die Zeit in Minuten darstellen soll. Um Verwechslungen zu vermeiden, sollte man dann diese Formelzeichen nach DIN 1313 in geschweifte Klammern setzen. Für die Größe v würde nun gelten:

$$v = \frac{\{s\} \text{ Seemeilen}}{\{t\} \text{ min}} = \frac{\{s\}}{\{t\}} \frac{\text{Seemeilen}}{\text{min}}$$

Vereinbart man nun weiter, daß das Formelzeichen v nicht mehr als Größe aufzufassen ist, sondern für die Geschwindigkeit in Seemeilen/min stehen soll, und benutzt man auch jetzt die Klammerregel nach DIN 1313, so ergäbe sich also eine Zahlenwertgleichung in der folgenden Form:

$$\{v\} = \frac{\{s\}}{\{t\}}, \qquad \begin{array}{l} \{s\} \text{ in Seemeilen,} \\ \{t\} \text{ in min,} \\ \{v\} \text{ in Seemeilen/min.} \end{array}$$

Diese Darstellungsweise ist sicherlich noch übersichtlich und vielleicht auch praktisch, da man beim Rechnen nicht mehr die Einheiten hinschreiben muß. Eine Zahlenwertgleichung kann aber sehr leicht eine weniger übersichtliche Form annehmen. Beispielsweise brauchte man nur zu vereinbaren, daß $\{v\}$ die Geschwindigkeit in km/h bezeichnen soll, während die Bedeutungen von $\{s\}$ und $\{t\}$ unverändert bleiben sollen. Dann ergäbe sich für die Größe v der neue Ausdruck

$$v = \frac{\{s\}\,\text{Seemeilen}}{\{t\}\,\text{min}} = \frac{\{s\}\,1{,}853\,\text{km}}{\{t\}\frac{1}{60}\,\text{h}} = 111{,}18\,\frac{\{s\}}{\{t\}}\,\frac{\text{km}}{\text{h}}$$

und damit die Zahlenwertgleichung

$$\{v\} = 111{,}18\,\frac{\{s\}}{\{t\}}\,, \qquad \begin{array}{ll} \{s\} & \text{in Seemeilen,} \\ \{t\} & \text{in min,} \\ \{v\} & \text{in km/h.} \end{array}$$

Setzt man hier die Werte unseres Beispiels in Seemeilen und min ein, so ergibt sich wieder das schon bekannte Ergebnis 33,354 km/h für die Geschwindigkeit. Vergißt man aber jetzt irgendwann die Einsetzvorschrift, oder übersieht man sie, weil sie in einem Buch vielleicht irgendwo an ganz anderer Stelle steht, und setzt vielleicht gewohnheitsgemäß den Weg in km und die Zeit in h ein, so ergibt sich mit 3708,298 km/h ein völlig sinnloses Ergebnis. Wegen solcher und ähnlicher Verwechslungsmöglichkeiten werden in allen folgenden Abschnitten ausschließlich Größengleichungen benutzt.

Von der Benutzung von Zahlenwertgleichungen wird nicht grundsätzlich abgeraten, jedoch muß stets hinreichend eindringlich auf die vorgeschriebenen Einheiten hingewiesen werden. Eine andere Möglichkeit, den Vorteil wahrzunehmen, daß beim praktischen Rechnen auf das Anschreiben der Einheiten verzichtet werden kann, ohne daß falsch gewählte Einheiten unbemerkt Fehler verursachen, ergibt sich durch „zugeschnittene Größengleichungen". Hierzu sei auf DIN 1313 verwiesen.

Größensysteme

Im Prinzip können in jedem Bereich der Physik beliebig viele Größenarten definiert werden, jedoch wird man sich natürlich bemühen, mit möglichst wenig verschiedenen auszukommen. Zwischen verschiedenen Größen bestehen dann bestimmte mathematische Beziehungen. Sie haben zur Folge, daß nur ein Teil der Größen unabhängig definiert werden kann, während andere Größen aus den unabhängig definierten Größen abgeleitet werden müssen [A5]. Die unabhängig definierten Größen nennt man *Grundgrößen* oder *Basisgrößen*, im Gegensatz zu den aus ihnen hergeleiteten *abgeleiteten Größen*. So ist beispielsweise die vorhin betrachtete Größe „Geschwindigkeit" aus den Basisgrößen „Länge" und „Zeit" abgeleitet. Eine Serie in dieser Weise miteinander zusammenhängender Größen nennt man ein *Größensystem*.

Einheitensysteme

Da jeder Größenart eine Einheit zugeordnet werden muß, gehört zu jedem Größensystem ein Einheitensystem, das sich dann entsprechend aus *Grundeinheiten* oder *Basiseinheiten* und *abgeleiteten Einheiten* aufbaut.

Dimensionssysteme

Man gelangt zur *Dimension* einer physikalischen Größe, indem man in ihrer Definitions-
gleichung von speziellen Eigenschaften, wie Vektor- oder Tensoreigenschaften, numerischen Faktoren sowie Vorzeichen und gegebenenfalls bestehenden Sachbezügen absieht
(DIN 1313). So haben beispielsweise die Größen Länge, Breite, Höhe, Radius, Durchmesser, Kurvenlänge alle die Dimension Länge. Sinngemäß gibt es voneinander unabhängige *Basisdimensionen* sowie daraus *abgeleitete Dimensionen*, welche zusammen ein
Dimensionssystem bilden (DIN 1313). Im Rahmen eines Dimensionssystems kann dann
ein *Einheitensystem* fundiert werden, z.B. das heute allgemein übliche weiter unten beschriebene *SI-System*.

Geschichte

Ein Rückblick in die geschichtliche Entwicklung zeigt eine verwirrende Vielfalt von Einheitensystemen, die nebeneinander oder nacheinander gebräuchlich waren und im Laufe
der Zeit durch die technische und wissenschaftliche Entwicklung immer wieder überholt
wurden [A4], [A5], [A6].

1830   Gauß und Weber definieren erstmalig sogenannte „absolute elektrische Einheiten", indem sie
       Größen wie Spannung, Strom und Widerstand auf das damals übliche CGS-System mit den
       Grundgrößen Länge, Masse, Zeit und den Grundeinheiten Zentimeter, Gramm, Sekunde zurück-
       führen.
1875   Siebzehn Staaten unterzeichnen die Meterkonvention und gründen damit die Generalkonferenz
       für Maß und Gewicht, die Empfehlungen für die Gesetzgebung der Unterzeichnerstaaten erarbei-
       ten soll.
1881   Nach Vorarbeiten von Maxwell wird das sogenannte Quadrant-System international eingeführt,
       in dem erstmalig die Einheiten Ampere, Volt und Ohm „absolut" definiert, d.h. durch Einheiten
       des CGS-Systems ausgedrückt werden.
1889   Die erste Generalkonferenz für Maß und Gewicht schafft Prototypen für das Meter und das
       Kilogramm.
1893   Die Einheiten A, V und Ω werden innerhalb der damals unvermeidbaren Meßunsicherheit
       (0,1 %) durch empirische Normale (Silberabscheidung, Quecksilbersäule) dargestellt. Man be-
       zeichnet sie als „praktische" Einheiten im Gegensatz zu den unanschaulichen CGS-Einheiten.
1908   Auf einem internationalen Kongreß in London wird ein neues elektrisches Einheitensystem mit
       den Grundgrößen Länge, Zeit, Widerstand, Stromstärke und den Grundeinheiten Meter, Se-
       kunde, internationales Ohm und internationales Ampere festgelegt. Hierbei werden die elektri-
       schen Einheiten Ω_{int} und A_{int} aus praktischen Gründen empirisch festgelegt (Silbervoltameter,
       Quecksilbernormal).
1948   Internationale Einführung des MKSA-Systems mit den Grundgrößen Länge, Masse, Zeit, elek-
       trische Stromstärke und den Grundeinheiten Meter, Kilogramm, Sekunde, Ampere. Hierbei
       werden die elektrischen Einheiten wieder „absolut" definiert, d.h. durch Festlegung ihres Zu-
       sammenhanges mit den mechanischen Grundeinheiten. In diesem System gelingt es erstmalig,
       alle elektrischen Einheiten kohärent an die mechanischen Einheiten anzuschließen. Es wird viel-
       fach auch als Giorgi-System bezeichnet, weil es auf einem grundlegenden Vorschlag von Giorgi
       beruht.
1954   Die zehnte Generalkonferenz für Maß und Gewicht begründet das „Internationale Einheiten-
       system" mit den Grundgrößen Länge, Masse, Zeit, elektrische Stromstärke, Temperatur, Licht-
       stärke und den Grundeinheiten Meter, Kilogramm, Sekunde, Ampere, Kelvin, Candela.
1960   Die elfte Generalkonferenz für Maß und Gewicht legt für das „Internationale Einheitensystem"
       die Kurzbezeichnung SI fest (von *Système International d'Unités*) und vereinheitlicht die Vor-
       sätze zur Bezeichnung von dezimalen Vielfachen und Teilen der Einheiten.

1969 In der Bundesrepublik Deutschland wird durch das Gesetz über Einheiten im Meßwesen das SI-System als verbindlich für den geschäftlichen und amtlichen Verkehr erklärt.

1971 Die vierzehnte Generalkonferenz für Maß und Gewicht nimmt in das SI-System als weitere Grundgröße die Stoffmenge mit der Grundeinheit Mol auf.

Internationales Einheitensystem SI

Das heute allgemein eingeführte, kurz als *„SI-System"* bezeichnete Internationale Einheitensystem ist aus den Erfahrungen einer über hundertjährigen Entwicklungsgeschichte hervorgegangen [A216]. Es basiert auf den Grundeinheiten nach Tabelle 1-1.

Tabelle 1-1 SI-Basiseinheiten (nach DIN 1301)

Basisgröße	Basiseinheit	
	Name	Zeichen
Länge	das Meter	m
Masse	das Kilogramm	kg
Zeit	die Sekunde	s
elektrische Stromstärke	das Ampere	A
Temperatur (thermodynamische Temperatur)	das Kelvin	K
Lichtstärke	die Candela	cd
Stoffmenge	das Mol	mol

Wegen der hohen Genauigkeitsanforderungen, die heute an die Festlegung von Basiseinheiten gestellt werden müssen, sind die Definitionen vielfach recht kompliziert. Sie sind nachfolgend kurz in der Formulierung nach DIN 1301 wiedergegeben.

1 Meter ist die Länge der Strecke, die Licht im Vakuum während der Dauer von (1/299 792 458) Sekunden durchläuft (17. Generalkonferenz für Maß und Gewicht, 1983).

1 Kilogramm ist die Masse des Internationalen Kilogrammprototyps (1. Generalkonferenz für Maß und Gewicht, 1889).

1 Sekunde ist das 9 192 631 770fache der Periodendauer der dem Übergang zwischen den beiden Hyperfeinstrukturniveaus des Grundzustandes von Atomen des Nuklids ^{133}Cs entsprechenden Strahlung (13. Generalkonferenz für Maß und Gewicht, 1967).

1 Ampere ist die Stärke eines zeitlich unveränderlichen elektrischen Stromes, der, durch zwei im Vakuum parallel im Abstand 1 m voneinander angeordnete, geradlinige, unendlich lange Leiter von vernachlässigbar kleinem, kreisförmigem Querschnitt fließend, zwischen diesen Leitern je 1 m Leiterlänge elektrodynamisch die Kraft $0,2 \cdot 10^{-6}$ N hervorrufen würde (9. Generalkonferenz für Maß und Gewicht, 1948).

1 Kelvin ist der 273,16te Teil der thermodynamischen Temperatur des Tripelpunktes des Wassers (13. Generalkonferenz für Maß und Gewicht, 1967).

1 Candela ist die Lichtstärke in einer bestimmten Richtung einer Strahlungsquelle, die monochromatische Strahlung der Frequenz $540 \cdot 10^{12}$ Hertz aussendet und deren Strahlstärke in dieser Richtung (1/683) Watt durch Steradiant beträgt (16. Generalkonferenz für Maß und Gewicht, 1979).

1 Mol ist die Stoffmenge eines Systems, das aus ebensoviel Einzelteilchen besteht, wie Atome in 12/1000 Kilogramm des Kohlenstoffnuklids ^{12}C enthalten sind. Bei Verwendung des Mol müssen die Einzelteilchen des Systems spezifiziert sein und können Atome, Moleküle, Ionen, Elektronen sowie andere Teilchen oder Gruppen solcher Teilchen genau angegebener Zusammensetzung sein (14. Generalkonferenz für Maß und Gewicht, 1971).

Tabelle 1-2 Besonders wichtige abgeleitete SI-Einheiten

Größe	Name der SI-Einheit	Kurz-zeichen	Beziehung zu anderen SI-Einheiten
Frequenz	Hertz	Hz	$1 \text{ Hz} = 1/\text{s}$
Kraft	Newton	N	$1 \text{ N} = 1 \text{ kg} \cdot \text{m}/\text{s}^2$
Druck	Pascal	Pa	$1 \text{ Pa} = 1 \text{ N}/\text{m}^2$
Energie	Joule	J	$1 \text{ J} = 1 \text{ N} \cdot \text{m}$
Leistung	Watt	W	$1 \text{ W} = 1 \text{ J}/\text{s}$
Elektrizitätsmenge	Coulomb	C	$1 \text{ C} = 1 \text{ A} \cdot \text{s}$
Elektrische Spannung	Volt	V	$1 \text{ V} = 1 \text{ W}/\text{A}$
Elektrische Kapazität	Farad	F	$1 \text{ F} = 1 \text{ C}/\text{V}$
Elektrischer Widerstand	Ohm	Ω	$1 \text{ }\Omega = 1 \text{ V}/\text{A}$
Elektrischer Leitwert	Siemens	S	$1 \text{ S} = 1/\Omega$
Magnetischer Fluß	Weber	Wb	$1 \text{ Wb} = 1 \text{ V} \cdot \text{s}$
Magnetische Flußdichte	Tesla	T	$1 \text{ T} = 1 \text{ Wb}/\text{m}^2$
Induktivität	Henry	H	$1 \text{ H} = 1 \text{ Wb}/\text{A}$
Lichtstrom	Lumen	lm	$1 \text{ lm} = 1 \text{ cd} \cdot \text{sr}$
Beleuchtungsstärke	Lux	lx	$1 \text{ lx} = 1 \text{ lm}/\text{m}^2$

Tabelle 1-2 gibt einige besonders wichtige abgeleitete Einheiten wieder, die selbständige Namen erhalten haben.

Umfassendere Tabellen findet man in DIN 1301, [B2], [A4], [A5].

Tabelle 1-3 Vorsätze für dezimale Vielfache und Teile von Einheiten, nach DIN 1301

Zehnerpotenz	Vorsatz	Vorsatzzeichen
10^{12}	Tera	T
10^{9}	Giga	G
10^{6}	Mega	M
10^{3}	Kilo	k
10^{2}	Hekto	h
10	Deka	da
10^{-1}	Dezi	d
10^{-2}	Zenti	c
10^{-3}	Milli	m
10^{-6}	Mikro	μ
10^{-9}	Nano	n
10^{-12}	Piko	p
10^{-15}	Femto	f
10^{-18}	Atto	a

Einheitenvorsätze

Dezimale Vielfache und Teile von Einheiten können durch Vorsetzen der in Tabelle 1-3 wiedergegebenen Vorsätze oder Vorsatzzeichen vor den Namen oder das Zeichen der Einheit bezeichnet werden.

Ein Vorsatz ist keine selbständige Abkürzung für eine Zehnerpotenz; er bildet mit der direkt dahinterstehenden Einheit ein Ganzes. Ein Exponent bezieht sich auf das Ganze, z. B. $1\,cm^2 = 1\,(cm)^2 = 10^{-4}\,m^2$ (und nicht: $10^{-2}\,m^2$), $1\,\mu s^{-1} = (10^{-6}\,s)^{-1} = 10^6\,s^{-1} = 1\,MHz$.

Metrologische Staatsinstitute

Die Festlegung, experimentelle Darstellung, Bewahrung und Weitergabe von Basiseinheiten sowie von praktisch besonders wichtigen abgeleiteten Einheiten erfordert einen beträchtlichen meßtechnischen Aufwand [A5]. Für die Durchführung aller damit zusammenhängenden Forschungs-, Entwicklungs-, Koordinations- und Verwaltungsaufgaben unterhalten einige Staaten besondere Staatsinstitute. In der Bundesrepublik Deutschland ist dies die *Physikalisch-Technische Bundesanstalt (PTB)* in Braunschweig [E169], in den USA das *National Bureau of Standards (NBS)*, in Großbritannien das *National Physical Laboratory (NPL)*. Die PTB gibt die Ergebnisse ihrer Arbeit in den *„PTB-Mitteilungen"* bekannt [D1], [E1].

Zeit- und Ortsabhängigkeit

Physikalische Größen können während eines Meßvorgangs konstant sein, zeitlich veränderlich sein, ortsabhängig oder richtungsabhängig sein, und sie können schließlich durch eine Kombination solcher Merkmale charakterisiert sein. Im nächsten Abschnitt werden die wichtigsten mit der Zeitabhängigkeit verbundenen Begriffsbildungen behandelt, soweit sie für später beschriebene Meßverfahren von Bedeutung sind. Orts- und Richtungsabhängigkeiten treten insbesondere bei sogenannten Vektorfeldern in Erscheinung; die damit zusammenhängende Meßtechnik wird hier nicht systematisch behandelt, sondern nur gelegentlich gestreift.

▶ 1.4 Darstellung und Analyse von Zeitfunktionen

Gleichvorgang

Eine zeitlich konstante Größe wird nach DIN 5483 als *Gleichvorgang* bezeichnet. Typische elektrotechnische Beispiele sind *Gleichspannung* und *Gleichstrom*. In der Praxis können dem Gleichvorgang auch kleine, in erster Näherung unwesentliche *Schwankungen* überlagert sein.

Periodische Vorgänge

Bild 1-1 zeigt Definitionen für *periodische Vorgänge*. In der Starkstromtechnik nennt man periodisch verlaufende Spannungen oder Ströme mit Gleichanteil auch *Mischspannungen und Mischströme*. Besonders wichtig ist der *Wechselvorgang*, der keinen Gleichanteil enthält, und hierunter wieder der *Sinusvorgang*, dessen Augenblickswert in Abhängigkeit von der Zeit rein sinusförmig verläuft. In Wechselstromanlagen wird im allgemeinen der rein sinusförmige Verlauf angestrebt, unter praktischen Bedingungen jedoch nie ganz streng erreicht.

Periodischer Vorgang, periodische Schwingung

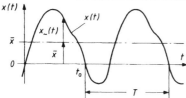

$x(t + nT) = x(t)$

T Periodendauer

n beliebige ganze Zahl

f Frequenz

$f = 1/T$

$\bar{x}$ linearer Mittelwert, Gleichanteil $x_{\sim}(t)$ Wechselanteil

1. Wechselvorgang, Wechselschwingung

Ein periodischer Vorgang, der den linearen Mittelwert Null hat, der also keinen Gleichanteil enthält:

$$\bar{x} = \frac{1}{T} \int_{t_0}^{t_0 + T} x(t) \cdot dt = 0$$

2. Sinusvorgang, Sinusschwingung

Ein Wechselvorgang, dessen Augenblickswert in Abhängigkeit von der Zeit sinusförmig verläuft:

$$x(t) = \hat{x} \cdot \sin(\omega t + \varphi)$$

$\hat{x}$ Scheitelwert, Amplitude φ Nullphasenwinkel $\omega = 2\pi f = 2\pi/T$ Kreisfrequenz

Bild 1-1 Definition periodischer Vorgänge, nach DIN 5483

Mehrphasiger Sinusvorgang, Mehrphasenvorgang

Mehrere, in einem gemeinsamen System zusammenwirkende gleichartige Sinusvorgänge von gleicher Frequenz, mit beliebigen Amplituden und verschiedenen Nullphasenwinkeln.

Symmetrischer Mehrphasenvorgang

Sinusvorgänge im Sinne der vorstehenden Definition, jedoch mit gleichen Amplituden und mit Nullphasenwinkeln, die sich jeweils um den gleichen Betrag unterscheiden.

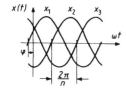

$$x_1(t) = \hat{x} \cdot \sin(\omega t + \varphi)$$

$$x_2(t) = \hat{x} \cdot \sin(\omega t + \varphi - \frac{2\pi}{n})$$

$$\vdots$$

$$x_n(t) = \hat{x} \cdot \sin\left[\omega t + \varphi - (n - 1)\frac{2\pi}{n}\right]$$

Sonderfall $n = 3$ (Dreiphasenvorgang) n Anzahl der Phasen

Bild 1-2 Definition von Mehrphasenvorgängen, nach DIN 5483

Mehrphasenvorgänge

Bild 1-2 zeigt Definitionen für *Mehrphasenvorgänge*. In der Starkstromtechnik spielt insbesondere der Fall $n = 3$ eine wichtige Rolle, nämlich der *Drehstrom*. In Drehstromgeneratoren werden drei um jeweils 120° phasenverschobene Wechselspannungen gleicher Amplitude (und Frequenz) erzeugt und über Drei- oder Vierleitersysteme den Wechselspannungsverbrauchern zugeführt. Damit sind für den Elektromaschinenbau und für die Energieübertragung besondere Vorteile verbunden.

Sinusverwandte Vorgänge

Bild 1-3 zeigt einen Ausschnitt aus dem großen Bereich der *sinusverwandten Vorgänge*. Die *Schwebung* entsteht immer dann, wenn zwei Sinusvorgänge verschiedener (jedoch meist wenig verschiedener) Frequenz addiert werden. Sie tritt in der Praxis beispielsweise häufig auf, wenn zwei Wechselspannungsgeneratoren (gleicher Polzahl) nicht genau synchron laufen, oder wenn zwei Sinusoszillatoren mit etwas unterschiedlichen Frequenzen schwingen und es auf irgendeine Art und Weise zur Addition ihrer Signale kommt. Demgegenüber werden *Amplituden-, Frequenz- und Phasenmodulation* in der Nachrichten- und Hochfrequenztechnik durch besondere technische Maßnahmen erzeugt, um mit Hilfe der Modulation Nachrichten oder Signalvorgänge über Leitungen oder drahtlos zu übertragen.

Impulsförmige Vorgänge

Impulsförmige Vorgänge spielen insbesondere in der Elektronik und da vor allem in der Datentechnik eine grundlegende Rolle. Bild 1-4 gibt einen kleinen Ausschnitt aus dem praktisch sehr viel breiteren Erscheinungsbereich wieder. Werden Impulse periodisch wiederholt, so spricht man von einer *Impulsfolge* oder einem *Puls* (DIN 5483).

Sprungvorgang

Der in Bild 1-5 definierte *Sprungvorgang* tritt in praktischen Systemen sehr häufig auf, beispielsweise wenn sich irgendeine Eingangsgröße zu einem bestimmten Zeitpunkt sprungartig ändert, oder beim Einschalten eines Systems.

Übergangsvorgänge

Übergangsvorgänge der in Bild 1-5 dargestellten oder anderer Art treten in physikalischen Systemen infolge stets vorhandener Trägheitseffekte auf. In der Meßtechnik wird an den Eingang eines Systems sehr oft ein Sprungvorgang (oder eine periodische Folge von Sprungvorgängen) angelegt, um die Eigenarten des sich anschließenden Übergangsvorgangs kennenzulernen; in diesem Falle nennt man den Übergangsvorgang auch *Sprungantwort*. Besonders häufig wird für solche Untersuchungen eine zu einem bestimmten Zeitpunkt von Null auf ihren Endwert springende elektrische Spannung benutzt.

Sinusverwandter Vorgang, sinusverwandte Schwingung

Ein dem Sinusvorgang ähnlicher Vorgang, bei dem sich die Amplitude zeitlich ändert oder der Phasenwinkel anders als linear mit der Zeit, d. h. anders als nach der Formel $(\omega t + \varphi)$ ansteigt, oder bei dem beide Merkmale gleichzeitig auftreten.

$$x(t) = \hat{x}(t) \cdot \sin \psi(t)$$

1. Schwebungsvorgang

Summe zweier Sinusvorgänge mit (meist wenig) verschiedenen Kreisfrequenzen ω_1 und ω_2:

$$x(t) = \hat{x}_1 \cdot \sin(\omega_1 t + \varphi_1) + \hat{x}_2 \cdot \sin(\omega_2 t + \varphi_2).$$

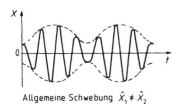

Allgemeine Schwebung $\hat{x}_1 \neq \hat{x}_2$

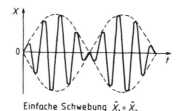

Einfache Schwebung $\hat{x}_1 = \hat{x}_2$

2. Modulierter Sinusvorgang, modulierte Sinusschwingung

Ein sinusverwandter Vorgang, bei dem sich die Amplitude oder die Kreisfrequenz oder die Abweichung der Phase vom zeitlich linearen Verlauf ändert, und zwar linear proportional zu einem modulierenden (zeitabhängigen) Vorgang. Mann nennt die entsprechenden Modulationsarten Amplituden-, Frequenz- und Phasenmodulation.

Amplitudenmodulierter Sinusvorgang

Die Amplitude $\hat{x}(t)$ ändert sich zeitlich, linear proportional zu einem modulierenden Vorgang, im einfachsten Fall sinusförmig:

$$\hat{x}(t) = \hat{x}_T + \Delta \hat{x}_T \cdot \sin \omega_M t$$

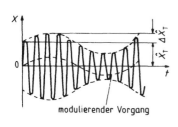

modulierender Vorgang

$\hat{x}_T$ Trägeramplitude, $\Delta \hat{x}_T$ Amplitudenhub;

$\dfrac{\Delta \hat{x}_T}{\hat{x}_T}$ Modulationsgrad; $\dfrac{\omega_M}{2\pi}$ Modulationsfrequenz.

Die Kreisfrequenz $\omega = \omega_T = \dfrac{d\psi}{dt}$ ist konstant;

$\dfrac{\omega_T}{2\pi}$ heißt Trägerfrequenz. Das Zeitgesetz lautet:

$$x = (\hat{x}_T + \Delta \hat{x}_T \cdot \sin \omega_M t) \cdot \sin(\omega_T t + \varphi)$$

Bild 1-3 Definition sinusverwandter Vorgänge, nach DIN 5483

Impuls, impulsförmiger Vorgang

Ein Vorgang mit beliebigem Zeitverlauf, dessen Augenblickswert nur innerhalb einer beschränkten Zeitspanne Werte aufweist, die von Null merklich abweichen.

1. Einseitiger Impuls

Ein Impuls, dessen Augenblickswert während der gesamten Dauer keinen Vorzeichenwechsel erfährt.

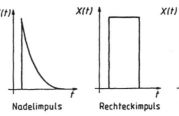

Nadelimpuls   Rechteckimpuls   Sinusquadrat-   Gaußimpuls
                                         impuls

2. Zweiseitiger Impuls, Wechselimpuls

Ein Impuls, dessen Augenblickswert während der Impulsdauer einen Vorzeichenwechsel erfährt.

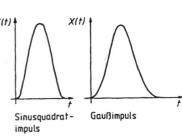

3. Schwingungsimpuls

Ein amplitudenmodulierter Sinusvorgang, dessen Amplitude den Zeitverlauf eines einseitigen Impulses hat.

Bild 1-4

Definition impulsförmiger Vorgänge, nach DIN 5483

1. Sprung, Sprungvorgang

Ein Vorgang, dessen Augenblickswert vor einem bestimmten Zeitpunkt einen konstanten Wert und nach diesem Zeitpunkt einen anderen konstanten Wert annimmt.

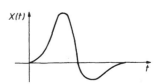

2. Übergangsvorgang, Ausgleichsvorgang

Wird in einem mechanischen oder elektrischen System an einer Stelle in irgendeiner Weise ein plötzlicher Übergang von einem periodischen Vorgang (oder Gleichvorgang) in einen anderen erzwungen, so geht das System an allen anderen Stellen in einem *Übergangsvorgang* vom anfänglichen periodischen Vorgang (oder Gleichvorgang) in den späteren über.

Der *Ausgleichsvorgang* ist die Differenz zwischen dem Übergangsvorgang und dem (durch die gestrichelten Linien in den Bildern dargestellten) erzwungenen späteren periodischen Vorgang (oder Gleichvorgang).

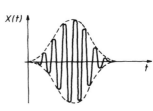

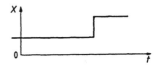

Bild 1-5

Sprungvorgang und Übergangsvorgang nach DIN 5483

Amplitudenspektren

In elektrischen Schaltungen treten im Zusammenhang mit den darin vorkommenden Induktivitäten und Kapazitäten in vielfältiger Weise Differentiations- und Integrationsprozesse auf. Hierbei zeigt die Sinusschwingung die Besonderheit, daß sich zwar Amplitude und Nullphasenwinkel ändern, die Sinusform jedoch stets erhalten bleibt, während andere periodische Vorgänge hierbei stets eine Formänderung erfahren. Für die Nachrichten- und Hochfrequenztechnik ist außerdem von besonderer praktischer Bedeutung, daß mit Hilfe von Resonanzschaltungen aus einem Gemisch vieler Sinusschwingungen unterschiedlicher Frequenz einzelne Sinusschwingungen vorgegebener Frequenz ausgefiltert werden können. Es besteht deshalb ein großes praktisches Interesse an der rechnerischen oder meßtechnischen Zerlegung beliebiger periodischer (oder fast periodischer) Vorgänge in einzelne Sinusschwingungen unterschiedlicher Frequenz. Die in Bild 1-3 definierte Schwebung stellt insofern einen besonders einfachen Fall dar, als sie aus nur zwei Sinusschwingungen zusammengesetzt ist. Für die Amplitudenmodulation erhält man bereits eine Aufspaltung in drei einzelne Sinusschwingungen. Wendet man nämlich auf die in Bild 1-3 unten angegebene trigonometrische Schreibweise das Additionstheorem

$$\sin u \cdot \sin v = \tfrac{1}{2}\left[\cos\left(u - v\right) - \cos\left(u + v\right)\right]$$

an, so ergibt sich

$$x = \hat{x}_\mathrm{T} \sin\left(\omega t + \varphi\right) + \tfrac{1}{2}\,\Delta\hat{x}_\mathrm{T} \cos\left[\left(\omega_\mathrm{T} - \omega_\mathrm{M}\right) t + \varphi\right] - \tfrac{1}{2}\,\Delta\hat{x}_\mathrm{T} \cos\left[\left(\omega_\mathrm{T} + \omega_\mathrm{M}\right) t + \varphi\right].$$

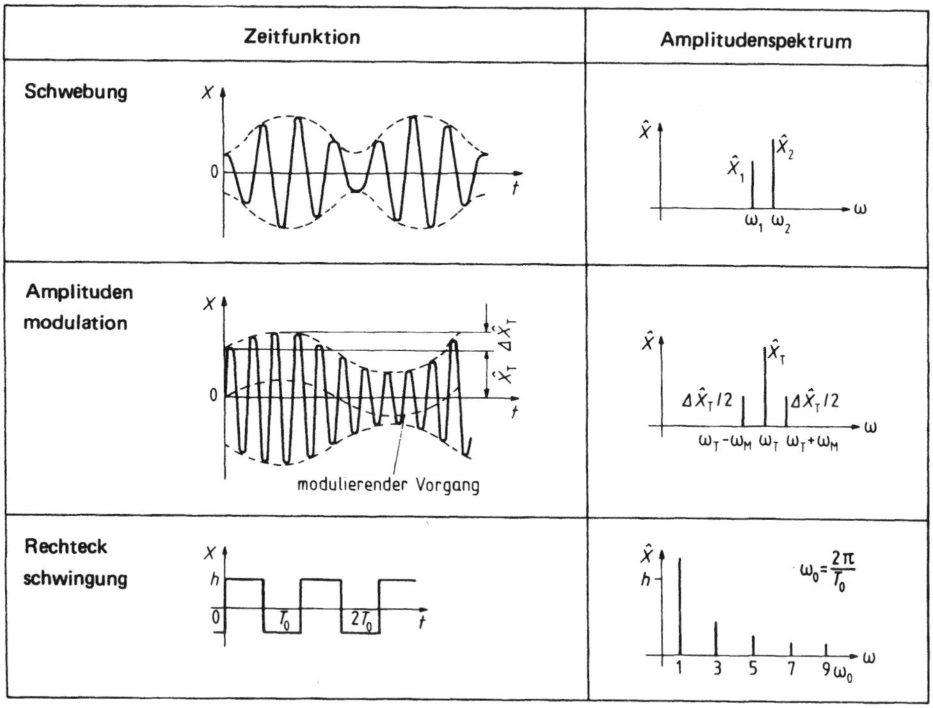

	Zeitfunktion	Amplitudenspektrum
Schwebung		
Amplituden modulation		
Rechteck schwingung		

Bild 1-6 Beispiele für Amplitudenspektren

Nach Fourier kann jede beliebige periodische Funktion (sofern sie nur beschränkt und mindestens stückweise stetig ist) in eine Summe von einzelnen Sinusschwingungen unterschiedlicher Frequenz zerlegt werden [A7], [A8]. Die Serie der zugehörigen Amplitudenwerte nennt man das *Amplitudenspektrum* der periodischen Funktion; Bild 1-6 veranschaulicht diesen Begriff.

Phasenwinkelspektren

Entsprechend nennt man die Serie der für jede einzelne Teilschwingung ebenfalls anzugebenden Nullphasenwinkel das *Phasenwinkelspektrum;* es hat jedoch eine geringere praktische Bedeutung, da man bei der *Analyse* von Schwingungen im allgemeinen mit der Amplitudeninformation auskommt.

Oberschwingungen

Im allgemeinsten Falle enthält das Amplitudenspektrum einer *periodischen Funktion* einen *Gleichanteil*, eine *Grundschwingung*, deren Periodendauer gleich der Periodendauer des analysierten Vorgangs ist, und *Oberschwingungen* oder *Harmonische*, deren Frequenzen ganzzahlige Vielfache der Grundschwingungsfrequenz sind und die deshalb sinngemäß als zweite, dritte, vierte usw., allgemein als n-te Harmonische bezeichnet werden (DIN 1311, Teil 1).

Kennt man für die einzelnen Teilschwingungen jeweils Amplitude *und* Nullphasenwinkel, so kann man aus ihnen wieder den vollständigen periodischen Vorgang zusammensetzen. Das bedeutet, daß die spektrale Darstellung (durch Amplituden- *und* Phasenwinkelspektrum) einen Vorgang ebenso vollständig beschreibt wie die Darstellung als Zeitfunktion $f(t)$. Man sagt, die beiden Darstellungsweisen sind „äquivalent". Weiteres im Abschnitt 8.2.2!

Mittelwerte

Zur Charakterisierung periodischer Vorgänge werden in der Praxis häufig die folgenden Mittelwerte gebildet:

Linearer Mittelwert

$$\bar{x} = \frac{1}{T} \int_0^T x(t)\,dt, \qquad (1\text{-}1)$$

Gleichrichtwert

$$\overline{|x|} = \frac{1}{T} \int_0^T |x(t)|\,dt, \qquad (1\text{-}2)$$

Effektivwert

$$X_{\text{eff}} = X = \sqrt{\frac{1}{T} \int_0^T [x(t)]^2\,dt}. \qquad (1\text{-}3)$$

Verhältniswerte

Zur Kennzeichnung oberschwingungshaltiger Wechselvorgänge sind die folgenden Verhältniswerte gebräuchlich (DIN 40 110):

$$Scheitelfaktor = \frac{\text{Scheitelwert der Wechselgröße}}{\text{Effektivwert der Wechselgröße}};$$

$$Grundschwingungsgehalt = \frac{\text{Effektivwert der Grundschwingung}}{\text{Effektivwert der Wechselgröße}},$$

$$Oberschwingungsgehalt = \frac{\text{Effektivwert der Oberschwingungen}}{\text{Effektivwert der Wechselgröße}},$$

$$Formfaktor = \frac{\text{Effektivwert der Wechselgröße}}{\text{Gleichrichtwert der Wechselgröße}}.$$

Der Oberschwingungsgehalt wird in der technischen Umgangssprache häufiger als *Klirrfaktor* bezeichnet. Für eine periodische Spannungsschwingung mit dem Effektivwert U und den Effektivwerten U_1, U_2, U_3 usw. der einzelnen Harmonischen gilt beispielsweise:

$$k_U = \frac{\sqrt{U_2^2 + U_3^2 + U_4^2 + \dots}}{\sqrt{U_1^2 + U_2^2 + U_3^2 + U_4^2 + \dots}} = \frac{\sqrt{U^2 - U_1^2}}{U}.$$

Neben dieser normgemäßen Definition des Klirrfaktors wird das gleiche Wort oft auch für das Verhältnis des Effektivwertes *einer einzelnen Teilschwingung* zum Effektivwert des gesamten Vorgangs benutzt, z.B. im Falle der 3. Harmonischen einer Spannungsschwingung:

$$k_3 = \frac{U_3}{\sqrt{U_1^2 + U_2^2 + U_3^2 + U_4^2 + \dots}} = \frac{U_3}{U}.$$

Man tut gut daran, in solchen Fällen ausdrücklich vom *Teilklirrfaktor* (z.B. k_3) zu sprechen, um Verwechslungen auszuschließen.

Für den Formfaktor läßt DIN 40 110 noch eine andere Definition zu, die jedoch nur für ganz spezielle Fälle von Bedeutung ist. Bei der Beschreibung von Effektivwert-Meßgeräten wird der Scheitelfaktor auch *Crest-Faktor* genannt, vgl. Abschnitt 5.2.1.

Rauschvorgang

Zu den technisch wichtigen Zeitfunktionen gehört schließlich noch der Rauschvorgang, der beispielsweise bei ohmschen Widerständen und elektronischen Bauelementen auftritt und insbesondere in Verstärkerschaltungen mit hohem Verstärkungsfaktor beobachtet werden kann. Er stellt einen „*Zufallsprozeß*" oder „*stochastischen Prozeß*" dar und kann dementsprechend im Zeitbereich nicht durch einen den Verlauf bestimmenden Ausdruck beschrieben werden. Im Frequenzbereich hingegen lassen sich die Eigenschaften von Rauschvorgängen durchaus anschaulich beschreiben [A10], [A11]. Bild 1-7 gibt einige grundlegende Definitionen wieder.

Formelzeichen

Man erkennt, daß bei der Diskussion und meßtechnischen Untersuchung von Zeitfunktionen viele verschiedene Begriffe auseinandergehalten werden müssen; das gilt dann natürlich auch für die jeweils entsprechenden *Formelzeichen*. Hier kommt hinzu, daß im Rahmen der *Zeigerrechnung* die Amplituden und Nullphasenwinkel von Sinusgrößen durch „*komplexe Amplituden*" oder „*komplexe Effektivwertzeiger*" dargestellt werden [A7]. Da die Norm DIN 5483 viele Freiheiten offen läßt, wird hier für die Schreibweise der Formelzeichen zeitabhängiger Größen die ergänzende Festlegung nach Tabelle 1-4 getroffen.

Ein Rauschvorgang ist ein stochastischer Prozeß, der ständig, aber nicht periodisch verläuft und nur mit Hilfe statistischer Kenngrößen beschrieben werden kann. Solche sind der lineare und der quadratische Mittelwert als *Kennkonstanten*, die Autokorrelationsfunktion und die Leistungsdichte P als *Kennfunktionen* im Zeit- und Frequenzbereich. Je nach dem Verlauf der Leistungsdichte unterscheidet man die folgenden Grundtypen von Schwankungsvorgängen:

a) Weißes Rauschen mit konstanter (frequenzunabhängiger) Leistungsdichte als idealisierter Grenzfall;

b) breitbandiges Rauschen mit frequenzunabhängigem Verlauf der Leistungsdichte bis zu einer oberen Grenzfrequenz f_g;

c) farbiges Rauschen, durch lineare Filterung aus breitbandigem Rauschen entstanden ($A(f)$ ist der Frequenzgang des Filters);

d) schmalbandiges Rauschen, dessen spektrale Komponenten sich eng um eine Mittenfrequenz f_m gruppieren ($\Delta f \leqslant f_m$);

e) rosa Rauschen, wobei die Leistungsdichte umgekehrt proportional zur Frequenz ist.

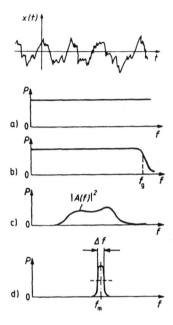

Bild 1-7 Der Rauschvorgang und seine Definition in DIN 5483 (zu den benutzten Begriffen siehe [A10], [A11])

Tabelle 1-4   Formelzeichen für zeitabhängige Größen in Anlehnung an DIN 5483 und DIN 1303

Wenn Groß- und Kleinbuchstaben verwendet werden, kennzeichnet der Kleinbuchstabe einen Augenblickswert, der Großbuchstabe einen Mittelwert: $x(t), x, X_- = \bar{x}, X = \sqrt{(x^2)}$. Typisch: i, I, u, U.
Wenn nur Großbuchstaben (oder nur Kleinbuchstaben) verwendet werden, müssen Mittelwerte zusätzlich gekennzeichnet werden: $X(t), X, X_- = \bar{X}, X_{eff} = \sqrt{(\bar{X^2})}$. Typisch: E, D, H, B.

X_0, X_-	Gleichgröße, Gleichanteil	$\hat{\underline{x}}$	komplexe Amplitude, Scheitelwertzeiger
X	wie vor, falls die Verwechslung mit dem Effektivwert einer Wechselgröße ausgeschlossen ist	$\lvert\hat{\underline{x}}\rvert$	Betrag eines komplexen Scheitelwertzeigers
$x(t)$	Zeitfunktion	$\underline{X}^*$	konjugiert komplexer Effektivwertzeiger
$X_\sim$	Wechselgröße, Wechselanteil	$\hat{\underline{x}}^*$	konjugiert komplexer Scheitelwertzeiger
x	Augenblickswert		
$\hat{x}$	Maximalwert	$\mathbf{x}, \mathbf{X}$	Vektor
x_e	Schwingungsbreite	x, X	Betrag eines Vektors
Δx	Änderung, Abweichung	$\mathbf{x}_z, \mathbf{X}_z$	Komponente eines Vektors
$\bar{x}$	linearer Mittelwert	$\mathbf{x}(t)$	zeitabhängiger Vektor
$\overline{\lvert x \rvert}$	Gleichrichtwert	$\hat{\underline{\mathbf{x}}}$	Vektor und komplexer Scheitelwertzeiger
X_{eff}	Effektivwert		
X	Effektivwert, falls die Verwechslung mit einer Gleichgröße ausgeschlossen ist	$\lvert \underline{\mathbf{X}} \rvert$	Betrag eines Vektors und komplexen Effektivwertzeigers
$\underline{X}$	komplexer Effektivwertzeiger		

► **1.5 Grundbegriffe der Meßtechnik**

In diesem Abschnitt wird eine Auswahl allgemein gebräuchlicher Begriffsdefinitionen der Meßtechnik vorgestellt, die normativ durch verschiedene Ausgaben von DIN 1319 und durch VDI/VDE 2600 formuliert worden sind.

Allgemeine Begriffe

Messen ist das Ausführen von geplanten Tätigkeiten zum quantitativen Vergleich einer Meßgröße mit einer Einheit (DIN 1319-1/1.95).

Meßgröße ist die physikalische Größe, deren Wert durch eine Messung ermittelt werden soll (VDI/VDE 2600).

Der *Meßwert* ist ein Wert, der zur Meßgröße gehört und der Ausgabe eines Meßgerätes oder einer Meßeinrichtung eindeutig zugeordnet ist (DIN 1319-1/1.95). Er setzt sich zusammen aus dem wahren Wert, einer zufälligen Meßabweichung und einer systematischen Meßabweichung, vgl. Abschn. 1.6.

Das *Meßergebnis* ist ein aus Messungen gewonnener Schätzwert für den wahren Wert einer Meßgröße (DIN 1319-1/1.95); vgl. hierzu Abschn. 1.6. In einfachen Fällen kann bereits ein einzelner berichtigter Meßwert das Meßergebnis sein.

Das *Meßprinzip* ist die physikalische Grundlage einer Messung (DIN 1319-1/1.95).

Meßmethode heißt die spezielle, vom Meßprinzip unabhängige Art des Vorgehens bei der Messung (DIN 1319-1/1.95). Beispielsweise liegt einem Drehspulinstrument als Meßprinzip die Kraftwirkung zugrunde, die ein stromdurchflossener Leiter in einem Magnetfeld erfährt. Bei einer speziellen Meßmethode kann es beispielsweise darauf ankommen, den Ausschlag des Drehspulinstrumentes als Meßwert abzulesen, dann würde man von einer *Ausschlagsmethode* sprechen, oder es könnte darauf ankommen, den Ausschlag des Instrumentes mit Hilfe eines bestimmten Einstellelementes auf Null abzugleichen, dann würde man von einer *Nullabgleichsmethode* sprechen.

Ein *Meßverfahren* ist die praktische Anwendung eines Meßprinzips und einer Meßmethode (DIN 1319-1/1.95). So könnte z.B. in einem Temperaturmeßverfahren ein Thermoelement und zur Meßwertausgabe ein Drehspulinstrument nach der Ausschlagsmethode eingesetzt werden.

Anmerkung: VDI/VDE 2600/11.73 unterscheidet noch nicht zwischen den Begriffen „Meßmethode" und „Meßverfahren", woraus sich heute natürlich Umbenennungskonsequenzen ergeben, z.B. Ausschlagsverfahren/Ausschlagsmethode, Nullabgleichsverfahren/Nullabgleichsmethode, usw.

Meßeinrichtung

Ein *Meßgerät* ist ein Gerät, das allein oder in Verbindung mit anderen Einrichtungen für die Messung einer Meßgröße vorgesehen ist (DIN 1319-1/1.95). Auch Maßverkörperungen (z.B. Normale) sind Meßgeräte.

Eine *Meßeinrichtung* ist die Gesamtheit aller Meßgeräte und zusätzlicher Einrichtungen zur Erzielung eines Meßergebnisses (DIN 1319-1/1.95).

Hilfsgeräte sind zusätzliche Einrichtungen, die nicht unmittelbar zur Aufnahme, Umformung oder Ausgabe dienen (z.B. Hilfsenergiequellen zur Aufrechterhaltung der Funktion eines Meßgerätes, Lupen, Thermostate).

Meßsignale stellen Meßgrößen im Signalflußweg einer Meßeinrichtung durch zugeordnete physikalische Größen gleicher oder anderer Art dar (VDI/VDE 2600).

Meßkette

Eine Folge von Elementen eines Meßgeräts oder einer Meßeinrichtung, die den Weg des Meßsignals von der Aufnahme der Meßgröße bis zur Bereitstellung der Ausgabe bildet, nennt man eine *Meßkette* (DIN 1319-1/1.95). Besonders häufig wird dieser Begriff in der Praxis natürlich auf eine Folge von Meßgeräten angewandt. Je nach Anordnung der einzelnen Meßgeräte in der Meßkette unterscheidet man dann (VDI/VDE 2600):

Aufnehmer ist ein Meßgerät, welches an seinem Eingang die Meßgröße aufnimmt und an seinem Ausgang ein entsprechendes Meßsignal abgibt.

Ausgeber sind Meßgeräte, die den Meßwert der gemessenen Größe ausgeben.

Anpasser — in DIN 1319-2/1.80 *übertragende Meßgeräte* genannt, im technischen Sprachgebrauch auch *Übertragungsglieder* — sind Meßgeräte, die in der Meßeinrichtung zwischen Aufnehmer und Ausgeber liegen. Sie bilden nach DIN 1319-2/1.80 die *Übertragungsstrecke.*

Anzeiger ist ein Sichtausgeber, der es gestattet, den Meßwert direkt abzulesen.

Eine *Skalenanzeige* hat ein Gerät, das den Meßwert mit Hilfe eines Zeigers (im weitesten Sinne) auf einer Skale anzeigt (entspr. DIN 1319-2/1.80).

Eine *Ziffernanzeige* hat ein Gerät, das den Meßwert in Form einer Zahl (Ziffernfolge) anzeigt, wobei nur diskrete Werte der Anzeige möglich sind (entspr. DIN 1319-2/1.80).

Analoge und digitale Meßverfahren

Man nennt ein Meßverfahren *analog,* ein Meßgerät und eine Meßeinrichtung *analog arbeitend,* wenn der Meßgröße (Eingangsgröße) durch das Verfahren, das Gerät oder die Einrichtung ein Signal (auch eine Ausgangsgröße, Anzeige) zugeordnet wird, das (die) mindestens im Idealfall eine eindeutig umkehrbare Abbildung der Meßgröße ist (DIN 1319-1/6.85).

Häufig hat der Ausgeber einer analog arbeitenden Meßeinrichtung eine *Skalenanzeige.*

Man nennt ein Meßverfahren *digital,* ein Meßgerät und eine Meßeinrichtung *digital arbeitend,* wenn der Meßgröße durch das Verfahren, das Gerät oder die Einrichtung ein Signal (auch eine Ausgangsgröße, Anzeige) zugeordnet wird, das (die) eine mit fest gegebenen Schritten (Größenwertschritten, Ziffernschritten) *quantisierte* (und meist codierte) Abbildung der Meßgröße ist (DIN 1319-1/6.85).

Häufig hat der Ausgeber einer digital arbeitenden Meßeinrichtung eine *Ziffernanzeige.*

Es ist sehr wichtig, die folgenden drei ähnlich klingenden Begriffe stets klar zu unterscheiden (VDI/VDE 2600):

Meßumformer

Der *Meßumformer* ist ein Meßgerät, welches ein analoges Eingangssignal in ein eindeutig damit zusammenhängendes analoges Ausgangssignal umformt.

Meßwandler

Als *Meßwandler* wird ein Meßumformer jedoch dann bezeichnet, wenn er am Ein- und Ausgang dieselbe physikalische Größe aufweist und ohne Hilfsenergie arbeitet (z.B. Stromwandler, Spannungswandler, Druckwandler, Drehmomentwandler).

Meßumsetzer

Meßumsetzer (Codeumsetzer) sind Meßgeräte, die im Ein- und Ausgang verschiedene Signalstruktur (analog-digital; digital-analog) oder nur digitale Signalstruktur haben.

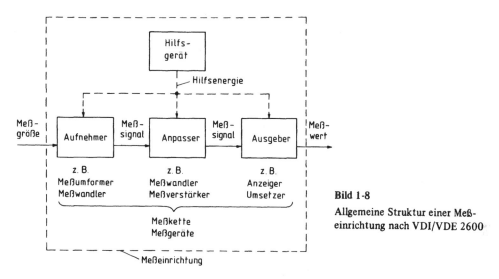

Bild 1-8

Allgemeine Struktur einer Meßeinrichtung nach VDI/VDE 2600

In Bild 1-8 sind die wichtigsten vorstehend aufgeführten Begriffe noch einmal im Zusammenhang dargestellt.

Meßinstrument

Im elektrotechnischen Sprachgebrauch hat sich seit längerem folgende Begriffsunter-
scheidung eingebürgert:

Ein *Meßinstrument* ist ein Meßwerk zusammen mit dem Gehäuse und gegebenenfalls
eingebautem Zubehör. Ein Meßinstrument kann auch mehrere Meßwerke enthalten.

Ein *Meßwerk* besteht aus den eine Bewegung erzeugenden Teilen und den Teilen, deren
Bewegung oder Lage von der Meßgröße abhängt. Auch die Skala ist ein Teil des Meßwerks.

Das Meßinstrument kann dabei zusammen mit weiterem Zubehör, z.B. einem Meßbe-
reichumschalter oder einem elektronischen Verstärker, gegebenenfalls in einem zusätzlichen übergeordneten Gehäuse, ein *Meßgerät* darstellen. Das weitere Zubehör kann dabei
eventuell auch vom Instrument trennbar sein.

Praktisch besonders wichtig sind die folgenden Begriffsdefinitionen in VDI/VDE 2600:

Meßbereich

Der *Meßbereich* ist der Bereich von Werten des Eingangssignales eines Meßgerätes
(der Meßgröße), der entsprechend der Kennlinie dieses Meßgerätes eindeutig und
innerhalb vorgegebener Fehlergrenzen durch Werte des Ausgangssignales abgebildet
wird.

Meßanfang ist der Wert des Eingangssignals (der Meßgröße), dem der Anfangswert
des Ausgangssignals zugeordnet ist.

Meßende ist der Wert des Eingangssignals (der Meßgröße), dem der Endwert des
Ausgangssignals zugeordnet ist.

Meßspanne ist die Differenz Meßende minus Meßanfang.

Meßempfindlichkeit

Die *Empfindlichkeit* eines Meßgerätes (oder einer Meßeinrichtung; u.U. an einem bestimmten Punkt der Übertragungskennlinie) ist das Verhältnis einer beobachteten Änderung der Ausgangsgröße zu der sie verursachenden Änderung der Eingangsgröße; vgl. VDI/VDE 2600. Ist die Übertragungskennlinie gekrümmt, so wird in einem betrachteten Punkt der Differentialquotient gebildet, vgl. Bild 6-43d. Oft ist es zweckmäßig, eine Empfindlichkeitsangabe auf eine Bezugsgröße gleicher physikalischer Dimension zu beziehen, um eine dimensionsfreie relative oder normierte *Empfindlichkeit* zu erhalten, vgl. Bild 3-25.

Normal

Ein *Normal* ist eine Einrichtung, die einen sehr genau definierten, speziellen Wert einer Größe realisiert (z.B. Spannungsnormal, Normalwiderstand).

Kalibrieren ist das Ermitteln des für eine gegebene Meßeinrichtung gültigen Zusammenhanges zwischen dem Meßwert oder dem Wert des Ausgangssignals und dem konventionell richtigen Wert der Meßgröße (VDI/VDE 2600).

Justieren ist das Einstellen oder Abgleichen eines Meßgeräts mit dem Ziel, die Anzeige (Angabe) des Meßgeräts oder den in einer Maßverkörperung dargestellten Wert möglichst nahe an den richtigen Wert der Meßgröße anzugleichen.

Eichen (im amtlichen Sinn) ist die von der zuständigen Eichbehörde nach den gesetzlichen Vorschriften und Anforderungen vorzunehmende Prüfung und Stempelung von Meßgeräten (z.B. Elektrizitäts-, Gas-, Wasser- und Wärmezähler).

▶ 1.6 Meßabweichungen

Bei jedem Meßvorgang entsteht eine Abweichung des ermittelten Meßwertes von dem gesuchten wahren Wert der Meßgröße. Da der wahre Wert prinzipiell unbekannt ist, hatte man ihn für die Definition der Meßabweichung in einer früheren Normblattausgabe durch einen Bezugswert ersetzt, für den entweder der (prinzipiell unbekannte) wahre Wert oder ein (bekannter) konventionell richtiger Wert gewählt werden konnte (vgl. DIN 1319-1/6.85). Zweifellos ist das Ziel einer Messung jedoch stets, dem wahren Wert einer Meßgröße so nahe wie möglich zu kommen, je nach gegebenen technischen Möglichkeiten. So erschien es sinnvoll, die normative Definition der Meßabweichung wieder auf die exakte Basis zurückzuführen, nämlich den wahren Wert der Meßgröße.

Meßabweichung nach DIN 1319-1/1.95

Eine *Meßabweichung* ist die Abweichung eines aus Messungen gewonnenen und der Meßgröße zugeordneten Wertes vom wahren Wert. Der der Meßgröße zugeordnete Wert kann ein *Meßwert*, das *unberichtigte Meßergebnis* oder das *Meßergebnis* sein. Es ist stets anzugeben, welcher Wert gemeint ist.

Meßabweichung = gemessener Wert – wahrer Wert

$$E = M - X_\mathrm{w} \tag{1-4}$$

Relative Meßabweichung = Meßabweichung/Bezugswert

$$e_\mathrm{r} = \frac{M - X_\mathrm{w}}{X_\mathrm{w}} = \frac{E}{X_\mathrm{w}} \approx \frac{E}{M} \tag{1-5}$$

Die angegebene Näherung ist für kleine Meßabweichungen verwendbar.

Die Meßabweichung wurde früher „Fehler" genannt. Mit dem Erscheinen von DIN 1319-3/ 8.83 ist das Wort „Fehler" zunächst für die Beschreibung der systematischen Abweichungen von Meßgeräten reserviert worden. In der Neuausgabe DIN 1319-1/1.95 wird das Wort „Fehler" überhaupt nicht mehr erwähnt, aber der Begriff „Fehlergrenzen" beibehalten, mit der Begründung, daß ein Meßgerät bei Überschreitung der Fehlergrenzen *fehlerhaft arbeitet*, vgl. Abschn. 1.7. Man erkennt, daß das Wort „Fehler" deshalb sukzessive zurückgezogen worden ist, weil ihm im deutschen Alltagssprachgebrauch weitgehend die Bedeutung eines nicht tolerierbaren Schadens zugeordnet wird und dieser Sinngehalt auf Meßabweichungen nicht generell übertragen werden darf.

Systematische Abweichungen

Systematische Abweichungen entstehen hauptsächlich durch Unvollkommenheiten der Meßgeräte und Meßverfahren, z.B. durch ungenaue Justierung. Oft sind sie zeitlich konstant, also nach Betrag und Vorzeichen *reproduzierbar* und daher im Prinzip *korrigierbar*. Verzichtet man auf die Korrektur, so ist das Meßergebnis *unrichtig*.

Zufällige Abweichungen

Zufällige Abweichungen entstehen durch zufallsbedingte Einflüsse, wie beispielsweise Reibung, Abnutzung, Rauschen, Schätzfehler, nicht reproduzierbare Temperaturschwankungen während einer Meßreihe, usw. Sie schwanken zufällig nach Betrag und Vorzeichen, sind daher nicht im einzelnen erfaßbar und nicht korrigierbar. Man sagt, daß sie ein Meßergebnis *unsicher* machen.

Arithmetischer Mittelwert

Sind zufällige Fehler nicht vernachlässigbar klein, dann kann die Unsicherheit eines Meßergebnisses dadurch verringert werden, daß die Messung vielfach wiederholt und aus allen Einzelergebnissen der *arithmetische Mittelwert* gebildet wird:

$$\overline{X} = \frac{1}{n} \sum_{i=1}^{n} X_i . \tag{1-6}$$

Meßergebnis

Ein nach Gl. (1-6) ermitteltes Ergebnis verringerter Unsicherheit wird in DIN 1319-1/1.95 *unberichtigtes Meßergebnis* genannt, weil es im Regelfalle noch die systematische Meßabweichung enthält, welche sich weiterhin aus einem bekannten und einem unbekannten Anteil zusammensetzen kann. Um zum *Meßergebnis* zu gelangen, muß noch die *bekannte* systematische Meßabweichung abgezogen werden.
Die einzelnen Meßwerte zeigen eine zufällige Abweichung $X_i - \overline{X}$ vom arithmetischen Mittelwert. Das Meßergebnis $\overline{X}$ wird zweifellos als um so weniger unsicher angesehen werden können, je kleiner die einzelnen Abweichungen $X_i - \overline{X}$ bleiben. Man hat deshalb als Maß für die Unsicherheit einer zufallsgestörten Meßreihe auch bezüglich der Abweichungen $X_i - \overline{X}$ einen Mittelwert definiert, z.B. nach DIN 1319:

Empirische Standardabweichung s

$$s = +\sqrt{\frac{1}{n-1} \sum_{i=1}^{n} (X_i - \overline{X})^2} . \tag{1-7}$$

Es erschien sinnvoll, die Abweichungsquadrate $(X_i - \overline{X})^2$ zu addieren, damit sich Abweichungen verschiedenen Vorzeichens nicht gegenseitig auslöschen. Außerdem gibt es hierfür einen wichtigen theoretischen Grund, nämlich daß die Summe der Abweichungsquadrate minimal wird, wenn man als Meßergebnis eben das arithmetische Mittel nach Gl. (1-6) wählt [A12], [A13]. Eine eingehende Herleitung im Sinne der Statistik findet man z.B. in [A244].

Varianz s^2

Das Quadrat der Standardabweichung s wird *Varianz* genannt und beispielsweise in der Statistik häufig benutzt.

Standardabweichung σ

Für sehr große Werte n nähert sich s einer in der Statistik und insbesondere in der Gaußschen Fehlertheorie mathematisch definierten Größe, die „Standardabweichung σ der (sehr großen) Grundgesamtheit" genannt wird (DIN 1319), [A12]:

$$\sigma = \lim_{n \to \infty} s = \lim_{n \to \infty} \sqrt{\frac{1}{n} \sum_{i=1}^{n} (X_i - \bar{X})^2} \ . \tag{1-8}$$

Bei praktischen Untersuchungen kann der Grenzwert als erreicht angesehen werden, wenn $n \geqslant 200$ ist, vgl. DIN 1319.

Vertrauensniveau

Die praktische Bedeutung der Standardabweichung σ liegt darin, daß man bei einer Normalverteilung (Gauß-Verteilung) der zufälligen Abweichungen mathematisch begründet angeben kann, welcher Bruchteil $1 - \alpha$ einer großen Zahl von Messungen zu Einzelergebnissen führt, die innerhalb eines gewissen Bereiches um den arithmetischen Mittelwert $\bar{X}$ herum liegen. Man nennt $1 - \alpha$ dann das *Vertrauensniveau* der Einzelwerte. So läßt sich im Normalfalle und bei einer hinrichend großen Zahl von Messungen beispielsweise sagen, daß innerhalb des Bereiches $\bar{X} \pm \sigma$ der Anteil $1 - \alpha = 68,3 \%$ aller Einzelergebnisse liegen wird. Weitere Angaben enthält Tabelle 1-5.

Tabelle 1-5
Vertrauensniveau $1 - \alpha$ einer normalverteilten Grundgesamtheit. Vorzugswert nach DIN 1319: $1 - \alpha = 95 \%$.

Bereich	$1 - \alpha$
$\bar{x} \pm 1,00\ \sigma$	68,3 %
$\bar{x} \pm 1,96\ \sigma$	95,0 %
$\bar{x} \pm 2,00\ \sigma$	95,4 %
$\bar{x} \pm 2,58\ \sigma$	99,0 %
$\bar{x} \pm 3,00\ \sigma$	99,7 %

Vertrauensgrenzen

Der arithmetische Mittelwert nach Gl. (1-6) ist natürlich nicht identisch mit dem gesuchten wahren Wert der Meßgröße. Bei Voraussetzung einer Normalverteilung der Abweichungen lassen sich jedoch zwei Grenzen angeben, zwischen denen (bei Abwesenheit systematischer Abweichungen) der wahre Wert mit einem gewählten Vertrauensniveau zu erwarten ist; diese Grenzen heißen *Vertrauensgrenzen* des Meßergebnisses, vgl. hierzu DIN 1319 oder z.B. [A12], [A213], [A244].

Abweichungsfortpflanzung

Werden abweichungsbehaftete Meßergebnisse rechnerisch weiterverwertet, so tritt eine *Abweichungsfortpflanzung* auf. Als Beispiel sei die Bestimmung eines Widerstandswertes durch Strom- und Spannungsmessung betrachtet. Die Meßwerte U_m und I_m für Spannung und Strom mögen kleine Abweichungen ΔU und ΔI enthalten.

Dann gilt:

$$R_m = \frac{U_m}{I_m} = \frac{U + \Delta U}{I + \Delta I} = \frac{U}{I} \cdot \frac{1 + \Delta U/U}{1 + \Delta I/I} .$$

Wenn die relative Abweichung $\Delta I/I$ klein genug ist, kann der Nenner in eine Potenzreihe entwickelt und die Reihe nach dem linearen Glied abgebrochen werden [A14]. So ergibt sich:

$$R_m \approx \frac{U}{I} \left(1 + \frac{\Delta U}{U} \right) \left(1 - \frac{\Delta I}{I} \right)$$

$$= \frac{U}{I} \left(1 + \frac{\Delta U}{U} - \frac{\Delta I}{I} - \frac{\Delta U \cdot \Delta I}{UI} \right)$$

$$\approx \frac{U}{I} \left(1 + \frac{\Delta U}{U} - \frac{\Delta I}{I} \right) = \frac{U}{I} + \frac{1}{I} \Delta U - \frac{U}{I^2} \Delta I ,$$

$$R_m \approx R + \frac{1}{I} \Delta U - \frac{U}{I^2} \Delta I ,$$

$$\Delta R = R_m - R \approx \frac{1}{I} \Delta U - \frac{U}{I^2} \Delta I .$$

Systematische Abweichungen

Solange derartige Abweichungen klein sind, kann die durch Abweichungsfortpflanzung entstehende Abweichung mit Hilfe der Differentialrechnung in guter Näherung berechnet werden, nämlich nach der Regel für die Bildung eines *totalen Differentials*:

$$Y = \varphi (X_1, X_2, X_3, ...) ,$$

$$\Delta Y \approx \frac{\partial \varphi}{\partial X_1} \Delta X_1 + \frac{\partial \varphi}{\partial X_2} \Delta X_2 + \frac{\partial \varphi}{\partial X_3} \Delta X_3 + ... \qquad (1\text{-}9)$$

Wendet man diese Regel auf das vorstehende Beispiel an, so ergibt sich

$$R = \frac{U}{I} , \qquad \frac{\partial R}{\partial U} = \frac{1}{I} , \qquad \frac{\partial R}{\partial I} = \frac{-U}{I^2} ,$$

$$\Delta R \approx \frac{1}{I} \Delta U - \frac{U}{I^2} \Delta I ,$$

also das gleiche Ergebnis wie vorhin.

Zufällige Abweichungen

Handelt es sich um zufällige Abweichungen, so ergibt sich die Standardabweichung eines berechneten Meßergebnisses aus den Standardabweichungen der zugrunde gelegten Vorergebnisse nach einer ähnlichen Regel, bei der jedoch wieder quadratisch addiert werden muß, vgl. DIN 1319, [A12], [A13], [E2]:

$$Y = \varphi (X_1, X_2, X_3 ...),$$

$$s_y = \sqrt{ \left(\frac{\partial \varphi}{\partial X_1} \cdot s_1 \right)^2 + \left(\frac{\partial \varphi}{\partial X_2} \cdot s_2 \right)^2 + \left(\frac{\partial \varphi}{\partial X_3} \cdot s_3 \right)^2 + ... } \qquad (1\text{-}10)$$

▶ 1.7 Meßabweichungen von Meßgeräten

Definitionen nach DIN 1319-1/1.95

Derjenige Beitrag zur Meßabweichung, der durch ein *Meßgerät* verursacht wird, heißt „*Meßabweichung eines Meßgerätes*". Die Meßabweichung eines Meßgerätes hat einen zufälligen Anteil, auch *zufällige Meßabweichung eines Meßgerätes* genannt, und einen systematischen Anteil, auch *systematische Meßabweichung eines Meßgerätes* genannt. Zur *Feststellung der systematischen Meßabweichung eines Meßgerätes* hat man die allgemeine Definition Gl. (1-4) der Meßabweichung dahingehend zu modifizieren, daß als gemessener Wert M das arithmetische Mittel $\overline{X}_a$ einer hinreichend großen Anzahl von unter Wiederholbedingungen angezeigten (oder ausgegebenen) Meßwerten $X_{a,i}$ und anstelle des wahren Wertes X_w ein hinreichend genau vorgegebener (konventionell) richtiger Wert X_r einzusetzen sind:

$$A_s = \overline{X}_a - X_r \tag{1-11}$$

Korrektion

Die *Korrektion* ist das Negative der *festgestellten Meßabweichung eines Meßgerätes*, $K_s = -A_s$. Gehen wir einmal davon aus, daß die *zufällige Meßabweichung eines Meßgerätes* vernachlässigbar klein ist, so kann ein abgelesener Meßwert X_a sinngemäß wie folgt korrigiert werden:

$$X_r = X_a - A_s = X_a + K_s. \tag{1-12}$$

Meßabweichungskurve

Eine *Meßabweichungskurve* stellt die systematische Meßabweichung A_s eines Meßgerätes in Abhängigkeit von der Anzeige X_a dar. Sie soll so gezeichnet werden, daß man erkennen kann, welche Punkte unmittelbar geprüft worden sind und welche Werte durch Interpolation abgelesen werden müssen, also etwa Bild 1-9 entsprechen.

Bild 1-9

Darstellungsweise von Meßabweichungs-kurven für Meßgeräte

Bezogene Meßabweichung

Die *bezogene Meßabweichung* eines Meßgerätes ist der Quotient aus der Meßabweichung des Meßgerätes und einem *für das Meßgerät festgelegen Bezugswert*. Dabei sind *verschiedene Bezugswerte* möglich:

a) der *Meßbereichendwert* (v. E.),   d) die *Aufschrift* (z.B. eines Normals),
b) die *Meßspanne*,   e) die *Anzeige* (v. A.).
c) der konventionell *richtige Wert* (v.R.),

Fehlergrenzen nach DIN 1319-1/1.95

Fehlergrenzen sind Abweichungsgrenzbeträge für Meßabweichungen eines Meßgerätes. Da es sich um *Beträge* handelt, werden sie *ohne Vorzeichen* angegeben. Sie werden vereinbart oder sind in Spezifikationen, Vorschriften usw. vorgegeben. Für die positiven und die negativen Meßabweichungen eines Meßgerätes können unterschiedliche Fehlergrenzen G_o und G_u vorgegeben werden (*unsymmetrische* Fehlergrenzen). Ist nur *eine* Fehlergrenze G gegeben, so gilt $G = G_o = G_u$ (*symmetrische* Fehlergrenze). Ist bei einem Gerät der Betrag der zufälligen Meßabweichung wesentlich kleiner als der der symmetrischen Meßabweichung, werden die Fehlergrenzen im allgemeinen im Hinblick auf die festgestellte systematische Meßabweichung festgelegt. Ist die zufällige Meßabweichung eines Meßgerätes nicht vernachlässigbar, dann werden Fehlergrenzen so festgelegt, daß sie vom Betrag der Meßabweichungen des Meßgerätes nicht mit einer höheren als einer vorgegebenen Wahrscheinlichkeit (z.B. 5 %, vgl. Tab. 1-5) überschritten werden.

Fehlergrenzenvorgabe nach DIN EN 60051

Nach DIN EN 60051/11.91 darf ein direkt wirkendes anzeigendes Meßgerät unter gewissen *Referenzbedingungen* eine bestimmte festgelegte maximale *Eigenabweichung*, innerhalb eines gewissen *Nenngebrauchsbereiches* einen bestimmten festgelegten maximalen *Einfluß-effekt* nicht überschreiten.

Einige besonders wichtige *Referenzbedingungen* sind: Das Meßgerät muß sich auf Umgebungstemperatur befinden und diese soll im Regelfall 23 °C betragen; Nulleinstellung vor Meßbeginn; Einhaltung der Referenzlage; Ausschaltung von Fremdfeldern; bei Wechselstrommeßgeräten Einhaltung der Referenzfrequenz und der Referenzkurvenform; bei Gleichstrommeßgeräten Beschränkung der Welligkeit der Meßgröße; bei Leistungsmessern Einhaltung der Referenzspannung, bei Mehrphasenmeßgeräten symmetrische Spannungen.

Einige besonders wichtige Beispiele für *Nenngebrauchsbereiche* sind: Referenztemperatur ± 10 °C; Referenzlage ± 5°; Referenzfrequenz ± 10 %, ausgenommen Meßgeräte mit Phasendrehgliedern; Referenzspannung ± 15 %; u.a.m.!
Die zitierten Zahlenwerte gelten, wenn vom Hersteller nichts anderes angegeben wird. Beispiel einer abweichenden Angabe: 15 ... **20** ... **25** ... 30 °C bedeutet, anstelle einer festen Referenztemperatur gilt ein Referenzbereich 20 bis 25 °C und ein Nenngebrauchsbereich von 15 bis 30 °C, d.h. Einflußeffekte der Temperatur sind zwischen 15 und 20 °C sowie zwischen 25 und 30 °C zu prüfen, die Eigenabweichung bei 20 °C und 25 °C (vgl. DIN EN 60051-9/11.89).

Eigenabweichung und Einflußeffekt werden in Prozenten eines Bezugswertes angegeben. Der Bezugswert ist im Regelfalle der Meßbereichsendwert. Nur wenn diese Regelung nicht sinnvoll ist, z.B. wenn der Nullpunkt innerhalb des Skalenbereiches liegt oder bei nichtlinearen Skalen, wird sinngemäß auf die Meßspanne oder einen anderen zweckmäßigen, eindeutig anzugebenden Wert bezogen.

Einer Fehlergrenzenangabe kann in der Meßwertstatistik eine Standardabweichung zugeordnet werden [A244]. Dies kann u.U. zweckmäßig sein, weil die Meßabweichung eines Meßgerätes (oder einer Serie von Meßgeräten) irgendwo zufällig innerhalb des Bereiches zwischen den Fehlergrenzen liegen kann.

Genauigkeitsklassen nach DIN EN 60051

Ein direkt wirkendes anzeigendes Meßgerät wird durch ein *Klassenzeichen* in Form einer Zahl einer bestimmten *Genauigkeitsklasse* zugeordnet. Wenn sich das Meßgerät (ggf. zusammen mit seinem Zubehör) unter *Referenzbedingungen* befindet und *innerhalb der Grenzen seines Meßbereiches* nach den Angaben des Herstellers betrieben wird, dann darf die *Eigenabweichung*, ausgedrückt in Prozenten des Bezugswertes, dem Betrage nach nicht den durch das Klassenzeichen festgelegten Wert überschreiten. Innerhalb der *Grenzwertintervalle zwischen Referenzbedingung oder Referenzbereich und Nenngebrauchsbereich* darf ein *Einflußeffekt* im Standardfalle ebenfalls den durch das Klassenzeichen vorgegebenen Wert nicht überschreiten; in vielen Fällen nur die Hälfte davon, in manchen Fällen aber auch ein Mehrfaches davon, vgl. DIN EN 60051 Teile 1 bis 9!
Klassenzeichen müssen aus der Zahlenfolge 1–2–5 und deren dekadischen Vielfachen oder Bruchteilen gewählt werden. Zusätzlich dürfen die Klassenzeichen 0,3; 1,5; 2,5 und 3 für Meßgeräte, das Klassenzeichen 0,15 für Frequenz-Meßgeräte und das Klassenzeichen 0,3 für Zubehör verwendet werden. Danach ergibt sich für die am häufigsten vorkommenden Klassenzeichen folgende Übersicht:

Klassenzeichen = Höchstbetrag der bezogenen Eigenabweichung in Prozent:

0,02   0,05   0,1   (0, 15)   0,2   0,3   0,5   1   1,5   2   2,5   3   5   10   20

Sofern zu einem anzeigenden Meßgerät Zubehör gehört, sind auch hierfür detaillierte Festlegungen in DIN EN 60051 zu beachten. Die Beschränkung auf direkt wirkende Meßgeräte schließt die Anwendung von elektronischen Einrichtungen in Meß- und Hilfsstromkreisen nicht aus. DIN EN 60051 gilt jedoch nur für Meßgeräte mit Skalenanzeige, auch wenn die Änderung der Anzeige in kleinen diskreten Einzelschritten erfolgt, jedoch nicht für Meßgeräte mit Ziffernanzeige.

Quantisierungsabweichung

Bei digital arbeitenden Meßgeräten kommt zu den mit dem jeweils angewandten Meßprinzip zusammenhängenden, physikalisch bedingten Abweichungseinflüssen noch die *Quantisierungsabweichung* hinzu, die dadurch bedingt ist, daß sich die Anzeige nur in bestimmten Zifferschritten ändern kann. Wird z.B. die dreistellige Ziffernfolge „100" angezeigt, und sind die beiden benachbarten möglichen Anzeigen „101" oder „99", so können prinzipiell zahlensystembedingte Abweichungn bis zu ± 1 % des angezeigten Wertes auftreten. Dagegen wäre bei einer vierstelligen Anzeige von z.B. „2000" die denkbare anzeigebezogene Quantisierungsabweichung „± 1 digit" bereits auf ± 0,05 % gesunken, vorausgesetzt natürlich, daß das benutzte Digitalisierungsverfahren hinsichtlich seiner Auflösungsfähigkeit die nun im Verhältnis schon kleinen Schritte zu den Nachbarwerten „2001" oder „1999" realisieren kann. Liegt die Entscheidungsschwelle des Digitalisierungsverfahrens genau in der Mitte zwischen zwei ausgebbaren Zahlenwerten mit dem Abstand 1 digit, dann beschränkt sich die Quantisierungsabweichung auf symmetrisch ± $\frac{1}{2}$ digit.

Fehlergrenzenangabe bei Digital-Meßgeräten

Digital arbeitende Geräte mit mehr als 3-stelliger Anzeige können in der Regel als Präzisionsmeßgeräte angesehen werden, denn es hat normalerweise wenig Sinn, Geräte zu realisieren, bei denen die mit dem Meßprinzip zusammenhängende, physikalisch bedingte Meßabweichung nennenswert größer als die Quantisierungsabweichung ist, auch wenn gelegentlich im empfindlichsten Bereich eines Multimeterkonzeptes auf diesen Umstand weniger Rücksicht genommen wird. So kommt es, daß sich für digital arbeitende Geräte auch eine detailliertere Art und Weise der *Fehlergrenzen-Angabe* durchgesetzt hat als für analog arbeitende Geräte; charakteristisch hierfür ist das folgende Formbeispiel:

$$F_{max} = \pm (0,1 \% \text{ v.A.} + 0,1 \% \text{ v.E.} + 1 \text{ digit});$$ (1-14)

v.A. heißt „von der Ablesung", englisch „of reading";
v.E. heißt „vom Meßbereichsendwert", englisch „of range";
1 digit weist auf die Quantisierungsabweichung hin.

Der 1. Beitrag wird hauptsächlich durch die Inkonstanz der mittleren Kennliniensteigung sowie durch Linearitätsabweichung, der 2. Beitrag hauptsächlich durch die Inkonstanz der Nullpunkteinstellung, der 3. Beitrag durch die Quantisierungsabweichung eines elektronischen Verfahrens mit A/D-Umsetzung bestimmt. Die Quantisierungsabweichung kann bis auf ± $\frac{1}{2}$ digit reduziert werden. In Gerätespezifikationen faßt man den 2. und 3. Beitrag inzwischen oft additiv zu einem resultierenden konstanten Fehlergrenzenbeitrag zusammen, wobei entweder der 2. Beitrag in digit oder der 3. Beitrag in Prozent v.E. umgerechnet wird.

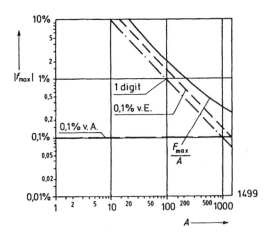

Bild 1-10

Anzeigebezogene Fehlergrenze eines Digital-Meßgerätes mit 1499 Ziffernschritten und einer Fehlergrenzenangabe nach Gl. (1-14)

Bild 1-10 zeigt, wie sich das vorstehende Fehlergrenzenbeispiel bei einem Digital-Meßgerät mit dem Ziffernbereich „0000" bis „1499" auswirkt, wenn man den Betrag der anzeigebezogenen relativen Fehlergrenze $f_{max} = F_{max}/A$ ausrechnet und über der Anzeige A aufträgt. Es ist zu erkennen:

> Man sollte nach Möglichkeit stets den oberen Teil eines Meßbereiches ausnutzen, damit die anzeigebezogene Meßabweichung möglichst klein bleibt. Das gilt für analog arbeitende Geräte ebenso wie für digital arbeitende Geräte!

► 1.8 Darstellung von Meßergebnissen

Meßprotokoll

Ein Meßprotokoll soll sämtliche Informationen enthalten, die für das Zustandekommen des angegebenen Meßergebnisses und die zugehörige Meßabweichungsschätzung wesentlich waren oder im Falle einer nachträglich etwa zu verschärfenden Diskussion wesentlich werden könnten. Es sollte möglich sein, einen Meßablauf anhand des Protokolls zu einem späteren Zeitpunkt originalgetreu zu wiederholen.

Im Regelfalle gehören zu einem Meßprotokoll folgende Angaben:

1. Eine Erläuterung der *Aufgabenstellung* des Versuches;
2. *Ort, Datum*, eventuell Uhrzeit, *Name* des Bearbeiters;
3. Beschreibung des gewählten *Meßverfahrens*;
4. *Typenbezeichnung* und *Seriennummern* der Prüflinge und Geräte;
5. ein *Schaltbild* des Versuchsaufbaus, bei Präzisionsmessungen darüber hinaus eine detaillierte Angabe über Leitungsführungen und Verbindungsstellen, damit zur Zeit der Versuchsdurchführung eventuell übersehene Abweichungsursachen auch später noch aufgeklärt werden können;
6. die *Meßergebnisse* in Form von Tabellen oder *graphischen Darstellungen*,
7. Zusammenfassung und *kritische Diskussion* der Ergebnisse; wenn die Ergebnisse in irgendeiner Hinsicht nicht überzeugend sind, sollte das vermerkt werden, damit man einen solchen Umstand zu einem späteren Zeitpunkt nicht übersieht.

Diagramme

Die Achsenbeschriftung von Diagrammen sollte den Beispielen in Bild 1-11a oder b entsprechen. Die tatsächlich aufgenommenen Meßpunkte sollen in der Darstellung erkennbar sein. Wenn zu den einzelnen Meßpunkten Meßabweichungsschätzungen vorliegen, können diese wie in Bild 1-11b in die Zeichnung eingetragen werden.

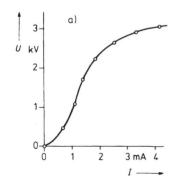
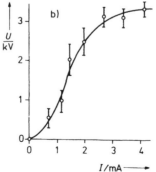

Bild 1-11

Beispiele für die Achsenbeschriftung von Diagrammen, die Kennzeichnung von Meßpunkten und die Angabe von Meßunsicherheiten.

Bezüglich zweckmäßiger Maßstäbe sei auf DIN 5478 verwiesen. Es ist empfehlenswert, die graphische Darstellung sofort während der Aufnahme einer Meßreihe anzufertigen. Man kann dann eine fehlerhafte Einzelmessung im allgemeinen sofort dadurch erkennen, daß der zugehörige Darstellungspunkt auffällig aus dem sich ergebenden Kurvenverlauf herausfällt.

Unsicherheitsangaben

Zur vollständigen Angabe eines Meßergebnisses gehört die Angabe der Meßunsicherheit oder der Fehlergrenzen, mit denen gerechnet werden muß, beispielsweise in der Form:

$$R_m = 2560 \ \Omega \pm 2 \ \Omega \ .$$

Wenn die Angabe der Meßunsicherheit wissenschaftlich verwertbar sein soll, muß es sich um die *Vertrauensgrenzen* (den *Vertrauensbereich*) nach DIN 1319 handeln, und es muß hierzu das gewählte Vertrauensniveau angegeben sein. In die Ermittlung von Meßunsicherheiten können auch systematische Fehler einbezogen werden [E3].

Zur abschließenden Bestimmung der Unsicherheit einer Meßreihe unter Berücksichtigung der den Fehlergrenzen des benutzten Meßgerätes zuzuordnenden Standardabweichung des Meßgerätes siehe z.B. [A244].

Zusammenfassung zu Kapitel 1

1. *Zahlreiche naturwissenschaftliche Lehrsätze beruhen auf Meßergebnissen, und viele technische Funktionsabläufe beispielsweise in der Energietechnik, in der Verfahrenstechnik oder in der Fertigungstechnik müssen ständig meßtechnisch kontrolliert werden.*

2. *Normung ist notwendig, um fachliche Begriffe einheitlich und klar zu definieren, bewährte Arbeitsmethoden allgemein anwendbar zu machen, Erzeugnisse austauschbar zu gestalten, für Handel und Wirtschaft wichtige Einheiten allgemeinverbindlich festzulegen und Unfälle zu verhüten.*

3. *Zu den für die elektrische Meßtechnik wichtigen Normen- und Vorschriftenwerken gehören in erster Linie die DIN-Normen, die VDI/VDE-Richtlinien, das VDE-Vorschriftenwerk und das Gesetz über Einheiten im Meßwesen.*

4. *Empfehlungen sind nicht rechtsverbindlich, können aber Bestandteile rechtsverbindlicher Verträge werden. Im Sprachgebrauch des VDE gibt eine Richtlinie den Stand der Technik an, ohne bereits verbindlicher als eine Empfehlung zu sein; eine Regel soll eingehalten werden, um die Zuverlässigkeit von elektrischen Einrichtungen zu gewährleisten; eine Vorschrift muß eingehalten werden, um Gefahren für Personen oder Sachen auszuschließen. Ein Gesetz ist innerhalb des darin festgelegten Geltungsbereiches allgemein einzuhalten.*

5. *In Größengleichungen werden Größen, d.h. Produkte aus Zahlenwert und Einheit eingesetzt. Es sind nach Möglichkeit die Einheiten des „Internationalen Einheitensystems" (SI) und dezimale Vielfache und Teile derselben zu benutzen; für den geschäftlichen und amtlichen Verkehr ist das durch das Gesetz über Einheiten im Meßwesen vorgeschrieben.*

6. *Die Physikalisch-Technische Bundesanstalt (PTB) nimmt in der Bundesrepublik Deutschland die mit der Festlegung, Darstellung, Bewahrung und Weitergabe von Einheiten zusammenhängenden Forschungs-, Entwicklungs-, Koordinations- und Verwaltungsaufgaben wahr.*

7. Zu den wichtigsten zeitabhängigen Vorgängen gehören periodische Vorgänge (darunter vor allem Sinusvorgänge), Mehrphasenvorgänge, sinusverwandte Vorgänge, impulsförmige Vorgänge, der Sprungvorgang, Übergangsvorgänge und Rauschvorgänge. Wichtig für die Charakterisierung periodischer Vorgänge sind der lineare Mittelwert, der Gleichrichtwert und der Effektivwert.

8. Periodische Zeitfunktionen können in einzelne Sinusschwingungen zerlegt werden (Fourieranalyse). Die hierbei zu berücksichtigenden Folgen von Amplituden- und Phasenwinkelwerten nennt man Amplitudenspektren und Phasenwinkelspektren.

9. Nach VDI/VDE 2600 bestehen Meßketten aus Aufnehmern, Anpassern (Übertragungsgliedern) und Ausgebern. Unter diesen Einheiten ist besonders zwischen Meßumformern, Meßwandlern und Meßumsetzern zu unterscheiden.

10. Eine Meßabweichung ist prinzipiell der Unterschied zwischen einem ermittelten Meßwert und dem wahren Wert der gemessenen Größe. Bezieht man die Meßabweichung auf den wahren Wert, oder bei kleinen Meßabweichungen auch auf den Meßwert als Näherung für den wahren Wert, so erhält man die relative Meßabweichung. Es gibt systematische und zufällige Abweichungen. Bei der rechnerischen Weiterverwertung unrichtiger oder unsicherer Meßergebnisse tritt eine Abweichungsfortpflanzung in Erscheinung.

11. Nach DIN EN 60051 ist die Fehlergrenze für die Eigenabweichung eines Meßgerätes unter vorgegebenen Referenzbedingungen im Regelfalle als maximal zugelassene, prozentuale, endwertbezogene Meßabweichung angegeben. Die Fehlergrenze bestimmt die Genauigkeitsklasse eines Meßgerätes. Innerhalb des Nenngebrauchsbereiches dürfen zusätzliche Einflußeffekte hinzukommen. Bei digital arbeitenden Geräten tritt zusätzlich zu den physikalisch bedingten Meßabweichungen noch eine Quantisierungsabweichung auf. Es sollte nach Möglichkeit der obere Teil eines Meßbereiches benutzt werden.

12. Meßprotokolle sollen so abgefaßt sein, daß man den Meßversuch danach originalgetreu wiederholen könnte. Zur vollständigen Angabe eines Meßergebnisses gehört eine Aussage über die zu beachtende Meßunsicherheit.

Literatur zu Kapitel 1

[B2]   DIN-Taschenbuch 22, Einheiten und Begriffe für physikalische Größen, enthält eine so informative Zusammenstellung grundlegend wichtiger Normen, daß es ständig als studien- und arbeitsbegleitendes Nachschlagewerk genutzt werden sollte.

[A4]   Winter, Die neuen Einheiten im Meßwesen, ist ein handliches Arbeits- und Nachschlagebuch über die Einheiten des SI-Systems und das Gesetz über Einheiten im Meßwesen.

[A5]   Bender-Pippig, Einheiten-Maßsysteme-SI, vermittelt eine etwas ausführlichere Einführung in die Problematik von Größen- und Einheitensystemen.

[A6]   Stille, Messen und Rechnen in der Physik, ist ein umfassendes wissenschaftliches Arbeitsbuch über Größen- und Einheitensysteme.

[A7]   Philippow, Grundlagen der Elektrotechnik, ist ein sehr ausführliches Grundlagen- und Nachschlagewerk.

[A12] Zurmühl, Praktische Mathematik für Ingenieure und Physiker, enthält eine Zusammenstellung mathematischer Methoden, die im Ingenieurbereich häufig benutzt werden.

[A14] Bronstein-Semendiajew, Taschenbuch der Mathematik, ist ein sehr verbreitetes, handliches Nachschlagewerk.

[A244] Gellißen-Adolph, Grundlage des Messens elektrischer Größen, enthält ausführliche Informationen für die Behandlung von Meßabweichungsproblemen und die Berechnung von Meßunsicherheiten unter Berücksichtigung systematischer und zufälliger Abweichungen sowie gerätetechnischer Fehlergrenzen.

2 Elektrische Hilfsmittel

Darstellungsziele

1. *Zusammenstellung von Meßprinzipien, mit deren Hilfe den zu messenden elektrischen Größen sichtbare mechanische Zustandsänderungen eindeutig zugeordnet werden können (2.1.1).*
2. *Beschreibung der wichtigsten Meßwerke einschließlich einer Zusammenstellung der für Kennzeichnungszwecke genormten Zeichen und Sinnbilder (2.1.2, 2.1.3).*
3. *Konstruktive Gesichtspunkte und Normen, die sich daraus ergeben, daß Meßinstrumente sehr oft Bestandteile übergeordneter Systeme sind (2.1.4).*
4. *Diskussion des zeitlichen Einstellverhaltens von Meßwerken (2.1.5).*
5. *Beschreibung von anpassenden (übertragenden) Geräten und Normalen, die für die Realisierung von Meßschaltungen benötigt werden (2.2).*
6. *Vorstellung der wichtigsten elektronischen Meßgeräte (2.3).*
7. *Vorstellung wichtiger Registriergeräte (2.4).*

2.1 Elektromechanische Anzeiger

▶ 2.1.1 Meßprinzipien

Elektromechanische Anzeiger beruhen auf dem Prinzip, einer zu messenden elektrischen Größe mit Hilfe eines geeigneten physikalischen Effektes eine mechanische Kraftwirkung eindeutig zuzuordnen. Die Kraft löst eine Bewegung aus, z.B. eines Zeigers über einer Skala oder eines Zählwerks. Wird dem Bewegungsvorgang eine auslenkungsproportionale Gegenkraft entgegengesetzt, so kommt es zu einem Stillstand des Anzeigesystems in einer neuen Gleichgewichtslage, z.B. zu einem bestimmten Ausschlag eines Zeigers. Wird dem Bewegungsvorgang dagegen eine geschwindigkeitsproportionale Kraft entgegengesetzt, so besteht der neue Gleichgewichtszustand darin, daß ein Teil des Meßwerks schließlich eine bestimmte, konstante Endgeschwindigkeit annimmt, z.B. eine bestimmte Umdrehungszahl je Sekunde; in diesem Falle kann die Erfassung der Meßgröße beispielsweise durch ein Umdrehungszählwerk erfolgen. Bei Messungen im Zusammenhang mit Wechselgrößen kann der Beharrungszustand auch in einer stationären, periodischen Schwingung eines Meßwerkteils bestehen. Außerdem können Schwingungen auch als Übergangserscheinungen zwischen zwei verschiedenen Beharrungszuständen auftreten (vgl. z.B. Bild 1-5); in diesem Falle sind sie in der Regel unerwünscht und müssen durch eine zusätzliche, geschwindigkeitsproportionale Bremskraft abgedämpft werden.

Stromdurchflossener Leiter im Magnetfeld

Eines der meistbenutzten Meßprinzipien ist die Kraftwirkung auf einen stromdurchflossenen Leiter im Magnetfeld. Ist der Leiter geradlinig und senkrecht zu einem homogenen Magnetfeld mit der Induktion B angeordnet, wie in Bild 2-1a, und ist l die sich im
Magnetfeld befindende Länge des Leiters, so gilt für die Kraft

$$F = I \cdot B \cdot l. \qquad (2-1)$$

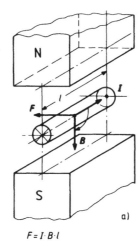 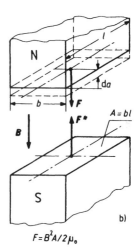

Bild 2-1

Magnetische Kraftwirkungen.
Idealisierung: Zwischen den
Polen ist ein homogener
Feldverlauf anzunehmen

$$F = I \cdot B \cdot l \qquad\qquad F = B^2 A / 2\mu_0$$

Denkt man sich den Stromvektor auf dem kürzesten Wege in die Richtung des Induktions-
vektors gedreht, so ist die Kraftrichtung im Rechtsschraubensinn zugeordnet, wie in
Bild 2-1a gezeichnet. Ist der Leiter nicht senkrecht zu den magnetischen Feldlinien angeordnet, so ist nur die senkrecht auf B stehende Komponente des Stromes für die Kraftwirkung entscheidend.

Allgemein ergibt sich die Kraft als äußeres Vektorprodukt (Kreuzprodukt) zwischen den Vektoren von
Strom und Induktion [A15]. Ist das Feld nicht homogen oder der Leiter nicht geradlinig, so muß die
Regel auf ein differentiell kleines Leiterelement angewandt und dann über den gesamten Leiter inte-
griert werden [A7].

Magnetische Polkraft

In manchen Meßwerken wird die zwischen zwei Magnetpolen auftretende Kraftwirkung
ausgenutzt. Denkt man sich zwei Pole entsprechend Bild 2-1b gegenüberstehend, so befindet sich in dem Luftraum zwischen ihnen eine bestimmte magnetische Feldenergie mit
der Energiedichte

$$w_m = BH/2 . \qquad (2-2)$$

Denkt man sich nun weiter eine Bewegung des einen Pols um ein differentiell kurzes Weg-
stückchen da auf den anderen Pol zu, so verschwindet im Luftraum die magnetische Feldenergie

$$dW_m = w_m \cdot dV = w_m \cdot b \cdot l \cdot da .$$

Diese Energie muß als mechanische Energie frei werden, so daß sich für die mechanische Kraft F ergibt:

$$F \cdot da = w_m \, bl \, da = w_m A \, da, \quad F = w_m A = BHA/2 = B^2 A/2 \mu_0 .$$ (2-3)

Hierbei ist angenommen worden, daß die magnetische Energiedichte innerhalb des Eisens vernachlässigt werden darf. Auf den gegenüberliegenden Magnetpol wirkt natürlich eine entsprechende, gegengleiche Kraft F^*. Man beachte, daß in Bild 2-1b ein homogenes Feld zwischen den Polen vorausgesetzt ist.

Elektrostatische Feldkraft

Eine ganz ähnliche Kraftwirkung beobachtet man zwischen ungleichnamig geladenen Kondensatorplatten. Übernimmt man aus Bild 2-1b eine sinngemäß entsprechende Bezeichnungsweise, so ergibt sich ganz analog:

$$w_e = DE/2 ,$$
$$F \cdot da = w_e \, bl \, da = w_e A \, da ,$$ (2-4)
$$F = w_e A = DEA/2 = \epsilon_0 E^2 A/2 .$$ (2-5)

Stromwärmewirkungen

Auch die Erwärmung eines Leiters durch einen hindurchfließenden Strom kann zur Erzielung eines mechanischen Bewegungseffektes eingesetzt werden: Ein durch den Stromfluß erwärmter Draht dehnt sich aus; ein aus zwei fest verbundenen Metallstreifen mit unterschiedlichem Ausdehnungskoeffizienten zusammengesetzter „Bimetallstreifen" krümmt sich, wenn er durch Stromfluß erwärmt wird. Die entsprechende mechanische Auslenkung ist in solchen Fällen etwa proportional zur Temperaturerhöhung, und diese ist in der Regel wiederum proportional zur aufgewandten Heizleistung, so daß gilt:

$$\Delta x = k_1 \cdot \Delta \vartheta = k_2 \cdot U \cdot I = k_2 \, RI^2 = k_3 \cdot I^2 .$$ (2-6)

Auslenkungsabhängige Gegenkraft

Eine auslenkungsproportionale Gegenkraft kann mechanisch durch eine gegensinnig wirkende Feder realisiert werden. Eine der Auslenkung entgegenwirkende Kraft kann jedoch auch auf andere Weise erzielt werden, z.B. dadurch, daß eine stromdurchflossene Spule eine zweite, mit ihr starr gekoppelte Spule aus ihrer Vorzugslage (Ruhelage) im Magnetfeld herausdreht, oder dadurch, daß ein Permanentmagnet aus seiner Ruhelage innerhalb eines statischen Magnetfeldes ausgelenkt wird.

Geschwindigkeitsabhängige Gegenkraft

Eine geschwindigkeitsproportionale Gegenkraft kann z.B. dadurch erzielt werden, daß man eine zwischen den Polen eines Magneten angeordnete leitende Scheibe dreht. In diesem Falle werden in der Scheibe Wirbelströme induziert, die zu einer Kraftwirkung zwischen Magnetfeld und Scheibe führen, welche stets bremsende Richtung hat. Bei Stillstand der Scheibe werden keine Wirbelströme induziert, und dann ist auch keine Kraftwirkung vorhanden.

Zum Abdämpfen von Pendelschwingungen während eines Einstellvorganges genügt unter Umständen bereits der in einer bewegten Meßwerkspule selbst induzierte Strom. Ist dies nicht der Fall, so kann die Meßwerkspule beispielsweise auf einen leitenden Rahmen gewickelt werden, oder es können Bremsflügel in einer Luftkammer vorgesehen werden. Beispiele hierfür sind im folgenden Abschnitt im Zusammenhang mit verschiedenen Meßwerken dargestellt.

▶ 2.1.2 Meßwerke

Die Benennung der nachfolgend beschriebenen Meßwerke richtet sich weitgehend nach einer diesbezüglichen Festlegung in DIN 43 780. In dieser Norm sind außerdem wichtige Grundsätze für die Feststellung und Angabe der Fehler von Meßgeräten niedergelegt, beispielsweise Referenzbedingungen und Nenngebrauchsbereiche für Lage, Temperatur, Spannung oder Strom, Frequenz, Kurvenform, Leistungsfaktor, Fremdfeldeinfluß, Einbaueinfluß u.a.m.

Drehspulmeßwerk

Ein Drehspulmeßwerk enthält gemäß Bild 2-2a einen feststehenden Dauermagneten und eine bewegliche Spule, die bei Stromdurchfluß elektromagnetisch abgelenkt wird. Der Spulenrahmen hat in der Regel Rechteckform, wie etwa die Zeichnung Bild 2-2b andeutet. Für die Kraftwirkung sind natürlich nur diejenigen Leiterteile entscheidend, die sich im Luftspaltfeld des Permanentmagneten befinden; ihre Länge sei mit l bezeichnet, ihr (mittlerer) Abstand von der Drehachse des Spulenrahmens mit r. Ist die Windungszahl des Spulenrahmens N, so vervielfacht sich die durch Gl. (2-1) bestimmte Kraftwirkung entsprechend, und man erhält für das elektromagnetisch bedingte Drehmoment der Spule

$$M_e = NIBl \cdot 2r \,. \tag{2-7}$$

Dem stellt sich ein zum Drehwinkel α proportionales, mechanisch bedingtes Gegendrehmoment der Rückstellfeder entgegen,

$$M_g = -D\alpha \,. \tag{2-8}$$

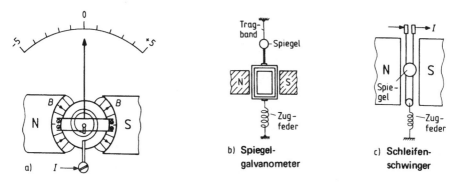

b) Spiegel-
galvanometer

c) Schleifen-
schwinger

Bild 2-2 Drehspulmeßwerk (a) und Sonderbauformen (b, c)

Aus der Gleichgewichtsbedingung

$$M_e + M_g = 0 \tag{2-9}$$

ergibt sich dann für den Ausschlagswinkel

$$\alpha = \frac{2\,rlNB}{D}\,I = S_i I \,. \tag{2-10}$$

Der Proportionalitätsfaktor S_i wird Stromempfindlichkeit genannt. Man sieht:

 Der Ausschlag eines *Drehspulmeßwerks* ist proportional zum Strom und damit insbesondere auch von der Stromrichtung abhängig; eine Umkehrung der Stromrichtung hat eine Umkehrung des Ausschlags zur Folge. Wird die Spule von einem Wechselstrom durchflossen, dessen Frequenz so hoch ist, daß der Spulenrahmen infolge seiner mechanischen Trägheit nicht mehr folgen kann, so kommt auch kein Ausschlag zustande. Bei einem Mischstrom wird in diesem Falle der Gleichstromanteil angezeigt.

Man beachte, daß durch einen unzulässig großen Wechselstrom eine thermische Überlastung der Spule entstehen kann, ohne daß hiermit ein erkennbarer Zeigerausschlag verbunden wäre.

Trägheit und Dämpfung

Die *Trägheit* des Spulenrahmens bzw. des gesamten beweglichen Teils des Meßwerks führt nicht nur zu einer verzögerten Einstellung der Anzeige, sondern auch zu einem Überschwingen des Zeigers über die spätere Ruhelage hinaus und einer sich daran anschließenden Pendelerscheinung. Solange sich aber nun die Spule bewegt, werden in der Wicklung Ströme induziert, d.h. es wird dem zu messenden Strom I während der Einstellzeit ein zusätzlicher induzierter Strom $i(t)$ überlagert. Dieser zusätzliche Induktionsstrom ist stets so gerichtet, daß die sich daraus gemäß Gl. (2-1) ergebende Kraftwirkung dem Bewegungsvorgang entgegenwirkt und ihn abbremst. Dadurch wird eine *Dämpfung* des Einstellvorgangs erreicht, die bei günstiger Dimensionierung zu einem raschen Abklingen des Pendelns um die stationäre Einstellung herum führt. Nun hängt aber die Größe des induzierten Stromes $i(t)$ und damit die sich daraus ergebende Bremskraft vom gesamten Widerstand des Stromkreises ab, in den die Spule eingeschaltet ist; ist dieser Widerstand zufällig sehr hoch, so kommt auf die bisher geschilderte Weise praktisch keine Dämpfung mehr zustande. Um nun eine von der äußeren Schaltung unabhängige Eigendämpfung des Meßwerks garantieren zu können, wird deshalb in der Regel der Spulenrahmen aus Aluminium hergestellt; in diesem Rahmen können sich die abbremsenden Induktionsströme dann unabhängig von äußeren Meßkreiswiderständen ausbilden.

Lagerung

Die in Bild 2-2a erkennbare spiralförmige Rückstellfeder übernimmt zugleich die Aufgabe der *Stromzuführung* zu der beweglichen Spule. Bei diesem Konzept wird der bewegliche Teil des Meßwerks in der Regel durch zwei *Spitzenlager* getragen. Modernere Meßwerkkonstruktionen enthalten oft statt der Spitzenlager zwei flache *Spannbänder*, die zugleich für die Aufhängung des beweglichen Meßwerkteils, die Stromzuführung und das Rückstellmoment sorgen. Die Spannbandlagerung ist ebenso wie die Spitzenlagerung gegenüber harten mechanischen Stößen oder Erschütterungen recht empfindlich; daher muß ein Drehspulmeßwerk in der Regel vor derartigen Beanspruchungen geschützt werden. Außerdem muß stets die vorgeschriebene *Gebrauchslage* des Meßwerks eingehalten werden, da sich andernfalls aus der Art der Lagerung und der Gewichtsverteilung in dem beweglichen System zusätzliche Meßfehler ergeben können.

Sonderbauformen

Besonders empfindliche Drehspulmeßinstrumente werden *Galvanometer* genannt. Die bei der Ablesung erreichbare Auflösung hängt u.a. von der Länge des Zeigers ab. Der Verlängerung eines mechanischen Zeigers sind natürlich enge Grenzen gesetzt. Beim *Spiegelgalvanometer* wird die Spule gemäß Bild 2-2b mit einem Spiegel gekoppelt, der einen Lichtstrahl ablenkt; durch geeignete Sätze von Umlenkspiegeln oder -prismen können dann auch bei beschränktem Raum lange, bequem ablesbare Bewegungen der Anzeigemarke realisiert werden [A16], [A17], [A18]. Hochempfindliche Galvanometer müssen mit kurzgeschlossener Meßwerkspule transportiert werden; in diesem Falle verhindert die elektromagnetische Dämpfung gefährliche Rüttel- und Drehbewegungen. Beim *Schleifenschwinger* nach Bild 2-2c ist die Spule zu einer sehr schmalen Schleife entartet, um die mechanische Trägheit des beweglichen Systems sehr klein zu machen; man kann hiermit Lichtstrahloszillographen realisieren, die Schwingungsvorgänge bis zu Frequenzen von etwa 20 kHz hinauf auf lichtempfindliche Folien aufzuzeichnen gestatten [A16], [A17], [A18]. Entsprechende Ausführungen mit mehr als einer Windung nennt man *Spulenschwinger*.

Bei einem *Fluxmeter* oder *Kriechgalvanometer* ist kein Rückstellmoment vorhanden und die Dämpfung so dimensioniert, daß sich der Spulenrahmen mit einer zur anliegenden Spannung proportionalen Geschwindigkeit bewegt; man kann damit Spannungsstöße $\int u \cdot dt$ messen [A16], [A17], [A18]. Bei einem *ballistischen Galvanometer* wird der Maximalausschlag abgelesen, der sich im Anschluß an einen kurzen Stromstoß $\int i \cdot dt$ einstellt [A16], [A17], [A18].

Drehmagnetmeßwerk

Ein Drehmagnetmeßwerk enthält einen beweglichen Dauermagneten, der vom Feld einer feststehenden stromdurchflossenen Spule (oder mehrerer feststehender Spulen) abgelenkt wird. Auf den beweglichen Dauermagneten wirkt außerdem das Feld eines zusätzlichen, ebenfalls permanenten Richtmagneten, der für ein Rückstellmoment und eine eindeutige Ruhelage sorgt. Der bewegliche Magnet stellt sich jeweils in die Richtung des resultierenden Magnetfeldes ein. Stehen z.B. die vom Richtmagneten erzeugte Induktion B_1 und die von der stromdurchflossenen Spule erzeugte Induktion B_2 senkrecht zueinander, so gilt für den sich einstellenden Ausschlagwinkel α:

$$\tan \alpha = \frac{B_2}{B_1} = \frac{k_2 I}{B_1} = k \cdot I \, ,$$

$$\alpha = \arctan kI \, .$$

(2-11)

Man erkennt:

> Die Ausschlagsrichtung eines *Drehmagnetmeßwerks* hängt von der
> Stromrichtung ab, der Skalenverlauf ist im Prinzip nichtlinear. Ein Dreh-
> magnetmeßwerk eignet sich nur für Gleichstrommessungen.

Meßwerkbilder und Einzelheiten findet man in [A16], [A17], [A18]. Das Prinzip eignet sich besonders
für robuste, erschütterungsunempfindliche Kleinmeßgeräte. Die Meßwerkdämpfung kann durch einen
den Drehmagnet umschließenden, feststehenden Kupferschirm erreicht werden, in dem dann im Be-
wegungsfalle Wirbelströme induziert werden. Eine Sonderbauform ist das *Vibrationsgalvanometer*,
das kleine Wechselströme frequenzselektiv anzeigt.

Dreheisenmeßwerk

Ein Dreheisenmeßwerk enthält in der Regel ein bewegliches Eisenteil, das von dem Magnetfeld einer feststehenden stromdurchflossenen Spule abgelenkt wird. Weit verbreitet
ist beispielsweise das Prinzip des *Mantelkernmeßwerks* nach Bild 2-3. Innerhalb der stromdurchflossenen Spule Sp befindet sich ein feststehendes Eisenblech FE und ein bewegliches Eisenblech BE, der Form nach Teile eines Zylindermantels. Die Eisenbleche werden
durch das Spulenfeld gleichsinnig magnetisiert und stoßen sich daher ab; das bewegliche
Eisenteil vollzieht infolgedessen eine Drehbewegung um seine Drehachse. Im Zusammenhang mit der einfachen Grundanordnung nach Bild 2-1b hatte sich ergeben, daß die Kraftwirkung zwischen zwei Magnetpolen proportional zu B^2 ist. Würde man dort die magnetische Induktion durch eine stromdurchflossene Spule erzeugen, so wäre B proportional
zu I und damit die Kraftwirkung proportional zu I^2. Ein entsprechendes Kraftgesetz erhält man für die hier vorliegende Drehbewegung leicht durch folgende Energiebilanz [A17]:

$$M_{\mathrm{m}}\, \mathrm{d}\alpha = F_{\mathrm{m}}\, r\, \mathrm{d}\alpha = \tfrac{1}{2}\, I^2\, \mathrm{d}L \;, \quad M_{\mathrm{m}} = \tfrac{1}{2}\, I^2\, \frac{\mathrm{d}L}{\mathrm{d}\alpha}\,. \tag{2-12}$$

Bei einer Mantelblechabwicklung ähnlich Bild 2-3b ist $\mathrm{d}L/\mathrm{d}\alpha$ über einen gewissen Dreh-
bereich hinweg annähernd konstant, und dann ist bei winkelproportionalem Gegendreh-

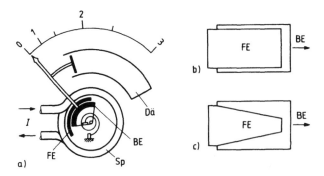

Bild 2-3 Dreheisenmeßwerk (a), unkorrigierte Abwicklung der Mantelkernbleche (b) und Korrektur zur
Erzielung eines linearisierten Skalenverlaufs (c). Sp Spule, FE festes Eisenblech, BE bewegliches Eisenblech, Dä Dämpfungs-Luftkammer

moment nach Gl. (2-8) auch der Ausschlag annähernd proportional zum Quadrat des Stromes:

$$\alpha = \frac{1}{2D} \cdot \frac{dL}{d\alpha} \cdot I^2 \ . \tag{2-13}$$

In der Regel wird jedoch durch eine $dL/d\alpha$ gegensinnig beeinflussende Formgebung der Mantelkernbleche — ähnlich Bild 2-3c — oder durch äquivalente Maßnahmen eine Linearisierung des Skalenverlaufes angestrebt.

 Aufgrund eines quadratischen Kraftgesetzes ist die Ausschlagsrichtung eines *Dreheisenmeßwerkes* nicht von der Stromrichtung abhängig. Korrekturmaßnahmen beim Aufbau des Meßwerks erlauben die Realisierung annähernd quadratischer, annähernd linearer, zum Ende hin zusammengedrängter oder anderer nichtlinearer Skalenverläufe. Wird die Spule des Dreheisenmeßwerks von einem periodischen Strom $i(t)$ durchflossen, dessen Frequenz so hoch ist, daß das Meßwerk infolge seiner Trägheit nicht mehr der einzelnen Schwingung folgen kann, so mittelt es über $i^2(t)$ und zeigt den *Effektivwert* an.

Die erforderliche *Dämpfung* des Meßwerks wird in der Regel durch einen Dämpferflügel in einer Luftkammer sichergestellt, wie in Bild 2-3a angedeutet, seltener durch eine elektromagnetische Bremsung mit Permanentmagnet und Wirbelstromscheibe.

Außer dem hier beschriebenen Mantelkernmeßwerk gibt es ähnlich wirkende *Streifenmeßwerke*, *Nadelmeßwerke*, *Flachspulmeßwerke* und *Tauchankermeßwerke* [A17], [A18]. Präzisionsausführungen müssen gegenüber Fremdfeldern magnetisch abgeschirmt werden. Infolge von Hysterese- und Wirbelstromeffekten treten mit steigender Frequenz, u.U. schon oberhalb 100 Hz, rasch wachsende Anzeigefehler auf. Für eine breitbandige Effektivwertmessung benutzt man deshalb elektronische Verfahren der Effektivwertbildung, vgl. Abschnitt 3.1.2 und 5.2.1.

Hitzdrahtmeßwerk

Beim Hitzdrahtmeßwerk wird ein Draht oder ein Band durch den hindurchfließenden Strom erwärmt; die durch die Erwärmung entstehende mechanische Ausdehnung bewegt einen Zeiger. Da die Temperaturerhöhung und die damit verbundene Ausdehnung etwa proportional zum Quadrat des Stromes sind, ergibt sich — Gl. (2-6) entsprechend — ein quadratischer Skalenverlauf.

 Ein *Hitzdrahtmeßwerk* zeigt einen quadratischen Skalenverlauf; seine Ausschlagsrichtung ist demgemäß unabhängig von der Stromrichtung. Wird der Hitzdraht von einem periodischen Strom durchflossen, dessen Frequenz so hoch ist, daß die Drahttemperatur nicht mehr der einzelnen Schwingung folgen kann, dann wird der *Effektivwert* angezeigt. Der Hitzdraht ist sehr überlastungsempfindlich!

Ein Meßwerkbild findet man in [A17]. Das Hitzdrahtmeßwerk ist praktisch durch Bimetallmeßwerke und Drehspulmeßwerke mit Thermoumformer verdrängt worden.

Bimetallmeßwerk

Ein Bimetallmeßwerk enthält eine Bimetallspirale, die von dem zu messenden Strom durchflossen und erwärmt wird. Die Erwärmung hat eine Auf- oder Entrollbewegung zur Folge, welche auf die Meßwerksachse übertragen und damit zur Anzeige gebracht wird. Eine zweite, auf die Meßwerksachse gegensinnig einwirkende, stromlose Bimetallspirale sorgt für eine Kompensation des Raumtemperatureinflusses. Auch hier ergibt sich entsprechend Gl. (2-6) ein zum Quadrat des Stromes proportionaler Ausschlag.

 Ein *Bimetallmeßwerk* zeigt einen quadratischen Skalenverlauf; seine Ausschlagsrichtung ist demgemäß unabhängig von der Stromrichtung. Bei periodischen Strömen wird der *Effektivwert* angezeigt. Bimetallmeßwerke können wegen ihrer thermischen Trägheit Einstellzeiten bis zu 15 Minuten aufweisen.

Sie dienen vorzugsweise zur Messung sehr großer Ströme. Da ein beträchtliches Drehmoment zur Verfügung steht, kann ein Schleppzeiger mitgeführt werden, mit dessen Hilfe man nachträglich einen zwischenzeitlich erreichten Maximalwert des Stromes ablesen kann.

Wegen der großen thermischen Trägheit findet man auch manchmal Kombinationen mit Dreheisenmeßwerken und Schleppzeigern, so daß man dann Momentanwerte, thermische Mittelwerte und Maximalwerte ablesen kann. Meßwerkbilder und Einzelheiten findet man in [A16], [A17], [A18].

Elektrostatisches Meßwerk

Ein elektrostatisches Meßwerk hat feststehende und bewegliche Teile, zwischen denen elektrische Feldkräfte wirken. Der Aufbau entspricht meist einem Platten- oder Drehkondensator, wobei ein Plattensatz feststeht und der zweite beweglich ist. Da die Einstellkräfte erheblich kleiner als bei anderen Meßwerken sind, dient als Rückstellfeder meist ein sehr dünnes Metallband, das dann in der Regel auch die Aufhängung des beweglichen Teils darstellt. Dem Kondensatorprinzip und Gl. (2-5) entsprechend ergibt sich hier wieder ein quadratisches Kraftgesetz:

$$F_e = \frac{\epsilon_0}{2} \frac{U^2}{d^2} A = \frac{C}{2d} U^2 \ . \tag{2-14}$$

Für den Fall einer Drehbewegung mit dem Hebelarm r gilt folgende Energiebilanz:

$$M_e \, d\alpha = F_e \, r \, d\alpha = \tfrac{1}{2} U^2 \, dC \ , \qquad M_e = \tfrac{1}{2} U^2 \frac{dC}{d\alpha} \ . \tag{2-15}$$

Darin zeigt sich eine interessante Analogie zu Gl. (2-12). Gestaltet man das Meßwerk so, daß $dC/d\alpha$ konstant ist, so ergibt sich bei winkelproportionalem Gegendrehmoment nach Gl. (2-8) ein quadratischer Skalenverlauf:

$$\alpha = \frac{1}{2D} \cdot \frac{dC}{d\alpha} \cdot U^2 \ . \tag{2-16}$$

Durch geeignete Formgebung der Plattenpakete kann jedoch $dC/d\alpha$ veränderlich gestaltet und damit die Skalencharakteristik verändert werden.

> Aufgrund eines quadratischen Kraftgesetzes ist die Ausschlagsrichtung eines *elektrostatischen Meßwerks* nicht von der Polarität der angelegten Spannung abhängig. Der Skalenverlauf kann quadratisch, linear oder nahezu beliebig nichtlinear gestaltet werden. Wird eine periodische Spannung $u(t)$ angelegt, deren Frequenz so hoch ist, daß das Meßwerk infolge seiner Trägheit nicht mehr der einzelnen Schwingung folgen kann, so mittelt es über $u^2(t)$ und zeigt den *Effektivwert* an.

Das elektrostatische Meßwerk wird mit *Luft- oder Wirbelstromdämpfung* gebaut.

Meßwerkbilder und technische Einzelheiten findet man in [A16], [A17], [A18]. Es gibt eine Reihe verschiedener Bauformen, z.B. das *Multizellularmeßwerk*, das *Plattenvoltmeter*, das *Schutzringelektrometer*, das *Quadrantelektrometer* [A17]. Der Eigenverbrauch ist bei Gleichspannungsmessungen nahezu null, bei Wechselspannungsmessungen wird ein der Kapazität entsprechender Blindstrom aufgenommen.

Kreuzspulmeßwerk

Bild 2-4 zeigt das Prinzip eines Kreuzspulmeßwerks. Dieses Meßwerk enthält *zwei* miteinander und mit einem Zeiger starr verbundene Spulenrahmen, aber *keine* Rückstellfeder. In dem Beispiel Bild 2-4 schließen die beiden Rahmen miteinander einen rechten Winkel ein und befinden sich in einem homogenen Magnetfeld; es gibt jedoch zahlreiche andere Ausführungsformen mit anderem Kreuzungswinkel oder inhomogenem Feld [A17], [A18]. Verfolgt man die in Bild 2-4 angegebene Drehmomentbilanz, so erkennt man, daß das Spulenkreuz eine Gleichgewichtseinstellung annimmt, die vom Verhältnis der Ströme I_2 und I_1 in den beiden Spulenrahmen abhängt, z.B. für die hier betrachtete Ausführungsform:

$$\alpha = \arctan\left(\frac{I_2}{I_1}\right). \tag{2-17}$$

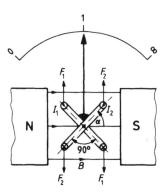

$F_1 = B l N I_1$

$F_2 = B l N I_2$

$M_1 = -2 r F_1 \cos(90° - \alpha)$

$\quad = -2 r F_1 \sin\alpha$

$M_2 = 2 r F_2 \cos\alpha$

$M_1 + M_2 = 0$

$\tan\alpha = \dfrac{\sin\alpha}{\cos\alpha} = \dfrac{F_2}{F_1} = \dfrac{I_2}{I_1}$

Bild 2-4

Prinzip eines Kreuzspul- oder Quotientenmeßwerks

Aus diesem Grunde wird dieses Meßwerk auch *Drehspul-Quotientenmeßwerk* genannt.

> Bei einem *Drehspul-Quotientenmeßwerk* hängt der Zeigerausschlag vom Quotienten zweier Gleichströme ab. Der Skalenverlauf ist nichtlinear. Das Meßwerk besitzt keine Rückstellfeder.

Die *Dämpfung* erfolgt wie beim Drehspulmeßwerk durch Induktionsströme in den Spulenrahmen. Es gibt nicht nur verschiedene Bauformen des Drehspul-Quotientenmeßwerks, sondern auch *Drehmagnet-, Dreheisen-, elektrodynamische* und *Induktions-Quotientenmeßwerke* [A17], [A18].

Elektrodynamisches Meßwerk

Das elektrodynamische Meßwerk besitzt eine feststehende stromdurchflossene Spule und eine bewegliche stromdurchflossene Spule. Es gibt *eisenlose* und *eisengeschlossene* Ausführungen [A17], [A18]. Bild 2-5 zeigt das Prinzip am Beispiel der eisengeschlossenen Ausführung.

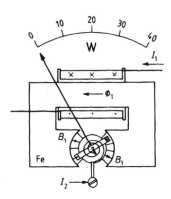

$$B_1 = K_1 I_1$$
$$M_2 = B_1 l N I_2 \cdot 2r$$
$$M_g = -D\alpha$$
$$M_2 + M_g = 0$$
$$K_1 I_1 l N I_2 \cdot 2r = D\alpha$$
$$\alpha = \frac{2k_1 N l r}{D} I_1 I_2 = k_2 I_1 I_2$$

Bild 2-5
Prinzip eines eisengeschlossenen elektrodynamischen Meßwerks

Wie die im Bild aufgeführte Drehmomentbilanz zeigt, ist der Zeigerausschlag proportional zum *Produkt* der beiden die Spulen durchfließenden Ströme:

$$\alpha = k_2 I_1 I_2 \ . \tag{2-18}$$

Macht man über einen Vorwiderstand R_v den über die bewegliche Spule fließenden Strom proportional zu einer z.B. an einem Verbraucher anliegenden Spannung U, und führt man den Verbraucherstrom I durch die feststehende Spule, so ergibt sich eine *Leistungsmessung*:

$$\alpha = k_2 I \ \frac{U}{R_v} = k_3 \ U I = k_3 \ P_V \ . \tag{2-19}$$

Die feststehende Spule wird dann als *Strompfad* mit wenigen Windungen dicken Drahtes, die bewegliche Spule als *Spannungspfad* mit einer großen Windungszahl dünnen Drahtes realisiert. Schließt man einen derartigen Leistungsmesser sinngemäß an einen Wechselstromverbraucher an, so stellt sich die bewegliche Spule infolge ihrer mechanischen Trägheit entsprechend dem Mittelwert des Produktes der Zeitfunktionen $u(t)$ und $i(t)$ ein; dieser Mittelwert entspricht aber (vgl. z.B. Abschnitt 3.2.2) der vom Verbraucher aufgenommenen *Wirkleistung:*

$$\alpha = k_3 \overline{u(t)\,i(t)} = k_3\,P_W\ .\qquad(2\text{-}20)$$

Dies gilt prinzipiell auch dann, wenn $u(t)$ und $i(t)$ beliebige periodische Vorgänge sind, jedoch ist natürlich zu beachten, daß das elektrodynamische Meßwerk genau wie jedes andere Meßwerk mit frequenzabhängigen Fehlereinflüssen behaftet ist.

Für eine breitbandige Leistungsmessung benutzt man deshalb elektronische Verfahren, vgl. Abschnitt 5.2.3.

 Der Ausschlag eines *elektrodynamischen Meßwerks* ist proportional zum Produkt zweier Ströme. Dieses Meßwerk wird hauptsächlich als *Leistungsmesser* für Gleich-, Wechsel- oder Mischstrom angewandt. Es hat dann einen *Strompfad* und einen *Spannungspfad,* in den ein Vorwiderstand einbezogen ist.

Elektrodynamische Meßwerke erhalten eine *Wirbelstrom-, Luft-* oder *Flüssigkeitsdämpfung.*

Man beachte, daß eine Verwechslung von Strom- und Spannungspfad in der Regel zur Zerstörung des Meßwerks führt. Bei älteren Leistungsmesserausführungen ist der Vorwiderstand im Spannungspfad vielfach extern hinzuzuschalten; wird der Spannungspfad versehentlich ohne den erforderlichen Vorwiderstand angeschlossen, führt das zur Zerstörung der beweglichen Spule.

Präzisionsausführungen müssen gegenüber magnetischen Fremdfeldern *eisengeschirmt* werden, insbesondere wenn es sich um eisenlose Meßwerke handelt. Eine andere Möglichkeit, Fremdfeldeinflüsse weitgehend auszuschalten, ist die *Astasierung.* Ein *astatisches Meßwerk* enthält zwei auf eine gemeinsame Achse wirkende Teilmeßwerke, deren Spulen gegensinnig geschaltet (oder gewickelt) sind, so daß sich die Einflüsse homogener äußerer Felder (z.B. des Erdfeldes) aufheben. Manchmal soll die Summe der Leistungsflüsse in zwei oder drei verschiedenen Stromkreisen angezeigt werden, z.B. bei Drehstromverbrauchern; für diesen Zweck werden Leistungsmesser mit zwei oder drei Meßwerken gebaut, deren bewegliche Spulen auf eine gemeinsame Achse wirken. Einen Einblick in die Vielfalt üblicher Konstruktionen findet man in [A17], [A18].

Induktionszähler

Induktionsinstrumente haben feststehende stromdurchflossene Spulen und bewegliche Leiter, die infolge elektromagnetisch induzierter Ströme Kraftwirkungen ausgesetzt sind. Bild 2-6 zeigt den prinzipiellen Aufbau eines *Induktionszählers.* Eine drehbar gelagerte Aluminiumscheibe AS wird von zwei magnetischen Wechselflüssen $\Phi_1(t)$ und $\Phi_2(t)$ durchsetzt, die ihrerseits proportional zu entsprechenden Wechselströmen $i_1(t)$ und $i_2(t)$ sind. Jeder Wechselfluß induziert in der Scheibe Wirbelströme, die jeweils auch den anderen Wechselfluß passieren und dadurch Kraftwirkungen auslösen, die bei geeigneter Phasenlage der Wechselflüsse bzw. Spulenströme zueinander die Aluminiumscheibe in Drehbewegung versetzen.

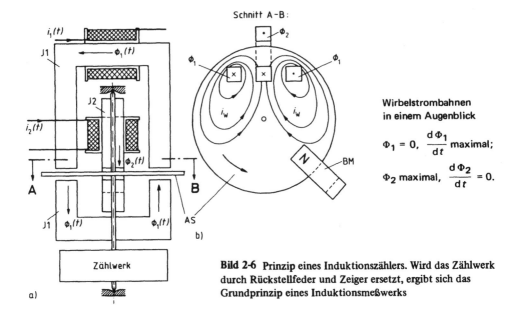

Schnitt A-B:

Wirbelstrombahnen
in einem Augenblick

$$\Phi_1 = 0, \quad \frac{d\Phi_1}{dt} \text{ maximal;}$$

$$\Phi_2 \text{ maximal,} \quad \frac{d\Phi_2}{dt} = 0.$$

b)

Zählwerk

a)

Bild 2-6 Prinzip eines Induktionszählers. Wird das Zählwerk durch Rückstellfeder und Zeiger ersetzt, ergibt sich das Grundprinzip eines Induktionsmeßwerks

In Bild 2-6b sind die Wirbelstrombahnen für einen Augenblick skizziert, in dem $\Phi_1(t)$ gerade einen Nulldurchgang und damit – bei sinusförmigem Verlauf – zugleich maximale Anstiegsgeschwindigkeit hat, während $\Phi_2(t)$ sein Maximum durchläuft und daher seine Anstiegsgeschwindigkeit null ist. In diesem Augenblick sind die von $\Phi_1(t)$ verursachten Wirbelströme maximal ausgeprägt, wie gezeichnet, und im Bereich des Flusses Φ_2 wird auf die Scheibe eine dem Prinzip Bild 2-1a entsprechende Kraftwirkung ausgeübt, die zu einer Drehung im Gegenuhrzeigersinn führt. Überlegt man sich die Verhältnisse für einen um eine Viertelperiode später liegenden Zeitpunkt, so ergibt sich eine die Scheibe im gleichen Sinne bewegende Kraftwirkung im Bereich der Durchtrittsflächen des Flusses $\Phi_1(t)$. Man erkennt, daß eine Phasenverschiebung von 90° zwischen den beiden sinusförmigen magnetischen Flüssen für die Drehmomentbildung offensichtlich einen besonders günstigen Fall darstellt. Sind die Flüsse gleichphasig, so fehlen beispielsweise im Augenblick des Maximums die Induktionsströme, während im Augenblick des Nulldurchgangs zwar Induktionsströme vorhanden sind, aber keine krafterzeugenden Felder.

Ein genaueres Studium des Antriebsvorgangs ergibt für das Drehmoment [A17]:

$$M_e = k_1 \cdot f \cdot \hat{\Phi}_1 \hat{\Phi}_2 \sin\beta \ . \tag{2-21}$$

Darin ist f die Frequenz der beiden sinusförmigen Flüsse und β die Phasenverschiebung zwischen ihnen. Der Hauptanwendungsfall dieses Drehmomenterzeugungssystems ergibt sich dann, wenn eine der beiden Spulen als *Stromspule* in einen Wechselstrom-Verbraucherkreis geschaltet wird, so daß (im Idealfalle) gilt

$$\Phi_1(t) = k_2\, i(t) = k_2\, \hat{i}\, \sin(\omega t + \varphi) \ , \tag{2-22}$$

während die andere als *Spannungsspule* (mit hoher Windungszahl und ohne Vorwiderstand) an die Klemmenspannung des Wechselstromverbrauchers geschaltet wird. Dann besteht zwischen der Wechselspannung $u(t)$ und dem Fluß $\Phi_2(t)$ (im Idealfalle) eine Phasenverschiebung von 90°,

$$\Phi_2(t) = k_3 \cdot \hat{u}\, \sin(\omega t + \pi/2) \ . \tag{2-23}$$

Man erhält also für den Phasenunterschied β zwischen beiden Flüssen

$$\beta = \varphi - \pi/2$$

und demgemäß für eine feste Frequenz:

$$M_e = k_1 f \cdot k_2 \hat{i} \cdot k_3 \hat{u} \cdot \sin(\varphi - \pi/2) , \quad M_e = k_4 \cdot \frac{\hat{i}\,\hat{u}}{2} \cos\varphi = k_4 \cdot P_W . \qquad (2\text{-}24)$$

Das Drehmoment des Triebwerks ist also dann proportional zu der vom Wechselstromverbraucher aufgenommenen Wirkleistung (vgl. hierzu z.B. Abschnitt 3.2.2). Läßt man auf die Aluminiumscheibe gemäß Bild 2-6b einen permanenten *Bremsmagneten* BM einwirken, so induziert dieser in der sich drehenden Scheibe ebenfalls Wirbelströme, die ein geschwindigkeitsproportionales Bremsmoment zur Folge haben. Die Scheibe nimmt dann eine zur gemessenen Wirkleistung proportionale Drehzahl an. Ergänzt man ein Umdrehungszählwerk, so ist dessen Anzeige proportional zu der vom Verbraucher aufgenommenen elektrischen Arbeit:

$$n_Z = k_5 \int_0^t P_W(\tau) \cdot d\tau . \qquad (2\text{-}25)$$

Drehmoment und Drehzahl der Wirbelstromscheibe eines *Induktionszählers* sind proportional zur Frequenz, zum Amplitudenprodukt und zum Sinus des Phasenverschiebungswinkels der beiden das Drehmoment erzeugenden magnetischen Wechselflüsse. Macht man (für eine feste Betriebsfrequenz) einen Fluß proportional zur Stromaufnahme eines Wechselstromverbrauchers, den anderen proportional zur Spannungsaufnahme desselben, wobei zwischen Spannungs- und Flußschwingung ein Phasenunterschied von 90° gewährleistet sein muß, dann ist die Drehzahl der Wirbelstromscheibe proportional zur *Wirkleistungsaufnahme* und die Anzeige eines mit der Scheibe gekoppelten Umdrehungszählers proportional zum *Energieverbrauch* des angeschlossenen Wechselstromverbrauchers.

Der Proportionalitätsfaktor k_5 in Gl. (2-25) heißt *Zählerkonstante*. Die Zählerkonstante gibt also an, wieviel Umdrehungen die Scheibe je Energieeinheit (also z.B. je Kilowattstunde) macht. Im allgemeinen wird die Übersetzung des Zählwerks so gewählt, daß sich eine Ablesung unmittelbar in Kilowattstunden ergibt.

Bei der technischen Ausführung eines Induktionszählers sind noch zahlreiche, hier nicht erwähnte Einzelheiten zu beachten [A16], [A17], [A18]. Für Anwendungen in Drehstromnetzen gibt es – ganz ähnlich wie bei den Leistungsmessern – Kombinationen von zwei oder drei Triebwerken, die auf eine gemeinsame Achse wirken.

Induktionsmeßwerk

Ersetzt man in Bild 2-6 das Zählwerk durch Rückstellfeder und Zeiger, so entsteht ein Induktionsmeßwerk, dessen Ausschlag dem Drehmoment nach Gl. (2-21) oder (2-24) proportional ist, man kann das Induktionsmeßwerk also als *Leistungsmesser* ausführen [A17], jedoch wird davon relativ selten Gebrauch gemacht.

Die Aluminiumscheibe kann auch durch eine Aluminiumtrommel ersetzt werden, und der Ausschlag kann auch proportional zur *Blindleistung* oder zur *Frequenz* gemacht werden [A17], [A18]. Schließlich sind auch noch *Induktions-Quotientenmeßwerke* realisierbar.

Motorzähler

Denkt man sich beim Drehspulmeßwerk nach Bild 2-2 Zeiger und Rückstellfeder entfernt, die rahmenförmige Spule durch einen Trommelanker ersetzt, bei dem die Leiter gleichmäßig über den gesamten Kreisumfang der Wicklung verteilt sind, und die Stromzuführung über zwei Schleifbürsten und einen Kommutator durchgeführt, so gelangt man zum Prinzip des *Magnetmotor-Zählers*. Das Drehmoment des Trommelankers ist – wie beim Drehspulmeßwerk – proportional zum Strom. Ergänzt man noch eine Wirbelstrom-Bremsscheibe, so ist die sich einstellende Drehzahl proportional zum Strom. Ergänzt man weiter ein Zählwerk, so erhält man einen Zähler für *Elektrizitätsmengen*, z.B. einen Amperestunden-Zähler. Da die Drehrichtung vom Vorzeichen des Stromes abhängig ist, können nur Gleichströme erfaßt werden.

Ersetzt man weiter den Permanentmagneten durch ein zweites, feststehendes stromdurchflossenes Spulensystem, wie beim elektrodynamischen Meßwerk Bild 2-5, so erhält man einen *elektrodynamischen Motorzähler*. Hierbei ist das Drehmoment des Trommelankers proportional zum Produkt der beiden Spulenströme. In Verbindung mit einer Wirbelstrom-Bremsscheibe ergibt sich eine zum Produkt der beiden Spulenströme proportionale Drehzahl. Macht man den Strom der beweglichen Trommelwicklung – ähnlich wie beim elektrodynamischen Leistungsmesser – proportional zu einer Verbraucherspannung, und führt man den Verbraucherstrom durch die feststehende Spule, so erhält man in Verbindung mit einem Zählwerk einen *Energiezähler*, der für *Gleich- und Wechselstrom* brauchbar ist.

Meßwerkbilder und Einzelheiten findet man in [A16], [A19]. Für Wechselstrom ist der Induktionszähler eine wirtschaftlichere und betriebssicherere Lösung.

Vibrationsmeßwerk

Vibrationsmeßwerke haben schwingfähige bewegliche Organe, die elektromagnetisch, elektrodynamisch oder elektrostatisch in *Resonanzschwingungen* versetzt werden. Das bekannteste Beispiel ist der *Zungenfrequenzmesser*: Der Polschuh eines Elektromagneten mit wechselstromdurchflossener Spule versetzt eine Serie verschieden abgestimmter Stahlzungen in Vibration; diejenige Zunge, deren Eigenfrequenz mit der doppelten Feldfrequenz am besten übereinstimmt, zeigt infolge Resonanz einen deutlich erkennbaren Maximalausschlag.

Meßwerkbilder findet man in [A16], [A17], [A18]. Dort sind auch weitere Typen von Vibrationsmeß-werken beschrieben, z.B. der *elektrostatische Frequenzmesser*, ein *Amplitudenmeßkamm*, das *Vibrationsgalvanometer*.

▶ 2.1.3 Zeichen und Sinnbilder

Tabelle 2-1 enthält eine Zusammenstellung der Zeichen und Sinnbilder, die auf Meß-instrumentenskalen zur Kennzeichnung der *Stromart*, der *Prüfspannung* zwischen Meß-werk und Gehäuse, der *Gebrauchslage*, der *Genauigkeitsklasse* und der *Art des Meßwerks* sowie eingebauter oder extern zu ergänzender Zubehörelemente angebracht werden.

Die zitierte Norm DIN 43780 ist inzwischen durch DIN EN 60051-1/11.91 abgelöst worden. Die Neu-ausgabe enthält einige Symboländerungen, einige neue Symbole sowie reservierte Leerplätze für in Vorbereitung befindliche Symbole. Angesichts dieser Situation ist anzuraten, die weitere Normentwicklung anhand der erscheinenden Originalausgaben zu verfolgen. Tabelle 2-1 wurde nicht verändert, weil die darin wiedergegebenen Symbole für die Mehrzahl der gegenwärtig in Gebrauch befindlichen Geräte mit Skalenanzeigen noch kennzeichnend sind.

2.1.4 Bauformen

Bild 2-7 zeigt eine Zusammenstellung typischer Bauformen von elektromechanischen Anzeigern. Meßinstrumente für den Einsatz in Werkstätten und Laboratorien, insbesondere Präzisionsausführungen, sowie für die Überprüfung oder Inbetriebsetzung von Anlagen sind in der Regel in *Tischgehäusen* untergebracht (Bild 2-7a). Meßgeräte für Installationen der Energieversorgungstechnik sind vorzugsweise in *Aufbaugehäusen* untergebracht (Bild 2-7b). Für Schalttafeleinbau gibt es eine Serie rechteckiger (früher auch runder) Normgehäuse nach *DIN 43 700*. Diese eignen sich aufgrund einer zweckmäßigen Abstufung der Kantenlängen (24, 36, 48, 72, 96, 144, 192 und 288 mm) besonders für eine Zusammenstellung zu Instrumentenfeldern (Bild 2-7c). Während die Meßwerk-gehäuse nach DIN 43 700 quaderförmig sind, bemüht man sich bei *Einbau-* und *Unterbauinstrumenten* für Gerätefrontplatten darum, nicht mehr Volumen zu belegen, als für Meßwerk und Skala erforderlich ist (Bild 2-7d und e). Neben diesen Standardformen wird natürlich stets eine Vielzahl unterschiedlicher Modeformen gefertigt.

2.1.5 Einstellverhalten

So lange ein Meßwerk nach dem Einschalten der Meßgröße noch nicht endgültig eingeschwungen ist, steht das elektrisch erzeugte Drehmoment M_e in einer Gleichgewichtsbeziehung mit dem der Beschleunigung entgegenstehenden Drehmoment des trägen beweglichen Teils, dem Bremsmoment der Dämpfungseinrichtung und dem für die schließlich zu erreichende stationäre Einstellung entscheidenden Richtmoment. Ist M_e unabhängig vom Ausschlagwinkel α, das Richtmoment proportional zu α und das Bremsmoment proportional zur Winkelgeschwindigkeit, ergibt sich für die Kräftebilanz eine *inhomogene lineare Differentialgleichung zweiter Ordnung mit konstanten Koeffizienten:*

$$\Theta \, \frac{\mathrm{d}^2 \alpha}{\mathrm{d}t^2} + p \, \frac{\mathrm{d}\alpha}{\mathrm{d}t} + D\alpha = M_e \; ; \tag{2-26}$$

Θ Trägheitsmoment, p Dämpfungsfaktor, D Federkonstante.

Tabelle 2-1 Symbole zum Beschriften von Instrumenten und Zubehör nach DIN 43780.

Bezeichnung	Symbol	Bezeichnung	Symbol
Gleichstrom		Drehmagnet-Quotientenmeßwerk	
Wechselstrom		Dreheisenmeßwerk	
Gleich- und Wechselstrom		Eisennadelmeßwerk	
Drehstrom (3 Leiter), gemessen mit einem Meßwerk		Dreheisen-Quotientenmeßwerk	
Drehstrom (3 Leiter), unsymmetrisch belastet, gemessen mit 2 Meßwerken		Elektrodynamisches Meßwerk, eisenlos	
Drehstrom (4 Leiter), unsymmetrisch belastet, gemessen mit 3 Meßwerken		Elektrodynamisches Meßwerk, eisengeschlossen	
Prüfspannung 500 V		Elektrodynamisches Quotienten-meßwerk, eisenlos	
Prüfspannung höher als 500 V, z.B. 2000 V		Elektrodynamisches Quotienten-meßwerk, eisengeschlossen	
Keine Spannungsprüfung		Induktionsmeßwerk	
Senkrechte Skalenlage		Induktions-Quotientenmeßwerk	
Waagerechte Skalenlage		Hitzdrahtmeßwerk	
Schräge Skalenlage, Neigungswinkel z.B. 60°		Bimetallmeßwerk	
Klassenzeichen für Fehlergrenze, in Prozent des Bezugswertes, ausgenommen die folgenden Fälle		Elektrostatisches Meßwerk	
Klassenzeichen für Fehlergrenze, bezogen auf Skalenlänge		Vibrationsmeßwerk	
Klassenzeichen für Fehlergrenze, bezogen auf den richtigen Wert		Thermoumformer, nicht isoliert	
Klassenzeichen eines Instrumentes mit nichtlinearer gedrängter Skale, wenn der Bezugswert der Skalenlänge entspricht und Angaben über den Fehler in Prozent des richtigen Wertes gemacht werden (z.B. Klassenzeichen 1; Grenzen des relativen Fehlers 5 %)		Isolierter Thermoumformer	
Drehspulmeßwerk mit Dauermagnet		Drehspulinstrument mit eingebautem, isoliertem Thermoumformer	
Drehspul-Quotientenmeßwerk mit Dauermagnet		Drehspulinstrument mit getrenntem, nicht isoliertem Thermoumformer	
Drehmagnetmeßwerk			

Gleichrichter	▸▸▹	Astatisches Meßwerk	ast
Elektronische Anordnung in einem Meßkreis		Magnetisches Fremdfeld in Millitesla	5
		Erdungsanschluß	
Elektronische Anordnung in einem Hilfsstromkreis		Nullsteller	
Nebenwiderstand		Hinweis auf die Gebrauchsanweisung	⚠
Reihenwiderstand	R	Hochspannungs-Warnzeichen	
Reiheninduktivität		Allgemeines Zubehör	V
Reihenscheinwiderstand	Z	Eisentafel von x mm Dicke	Fex
Elektrostatische Schirmung		Eisentafel von beliebiger Dicke	Fe
Magnetische Schirmung	○	Nichteisen-Metalltafel von beliebiger Dicke	NFe

Die Lösung einer derartigen Differentialgleichung, vgl. hierzu z. B. [A21], setzt sich aus der für $t \to \infty$ geltenden *stationären Lösung*

$$\alpha\,(\infty) = M_e/D \tag{2-27}$$

und einem (zeitlich abklingenden) *Ausgleichsvorgang* $\alpha_A\,(t)$ zusammen (vgl. hierzu auch Bild 1-5):

$$\alpha\,(t) = \alpha\,(\infty) + \alpha_A\,(t)\ . \tag{2-28}$$

Für den Ausgleichsvorgang ergibt sich bei entsprechender Durchführung des Lösungsverfahrens mit den Abkürzungen

$$\tau = \sqrt{\frac{D}{\Theta}}\,t\ ;\quad \xi = \frac{1}{2}\,\frac{p}{\sqrt{\Theta D}}\ ;\quad \Delta\alpha = \alpha\,(0) - \alpha\,(\infty) \tag{2-29}$$

je nach zufällig vorliegendem Wert des *Dämpfungsgrades* ξ:

$$\xi < 1:\ \alpha_A\,(t) = \Delta\alpha\ e^{-\xi\tau}\left[\cos\left(\sqrt{1-\xi^2}\ \tau\right) + \frac{\xi}{\sqrt{1-\xi^2}}\sin\left(\sqrt{1-\xi^2}\ \tau\right)\right]\ ; \tag{2-30}$$

$$\xi = 1:\ \alpha_A\,(t) = \Delta\alpha\ e^{-\tau}\,(1+\tau)\ ; \tag{2-31}$$

$$\xi > 1:\ \alpha_A\,(t) = \Delta\alpha\ e^{-\xi\tau}\left[\cosh\left(\sqrt{\xi^2-1}\ \tau\right) + \frac{\xi}{\sqrt{\xi^2-1}}\sinh\left(\sqrt{\xi^2-1}\ \tau\right)\right]\ . \tag{2-32}$$

Von der Richtigkeit dieser Lösungen kann man sich durch Einsetzen in die Differentialgleichung (2-26) überzeugen. Eine Diskussion oder Ausrechnung der Ergebnisse zeigt, daß der Dämpfungsgrad ξ charakteristisch für die Art des Ausgleichsvorgangs ist:

$\xi < 1:$ abklingende periodische Schwingungen;

$\xi = 1:$ aperiodischer Grenzfall;

$\xi > 1:$ aperiodisches Verhalten, Kriechverhalten.

Im Falle $\xi < 1$ haben die auftretenden periodischen Schwingungen die Schwingungsdauer

$$T = 2\pi\sqrt{\Theta/D}\,/\sqrt{1-\xi^2}\ . \tag{2-33}$$

Eingehendere Diskussionen des Einstellverhaltens findet man in [A20], [A22], [A16], [A23].

a) Drehspulinstrument im Tischgehäuse
   (Metrawatt AG)

b) Induktionszähler im Aufbaugehäuse
   (Siemens AG)

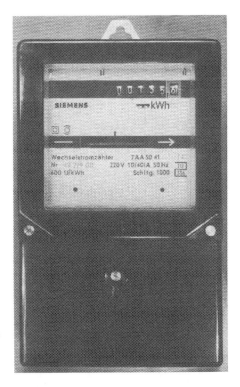

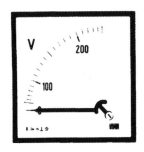  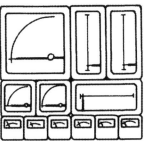

c) Rechteckinstrumente nach DIN 43700 (Müller & Weigert)

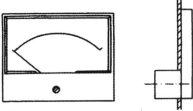 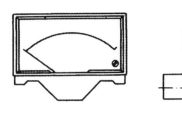

d) Flaches Geräte-Einbauinstrument   e) Flaches Geräte-Unterbauinstrument
   (Müller & Weigert)   (Müller & Weigert)

Bild 2-7 Typische Bauformen elektromechanischer Anzeiger

2.2 Anpassende Geräte und Normale

▶ 2.2.1 Widerstände

Widerstände dienen in Meßschaltungen zur Einstellung bestimmter Strom- oder Spannungswerte und zur Realisierung veränderlicher oder fester R-Vergleichswerte; dementsprechend
gibt es einstellbare *Widerstandsdekaden* (z.B. nach Bild 2-8a oder b) und feste *Normalwiderstände* (z.B. in der Bauform nach Bild 2-8c).

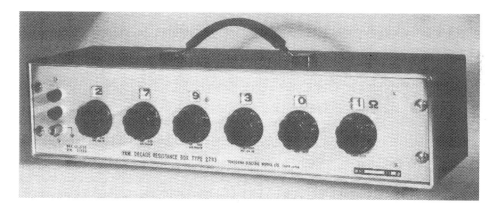

a) Präzisions-Widerstandsdekade mit dezimaler Schalterstufung (Genauigkeit 0,01 %)

b) Handliche Widerstandsdekade mit aufwands-
minimierender Stufung (Toleranz der Widerstände 1 %)

c) Normalwiderstand mit getrennten
Strom- und Spannungsklemmen
(Kalibriergenauigkeit 0,001 %)

Bild 2-8 Typische Bauformen für Widerstandsdekaden und Normalwiderstände
(nbn Elektronik Starnberg)

Bei den schaltbaren Widerstandsdekaden stellen die Übergangswiderstände der Schalterkontakte (0,1 bis 10 mΩ) ein besonderes Problem dar; ältere Ausführungen umschaltbarer Präzisionswiderstände besitzen deshalb vielfach *Kontaktstöpsel* anstelle der Schalter [A17]. Bei geringeren Anforderungen an die Genauigkeit der Ablesung oder den Wertebereich werden auch kontinuierlich oder fast kontinuierlich einstellbare *Potentiometer* benutzt, zum Teil mit übersetzenden Feineinstelleinrichtungen, wie z.B. *Zehngangpotentiometer* [A25]. Sind keine besonderen Anforderungen hinsichtlich der Ablesbarkeit berücksichtigt, so spricht man von *Stellwiderständen;* letztere sind oft für Belastungszwecke gedacht und als *Hochlastwiderstände* ausgeführt. Meßwiderstände dürfen demgegenüber nicht hoch belastet werden, weil es sonst wegen der damit verbundenen Erwärmung zu unzulässigen Veränderungen ihres Widerstandswertes kommt.

Belastungsgrenzen

Bei Meßwiderständen ist sorgfältig darauf zu achten, daß der *höchstzulässige Belastungsstrom* nicht überschritten wird. Die thermische Belastbarkeit einer Widerstandsdekade für Meßzwecke liegt meist unter 1 Watt, wenn man von Sonderausführungen absieht. Bei hochohmigen Dekaden ist außerdem auf die höchstzulässige Spannung zu achten.

Strom- und Spannungsklemmen

Normalwiderstände haben vielfach getrennte Klemmenpaare für die Stromzuführung und das Abgreifen des Spannungsabfalls, entsprechend Bild 2-9, damit Fehler durch inkonstante Übergangswiderstände insbesondere an den Anschlußklemmen vermieden werden; über die Spannungsmeßklemmen soll hierbei möglichst kein Strom fließen. Diese Bauform ist besonders für niederohmige Normalwiderstände unerläßlich (10^{-5} Ω bis 10^3 Ω).

$r_ü$ Übergangswiderstand
S, S′ Stromklemmen
U, U′ Spannungsklemmen

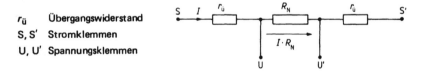

Bild 2-9 Normalwiderstand mit getrennten Strom- und Spannungsklemmen

Widerstandselemente

Die Widerstandselemente sind entweder *Drahtwiderstände* oder *Metallschichtwiderstände;* wegen ihrer weit stärker ausgeprägten Temperaturabhängigkeit kommen *Kohlewiderstände* nur noch für sehr hochohmige Dekaden (1 MΩ bis 1 TΩ) in Betracht. Die bekanntesten Legierungen für Widerstandsdrähte sind *Manganin* (Cu–Mn–Ni) und *Konstantan* (Cu–Ni–Mn) [A17], [A20]. In neuerer Zeit haben sich für Präzisionswiderstände *Nickel-Chrom-Speziallegierungen* durchgesetzt. Tabelle 2-2 gibt eine Übersicht über handelsübliche Widerstandselemente für meßtechnische Anwendungen.

Tabelle 2-2 Charakteristische Eigenschaften handelsüblicher Widerstandselemente für meßtechnische Anwendungen

	Kohleschicht-Widerstände	Metallschicht-Widerstände	Präzisions-Draht-Widerstände	Hochpräzisions-Draht-Widerstände	Ultrastabile Metallfilm-Widerstände
Typische Werkstoffbasis	Kohle, Keramik	Ni-Cr, Keramik	Cu-Mn-Ni (Manganin)	Ni-Cr-Spezial-Legierungen	Ni-Cr, Glas, Keramik
Wertebereich	$1\,\Omega$ bis $100\,G\Omega$	$1\,\Omega$ bis $1\,M\Omega$	$5\,\Omega$ bis $100\,k\Omega$	$10\,\Omega$ bis $1\,M\Omega$	$50\,\Omega$ bis $200\,k\Omega$
Toleranzen	20 % bis 0,1 %	2 % bis 0,25 %	1 % bis 0,1 %	0,1 % bis 0,005 %	1 % bis 0,01 %
Temperaturkoeffizient in 10^{-6}/K im Bereich 0 °C bis 60 °C, −55 °C bis 125 °C Gleichlauf	−800 bis −200	± 100 bis ± 15	± 30 bis ± 5	± 3 ± 5	± 3 ± 7 ± 2
Langzeit-Inkonstanz bei Nennlast über 1 Jahr	DIN 44053: ± 1 %	± 0,5 %	± 0,05 % bis ± 0,02 %	± 0,005 %	± 0,05 %
Thermospannung		5 µV/K	1 µV/K	5 µV/K	
Induktivität Kapazität				150 µH bei 1 kΩ	0,08 µH 0,5 pF
nach Unterlagen von	Electronic Valvo Siemens	Vitrohm Valvo Siemens	Megatron Burster	General Resistance Elfein	Vishay Megatron

Manganin zeichnet sich durch einen niedrigen Temperaturkoeffizienten des spezifischen Widerstandes ($\pm 10 \cdot 10^{-6}$/K) und eine sehr niedrige Thermospannung gegenüber Kupfer aus (1 μV/K). Konstantan ist beständiger gegenüber mechanischen Spannungen, hat aber einen größeren Temperaturkoeffizienten ($- 30 \cdot 10^{-6}$/K) und eine größere Thermospannung gegenüber Kupfer aufzuweisen (40 μV/K). Die Nickel-Chrom-Legierungen sind im Zusammenhang mit der Technologie der Metallschichtwiderstände in den Vordergrund getreten. Bei den (in Tabelle 2-2 aufgeführten) ultrastabilen Metallfilm-Widerständen z.B. wird eine Ni-Cr-Metallschicht auf ein rechteckiges Keramik-Substrat mit einer Glasschicht als Zwischenträger aufgedampft.

Nebeneffekte

Drahtgewickelte Widerstände und gewendelte Schichtwiderstände sind *Spulen*, die bei Stromdurchfluß ein Magnetfeld aufbauen; sie sind deshalb mit einer *Induktivität* behaftet, außerdem auch mit einer *Wicklungskapazität*. Derartige Widerstände können sich deshalb bei hohen Frequenzen (über 1 MHz) ähnlich wie Schwingkreise verhalten. Bei tiefen Frequenzen (etwa 100 Hz bis 100 kHz) äußert sich die Frequenzabhängigkeit in erster Näherung durch einen induktiven oder kapazitiven *Fehlwinkel* des Widerstandes.

Bild 2-10 gibt hierzu eine Übersicht über die Vielfalt der frequenzabhängigen Scheinwiderstandsverläufe, die je nach Eigenart eines Widerstandes auftreten kann; vgl. hierzu z.B. auch [A24].

Der bei tiefen Frequenzen zu beachtende Fehlwinkel läßt sich dadurch berechnen, daß man $\underline{Z}$ (jω) (vgl. Bild 2-10) nach Betrag und Winkel aufspaltet. Aus dem Verhältnis von Imaginärteil zu Realteil ergibt sich dann nämlich:

$$\varphi = \arctan\left(\frac{\omega L (1 - \omega^2 LC) - \omega R^2 C}{R}\right), \tag{2-34}$$

$$\varphi \approx \omega \left(\frac{L}{R} - RC\right) = \frac{\omega}{\omega_0}\left(\frac{1}{D} - D\right) = \omega\tau. \tag{2-35}$$

Der Fehlwinkel φ ist − für tiefe Frequenzen − proportional zur Kreisfrequenz. Den Proportionalitätsfaktor τ nennt man die *Zeitkonstante* des Widerstandes [A20]. Läßt sich $L/R = RC$ bzw. $D = 1$ machen, so ist der Widerstand für tiefe Frequenzen fehlwinkelkompensiert (vgl. Bild 2-10c).

Wicklungsaufbau

Um die Frequenzabhängigkeit eines Widerstandes zumindest für tiefe Frequenzen vernachlässigbar klein zu machen, sind verschiedene induktivitätsvermindernde Wickeltechniken nach Bild 2-11 gebräuchlich.

Bei der *Bifilarwicklung* nach Bild 2-11a wird zwar die Induktivität sehr stark reduziert, aber die Wicklungskapazität erhöht. Günstiger ist es, eine Spule nach Bild 2-11b in eine Folge einzelner Wicklungsabschnitte aufzuteilen, die je für sich durch gegensinnig gewickelte Lagenabschnitte nahezu magnetfeldfrei gemacht werden (*Wicklung nach Chaperon* [A17]). Fertigungstechnisch ist die *Mehrkammerwicklung* mit abwechselnd gegensinnig bewickelten Kammern (Bild 2-11c) günstiger, jedoch wird damit bezüglich der Induktivitätsreduzierung ein weniger gutes Ergebnis erzielt. Die beste Lösung läßt sich bei Schichtwiderständen durch eine *mäanderförmige Schichtstruktur* nach Bild 2-11d erreichen; sie wird beispielsweise bei ebenen, ultrastabilen Metallschichtwiderständen angewandt, die dann eine extrem niedrige Eigeninduktivität haben, welche nur noch durch die Zuführungsdrähte bedingt ist, vgl. Tabelle 2-2. In der Hochfrequenztechnik werden wendelfreie Schichtwiderstände eingesetzt. Bei hohen Frequenzen sind auch Stromverdrängungseffekte in den Leitschichten zu beachten [A7], [A26].

$$\underline{Y}(j\omega) = \frac{1}{\underline{Z}(j\omega)} = j\omega C + \frac{1}{R + j\omega L}$$

Kennkreisfrequenz	Kennwiderstand	Güte	Dämpfung
$\omega_0 = 2\pi f_0 = \dfrac{1}{\sqrt{LC}}$	$X_0 = \omega_0 L = \sqrt{\dfrac{L}{C}}$	$Q = \dfrac{X_0}{R}$	$D = \dfrac{1}{Q} = \dfrac{R}{X_0}$

Kompensationskreisfrequenz
(Phasenresonanz; $D^2 < 1$)

$$\omega_K = \omega_0 \sqrt{1 - D^2}$$

Sattelkreisfrequenz
(Widerstandsresonanz; $D^2 < 1 + \sqrt{2}$)

$$\omega_s = \omega_0 \sqrt{\sqrt{1 + 2D^2} - D^2}$$

Beispiele für den Scheinwiderstandsverlauf:

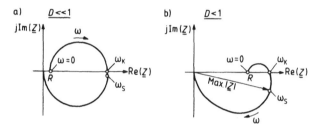

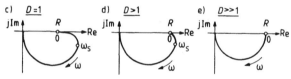

a) ist für Schwingkreise und für Spulen aus Kupferdraht charakteristisch, die Bilder b) und c) sind für Spulen aus Widerstandsdraht charakteristisch. Scheinwiderstandsverläufe nach d) oder e) ergeben sich durch induktivitätsarme Wickeltechniken. Zur Berechnung der Ortskurven vgl. z. B. [A15]. Für eine *feste Frequenz* genügt ein einfaches Serien- oder Parallelersatzbild [A15].

Bild 2-10 Physikalisches Ersatzschaltbild einer Spule und daraus resultierender Scheinwiderstandsverlauf in Abhängigkeit von der Frequenz für verschiedene Werte der sich ergebenden Schwingkreisdämpfung D

a) Bifilarwicklung

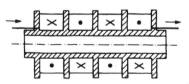

c) Mehrkammerwicklung

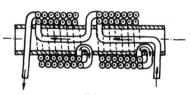

b) Gegensinnige Lagenabschnitte

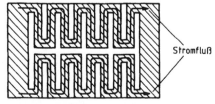

d) Mäanderförmige Widerstandsschicht

Bild 2-11 Maßnahmen zur Reduzierung von Wicklungsinduktivitäten und Wicklungskapazitäten

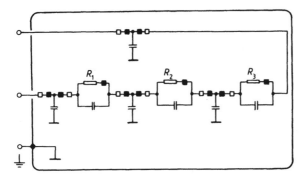

Bild 2-12 Ersatzschaltbild einer Reihenschaltung von drei realen Widerstandselementen innerhalb eines Abschirmgehäuses. Dieses Bild soll verdeutlichen, daß eine Widerstandsdekade für höhere Frequenzen ein kompliziertes, schwer zu überblickendes Netzwerk darstellt. Dabei stellt das Ersatzbild bereits eine Vereinfachung dar; genau genommen sind die parasitären Effekte räumlich verteilt und deshalb durch konzentrierte Elemente nicht streng, sondern nur näherungsweise darstellbar.

Widerstandsdekaden

Bei der Benutzung von Widerstandsdekaden ist zu bedenken, daß Schalter und innere Verdrahtung zum gewünschten Widerstandswert außer Leitungs- und Kontaktwiderständen noch Reiheninduktivitäten und Parallelkapazitäten hinzufügen. Nicht zu vergessen sind außerdem die Kapazitäten zwischen der Widerstandsschaltung und dem (in der Regel mit Erdpotential zu verbindenden) Abschirmgehäuse. Bild 2-12 verdeutlicht, welch kompliziertes Netzwerk eine in ein Abschirmgehäuse eingebaute Serienschaltung von Widerständen darstellt. Bei höheren Frequenzen ist es oftmals günstiger, passende Festwiderstände oder einzelne Widerstandselemente einzusetzen, deren Eigenschaften leichter überschaubar sind.

Ohmnormale

Die Einheit $1\,\Omega$ wird in der PTB (und anderen metrologischen Staatsinstituten) als Mittelwert einer Gruppe von ausgewählten $1\,\Omega$-Manganin-Normalwiderständen bewahrt; die jährliche Änderung jedes einzelnen Normalwiderstandes der Gruppe liegt unter $1\,\mu\Omega$ [A5].

▶ **2.2.2 Induktivitäten**

Induktivitäten für Meßzwecke werden ähnlich wie Widerstände als einstellbare *Induktivitätsdekaden* und als feste *Normalinduktivitäten* ausgeführt. Die Realisierung genauer Induktivitätswerte ist jedoch problematisch. Die Toleranz von Einzelinduktivitäten liegt in günstigen Fällen bei 0,1 %, ihre Instabilität bei 0,01 % pro Jahr, die Toleranz von Induktivitätsdekaden um 1 %.

Mit vorgealterten *Luftspulen* auf Keramikkörpern können genaue Induktivitätswerte realisiert werden (0,1 mH bis 1 H) [A17], jedoch hat das weitreichende *Streufeld* zur Folge, daß die Induktivität durch Umgebungseinflüsse verändert werden kann, beispielsweise durch Metallteile in der Umgebung der Spule. Günstiger sind *Ringkernspulen (Toroidspulen)*; für kleine Induktivitäten genügt ein Keramikring, für größere ist ein *Ferritring* oder ein *Bandringkern* aus dünnen, hochpermeablen ferromagnetischen Blechen erforderlich (meist Nickel-Eisen-Legierungen) [A27], [A28]. Bei Spulen mit ferromagnetischen Kernen hängt die Induktivität merklich von der Amplitude des Spulenwechselstroms ab, eine Gleichstromvormagnetisierung kann sogar zu *Sättigungserscheinungen* führen und damit die Induktivität grob verfälschen [A30], [A31]. Aus diesem Grunde benutzt man für Gebrauchsinduktivitäten vielfach statt der an sich optimalen Ringkerne handelsübliche *Schalenkerne* oder *Blechkerne* mit definiertem *Luftspalt* [A25]. Zur Reduzierung von Fremdfeldeinflüssen sind vielfach *magnetische Abschirmungen* aus hochpermeablen Nickel-Eisen-Legierungen erforderlich [A29]. *Umschaltbare Induktivitätswerte* können zum Teil durch Wicklungsanzapfungen, über größere Bereiche jedoch nur durch Umschalten zwischen mehreren Einzelspulen realisiert werden; andernfalls transformieren sich die Wicklungskapazitäten in störender Weise. Kontinuierlich veränderbare Induktivitäten heißen *Variometer;* hierbei wird meist eine Spule innerhalb einer anderen drehbar gelagert, so daß ihre beiden Wicklungen in einer Extremstellung voll gleichsinnig, in der anderen voll gegensinnig zum resultierenden Spulenfeld beitragen [A17]. Eine *Gegeninduktivität* wird dadurch realisiert, daß man zwei Drähte nebeneinander aufwickelt [A17]. Legt man die beiden Spulen eines Variometers in verschiedene Stromkreise, so erhält man eine *veränderbare Gegeninduktivität.*

Belastungsgrenzen

> Bei Induktivitäten ist ähnlich wie bei Widerständen darauf zu achten, daß der *höchstzulässige Belastungsstrom* nicht überschritten wird. Hierfür ist jedoch in der Regel nur bei Luftspulen die Stromwärmewirkung entscheidend; bei Ferrit- und Eisenkernspulen ist die Aussteuerungsabhängigkeit der Induktivität entscheidend, bei einer *Gleichstromvorbelastung* das Erreichen der Sättigung des Kerns! Bei höheren Frequenzen muß u.U. der Strom mit Rücksicht auf die höchstzulässige induzierte Spannung begrenzt werden.

Ersatzschaltbild

> Für eine Spule ist eine Ersatzschaltung nach Bild 2-10 zugrunde zu legen; daraus ergibt sich in der Regel mit wachsender Frequenz ein ausgeprägtes *Schwingkreisverhalten* nach Bild 2-10a, bei größeren Induktivitäten bereits im Niederfrequenzbereich! Bei fallender Frequenz verursacht der Wicklungswiderstand einen stark zunehmenden *Verlustwinkel*. Bei mittleren Frequenzen wird durch die Spulenkapazität ein *scheinbarer Induktivitätsanstieg* verursacht, weil der Blindwiderstand schon weit unterhalb der Resonanzstelle stärker als frequenzproportional ansteigt.

Für hinreichend niedrige Werte von R und C ergibt sich nämlich anschließend an Bild 2-10 für tiefe und mittlere Frequenzen:

$$\underline{Z}(j\omega) = \frac{R + j\omega L}{1 - \omega^2 LC + j\omega RC} \approx \frac{R + j\omega L}{1 - \omega^2 LC},$$

$$\underline{Z}(j\omega) \approx \frac{R}{1 - \omega^2 LC} + j\omega \frac{L}{1 - \omega^2 LC}; \qquad (2\text{-}36)$$

$$L^* = \frac{L}{1 - \omega^2 LC}, \qquad R^* = \frac{R}{1 - \omega^2 LC}, \qquad (2\text{-}37)$$

$$\delta = \arctan \frac{R^*}{\omega L^*} = \arctan \frac{R}{\omega L}. \qquad (2\text{-}38)$$

Der Kehrwert des *Verlustfaktors* tan δ wird *Güte Q* der Spule genannt. Es muß weiter berücksichtigt werden, daß der Spulenverlustwiderstand R mit wachsender Frequenz zunimmt, und zwar infolge von Stromverdrängungseffekten im Kupferleiter, Verlusten im Ferrit- oder Eisenkern und Verlusten im Dielektrikum [A26], [A32], [A33]. Der Fehlwinkel erreicht deshalb mit wachsender Frequenz irgendwann ein Minimum und steigt dann wieder an [A30]. Oberhalb der Resonanzfrequenz verhält sich eine Spule kapazitiv.

Wicklungsaufbau

Zur Reduzierung der Wicklungskapazität setzt man seidenumsponnene Drähte, auflockernde Wickeltechniken und Mehrkammerwicklungen ein (ähnlich Bild 2-11c, jedoch mit gleichbleibendem Wickelsinn) [A30].

Einsatzbeschränkungen

Wegen der zahlreichen zu beachtenden Nebeneffekte sind technische Spulen in der Regel nur unter genau kontrollierten Bedingungen (z.B. hinsichtlich der Strombelastung) und in ziemlich eng begrenzten Frequenzbereichen ($R/L \ll \omega \ll 1/\sqrt{LC}$) meßtechnisch einsetzbar. Aus diesem Grunde bemüht man sich in der Praxis immer wieder, Induktivitäten nicht als Bezugsnormale für Vergleichsmessungen einzusetzen; bei wechselspannungsgespeisten Meßbrücken beispielsweise wählt man die Schaltungsstrukturen nach Möglichkeit so, daß man allein mit Widerständen und Kapazitäten auskommt (vgl. 3.4.4).

Absolute Normale

Absolute Induktivitätsnormale sind so beschaffen, daß man ihre Induktivität allein aus ihren mechanischen Abmessungen berechnen kann. Sie werden in der PTB (und anderen metrologischen Staatsinstituten) zur Darstellung der Induktivitätseinheit und der Widerstandseinheit benutzt [A5].

▶ **2.2.3 Kapazitäten**

Kapazitäten können im Gegensatz zu Induktivitäten so realisiert werden, daß Nebeneffekte über einen großen Frequenz- und Aussteuerbereich hinweg vernachlässigbar klein bleiben. Aus diesem Grunde spielen feste *Normalkapazitäten* sowie veränderbare *Kapazitätsdekaden* und *Drehkondensatoren* in der Meßtechnik eine ähnlich wichtige Rolle wie Meßwiderstände. Das *Dielektrikum* ist bei Normalkapazitäten vorzugsweise *Luft* (Festkondensatoren 10pF bis 100nF, Drehkondensatoren bis 3000pF), wobei für die notwendigen Abstützungen *Quarz* verwendet wird, *Glimmer* (1nF bis 5µF) und für hohe Spannungen *Preßgas* (um 100pF) [A17]. Die Toleranz von Normalkapazitäten ist in der Regel 0,1 % vom Nennwert, jedoch mindestens 0,1pF. Für Gebrauchskapazitäten wird vorzugsweise *Styroflex* verwendet, eine sehr verlustarme organische Isolierfolie (100pF bis 10µF); Kapazitätsdekaden mit Styroflexkondensatoren haben meist 1 % Toleranz.

Die Instabilität der Kapazitätswerte liegt für Luftkondensatoren bei etwa 0,02 % pro Jahr, Glimmerkondensatoren bei 0,1 % pro Jahr und Styroflexkondensatoren bei 0,2 % pro Jahr. Temperatureinflüsse liegen bei Kondensatoren ohne Spezialbehandlung bei $150 \cdot 10^{-6}/°C$.

Streukapazitäten

> Bei Kondensatoren bilden sich elektrische Streufeldlinien zu umgebenden Schaltungsteilen hin aus, sie sind deshalb mit störenden Streukapazitäten behaftet. Um diese Nebenkapazitäten kontrollierbar zu machen, werden Meßkondensatoren in der Regel in metallische Gehäuse eingebaut; es treten dann nach Bild 2-13 zwei Nebenkapazitäten zwischen den Anschlüssen und dem Gehäuse auf. Bei genauen Messungen müssen diese Nebenkapazitäten berücksichtigt oder durch geeignete Meßschaltungen wirkungslos gemacht werden (vgl. z.B. Abschnitt 3.4.5).

Gelegentlich wird auch eine doppelte Schirmung vorgesehen [A19].

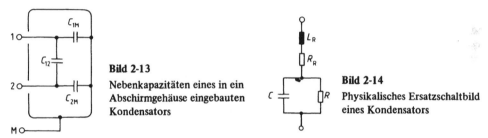

Bild 2-13
Nebenkapazitäten eines in ein
Abschirmgehäuse eingebauten
Kondensators

Bild 2-14
Physikalisches Ersatzschaltbild
eines Kondensators

Belastungsgrenzen

> Bei Kondensatoren darf die *höchstzulässige Spannung* nicht überschritten werden, da es sonst zum Durchschlag des Dielektrikums kommt; bei Wechselspannungsbeanspruchung ist der *Scheitelwert* entscheidend! Bei *höheren Frequenzen* (über 50 Hz) muß die Spannungsgrenze u.U. frequenzproportional abgesenkt werden, weil sonst der fließende Wechselstrom eine zu starke Erwärmung des Kondensators verursachen kann. Auch bei *Impulsbelastung* sind in der Regel besondere Grenzwertangaben zu beachten.

Ersatzschaltbild

Wenn Nebeneffekte bei Kondensatoren auch sehr viel weniger ausgeprägt sind als bei Spulen, sind sie dennoch nicht vollständig vernachlässigbar. Ohmsche Verluste in den Zuleitungen und Belegen, Polarisationsverluste im Dielektrikum, Isolationsfehler des Dielektrikums und Zuleitungsinduktivitäten führen auf eine Ersatzschaltung nach Bild 2-14.

Im Hochfrequenzbereich kann ein Kondensator danach einen Serienschwingkreis darstellen, mit induktivem Verhalten oberhalb der Resonanzfrequenz [A25]. Bei Annäherung an die Resonanzstelle tritt eine *scheinbare Kapazitätsvergrößerung* auf, weil der Blindleitwert stärker als frequenzproportional ansteigt; vernachlässigt man in diesem Frequenzbereich die ohmschen Widerstände, so ergibt sich nämlich:

$$\underline{Y}\,(j\omega) = \frac{1}{j\omega L + 1/j\omega C} = \frac{j\omega C}{1 - \omega^2 LC}, \qquad (2\text{-}39)$$

$$C^* = \frac{C}{1 - \omega^2 LC}. \qquad (2\text{-}40)$$

Weiter unterhalb der Resonanzfrequenz genügt es im allgemeinen, das nichtideale Verhalten des Kondensators durch einen (frequenzabhängigen) *Verlustwinkel* δ oder *Verlustfaktor* tan δ zu beschreiben. Für eine *feste Frequenz* kann man einem Kondensator dann formal entweder ein reines Parallelersatzbild zuordnen,

$$\underline{Y}\,(\mathrm{j}\omega) = \mathrm{j}\,\omega C_P + G_P = \mathrm{j}\,\omega C_P\,(1 - \mathrm{j}\,\tan\delta)\,, \qquad\qquad (2\text{-}41)$$

oder ein reines Reihenersatzbild entsprechend

$$\underline{Z}\,(\mathrm{j}\omega) = R_S + \frac{1}{\mathrm{j}\omega C_S} = \frac{\tan\delta}{\omega C_S} + \frac{1}{\mathrm{j}\omega C_S}\,. \qquad\qquad (2\text{-}42)$$

Die rechnerischen Zusammenhänge sind in [A33] dargestellt. Der Kehrwert des Verlustfaktors tan δ wird *Güte Q* genannt. Bei Kondensatoren für Meßzwecke liegen die Verlustfaktoren in der Regel zwischen 10^{-5} (z.B. Luftkondensatoren) und 10^{-3} (z.B. Styroflex bei 1 MHz). Wenn Leitungsinduktivitäten, ohmsche Widerstände und Streukapazitäten bei Kapazitätsdekaden sehr klein bleiben sollen, entstehen recht unkonventionelle Bauformen [A17]. Oft werden bei Kapazitätsdekaden sogenannte *Sparschaltungen* angewandt [A34].

Schutzringkondensator

Bei Schutzringkondensatoren wird *ein* Beleg – die sogenannte *Meßplatte* – von einem Schutzring umgeben, der auf dasselbe Potential wie die Meßplatte gelegt, dessen Stromaufnahme aber nicht mit gemessen wird. Dadurch bleibt das elektrische Feld auch am Rande der Meßplatte homogen, und die Kapazität des Kondensators kann exakt berechnet werden [A17].

Absolute Normale

Absolute Kapazitätsnormale sind so beschaffen, daß man ihre Kapazität allein aus ihren Abmessungen berechnen kann. Sie werden in der PTB (und in anderen metrologischen Staatsinstituten) zur Darstellung der Kapazitätseinheit und der Widerstandseinheit benutzt [A5].

▶ 2.2.4 Spannungsteiler

> Beim einfachen Spannungsteiler nach Bild 2-15a folgt die *Leerlaufspannung U_l* dem Widerstandsverhältnis $R_2/(R_1 + R_2)$ *linear*. Da sich bei einer Verstellung des Abgriffs jedoch gleichzeitig der *Innenwiderstand R_i* ändert, ergibt sich im *Belastungsfalle* ein *nichtlinearer* Zusammenhang zwischen $R_2/(R_1 + R_2)$ und U_2. Meßspannungsteiler sind deshalb in der Regel für den Leerlauffall kalibriert.

Rechnerische Beispiele findet man in [A35], [A36], [A37]. Ein *Kelvin-Varley-Teiler* nach Bild 2-15b läßt sich mit Hilfe einer Schalterkaskade dekadisch einstellen; die niederwertigste Dekade kann als Feineinstellpotentiometer ausgebildet werden [E4]. Für höhere Frequenzen oder impulsförmige Vorgänge muß ein Spannungsteiler bezüglich der auftretenden parasitären Kapazitäten abgeglichen werden, vgl. z.B. Abschnitt 4.1 oder [A40]. Für hohe Frequenzen und Teilverhältnisse von mehr als einer Zehnerpotenz sind *Kettenteiler* entsprechend Bild 2-15c vorteilhaft [A38].

Eichleitung

Eine *Eichleitung* ist ein Spannungsteiler, z.B. nach Bild 2-15d, dessen Teilwiderstände so berechnet sind und durch Schalterzwang so umgeschaltet werden, daß der Eingangswiderstand des Teilers und der ausgangsseitige Innenwiderstand unabhängig vom eingestellten Teilverhältnis konstant und gleich dem *Nennwiderstand* (in der Nachrichtentechnik:

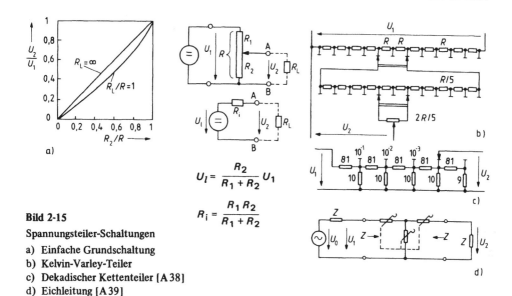

Bild 2-15

Spannungsteiler-Schaltungen

a) Einfache Grundschaltung
b) Kelvin-Varley-Teiler
c) Dekadischer Kettenteiler [A 38]
d) Eichleitung [A 39]

$$U_l = \frac{R_2}{R_1 + R_2} U_1$$

$$R_i = \frac{R_1 R_2}{R_1 + R_2}$$

Wellenwiderstand) Z des Gerätes bleibt, sofern nur auch beide Klemmenpaare des Teilers mit Z abgeschlossen sind. Die Einstellschalter sind im allgemeinen mit einem *logarithmischen Verhältnismaß* beschriftet, beispielsweise mit der *Betriebsdämpfung* in *Neper* oder *Dezibel*:

$$a_{\text{Np}} = \ln U_1/U_2 = \ln \sqrt{P_{2\max}/P_2} \,, \tag{2-43}$$

$$a_{\text{dB}} = 20 \log U_1/U_2 = 10 \log P_{2\max}/P_2 \,. \tag{2-44}$$

Man beachte, daß die Schalterablesung nur richtig ist, wenn die Eichleitung zumindest auf der Ausgangsseite korrekt abgeschlossen ist.

Mehrstufig schaltbare Eichleitungen bestehen aus einer Kettenschaltung von mehreren T-Gliedern nach Bild 2-15d oder von π-Gliedern. Zur Berechnung vgl. z.B. [A39].

Präzisionsspannungsteiler

Sehr sorgfältig dimensionierte ohmsche Spannungsteiler können Teilungsgenauigkeiten bis zu 10^{-6} erreichen [E5]. Niederfrequente Wechselspannungen können mit Hilfe induktiver (transformatorischer) Teiler noch genauer geteilt werden [E6], [E7]. Induktive Verfahren können mit Hilfe des sogenannten magnetischen Komparators auch für den Bau von Gleichspannungsteilern eingesetzt werden [E8].

Belastungsgrenzen

Bei Spannungsteilern ist sorgfältig auf die *höchstzulässige Eingangsspannung* und den *höchstzulässigen Belastungsstrom* zu achten. Besonders gefährdet ist ein Spannungsteiler in der Nähe der oberen Endstellung ($U_2 \approx U_1$; $R_i \to 0$); ein Kurzschluß des Ausgangsklemmenpaares führt hier in der Regel zur Zerstörung des Gerätes!

▶ **2.2.5 Meßverstärker**

Meßverstärker dienen zur Anhebung kleiner Spannungs- oder Stromsignale auf einen höheren, meßtechnisch einfacher auszuwertenden Signalpegel, u. U. aber auch zur Realisierung eines möglichst hohen Eingangswiderstandes bei einer Spannungsmessung oder eines möglichst geringen Eingangswiderstandes bei einer Strommessung (vgl. hierzu Abschnitt 3.1.1).

Aussteuergrenzen

Jeder Meßverstärker arbeitet nur in einem endlich großen Aussteuerbereich linear, d. h. es ist bei seiner Anwendung sorgfältig darauf zu achten, daß bestimmte *höchstzulässige Werte* für *Ausgangsspannung* und *Ausgangsstrom* nicht überschritten werden, auch nicht augenblicksweise, wie das bei der Übertragung zeitabhängiger Signale leicht geschehen kann; andernfalls kommt es zu *Übersteuerungs-* und *Begrenzungserscheinungen,* die grobe Meßfehler zur Folge haben können! Die zulässigen Aussteuergrenzen hängen oft noch wesentlich von der *Frequenz* oder der *Impulsform* der zu übertragenden Signale ab. Aus diesem Grunde ist in der Regel eine Überprüfung des Verstärkerausgangssignals mit Hilfe eines Oszilloskops empfehlenswert!

Bandbreite

Gleichspannungsverstärker übertragen Gleichsignale sowie Wechselsignale bis zu einer bestimmten oberen Grenzfrequenz. Die *Grenzfrequenz* kann verschieden definiert werden, z. B. als die Frequenz, bei der der Verstärkungsfehler 1 % überschreitet, oder als die Frequenz, bei der die Verstärkung um 3 dB gegenüber ihrem Wert bei Gleichsignalen oder sehr tiefen Frequenzen abgefallen ist, d. h. sinngemäß zur Definition Gl. (2-44) auf den $\sqrt{2}$-ten Teil des ursprünglichen Wertes oder halbe Ausgangsleistung, oder auch anders; es sind also bei jedem Meßverstärker stets die Herstellerangaben genau zu beachten. *Wechselspannungsverstärker* übertragen nur Wechselsignale, deren Frequenz zwischen einer unteren und einer oberen Grenzfrequenz liegen muß, damit die zugehörigen Fehlergrenzen der Verstärkung nicht überschritten werden. Die Differenz zwischen den beiden Grenzfrequenzen nennt man die *Bandbreite* des Verstärkers; beim Gleichspannungsverstärker ist die Bandbreite identisch mit der oberen Grenzfrequenz.

Streukapazitäten und Störsignale

Bei der Verstärkung kleiner Signale ist zusätzlich zu beachten, daß der Meßverstärker selbst zur Quelle von Störsignalen werden kann. Hierzu soll ein besonders zu beachtendes Störungsbeispiel betrachtet werden. Bild 2-16a verdeutlicht drei typische Bestandteile eines Meßverstärkers: den Spannungsteiler ST für die Meßbereichseinstellung, den eigentlichen elektronischen Verstärker V und das Netzteil NT, welches über einen Netztransformator mit dem Wechselstromnetz in Verbindung steht. Über die *Streukapazität* C_s zwischen Primär- und Sekundärwicklung des Netztransformators fließt im allgemeinen

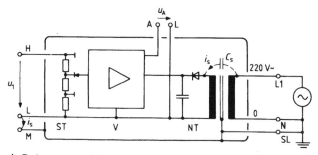

a) Erdunsymmetrischer Verstärkereingang

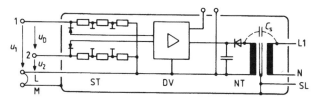

b) Erweiterung zum Differenzverstärker

Bild 2-16 Innerer Aufbau von Meßverstärkern ST Spannungsteiler zur Meßbereichseinstellung (vgl. hierzu jedoch auch Abschn. 5.2.1) V Verstärker, DV Differenzverstärker, NT Netzteil

ein *Störstrom* i_s zu, der über die Punkte L, M und SL zur Erde zurückfließen muß. Löst man nun etwa die Verbindung zwischen L und Erde, um die Klemmen L und H mit einer zu untersuchenden Fremdschaltung zu verbinden, so muß der Störstrom i_s irgendeinen, im allgemeinen schwer zu kontrollierenden Weg durch die Fremdschaltung hindurch zur Erde nehmen; dadurch können in der Fremdschaltung netzfrequente Spannungsabfälle entstehen, die dann vom Verstärkereingang aufgegriffen werden und sich dem zu messenden Nutzvorgang als *Störsignal* überlagern. Wegen dieses Effektes und wegen weiterer Streukapazitäten, die zwischen der Verstärkerschaltung und ihrer Umgebung bestehen, kann ein Verstärker mit *erdunsymmetrischem Eingang* in der Regel nur für die Messung *erdbezogener Spannungen* eingesetzt werden; es ist dabei sorgfältig darauf zu achten, daß die erdpotentialnahe Leitung L (Englisch: lower potential, niedrigeres Potential) auch mit einem erdpotentialgebundenen Punkt der zu untersuchenden Fremdschaltung verbunden wird, und entsprechend die Leitung H (Englisch: higher potential, höheres Potential) mit dem Punkt, an dem die zu verstärkende Signalspannung gegenüber Erdpotential ansteht.

Bei Messungen an Halbleiterschaltungen ist sogar darauf zu achten, daß die erdpotentialnahen Leitungen *zuerst* verbunden werden müssen. Fehlt nämlich z.B. die Brücke von L nach M, und schließt man zuerst H an, so sucht sich der Störstrom i_s in dem Augenblick einen Weg über H und die Fremdschaltung zur Erde; trifft er hierbei zufällig auf eine Gate-Source-Isolierschicht eines Halbleiters in MOS-Technologie, so kann diese zerstört und damit u.U. eine ganze hochintegrierte Schaltung unbrauchbar werden.

In der Praxis nennt man die erdpotentialnahen Leitungen oft auch kurz die *„Masseleitungen"*, weil sie häufig an irgendeiner Stelle (oder an mehreren Stellen) mit dem tragenden Chassis oder dem Gehäuse des einen oder anderen Gerätes verbunden sind (vgl. Brücke L–M!).

Differenzverstärker

Soll eine Spannung verstärkt werden, die *nicht* zwischen einem Punkt einer Fremdschaltung und Erdpotential abgegriffen werden kann, sondern die zwischen irgend *zwei ganz beliebigen Punkten* einer Schaltung abgegriffen werden muß, so muß ein *Differenzverstärker* nach Bild 2-16b verwendet werden. Es kann dann die Leitung L fest mit dem Erdpotential der zu untersuchenden Schaltung verbunden werden, während die Klemmen 1 und 2 zum Abgreifen der zu verstärkenden *Differenzspannung* $U_D = U_1 - U_2$ zur Verfügung stehen.

Eine *Batteriespeisung* einer erdunsymmetrischen Schaltung nach Bild 2-16a ist kein vollwertiger Ersatz für einen Differenzverstärker. Mit der Batteriespeisung wird zwar die Möglichkeit der Einspeisung von Störsignalen aus dem Stromversorgungsnetz beseitigt, aber alle mit Streukapazitäten und Leitungsführungen zusammenhängenden Fehlereinflüsse bleiben prinzipiell bestehen, obgleich sich die Größenordnung durchaus in günstigem Sinne verändern kann.

Ist $|u_D| \ll |u_1|$ bzw. $|u_D| \ll |u_2|$, so sollten zunächst beide Klemmen 1 und 2 gemeinsam an u_1 (oder an u_2) gelegt werden, um zu prüfen, ob der Verstärker dann einwandfrei $u_D = 0$ feststellt; andernfalls ist die Differenzverstärkerfunktion nicht mehr mit hinreichender Genauigkeit erfüllt.

Schaltungstechnik

Einzelheiten zur Schaltungstechnik und Problematik derartiger Verstärker findet man in den Abschnitten 4.2 bis 4.4 und 5.2; in [A41] werden Differenzverstärker im meßtechnischen Sinne auch als *Subtrahierer* bezeichnet. Man informiere sich vor dem Einsatz von Meßverstärkern stets sehr eingehend über die in den Gerätehandbüchern in der Regel ausführlich beschriebenen Einsatzgrenzen und Fehlermöglichkeiten! Beim Aufbau von Meßschaltungen mit längeren oder mehrfach verzweigten Verbindungsleitungen sind die in den Abschnitten 3.9.3 und 3.10 beschriebenen Probleme zu beachten. Sehr oft arbeitet eine Meßverstärkerschaltung erst dann einwandfrei, wenn man Störspannungsquellen im Leitungsnetzwerk systematisch eliminiert hat!

▶ **2.2.6 Meßumformer**

Die allgemeine Definition nach VDI/VDE 2600 (vgl. Abschnitt 1.5) läßt sich für den Bereich der elektrischen Meßtechnik etwas einschränken:
Der *Meßumformer* ist eine Einrichtung, die eine elektrische oder nichtelektrische Eingangsgröße in eine damit eindeutig zusammenhängende elektrische Ausgangsgröße umformt. In der Regel wird eine Proportionalität zwischen Eingangs- und Ausgangsgröße angestrebt.
Im Sinne dieser Definition kann bereits ein *Strommeßwiderstand* nach Bild 2-17a als Meßumformer aufgefaßt werden; der zu messende Strom I ist die Eingangsgröße, der einem Millivoltmeter zugeführte Spannungsabfall U die Ausgangsgröße. Beim *Thermoumformer*

a) **Meßwiderstand** für
große Gleichströme:

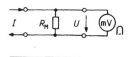

$$U = R_M \cdot I$$

b) **Thermoumformer** für
Hochfrequenzströme:

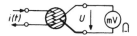

$$U = k_U \cdot i_{eff}^2$$

c) **Meßgleichrichter:**

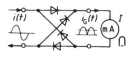

$$I = i_G(t) = \frac{2}{\pi} \hat{i}$$

d) **Dehnungsmeßstreifen**

$$\frac{\Delta R}{R} = k \frac{\Delta l}{l}$$

Bild 2-17 Beispiele für Meßumformer

(Bild 2-17b) erwärmt der zu messende Gleich- oder Wechselstrom ein Bimetall-Kontakt-paar (Thermoelement), welches dann eine Thermospannung abgibt [A17], [A18]; die Ausgangsspannung ist in diesem Falle in erster Näherung proportional zum Quadrat des Effektivwertes des Stromes. Dieses Prinzip ist besonders für die Messung von Hochfrequenzströmen geeignet. Für niederfrequente Wechselströme kann ein *Meßgleichrichter* nach Bild 2-17c als Umformer eingesetzt werden. Der Ausschlag eines nachgeschalteten Drehspulmeßwerks ist dann proportional zum Gleichrichtwert des Wechselstromes; die Angabe in Bild 2-17c gilt natürlich nur für Sinusströme (vgl. Abschnitt 3.1). Ein *Dehnungsmeßstreifen* besteht aus einer Kunststoffolie, auf die ein dünnes metallisches Widerstandsgitter aufgebracht ist, vgl. Bild 2-17d. Wird der Streifen auf eine Werkstoffoberfläche aufgeklebt, so bewirkt danach jede mechanische Dehnung oder Stauchung des Werkstoffes eine Widerstandsänderung, die elektrisch leicht gemessen werden kann (vgl. Abschnitt 6.3).

Ein Meßumformer ist keineswegs in jedem Falle ein Gebilde von der Größenordnung eines Bauelements. Je nach Aufgabenstellung kann es sich hierbei auch um ein Gerät mit beträchtlichem feinmechanischem und schaltungstechnischem Aufwand handeln, vgl. hierzu Abschnitt 6.

▶ **2.2.7 Meßwandler**

Meßwandler transformieren Wechselspannungen oder Wechselströme auf technisch einfach meßbare Werte. In Hochspannungsanlagen haben sie überdies die Aufgabe, die Meßgeräte von den Hochspannung führenden Leitern zu trennen.

Wirkungsweise

Ihre Funktion beruht auf dem Prinzip des Transformators [A7], vgl. Bild 2-18. Vernachlässigt man für die erste Betrachtung einmal die ohmschen Wicklungswiderstände, die auftretenden magnetischen Streuflüsse und die Wirkverluste im Eisenkern, so ist die in einer Wicklung auftretende Spannung nach dem Induktionsgesetz proportional zur Windungszahl und dem Differentialquotienten des magnetischen Flusses im Eisenkern. Der magnetische Fluß $\Phi(t)$ ist seinerseits proportional zur Fensterdurchflutung des Eisenkerns (wenn man hier von nichtlinearen Einflüssen ebenfalls absieht).

Der *Spannungswandler* wird nun mit seiner Primärwicklung (Windungszahl w_1) an die zu messende Spannung $u_1(t)$ angeschaltet; dann muß sich zwangsläufig der magnetische Fluß $\Phi(t)$ so einstellen, daß in der Primärwicklung eben genau die Spannung $u_1(t)$ induziert wird. Das hat aber zur Folge, daß auch in der Sekundärwicklung mit der Windungszahl w_2 eine Spannung gleicher Kurvenform induziert wird, die sich nur der Größe nach entsprechend dem Windungszahlverhältnis w_2/w_1 von der Primärspannung unterscheidet, vgl. Bild 2-18 links. Entsprechend verhalten sich dann auch Mittelwerte, z.B. die Effektivwerte, wie die Windungszahlen.

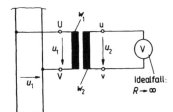
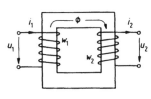
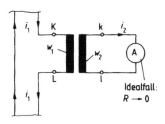

Spannungswandler

Idealfall:

$$\frac{u_1}{u_2} = \frac{w_1 \frac{d\Phi}{dt}}{w_2 \frac{d\Phi}{dt}} = \frac{w_1}{w_2}$$

Effektivwerte:

$$\boxed{\frac{U_1}{U_2} = \frac{w_1}{w_2}}$$

Transformator

Technischer Idealfall:

Kein Wicklungswiderstand, kein Streufluß, keine Eisenverluste.

$$u_1 = w_1 \frac{d\Phi}{dt},\ u_2 = w_2 \frac{d\Phi}{dt},$$

$$\Phi = \lambda\theta = \lambda(i_1 w_1 - i_2 w_2),$$

λ magnetischer Leitwert des Kerns.

Stromwandler

Idealfall:

$$u_2 = w_2 \frac{d\Phi}{dt} = 0,\ \Phi = 0,$$

$$i_1 w_1 - i_2 w_2 = 0,\ \frac{i_1}{i_2} = \frac{w_2}{w_1}.$$

Effektivwerte:

$$\boxed{\frac{I_1}{I_2} = \frac{w_2}{w_1}}$$

Bild 2-18 Prinzipielle Wirkungsweise von Spannungs- und Stromwandlern sowie Klemmenbezeichnungen nach VDE 0414

Der *Stromwandler* wird mit seiner Primärwicklung (w_1) in den Zug der Leitung eingefügt, so daß die Primärwicklung von dem zu messenden Strom $i_1(t)$ durchflossen wird. Die Sekundärwicklung wird – im Gegensatz zur Betriebsweise des Spannungswandlers – im Idealfalle über ein Strommeßinstrument mit dem Innenwiderstand Null kurzgeschlossen.

Es ist also dann durch Schaltungszwang $u_2(t) = 0$, so daß auch $\Phi(t) = 0$ bleiben muß. Daraus folgt weiter, daß dann auch die resultierende Fensterdurchflutung gleich Null sein muß, also die Sekundärdurchflutung gleich der Primärdurchflutung. Hieraus folgt weiter, daß sich die Ströme *umgekehrt* wie die Windungszahlen verhalten müssen, vgl. Bild 2-18 rechts.

Abweichungseinflüsse

In Wahrheit sind natürlich Wicklungswiderstände, Streuflüsse und Eisenverluste nicht vollständig vernachlässigbar, die Innenwiderstände von Spannungsmessern nicht unendlich, die Innenwiderstände von Strommessern nicht null, so daß im praktischen Betrieb gegenüber dem zuvor erläuterten Idealverhalten der Wandler stets Abweichungseinflüsse auftreten. Der Spannungswandler arbeitet unter praktischen Bedingungen nicht im Leerlauf, der Stromwandler nicht unter idealen Kurzschlußbedingungen. Bei sinusförmigen Größen äußern die Abweichungseinflüsse sich in Betragsabweichungen und Fehlwinkeln.
Unter der *Strommeßabweichung* eines Stromwandlers versteht man nach VDE 0414 die prozentuale Abweichung des mit der Nennübersetzung K_N multiplizierten Sekundärstromes vom Primärstrom:

$$f_i = \frac{I_2 \cdot K_N - I_1}{I_1} \cdot 100\,\% \,. \tag{2-45}$$

Der *Fehlwinkel* eines Stromwandlers ist die Phasenverschiebung des Sekundärstromes gegen den Primärstrom.
Entsprechend gilt für die *Spannungsmeßabweichung* eines Spannungswandlers:

$$f_u = \frac{U_2 \cdot K_N - U_1}{U_1} \cdot 100\,\% \,. \tag{2-46}$$

Der *Fehlwinkel* eines Spannungswandlers ist sinngemäß die Phasenverschiebung der Sekundärspannung gegen die Primärspannung.

Zeigerdiagramme

Die theoretische Behandlung des Abweichungsproblems läßt sich auf der Basis eines Transformatorersatzbildes durchführen, vgl. Bild 2-19a und b, [A7]. Für sinusförmige Größen ergeben sich Zeigerdiagramme, die das Zustandekommen der Betriebsabweichungen und Fehlwinkel sehr anschaulich zeigen, vgl. Bild 2-19c und d, [A19]. Werden Wandler Mischvorgängen ausgesetzt, beispielsweise in der Leistungselektronik, so ist zu beachten, daß Vormagnetisierungs- oder sogar Sättigungserscheinungen zu zusätzlichen nichtlinearen Abweichungseffekten führen können.

Unterschied zwischen Spannungs- und Stromwandler

Obgleich also ein Spannungswandler ebenso wie ein Stromwandler ein Transformator ist, bestehen hinsichtlich der technischen Dimensionierung wesentliche Unterschiede: Die Primärwicklung des Spannungswandlers wird an eine vergleichsweise hohe Wechselspannung angeschaltet und soll einen geringen Strom aufnehmen, sie wird also normalerweise eine große Windungszahl dünnen Kupferdrahtes enthalten. Durch die Primärwicklung eines Stromwandlers fließt dagegen ein großer zu messender Betriebsstrom, während die Spannung an der Wicklung wegen des kurzschlußähnlichen Betriebes unbedeutend ist.

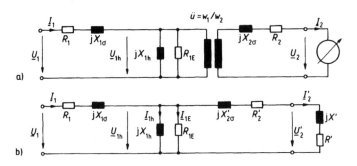

$$X_{2\sigma}' = \ddot{u}^2 X_{2\sigma}, \ R_2' = \ddot{u}^2 R_2, \ X' = \ddot{u}^2 X, \ R' = \ddot{u}^2 R, \ U_2' = \ddot{u} U_2, \ I_2' = I_2/\ddot{u}.$$

a) Transformatorersatzbild mit idealem Übertrager $\ddot{u} = w_1/w_2$

b) Umrechnung aller Ersatzbildgrößen auf die Primärseite

c) Zeigerdiagramm für einen Spannungswandler

d) Zeigerdiagramm für einen Stromwandler

Mit Rücksicht auf die zeichnerische Darstellbarkeit sind alle Abweichungseinflüsse stark überhöht dargestellt!

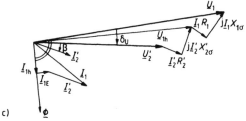

δ_U Fehlwinkel des Spannungswandlers

β Bürdenwinkel

Bild 2-19

Ersatzbilder und Zeigerdiagramme von Meßwandlern

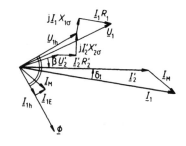

δ_I Fehlwinkel des Stromwandlers

β Bürdenwinkel

Die Primärwicklung eines Stromwandlers wird daher in der Regel aus wenigen Windungen dicken Kupferdrahtes bestehen. Bei großen Strömen wird vielfach nur eine einzige Windung benötigt; bei sog. Schienenstromwandlern besteht die Primärwicklung lediglich aus einer Stromschiene, die das Kernfenster geradlinig durchsetzt.

Klemmenbezeichnungen

Nach VDE 0414 werden die Anschlüsse der Primärwicklung von zweipolig isolierten *Spannungswandlern* mit Großbuchstaben U und V, die (im Sinne einer Gleichphasigkeit der Wechselspannungen entsprechenden) der Sekundärwicklung mit Kleinbuchstaben u und v bezeichnet, vgl. Bild 2-18 links.

Die Anschlüsse der Primärwicklung von einpolig isolierten Spannungswandlern werden mit U und X (X für den zu erdenden Anschluß), die der Sekundärwicklung mit u und x bezeichnet.

Die Anschlüsse der Primärwicklung von *Stromwandlern* werden mit K und L, die der Sekundärwicklung entsprechend mit k und l bezeichnet, vgl. Bild 2-18 rechts. Der im *äußeren* Teil des Sekundärkreises von k nach l fließende Strom ist dann (bis auf den kleinen Fehlwinkel) gleichphasig mit dem auf der Primärseite von K nach L fließenden Strom.

Die Beachtung der Richtungsbeziehungen ist wichtig, wenn Sekundärgrößen mehrerer Wandler addiert oder Leistungsmesser angeschlossen werden sollen!

Bürde

Die *Bürde eines Stromwandlers* ist der durch Betrag und Bürdenleistungsfaktor $\cos \beta$ ausgedrückte *Scheinwiderstand* des Sekundärkreises (VDE 0414, T.2).
Die *Bürde eines Spannungswandlers* ist der durch Betrag in Siemens und Bürdenleistungsfaktor $\cos \beta$ ausgedrückte *Scheinleitwert* des Sekundärkreises (VDE 0414, T.3).
Die *Nennbürde* eines Wandlers ergibt sich rechnerisch aus der Nennleistung (Scheinleistung!) und dem Nennwert der Sekundärgröße.
Die Fehler eines Wandlers hängen wesentlich von der Bürde und der Größe des Sekundärstromes ab; dies ist in besonderem Maße bei der Prüfung von Wandlern zu beachten. Tabelle 2-3 gibt eine Übersicht über die wichtigsten Normwerte für Nennbereiche, Genauigkeitsklassen und Fehlergrenzen von Wandlern. Bezüglich des aktuellen Standes ist anzuraten, stets die neuesten Ausgaben der zitierten Normblätter heranzuziehen.

Normalwandler

Normalwandler sind Ausführungen mit besonderer Genauigkeit für Kalibrierzwecke, in der Regel jedoch unter Verzicht auf hohe Isolationsanforderungen. Ihre Fehler liegen zwischen 0,001 % und 0,01 %, die Fehlwinkel zwischen 0,1' und 1' [A17], [A19].

Schutzvorkehrungen

Die Sekundärwicklung eines *Spannungswandlers* darf nicht kurzgeschlossen werden, denn in diesem Falle würden die fließenden Ströme in der Regel so große Werte annehmen, daß es zur (thermischen) Zerstörung der Wicklungen käme.

Im Gegensatz dazu darf der Sekundärkreis eines *Stromwandlers nicht unterbrochen werden*. Wird ein primär durchfluteter Stromwandler nicht benötigt, so ist die Sekundärwicklung *kurzzuschließen*!

Tabelle 2-3 Die wichtigsten Normwerte für Nennbereiche, Genauigkeitsklassen und Fehlergrenzen von Meßwandlern nach VDE 0414, DIN 42 600 und DIN 42 601; eingeklammerte Werte nur noch nach VDE 0414/12.70. Siehe auch VDE 0414/1.94!

	Stromwandler	Spannungswandler
Primäre Nennwerte	5, 10, (12,5), 15, 20, 25, 30, 40, 50, 60, 75 A sowie dekadische Vielfache davon.	100, 220, 380, 500V; 1, 3, 5, 6, 10, 15, 20, 25, 30, 35, 45 kV und die durch $\sqrt{3}$ geteilten Werte; $60/\sqrt{3}$, $110/\sqrt{3}$, $220/\sqrt{3}$, $400/\sqrt{3}$ kV.
Sekundäre Nennwerte	5 A; 1 A.	100 V, $100/\sqrt{3}$ V.
Nennleistungen	(1), (1,5), (2), 2,5, 5, 10, 15, 30, 60 VA.	10, 15, 25, (30), 50, 75, 100, 150, (200), (300) VA.
Klassen	(0,1), 0,2, 0,5, 1, (3), (5).	(0,1), 0,2, 0,5, 1, (3).
Scheinwiderstand des Sekundärkreises (Bürde) VDE 0414 12.70	Die nachfolgenden Fehlergrenzen müssen bei Nennfrequenz und den folgenden Bürden eingehalten werden: Bei Wandlern mit dem Klassenzeichen 0,1 bis 1 für Nennleistungen über 2,5VA bei 1/1 und 1/4, für Nennleistungen < 2,5VA bei 1/1 und 1/2 der der Nennleistung entsprechenden Bürde, jedoch nicht kleiner als 1VA. Bürdenleistungsfaktor $\cos \beta = 0,8$ induktiv. Ist die bei Nennstrom von der Bürde aufgenommene Leistung kleiner als 5VA, so gilt für Prüfungen $\cos \beta = 1$.	Die nachfolgenden Fehlergrenzen müssen bei Nennfrequenz und bei Bürden zwischen 1/4 und 1/1 der Nennbürde und dem Bürden-Leistungsfaktor $\cos \beta = 0,8$ induktiv eingehalten werden.

Fehlergrenzen VDE 0414 12.70 — Stromwandler:

Klasse	Stromfehlergrenze $1,0\,I_N$ $1,2\,I_N$ %	$0,2\,I_N$ %	$0,1\,I_N$ %	Fehlwinkelgrenze $1,0\,I_N$ $1,2\,I_N$ Minuten	$0,2\,I_N$ Minuten	$0,1\,I_N$ Minuten
0,1	0,1	0,2	0,25	5	8	10
0,2	0,2	0,35	0,5	10	15	20
0,5	0,5	0,75	1,0	30	45	60
1	1,0	1,5	2,0	60	90	120

Fehlergrenzen VDE 0414 12.70 — Spannungswandler:

Klasse	Spannungsfehlergr. $0,8\,U_N$ $1,0\,U_N$ $1,2\,U_N$ $0,05\,U_N$ %	Fehlwinkelgrenze $0,8\,U_N$ $1,0\,U_N$ $1,2\,U_N$ $0,05\,U_N$ Minuten
0,1	0,1	5
0,2	0,2	10
0,5	0,5	20
1	1,0	40

Soll ein Strommeßinstrument im Betriebszustand des Wandlers abgeklemmt werden, so ist *erst* der Kurzschluß herzustellen und danach das Instrument abzuklemmen. Wird nämlich der Sekundärkreis eines Stromwandlers unterbrochen, so kann die große Primärdurchflutung nicht mehr durch die Sekundärdurchflutung kompensiert werden. Sie führt dann dazu, daß der Kern periodisch weit in die Sättigung hinein magnetisiert wird; dies kann erstens zu einer unzulässigen Erwärmung des Kerns führen und zweitens gefährlich hohe Induktionsspannungen in der Sekundärwicklung verursachen, welche eine Zerstörung der Isolation zur Folge haben können.

> Sekundärwicklungen und (metallische) Gehäuse von Wandlern müssen aus Sicherheitsgründen (einpolig, meist an k bzw. v) geerdet sein.

Reihenspannung

Die *Reihenspannung* ist die Außenleiterspannung, nach der Isolation und Prüfspannung eines Wandlers bemessen sind.

Bauformen

Die Bauformen der Wandler ergeben sich grundsätzlich aus dem Transformatorprinzip. Bei *Ringkern-Stromwandlern* (vgl. Bild 2-20a) kann man den Meßbereich vielfach dadurch variieren, daß man ein flexibles Kabel je nach Bedarf ein- oder mehrfach durch den Wandler hindurchführt. *Schienen- oder Stabstromwandler* umschließen einen gestreckten Primärleiter; sie können zur Montagevereinfachung auch zerlegbar sein (Schnittbandkerne). *Zangenstromwandler* erlauben das Umfassen nicht trennbarer stromführender Leiter, vgl. Bild 2-20b. In der Hochspannungstechnik wird das äußere Erscheinungsbild der Meßwandler wesentlich durch die Isolationserfordernisse geprägt, vgl. Bild 2-20c.

Gleichstrom-Meßwandler

Für die Messung sehr großer Gleichströme sind auch Gleichstrom-Meßwandler entwickelt worden. Sie beruhen meist darauf, daß die durch eine Gleichdurchflutung verursachte Permeabilitätsänderung mit Hilfe eines Wechselsignals meßtechnisch ausgewertet wird [A17], [A19], [A42], [E9].

Literatur

Der professionelle Umgang mit Meßwandlern erfordert weit mehr Detailwissen, als hier angesprochen werden kann. Weitere Informationen findet man in: [A17], [A18], [A19], [A42], VDE 0414, DIN 42600, DIN 42601.

▶ 2.2.8 Meßumsetzer

Meßumsetzer setzen Meßsignale in eine andere Signalstruktur um; am häufigsten kommt die Umsetzung analoger Signale (bei denen jeder beliebige Zwischenwert auftreten kann, vgl. Abschnitt 1.5) in digitale Darstellungsformen vor (bei denen nur diskrete Zahlenwerte möglich sind), sowie der umgekehrte Umsetzungsweg. Die digitale Darstellungsweise ist für die weitere Datenverarbeitung besser geeignet.

a)

c)

b)

a) Mehrbereich-Ringstromwandler (AEG)

b) Zangenstromwandler (Metrawatt)

c) Kombinationswandler für 110 kV, enthält Strom- und Spannungswandler (Ritz)

Bild 2-20 Beispiele für Ausführungsformen von Strom- und Spannungswandlern

Für die digitale Darstellung von Signalen werden aus technischen Gründen, nämlich der sicheren Unterscheidbarkeit wegen, nur zwei *„binäre"* Ziffernsymbole „0" und „L" oder — wenn keine Verwechslung zu befürchten ist — „0" und „1" zugelassen. Das Symbol „0" wird dann technisch beispielsweise durch das Nichtvorhandensein eines Spannungssignals dargestellt, das Symbol „1" dagegen durch das Vorhandensein eines Spannungssignals. Die Dezimalziffern „0" bis „9" sind für die Digitaltechnik nicht geeignet, denn es wäre technisch viel schwieriger, zehn verschiedene Symbole elektronisch unterscheiden zu müssen statt nur zwei. Man kann dann mit den Ziffern „0" und „1" im Prinzip ebenso zählen, wie wir es vom Dezimalsystem her gewohnt sind, nur mit dem Unterschied, daß

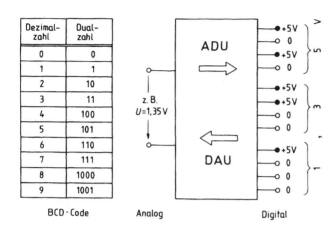

Dezimal-zahl	Dual-zahl
0	0
1	1
2	10
3	11
4	100
5	101
6	110
7	111
8	1000
9	1001

BCD - Code   Analog   Digital

Bild 2-21

Zur Wirkungsweise eines Analog-Digital-Umsetzers (ADU) oder Digital-Analog-Umsetzers (DAU) im BCD-Code 8-4-2-1 (BCD = Binär Codierte Dezimalzahl)

ein Übertrag in die nächsthöhere Stelle schon beim Überschreiten der Zahl „1" erfolgen muß und nicht erst beim Überschreiten der Zahl „9". Zählt man also auf diese Weise mit Hilfe der beiden Binärzeichen, so entsteht eine Folge von „Dualzahlen", wie sie in der Tabelle in Bild 2-21 links von „0" bis „1001" dual, entsprechend „0" bis „9" dezimal, dargestellt ist. Man erkennt, daß man darüber hinaus weiterzählen und beliebige Dezimalzahlen durch wertmäßig genau entsprechende Dualzahlen ersetzen kann, z.B.:

$$[35]_{\text{dezimal}} = [100011]_{\text{dual}} .$$

Damit ist ein Umsetzungsprinzip – ein „Code" – festgelegt, nach dem z.B. auch ein geeignet konzipiertes elektronisches Gerät selbsttätig arbeiten kann.

Es gibt nun allerdings noch viele andere Möglichkeiten, Codes für die Umsetzung von Zahlenwerten (oder anderen Informationen) in eine Darstellung durch Binärzeichen festzulegen; welche man wählt, hängt jeweils davon ab, was technisch zweckmäßig ist. Ein neben dem „Dualcode" weit verbreiteter Code ist z.B. der „BCD-Code 8−4−2−1" (BCD = Binär Codierte Dezimalzahlen). Hierbei wird bei einer Umsetzung *jeder einzelnen* Dezimalziffer die wertmäßig entsprechende Dualzahl zugeordnet, z.B.:

$$[35]_{\text{dezimal}} = [0011 ; 0101]_{\text{BCD } 8-4-2-1} .$$

Diese Darstellungsweise hat z.B. den Vorteil, daß jede duale Zifferngruppe für sich wieder leicht in eine Dezimalziffernanzeige zurückgeführt werden kann, wie sie unserer Gewohnheit entspricht.

Bild 2-21 zeigt nun rechts die (äußere) Wirkungsweise eines im BCD-Code 8−4−2−1 arbeitenden *Analog-Digital-Umsetzers*. Jeder Dezimalziffer sind vier Ausgangsleitungen zugeordnet, denn es müssen ja in jeder Zifferngruppe alle vierstelligen Kombinationen zwischen „0000" und „1001" dual wiedergegeben werden können. Eine Eingangsspannung von z.B. „1,35V" wird dann – wie gezeichnet – in die Codierung [0001; 0011; 0101] umgesetzt. Entsprechend hätte ein im BCD-Code 8−4−2−1 arbeitender *Digital-Analog-Umsetzer* die umgekehrte Aufgabe zu erfüllen, nämlich z.B. die Digitaldarstellung [0001; 0011; 0101] wieder in den analogen Spannungswert „1,35V" zurück umzusetzen.

Hierbei ist stillschweigend eine „Festkommadarstellung" vorausgesetzt worden. Sollte auch die Kommastellung variieren können (z.B. 0,135V; 1,35V; 13,5V), so wären weitere Datenleitungen vorzusehen, die über die Kommastellung Auskunft geben (ADU) bzw. die entsprechende Information zur Verarbeitung aufnehmen könnten (DAU).

Liegt ein Analogwert zwischen zwei digital darstellbaren Zahlenwerten (z.B. $U = 1,354V$), so muß das Gerät entweder den nächsttieferen oder den nächsthöheren digital darstellbaren Wert ausgeben (z.B. 1,35 oder 1,36); hierdurch entsteht der *Quantisierungsfehler*, vgl. Abschnitt 1.7.
Weitere Informationen über Codes und Probleme der digitalen Informationsdarstellung findet man in Lehrbüchern der Informationsverarbeitung, z.B. [A43], [A44], [A45].

Die innere elektronische Wirkungsweise von A/D-Umsetzern und D/A-Umsetzern wird in den Abschnitten 5.5.5 und 5.5.4 beschrieben. Es gibt – je nach Anwendungsaufgabe – einerseits Geräte, die sehr schnell arbeiten, und andererseits Geräte, die langsam arbeiten, die z.B. auch zunächst das angebotene Eingangssignal integrieren und erst dann umsetzen, um dadurch überlagerte Störungen auszumitteln. Soll ein A/D-Umsetzer sehr kleine Spannungswerte (oder Stromwerte) richtig erfassen, so sind u.a. die in Abschnitt 2.2.5 beschriebenen Störprobleme auch hier zu beachten, da ja ein ADU ebenso wie ein Meßverstärker stromversorgungsgebunden ist und u.U. unübersichtliche Leitungsprobleme heraufbeschwören kann; vgl. hierzu auch Abschnitt 5.6.3.

2.2.9 Filter

Filter haben die Aufgabe, Meßsignale nach Frequenzbereichen zu selektieren. *Tiefpaßfilter* beispielsweise sperren hohe Frequenzen und lassen tiefe Frequenzen sowie Gleichsignale passieren. Sie werden durch eine Grenzfrequenz (vgl. Abschnitt 2.2.5) sowie durch eine Angabe über den Verlauf ihrer Übertragungsfunktion charakterisiert.

Es gibt z.B. *Butterworth-Tiefpässe*, deren Amplitudengang einen möglichst flachen Verlauf hat, oder *Bessel-Tiefpässe*, deren Impulsverhalten günstiger ist, oder andere, vgl. z.B. [A41].

Bandpaßfilter übertragen einen zwischen zwei Grenzfrequenzen liegenden Bereich.

Bei *Oktavfiltern* ist das Verhältnis zwischen oberer und unterer Grenzfrequenz 2:1, bei *Terzfiltern* 5:4.

Hochpaßfilter übertragen hohe Frequenzen und sperren tiefe Frequenzen einschließlich Gleichsignalen.

Hochpaß- und Tiefpaßfilter können zu Bandpaßfiltern mit frei wählbaren Grenzfrequenzen kombiniert werden.

Passive Filter sind im wesentlichen aus Induktivitäten und Kapazitäten aufgebaut. Bei der Benutzung passiver Filter ist zu beachten, daß ihre Übertragungscharakteristik nur dann den Herstellerangaben entspricht, wenn das Filter *eingangs- und ausgangsseitig* mit einem bestimmten, vorgeschriebenen Nennwiderstand R_N (bei sog. Wellenparameterfiltern auch oft Wellenwiderstand Z genannt) abgeschlossen ist, vgl. Bild 2-22a.
Aktive Filter enthalten Verstärker (meist sog. Operationsverstärker), Widerstände und Kapazitäten, vgl. Bild 2-22b. Sie haben meist einen sehr hohen Eingangswiderstand und ausgangsseitig einen sehr kleinen Innenwiderstand, d.h. ihre Übertragungscharakteristik ist unabhängig von den äußeren Abschlußbedingungen. Sie sind jedoch wie Verstärker zu

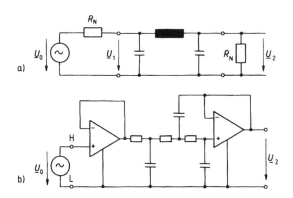

$$\underline{A}\,(j\omega) = \underline{U}_2/\underline{U}_0$$

Bild 2-22

a) Passives Filter, aufgebaut aus Induktivitäten und Kapazitäten, mit vorgeschriebenen Abschlußwiderständen R_N

b) Aktives Filter, aufgebaut aus Operationsverstärkern, Widerständen und Kapazitäten

behandeln, d.h. es ist z.B. auf ihren nur endlich großen linearen Aussteuerbereich zu achten, vgl. Abschnitt 2.2.5.

Zur weiteren Information vgl. z.B. [E10].

2.2.10 Rechengeräte

Es gibt auf dem Meßgerätemarkt viele verschiedene *analoge Rechengeräte* für lineare Rechenaufgaben (Addition, Subtraktion, Integration, Differentiation, Filterung) oder nichtlineare Rechenoperationen (Multiplikation, Division, Potenzierung, Radizierung) oder beides. Sie haben den Vorteil, daß sie unmittelbar in Meßketten mit analoger Signaldarstellung eingefügt werden können, jedoch den Nachteil, daß ihre Fehlerbeiträge oft nicht vernachlässigt werden können. In *Analogrechnern* sind lineare und nichtlineare analoge Rechengeräte so zusammengefaßt, daß (für wechselnde Anwendungsfälle) umfangreiche Rechenoperationen durch Herstellen entsprechender Zusammenschaltungen realisiert werden können. *Digitalrechner* haben demgegenüber den Vorteil, daß sie darstellbar exakt arbeiten und in der Regel durch Dateneingabe frei programmierbar sind, erfordern aber für die Kopplung mit Meßprozessen A/D- bzw. D/A-Umsetzer. In der Form von *Microcomputern* und *Signalprozessoren* übernehmen sie aber heute schon viele Aufgaben, die man früher mit analog arbeitenden Mitteln löste, vgl. Abschn. 5.2.1.

* 2.2.11 Normalelemente

Normalelemente sind besonders sorgfältig aufgebaute galvanische Elemente, die einen bestimmten Gleichspannungswert sehr genau realisieren; am bekanntesten ist das Weston-Element [A17], [A18], [A19], [A23], [A47]. In der praktischen Meßtechnik wird das Normalelement heute durch elektronische Normalspannungsquellen verdrängt, vgl. Abschnitt 5.7.1. In Basislaboratorien bemüht man sich, die Spannungseinheit mit Hilfe des sog. „Josephson-Effektes" darzustellen [E1], [A5], [E172].

2.3 Elektronische Anzeiger

▶ **2.3.1 Anzeigeverstärker**

> *Anzeigeverstärker* sind Meßverstärker mit eingebauter Anzeigeeinrichtung. Es sind daher bei ihrer Anwendung alle in Abschnitt 2.2.5 behandelten Gesichtspunkte zu beachten.

Die einzige Erleichterung besteht u.U. darin, daß im Regelfalle keine Ausgangsleitungen in externe Schaltungsteile weitergeführt werden. Viele Anzeigeverstärker besitzen aber ebenfalls Ausgangsanschlüsse für die Weiterleitung der verstärkten Meßsignale!

Die Anzeigeeinrichtung ist in der Regel ein elektromechanischer Anzeiger; Geräte mit Ziffernanzeige werden normalerweise nicht als Anzeigeverstärker bezeichnet, sondern z.B. als Digitalvoltmeter oder Digitalmultimeter.

> Bei einem Anzeigeverstärker ist besonders darauf zu achten, welche Art von Signalkenngrößen angezeigt wird (z.B. Spitzenwert, Gleichrichtwert, Effektivwert), nach welchem Verfahren die angezeigte Signalkenngröße ermittelt wird und welche Konsequenzen sich hieraus ergeben; man vgl. hierzu Abschnitt 3.1.2!

Es gibt zahlreiche Sonderausführungen mit z.T. sehr speziellen Aufgabenstellungen, vgl. Kap. 5.2. Nach VDI/VDE 2600 soll ein Spannung messendes Gerät als „Spannungsmesser" bezeichnet werden; jedoch ist die Bezeichnung „Digitalvoltmeter" und inbesondere die Abkürzung DVM in der technischen Praxis bisher ungewöhnlich verbreitet.

▶ **2.3.2 Oszilloskope**

Oszilloskope stellen zeitabhängige Vorgänge auf dem Bildschirm einer Elektronenstrahlröhre dar.

Elektronenstrahlröhre

Die Elektronenstrahlröhre besteht entsprechend Bild 2-23 im wesentlichen aus einem Vakuumgefäß G, meist aus Glas, dem Strahlerzeugungssystem (H bis A), den Ablenkplatten P_H und P_V sowie dem Bildschirm B. Im Strahlerzeugungssystem wird ein Elektronenstrahl erzeugt und gebündelt, der auf dem mit einer phosphoreszierenden Schicht belegten Bildschirm einen Lichtpunkt erzeugt. Legt man an die Horizontalablenkplatten P_H eine Ablenkspannung an, so wird der Elektronenstrahl und damit auch der Lichtpunkt in horizontaler Richtung abgelenkt. Entsprechend kann mit Hilfe der Vertikalablenkplatten P_V eine Vertikalablenkung erfolgen. Auf diese Weise lassen sich auf dem Bildschirm Kurvenzüge darstellen.

Das Strahlerzeugungssystem besteht zunächst aus einer Kathode K, die mit Hilfe eines Heizfadens H erhitzt wird und dadurch Elektronen emittiert. Mit Hilfe des Wehneltzylinders W wird ein Elektronenstrahl ausgeblendet. Die Elektronen werden durch positive Vorspannungen an den Fokussierelektroden F_1 und F_2 sowie an der Anode A zum Bildschirm hin beschleunigt. Dabei haben sie zunächst, wie das Bild verdeutlicht, auch radiale,

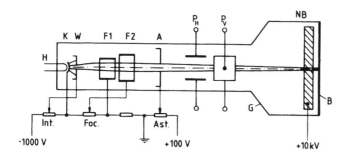

Bild 2-23

Prinzipieller Aufbau einer
Elektronenstrahlröhre

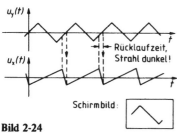

Bild 2-24

Notwendigkeit des Gleichlaufs zwischen
einer abzubildenden periodischen Zeitfunktion $u_y(t)$ und der Horizontalab-
lenkfunktion $u_x(t)$

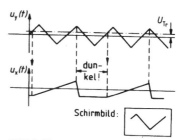

Bild 2-25

Herstellung des Gleichlaufs durch
„Triggerung"

von der Strahlachse wegstrebende Geschwindigkeitskomponenten. Legt man nun an die
Fokussierelektrode F_2 ein etwas niedrigeres Potential als an F_1, so daß F_2 gegenüber F_1
negativ vorgespannt ist, dann wird auf die Elektronen eine abstoßende Wirkung ausgeübt,
und sie werden zur Strahlachse hin beschleunigt. Bei richtiger Einstellung aller Spannungen erreichen die Elektronen die Strahlachse genau am Ort des Bildschirms, so daß ein
scharfer Lichtpunkt entsteht.
Die Leuchtspur auf dem Bildschirm ist um so heller und schärfer, je höher die von den
Elektronen durchlaufene Gesamtbeschleunigungsspannung ist. Einer entsprechenden Erhöhung der Beschleunigungsspannung zwischen Kathode K und Anode A steht jedoch
entgegen, daß an den Ablenkplatten P_H und P_V um so höhere Ablenkspannungen benötigt werden, je höher die Geschwindigkeit der durchfliegenden Elektronen ist. Aus
diesem Grunde beschränkt man sich i.a. zwischen Anode und Kathode auf Beschleuni-
gungsspannungen bis maximal 2 kV und bringt bei modernen Elektronenstrahlröhren
hinter den Ablenkplatten noch eine Nachbeschleunigungselektrode mit einer Vorspannung
zwischen 10 und 20 kV an. Die Nachbeschleunigungselektrode besteht meist aus einem
leitenden Belag auf der Innenseite des Glasgefäßes.
Der Wehneltzylinder führt gegenüber Kathode im allgemeinen eine negative Vorspannung.
Durch Verändern dieser Vorspannung kann man den Strahlstrom und damit die Bildhellig-
keit variieren. Im einzelnen gehören zum Strahlerzeugungssystem in der Regel folgende
Einsteller:

1 *Intensität (Intensity):* Hiermit wird die Vorspannung des Wehneltzylinders und
   damit die Strahlbildhelligkeit eingestellt.

2 *Focus (Focus):* Hiermit wird die Strahlschärfe eingestellt.

3 *Astigmatismus (Astigmatism):* Manchmal ergibt sich in Bildmitte ein scharfer
   Leuchtpunkt, am Bildrand jedoch nicht, oder umgekehrt. In diesem Falle kann
   die Schärfe mit Hilfe des Einstellers „Astigmatismus" korrigiert werden. Man
   stellt das Strahlbild zunächst mit „Astigmatismus" gleichmäßig unscharf und
   dann mit „Focus" scharf. Der Einsteller „Astigmatismus" ist nicht immer vorgesehen.

Es gibt verschiedene Konstruktionen von Strahlerzeugungssystemen, so daß nicht immer alle Einzelheiten mit der Darstellung in Bild 2-23 übereinzustimmen brauchen.

Abbildungsvorgang y = f(t)

Bild 2-24 veranschaulicht, wie auf dem Bildschirm ein *periodischer Vorgang* $u_y(t)$ sichtbar gemacht werden kann. Hierfür wird $u_y(t)$ an die Vertikalablenkplatten gelegt und an
die Horizontalablenkplatten eine zeitproportional anwachsende Spannung $u_x(t)$, so daß
der Leuchtpunkt vom linken Bildrand her mit konstanter Geschwindigkeit über den Bildschirm geführt wird. Infolge der gleichzeitig auftretenden Vertikalablenkung durch $u_y(t)$
entsteht dann auf dem Bildschirm ein Abbild der Zeitfunktion $u_y(t)$. Ist der rechte Bildrand erreicht, so muß $u_x(t)$ möglichst schnell auf den Anfangswert zurückgesteuert und
der Leuchtpunkt dadurch wieder auf den Anfangspunkt des Bildes zurückgesetzt werden;
man nennt diesen Vorgang den Strahlrücklauf. Während des Strahlrücklaufs wird der
Strahlstrom so weit reduziert, daß der Rücklauf unsichtbar bleibt. Das nächste Bild muß
nun wieder in genau dem gleichen Punkt des periodischen Vorgangs $u_y(t)$ bezüglich der
Periode begonnen werden, denn andernfalls könnte kein stehendes Bild entstehen, die Abbildung würde „weglaufen". Es ist deshalb erforderlich, die Horizontalablenkung genau
mit der Periodendauer von $u_y(t)$ zu synchronisieren.
Diese Aufgabe wird elektronisch durch ein sog. „*Triggersystem*" erledigt, vgl. Bild 2-25.
Die Horizontalablenkspannung wird immer genau dann gestartet, wenn das abzubildende
periodische Signal $u_y(t)$ einen ganz bestimmten, vorab eingestellten Spannungswert U_{Tr}
durchläuft. Die Horizontalablenkung kann dann mit einer vom Vorgang unabhängigen,
geeicht einstellbaren Geschwindigkeit ablaufen. Ist die Bildbreite durchlaufen, wird der
Strahl wieder dunkelgesteuert, auf den Anfangspunkt zurückgesetzt und eine Pause einge-
legt, bis wieder der geeignete Startmoment erreicht ist.

Triggereinstellung

Ein derartiges *Trigger*system enthält i.a. folgende Einsteller bzw. Einstellschalter:

4 *Niveau (Level):* Hier wird der Wert des Triggerniveaus U_{Tr} eingestellt, bei dem die Zeitablenkung und damit das Bild einsetzen soll. Erreicht der Vorgang $u_y(t)$ das Triggerniveau nicht, dann bleibt der Strahl stets dunkelgesteuert.

5 *Flanke (Slope):* Man sieht in Bild 2-25, daß ein eingestelltes Triggerniveau U_{Tr} mit der abzubildenden Funktion $u_y(t)$ innerhalb jeder Periode jeweils zwei Schnittpunkte ergibt, einen im ansteigenden Teil (+) und einen im fallenden Teil (−) einer Halbschwingung. Mit Hilfe des Schalters „Flanke" wird der Triggerschaltung dann zusätzlich angegeben, ob die Zeitablenkung im Bereich der ansteigenden oder der abfallenden Flanke einsetzen soll. Dieser Schalter ist demnach in der Regel nur mit „+" oder „−" beschriftet; er kann auch mit anderen Schalterfunktionen kombiniert sein.

6 *Stabilität (Stability):* Dieser Einsteller ist nicht immer vorhanden. Wenn er vorhanden ist, ist er so einzustellen, daß die Zeitablenkung gerade noch nicht unabhängig vom abzubildenden Vorgang einsetzt. Ist der Stabilitätseinsteller „überdreht", so entsteht kein stehendes Bild mehr. Man nennt diese Betriebsart „Freilauf" (Free run). Die Einstellmöglichkeit „Freilauf" kann auch mit anderen Einstellern kombiniert sein.

7 *Automatik (Automatic):* Zu Beginn einer Messung ist man sich nicht immer gleich darüber klar, ob der Verstärkungsfaktor des Gerätes so eingestellt ist, daß das Triggerniveau U_{Tr} tatsächlich erreicht werden kann. Für diesen Fall enthalten die meisten Oszilloskope eine Automatik-Schaltung, die zunächst sicherstellt, daß erst einmal überhaupt irgendein orientierendes Bild erscheint. Nachdem alle vorbereitenden Einstellungen erledigt sind, geht man dann zur normalen Niveautriggerung über.

8 *Triggerquelle (Trigger Source):* Intern, Extern, Netz (Line). Hiermit kann vorgewählt werden, ob das für die Steuerung der Horizontalablenkung erforderliche Triggersignal ($u_y(t)$ in Bild 2-25) intern aus dem y-Kanal bezogen, über einen besonderen Eingang extern zugeführt oder intern von der Netzfrequenz abgeleitet werden soll. Für verschiedene Darstellungsaufgaben ist jeweils das eine oder andere Verfahren vorteilhafter.

Früher wurde statt des Triggerverfahrens das einfachere „Synchronisierverfahren" benutzt: Die Frequenz der Horizontalablenkspannung wurde so lange verstellt, bis sie mit der Frequenz des abzubildenden Vorgangs (oder einem ganzzahligen Bruchteil davon) übereinstimmte. Dieses Verfahren ist jedoch aufgegeben worden, weil dabei die x-Achse nicht in Zeiteinheiten skaliert werden kann. Das Triggerverfahren ermöglicht auch die Wiedergabe einmaliger, nicht periodischer Vorgänge, nur muß das Bild dann entweder photographiert oder durch geeignete Verfahren gespeichert werden, vgl. Abschnitt 5.1.5. Zur elektronischen Realisierung eines Triggersystems vgl. Abschnitt 4.15 und Kapitel 5.1.

Abbildungsvorgang y = f(x)

Will man nicht, wie eben betrachtet, eine Zeitfunktion $u_y(t)$ abbilden, sondern irgendeinen Zusammenhang $y = f(x)$ darstellen, so kann man den Ablenkplatten entsprechend gewählte Funktionen $u_y(t)$ und $u_x(t)$ zuführen, so daß auf dem Bildschirm eine Darstellung von $u_y(t)$ über $u_x(t)$ erscheint.

Die wichtigsten Anwendungsfälle für diese Betriebsweise sind die Darstellung von sog. *Lissajousschen Figuren* zur *Phasenmessung* oder *Frequenzmessung* (vgl. Abschnitt 3.5) sowie die Darstellung von *Kennlinien* (vgl. Abschnitt 3.6).

Anpassungsmöglichkeiten

Oszilloskope sind sehr universelle Meßgeräte und besitzen intern eine Vielzahl von Einrichtungen für die Anpassung an spezielle Abbildungsaufgaben und Signalpegel. Sowohl für den y-Kanal als auch für den x-Kanal sind stets Verstärker vorhanden und mindestens für den y-Kanal vorgesetzte einstellbare Spannungsteiler zur Anpassung des Abbildungsmaßstabes an verschiedene Signalpegel. Ebenso kann stets der Zeitmaßstab der Horizontalablenkung in weiten Grenzen verändert werden. Außer den bereits aufgeführten Einstellern für das Triggersystem gehören die folgenden Einstellmöglichkeiten zur Standardausrüstung eines Oszilloskops:

---

9 *Zeitmaßstab (Time/Div):* Zeitmaßstab der Horizontalablenkung, meist grob und fein einstellbar. Man beachte, daß der am Grobschalter aufgedruckte Zeitmaßstab nur dann zutrifft, wenn der Feineinsteller eine bestimmte Raststellung einnimmt.

10 *Y-Maßstab (Ampl/Div):* Ebenfalls meist grob und fein einstellbar. Auch hier gilt der am Grobschalter aufgedruckte Maßstabsfaktor nur dann, wenn der Feineinsteller eine bestimmte Raststellung einnimmt.

11 *X-Maßstab* für den Fall der Betriebsweise $y = f(x)$; hier ist oft nur ein Feineinsteller vorhanden.

12 *AC-DC-0.* Dieser Schalter ist stets einem Eingang zugeordnet und hat folgende Funktion:

Stellung AC (Alternating current): Es wird nur der Wechselspannungsanteil des Eingangssignals übertragen.

Stellung DC (Direct current): Es wird der Gleichanteil und der Wechselanteil des Eingangssignals übertragen.

Stellung 0: Der Eingang ist inaktiv, er nimmt kein Signal an. Diese Einstellung dient zur Kontrolle der Ruhelage des Strahlbildes.

13 *Strahllage Y (Y Position):* Hiermit kann die Ruhelage des Elektronenstrahls in y-Richtung verändert werden.

14 *Strahllage X (X Position):* Hiermit kann die Ruhelage des Elektronenstrahls in x-Richtung verändert werden.

Die schaltungstechnischen Zusammenhänge sind in Abschnitt 5.1.1 beschrieben.

Zweistrahloszilloskop

Sehr oft möchte man zwei zeitabhängige Vorgänge gleichzeitig auf dem Bildschirm darstellen, beispielsweise um wechselseitige Abhängigkeiten beider Signale voneinander zu studieren. Eine Lösung dieses Problems bietet das *Zweistrahloszilloskop*. Die Elektronenstrahlröhre erzeugt zwei voneinander unabhängige Elektronenstrahlen, das Gerät erhält zwei unabhängige y-Kanäle, jedoch nur eine gemeinsame x-Ablenkeinrichtung.

Zweikanaloszilloskop

Eine andere Möglichkeit, zwei Vorgänge auf einem Bildschirm darzustellen, besteht darin, den Elektronenstrahl durch elektronische Umschaltmaßnahmen so schnell zwischen beiden Vorgängen wechseln zu lassen, daß das Auge der Wechselfrequenz nicht mehr folgen kann und zwei voneinander scheinbar unabhängige Bilder sieht; während jedes Kanalwechsels muß der Elektronenstrahl dabei dunkelgesteuert werden. Bei derartigen Geräten ist in der Regel folgende Wahlmöglichkeit für den Umschaltvorgang vorgesehen:

15 *Hackbetrieb (Chopped):* Der Elektronenstrahl springt sehr schnell zwischen beiden abzubildenden Vorgängen hin und her. Diese Betriebsart ist für die Abbildung langsamer Vorgänge zweckmäßig.

16 *Wechselbetrieb (Alternate):* Es wird immer abwechselnd der erste Vorgang vollständig geschrieben, dann der zweite, dann wieder der erste, usw. Diese Betriebsart ist für die Abbildung von Vorgängen höherer Frequenz zweckmäßig. Man wählt die Betriebsart so, daß ein ungestörtes und flimmerfreies Gesamtbild entsteht. Bei manchen Geräten wird die Betriebsart in Abhängigkeit vom eingestellten Zeitmaßstab zwangsweise vorgegeben.

Das *Zweikanaloszilloskop* ist so vielseitig und zweckmäßig, daß es in weiten Anwendungsbereichen das Standardoszilloskop fast verdrängt hat. Das Prinzip ist z.B. auch auf Vierkanaloszilloskope erweiterbar.

Schaltungstechnische Zusammenhänge sind in Abschnitt 5.1.3 beschrieben.

Einschuboszilloskop

Bei *Einschuboszilloskopen* sind Verstärker, Mehrkanalverstärker, Zeitbasisgeräte und viele Sondergeräte für spezielle Aufgaben austauschbar, vgl. Kapitel 5.1 sowie [A40], [A49]. Bild 2-26 zeigt ein übersichtlich gestaltetes Zweikanaloszilloskop.

Bei dieser speziellen Ausführung ist kein Astigmatismus-Einsteller vorhanden. Das Triggersystem kommt ohne Stabilitäts-Einsteller aus. Die Automatik-Triggerart ist hier mit TOP bezeichnet, weil das hier speziell benutzte Triggerverfahren auf den Spitzenwert des Signals anspricht. TV ist eine spezielle Triggerart für Messungen in der Fernsehtechnik. PROBE ADJ dient zum Abgleichen von *Tastköpfen*, vgl. Abschnitt 4.1. Alle übrigen Einstellmöglichkeiten entsprechen der Standardbeschreibung. Schaltet man *einen* y-Kanal aus (ON/OFF), so arbeitet das Gerät wie ein Standardoszilloskop.

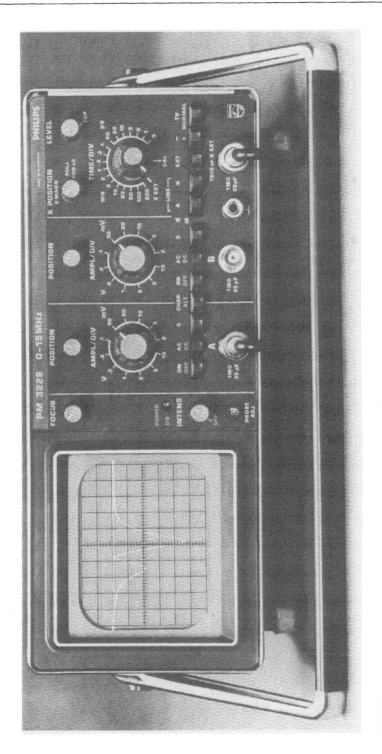

Bild 2-26 Beispiel für die Gestaltung eines Zweikanaloszilloskops (Philips)

▶ 2.3.3 Ereigniszähler

Elektrische *Ereigniszähler* sollen Spannungs- (oder Strom-) Impulse zählen und die ermittelte Zahl anzeigen (oder zumindest speichern), vgl. Bild 2-27 oben. Bei *elektromechanischen Zählern* erfolgt das mit Hilfe elektromagnetisch betätigter mechanischer Zählwerke, bei *elektronischen Zählern* werden Zählketten aus sogenannten bistabilen Kippschaltungen oder Flip-Flops gebildet, vgl. Abschnitt 4.9 und 5.4.

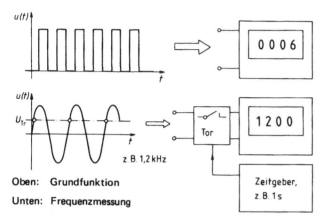

Oben: Grundfunktion

Unten: Frequenzmessung

Bild 2-27
Zum Prinzip des Ereigniszählers

Triggerung

Vielfach sind für die einwandfreie Funktion einer Zählschaltung steile Anstiegsflanken der zu zählenden Impulse notwendig oder zumindest erwünscht. Elektronische Zähler enthalten deshalb in der Regel eine interne *Triggerschaltung*, die immer dann, wenn das an die Eingangsklemmen des Gerätes angelegte Eingangssignal ein bestimmtes Triggerniveau U_{Tr} durchläuft – vgl. Bild 2-27 unten links – geräteintern einen steilflankigen Zählimpuls auslöst. Man hat deshalb bei der Benutzung eines elektronischen Zählers meist genau wie bei einem Oszilloskop *Triggerart* und *Triggerpegel* einzustellen, vgl. Abschnitt 2.3.2.

Frequenzmessung

Mit Hilfe der Grundfunktion des Zählens lassen sich durch verschiedene Ergänzungen leicht weitere meßtechnische Aufgaben lösen. Ergänzt man gemäß Bild 2-27 unten einen Zeitgeber in Verbindung mit einer dem Zähler vorgelegten Torschaltung, so erhält man einen *digitalen Frequenzmesser*. Gibt der Zeitgeber bei anliegendem Eingangssignal das Tor z.B. für genau eine Sekunde frei, so ist das Zählergebnis gleich der Frequenz des Eingangsvorgangs in Hertz. Durch Wahl anderer Toröffnungszeiten können andere Meßbereiche eingestellt werden.

Wie bei jedem digitalen Meßverfahren ist auch hier klar, daß eine hohe Meßgenauigkeit nur erreicht werden kann, wenn eine entsprechend vielstellige Ziffernausgabe erreicht wird. Bei einer Zähldauer von 1 s kann z.B. die Frequenz 10 kHz mit einem Quantisierungsfehler von 10^{-4} erfaßt werden, weil das Zählergebnis dann 10^4 Impulse umfaßt. Die Frequenz 10 Hz läßt sich nur dann mit der gleichen Genauigkeit erfassen, wenn man 1000 s lang zählt. Um eine derart lange Zählzeit zu vermeiden, wird man bei so tiefen Frequenzen statt der Frequenzmessung eine *Periodendauermessung* organisieren, vgl. Abschnitt 5.4.4.

Universalzähler

Universalzähler sind für eine Vielzahl verschiedener Aufgaben umschaltbar, z.B. für die Messung von Frequenzen, Periodendauern, Mittelwerten von Frequenzen oder Periodendauern, Frequenzverhältnissen, Impulsbreiten oder Impulsabständen.

Einzelheiten über Wirkungsweise und Schaltungstechnik von Zählern bringt Kapitel 5.4 und z. B. [A50].

▶ 2.3.4 Digitalvoltmeter

Digitalvoltmeter sind im Prinzip mit einer Ziffernanzeigeeinrichtung kombinierte Analog-Digital-Umsetzer; es ist daher bei ihrer Anwendung alles zu beachten, was bereits in Abschnitt 2.2.8 über A/D-Umsetzer und in Abschnitt 1.7 über den Einfluß des Quantisierungsfehlers gesagt ist.

Infolge der durch die Anwendung integrierter elektronischer Schaltungen möglich gewordenen Miniaturisierung werden *Einbereich-Digitalvoltmeter* heute als *Einbaugeräte* angeboten, deren Abmessungen denen elektromechanischer Anzeiger für Einbauzwecke entsprechen. Geräte mit komfortablen Umschaltmöglichkeiten für verschiedene Spannungs-, Strom- und meist auch Widerstandsmeßbereiche nennt man *Digital-Multimeter;* Bild 2-28 zeigt eine charakteristische Bauform.

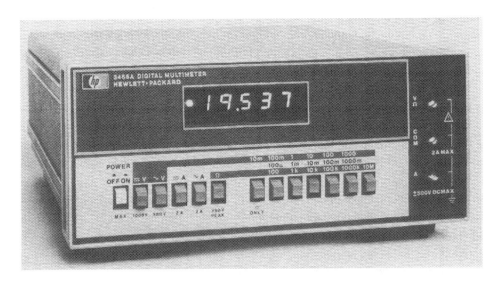

Bild 2-28 Beispiel für die Gestaltung eines Digital-Multimeters (Hewlett-Packard)

Bei diesem Gerät ist die erdpotentialnahe Eingangsklemme (vgl. Abschnitt 2.2.5, L) mit COM (von Englisch: Common) bezeichnet. Das Gerät kann beispielsweise auch von der Netzversorgung gelöst und aus einer eingebauten Batterie gespeist werden.

Einzelheiten über Wirkungsweise und Schaltungstechnik von Digitalvoltmetern bringt Kapitel 5.6 und z.B. [A50].

Zur Bezeichnung „Digitalvoltmeter" vgl. die Anmerkung im Abschnitt 2.3.1!

2.4 Registrierende Geräte

▶ **2.4.1 Linienschreiber**

Linienschreiber registrieren den zeitabhängigen Verlauf einer Meßgröße als Linienzug auf einer Registrierfolie (meist Papier).

Kompensationsschreiber

Bei einem *Kompensationsschreiber* wird das Schreiborgan in der Regel durch einen motorischen Antrieb bewegt und seine Stellung durch die an einem mitlaufenden Potentiometer abzugreifende Spannung kontrolliert; ein Regler bringt das Schreiborgan jeweils in die Lage, für die die abgegriffene Istspannung gleich der durch das Meßsignal vorgegebenen Sollspannung wird. Es gibt viele verschiedene Bauformen derartiger Schreiber, z. B. für den Einbau in Anlagen oder als Tischgeräte für den Laboratoriumsgebrauch. Bild 2-29a zeigt einen Dreifach-Kompensations-Linienschreiber für den Einbau in regelungstechnische Anlagen, mit dem gleichzeitig drei verschiedene Vorgänge in verschiedenen Farben aufgezeichnet werden können.

Meßwerkschreiber

Bei einem *Meßwerkschreiber* wird das Schreiborgan allein durch das Drehmoment des Meßwerks bewegt; Hauptproblem ist hierbei die Überwindung der Reibung zwischen Schreiborgan und Registrierfolie.

Schreiborgan

Die am häufigsten benutzten Schreiborgane sind tintengefüllte *Schreibfedern* für Papierfolien, die natürlich stets einer Wartung bedürfen, kalte oder geheizte *Schreibstifte* oder *Schreibzeiger* für Wachspapier, stromdurchflossene *Brennelektroden* für metallisierte Folien. Bei Kompensationsschreibern können oft auch vergleichsweise voluminöse Schreibwerkzeuge eingesetzt werden, z. B. *Kugelschreiber, Faserschreiber* oder *Tuscheschreiber*, und manchmal sind verschiedene Schreiborgane gegeneinander austauschbar, vgl. Bild 2-29c.

Dynamisches Verhalten

Bei Kompensations- und Meßwerkschreibern haben die zu bewegenden mechanischen Teile eine u. U. beträchtliche mechanische Trägheit, so daß der Aufzeichnung dynamischer Vorgänge Grenzen gesetzt sind. Die Einstellzeit von Kompensationsschreibern liegt in der Regel zwischen 0,1 und 5 s, Meßwerkschreiber sind günstigstenfalls bis zu Frequenzen von etwa 100 Hz brauchbar.

Schnellschreiber

Für die Registrierung schneller Vorgänge gibt es *Flüssigkeitsstrahloszillographen* (bis etwa 1 kHz) sowie *Lichtstrahl-* und *Ultraviolettlicht-Oszillographen* (etwa bis 20 kHz).

Weitere Informationen findet man in [A17], [A19].

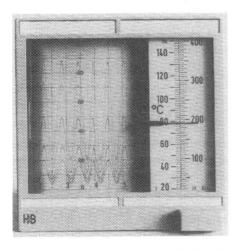 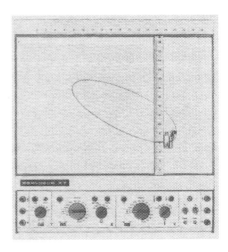

a) Dreifach-Kompensations-Linienschreiber für den Einbau in Prozeßregelanlagen (Hartmann & Braun)

b) XY-YT-Koordinatenschreiber für den Laboratoriumseinsatz mit umschaltbaren Abbildungsmaßstäben (Metrawatt)

Schreibfeder mit Spezial-Tinten-Schreibsystem

Universaladapter für Kugelschreiber und Filzstift

Saphirstift für Wachspapier

Spezialadapter für Rotring-Zeichenfeder „Variant"

c) Beispiel für einen Satz auswechselbarer Schreiborgane eines Einkanal-Schreibers für den Laboratoriumseinsatz (Metrawatt)

Bild 2-29 Linien- und Koordinatenschreiber

▶ **2.4.2 Koordinatenschreiber**

Koordinatenschreiber sind Kompensationsschreiber, bei denen das Schreiborgan in zwei (zueinander senkrechten) Koordinatenrichtungen bewegt werden kann *(XY-Schreiber)*. Sorgt man bei einer Bewegungsrichtung für einen zeitproportionalen Vorschub, so können damit natürlich auch zeitabhängige Vorgänge dargestellt werden *(YT-Schreiber)*. Komfortablere Geräte besitzen bereits intern einen Zeitablenkgenerator, der wahlweise benutzt oder abgeschaltet werden kann *(XY-YT-Schreiber)*, vgl. Bild 2-29b.

2.4.3 Punktschreiber

Punktschreiber sind so konstruiert, daß sich das Meßwerk zunächst frei einstellen kann, ohne daß ein Schreiborgan in Reibungskontakt mit der Registrierfolie steht. Nach vollzogener Einstellung wird der Schreibzeiger dann (z.B. durch einen Fallbügel) gegen ein Farbband gedrückt, welches dabei auf dem Registrierpapier einen Punkt hinterläßt. Auf diese Weise werden zeitlich langsam veränderliche Vorgänge auf dem Registrierstreifen punktweise abgebildet. Der Vorteil des Verfahrens liegt nicht nur in der reibungsfreien Meßwerkeinstellung, sondern vor allem auch darin, daß das Meßwerk automatisch zwischen verschiedenen Kanälen umgeschaltet werden kann und dadurch auf einem Registrierstreifen z.B. bis zu zwölf Vorgänge in verschiedenen Farben dargestellt werden können. Äußerlich sind Punktschreiber den Linienschreibern sehr ähnlich.

Weitere Informationen findet man in [A17], [A19].

2.4.4 Plotter

Plotter sind digital, d.h. in diskreten Schritten ansteuerbare XY-Schreiber. Da die Schrittweite jedoch sehr klein ist (je nach Ausführung zwischen 0,05 und 0,5 mm), können damit durchaus stetig erscheinende Kurvenzüge dargestellt werden; vgl. z.B. [A43].

* 2.4.5 Registrierkameras

Für die Dokumentation von Oszilloskopbildern gibt es eine Vielzahl spezieller Registrierkameras, auch mit Sofortbildausgabe. Dadurch sind früher gelegentlich angewandte elektronische Einrichtungen für die Übertragung des Schirmbildes auf einen XY-Schreiber verdrängt worden; eine derartige Möglichkeit bietet sich jedoch neuerdings bei Digitalspeicher-Oszilloskopen wieder an, vgl. auch Abschnitt 5.1.6. Weiteres über Kameras vgl. [A40], [A49].

* 2.4.6 Drucker

Drucker geben Ziffernsymbole oder – bei komfortablerer Ausstattung – Ziffern, Buchstaben und Sonderzeichen (alphanumerische Zeichen) aus. In Verbindung mit digitalen Datenverarbeitungseinrichtungen können so z.B. Meßprotokolle in Tabellenform ausgegeben werden. Meist werden kleinere *Streifendrucker* benutzt. Die größeren *Blattschreiber* oder *Schnelldrucker* können manchmal – je nach Konstruktion – auch als Plotter für Übersichtsgraphiken benutzt werden. In Verbindung mit Microcomputern werden immer häufiger *Fernschreiber* sowie *Bildschirmterminals* benutzt. Zur Technik vgl. z.B. [A43].

* 2.4.7 Lochstreifenausgeber

Lochstreifenausgeber stanzen codierte Daten für eine spätere Weiterverarbeitung in Lochstreifen aus, vgl. z.B. [A43].

* 2.4.8 Magnetbandausgeber

Magnetbandausgeber speichern Meßwerte entweder in *analoger* Form oder in *digital* codierter Form auf Magnetbändern, [A43].

* **2.4.9 Meßwertspeicher**

Meßwertspeicher speichern Meßwerte entweder in analoger Form für kurze Zeiten (maximal einige Minuten, z.B. Spitzenwertspeicher) oder nach Analog-Digital-Umsetzung in digitaler Form für beliebig lange Zeit, vgl. hierzu auch Abschnitt 5.1.7.

Zusammenfassung zu Kapitel 2

1. *Wichtige Meßprinzipien, auf denen die Konstruktion elektromechanischer Anzeiger beruht, sind die Kraftwirkung, die ein stromdurchflossener Leiter in einem Magnetfeld erfährt, die Kraftwirkung zwischen magnetischen Polen, die Kraftwirkung zwischen elektrostatisch geladenen Platten sowie die Wärmewirkung in stromdurchflossenen Leitern mit der sich daraus ergebenden mechanischen Ausdehnung. Der sich aus dem Meßprinzip ergebenden Kraft wird in einem Meßwerk eine auslenkungs- oder geschwindigkeitsproportionale Kraft entgegengesetzt; im ersten Falle ergibt sich als Abbild der Meßgröße ein bestimmter Zeigerausschlag, im zweiten Falle – z.B. bei Energiezählern – eine bestimmte stationäre Drehzahl, die dann mit Hilfe eines Zählwerks in ein Zeitintegral über die Meßgröße überführt werden kann.*

2. *Ein Drehspulmeßwerk ist wegen des stromproportionalen Ausschlags nur für Gleichstrommessungen geeignet; für Wechselstrommessungen müssen entweder Gleichrichter (Gleichrichtwert) oder Thermoumformer (Effektivwert) hinzugezogen werden. Dreheisen-, Bimetall- und elektrostatische Meßwerke folgen einem quadratischen Kraftgesetz; sie zeigen daher bei Wechselstrommessungen den Effektivwert an. Mit dem Kreuzspulmeßwerk kann der Quotient, mit dem elektrodynamischen Meßwerk das Produkt zweier Gleichströme gebildet werden. Das elektrodynamische Meßwerk ist auch für Wechselströme geeignet und wird zum Leistungsmesser, wenn man über eine Wicklung z.B. einen Verbraucherstrom, über die andere einen zur Verbraucherspannung proportionalen Strom führt. Induktionszähler (für Wechselstrom) und Motorzähler (für Gleichstrom) bilden das Zeitintegral einer Leistung, messen also elektrische Arbeit (Energie). Neben den hier nochmals erwähnten Meßwerken gibt es eine Reihe seltener benutzter Sonderbauformen. Die Sinnbilder zur Kennzeichnung der Meßwerke (nach DIN 43 780) entsprechen sehr augenfällig dem prinzipiellen Aufbau, ebenso die für Stromart und Nennlage dem auszudrückenden Sachverhalt.*

3. *Meßwerke und Meßinstrumente werden je nach Einsatzbereich mit Tischgehäusen, Aufbaugehäusen oder Einbaugehäusen versehen. Einbaugehäuse sind vorzugsweise entweder nach dem Gesichtspunkt einer einfachen Anreihbarkeit (Schalttafeleinbau, DIN 43700) oder dem geringstmöglicher Volumenbelegung (Geräteeinbau) gestaltet.*

4. *Meßwerke stellen sich infolge ihrer mechanischen Trägheit verzögert auf ihren endgültigen, stationären Ausschlag ein; zur Vermeidung von Pendelbewegungen sind geeignete Dämpfungseinrichtungen erforderlich, z.B. eine Wirbelstromdämpfung oder eine Luftdämpfung.*
   Die mathematische Behandlung des Problems führt auf inhomogene lineare Differentialgleichungen zweiter Ordnung mit konstanten Koeffizienten und deren Lösungen.

5. *Für den Aufbau von Meßschaltungen (und Meßketten) gibt es eine Vielzahl von Ein-
   stell- und Anpassungshilfsmitteln: Widerstände, Induktivitäten und Kapazitäten, u. z.
   einerseits in Form wirtschaftlicher Laboratoriumsgeräte sowie andererseits in Form
   sehr genauer Normale; weiterhin Spannungsteiler, Meßverstärker, Filter, Rechengeräte,
   Normalspannungsquellen. Jedes dieser Geräte ist mit spezifischen eigenen Fehlerquellen behaftet, und man muß sich zum Grundsatz machen, eine Meßschaltung zunächst auf prinzipiell zu erwartende und – das ist oft noch wichtiger – auf eventuell
   übersehene, unerwartete Fehlereinflüsse hin zu untersuchen, ehe man damit gefundene
   Meßergebnisse als verläßlich gelten läßt.*

6. *Wichtige elektronische Meßgeräte sind vor allem Anzeigeverstärker, Oszilloskope,
   Ereigniszähler und Digitalvoltmeter. Besonders am Beispiel des Oszilloskops zeigt sich,
   daß man die Fähigkeit erwerben muß, kompliziertere Geräte aufgrund einer fast rein
   logischen Darstellung ihrer Funktion, also nahezu ohne Kenntnis ihrer inneren schaltungstechnischen Realisierung und Wirkungsweise, richtig zu bedienen: Helligkeit,
   Strahlschärfe, Triggerquelle, Triggerart, Triggerpegel, Zeitmaßstab, Abbildungsmaßstab,
   AC-DC-0, Strahllage und Zweikanal-Betriebsweise müssen bei einem modernen Oszilloskop richtig bzw. zweckmäßig eingestellt werden.*

7. *Häufig benutzte Registriergeräte sind Linienschreiber, Koordinatenschreiber, Punktschreiber und Plotter.*

   *Des weiteren werden Registrierkameras, Drucker, Bildschirmterminals, Lochstreifenausgeber,
   Magnetbandausgeber und Meßwertspeicher heute häufig benutzt.*

Literatur zu Kapitel 2

[A17] *Palm, Hunsinger, Münch, Elektrische Meßgeräte und Meßeinrichtungen,* ist ein umfassendes
      Standardwerk über die klassischen (insbesondere die elektromechanischen) Meßgeräte.

[A18] *Pflier, Jahn, Elektrische Meßgeräte und Meßverfahren,* ist ebenfalls ein bekanntes Standard-
      werk der klassischen Meßgerätetechnik.

[A19] *Stöckl, Winterling, Elektrische Meßtechnik,* ist ein Lehrbuch für Studierende und Ingenieure,
      das die nichtelektronischen Hilfsmittel und Verfahren ausführlicher darstellt.

[A21] *Bräuning, Gewöhnliche Differentialgleichungen,* behandelt die Lösung technisch wichtiger
      Differentialgleichungen in einer auf den Tätigkeitsbereich des Ingenieurs besonders zuge-
      schnittenen Darstellungsweise.

[A42] *Bauer, Die Meßwandler,* ist ein bekanntes Standardwerk über Meßwandler, jedoch seit dem
      Jahre 1953 nicht mehr neu bearbeitet worden.

[A43] *Schumny, Digitale Datenverarbeitung,* ist ein Lehrbuch der Datenverarbeitungstechnik für
      Studierende technischer Fachrichtungen und Ingenieure.

3 Elektrische Meßverfahren

Darstellungsziele

1. *Am Beispiel der Messung der drei grundlegend wichtigen Größen Strom, Spannung und Widerstand soll klar werden, wie bestimmte, in der Regel immer wiederkehrende Fehlereinflüsse durch Wahl geeigneter Meßgeräte vernachlässigbar klein gemacht oder durch Wahl geeigneter Schaltungen oder Korrekturmethoden eliminiert werden können (3.1.1).*

2. *Für den Fall der Messung von Wechselgrößen (Wechselspannung, Wechselstrom) soll der prinzipielle Unterschied zwischen der Messung von Spitzenwerten, Gleichrichtwerten und Effektivwerten klar werden (3.1.2).*

3. *Methoden der Meßbereichanpassung (Erweiterung oder Reduzierung) bei Gleich- und Wechselgrößenmessungen (3.1.3).*

4. *Schaltprinzipien und grundsätzliche Eigenschaften von Vielbereichs-Meßinstrumenten (3.1.3).*

5. *Meßschaltungen für Leistung und Arbeit bei Gleich-, Misch-, Wechsel- und Drehstrom (3.2).*

6. *Elementare Meßschaltungen zur Bestimmung von Kapazität, Induktivität und Scheinwiderstand (3.3).*

7. *Meßbrücken und Kompensatoren zur Bestimmung von Bauelementekenngrößen, Impedanzen oder Übertragungskenngrößen sowie Gleich- oder Wechselgrößen (3.4).*

8. *Meßverfahren zur Bestimmung von Frequenzen, Phasenunterschieden und Leistungsfaktoren bei Wechselgrößen (3.5).*

9. *Messungen an Zwei- und Vierpolen, soweit sie nicht auf einem Meßbrückenprinzip beruhen (3.6).*

10. *Verfahren zur Analyse nichtsinusförmiger Wechselgrößen (Spektrum, Oberschwingungen, Klirrfaktor u.a.m.) (3.7).*

11. *Verfahren zur Messung magnetischer Größen (3.8).*

12. *Verfahren zur Messung von Leitungskenngrößen (3.9.1–3.9.2).*

13. *Benutzung von Leitungen als Meßhilfsmittel (3.9.3).*

14. *Fehlereinflüsse von Leitungen, die in Meßschaltungen als Verbindungsmittel benutzt werden (3.9.4–3.9.5).*

15. *Übersicht über chrakteristische Eigenarten von Störsignalen in Meßanlagen und zu ergreifende Gegenmaßnahmen; Bedeutung der „Elektromagnetischen Verträglichkeit" (3.10).*

3.1 Strom, Spannung, Widerstand

▶ **3.1.1 Grundschaltungen und Fehlerursachen**

Strommessung

Um eine Strommessung durchführen zu können, muß ein Stromkreis im Prinzip aufgetrennt und das Strommeßgerät an der Trennstelle eingefügt werden; äußerlich gesehen entfällt dieser Schritt nur bei der Anwendung von Zangenstromwandlern (vgl. Abschnitt 2.2.7). Wie Bild 3-1 deutlich macht, verursacht das eingefügte Meßgerät durch seinen inneren Widerstand R_m eine Störung des Stromkreises, welche zur Folge hat, daß der nach Einfügung des Meßgerätes festzustellende Strom I_m in der Regel kleiner ist als der im ungestörten Stromkreis fließende Strom I, der durch den Meßvorgang eigentlich bestimmt werden sollte. Wie die formelmäßige Darstellung in Bild 3-1b deutlich macht, wird dieser Meßfehler um so größer, je größer der innere Widerstand R_m des Meßgerätes im Vergleich zum inneren Widerstand R_q des gestörten Stromkreises ist. Daraus folgt:

> Der innere Widerstand R_m eines Strommeßgerätes soll möglichst klein sein; der Idealfall wäre mit $R_m = 0$ erreicht!

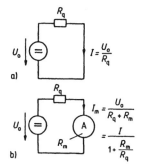

Bild 3-1 Strommessung
a) Ungestörter Stromkreis
b) gestörter Stromkreis

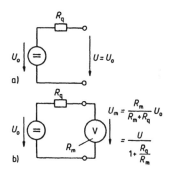

Bild 3-2 Spannungsmessung
a) Unbelastete Spannungsquelle
b) belastete Spannungsquelle

Spannungsmessung

Anders ist es bei der Spannungsmessung; hier muß das Spannungsmeßgerät im Prinzip an ein Klemmenpaar (oder Punktepaar) angeschaltet werden, an dem die zu messende Spannung ansteht. Wie Bild 3-2 deutlich macht, entsteht aber dann durch den inneren Widerstand R_m des Spannungsmessers eine Belastung der Spannungsquelle, die in der Regel zu einer Abnahme der Klemmenspannung führt. Die formelmäßige Darstellung in Bild 3-2b macht deutlich, daß dieser Fehlereinfluß um so größer wird, je kleiner der innere Widerstand des Spannungsmessers ist. Daraus folgt:

> Der innere Widerstand R_m eines Spannungsmeßgerätes soll möglichst hoch sein; der Idealfall wäre mit $R_m = \infty$ erreicht.

Instrumentenvergleich

Sollen zwei verschiedene Meßinstrumente bezüglich ihrer Anzeige verglichen werden, so ist im Falle zweier Strommesser natürlich die Reihenschaltung, im Falle zweier Spannungsmesser die Parallelschaltung der Einzelinstrumente zu wählen. Ist eines der beiden Instrumente gröber und das andere feiner skaliert, beispielsweise weil es einer enger tolerierten Genauigkeitsklasse angehört, so empfiehlt es sich, den Ausschlag des gröber skalierten Gerätes auf einen Skalenstrich einzustellen und die sich dann in der Regel ergebende unrunde Ablesung an dem feiner skalierten Gerät vorzunehmen. Auf diese Weise können Schätzfehler kleiner gehalten werden. Wegen der Meßwerkhysterese ist auch darauf zu achten, daß bei einer Anzeigefehlerbestimmung die Meßgröße monoton steigend oder monoton fallend eingestellt wird; in diesem Falle wird nach einem vollständigen Aufwärts-Abwärts-Zyklus die Hysteresebreite erkennbar, sofern die Hysterese des Vergleichsinstrumentes (Normalinstrumentes) als vernachlässigbar klein angesehen werden kann (vgl. Abschnitt 1.6). Ist das Vergleichsgerät ein digital arbeitendes Gerät, so muß man sich u.a. überlegen, ob auch der Quantisierungsfehler in jedem Kalibrierpunkt klein genug bleibt (vgl. Abschnitt 1.7).

Widerstandsmessung

Bei einer Widerstandsmessung mit Hilfe eines Strom- und eines Spannungsmessers ist stets zu beachten, daß eines der beiden Instrumente infolge seines Eigenverbrauchs einen Fehler verursacht, der bei genauen Messungen korrigiert werden muß:

> Bei der *stromrichtigen* Meßschaltung nach Bild 3-3a muß von dem Quotienten U_m/I der Instrumentenablesungen der innere Widerstand R_I des Strommessers subtrahiert werden.
>
> Bei der *spannungsrichtigen* Meßschaltung nach Bild 3-3b muß von dem Quotienten I_m/U der Instrumentenablesungen der innere Leitwert $1/R_U$ des Spannungsmessers subtrahiert werden.

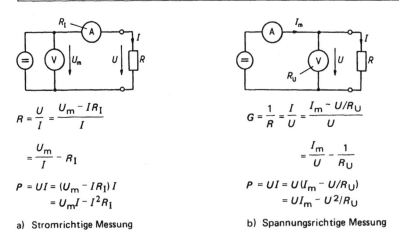

$$R = \frac{U}{I} = \frac{U_m - IR_I}{I}$$

$$= \frac{U_m}{I} - R_I$$

$$P = UI = (U_m - IR_I)\,I$$
$$= U_m I - I^2 R_I$$

$$G = \frac{1}{R} = \frac{I}{U} = \frac{I_m - U/R_U}{U}$$

$$= \frac{I_m}{U} - \frac{1}{R_U}$$

$$P = UI = U(I_m - U/R_U)$$
$$= UI_m - U^2/R_U$$

a) Stromrichtige Messung   b) Spannungsrichtige Messung

Bild 3-3 Widerstandsmessung (oder Leistungsmessung) mit Hilfe eines Strom- und eines Spannungsmessers

Bei der Messung hochohmiger Widerstände ($R \gg R_I$) wählt man zweckmäßigerweise die stromrichtige Schaltung, bei der Messung niederohmiger Widerstände ($R \ll R_U$) die spannungsrichtige Schaltung; in diesen Fällen bleibt die erforderliche Korrektur oft vernachlässigbar klein.

Entsprechende Überlegungen gelten für eine Leistungsmessung mit Spannungs- und Strommessern, vgl. Abschnitt 3.2.1.

▶ **3.1.2 Spitzenwert, Gleichrichtwert, Effektivwert**

Bei der Messung von Wechsel- oder Mischgrößen muß man sich stets darüber Klarheit verschaffen, ob das benutzte Meßgerät eine Spitzenwertmessung, eine Messung des Gleichrichtwertes oder eine Effektivwertmessung realisiert (vgl. Abschnitt 1.4). Bild 3-4 veranschaulicht die Unterschiede zwischen diesen drei Möglichkeiten am Beispiel einer Wechselspannung mit trapezförmigen Schwingungsabschnitten.

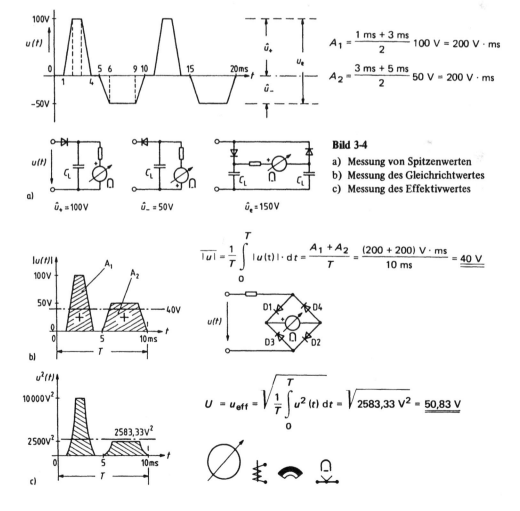

$$A_1 = \frac{1\,\text{ms} + 3\,\text{ms}}{2}\,100\,\text{V} = 200\,\text{V} \cdot \text{ms}$$

$$A_2 = \frac{3\,\text{ms} + 5\,\text{ms}}{2}\,50\,\text{V} = 200\,\text{V} \cdot \text{ms}$$

Bild 3-4
a) Messung von Spitzenwerten
b) Messung des Gleichrichtwertes
c) Messung des Effektivwertes

$$\overline{|u|} = \frac{1}{T}\int_0^T |u(t)| \cdot dt = \frac{A_1 + A_2}{T} = \frac{(200 + 200)\,\text{V} \cdot \text{ms}}{10\,\text{ms}} = \underline{\underline{40\,\text{V}}}$$

$$U = u_{\text{eff}} = \sqrt{\frac{1}{T}\int_0^T u^2(t)\,dt} = \sqrt{2583,33\,\text{V}^2} = \underline{\underline{50,83\,\text{V}}}$$

Spitzenwertmessung

Die Spitzenwertmessung beruht darauf, daß ein *Speicher-* oder *Ladekondensator* C_L über eine *Gleichrichterdiode* auf annähernd den zu erfassenden Spitzenwert aufgeladen wird; die Spannung am Kondensator wird dann mit Hilfe eines Gleichspannungsmeßgerätes geringen Eigenverbrauchs festgestellt. Wie Bild 3-4a deutlich macht, kann hierbei je nach Anordnung der Diode der positive oder negative Scheitelwert oder mit Hilfe zweier Dioden die Schwingungsbreite u_e erfaßt werden.

Gleichrichtwertmessung

Bei einer Gleichrichtwertmessung wird mit Hilfe einer *Zweiweggleichrichteranordnung* dafür gesorgt, daß positive und negative Schwingungsanteile ein Meßwerk mit strompro-portionalem Ausschlagsmoment (meist ein Drehspulmeßwerk) gleichsinnig durchfließen; infolge der mechanischen Trägheit des Meßwerks stellt sich der Ausschlag dann ent-sprechend dem Mittelwert des Betrages des zeitabhängigen Vorgangs ein, vgl. Bild 3-4b.
Die Bilder 3-5a, b, c zeigen weitere Schaltungsmöglichkeiten der Gleichrichtwertmessung. Bild 3-5d macht deutlich, daß die *gekrümmte Kennlinie* einer Gleichrichterdiode bei kleinen Wechselspannungen eine *Verzerrungswirkung* zur Folge hat. Da hierdurch auch der für den Ausschlag des Meßwerks entscheidende Flächeninhalt der Stromimpulse ver-fälscht wird, haben die meisten Wechselspannungs- bzw. Wechselstrommeßinstrumente mit Gleichrichtern eine *nichtlineare Skalenteilung*.

 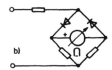 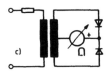 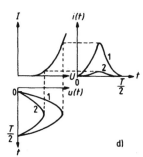

Bild 3-5
Weitere Schaltungsmöglichkeiten zur Messung des Gleichricht-wertes (a, b, c)
Verzerrungswirkung der Gleichrichterkennlinie bei kleinen Wechselspannungen (d). Die Folge ist eine nichtlineare Skalen-teilung bei Wechselspannungs- bzw. Wechselstrommeßinstru-menten mit Gleichrichtern, vgl. hierzu auch Bild 3-10.

Im Rahmen der elektronischen Meßtechnik gibt es Möglichkeiten, derartige Verzerrungsfehler sowohl bei der Gleichrichtwertmessung als auch bei der Spitzenwertmessung auszuschalten (vgl. Abschnitt 4.5 und 4.8).

Effektivwertmessung

Bei einer Effektivwertmessung muß – mathematisch formal betrachtet – entsprechend der Definition Gl. (1-3) quadriert, gemittelt und radiziert werden. Technisch wird dieses Verfahren z.B. durch Meßwerke realisiert, deren Ausschlagsmoment proportional zum Quadrat der Meßgröße ist und die dann infolge ihrer mechanischen (oder thermischen) Trägheit über das Quadrat der Zeitfunktion mitteln; die abschließende Radizierung erfolgt durch geeignete (meist nichtlineare) Skalenbeschriftung. Hierzu gehören beispielsweise

Dreheisenmeßwerke, elektrostatische Meßwerke, Bimetallmeßwerke oder *Thermoumformer-Meßwerke*. Wie Bild 3-4c deutlich macht, kann der Effektivwert einer zeitabhängigen Größe vom Gleichrichtwert erheblich abweichen.

Im Rahmen der elektronischen Meßtechnik kann auch der definitionsgemäße mathematische Formalismus vollständig, d.h. einschließlich der abschließenden Radizierung realisiert werden (vgl. Abschnitte 4.12, 5.2.1 und 5.2.2).

Skalierungsprobleme

Läßt man – wie vorstehend – Wechselvorgänge mit beliebigen Kurvenformen oder auch Mischvorgänge zu, so kann eine Skalenablesung nur dann in jedem Falle den richtigen Meßwert ergeben, wenn die Skala eines Spitzenwertmessers auch mit Spitzenwerten, die Skala eines gleichrichtwertmessenden Gerätes mit Gleichrichtwerten und die Skala eines effektivwertmessenden Gerätes mit Effektivwerten beschriftet ist.
Leider entspricht die Skalierung handelsüblicher Meßgeräte mit Gleichrichtwertmessung in der Regel *nicht* diesen Überlegungen. Weil bei den meisten Wechselstromanwendungen der sinusförmige Zeitverlauf dominiert und die Angabe des Effektivwertes bevorzugt wird, werden auch gleichrichtwertmessende Geräte unter Voraussetzung der Sinusform mit Effektivwertskalen versehen. Dies ist möglich, weil bei sinusförmigem Verlauf Effektivwert und Gleichrichtwert in einem festen Verhältnis

$$F_g = \frac{X_{eff}}{|x|} = \frac{\hat{x}/\sqrt{2}}{\hat{x} \cdot 2/\pi} = \frac{\pi}{2\sqrt{2}} = 1{,}11 \tag{3-1}$$

zueinander stehen. Hat die Meßgröße aber dann einmal keinen sinusförmigen Zeitverlauf, dann führt eine derartige Skalierung zu *falschen* Ablesewerten.

Zahlenbeispiele für typische kurvenformabhängige Anzeigefehler von Meßgeräten mit derartigen „meßprinzipfremden Skalen" findet man z.B. in [A34].

 Meßinstrumente, die den *Gleichrichtwert* einer Wechselgröße bilden, werden meist unter Zugrundelegung des *sinusförmigen Zeitverlaufs* der Wechselgröße mit einer *Effektivwertskala* versehen. Ablesungen führen daher nur dann zu einem richtigen Meßergebnis, wenn die Meßgröße tatsächlich sinusförmigen Zeitverlauf hat!

 Soll der Effektivwert einer Wechselgröße mit nichtsinusförmiger Zeitabhängigkeit bestimmt werden, so muß ein tatsächlich effektivwertbildendes Meßwerk (bzw. Meßprinzip) benutzt werden. Man spricht dann auch von einem „echt effektivwertbildenden Gerät".

Umgekehrt gilt natürlich auch: Soll der Gleichrichtwert einer nichtsinusförmigen Wechselgröße bestimmt werden, so muß ein gleichrichtwertbildendes Meßprinzip zugrunde liegen *und* die Skala mit Gleichrichtwerten beziffert sein! Derartige Geräte sind jedoch kaum handelsüblich, so daß man dann selbst für die richtige Kalibrierung sorgen muß.
Der *lineare Mittelwert* einer Mischgröße (Gleichstromanteil, Gleichspannungsanteil) kann mit einem Drehspulinstrument (ohne Gleichrichter!) gemessen werden.

Soll umgekehrt der Gleichanteil einer Mischgröße unberücksichtigt bleiben, so läßt sich das bei *kleinen* Gleichanteilen mit Hilfe von Meßwandlern, bei größeren Gleichanteilen mit Hilfe von Kondensatoren erreichen; vgl. hierzu z.B. [A34].

Bei der Messung nichtsinusförmiger Größen ist auch zu berücksichtigen, inwieweit dadurch Meßfehler entstehen, daß das verwendete Meßgerät nicht das gesamte Oberschwingungsspektrum (vgl. Abschnitt 1.4) einwandfrei erfassen kann. Hier sollte man elektronische Verfahren wählen, vgl. z.B. Bild 5-12d und 5-14.

▶ **3.1.3 Meßbereichanpassung, Vielbereichsinstrumente**

Vor- und Nebenwiderstände

> Eine Meßbereicherweiterung kann bei einem Spannungsmeßgerät (mit ohmschem Innenwiderstand R_m) durch Ergänzen eines Vorwiderstandes R_v, bei einem Strommeßgerät (mit ohmschem Innenwiderstand R_m) durch Parallelschalten eines Nebenwiderstandes R_p (auch Shunt genannt) erfolgen; die Berechnung von R_p oder R_v ergibt sich aus Bild 3-6.

$$\frac{I_m}{I} = \frac{R_p}{R_p + R_m} = \frac{1}{1 + R_m/R_p}$$

$$R_p = R_m \Big/ \left(\frac{I}{I_m} - 1\right)$$

$$\frac{U_m}{U} = \frac{R_m}{R_m + R_v} = \frac{1}{1 + R_v/R_m}$$

$$R_v = R_m \left(\frac{U}{U_m} - 1\right)$$

Bild 3-6 Meßbereicherweiterung durch Nebenwiderstand (Strommessung) oder Vorwiderstand (Spannungsmessung)

Es ist zu beachten, daß der Vor- bzw. Nebenwiderstand den zu stellenden Forderungen hinsichtlich der Meßgenauigkeit gerecht werden und der in ihm auftretenden Verlustleistung gewachsen sein muß. In der Regel werden Präzisions-Drahtwiderstände oder Metallschichtwiderstände benutzt, um kleine Temperaturkoeffizienten sicherzustellen, vgl. Abschnitt 2.2.1. Es ist auch möglich, den Temperaturkoeffizienten des Ergänzungswiderstandes so zu wählen, daß sich zusammen mit der Kupferwicklung des Meßwerks ein Temperaturkompensationseffekt ergibt. Für höhere Ströme oder Spannungen können Ergänzungswiderstände u.U. vergleichsweise aufwendige Gebilde sein. vgl. DIN 43703, [A17], [A18], [A19]. Bei Wechselstrommessungen ist zu beachten, daß die Impedanz der Meßwerkspule vom Gleichstromwiderstand erheblich abweichen kann; das muß bei der Berechnung von Vor- oder Nebenwiderständen berücksichtigt werden. Im allgemeinen sollte in der Wechselstrommeßtechnik eine Meßbereicherweiterung durch Widerstände vermieden werden.

Strom- und Spannungswandler

> In der Wechselstrommeßtechnik können Strommeßbereiche mit Hilfe von Stromwandlern und Spannungsmeßbereiche mit Hilfe von Spannungswandlern erweitert (oder auch verkleinert) werden; vgl. hierzu Bild 3-7 und ggf. Abschnitt 2.2.7.

$$\frac{I_m}{I} = \frac{1}{K_N} \approx \frac{w_1}{w_2} \qquad\qquad \frac{U_m}{U} = \frac{1}{K_N} \approx \frac{w_2}{w_1}$$

Bild 3-7 Meßbereicherweiterung (oder -reduzierung) durch Stromwandler oder Spannungswandler (vgl. hierzu Abschn. 2.2.7)

Hierbei werden Ströme in erster Näherung umgekehrt wie die Windungszahlen und Spannungen im Verhältnis der Windungszahlen übersetzt. Um Meßfehler so klein wie möglich zu halten, ist darauf zu achten, daß ein Meßwandler möglichst mit seiner *Nennbürde* abgeschlossen sein soll, vgl. Abschnitt 2.2.7; es gilt dann die auf dem Typenschild angegebene Nennübersetzung, z.B. K_N = 50A/5A oder K_N = 380V/100V. Der sekundärseitige Nennstrom eines Stromwandlers ist in der Regel 5A, seltener 1A; die sekundärseitige Nennspannung eines Spannungswandlers ist in der Regel 100V oder $100/\sqrt{3}$ V, vgl. Tabelle 2-3.

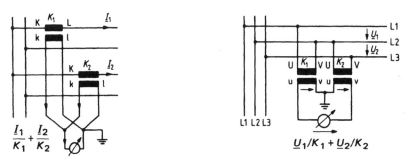

Bild 3-8 Addition der Sekundärströme zweier Stromwandler bzw. der Sekundärspannungen zweier Spannungswandler. (Bei $\underline{I}_1$, $\underline{I}_2$, $\underline{U}_1$, $\underline{U}_2$ sind jeweils Beträge und Phasenwinkel zu beachten!)

Addierschaltungen

Die Sekundärströme von zwei (oder mehr) Stromwandlern können durch Parallelschaltung der Sekundärwicklungen, die Sekundärspannungen von zwei (oder mehr) Spannungswandlern durch Reihenschaltung der Sekundärwicklungen addiert werden, vgl. Bild 3-8. Hierbei ist sorgfältig auf die richtige Zuordnung der Klemmenbezeichnungen (K–L und k–l beim Stromwandler, U–V und u–v beim Spannungswandler) zu achten, da sich andernfalls statt einer Summenbildung eine Differenzbildung ergeben könnte!

Vielbereichsinstrumente

Bei *Universalmeßinstrumenten* mit vielen Meßbereichen steht man vor der Aufgabe, das Problem des Meßbereichswechsels wirtschaftlich zu lösen. Bild 3-9a zeigt ein Lösungs-

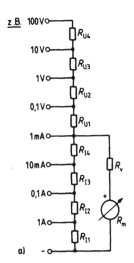 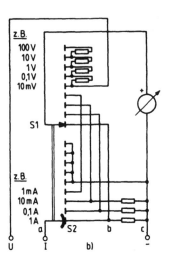

Bild 3-9 Grundschaltungen für Vielbereichsinstrumente

a) Lösung ohne Umschalter oder mit einpoligem Bereichsumschalter, jedoch Erhöhung des Eigenverbrauchs durch den fest angeschalteten Nebenwiderstandszweig

b) Lösung ohne Erhöhung des Eigenverbrauchs, jedoch mit aufwendigerem zweipoligem Umschalter

prinzip für beliebig viele Strom- und Spannungsmeßbereiche, bei dem die Meßbereichumschaltung einfach durch Umstecken der Anschlußleitungen oder ggf. durch einen einpoligen Umschalter vorgenommen werden kann. Nachteilig ist hierbei jedoch, daß durch den fest angeschalteten Nebenwiderstandszweig eine Erhöhung des Eigenverbrauchs gegenüber dem bei vorgegebenem Meßwerk minimal möglichen Wert in Kauf genommen werden muß. Diesen Nachteil vermeidet das Schaltungsprinzip nach Bild 3-9b, jedoch ist hierfür ein zweipoliger Umschalter erforderlich, wobei der Teil S2 unterbrechungsfrei schalten muß. Es ist zu beachten, daß das Meßwerk unter keinen Umständen zwischen den Punkten a–c angeschlossen sein darf, sondern nur zwischen den Punkten b–c (oder entsprechend). Andernfalls würde nämlich beim Abfedern des Schalterkontaktes S2 (während einer Strommeßbereichsumschaltung) der volle Meßstrom über das Meßwerk fließen und eine gefährliche mechanische Stoßbeanspruchung auslösen; darüberhinaus würde der jeweils eingeschaltete Nebenwiderstand um den Schalterübergangswiderstand von S2 unsicher sein. Bild 3-10 zeigt ein Schaltungs- und Gestaltungsbeispiel für ein industriell gefertigtes Vielbereichsinstrument.

Überlastungsschutz

Oft besteht die Forderung, Meßinstrumente, insbesondere Vielbereichsinstrumente, mit einem Überlastungsschutz zu versehen, der die Zerstörung des Meßwerks bei falscher Meßbereichswahl verhindern soll. Bild 3-11 zeigt eine Lösungsmöglichkeit mit Hilfe eines *antiparallelen Diodenpaars*. Hierbei werden große Überströme hauptsächlich über das Diodenpaar geführt. Erreicht der Überstrom eine Größenordnung, die auch für die Dioden gefährlich würde, so muß die zusätzlich vorhandene Sicherung ansprechen.

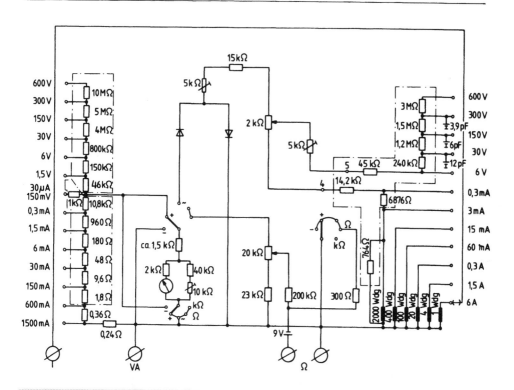

Bild 3-10

Beispiel für die Gestaltung eines industriell gefertigten
Vielbereichsinstrumentes (Hartmann & Braun)

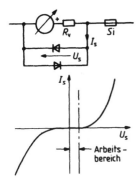

Bild 3-11
Überlastungsschutz eines Meßwerks durch ein antiparalleles Diodenpaar und zusätzliche Schmelzsicherung. Im normalen Arbeitsbereich muß der Nebenstrom I_s über die Schutzbeschaltung und der Spannungsabfall an der Sicherung vernachlässigbar klein sein

3.2 Leistung und Arbeit

▶ **3.2.1 Gleichstrom**

$$P = U \cdot I$$

Da bei einem Gleichstromverbraucher die Leistungsaufnahme einfach durch das Produkt aus Klemmenspannung und Klemmenstrom bestimmt ist, kann sie bereits mit Hilfe eines Spannungs- und eines Strommessers bestimmt werden. Hierbei ist genau wie bei einer Widerstandsbestimmung mit Hilfe eines Spannungs- und eines Strommessers zu beachten, daß die Messung bezüglich des Verbrauchers stromrichtig oder spannungsrichtig erfolgen kann, vgl. Bild 3-3.

> Bei der *stromrichtigen* Leistungsmessung nach Bild 3-3a muß vom Produkt $U_m I$ der Instrumentenablesungen der Leistungsverbrauch des Strommessers subtrahiert werden.
> Bei der *spannungsrichtigen* Leistungsmessung nach Bild 3-3b muß vom Produkt $U I_m$ der Instrumentenablesungen der Leistungsverbrauch des Spannungsmessers subtrahiert werden.

Beachtet man die Empfehlungen in Abschnitt 3.1.1, so bleiben die anzubringenden Korrekturen oft vernachlässigbar klein.

Direktanzeigende Leistungsmesser

Eine direkte Leistungsanzeige erhält man mit Hilfe *elektrodynamischer Leistungsmesser*, vgl. Abschnitt 2.1.2. Wie die Bilder 3-12a und b deutlich machen, muß man auch beim Anschluß von Leistungsmessern entscheiden, ob stromrichtig oder spannungsrichtig gemessen werden soll. Man sollte im konkreten Anwendungsfalle nach Möglichkeit überprüfen, ob in der einen oder anderen Schaltungsvariante die Meßfehler innerhalb der Klassengenauigkeit des benutzten Leistungsmessers bleiben und daher dann vernachlässigt werden können.

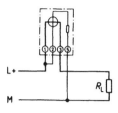

L+

M

a) Stromrichtig bezüg-
   lich Verbraucherseite

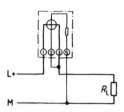

L+

M

b) Spannungsrichtig
   bezüglich Verbrau-
   cherseite

Bild 3-12
Leistungsmesser-Schaltungen.
Klemmenbezeichnungen nach DIN 43807;
für Energiezähler siehe auch DIN 43856

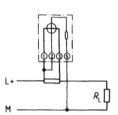

L+

M

c) Erweiterung des
   Strom-Meßbereiches
   durch Nebenwider-
   stand

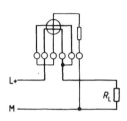

L+

M

d) Selbstkorrektur
   bezüglich des Span-
   nungspfad-Strom-
   verbrauches

Selbstkorrigierende Leistungsmesser

Vereinzelt werden auch *selbstkorrigierende Leistungsmesser* nach Bild 3-12d angewandt, die eine zweite Stromspule besitzen; in der angegebenen Schaltung fließt der Strom für die Spannungsspule zunächst durch die erste Stromspule und dann gegensinnig durch die zweite Stromspule zurück, so daß die Leistungsaufnahme der Spannungsspule nicht mitgemessen wird. Bei derartigen Leistungsmessern ist die zweite Stromspule meist so ausgelegt, daß man auch auf die Selbstkorrektur verzichten und durch eine Parallelschaltung beider Stromspulen auf doppelten Nennstrom oder durch eine Reihenschaltung auf doppelte Meßempfindlichkeit erweitern kann.

Meßbereicherweiterungen

Eine Meßbereicherweiterung bezüglich des Stromes kann durch einen Nebenwiderstand zum Strompfad, vgl. Bild 3-12c, bezüglich der Spannung durch einen Vorwiderstand zum Spannungspfad erreicht werden. Der Leistungsmeßbereich erweitert sich dann um das Produkt aus den Strom- und Spannungsmeßbereich-Erweiterungsfaktoren.

Hierzu ein *Beispiel:* Ein Leistungsmesser mit dem Strom-Nennbereich $I_m = 5$ A und dem Spannungs-Nennbereich $U_m = 100$ V hat einen Leistungs-Nennbereich $P_m = U_m \cdot I_m = 500$ W. Wird der Strom-Meßbereich durch einen Nebenwiderstand auf $I_M = 10$ A und der Spannungs-Nennbereich durch einen Vorwiderstand auf $U_M = 500$ V erweitert, so erweitert sich der Leistungs-Nennbereich auf

$$P_M = P_m \cdot \left(\frac{I_M}{I_m}\right) \cdot \left(\frac{U_M}{U_m}\right) = 5 \text{ kW} . \tag{3-2}$$

Wattmeterkonstante

Bei älteren Leistungsmessern bezeichnet man als *Wattmeterkonstante* c_m den Faktor, mit dem die abgelesene Anzahl von Skalenstrichen zu multiplizieren ist, um die Leistung zu erhalten; die Wattmeterkonstante hat also die Einheit Watt (je Skalenteil). Im Falle einer Meßbereicherweiterung gilt dann natürlich sinngemäß

$$c_M = c_m \cdot \left(\frac{I_M}{I_m}\right) \cdot \left(\frac{U_M}{U_m}\right). \tag{3-3}$$

Erweiterungsfaktoren

Bei moderneren Leistungsmesser-Ausführungen mit z.B. umschaltbaren Meßbereichen verzichtet man in der Regel auf die Angabe von Wattmeterkonstanten. Vielmehr wird in der Regel ein häufig benutzter Meßbereich unmittelbar in Leistungswerten skaliert, während für die übrigen einstellbaren Bereichskombinationen – meist in einer Tabelle – Erweiterungs- (bzw. Reduzierungs-) Faktoren angegeben werden, mit denen die Ablesung zu multiplizieren ist:

$$K_E = \left(\frac{I_M}{I_m}\right)\left(\frac{U_M}{U_m}\right). \tag{3-4}$$

Vorsorge gegen Überlastung

> Bei Leistungsmessern dürfen der angegebene *Nennstrom* und die angegebene *Nennspannung* nicht (oder zumindest nicht nennenswert) überschritten werden; dies gilt auch dann, wenn hierbei der Leistungs-Nennbereich noch längst nicht überschritten wird!

Geht man von dem weiter oben angegebenen Beispiel I_m = 5 A und U_m = 100 V aus, so wäre z.B. ein Meßfall I = 10 A und U = 10 V nicht zulässig, obwohl sich mit P = 10 A · 10 V = 100 W noch lange kein Vollausschlag des Leistungsmessers ergibt; die Überschreitung des Strom-Nennbereiches würde aber – zumindest wenn sie nicht sehr kurzzeitig bleibt – zu einer thermischen Überlastung des Strompfades führen. Um dieser Gefahr entgegenzuwirken, sollte *in Reihe zum Strompfad stets ein Strommesser vorgesehen werden*. Eine Überwachung der Klemmenspannung ist dagegen selten erforderlich, weil meist an einem Netz annähernd konstanter Spannung gearbeitet wird.

Energiezähler

Soll der Energieverbrauch eines Gleichstromabnehmers gemessen werden, so muß über das Produkt aus Strom, Spannung und Zeit integriert werden; diese Aufgabe löst ein *elektrodynamischer Motorzähler*, vgl. Abschnitt 2.1.2. Über Anschlußschaltungen, Meßbereicherweiterungen sowie Vorsorgemaßnahmen gegen Überlastung ist dasselbe wie bei der Leistungsmessung zu sagen.

▶ 3.2.2 Wechselstrom

In den Abschnitten 3.2.2 und 3.2.3 werden Leistungsmesser-Schaltungen behandelt, wie sie in den mit 50 Hz-Wechselstrom (oder 60 Hz-Wechselstrom, z.B. USA) betriebenen Netzen der Energieversorgung zum Einsatz kommen. Meßverfahren für umfassendere Frequenzbereiche sind im Abschnitt 5.2.3 genannt. In Zukunft dürfte das dort erwähnte elektronische Multiplikationsverfahren auch im Netzbetrieb zunehmende Bedeutung erlangen. Eine Übersicht über den bisher erreichten technischen Stand findet man in [A250].

Wirkleistungsmessung

Da die Leistungsaufnahme eines Wechselstromverbrauchers nicht allein von den Amplituden von Spannung und Strom abhängt, sondern sehr wesentlich auch vom *Phasenunterschied* zwischen Strom und Spannung, bei nichtsinusförmigen Vorgängen auch hinsichtlich der einzelnen beteiligten Oberschwingungen, ist eine zuverlässige Leistungserfassung in der Regel nur mit direkt anzeigenden Leistungsmessern möglich. Meist wird das *elektrodynamische Meßwerk* benutzt, vgl. Abschnitt 2.1.2 und Bild 3-13a.

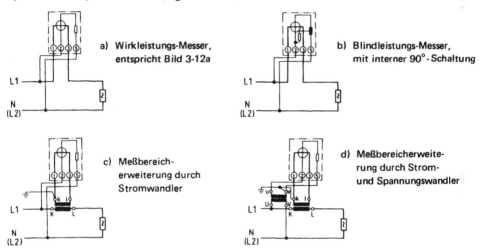

Bild 3-13 Leistungsmesser-Schaltungen für Einphasen-Wechselstrom. Klemmenbezeichnungen nach DIN 43 807; für Energiezähler siehe auch DIN 43 856

Zum Verständnis der Wirkungsweise eines elektrodynamischen Meßwerks als *Wirkleistungsmesser* bei Wechselstrom sei hier noch einmal auf die Herleitung der Wirkungsweise bei Gleichstrom in Bild 2-5 verwiesen. Für Sinusstrom gilt entsprechend zu dem früheren Ansatz

$$B_1(t) = k_1 \cdot \hat{i}_1 \cdot \sin(\omega t + \varphi),$$

$$m_2(t) = k_1 \cdot \hat{i}_1 \cdot \sin(\omega t + \varphi) \cdot l \cdot N \cdot 2r \cdot \hat{i}_2 \cdot \sin \omega t$$

$$= k_1 \cdot l \cdot N \cdot 2r \cdot \hat{i}_1 \hat{i}_2 \cdot \sin(\omega t + \varphi) \cdot \sin \omega t.$$

Infolge der mechanischen Trägheit ist für die Einstellung der Meßwerkspule der Mittelwert des Drehmoments entscheidend, und hierfür ergibt sich:

$$\overline{m_2(t)} = k_1 \cdot l \cdot N \cdot 2r \cdot \frac{1}{T} \int_0^T \hat{i}_1 \hat{i}_2 \sin(\omega t + \varphi) \cdot \sin \omega t \cdot dt = k_1 \cdot l \cdot N \cdot 2r \cdot \frac{\hat{i}_1 \hat{i}_2}{2} \cos \varphi.$$

Aus der Gleichgewichtsbedingung

$$\overline{m_2(t)} - D\alpha = 0$$

folgt dann

$$\alpha = \frac{2r k_1 lN}{D} \cdot \frac{\hat{i}_1 \hat{i}_2}{2} \cdot \cos\varphi = k_2 \frac{\hat{i}_1 \hat{i}_2}{2} \cos\varphi \;.$$

Legt man nun die bewegliche Spule über einen ohmschen Gesamtwiderstand R_m an die Verbraucher-Wechselspannung,

$$\hat{i}_2 = \hat{u}/R_m \;,$$

so ergibt sich

$$\alpha = \frac{k_2}{R_m} \cdot \frac{\hat{i}_1 \hat{u}}{2} \cos\varphi = \frac{k_2}{R_m} I U \cos\varphi \;, \qquad (3\text{-}5)$$

wobei

$$I = \frac{\hat{i}_1}{\sqrt{2}} \;, \qquad U = \frac{\hat{u}}{\sqrt{2}}$$

die Effektivwerte der Spannungs- bzw. Stromschwingung sind. Das heißt aber, daß der Ausschlag des Meßwerks proportional zur Wirkleistungsaufnahme des Verbrauchers ist:

$$\alpha = \frac{k_2}{R_m} P_W = k_3 P_W \;. \qquad (3\text{-}6)$$

Blindleistungsmessung

Sorgt man dafür, daß der Strom durch die bewegliche Spule gegenüber der Verbraucher-spannung z.B. um 90° nacheilt, so ergibt sich statt der Wirkleistungsanzeige eine Blind-leistungsanzeige.

Es gilt dann nämlich:

$$m_2(t) = k_1 \cdot l \cdot N \cdot 2r \cdot \hat{i}_1 \cdot k_2 \hat{u} \cdot \sin(\omega t + \varphi) \cdot \sin\left(\omega t - \frac{\pi}{2}\right) \;,$$

$$\overline{m_2(t)} = k_4 \cdot \frac{\hat{i}_1 \hat{u}}{2} \cdot \cos\left(\varphi + \frac{\pi}{2}\right) = -k_4 \cdot \frac{\hat{i}_1 \hat{u}}{2} \cdot \sin\varphi \;,$$

$$\alpha = -\frac{k_4}{D} \cdot \frac{\hat{i}_1 \hat{u}}{2} \cdot \sin\varphi = k_5 I U \sin\varphi = k_5 P_B \;. \qquad (3\text{-}7)$$

Führt man den Strom, den ein Wechselstromverbraucher aufnimmt, durch die fest-stehende Spule eines *elektrodynamischen Meßwerks,* und macht man den Strom durch die bewegliche Spule proportional und phasengleich zur Verbraucherspan-nung, so zeigt das Meßwerk die *Wirkleistungsaufnahme* des Verbrauchers an. Sorgt man jedoch dafür, daß der Strom durch die bewegliche Spule gegenüber der Ver-braucherspannung um 90° nacheilt (evtl. auch um 90° voreilt), so zeigt das Meßwerk die *Blindleistungsaufnahme* an!

Der Phasenunterschied von 90° zwischen Spulenstrom und Verbraucherspannung kann im Prinzip z.B. dadurch erzielt werden, daß man statt eines Vorschaltwiderstandes eine Vorschaltdrossel vorsieht. Wegen des unvermeidbaren ohmschen Widerstandsanteils einer Drossel läßt sich jedoch der Phasen-unterschied von 90° so nicht exakt realisieren, vielmehr müssen zusätzliche Korrekturmaßnahmen vorgesehen werden, wie das schon in Bild 3-13b angedeutet ist. Genauere Angaben über derartige *Phasenkunstschaltungen* findet man z. B. in [D2, Gruppe Z61].

Induktive und kapazitive Blindleistung

Bei einem rein induktiven Stromverbraucher eilt der Strom der Spannung um 90° nach, bei einem rein kapazitiven um 90° vor, d.h. es besteht zwischen induktivem und kapazitivem Blindstrom ein Phasenunterschied von 180°. Das hat zur Folge, daß ein Blindleistungsmesser bei induktiver Blindlast einerseits und kapazitiver Blindlast andererseits entgegengesetzte Ausschlagsrichtungen zeigt. In der Regel bezeichnet man induktive Blindleistungsaufnahme eines Verbrauchers als positiv und ordnet ihr den Rechtsausschlag zu, während man kapazitive Blindleistungsaufnahme als negativ bezeichnet und ihr den Linksausschlag zuordnet.

Ein Blindleistungsmesser für induktive und kapazitive Blindleistung muß also entweder eine mittlere Ruhelage des Zeigers oder einen Umpolschalter für eine der beiden Wicklungen besitzen.

Wirkleistungs-Richtungsanzeige

Befindet sich ein Wirkleistungsmesser nicht zwischen einer Leistungsquelle und einer passiven Last, sondern z.B. zwischen zwei Netzabschnitten, so kann je nach Lastverteilung im Netz die Stromflußrichtung und damit die Richtung des Wirkleistungsflusses umkehren. Dementsprechend kann auch bei einem Wirkleistungsmesser abwechselnd Rechts- oder Linksausschlag auftreten bzw. ein Umpolschalter für eine der beiden Wicklungen (normalerweise den Spannungspfad) erforderlich sein.

Selbstkorrektur

In der Wechselstromtechnik ist die Anwendung einer Selbstkorrektur-Wicklung nicht empfehlenswert, da die Gegeninduktivität zwischen beiden Stromspulen zu zusätzlichen Fehlereffekten führen würde.

Meßbereicherweiterungen

> Meßbereicherweiterungen erfolgen bei Wechselstrom-Leistungsmessern durch Strom- und Spannungswandler, vgl. Bild 3-13c und d. Hierbei ist sorgfältig auf die richtige Zuordnung der Wandler-Klemmenbezeichnungen zu achten, da andernfalls eine falsche Leistungsflußrichtung vorgetäuscht werden könnte!

Bezüglich der bei einer Meßbereicherweiterung zu beachtenden Erweiterungsfaktoren gilt das in Abschnitt 3.2.1 Gesagte sinngemäß entsprechend.

Vorsorge gegen Überlastung

> Bei reiner Blindlast ergibt ein Wirkleistungsmesser Nullanzeige, selbst bei starker thermischer Überlastung z.B. des Strompfades, umgekehrt ein Blindleistungsmesser bei reiner Wirklast. Es ist daher bei Wechselstrom-Leistungsmessern besonders wichtig, den Stromfluß durch einen *Strommesser in Reihe zum Strompfad* zu kontrollieren. Sofern nicht an einem Netz konstanter Spannung gearbeitet wird, ist auch die Spannung am Spannungspfad zu überwachen.

Scheinleistung

Scheinleistung wird in der Regel aus der Anzeige eines (Effektivwert-) Strommessers und eines (Effektivwert-) Spannungsmessers oder eines Wirk- und Blindleistungsmessers berechnet.

Energiezähler

Der Energieverbrauch von Wechselstromabnehmern wird in der Regel mit Hilfe von *Induktionszählern* gemessen, vgl. hierzu Abschnitt 2.1.2. Bezüglich Anschlußschaltungen, Meßbereicherweiterungen und Überlastungsschutz gilt Entsprechendes wie für Leistungsmesser.

Mischstrom

Bei Mischstrom-Vorgängen bilden Strom und Spannung jeder Frequenzkomponente unter sich Leistungsbeiträge [A7], [A15]. Da das *elektrodynamische Meßwerk* sowohl Gleichstrom- wie Wechselstrom-Leistungsanteile im Prinzip richtig erfaßt, ist es auch für die Mischstrom-Leistungsmessung geeignet. Bei Frequenzgemischen mit breitem Oberschwingungsspektrum ist jedoch zu bedenken, daß frequenzabhängige Fehlereinflüsse auftreten; man sollte in solchen Fällen elektronische Leistungsmeßverfahren heranziehen, vgl. Abschnitt 4.12 und 5.2.3. Entsprechend sind für die Mischstrom-Arbeitsmessung *elektrodynamische Motorzähler* im Prinzip geeignet, jedoch ist mit starken frequenzabhängigen Fehlereffekten zu rechnen. Dagegen sind *Induktionszähler* vom Prinzip her nur für die Wechselstrom-Arbeitsmessung geeignet. Mischstrom-Leistungs- und Arbeitsmessungen kommen in der Praxis sehr selten vor.

Weitere Informationen zur Leistungs- und Arbeitsmessung findet man in [A16], [A17], [A18], [A19], [A22], [A23], [A51].

▶ **3.2.3 Drehstrom**

Wirkleistung bei symmetrischer Belastung

In einem ungestörten und symmetrisch belasteten Drehstromsystem genügt es, den Leistungsfluß gemäß Bild 3-14a in *einem* Strang zu messen; die Gesamtleistung ist dann gleich dem Dreifachen der Anzeige. Fehlt der Mittelpunktsleiter, so kann für den Spannungspfad des Leistungsmessers gemäß Bild 3-14b ein *künstlicher Sternpunkt* gebildet werden.

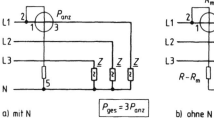
a) mit N

$$P_{ges} = 3 P_{anz}$$

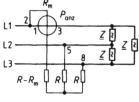
b) ohne N

Bild 3-14

Leistungsmessung im Drehstromnetz bei *symmetrischer* Belastung. Klemmenbezeichnungen nach DIN 43807

Blindleistung bei symmetrischer Belastung

Die Schaltung Bild 3-14a oder b kann leicht in eine Schaltung zur Messung der Blind-leistung (in einem ungestörten und symmetrisch belasteten Drehstromsystem) überführt werden, indem man den Spannungspfad statt an die zum Strom $\underline{I}_1$ gehörende Strang-spannung $\underline{U}_{L1-N}$ an die hierzu um 90° phasenverschobene Leiterspannung $\underline{U}_{L2-L3}$ legt, vgl. Bild 3-15. Allerdings ist dann der sich ergebende Spannungsbetrag $|\underline{U}_{L2-L3}|$ gegen-über dem von Bild 3-14a her maßgebenden Betrag $|\underline{U}_{L1-N}|$ um den Faktor $\sqrt{3}$ zu groß, entsprechend die angezeigte Leistung, so daß die Ablesung erst durch $\sqrt{3}$ dividiert werden muß, ehe man auf die Gesamt-Blindleistung schließen darf; faßt man die Multiplikation mit 3 und die Division durch $\sqrt{3}$ zusammen, so verbleibt ein resultierender Multiplika-tionsfaktor $\sqrt{3}$ zwischen angezeigter Leistung und gesamter Blindleistung, vgl. Bild 3-15.

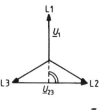

$$\underline{U}_{23} = \underline{U}_1 \cdot \sqrt{3} \cdot e^{-j\frac{\pi}{2}}$$

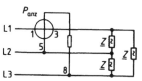

$$P_{B,\,ges} = 3 \cdot P_{anz}/\sqrt{3}$$
$$= \sqrt{3} \cdot P_{anz}$$

Bild 3-15
Blindleistungsmessung im Dreh-stromnetz bei *symmetrischer* Belastung. Klemmen nach DIN 43807

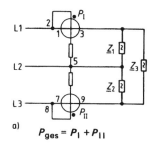

a) $P_{ges} = P_I + P_{II}$

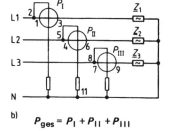

b) $P_{ges} = P_I + P_{II} + P_{III}$

Bild 3-16
Leistungsmessung im Dreileiter-netz (a) und Vierleiternetz (b) bei beliebigen Belastungsverhält-nissen. Klemmen nach DIN 43807

Wirkleistung im Drei- und Vierleiternetz

Läßt man beliebige Belastungsverhältnisse zu, so sind für die Leistungserfassung in einem Dreileiternetz zwei Wattmeter erforderlich, vgl. die sog. *Aronschaltung für Wirkleistung* in Bild 3-16a, in einem Vierleiternetz 3 Wattmeter, vgl. Bild 3-16b, allgemein bei n Leitern n − 1 Wattmeter, da jeweils *ein* Leiter als gemeinsamer Rückleiter aufgefaßt werden kann. Die gesamte Leistung ergibt sich dann als Summe der Anzeigen der einzelnen Wattmeter, wobei je nach der speziellen Situation auch Linksausschläge, also *negative* Beiträge auf-treten können; es ist also sorgfältig darauf zu achten, daß alle Wattmeter bezüglich ihrer Klemmenbezeichnungen gleichartig angeschlossen sind! Das Verfahren ist für beliebige Netze richtig und nicht an Drehstromnetze gebunden. Es führt daher beispielsweise auch in gestörten Drehstromsystemen (z.B. unsymmetrische Spannungen, Ausfall einer Span-nung) zu einem physikalisch richtigen Ergebnis.

Blindleistung im Dreileiter-Drehstromnetz

Soll im Dreileiter-Drehstromnetz statt der Wirkleistung die gesamte Blindleistungsaufnahme (bei beliebigen Belastungsverhältnissen) festgestellt werden, so müssen die Spannungspfade ähnlich wie im Falle des Bildes 3-15 an Spannungen gelegt werden, die gegenüber den Bezugsspannungen bei der Wirkleistungsmessung um 90° phasenverschoben sind.
Bild 3-17 stellt eine Lösungsmöglichkeit hierfür dar, die sog. *Aronschaltung für Blind-
leistung.* Statt der Leiterspannung $\underline{U}_{12}$ wird die hierzu 90° *voreilende* Strangspannung $\underline{U}_{30}$
benutzt, statt der Leiterspannung $\underline{U}_{32}$ die hierzu 90° *nacheilende* Strangspannung $\underline{U}_{10}$.
Um den Unterschied zwischen einer voreilenden und einer nacheilenden Bezugsspannung
wieder auszugleichen, müssen die Spannungspfade der beiden Wattmeter *sinngemäß gegen-
sätzlich gepolt* werden! Da nun überdies die Beträge $|\underline{U}_{30}|$ und $|\underline{U}_{10}|$ gegenüber den
eigentlich maßgebenden Bezugsgrößen $|\underline{U}_{12}|$ und $|\underline{U}_{32}|$ (vgl. Bild 3-16a!) um den Faktor
$\sqrt{3}$ zu klein sind, müssen die Wattmeterablesungen nicht nur addiert, sondern zusätzlich
mit $\sqrt{3}$ multipliziert werden. Auch in dieser Schaltung können die Teilanzeigen positiv
oder negativ sein, sie müssen vorzeichenrichtig addiert werden, es ist deshalb mit besonderer Sorgfalt auf die richtige Polung der Meßwerksanschlüsse zu achten. Es ist klar, daß
das Verfahren ein ungestörtes Drehspannungssystem voraussetzt, da sonst nicht die richtigen Bezugsphasen zustande kommen!

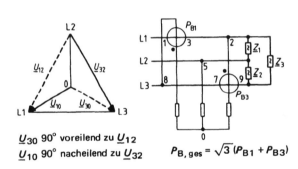

$\underline{U}_{30}$ 90° voreilend zu $\underline{U}_{12}$
$\underline{U}_{10}$ 90° nacheilend zu $\underline{U}_{32}$ $P_{B,\,ges} = \sqrt{3}\;(P_{B1} + P_{B3})$

Bild 3-17
Blindleistungsmessung im Dreileiter-Drehstromnetz bei beliebigen
Belastungsverhältnissen. Klemmen
nach DIN 43807

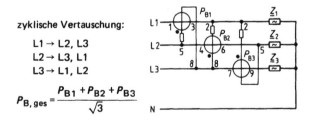

zyklische Vertauschung:

L1 → L2, L3
L2 → L3, L1
L3 → L1, L2

$$P_{B,\,ges} = \frac{P_{B1} + P_{B2} + P_{B3}}{\sqrt{3}}$$

Bild 3-18
Blindleistungsmessung im Vierleiter-
Drehstromnetz bei beliebigen Bela-
stungsverhältnissen. Klemmen nach
DIN 43807

Blindleistung im Vierleiter-Drehstromnetz

Die Schaltung nach Bild 3-16b kann sinngemäß in eine Schaltung zur Blindleistungsmessung umgewandelt werden, indem man die Spannungspfade nicht an die Strangspan-
nungen, sondern jeweils *zyklisch vertauscht* an die dazu um 90° phasenverschobenen
Leiterspannungen anschließt, vgl. Bild 3-18. Da die Beträge $|\underline{U}_{32}|$, $|\underline{U}_{21}|$ und $|\underline{U}_{13}|$ je-

doch gegenüber den an sich maßgebenden Bezugsgrößen $|\underline{U}_{1N}|$, $|\underline{U}_{3N}|$ und $|\underline{U}_{2N}|$ zugleich um den Faktor $\sqrt{3}$ zu groß sind, muß die Summe der Wattmeterablesungen hier noch durch $\sqrt{3}$ dividiert werden, um auf das richtige Ergebnis für die gesamte Blindleistung zu kommen. Auch bei diesem Verfahren muß ein ungestörtes Drehspannungssystem vorausgesetzt werden, da sich andernfalls nicht die richtigen Bezugsphasen ergeben würden!

Meßbereicherweiterungen

Meßbereicherweiterungen erfolgen genau wie bei Einphasen-Leistungsmessungen mit Hilfe von Strom- und Spannungswandlern. Wegen der vorzeichenrichtig durchzuführenden Summenbildungen ist besonders sorgfältig auf richtige Klemmenzuordnungen zu achten. Bild 3-19 zeigt zwei Beispiele zum Dreileiternetz.

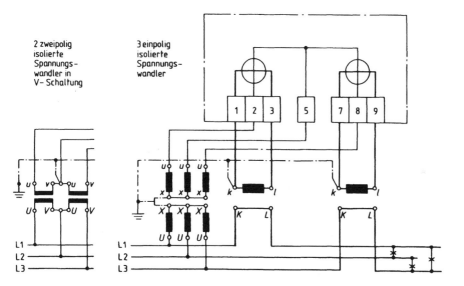

Bild 3-19 Meßbereicherweiterung durch Spannungs- und Stromwandler am Beispiel einer Energiezähler-installation im Dreileiternetz (DIN 43856)

Mehrfachmeßwerke

Die in beliebig belastbaren Systemen jeweils erforderliche Summenbildung kann auch dadurch zwangsweise realisiert werden, daß man entsprechend mehrere Meßwerke auf eine gemeinsame Meßwerkwelle arbeiten läßt. Es ist klar, daß man ein derartiges Mehrfach-meßwerk direkt in Gesamtleistungswerten skalieren kann.

Drehstromzähler

Für die Arbeitsmessung im Drehstromnetz werden in der Regel unmittelbar *zwei- oder dreisystemige Induktionszähler* in einer Schaltung nach Bild 3-16 (oder z.B. Bild 3-19) benutzt. Im Prinzip können auch andere Anschlußschaltungen der Leistungsmesser auf

Zähler übertragen werden, jedoch darf sich bei einem Zähler in der Regel kein Rückwärtslauf ergeben.

Weitere Informationen zur Drehstrom-Leistungs- und Arbeitsmessung findet man in [A16], [A17], [A18], [A19], [A22], [A23], [A51].

▶ **3.3 Kapazität, Induktivität, Scheinwiderstand**

Formale Ersatzschaltungen

Technische Kondensatoren und Spulen enthalten stets Verlustursachen, welche eine Umsetzung von elektrischer Energie in Wärmeenergie zur Folge haben. Sie stellen daher nie reine Blindwiderstände dar, sondern enthalten mehr oder weniger ausgeprägte ohmsche Anteile. Ob man sich einen derartigen ohmschen Anteil in Reihe zu einem Blindwiderstand vorstellt oder parallel dazu, ist zunächst einmal willkürlich und hängt in der Praxis davon ab, ob das benutzte Meßverfahren auf einen Scheinwiderstandswert und damit auf ein Reihenersatzbild oder auf einen Scheinleitwert und damit auf ein Parallelersatzbild führt [A15]. Ein gemessenes Reihenersatzbild oder Parallelersatzbild gilt in der Regel auch nur für die Frequenz, bei der es gemessen worden ist; für eine andere Frequenz ergeben sich in der Regel andere Werte der Ersatzbildelemente. Man bezeichnet deshalb solche sich aus Scheinwiderstands- oder Scheinleitwertsaufspaltungen ergebenden Ersatzbilder auch als *formale Ersatzschaltungen*, im Gegensatz zu *physikalischen Ersatzschaltungen*, deren Elemente aus einer Betrachtung der im Bauelement auftretenden physikalischen Effekte hergeleitet werden und die dann das frequenzabhängige Verhalten des Bauelementes auch über einen größeren Frequenzbereich anzunähern vermögen (vgl. z.B. die Bilder 2-10 und 2-14). Ein formales Reihenersatzbild läßt sich für eine *feste Frequenz* stets in ein formales Parallelersatzbild umrechnen, und umgekehrt. Als Beispiel sei hier dargestellt, wie das formale Reihenersatzbild eines Kondensators für eine feste Frequenz in ein entsprechendes Parallelersatzbild umgerechnet wird (vgl. Bild 3-20 links):

$$G_P + j\omega C_P = \frac{1}{R_R + \frac{1}{j\omega C_R}} = \frac{j\omega C_R}{1 + j\omega C_R R_R} =$$

$$= \frac{j\omega C_R(1 - j\omega C_R R_R)}{1 + \omega^2 C_R^2 R_R^2} = \frac{j\omega C_R + \omega^2 C_R^2 R_R}{1 + \omega^2 C_R^2 R_R^2},$$

$$G_P + j\omega C_P = \frac{1}{R_R} \cdot \frac{\omega^2 C_R^2 R_R^2}{1 + \omega^2 C_R^2 R_R^2} + j\frac{\omega C_R}{1 + \omega^2 C_R^2 R_R^2}.$$

Da Realteile und Imaginärteile beider Gleichungsseiten je für sich übereinstimmen müssen, ergibt sich:

$$R_P = \frac{1}{G_P} = R_R\left(1 + \frac{1}{\omega^2 C_R^2 R_R^2}\right); \qquad C_P = C_R\frac{1}{1 + \omega^2 C_R^2 R_R^2}.$$

Entsprechende Umrechnungsformeln sind in Bild 3-20 für die vier denkbaren Fälle formaler Ersatzschaltungen von Kapazitäten und Induktivitäten zusammengestellt.

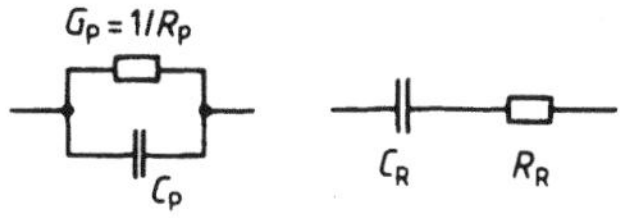

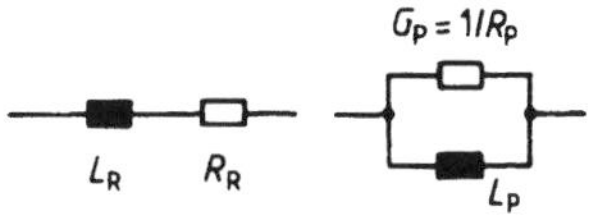

$$R_P = R_R \left(1 + \frac{1}{\omega^2 C_R^2 R_R^2} \right) \quad\bigg|\quad R_R = R_P \frac{1}{1 + \omega^2 C_P^2 R_P^2} \qquad L_R = L_P \frac{R_P^2}{R_P^2 + \omega^2 L_P^2} \quad\bigg|\quad L_P = L_R \left(1 + \frac{R_R^2}{\omega^2 L_R^2} \right)$$

$$C_P = C_R \frac{1}{1 + \omega^2 C_R^2 R_R^2} \quad\bigg|\quad C_R = C_P \left(1 + \frac{1}{\omega^2 C_P^2 R_P^2} \right) \qquad R_R = R_P \frac{\omega^2 L_P^2}{R_P^2 + \omega^2 L_P^2} \quad\bigg|\quad R_P = R_R \left(1 + \frac{\omega^2 L_R^2}{R_R^2} \right)$$

$$\tan\delta = \frac{1}{\omega C_P R_P} = \omega C_R R_R \qquad\qquad \tan\delta = R_R/\omega L_R = \omega L_P/R_P$$

Bild 3-20 Formale Ersatzbilder technischer Kondensatoren und Spulen für eine feste Frequenz und deren Umrechnungen

Ortskurven der Frequenzabhängigkeit

Führt man eine Meßreihe über einen größeren Frequenzbereich hinweg durch, so stellt man die gefundenen Ergebnisse für den Scheinwiderstandsverlauf oder den Scheinleitwertsverlauf in Abhängigkeit von der Frequenz am besten in Form einer *Ortskurve* in der komplexen Ebene dar [A15]. Die Darstellung durch ein reines Reihen- oder Parallelersatzbild wird sich in den meisten Fällen als unzureichend erweisen; man kann aber dann sehr wohl versuchen, die Elemente eines bekannten oder vermuteten physikalischen Ersatzbildes so zu bestimmen, daß sie dem gemessenen Ortskurvenverlauf möglichst gut gerecht werden. Oft – z.B. bei Eisenkernspulen – sind die auftretenden physikalischen Effekte so verwickelt, daß eine Darstellung durch Ersatzbilder mit festen Elementen nicht möglich ist [A30], [A33]. Dann bleibt schließlich nichts anderes übrig, als die Elemente eines Reihen- oder Parallelersatzbildes für verschiedene Frequenzen eben verschieden anzugeben. Ebenso können sich für verschiedene Aussteuerungsgrade verschiedene Werte der Ersatzbildelemente ergeben.

Über die Möglichkeiten und Grenzen derartiger ersatzbildmäßiger Darstellungen muß man sich klar werden, um Meßverfahren und Meßergebnisse für Scheinwiderstände und Scheinleitwerte richtig interpretieren zu können.

Scheinwiderstandsbeträge

Natürlich besteht bei einem Kondensator oder einer Spule die Möglichkeit, mit Hilfe geeigneter Strom- und Spannungsmeßgeräte entsprechend Bild 3-3a oder b den *Betrag des Scheinwiderstandes* oder den *Betrag des Scheinleitwertes* zu messen. Hieraus kann man aber nur bei Kondensatoren oder bei sehr verlustarmen Spulen einigermaßen zutreffende Werte für C oder L erhalten. Insbesondere bei *nicht* sehr verlustarmen Spulen müssen tatsächlich die Komponenten eines Ersatzbildes ausgemessen werden, um verläßliche Werte z.B. für die „Reiheninduktivität" L_R oder die „Parallelinduktivität" L_P zu erhalten.

Messung mit Gleich- und Wechselspannung

Bild 3-21 zeigt eine Möglichkeit, das Reihenersatzbild einer Spule durch zwei aufeinanderfolgende Messungen mit Gleichspannungsspeisung und Wechselspannungsspeisung zu ermitteln. Mit der Gleichspannungsspeisung ergibt sich zunächst der Reihenwiderstand R_R, bei der anschließenden Wechselspannungsspeisung die Reiheninduktivität L_R. Das Ver-

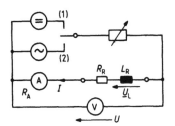

(1) Gleichspannung:

$$R_R = \frac{U}{I} - R_A$$

(2) Wechselspannung:

$$U_L = \sqrt{U^2 - I^2 (R_A + R_R)^2}$$

$$\underline{L_R = U_L / \omega I}$$

Bild 3-21 Ausmessen eines Reihenersatzbildes mit Hilfe eines Strom- und eines Spannungsmessers durch zwei aufeinanderfolgende Messungen mit Gleichspannungsspeisung und Wechselspannungsspeisung

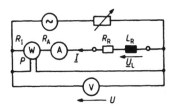

$$R_R = \frac{P}{I^2} - R_I - R_A$$

$$U_L = \sqrt{U^2 - I^2 (R_I + R_A + R_R)^2}$$

$$\underline{L_R = U_L / \omega I}$$

Bild 3-22 Ausmessen eines Reihenersatzbildes mit Hilfe von Strom-, Spannungs- und Leistungsmesser unter tatsächlichen Betriebsbedingungen

fahren hat aber den Nachteil, daß der Reihenwiderstand nicht bei der Betriebsfrequenz ermittelt wird; bei der Betriebsfrequenz kann sich nämlich infolge von Stromverdrängungseffekten in der Wicklung und infolge von Verlusten im Eisenkern ein anderer Wert für R_R ergeben als im Gleichstromfalle!

Messung unter tatsächlichen Betriebsbedingungen

Bild 3-22 zeigt eine Möglichkeit, das Reihenersatzbild einer technischen Spule bei der tatsächlichen Betriebsfrequenz und der tatsächlichen Betriebsspannung (oder dem beabsichtigten Betriebsstrom) zu bestimmen, indem man mit Hilfe eines Wattmeters den Wirkleistungsumsatz mißt und daraus dann den Reihenwiderstand R_R berechnet. Die Reiheninduktivität L_R ergibt sich dann entsprechend wie beim vorigen Verfahren. Auf diese Weise werden vorzugsweise Drosselspulen und Transformatorwicklungen für die Starkstromtechnik untersucht.

Schwingkreisverfahren

Bild 3-23 zeigt eine Meßmöglichkeit, nach der viele Kapazitäts-, Induktivitäts- und Scheinleitwertsmeßgeräte für den Bereich der Nachrichtentechnik arbeiten. Ein Schwingkreis wird zunächst durch Variieren von C auf Resonanz abgestimmt, erkennbar am Maximalausschlag des Anzeigeinstruments; der Maximalausschlag wird außerdem durch geeignete Einstellung der Senderankopplung und des Schwingkreis-Wirkleitwertes G auf eine bestimmte Marke – z.B. Vollausschlag des Instruments – eingestellt. Schaltet man dann das Meßobjekt hinzu, so müssen C und G verändert werden, um wieder die gleiche Resonanz-

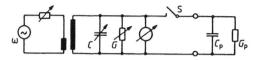

(1) S unterbrochen, Resonanzeinstellung mit Instrumentenvollausschlag: $C = C_1; \; G = G_1.$

(2) S geschlossen, Wiederherstellung der Resonanzeinstellung mit
     Instrumentenvollausschlag: $C = C_2; \; G = G_2.$

$C_P = C_1 - C_2; \; G_P = G_1 - G_2.$

Bild 3-23 Ausmessen eines Parallelersatzbildes nach dem Schwingkreisverfahren

anzeige wie vorher zu reproduzieren. Die an den Skalen von C und G abzulesenden Differenzen zwischen den vorherigen und den neuen Einstellwerten müssen gleich den Parallelersatzbildwerten C_P und G_P des Meßobjektes sein. Auf ähnliche Weise kann das Parallelersatzbild einer Induktivität bestimmt werden. Bei manchen technischen Realisierungen des Verfahrens wird statt C auch ω verändert, manchmal wird auf die Einstellung und Ablesung von G verzichtet.

Gegeninduktivität

Die Messung einer Gegeninduktivität M kann gemäß Bild 3-24 auf zwei Induktivitätsmessungen zurückgeführt werden, indem man einmal die Induktivität L_S der Summenreihenschaltung und einmal die Induktivität L_G der Gegenreihenschaltung ausmißt [A15], [A7].

(1) Summenreihenschaltung:

$L_S = L_1 + L_2 + 2M.$

(2) Gegenreihenschaltung:

$L_G = L_1 + L_2 - 2M.$

$L_S - L_G = 4M; \quad M = \frac{1}{4}(L_S - L_G).$

Bild 3-24 Messung einer Gegeninduktivität durch Rückführung auf zwei Induktivitätsmessungen

3.4 Meßbrücken und Kompensatoren

▶ **3.4.1 Gleichspannungsgespeiste Meßbrücken**

Wheatstone-Brücke

Legt man zwei Spannungsteiler aus ohmschen Widerständen gemäß Bild 3-25a an eine Speisespannung U_S, und verbindet man die beiden freibleibenden Punkte dieser Spannungsteiler über einen Spannungsmesser, so erhält man die *Wheatstonesche Brückenschaltung* (Wheatstone, 1843).

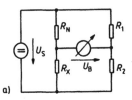

a)

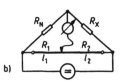

b)

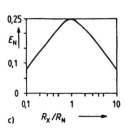

c) R_X/R_N ⟶

Bild 3-25 Wheatstone-Brücke

Unbelasteter Brückenzweig:

$$\frac{U_B}{U_S} = \frac{R_X}{R_X + R_N} - \frac{R_2}{R_1 + R_2}$$

$$= \frac{1}{1 + \dfrac{R_N}{R_X}} - \frac{1}{1 + \dfrac{R_1}{R_2}}$$

Abgleichbedingung:

Für $\dfrac{R_N}{R_X} = \dfrac{R_1}{R_2}$ gilt $U_B = 0!$

Widerstandsmessung:

Falls $U_B = 0$, gilt $R_X = \dfrac{R_2}{R_1} R_N$.

Meßempfindlichkeit:

$$E = \frac{dU_B}{dR_X} = \frac{R_N}{(R_X + R_N)^2}$$

$$E_N = \frac{dU_B/U_S}{dR_X/R_X} = 1 \Big/ \left(\sqrt{\frac{R_X}{R_N}} + \sqrt{\frac{R_N}{R_X}} \right)^2$$

Abgleichbedingung

Man kann sich nun leicht überlegen, daß die Anzeige des Spannungsmessers in Bild 3-25a gleich Null wird, wenn beide Spannungsteiler das gleiche Teilverhältnis aufweisen, d.h. wenn gilt:

$$R_N/R_X = R_1/R_2 \; . \tag{3-8}$$

Man sagt in diesem Falle, die Brückenschaltung (kurz: die Brücke) ist *abgeglichen*, und nennt Gleichung (3-8) die *Abgleichbedingung* der Brücke.

Widerstandsmessung

Die Wheatstonesche Brückenschaltung kann nun sehr einfach zur Messung von Widerstandswerten benutzt werden. Fügt man einen unbekannten Widerstand R_X in einen Zweig der Brückenschaltung Bild 3-25a ein, und variiert man dann einen der drei übrigen Widerstände oder z.B. das Verhältnis R_2/R_1 so lange, bis das Brückeninstrument keinen Ausschlag mehr zeigt, so ist die Abgleichbedingung Gleichung (3-8) erfüllt, und dann folgt

$$R_X = \frac{R_2}{R_1} R_N \ . \tag{3-9}$$

Bei der praktischen Ausführung einer Widerstandsmeßbrücke kann dann z.B. ein veränderbarer Widerstand R_2 mit einer Skala versehen werden, an der sich unmittelbar der gemessene Wert R_X ablesen läßt. Dabei kann zusätzlich der Bezugs- oder Normalwiderstand R_N umschaltbar gewählt werden, um verschiedene Meßbereiche realisieren zu können.

Schleifdrahtmeßbrücke

Bei einer *Schleifdrahtmeßbrücke* wird durch Verschieben des Brückenabgriffes an einem Schleifdraht (oder Potentiometer) unmittelbar das Verhältnis R_2/R_1 verändert, vgl. Bild 3-25b.

Meßempfindlichkeit

Unter der *Meßempfindlichkeit* E einer Meßbrücke versteht man das Verhältnis zwischen einer kleinen Änderung der Brückenausgangsspannung zu der sie verursachenden Änderung des zu bestimmenden Widerstandswertes. Im Formeltext des Bildes 3-25 ist diese Meßempfindlichkeit E durch Differenzieren des Ausdrucks für die Brückenausgangsspannung U_B bei **unbelastetem** Brückenzweig hergeleitet. Für die weitere Diskussion ist es zweckmäßig, eine dimensionsfreie *normierte Meßempfindlichkeit* E_N einzuführen, indem man die (differentiell kleine) Änderung der Brückenausgangsspannung auf die Brückenspeisespannung bezieht und die (differentiell kleine) Widerstandsänderung auf den zu bestimmenden Widerstandswert. Es entsteht dann für E_N eine Funktion von R_X/R_N, deren Verlauf im Bild 3-25c dargestellt ist. Man erkennt, daß die normierte Meßempfindlichkeit der Brücke im Falle $R_X/R_N = 1$ am größten ist. Aus diesem Grunde sollten sich R_X und R_N bei praktischen Messungen nicht um mehr als eine Zehnerpotenz unterscheiden. Sind größere Widerstandsunterschiede zu erfassen, so sollte R_N entsprechend gewechselt (bzw. umgeschaltet) werden.

Thomson-Brücke

Bei der Messung sehr kleiner Widerstandswerte machen sich in der Wheatstoneschen Brückenschaltung die Widerstände der Verbindungsleitungen störend bemerkbar. Der Einfluß der Zuleitungswiderstände von der Speisespannungsquelle her läßt sich zwar dadurch eliminieren, daß man die zu R_1 und R_2 weiterführenden Leitungen unmittelbar an die äußeren Anschlußpunkte von R_N und R_X anschließt sowie R_1 und R_2 hinreichend hochohmig wählt; auf diese Weise kann jedoch der Einfluß der Verbindungsleitung zwischen R_N und R_X nicht ausgeschlossen werden. Dies gelingt erst nach einem Vorschlag von Thomson, vgl. Bild 3-26a.

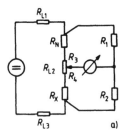
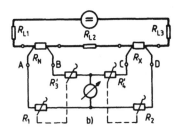

Abgleichbedingung:

$$\frac{R_1}{R_2} = \frac{R_N + R_3}{R_X + R_4}$$

Auflösung nach R_X:

$$R_X = \frac{R_2}{R_1} R_N + \frac{R_2}{R_1} R_4 \left(\frac{R_3}{R_4} - \frac{R_1}{R_2} \right)$$

Für $\dfrac{R_3}{R_4} = \dfrac{R_1}{R_2}$ folgt $R_X = \dfrac{R_2}{R_1} R_N$.

Bild 3-26 Thomson-Brücke (im Englischen auch Kelvin-bridge): a) Prinzip; b) technische Realisierung

Man denke sich den Widerstand R_{L2} der Verbindungsleitung zwischen R_N und R_X durch den Abgriff für den Brückenzweig aufgeteilt in zwei Teilwiderstände R_3 und R_4. Dann können diese beiden Widerstände, wie in Bild 3-26 links angegeben, in die Abgleichbedingung mit einbezogen werden. Löst man nach R_X auf, so erkennt man, daß das Meßergebnis von den störenden Widerständen R_3 und R_4 (und damit von R_{L2}) unabhängig wird, wenn R_3/R_4 sich verhält wie R_1/R_2. Bei der technischen Ausführung einer Thomson-Brücke wird gemäß Bild 3-26b die Aufteilung des Verbindungswiderstandes R_{L2} im Verhältnis R_1/R_2 dadurch erreicht, daß in entsprechender Anordnung zwei Widerstände R_3' und R_4' vorgesehen werden, die zwangsläufig stets zusammen mit R_1 bzw. R_2 so umgeschaltet werden, daß immer $R_3'/R_4' = R_1/R_2$ bleibt. Die Zwangsläufigkeit kann z.B. dadurch erreicht werden, daß R_3' und R_1 gemeinsam durch ein und denselben zweipoligen, vielstufigen Schalter umgeschaltet werden, ebenso R_4' und R_2 durch einen entsprechend konstruierten zweiten Schalter, oder durch eine entsprechende Lösung. Meist wird dabei der Schaltungsteil unterhalb der Klemmen A−B/C−D in Bild 3-26b als komplettes Gerät realisiert, während der zu messende Widerstand R_X und der Normalwiderstand R_N einschließlich des Speisestromkreises extern hinzugeschaltet werden. Man beachte hierbei die Unterscheidung zwischen Stromklemmen und Spannungsklemmen (Potentialklemmen) an den Widerständen R_X und R_N (vgl. Abschnitt 2.2.1, Bilder 2-8c und 2-9).

Gerätetechnische Realisierungen von Wheatstone- und Thomsonbrücken gibt es sowohl als Präzisionsausführungen wie als handliche Laborausführungen, z.B. in der äußeren Form und Größe eines Universalmeßinstrumentes. Ein Nachteil derartiger Meßbrücken ist übrigens, daß man ohne besondere, zusätzliche Vorkehrungen den Strom durch den zu messenden Widerstand nicht definiert vorgeben kann; es können daher in der Regel nur stromunabhängige Widerstandswerte gemessen werden. Eine eingehende Darstellung des Fachgebietes findet man in [A47], [A52]. Zuweilen werden Hochpräzisions-Meßbrücken mit Hilfe sog. magnetischer Gleichstromkomparatoren aufgebaut [E174].

▶ 3.4.2 Gleichspannungskompensatoren

Manueller Kompensator

> Ein *Kompensator* ist ein Gerät, welches Spannungen belastungsfrei zu messen gestattet. Bild 3-27a zeigt das Prinzip. Der zu messenden Spannung U_X wird die einem einstellbaren Spannungsteiler zu entnehmende Kompensationsspannung U_K über ein Anzeigeinstrument entgegengeschaltet. Der Spannungsteiler wird dann so eingestellt, daß das Instrument Null anzeigt, also kein Strom mehr fließt; in diesem Falle ist dann $U_X = U_K$.

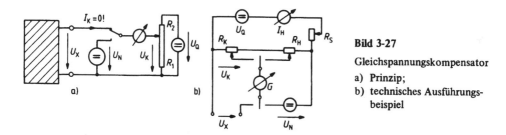

Bild 3-27

Gleichspannungskompensator
a) Prinzip;
b) technisches Ausführungsbeispiel

Entstammt U_Q einer hochkonstanten Präzisionsspannungsquelle, so kann der einstellbare Spannungsteiler unmittelbar in Spannungswerten kalibriert werden. Ist U_Q nicht präzise definiert und nur über kurze Zeiten hinweg hochkonstant, so wird lediglich die nach der Kompensation erreichte Spannungsteilereinstellung mit Hilfe einer linearen Skalierung festgehalten und anschließend eine *bekannte Normalspannung* U_N kompensiert; der Wert der zu messenden Spannung U_X ergibt sich dann aus U_N und dem Verhältnis der beiden gefundenen Teilereinstellungen.

Bild 3-27b zeigt eine andere, früher im Zusammenhang mit Normalelementen häufig benutzte Anordnung, die dem Umstand Rechnung trägt, daß elektrochemische Normalelemente jeweils nur kurzzeitig belastet werden dürfen (vgl. Abschnitt 2.2.11). Die Spannungsteiler R_K und R_H sind so dimensioniert, daß ihre Spannungsskalierung für einen bestimmten Wert des Hilfsstromes I_H richtig ist. Nun wird zunächst der Hilfsteiler R_H auf den Wert der Normalspannung U_N eingestellt, welcher hierfür genau bekannt sein muß. Dann wird das Instrument (Galvanometer) G zwischen U_N und den Abgriff von R_H geschaltet und R_S so eingestellt, daß das Instrument Null anzeigt; in diesem Falle muß I_H genau den richtigen, für die Kalibrierung von R_H und R_K vorausgesetzten Wert haben. Anschließend wird das Instrument in den Kompensationskreis eingeschaltet und die zu messende Spannung U_X kompensiert.

Automatischer Kompensator

Vielfach wird der Abgleichvorgang dadurch *automatisiert*, daß anstelle eines Anzeigeinstrumentes ein Regelverstärker vorgesehen wird, der über einen Stellmotor oder eine äquivalente Stelleinrichtung den Kompensator-Spannungsteiler bzw. die Kompensationsspannung so einstellt, daß die Differenz zwischen Meßspannung U_X und Kompensationsspannung U_K nahezu gleich Null wird. Nach diesem Prinzip arbeiten z.B. *Kompensationsschreiber* und *X-Y-Schreiber*, vgl. Abschnitt 2.4.1 und 2.4.2.

Gegengekoppelte Meßverstärker können als rein elektronisch arbeitende, automatische Kompensatoren aufgefaßt werden, vgl. Abschnitt 4.3. Ein stufenweise schaltbarer automatischer Kompensator ergibt einen Analog-Digital-Umsetzer, vgl. Abschnitt 2.2.8 und Abschnitt 5.5.4. Eine Übersicht über die Vielfalt technischer Kompensatorbauformen und -anwendungen gibt [A47].

3.4.3 Gleichstromkompensatoren

Während ein Gleichspannungskompensator die Messung einer Gleichspannung ohne Stromverbrauch gestattet, soll ein Gleichstromkompensator die Messung eines Gleichstromes ermöglichen, ohne daß an der Einfügungsstelle des Meßgerätes ein Spannungsabfall auftritt. Bild 3-28 zeigt eine Realisierungsmöglichkeit hierfür [A47]. Mit Hilfe des Widerstandes R_H wird der Hilfsstrom I_H so eingestellt, daß der Spannungsmesser G Null anzeigt. In diesem Falle ist die Trennstelle spannungsfrei, und an den Widerständen R_N und R_V liegt die gleiche Spannung, so daß sich nach dem Stromteilerprinzip I_X wie im Bild angegeben durch I_H ausdrücken läßt. Für feste Werte R_N und R_V kann das I_H-Instrument auch unmittelbar in I_X-Werten skaliert werden.

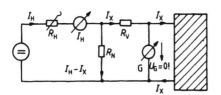

Für $U_G = 0$ gilt:

$$I_X = \frac{R_N}{R_N + R_V} I_H$$

Bild 3-28
Prinzip (und Ausführungsmöglichkeit) eines Stromkompensators

▶ 3.4.4 Wechselspannungsgespeiste Meßbrücken

Abgleichbedingung

Bei einer wechselspannungsgespeisten Meßbrücke ist zu berücksichtigen, daß man es im allgemeinen Falle mit Scheinwiderständen $\underline{Z}_1$ bis $\underline{Z}_4$ zu tun hat, vgl. Bild 3-29a.

Ähnlich wie bei einer Wheatstoneschen Brücke wird die Anzeige des Spannungsmesser in Bild 3-29a gleich Null, wenn beide Spannungsteiler das gleiche Teilverhältnis haben, d.h. wenn gilt:

$$\underline{Z}_1/\underline{Z}_2 = \underline{Z}_3/\underline{Z}_4 \ . \tag{3-10}$$

Dies ist jedoch eine Gleichung zwischen *komplexen Größen,* die nur erfüllt sein kann, wenn die *Betragsbedingung*

$$Z_1/Z_2 = Z_3/Z_4 \tag{3-11}$$

und die *Winkelbedingung*

$$\varphi_1 - \varphi_2 = \varphi_3 - \varphi_4 \tag{3-12}$$

erfüllt sind, oder wenn je für sich die *Realteilbedingung*

$$\mathrm{Re}\{\underline{Z}_1/\underline{Z}_2\} = \mathrm{Re}\{\underline{Z}_3/\underline{Z}_4\} \tag{3-13}$$

und die *Imaginärteilbedingung*

$$\mathrm{Im}\{\underline{Z}_1/\underline{Z}_2\} = \mathrm{Im}\{\underline{Z}_3/\underline{Z}_4\} \tag{3-14}$$

erfüllt sind.

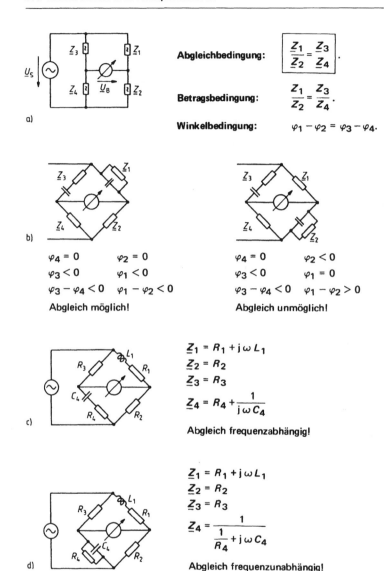

Abgleichbedingung:

$$\boxed{\frac{\underline{Z}_1}{\underline{Z}_2} = \frac{\underline{Z}_3}{\underline{Z}_4}}.$$

Betragsbedingung:

$$\frac{Z_1}{Z_2} = \frac{Z_3}{Z_4}.$$

Winkelbedingung:

$$\varphi_1 - \varphi_2 = \varphi_3 - \varphi_4.$$

$\varphi_4 = 0 \qquad \varphi_2 = 0$

$\varphi_3 < 0 \qquad \varphi_1 < 0$

$\varphi_3 - \varphi_4 < 0 \qquad \varphi_1 - \varphi_2 < 0$

Abgleich möglich!

$\varphi_4 = 0 \qquad \varphi_2 < 0$

$\varphi_3 < 0 \qquad \varphi_1 = 0$

$\varphi_3 - \varphi_4 < 0 \qquad \varphi_1 - \varphi_2 > 0$

Abgleich unmöglich!

$\underline{Z}_1 = R_1 + j \omega L_1$

$\underline{Z}_2 = R_2$

$\underline{Z}_3 = R_3$

$\underline{Z}_4 = R_4 + \dfrac{1}{j \omega C_4}$

Abgleich frequenzabhängig!

$\underline{Z}_1 = R_1 + j \omega L_1$

$\underline{Z}_2 = R_2$

$\underline{Z}_3 = R_3$

$\underline{Z}_4 = \dfrac{1}{\dfrac{1}{R_4} + j \omega C_4}$

Abgleich frequenzunabhängig!

Bild 3-29 Wechselspannungsgespeiste Meßbrücken

Abgleichbarkeit

Eine wechselspannungsgespeiste Meßbrücke ist nicht in jedem Falle abgleichbar; es muß vielmehr darauf geachtet werden, ob es möglich ist, außer der Betragsbedingung auch die Winkelbedingung zu erfüllen. Bild 3-29b zeigt links ein Beispiel, bei dem das möglich ist, und rechts ein Beispiel, bei dem die Winkelbedingung nicht erfüllt werden kann.

Da zur Erfüllung der komplexen Abgleichbedingung Gl. (3-10) zwei reelle Teilbedingungen erfüllt werden müssen, sind in der Regel auch zwei Abgleichorgane erforderlich, die jeweils abwechselnd zu betätigen sind, so lange, bis der Brückenabgleich erreicht ist. Immer, wenn die Betätigung des einen Einstellorgans keinen Fortschritt in Richtung auf den Brückenabgleich mehr bringt, ist wieder auf das andere Einstellorgan überzugehen. Zum Ziel kann der Einstellprozeß natürlich nur führen, wenn die Brücke abgleichbar ist [A48], [A52]. Ein Beispiel: Wären in der Brückenschaltung Bild 3-29d die Elemente L_1, R_1, R_2, R_3 fest vorgegeben, so müßten jeweils abwechselnd R_4 und C_4 verändert werden, bis der Abgleich erreicht ist.

Frequenzabhängigkeit

Eine weitere Eigenart wechselspannungsgespeister Brücken ist, daß der Abgleich je nach gewählter Struktur frequenzabhängig oder frequenzunabhängig sein kann. Bild 3-29c zeigt eine Brückenschaltung mit *frequenzabhängigem Abgleich;* stellt man nämlich die Abgleichbedingung nach Gl. (3-10) auf, so ergibt sich:

$$\frac{R_1 + j\omega L_1}{R_2} = \frac{R_3}{R_4 + \frac{1}{j\omega C_4}} = \frac{j\omega C_4 R_3}{1 + j\omega C_4 R_4},$$

$$(R_1 + j\omega L_1)(1 + j\omega C_4 R_4) = j\omega C_4 R_3 R_2,$$

$$(R_1 - \omega^2 L_1 C_4 R_4) + j\omega(L_1 + R_1 C_4 R_4) = j\omega C_4 R_3 R_2.$$

Diese komplexwertige Gleichung kann nur erfüllt sein, wenn gilt:

$$R_1 = \omega^2 L_1 C_4 R_4, \tag{3-15}$$

$$L_1 + R_1 C_4 R_4 = C_4 R_3 R_2. \tag{3-16}$$

Man sieht, daß die Bedingung Gl. (3-15) für jede Frequenz neu eingestellt werden muß. Demgegenüber ergibt sich für das Beispiel Bild 3-29d ein *frequenzunabhängiger Abgleich:*

$$\frac{R_1 + j\omega L_1}{R_2} = R_3\left(\frac{1}{R_4} + j\omega C_4\right), \qquad \frac{R_1}{R_2} + j\omega\frac{L_1}{R_2} = \frac{R_3}{R_4} + j\omega C_4 R_3;$$

$$\frac{R_1}{R_2} = \frac{R_3}{R_4}, \tag{3-17}$$

$$\frac{L_1}{R_2} = C_4 R_3. \tag{3-18}$$

Restspannungen

Die Ausgangsspannung eines Meßsenders enthält in der Regel nicht nur die eingestellte Sollfrequenz, sondern daneben Oberschwingungen, netzsynchrone Störsignale und einen Rauschanteil. Speist man damit z.B. eine Meßbrücke mit frequenzabhängigem Abgleich und führt man dann den Abgleich für die eingestellte Sollfrequenz durch, so bleibt die Brückenschaltung natürlich für alle anderen Frequenzen unabgeglichen. Dies hat zur Folge, daß die ursprünglich kaum erkennbaren Störsignale dann in der Brückenausgangsspannung als deutlich erkennbares Restsignal übrigbleiben und u.U. die Feststellung der exakten Abgleicheinstellung unmöglich machen. In solchen Fällen muß man für die Nullanzeige zumindest ein Oszilloskop, besser jedoch einen selektiven, auf die Sollfrequenz abgestimmten Anzeigeverstärker heranziehen. Diese Erschwernis kann auch bei Meßbrücken auftreten, die vom Prinzip her einen frequenzunabhängigen Abgleich aufweisen, weil die Elemente der Brückenschaltung in Wahrheit nicht über einen großen Frequenzbereich konstant bleibende Parameter haben und überdies infolge nichtlinearen Verhaltens selbst Oberschwingungen verursachen können; letzteres gilt insbesondere für Induktivitäten mit Eisen- oder Ferritkernen.

Trennung nach Real- und Imaginärteil

Die beiden vorstehend wiedergegebenen Beispiele machen folgendes deutlich:

> Die Abgleichbedingung einer wechselspannungsgespeisten Brücke führt auf eine komplexwertige Gleichung, die man aufgrund der Tatsache, daß dabei die reellen Teile für sich und die imaginären Teile für sich die Gleichung erfüllen müssen, stets in zwei getrennte reellwertige Gleichungen aufspalten kann. Die Abgleichbedingung einer wechselspannungsgespeisten Meßbrücke gestattet daher, aufgrund *eines* (zweikomponentigen) Abgleichs *zwei* verschiedene Parameter zu messen!

Messung von Bauelementekenngrößen

Betrachtet man z.B. in Bild 3-29d L_1 und R_1 als die beiden Kenngrößen des Reihenersatzbildes einer *Induktivität*, so lassen diese sich aus Gl. (3-17) und (3-18) einfach berechnen; in Bild 3-30a ist dies noch einmal explizit deutlich gemacht (Maxwell-Wien-Brücke). Die Bilder 3-30b und c zeigen zwei bekannte *Kapazitätsmeßbrücken;* einmal wird das Reihenersatzbild einer Kapazität bestimmt, das andere Mal der Verlustfaktor tan δ und die zum Parallelersatzbild gehörende Kapazität (Schering-Brücke). Es gibt eine große Zahl wechselspannungsgespeister Meßbrückenschaltungen zur Messung spezieller Parameter [A48], [A52], [A53].

Messung von Scheinwiderständen oder Scheinleitwerten

Statt eine technische Meßbrückenausführung in Bauelementekenngrößen zu skalieren, ist natürlich auch eine Skalierung nach *Real- und Imaginärteil* eines Scheinwiderstandes oder eines Scheinleitwertes möglich, oder eine Skalierung nach *Betrag und Winkel* [A48], [A52], [A53]. Das vorstehende Beispiel Bild 3-29d läßt sich z.B. leicht als Meßbrücke für induktive Scheinwiderstände skalieren:

$$\underline{Z}_X = \underline{Z}_1 = R_1 + j\omega L_1 = \frac{R_3 R_2}{R_4} + j\omega C_4 R_3 R_2 = R_3 R_2 [G_4 + j\omega C_4].$$

$G_4 = 1/R_4$ kann unmittelbar mit einer Skala für Re $\{\underline{Z}_X\}$ versehen werden, C_4 mit einer Skala für Im $\{\underline{Z}_X\}$ z.B. für die Bezugsfrequenz 1 kHz, so daß bei anderen Frequenzen nur noch mit dem Frequenzverhältnis zu multiplizieren wäre.

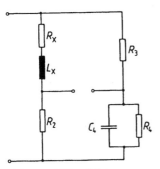

a) Maxwell-Wien-Brücke:

$$L_X = C_4 R_2 R_3,$$

$$R_X = \frac{R_2 R_3}{R_4}.$$

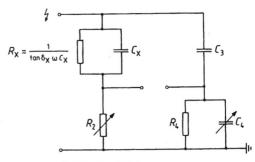

$$R_X = \frac{1}{\tan\delta_X\,\omega\,C_X}$$

c) Schering-Brücke:

$$\tan\delta_X = \omega C_4 R_4,$$

$$C_X = C_3 \frac{R_4}{R_2\,(1 + \tan^2\delta_X)}.$$

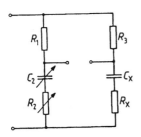

b) C-Meßbrücke nach Wien:

$$C_X = C_2 \frac{R_1}{R_3},$$

$$R_X = R_2 \frac{R_3}{R_1}.$$

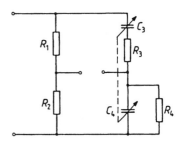

d) Brücke nach Wien-Robinson:

$$R_1 = 2R_2; \quad R_3 = R_4 = R;$$
$$C_3 = C_4 = C: \omega = 1/RC.$$

Bild 3-30 Vier besonders bekanntgewordene wechselspannungsgespeiste Brückenschaltungen

Durch umschaltbare Kombinationen verschiedener Meßbrückenstrukturen in einem Gerät können komplexe Scheinwiderstände oder Scheinleitwerte (d.h. Reihen- oder Parallelersatzschaltungen) mit induktiven oder kapazitiven Blindanteilen gemessen werden [A53].

Brücken mit frequenzabhängigem Abgleich wurden früher als *Frequenzmeßgeräte* eingesetzt. Besondere Bedeutung hat die Brücke nach Wien-Robinson erlangt, vgl. Bild 3-30d. Ihre Abgleichbedingung lautet:

$$\frac{R_3 + \dfrac{1}{j\omega C_3}}{\dfrac{1}{R_4} + j\omega C_4} = \frac{R_1}{R_2}, \qquad \left(R_3 + \frac{1}{j\omega C_3}\right)\left(\frac{1}{R_4} + j\omega C_4\right) = \frac{R_1}{R_2},$$

$$\left(\frac{R_3}{R_4} + \frac{C_4}{C_3}\right) + j\left(\omega C_4 R_3 - \frac{1}{\omega C_3 R_4}\right) = \frac{R_1}{R_2};$$

$$\frac{R_3}{R_4} + \frac{C_4}{C_3} = \frac{R_1}{R_2}, \tag{3-19}$$

$$\omega C_4 R_3 - \frac{1}{\omega C_3 R_4} = 0. \tag{3-20}$$

Für eine praktische Anwendung macht man häufig

$$R_3 = R_4 = R, \quad R_1 = 2R_2, \quad C_3 = C_4 = C. \tag{3-21}$$

Dann ist Gl. (3-19) von vornherein erfüllt, und aus Gl. (3-20) folgt für den Abgleichfall

$$f = \frac{\omega}{2\pi} = \frac{1}{2\pi RC}. \tag{3-22}$$

Eine andere manchmal benutzte Vorschrift ist

$$R_1 = R_2, \quad R_4 = 2R_3 = 2R, \quad C_3 = 2C_4 = 2C. \tag{3-23}$$

Dann gilt im Abgleichfalle

$$f = \frac{\omega}{2\pi} = \frac{1}{4\pi RC}. \tag{3-24}$$

Die Erfüllung der Nebenbedingungen (3-21) oder (3-23) wird praktisch dadurch erreicht, daß man entsprechend gewählte *C*- oder *R*-Werte mit Hilfe mehrpoliger, vielstufiger Schalter zwangsläufig richtig umschaltet oder Mehrfachdrehkondensatoren bzw. Mehrfachpotentiometer einsetzt.

Eine nach den vorstehenden Angaben dimensionierte Wien-Robinson-Brücke sperrt Sinussignale der Frequenz, für die sie abgeglichen ist, und dämpft Sinussignale dicht benachbarter Frequenz; sie kann deshalb auch als Bandsperre oder zur Festlegung der Schwingfrequenz eines RC-Sinusoszillators benutzt werden, vgl. Abschnitt 3.7 und 4.14. Dieser Anwendungsbereich hat heute *größere technische Bedeutung* als die ursprünglich naheliegende Anwendung als Frequenzmeßbrücke.

Übertrager in Meßbrücken

Vielfach werden – insbesondere in Präzisionsmeßbrücken – auch Übertrager eingesetzt [A48], [A52], [A53]. Bild 3-31 kombiniert zwei besonders charakteristische Anwendungsfälle. *Transformatorische Spannungsteiler* erlauben die Realisierung besonders präziser Schaltstufen [A53], [E173]. *Differenzstromwandler* bzw. *Differentialübertrager* erlauben den hochgenauen Vergleich von zwei Strömen. Sie erweisen sich außerdem als besonders vorteilhaft, wenn es um die Messung von *Betriebsscheinwiderständen* geht, bei denen die vorkommenden Erdkapazitäten eine wesentliche Rolle spielen und bei der Definition des Scheinwiderstandes berücksichtigt werden müssen [A53]. *Symmetriedrosseln* erlauben die Realisierung sehr genau übereinstimmender Teilspannungen [A53].

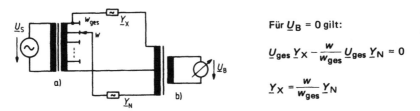

Für $\underline{U}_B = 0$ gilt:

$$\underline{U}_{ges}\,\underline{Y}_X - \frac{w}{w_{ges}}\,\underline{U}_{ges}\,\underline{Y}_N = 0$$

$$\underline{Y}_X = \frac{w}{w_{ges}}\,\underline{Y}_N$$

Bild 3-31 Brückenschaltung mit Übertragern (Wayne-Kerr-Brücke)
a) Transformatorischer Spannungsteiler;
b) Differenzstromwandler (auch Differentialübertrager genannt) mit Nullanzeige

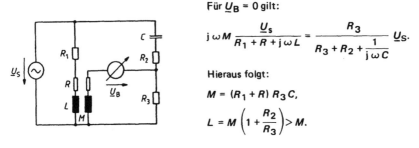

Für $\underline{U}_B = 0$ gilt:

$$j\,\omega\,M\,\frac{\underline{U}_s}{R_1 + R + j\,\omega\,L} = \frac{R_3}{R_3 + R_2 + \dfrac{1}{j\,\omega\,C}}\,\underline{U}_S.$$

Hieraus folgt:

$$M = (R_1 + R)\,R_3\,C,$$

$$L = M\left(1 + \frac{R_2}{R_3}\right) > M.$$

Bild 3-32 Gegeninduktivitätsmeßbrücke nach Carey-Foster

Gegeninduktivitätsmeßbrücken

Bild 3-32 zeigt ein Beispiel einer *Gegeninduktivitätsmeßbrücke* einschließlich der zugehörigen Abgleichbedingung. Weitere Beispiele findet man in [A48], [A52].

3.4.5 Erdung und Schirmung

Beim technischen Aufbau einer wechselspannungsgespeisten Meßbrücke ist zu beachten, daß prinzipiell zahlreiche parasitäre Kapazitäten, Induktivitäten und Gegeninduktivitäten auftreten, deren Einfluß zu bedenken und durch geeignete Gegenmaßnahmen zu beseitigen oder vernachlässigbar klein zu machen ist.

Nebeneigenschaften der Meßobjekte

Zunächst ist zu beachten, daß bereits die zu untersuchenden Meßobjekte mit parasitären Kapazitäten oder Induktivitäten behaftet sind, vgl. z. B. Bild 2-10 und 2-14. Hieraus ergeben sich manchmal Sonderschaltungen mit dem Ziel, die parasitären Größen explizit zu bestimmen, z. B. die Eigenkapazität einer Spule [A48]. Im allgemeinen werden jedoch die Nebeneigenschaften von Meßobjekten in die vorzunehmende Scheinwiderstands- oder Scheinleitwertsmessung mit einbezogen. Für den Fall, daß Erdkapazitäten von Meßobjekten zu berücksichtigen sind, sei auf die Spezialliteratur verwiesen (Betriebsscheinwiderstände) [A53]. Hier sollen nur mit dem Aufbau einer Meßbrücke selbst zusammenhängende Nebeneffekte kurz betrachtet werden.

Erdkapazitäten und Streukapazitäten

Bild 3-33a stellt die beim technischen Aufbau einer wechselspannungsgespeisten Meßbrücke in Erscheinung tretenden Erd- und Streukapazitäten dar. Da man eine derartige Vielfalt parasitärer Kapazitäten kaum unter Kontrolle halten kann, wird man beim praktischen Aufbau definierte Erdungs- und Schirmungsverhältnisse einführen. Welche Möglichkeiten man hierbei hat, soll anhand der folgenden Bilder 3-33b bis d dargestellt werden.

Erdung der Speisespannungsquelle

Bild 3-33b zeigt eine Betriebsanordnung mit *einseitig geerdeter Speisespannungsquelle*. Hierbei wirken sich alle Kapazitäten zwischen dem Brückeneckpunkt 1 und Erde nur noch als Belastung der Speisespannungsquelle aus, brauchen also meßtechnisch nicht mehr beachtet zu werden. Die Streukapazitäten C_{12} und C_{14} können dadurch vernachlässigbar

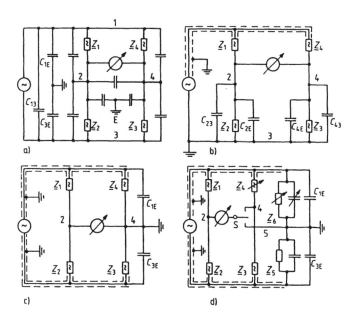

Bild 3-33 Erdung und Schirmung einer Meßbrücke. a) Parasitäre Kapazitäten; b) Erdung der Speisespannungsquelle; c) Erdung des Nulldetektors; d) Wagnerscher Hilfszweig

klein gemacht werden, daß man die nicht geerdete Speisespannungsleitung bis an die
Zweipole $\underline{Z}_1$ und $\underline{Z}_4$ heran schirmt; es gibt dann zwischen den Leitungszügen 1, 2 und 4
praktisch keine Streukapazitäten mehr. Parallel zu $\underline{Z}_2$ erscheinen aber C_{23} und C_{2E},
parallel zu $\underline{Z}_3$ die Kapazitäten C_{43} und C_{4E} als parasitäre Erdkapazitäten, und es muß
sichergestellt werden, daß sie entweder vernachlässigbar klein bleiben oder in die Abgleichbedingung der Brücke mit einbezogen werden. Die Nullanzeigeeinrichtung sollte bei
dieser Betriebsweise entweder ein *Differenzverstärker* sein (vgl. Abschnitt 2.2.5 und
Bild 2-16), oder sie sollte durch einen sorgfältig geschirmten *Meßübertrager mit erdsymmetrischer Primärwicklung* vom Brückenzweig galvanisch getrennt sein [A53]; Meßverstärker mit Batteriespeisung sind evtl. ebenfalls geeignet (vgl. Abschnitt 2.2.5).

Erdung der Nullanzeigeeinrichtung

Bild 3-33c zeigt eine Betriebsanordnung mit einseitig geerdeter Nullanzeigeeinrichtung;
die Speisespannungsquelle muß hierbei erdfrei sein. Die Streukapazitäten zwischen den
Brückeneckpunkten können dadurch nahezu beseitigt werden, daß man die Speisespan-
nungsleitungen bis an die Brückenzweipole heran geschirmt ausführt. Die Teilkapazitäten
C_{24} und C_{2E} werden meßtechnisch bedeutungslos, weil sie nur in die Impedanz des Null-
anzeigezweiges eingehen. Die Schirmung vergrößert jedoch die Erdkapazitäten C_{1E} und
C_{3E}, die nach wie vor als parasitäte Kapazitäten parallel zu den Impedanzen $\underline{Z}_4$ und $\underline{Z}_3$
auftreten. Man muß also entweder die Zweipole $\underline{Z}_4$ und $\underline{Z}_3$ so niederohmig machen, daß
die Parallelkapazitäten C_{1E} und C_{3E} vernachlässigbar bleiben, oder man muß die parasitären Erdkapazitäten in die Abgleichbedingung mit einbeziehen. Die Speisespannung sollte
nach Möglichkeit einem Übertrager mit erdsymmetrischer Sekundärwicklung entnommen
werden, damit C_{1E} und C_{3E} annähernd gleich groß bleiben [A53].

Wagnerscher Hilfszweig

Bild 3-33d zeigt eine von K. W. Wagner angegebene Möglichkeit, durch einen zusätzlichen, abgleich-
baren Hilfszweig den Einfluß der Erdkapazitäten zu beseitigen. Die Nullanzeigeeinrichtung wird abwechselnd zwischen 2–4 und 2–5 angeschaltet. Dabei wird nacheinander z.B. der Zweipol $\underline{Z}_4$ und
der Ergänzungszweipol $\underline{Z}_6$ so abgeglichen, daß die Nullanzeigeeinrichtung in beiden Stellungen Null
anzeigt. In diesem Falle befinden sich die Brückeneckpunkte 2 und 4 nach vollzogenem Abgleich auf
Erdpotential, so daß dort angreifende Erdkapazitäten wirkungslos sind. Die Erdkapazitäten C_{1E} und
C_{3E} belasten nur noch die Speisespannungsquelle. Die Nullanzeigeeinrichtung muß hierbei wie im
Falle des Bildes 3-33b erdfrei sein (Differenzverstärker, Meßübertrager, Batteriespeisung). Da die Anordnung nach Bild 3-33d relativ aufwendig ist, wird sie selten benutzt; im allgemeinen bemüht man
sich, mit einer der Betriebsschaltungen Bild 3-33b oder c auszukommen und die verbleibenden Erdkapazitäten in die Abgleichbedingung mit einzubeziehen.

Einbeziehung kleiner parasitärer Kapazitäten in die Abgleichbedingung

Kleine parasitäre Kapazitäten (die die Beträge der Brückenimpedanzen noch nicht wesentlich zu verändern vermögen) bezieht man am einfachsten dadurch in die Abgleichbedingung mit ein, daß man eine Meßbrücke zunächst *ohne* angeschlossenes Meßobjekt abgleicht. Nach dem Anschließen des Meßobjekts wird neu abgeglichen und das Meßergebnis
aus der *Differenz* der neuen Einstellungen gegenüber den vorher gefundenen bestimmt.
Manche technisch ausgeführte Meßbrücken besitzen für diesen *Vorabgleich* besondere
Einstellglieder, die nach erfolgtem Vorabgleich arretiert werden [A53].

Schirmung der Brückenzweipole

Sofern die Brückenzweipole selbst räumlich ausgedehnt sind, z.B. infolge komplizierter Schalteraufbauten, müssen auch sie in ein speziell überlegtes Schirmsystem einbezogen werden [A48], [A52], [A53].

Vermeidung von Induktionsschleifen

In räumlich ausgedehnten Meßbrückenaufbauten können durch magnetische Wechselflüsse in Leitungsschleifen störende Spannungen induziert werden; man muß dann nach dem Prinzip Bild 3-34 die Flächen der Leitungsschleifen so klein wie möglich halten, ggf. Hin- und Rückleiter miteinander verdrillen.

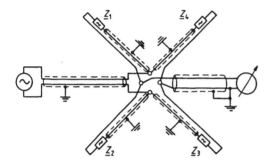

Bild 3-34

Vermeidung von Induktionsschleifen beim Aufbau einer Präzisionsmeßbrücke nach Bild 3-33c

3.4.6 Wechselspannungskompensatoren

Komplexer Kompensator

Bild 3-35a zeigt ein mögliches Ausführungsbeispiel eines *komplexen Kompensators*, mit dessen Hilfe eine Wechselspannung $\underline{U}_X$ nach Realteil ($0°$-Komponente) und Imaginärteil ($90°$-Komponente) hinsichtlich einer vorgegebenen Bezugswechselspannung $\underline{U}_B$ gemessen werden kann. Bei geeigneter Dimensionierung der Schaltung kann am Potentiometer $P_{0°}$ eine mit $\underline{U}_B$ nahezu phasengleiche Spannung abgegriffen werden, am Potentiometer $P_{90°}$ eine gegenüber $\underline{U}_B$ nahezu $90°$ phasenverschobene Spannung.

Prüfung von Spannungswandlern

Bild 3-35b zeigt eine Anwendung des Prinzips der komplexen Kompensation zur Messung des Übersetzungsfehlers eines Spannungswandlers nach Betrag und Winkel.
Weitere Informationen findet man in [A48], [A52].

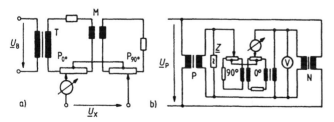

Bild 3-35

Zur Kompensation einer Wechselspannung. a) Prinzip eines „komplexen Schleifdrahtkompensators"; b) Anwendung zur Messung des Übersetzungsfehlers eines Spannungswandlers (P Prüfobjekt, N Normalwandler)

3.4.7 Wechselstromkompensatoren

Prüfung von Stromwandlern

Wechselstromkompensatoren werden beispielsweise zur Bestimmung der Übersetzungsfehler von Stromwandlern eingesetzt. Bild 3-36 zeigt die sog. Differenz-Meßschaltung nach Hohle. Wären die Sekundärströme des zu prüfenden Wandlers P und des Normalwandlers N gleich, so bliebe der Widerstand R stromlos. Sind I_X und I_N nicht gleich, tritt an R ein Spannungsabfall auf, der mit Hilfe des vorgesehenen komplexen Kompensators analysiert werden kann; dabei erhält man den Übersetzungsfehler des Stromwandlers P nach Betrag und Winkel.
Weitere Informationen findet man in [A48], [A52].

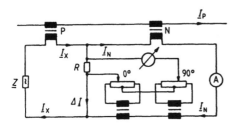

Bild 3-36

Differenz-Meßschaltung nach Hohle zur Bestimmung des Übersetzungsfehlers eines Stromwandlers (P Prüfobjekt, N Normalstromwandler)

▶ 3.5 Frequenz, Phasenunterschied, Leistungsfaktor

Digitale und analoge Frequenzmessung

> Genaue Frequenzmessungen erfolgen heute in der Regel mit Hilfe elektronischer Zähler (vgl. Abschnitt 2.3.3 und 5.4). Analoge Frequenzmesser werden dann benutzt, wenn es weniger um eine sehr genaue Feststellung der Frequenz geht, als vielmehr um einen raschen Überblick.

Kondensator-Umladeverfahren

Bild 3-37 zeigt das Prinzip eines analogen Frequenzmessers nach dem *Kondensator-Umladeverfahren*. Das (zumindest sinusähnliche) Eingangssignal $u_1(t)$ wird einem Begrenzer zugeführt, der hier aus einem Vorwiderstand R_V und zwei gegensinnig in Reihe geschalteten Z-Dioden Z1 und Z2 besteht. Das begrenzte Signal $u_2(t)$ wird zur periodischen Umladung eines Kondensators mit der Kapazität C herangezogen, wobei der positive Umladestrom $i(t)$ über die Diode D1 und ein mittelwertbildendes Anzeigeinstrument, der negative Umladestrom nur über die Diode D2 geführt wird. Wegen der Begrenzung von $u_2(t)$ auf $\pm U$ wird bei jeder Kondensatorumladung die Ladung $2U \cdot C$ bewegt, unabhängig von der Form des Umladevorgangs, und daraus folgt dann wie im Bild angegeben weiter, daß der Ausschlag des Anzeigeinstrumentes proportional zur Frequenz des Eingangssignals ist.

Es gibt selbstverständlich noch andere Möglichkeiten zur schaltungstechnischen Realisierung einer analogen Frequenzmessung, z.B. eine Kettenschaltung aus Schmitt-Trigger (Abschnitt 4.9), Monoflop (Abschnitt 4.9) und Drehspulmeßwerk, ggf. mit zusätzlichem Tiefpaß (Abschnitt 4.1). Das Kondensator-Umladeverfahren besticht durch seine Einfachheit.

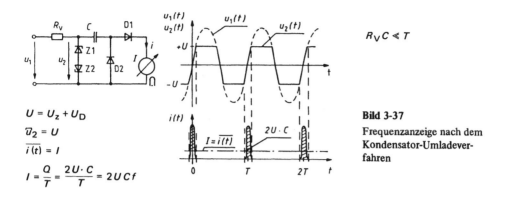

$R_V C \ll T$

$U = U_z + U_D$

$\overline{u}_2 = U$

$\overline{i(t)} = I$

$I = \dfrac{Q}{T} = \dfrac{2U \cdot C}{T} = 2UCf$

Bild 3-37
Frequenzanzeige nach dem Kondensator-Umladever-fahren

Zungenfrequenzmesser

Der Zungenfrequenzmesser stellt ein gänzlich anderes Prinzip einer Frequenzanzeige dar, vgl. Abschnitt 2.1.2.

Resonanz-Frequenzmesser

Resonanz-Frequenzmesser sind hinsichtlich der erreichbaren Genauigkeit zwischen den elektronischen Zählern und den analog anzeigenden Geräten einzuordnen. Gemäß Bild 3-38 wird ein Schwingkreis (in der Mikrowellentechnik ein Resonator) auf maximalen Ausschlag abgestimmt. In diesem Falle stimmt seine Resonanzfrequenz mit der Frequenz des Eingangssignals $u_1(t)$ (zumindest annähernd) überein, das Abstimmelement kann mit einer entsprechenden Skalierung versehen werden.

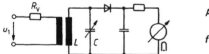

Abstimmung auf maximalen Ausschlag:

$$f = \frac{1}{2\pi\sqrt{LC}}$$

Bild 3-38 Prinzip eines Resonanz-Frequenzmeßgerätes

Man beachte, daß eine Resonanzanzeige auch dann beobachtet werden kann, wenn der Schwingkreis (oder Resonator) auf eine Oberschwingung des Eingangssignals abgestimmt ist. Man sollte daher nach Feststellung einer Resonanz prüfen, ob bei tieferen Frequenzen weitere, u. U. stärkere Resonanzen auftreten, um grobe Fehlinterpretationen zu vermeiden.

Frequenzvergleich

Eine weitere Möglichkeit, Frequenzen zu messen, besteht darin, eine unbekannte Frequenz mit der Ausgangsfrequenz eines kontinuierlich abstimmbaren, skalierten Meßsenders zu vergleichen. Der Vergleich kann durch Beobachten von Schwebungen (vgl. Bild 1-3), durch Ausnutzung eines Multiplikationseffektes oder mit Hilfe eines Oszilloskops im X-Y-Betrieb (vgl. Abschnitt 2.3.2) erfolgen. Bild 3-39 demonstriert den Multiplikations-

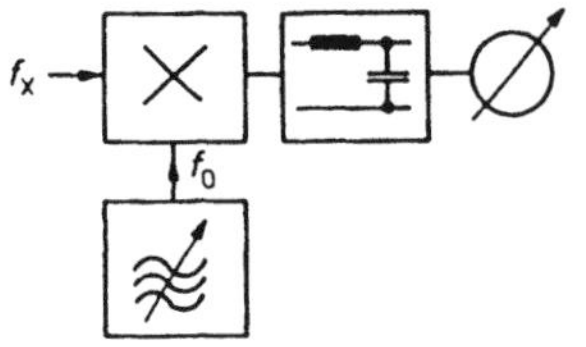

$$\sin \omega_x t \cdot \sin \omega_0 t$$

$$= \frac{1}{2} \left[\cos (\omega_x - \omega_0)\, t - \cos (\omega_x + \omega_0)\, t\right]$$

$\omega_x \approx \omega_0$: Instrument pendelt!

$\omega_x = \omega_0$: Stillstand!

Bild 3-39 Frequenzvergleich mit Hilfe eines multiplizierenden Elementes

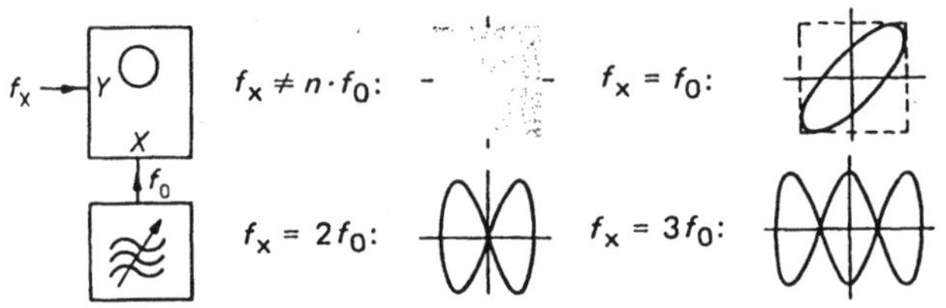

$f_x \neq n \cdot f_0$: $f_x = f_0$:

$f_x = 2 f_0$: $f_x = 3 f_0$:

Bild 3-40 Frequenzvergleich mit Hilfe eines Oszilloskops (Lissajous'sche Figuren)

effekt anhand eines Additionstheorems: Bei der Multiplikation zweier Sinusgrößen entsteht die Differenzkreisfrequenz $\omega_x - \omega_0$ bzw. die Differenzfrequenz $f_x - f_0$. Ist $f_x \approx f_0$, beginnt das Anzeigeinstrument zu pendeln. Zieht man dann f_0 langsam nach, bis $f_x = f_0$ ist, so kommt das Instrument zum Stillstand, und man kann $f_x = f_0$ an der Skala des Meßsenders ablesen.

Vorsicht! Das Instrument kommt infolge seiner Trägheit auch dann zum Stillstand, wenn man sich von der Stelle $f_x = f_0$ zu weit entfernt!

Benutzt man für den Frequenzvergleich ein Oszilloskop im X-Y-Betrieb, vgl. Bild 3-40, so entstehen dann markante feststehende Lissajoussche Figuren, wenn die Meßsenderfrequenz ein ganzzahliger Teil (oder ein ganzzahliges Vielfaches) der zu messenden Frequenz ist.

In der Hochfrequenztechnik wird statt auf $f_x = f_0$ oft auch auf eine *bestimmte Differenz* $\Delta f = f_x - f_0$ abgestimmt, da die dort benutzten Meßempfänger (Überlagerungsempfänger) in der Regel für die Verstärkung einer bestimmten Differenzfrequenz (Zwischenfrequenz) $\Delta f \neq 0$ eingerichtet sind. Zu der Mehrdeutigkeit durch Oberschwingungen kommt dann eine Mehrdeutigkeit durch Spiegelfrequenzen $f_s = f_0 \pm \Delta f$ hinzu, vgl. Abschnitt 5.2.2.

Phasenmessung

Bei Phasenmessungen handelt es sich immer darum, den *Phasenunterschied* einer Wechselspannung gegenüber einer Bezugswechselspannung (gleicher oder harmonischer Frequenz) festzustellen.

Besteht zwischen der Meßwechselspannung und der Bezugswechselspannung keine Synchronisation, so ändert sich der Phasenunterschied zwischen beiden Wechselspannungen ständig, zumindest langsam!

Oszilloskop als Phasenmesser

Mit Hilfe eines Zweistrahloszilloskops läßt sich der Phasenunterschied zwischen zwei Wechselspannungen gemäß Bild 3-41 direkt beobachten. Bei Benutzung eines Zweikanal-oszilloskops mit elektronischer Kanalumschaltung ist zu prüfen, ob auf dem Bildschirm nicht durch Triggerfehler eine falsche zeitliche Zuordnung zwischen beiden Wechsel-spannungen vorgetäuscht wird, diese Gefahr besteht insbesondere bei der Umschalt-methode „Wechselbetrieb" („Alternate", vgl. Abschnitt 2.3.2). Empfehlenswert ist eine externe Triggerung von der Bezugswechselspannung her. Man sollte stets kontrollieren, ob eine Änderung des Triggerniveaus (vgl. Abschnitt 2.3.2) *beide* Wechselspannungsbilder in x-Richtung gleichmäßig parallelverschiebt; trifft dies nicht zu, dann erscheinen die beiden Liniendiagramme auf dem Bildschirm mit größter Wahrscheinlichkeit in falscher zeitlicher Zuordnung!

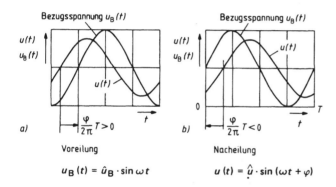

Bild 3-41 Messung von Phasenunterschieden mit Hilfe eines Zweistrahloszilloskops. Bei Benutzung eines Zweikanaloszilloskops (mit elektronischer Kanalumschaltung, vgl. Abschn. 2.3.2) ist sorgfältig darauf zu achten, daß keine Triggerfehler entstehen; empfehlenswert ist beispielsweise externe Triggerung von der Bezugswechselspannung her!

Lissajous'sche Figuren

Bild 3-42 demonstriert die Phasenmessung mit Hilfe Lissajousscher Figuren in der Betriebsweise $y = f(x)$. Die entstehende elliptische Figur muß bezüglich des x-y-Achsenkreuzes zentriert werden, dann kann aus dem abzulesenden Streckenverhältnis b/a oder d/c auf den Phasenunterschied geschlossen werden. Dabei läßt sich das Vorzeichen des Phasenunterschiedes nur feststellen, wenn die Frequenz so niedrig ist, daß man den Umlaufsinn erkennen kann, in dem die Figur geschrieben wird ($f < 20$ Hz); in allen anderen Fällen muß man das richtige Vorzeichen des Phasenunterschiedes durch begleitende Überlegungen oder durch einen Test gemäß Bild 3-41 feststellen.

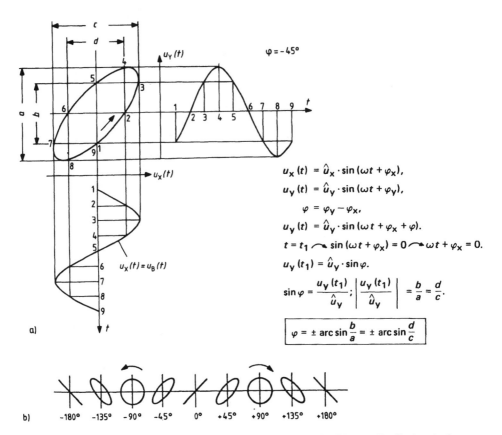

$$u_x(t) = \hat{u}_x \cdot \sin(\omega t + \varphi_x),$$

$$u_y(t) = \hat{u}_y \cdot \sin(\omega t + \varphi_y),$$

$$\varphi = \varphi_y - \varphi_x,$$

$$u_y(t) = \hat{u}_y \cdot \sin(\omega t + \varphi_x + \varphi).$$

$$t = t_1 \curvearrowright \sin(\omega t + \varphi_x) = 0 \curvearrowright \omega t + \varphi_x = 0.$$

$$u_y(t_1) = \hat{u}_y \cdot \sin\varphi.$$

$$\sin\varphi = \frac{u_y(t_1)}{\hat{u}_y}; \quad \left| \frac{u_y(t_1)}{\hat{u}_y} \right| = \frac{b}{a} = \frac{d}{c}.$$

$$\boxed{\varphi = \pm \arcsin\frac{b}{a} = \pm \arcsin\frac{d}{c}}$$

Bild 3-42 Messung von Phasenunterschieden mit Hilfe Lissajous'scher Figuren (Oszilloskop in der Betriebsweise $y = f(x)$, vgl. Abschn. 2.3.2)

Direkt anzeigende Phasenmeßgeräte

Bild 3-43 demonstriert den Grundgedanken eines elektronischen Vier-Quadranten-Phasenmessers. Mit Hilfe eines speziell organisierten Triggersystems wird eine Rechteckschwingung veränderlichen Tastverhältnisses erzeugt, deren Mittelwert ein Maß für den Phasenunterschied ist.

Natürlich kann ein derartiges Triggersystem auch mit einem Zählverfahren kombiniert werden, welches dann zu einer Ziffernanzeige führt. Weiteres über elektronische Phasenmesser bringt Abschnitt 5.3.3, siehe auch [A213].

Leistungsfaktor-Anzeiger

Im Abschnitt 2.1.2 wurde das Kreuzspul- oder Quotientenmeßwerk vorgestellt. Ersetzt man bei einem derartigen Meßwerk das Feld des Permanentmagneten durch das Feld einer dritten, stromdurchflossenen Spule, vgl. Bild 3-44a, so erhält man ein *elektrodynamisches Quotientenmeßwerk* [A17], [A18], [A19]. Dieses zeigt in einer Schaltung nach Bild 3-44a

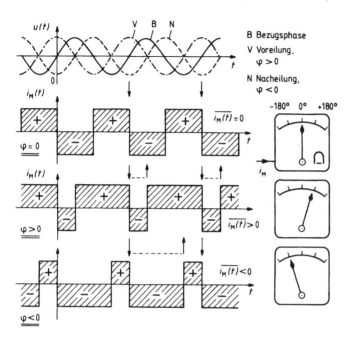

Bild 3-43 Grundgedanke eines elektronischen Vier-Quadranten-Phasenmessers. Jeder steigende Null-durchgang der Bezugsspannung schaltet $i_M(t)$ negativ, jeder fallende Nulldurchgang des Meßsignals $i_M(t)$ positiv; das Anzeigeinstrument bildet den Mittelwert $\overline{i_M(t)}$. Zur Schaltungstechnik vergl. Abschn. 5.3.3. Man beachte, daß Triggerfehler grobe Fehlanzeigen verursachen können!

einen Ausschlag, der nur vom Phasenunterschied zwischen der (sinusförmigen) Betriebs-spannung $u(t)$ und dem hiervon herrührenden (sinusförmigen) Verbraucherstrom $i(t)$ ab-hängt. Da in einem solchen Anwendungsfalle in der Regel nicht der Phasenunterschied φ selbst, sondern der Leistungsfaktor $\cos\varphi$ interessiert, erfolgt die Skalierung gemäß Bild 3-44b in $\cos\varphi$-Werten, und zwar unterschieden nach „induktiver" und „kapazitiver" Blindstromabnahme.

Die prinzipielle Wirkungsweise eines derartigen elektrodynamischen Leistungsfaktor-Anzeigers läßt sich − ausgehend von Bild 3-44a − folgendermaßen beschreiben (vgl. hierzu auch Bild 2-4). Es sei

$$u(t) = \hat{u} \cdot \sin\omega t, \quad i(t) = \hat{i} \cdot \sin(\omega t + \varphi) \ .$$

Dann erzeugt der Strom $i(t)$ ein zeitlich veränderliches Magnetfeld

$$B(t) = k_S \hat{i} \sin(\omega t + \varphi) \ ,$$

in dem der Spulenrahmen 1 ein zeitlich veränderliches Drehmoment

$$m_1(t) = k_1 B(t) i_1(t) \cos\alpha \ ,$$

der Spulenrahmen 2 ein zeitlich veränderliches Drehmoment

$$m_2(t) = -k_2 B(t) i_2(t) \sin\alpha$$

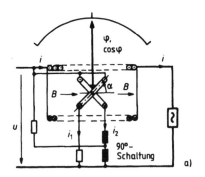 

Bild 3-44 Elektrodynamischer Phasenwinkel- oder Leistungsfaktor-Anzeiger (Bild Gossen)

erfährt. Nun ist $i_1(t)$ phasengleich mit $u(t)$,

$$i_1(t) = k_3 \hat{u} \sin \omega t \, ,$$

während $i_2(t)$ aufgrund der vorgesehenen 90°-Schaltung um einen rechten Winkel nacheilt,

$$i_2(t) = k_4 \hat{u} \sin(\omega t - \pi/2) \, .$$

Man erhält also die Drehmomentfunktionen

$$m_1(t) = k_1 k_S \hat{i} \sin(\omega t + \varphi) \, k_3 \hat{u} \sin \omega t \cos \alpha$$
$$= k_5 \hat{i} \hat{u} \sin(\omega t + \varphi) \sin \omega t \cos \alpha \, ,$$

$$m_2(t) = -k_2 k_S \hat{i} \sin(\omega t + \varphi) \, k_4 \hat{u} \sin(\omega t - \pi/2) \sin \alpha$$
$$= -k_6 \hat{i} \hat{u} \sin(\omega t + \varphi) \sin(\omega t - \pi/2) \sin \alpha \, .$$

Für die Einstellung des Spulenkreuzes sind wegen der mechanischen Trägheit des Systems die zeitlichen Mittelwerte von $m_1(t)$ und $m_2(t)$ entscheidend, und dafür ergibt sich durch Integration über eine Periode und anschließende Division durch die Periodendauer:

$$\overline{m_1} = k_5 \frac{\hat{i}\hat{u}}{2} \cos \varphi \cos \alpha \, ,$$

$$\overline{m_2} = k_6 \frac{\hat{i}\hat{u}}{2} \cos(\varphi + \pi/2) \sin \alpha \, .$$

Aus der Gleichgewichtsbedingung

$$\overline{m_1} + \overline{m_2} = 0$$

ergibt sich dann

$$k_5 \cos \varphi \cos \alpha = - k_6 \sin \varphi \sin \alpha \, ,$$

$$\frac{\cos \alpha}{\sin \alpha} = - \frac{k_6}{k_5} \frac{\sin \varphi}{\cos \varphi} \, ,$$

$$\cot \alpha = - \frac{k_6}{k_5} \tan \varphi \, .$$

Man sieht, daß der Einstellwinkel α nur vom Phasenunterschied φ abhängt, nicht von $\hat{u}$ und $\hat{i}$. Allerdings dürfen natürlich im praktischen Betrieb gewisse Mindestwerte von $\hat{u}$ und $\hat{i}$ nicht unterschritten werden, denn es müssen ja Drehmomente zustande kommen, die die Lagerreibung und die Restkräfte der Stromzuführungsbänder überwinden.

3.6 Messungen an Zwei- und Vierpolen

Scheinwiderstände

Bei Zweipolen der Wechselstromtechnik (z.B. Induktivitäten, Übertragerwicklungen, Resonanzschaltungen, Eingangsimpedanzen von Netzwerken) interessiert oft die Abhängigkeit des Scheinwiderstandes (nach Betrag und Winkel) von der Frequenz.
Sofern nicht eine Scheinwiderstandsmeßbrücke zur Verfügung steht (vgl. Abschnitt 3.4.4), mit der diese Meßaufgabe gelöst werden kann, erweist sich eine Meßanordnung nach Bild 3-45 als nützlich. Mit Hilfe einer Widerstandsdekade R_1 (eventuelle frequenzabhängige Nebeneffekte beachten, vgl. Abschnitt 2.2.1) wird $|\underline{U}_X| = |\underline{U}_Y|$ eingestellt; dann läßt sich der Betrag $|\underline{Z}_x|$ des Scheinwiderstandes leicht aus R_1, R_2, R berechnen, im Falle $R_2 = R$ ist einfach $|\underline{Z}_x| = R_1$. Unter der Bedingung $R \ll |\underline{Z}_x|$ ist der gesuchte Winkel φ_x des Scheinwiderstandes gleich dem Negativen des vom Oszilloskop (oder Phasenmesser) angezeigten Phasenwinkels φ_Y, sofern vorausgesetzt werden kann, daß der Teiler R_1, R_2 ebenso wie das Oszilloskop phasenfehlerfrei arbeitet. Bei einer Phasenmessung mit Hilfe Lissajousscher Figuren kann man ohnehin nur den Betrag von φ_Y ablesen (vgl. Abschnitt 3.5), während man sich zweckmäßigerweise aufgrund von Kenntnissen über den Zweipol überlegen wird, ob $\varphi_x > 0$ (induktiv) oder $\varphi_x < 0$ (kapazitiv) ist.

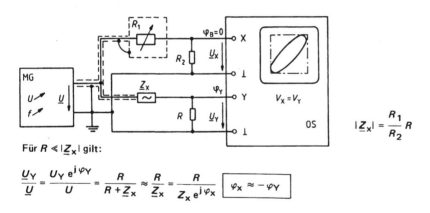

Für $R \ll |\underline{Z}_x|$ gilt:

$$\frac{\underline{U}_Y}{\underline{U}} = \frac{U_Y \, e^{j\varphi_Y}}{U} = \frac{R}{R + \underline{Z}_x} \approx \frac{R}{\underline{Z}_x} = \frac{R}{Z_x \, e^{j\varphi_x}} \qquad \boxed{\varphi_x \approx -\varphi_Y}$$

Bild 3-45 Messung eines Scheinwiderstandes $\underline{Z}_x$ nach Betrag und Winkel. Statt eines Oszilloskops mit übereinstimmenden X- und Y-Kanälen kann auch ein Zweikanaloszilloskop mit übereinstimmenden Kanälen oder eine Kombination aus Phasenmeßgerät und Doppelvoltmeter benutzt werden. Statt eines Zweikanaloszilloskops oder Doppelvoltmeters kann auch ein Einkanalgerät zwischen U_Y und U_x umgeschaltet werden.

Frequenzgänge

Ersetzt man in Bild 3-45 $\underline{Z}_x$, R durch einen Vierpol (Dreipol, Zweitor), sowie R_1, R_2 durch eine Eichleitung (mit vorschriftsmäßigem Abschluß, vgl. Abschnitt 2.2.4), so lassen sich auf sinngemäß entsprechende Weise Vierpol-Frequenzgänge messen. Bezüglich der Phasenwinkelmessung braucht diesmal keine Näherungs-Einschränkung gemacht zu werden, jedoch ist zu bedenken, daß der Phasenwinkel bei Vierpol-Frequenzgängen in allen vier Quadranten ($-180° \leqslant \varphi_x \leqslant +180°$) liegen kann; es wäre daher vorteilhaft, zur Phasenmessung ein Zweistrahl-Oszilloskop oder einen Vier-Quadranten-Phasenmesser zu benutzen. Die parallele Betriebsweise von Eichleitung und Vierpol ist nur bei nicht verstärkenden Vierpolen zweckmäßig.

Verstärker-Frequenzgänge

Will man Frequenzgänge von Verstärker-Vierpolen erfassen ($|\underline{V}| > 1$), so ist es zweckmäßig, die Eichleitung und den zu untersuchenden Verstärker (bzw. Vierpol) gemäß Bild 3-46 in Kette zu schalten. Die Eichleitung muß aber auch hier stets mit ihrem Nennwiderstand (Wellenwiderstand) Z abgeschlossen sein (vgl. Abschnitt 2.2.4); ist der Eingangsleitwert des nachfolgenden Verstärkers (Vierpols) gegenüber $1/Z$ nicht vernachlässigbar klein, so sollte zur Entkopplung ein Spannungsteiler mit dem Eingangswiderstand Z vorgesehen werden, dessen Teilverhältnis (meist genügt 0,1) natürlich bei der Verstärkungsmessung berücksichtigt werden muß. Zur Messung eines Verstärkungsfaktors wird die Eichleitung dann so eingestellt, daß das Oszilloskop an Meßgenerator und Verstärkerausgang gleich große Spannungen anzeigt; in diesem Falle ist der Betrag der Verstärkung genau so groß, wie das durch die Eichleitung in Verbindung mit dem hier zusätzlich eingezeichneten Spannungsteiler (s.o.) eingestellte Spannungsverhältnis $|\underline{U}_1| / |\underline{U}_3|$. Bei einer solchen Messung ist sehr darauf zu achten, daß die Verstärkerausgangsspannung innerhalb des linearen Aussteuerbereiches des Verstärkers bleiben muß! Am besten prüft man vor dem Ablesen der gefundenen Einstellwerte, ob sich die Verstärkerausgangsspannung noch verdoppeln läßt; ist dies nicht der Fall, muß mit kleinerem Signalpegel gemessen werden.

Natürlich muß bei derartigen Messungen auch stets bedacht werden, daß der Frequenzgang eines Verstärkers (bzw. eines Vierpols) von den Abschlußbedingungen abhängt und für die *richtigen* Abschlußbedingungen gesorgt werden!

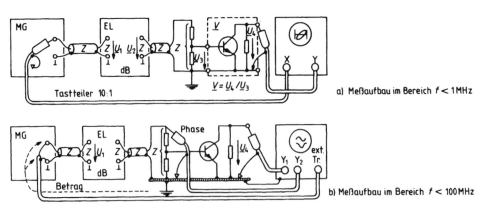

Bild 3-46 Gesichtspunkte zur Messung von Vierpol-Frequenzgängen. Der Transistor steht symbolisch für eine zu untersuchende Verstärkerstufe.

Im Frequenzbereich unter 1 MHz kann man im allgemeinen davon ausgehen, daß der Phasenfehler der Eichleitung vernachlässigbar klein bleibt und die Bezugsphase gemäß Bild 3-46a direkt am Meßgenerator MG abgreifen.

Im Frequenzbereich oberhalb 1 MHz kann die Signallaufzeit in der Eichleitung im allgemeinen nicht mehr vernachlässigt werden; dann muß die Bezugsphase für die Phasenmessung hinter der Eichleitung abgegriffen werden, vgl. Bild 3-46b. Außerdem ist im Bereich $f > 1$ MHz sorgfältig darauf zu achten, daß alle Signale über abgeschirmte Zweidrahtverbindungen abgegriffen werden; andernfalls können infolge der im HF-Gebiet meist nicht vernachlässigbaren (Wechsel-)Potentialunterschiede zwischen verschiedenen Bezugspunkten und infolge von Induktionserscheinungen grobe Fehlmessungen entstehen (vgl. hierzu auch Abschnitt 3.10). Tastteiler (meist 10:1, selten 100:1) bringen den Vorteil mit sich, daß die Klemmenpaare, an denen Spannungen abgegriffen werden, nicht mit den Leitungskapazitäten (Größenordnung: 100 pF/m), sondern lediglich mit den viel kleineren Eingangskapazitäten der Tastteiler belastet werden (i.a. 6...12 pF). Man beachte, daß Tastteiler vor dem Einsatz korrekt abgeglichen werden müssen, vgl. Abschnitt 4.1.

Im Frequenzbereich oberhalb 100 MHz ist die Signalabnahme mit „hochohmig" abgeschlossenen Leitungen oder Tastteilern nicht mehr möglich. Hier müssen Leitungen in der Regel mit ihrem Wellenwiderstand abgeschlossen sein. Ihr Eingangswiderstand ist dann auch gleich dem Wellenwiderstand, so daß das Signalklemmenpaar entsprechend „niederohmig" belastet wird (übliche Wellenwiderstände sind 50 Ω, 60 Ω, 75 Ω). Diese Belastung muß bei einem Meßvorhaben dann von vornherein mit eingeplant sein. Weiteres über Leitungsprobleme findet man in Abschnitt 3.9.

Eine hochohmige Signalabnahme ist jedoch auch in der HF-Technik noch mit Hilfe von Tastköpfen möglich, welche Trennverstärker enthalten ("Active probe").

Frequenzgang-Analysatoren

Im Rahmen der elektronischen Meßtechnik stehen heute Meßgeräte für Frequenzgänge zur Verfügung, die die miteinander in Beziehung zu setzenden Wechselspannungen über Tastköpfe aufnehmen und unmittelbar Betrag und Winkel des komplexen Verhältnisses der Zeigergrößen anzeigen. Derartige Geräte werden in der Regel als „Vektor-Analysatoren" ("Vector analyzer") bezeichnet, obwohl sie *nicht* Vektoren, d. h. räumlich gerichtete Größen, sondern skalare Sinusvorgänge erfassen, die mathematisch durch komplexe Zeigergrößen beschrieben werden; man lasse sich durch diese sprachliche Inkonsequenz nicht verwirren. Entsprechende Geräte zur Bestimmung von Zweipol-Impedanzfunktionen werden dann auch „Vektor-Impedanzmesser" genannt, obwohl sie ebenso *nicht* Vektoren, sondern komplexe Operatoren ermitteln. Zur Technik derartiger Geräte vgl. Abschnitt 5.3.2 und 5.3.3.

Betriebsübertragungsmaß

In der Nachrichtentechnik wird, insbesondere bei Messungen an *Filtern* und *Leitungen*, vielfach das *Betriebsübertragungsmaß* zugrunde gelegt. Hierbei geht man von einem Spannungsverhältnis aus, welches auftritt, wenn man einen Abschlußwiderstand R_a einmal an eine Spannungsquelle mit dem Innenwiderstand R_i anpaßt und andermal ohne Anpassungsmaßnahmen unter Zwischenschaltung des Vierpols anschließt. Bezeichnet man die Leerlaufspannung (Urspannung) der Quelle mit $\underline{U}_0$ und die Spannung am Abschlußwiderstand R_a im ersten Falle mit $\underline{U}_{20}$, im zweiten Falle mit $\underline{U}_2$, so gilt für das Betriebsübertragungsmaß g_B folgende Definition:

$$\underline{U}_{20} = \frac{\underline{U}_0}{2} \sqrt{\frac{R_a}{R_i}}, \tag{3-25}$$

$$g_B = \ln \frac{\underline{U}_{20}}{\underline{U}_2} = \ln \left(\frac{1}{2} \sqrt{\frac{R_a}{R_i}} \right) \frac{\underline{U}_0}{\underline{U}_2} = a_B + j\, b_B. \tag{3-26}$$

Hierbei heißt

$$a_B = \ln\left(\frac{1}{2}\sqrt{\frac{R_a}{R_i}}\right)\frac{|\underline{U}_0|}{|\underline{U}_2|} \qquad \text{\textit{,,Betriebsdämpfung``}} \quad \text{und} \qquad (3\text{-}27)$$

$$b_B = \text{arc}\,(\underline{U}_0/\underline{U}_2) \qquad \text{\textit{,,Betriebsphasenmaß``.}} \qquad\qquad\qquad (3\text{-}28)$$

Meßtechnisch lassen sich also a_B und b_B dadurch bestimmen, daß man zum Vierpol einen Vorwiderstand R_i und einen Abschlußwiderstand R_a hinzufügt und dann in einer Schaltung entsprechend Bild 3-45 (evtl. auch entsprechend Bild 3-46) das Verhältnis $\underline{U}_0/\underline{U}_2$ bestimmt, wobei $\underline{U}_0$ *vor* dem Vorwiderstand R_i und $\underline{U}_2$ am Abschlußwiderstand R_a abgegriffen werden müssen. In dem häufigen *Sonderfall* $R_a = R_i = Z_w$ (Z_w = Wellenwiderstand des Systems) kann man die Betriebsdämpfung direkt an der Eichleitung ablesen, wenn man auch der Eichleitung ihren Wellenwiderstand Z vorschaltet; in diesem Falle gilt nämlich entsprechend Bild 2-15d:

$$a_B = \ln\frac{1}{2}\frac{|\underline{U}_0|}{|\underline{U}_2|} = \ln\frac{|\underline{U}_1|}{|\underline{U}_2|}. \qquad\qquad\qquad (3\text{-}29)$$

Die Betriebsdämpfung a_B kann entsprechend Gl. (3.29) bzw. (2-43) in *Neper* oder entsprechend Gl. (2-44) in *Dezibel* (dB) angegeben werden; letzteres wird heute bevorzugt. Weitere Informationen über Definitionen und Meßverfahren für Nachrichtenübertragungssysteme findet man in Lehrbüchern der Nachrichtentechnik, z.B. [A63], [A53], [A213].

Kennlinien

Bei Bauelementen mit nichtlinearen Kennlinien (z.B. Halbleiterdioden, Z-Dioden, VDR-Widerstände) interessiert man sich oft für eine rasche Darstellung der Kennlinie. Hierfür ist eine Meßschaltung nach Bild 3-47 geeignet. Wenn das Oszilloskop Differenzverstärker-Eingänge besitzt, lassen sich die Polaritäten der Eingänge stets so zuordnen, daß ein seiten- und höhenrichtiges Bild der Kennlinie entsteht; sind die Verstärkereingänge einseitig erd-gebunden, muß man u.U. auf die seiten- oder höhenrichtige Darstellung verzichten. Die Frequenz des (zweckmäßigerweise dreieck- oder sinusförmigen) Testsignals muß hoch genug sein, daß ein flimmerfreies Bild entsteht. Sie darf aber andererseits nicht so hoch sein, daß Schaltkapazitäten oder sonstige Trägheitseffekte bereits eine Rolle spielen, denn dann entsteht in der Regel eine schleifenförmige Aufspaltung des Kennlinienbildes. Meist erweist sich eine Frequenz um 100 Hz herum als optimal. Natürlich läßt sich das Verfahren auch zur Abbildung von Drei- oder Vierpolkennlinien benutzen (z.B. Transistor-kennlinien).

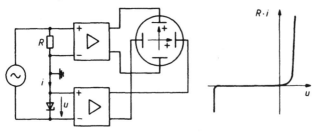

Bild 3-47 Darstellung einer Zweipol-Kennlinie auf dem Bildschirm eines Oszilloskops. Man achte auf die eingetragenen Polaritätsbezeichnungen und Ablenkrichtungen. Läßt sich eine der angegebenen Anschlußpolaritäten nicht realisieren, z. B. wenn der invertierende Eingang in beiden Kanälen fest auf Erdpotential liegt und kein Umpolschalter für die Ablenkrichtung vorhanden ist, so erscheint die Kenn-linie entsprechend seiten- oder höhenverkehrt.

Dieses Verfahren ist jedoch in der beschriebenen Form nur für *stationäre* (nichtträge) nichtlineare Kennlinien geeignet. Entsteht das nichtlineare Verhalten eines Bauelementes erst durch die Eigenerwärmung (sog. *thermisch träge Elemente*, z.B. Heißleiter, Kaltleiter, Glühlampen), so läßt sich die stationäre Kennlinie natürlich nur abbilden, wenn der Strom durch das thermisch träge Element hinreichend langsam verändert wird; an die Stelle des periodischen Testsignals muß man dann in der Regel eine veränderbare Gleichspannung setzen, zur Darstellung der Kennlinie ein Speicheroszilloskop oder einen X-Y-Schreiber benutzen. Ein großflächiger X-Y-Schreiber gestattet natürlich eine sehr viel genauere Kontrolle einer Kennlinie.

Arbeitspunktkontrolle

Bei Verstärker- oder Schalterstufen ist man oft daran interessiert, die Wanderung des Arbeitspunktes (bzw. Betriebspunktes) im Kennlinienfeld des Verstärkerelementes bei dynamischem Betrieb (z.B. Impulsbetrieb) zu verfolgen, etwa um unzulässig hohe Spannungs-, Strom- oder Leistungswerte ausschließen zu können. Bild 3-48 zeigt ein hierfür geeignetes Verfahren, für dessen einwandfreie Realisierung allerdings ein Oszilloskop mit Differenzverstärker-Eingängen oder zumindest ein entsprechender Vorverstärker erforderlich ist. Bei einer derartigen Meßschaltung muß stets überprüft werden, ob unter den Bedingungen des dynamischen Betriebes die Gleichtaktunterdrückung der Differenzverstärker ausreicht. In der Schaltung Bild 3-48 sind hierfür die Schalter S1 und S2 vorgesehen; legt man sie während des dynamischen Betriebes der Schaltung um, so muß der entsprechende Meßkanal einwandfrei null anzeigen, andernfalls muß für Abhilfe gesorgt werden.

Im allgemeinen muß dringend davon abgeraten werden, Schaltungen zu wählen, die scheinbar ohne Differenzverstärker-Eingänge auskommen. Würde man z.B. aus einem solchen Grunde in Bild 3-48 den Strommeßwiderstand R nach A oder B verlegen, so würde der Beitrag der Schaltkapazität C_S zum Strom $i_C(t)$ nicht mehr erfaßt werden und u.U. (z.B. bei sehr schnellen Vorgängen oder großen C_S-Werten) ein völlig falsches Bild entstehen!

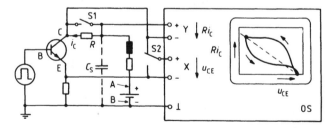

Bild 3-48 Kontrolle der Arbeitspunktbewegungen eines impulsförmig angesteuerten npn-Transistors im I_C-U_{CE}-Kennlinienfeld mit Hilfe eines Oszilloskops mit Differenzverstärkereingängen. S1, S2 dienen zur Kontrolle der Gleichtaktunterdrückung, vgl. Abschn. 2.2.5.

▶ 3.7 Analyse nichtsinusförmiger Wechselgrößen

Amplitudenspektren

Die bereits in Abschnitt 1.4 erläuterte Zerlegung nichtsinusförmiger periodischer Vorgänge in harmonische Komponenten kann meßtechnisch zunächst einmal mit Hilfe *selektiver, abstimmbarer Anzeigeverstärker* nach dem Prinzip des Bildes 3-49a vorgenommen werden. Indem man ein derartiges Gerät nacheinander auf die verschiedenen in einem nichtsinusförmigen periodischen Signal enthaltenen Harmonischen abstimmt, erhält man ein Bild des *Amplitudenspektrums.* Ist ein derartiges Gerät im Hinblick auf diese Zielsetzung mit besonderem Komfort ausgestattet, oder kann es die Wiedergabe eines Amplitudenspektrums automatisch erledigen, nennt man es *Spektrumanalysator.* Spektrumanalysatoren sind heute vielfach unmittelbar mit einem Oszilloskopteil zur direkten Wiedergabe des Amplitudenspektrums kombiniert oder als Oszilloskop-Einschub ausgeführt.

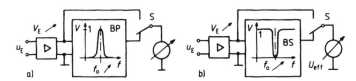

Bild 3-49 a) Selektiver, abstimmbarer Anzeigeverstärker; Spektrumanalysator, Klirranalysator; b) Klirrfaktormesser.

Klirranalysator

Als *Klirranalysator* bezeichnet man einen Spektrumanalysator dann, wenn die Möglichkeit besteht, die Amplituden der einzelnen Harmonischen zum *Effektivwert* des gesamten Frequenzgemisches in Beziehung zu setzen. In Bild 3-49a ist angedeutet, wie das im Prinzip erreicht werden kann. Zunächst wird das Gerät (im Bild durch Umlegen des Schalters S) breitbandig betrieben und der Ausschlag des Anzeigeinstrumentes durch geeignete Einstellung der Vorverstärkung V_E auf eine Vollausschlagsmarke (100%-Marke) gesetzt; die Anzeigeeinrichtung muß hierfür eine *echte* Effektivwertmessung realisieren (vgl. hierzu Abschnitt 3.1.2). Anschließend wird auf selektive Messung zurückgeschaltet. Stimmt man nun nacheinander auf die zweite, dritte, vierte usw. Harmonische ab, so entspricht die Anzeige jeweils den sog. Teilklirrfaktoren k_2, k_3, k_4 usw. (in Prozent), wobei natürlich i.a. noch eine zweckmäßige Meßbereichsanpassung erfolgt.

Klirrfaktormesser

Bei einem *Klirrfaktormesser* nach Bild 3-49b wird ebenfalls zunächst der Effektivwert des gesamten Frequenzgemisches gemessen und der Ausschlag auf eine Vollausschlagsmarke (100%-Marke) eingestellt. Das Gerät ist jedoch nicht mit einem Bandpaß, sondern mit einer Bandsperre versehen, die anschließend auf die Grundschwingung des Vorgangs abgestimmt wird. Dadurch wird die Grundschwingung ausgeblendet, während das gesamte

Oberschwingungsspektrum die Bandsperre passieren kann. Die Effektivwert-Anzeigeeinrichtung zeigt also jetzt den Effektivwert des gesamten Oberschwingungs-Gemisches an, ins Verhältnis gesetzt zum Effektivwert des vorher erfaßten gesamten Frequenzgemisches; dieses Verhältnis entspricht der Definition des Klirrfaktors (Oberschwingungsgehaltes) nach DIN 40110. Auch hier sind natürlich bei der technischen Ausführung eines Gerätes noch Umschaltmöglichkeiten für die optimale Meßbereichsanpassung vorgesehen.

Sehr oft werden Klirranalysator und Klirrfaktormesser zu einem Gerät kombiniert oder die Einstellvorgänge automatisiert. Für die Realisierung der abstimmbaren Bandsperr- und Bandpaßfilter wird sehr oft die in Abschnitt 3.4.4 erwähnte Wien-Robinson-Brücke herangezogen, vgl. Bild 3-30d.

Phasenspektren

Die meßtechnische Erfassung von Phasenspektren erfordert größeren Aufwand und wird sehr selten benötigt; vgl. Abschnitt 5.2.5.

Spektralfunktionen

Spektralfunktionen einmaliger Vorgänge werden mit Hilfe von Vielkanal-Filtern (sog. Filterbänken), durch analoge Speicherung und periodische Wiederholung des Vorgangs oder nach Abtastung und Digitalisierung mit Hilfe von Digitalrechnern ermittelt.

3.8 Messung magnetischer Größen

Magnetischer Fluß

Magnetische Flüsse werden auf der Grundlage des Induktionsgesetzes gemessen, vgl. Bild 3-50. Handelt es sich um einen *sinusförmigen Wechselfluß*, so besteht ein einfacher Zusammenhang zwischen der Amplitude des Wechselflusses und der in einer Probespule mit der Windungszahl N induzierten Wechselspannung:

$$u_M(t) = N \frac{d\Phi}{dt} = N \cdot \frac{d}{dt} \hat{\Phi} \sin \omega t = \omega N \hat{\Phi} \cos \omega t = \hat{u}_M \cos \omega t \, , \quad \hat{u}_M = \omega N \hat{\Phi} . \quad (3\text{-}30)$$

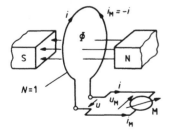

$$u = -u_M = -N \frac{d\Phi}{dt}$$

$$u_M = -u = N \frac{d\Phi}{dt}$$

Bild 3-50 Induktionsgesetz

Enthält der Wechselfluß Anteile verschiedener Frequenz, z.B. Oberschwingungen, so nimmt der Maßstabsfaktor zwischen $\hat{\Phi}$ und $\hat{u}_M$ – wie man sieht – mit wachsender Frequenz zu; man muß die induzierte Spannung mit Hilfe eines Spektrumanalysators in harmonische Komponenten zerlegen, um $\hat{\Phi}$ gemäß Gl. (3-30) für jede Frequenz einzeln berechnen zu können. Will man ein originalgetreues Abbild einer beliebigen, nichtsinusförmigen Zeitfunktion $\Phi(t)$ gewinnen, so muß die induzierte Spannung

$u_M(t)$ mit Hilfe eines elektronischen Integrierers (vgl. Abschnitt 4.4) oder eines Tiefpasses (vgl. Abschnitt 4.1) integriert werden; dadurch wird der mit dem Induktionseffekt verbundene Differentiationsprozeß rückgängig gemacht.

Handelt es sich um einen *zeitlich konstanten Fluß* (Gleichfluß), so muß eine zeitliche Änderung dadurch herbeigeführt werden, daß man den zugehörigen Einschalt- (oder Ausschalt-) Vorgang erfaßt oder die Probespule durch mechanische Bewegung in das Feld hineinführt, bis sie den zu messenden Fluß ganz umfaßt, oder eine den zu messenden Fluß ganz umfassende Spule wieder aus dem Feld herauszieht. In diesen Fällen ist stets das Zeitintegral über die während der Änderung des Spulenflusses auftretende induzierte Spannung $u_M(t)$ ein Maß für den von der Probespule umfaßten Gesamtfluß Φ_{ges}. Im Falle einer Versuchsführung mit zunehmendem Fluß gilt beispielsweise:

$$u_M(t) \cdot dt = N \cdot d\Phi, \quad \int_0^{t_{ges}} u_M(t) \cdot dt = N \int_0^{\Phi_{ges}} d\Phi = N \cdot \Phi_{ges} \,,$$

$$\Phi_{ges} = \frac{1}{N} \int_0^{t_{ges}} u_M(t) \cdot dt \,. \tag{3-31}$$

Die Integration kann mit Hilfe eines *elektronischen statischen Integrierers* (vgl. Abschnitt 4.4), mit Hilfe eines *Flußmessers* bzw. *Fluxmeters* (vgl. Abschnitt 2.1.2) oder mit Hilfe eines *ballistischen Galvanometers* (vgl. Abschnitt 2.1.2) vorgenommen werden.

Die Spannungsmessung oder -integration ist in der Regel mit einem Stromfluß $i_M(t)$ in der Probespule verbunden. Dieser Strom liefert natürlich einen Beitrag zum Magnetfeld in der Probespule und verändert insbesondere auch dessen Zeitverlauf. Bei einer Messung entsprechend Gl. (3-30) muß dieser Feldbeitrag vernachlässigbar klein bleiben. Gegebenenfalls muß die Probespule mit Hilfe eines Trennverstärkers nahezu belastungsfrei betrieben werden; in diesem Falle kann das Meßergebnis aber auch noch durch frequenzabhängige Nebeneffekte im Spulensystem verfälscht werden, vgl. hierzu z.B. [E11]. Bei einer Messung entsprechend Gl. (3-31) kann zwar der zeitliche Verlauf $\Phi(t)$ durch den Spulenstrom verändert werden, der Endwert Φ_{ges} wird jedoch richtig wiedergegeben, wenn man die Integrationszeit t_{ges} so wählt, daß der Induktionsvorgang während dieser Zeit praktisch abgeklungen ist und deshalb dann auch kein nennenswerter Induktionsstrom mehr fließt; hier kann jedoch der Integrationsvorgang mit um so größeren Fehlern behaftet sein, je länger t_{ges} gemacht wird, vgl. Abschnitt 4.4.

Magnetische Induktion

Die Messung einer magnetischen Induktion kann mit Hilfe einer (kleinen) Probespule mit bekanntem Spulenquerschnitt A auf die zuvor besprochene Flußmessung zurückgeführt werden, denn es gilt

$$\Phi = B \cdot A \,. \tag{3-32}$$

Damit A hinreichend genau definiert werden kann, muß die Spule entweder aus einem hinreichend schlanken Leitungsbündel bestehen, eine kleine Zylinderspule sein, oder es muß der effektive (wirksame) Spulenquerschnitt berechnet oder mit Hilfe eines bekannten Kalibrierfeldes gemessen werden.

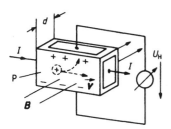

$$U_H = k_H \frac{IB}{d}$$

Indiumantimonid:

$$k_H = 10^2 \dots 10^4 \, cm^3/As$$

Bild 3-51 Hall-Effekt

Eine zeitlich konstante Induktion kann durch drehen einer Spule mit Schleifring-Zuführungen im Feld gemessen werden; hierbei variiert der die Probespule durchsetzende Fluß sinusförmig zwischen zwei Grenzwerten $\pm \hat{\Phi}$. Die Richtung des magnetischen Feldvektors B kann man dadurch finden, daß man die räumliche Orientierung der Probespule so lange ändert, bis die Anzeige maximal (oder minimal) wird.

Wesentlich einfacher und daher heute bevorzugt ist die Messung der magnetischen Induktion mit Hilfe einer *Hall-Sonde*. In Bild 3-51 ist das Meßprinzip dargestellt. Ein Halbleiter-Plättchen aus z.B. P-dotiertem, also überwiegend löcherleitendem Halbleitermaterial [A54] (z.B. Indiumantimonid) wird — wie gezeichnet — vom Feldvektor B durchsetzt. Senkrecht hierzu wird ein Strom I durch das Halbleiterplättchen geführt. Dann wirkt auf die Löcher als Träger dieses Stromes (siehe hierzu auch Gl. (2-1)!) eine Kraft, die sie senkrecht zu der von B und der Stromrichtung aufgespannten Ebene ablenkt und dadurch die in Bild 3-51 angedeutete Hallspannung U_H verursacht. Bei beliebig orientiertem Feldvektor B ist die Hallspannung ein Maß für die senkrecht zur Probefläche stehende Komponente der magnetischen Induktion; man kann die Richtung des Feldvektors B also wiederum dadurch finden, daß man die Orientierung des Hall-Plättchens so lange ändert, bis man maximalen (oder minimalen) Ausschlag erhält.

Eine andere für Induktionsmessungen brauchbare Anwendung des Hall-Effektes stellen die sog. *Feldplatten* dar. Einzelne höherleitende Streifen sind quer zur Stromflußrichtung angeordnet; durch den Hall-Effekt ergibt sich eine Verlängerung des resultierenden Stromflußweges und damit eine mit der Induktion zunehmende Widerstandserhöhung [A55]. Hall-Sonden und Feldplatten werden in der Regel mit Hilfe einer genau bekannten magnetischen Induktion kalibriert. Für sehr genaue Messungen der magnetischen Induktion (Relativfehler z.B. um 10^{-6}) eignet sich der *Kernresonanz-Effekt;* der Richteffekt, den ein magnetisches Feld auf das magnetische Moment eines Protons ausübt, führt zu Resonanzeffekten im Hochfrequenzbereich, die mit Mitteln der Frequenzmeßtechnik sehr genau analysiert werden können [A56], [A57].

Magnetische Erregung

In Vakuum, Gasen und Flüssigkeiten kann die magnetische Erregung H durch Rückführung auf eine Induktionsmessung bestimmt werden:

$$B = \mu_r \mu_0 H \, , \tag{3-32}$$

$\mu_0 = 4\pi \cdot 10^{-7} \, Vs/Am,$ μ_r relative Permeabilität.

Bei ferromagnetischen Gebilden kann die magnetische Erregung entlang eines Oberflächenabschnittes durch Messung der Erregung im unmittelbar benachbarten Luftraum oder mit Hilfe eines magnetischen Spannungsmessers ermittelt werden [A19].

Im allgemeinen bemüht man sich stattdessen, den Wert der magnetischen Erregung durch unmittelbar berechenbare Bauformen vorzugeben.

Magnetische Spannung

Die magnetische Spannung zwischen zwei Punkten eines Feldes kann mit Hilfe einer bandförmig aufgewickelten Probespule, nämlich des sog. Rogowskischen Spannungsmessers, bestimmt werden [A19]. Auch hier bemüht man sich in der Regel, die Messung durch berechenbare Konstruktionen vermeidbar zu machen.

Ferromagnetische Hystereseschleife

Die *Hystereseschleife* eines ferromagnetischen Werkstoffes (am besten in Form eines Ringkernes) kann mit Hilfe einer Anordnung nach Bild 3-52a auf dem Bildschirm eines Oszilloskops sichtbar gemacht werden. Durch Integration mit Hilfe des Tiefpasses $R_2 C$ (vgl. hierzu Abschnitt 4.1) wird aus der induzierten Spannung $u_2(t)$ wieder ein Abbild $u_y(t)$ des Induktionsverlaufes $B(t)$ im Kern gewonnen und über $u_x(t)$ auf dem Bildschirm dargestellt, wobei $u_x(t)$ proportional zu $H(t)$ im Kern ist. Die Zeitkonstante $R_2 C$ muß so groß gemacht werden, daß stets gilt:

$$|u_y(t)| \ll |u_2(t)| . \qquad (3\text{-}33)$$

Für die von der Primärspule verursachte magnetische Erregung gilt:

$$H(t) = \frac{i_1(t) \cdot w_1}{l_m} = \frac{u_x(t)}{R_1} \cdot \frac{w_1}{l_m} , \quad u_x(t) = \frac{R_1 \, l_m}{w_1} \cdot H(t) . \qquad (3\text{-}34)$$

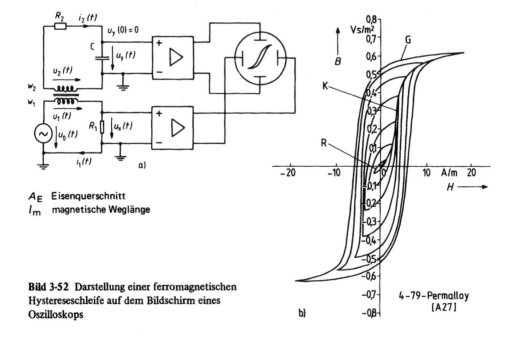

A_E Eisenquerschnitt
l_m magnetische Weglänge

Bild 3-52 Darstellung einer ferromagnetischen Hystereseschleife auf dem Bildschirm eines Oszilloskops

Für den Sekundärkreis gilt aufgrund der Voraussetzung Gl. (3-33)

$$u_y(t) = \frac{1}{C} \int\limits_0^t i_2(\tau) \cdot d\tau \approx \frac{1}{C} \int\limits_0^t \frac{u_2(\tau)}{R_2} \cdot d\tau$$

und damit nach dem Induktionsgesetz:

$$u_y(t) \approx \frac{1}{C} \int\limits_0^\tau \frac{w_2}{R_2} \cdot \frac{d\Phi}{d\tau} \cdot d\tau = \frac{w_2}{R_2 C} \int\limits_0^t A_E \frac{dB}{d\tau} d\tau \,, \quad u_y(t) \approx \frac{w_2 A_E}{R_2 C} \cdot B(t) \,. \qquad (3\text{-}35)$$

Es ist also die Horizontalablenkspannung proportional zur magnetischen Erregung, die Vertikalablenkspannung proportional zur magnetischen Induktion; bei bekannten Kernabmessungen und Windungszahlen kann man die Maßstabsfaktoren leicht ausrechnen.

Die Frequenz des Magnetisierungsstromes $i_1(t)$ muß so niedrig gewählt werden, daß Wirbelstromeffekte im ferromagnetischen Material noch vernachlässigbar klein bleiben [A26], [A30], [A32], [A33]. In manchen Fällen kann sich die Hystereseschleife infolge von Nachwirkungseffekten zeitlich verändern [E12], [A58].

Kommutierungskurve

Variiert man in der Meßanordnung nach Bild 3-52a die Amplitude von $u_0(t)$ und damit die magnetische Aussteuerung des untersuchten Kernmaterials, so variiert das Bild der dargestellten Hystereseschleife zwischen der für hohe Aussteuerung erreichten Grenzkurve G und einer meist lanzettförmigen Schleife R bei sehr kleiner Aussteuerung (Rayleigh-Bereich, vgl. z.B. [A30]). Die Umkehrpunkte aller dieser verschiedenen Hystereseschleifen definieren die *Kommutierungskurve* K. Ergänzt man in der Meßanordnung Bild 3-52a eine elektronische Steuerung, welche einerseits die Amplitude von $u_0(t)$ periodisch variiert und andererseits den Elektronenstrahl des Oszilloskops immer nur in dem Augenblick kurz hellsteuert, in dem $H(t)$ den Umkehrpunkt durchläuft, so entsteht auf dem Bildschirm ein punktweises Abbild der Kommutierungskurve, z.B. [A59].

Eisenverluste

In der Energietechnik werden die im Eisenkern einer Drossel oder eines Transformators auftretenden Ummagnetisierungsverluste in der Regel durch eine Leistungsmessung bestimmt, vgl. Bild 3-22. In der Nachrichtentechnik stellt man dagegen die Kernverluste in der Regel durch Ausmessen und Analysieren des Reihen- oder Parallelersatzbildes der Eisenkernspule z.B. mit Hilfe einer wechselspannungsgespeisten Meßbrücke fest, vgl. Abschnitt 3.4.4, Bild 3-30a.

Die gesamten Eisenverluste lassen sich in der Regel in Hysterese-, Wirbelstrom- und Nachwirkungsverluste aufspalten [A32], [A27].

Permeabilität

Eine Permeabilitätsmessung wird man in der Regel aufgrund des Zusammenhanges

$$L = \mu_r \mu_0 \frac{A_E N^2}{l_m} \,, \qquad \begin{array}{l} A_E \text{ Eisenquerschnitt,} \\ l_m \text{ magnetische Weglänge} \end{array} \qquad (3\text{-}36)$$

auf eine Induktivitätsmessung zurückführen. Hierbei muß man Kernformen wählen, für die der Eisenquerschnitt und die magnetische Weglänge tatsächlich überall annähernd konstant sind, z.B. Ringkerne mit einem Durchmesserverhältnis $d_i/d_a \approx 1$; andernfalls erhält man lediglich eine gewisse mittlere Permeabilität für eine bestimmte Kernform. Streifenproben werden in ein magnetisches Joch eingefügt, dessen magnetischer Widerstand wesentlich kleiner sein soll als der der zu messenden Probe.

Ein Permeabilitätswert kann sehr wesentlich – sogar bezüglich der Größenordnung – von der Kernbauform abhängen; man sollte sich hierüber und über die Vielzahl zu unterscheidender Permeabilitätsdefinitionen eingehend informieren, ehe man eine meßtechnische Untersuchung plant [A27], [A28].
Die *Anfangspermeabilität* kann in der Regel aus einigen mit sehr niedriger magnetischer Erregung gemessenen Werten extrapoliert werden.
Die *reversible Permeabilität* wird bei einer bestimmten Gleichstrom-Vormagnetisierung mit einer kleinen Wechselerregung gemessen.
Die *komplexe Permeabilität* hängt rechnerisch unmittelbar mit dem Scheinwiderstand (oder Scheinleitwert) einer Eisenkernspule zusammen; sie kann deshalb in der Regel durch Scheinwiderstandsmessungen bestimmt werden. Sie zeigt ausgeprägte Frequenz- und Aussteuerungsabhängigkeiten, die üblicherweise in Form von Ortskurvenfeldern dargestellt werden [A27], [A30].
Ausführlichere Übersichten über die Messung magnetischer Größen findet man in [A19], [A59].

3.9 Leitungen in der Meßtechnik

3.9.1 Leitungskenngrößen

Der Stromfluß über eine Leitung ist stets mit dem Auftreten elektrischer und magnetischer Felder verbunden, wie sie beispielsweise Bild 3-53 für den Fall einer Zweidrahtleitung und einer Koaxialleitung darstellt.

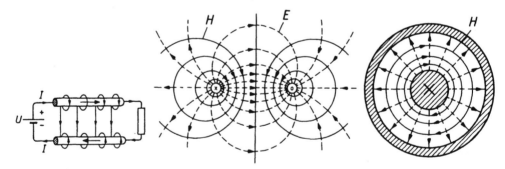

Bild 3-53 Elektrische und magnetische Felder in der Querschnittsebene einer Zweidrahtleitung und eines Koaxialkabels

Leitungsbeläge

Man muß deshalb einem Leitungsabschnitt nicht nur einen bestimmten ohmschen Widerstand, sondern auch eine bestimmte Längsinduktivität und Querkapazität zuordnen, schließlich wegen der endlichen Isolierfähigkeit des Dielektrikums auch einen bestimmten

Querleitwert zwischen den Leitern. Zweckmäßigerweise werden diese Größen jeweils auf eine Längeneinheit bezogen, beispielsweise auf einen Meter, und dann als „*Leitungsbeläge*" bezeichnet:

R' Widerstandsbelag, Einheit Ω/m; C' Kapazitätsbelag, Einheit F/m;

L' Induktivitätsbelag, Einheit H/m; G' Ableitungsbelag, Einheit S/m.

Bei den Feldern in Bild 3-53 handelt es sich um sog. transversalelektromagnetische Wellen (TEM-Wellen), bei denen alle E- und H-Linien (im Idealfalle, d.h. bei verlustfreier Leitung) *senkrecht* zur Ausbreitungsrichtung der Welle stehen. In der Hochfrequenztechnik spielen daneben auch sog. E- und H-Wellen eine wichtige Rolle, die Feldkomponenten in Ausbreitungsrichtung haben [A32], [A60].

Ersatzbild

Zur weiteren Diskussion des Verhaltens einer Leitung ordnet man dann einem differentiell kurzen Leitungselement ein Ersatzbild mit Längselementen $R'dx$ und $L'dx$ sowie Querelementen $C'dx$ und $G'dx$ zu, vgl. Bild 3-54. Bei Zweidraht- oder Koaxialleitungen, welche lediglich als Hin- und Rückleiter für einen Stromflußvorgang zu betrachten sind, können die den beiden Teilleitern zuzuordnenden Teilbeläge R'_I bzw. L'_I und R'_{II} bzw. L'_{II} zu jeweils einem resultierenden Leitungsbelag R' bzw. L' zusammengefaßt werden, wie auch in Bild 3-54 angegeben.

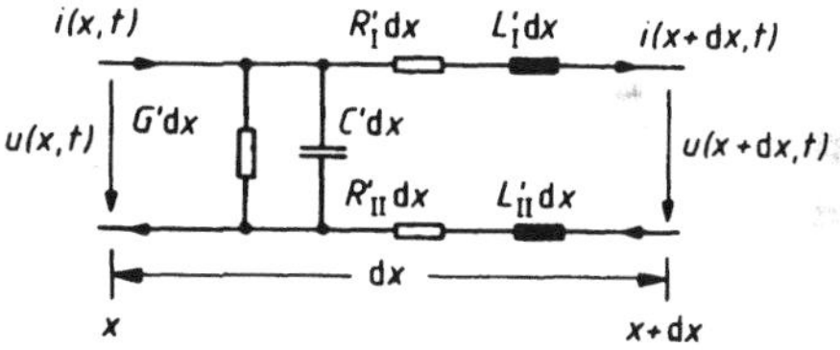

$L' = L'_I + L'_{II}$
$R' = R'_I + R'_{II}$

$$M: -u(x,t) + R'dx \cdot i(x,t) + L'dx \cdot \frac{d\,i(x,t)}{dt} + u(x+dx,t) = 0;$$

Bild 3-54
Ersatzbild eines differentiell kurzen Leitungsabschnittes; Aufstellung der Leitungsdifferentialgleichungen durch Feststellen der Maschengleichung M und Knotengleichung K

$$u(x+dx,t) = u(x,t) + \frac{du}{dx}dx; \qquad \boxed{-\frac{du}{dx} = R'i + L'\frac{di}{dt}}.$$

$$K: i(x,t) - G'dx \cdot u(x,t) - c'dx \cdot \frac{du(x,t)}{dt} - i(x+dx,t) = 0;$$

$$i(x+dx,t) = i(x,t) + \frac{di}{dx}dx; \qquad \boxed{-\frac{di}{dx} = G'u + C'\frac{du}{dt}}.$$

Differentialgleichungssystem

Wendet man nun auf das Ersatzbild eines differentiell kurzen Leitungselements die Kirchhoffsche Maschen- und Knotenregel an, so gelangt man, wie in Bild 3-54 dargestellt, zu einem die Leitung charakterisierenden Differentialgleichungspaar.

Wir beschränken uns hier auf *homogene* Leitungen, d.h. also auf Leitungen, die über ihre ganze Länge hinweg die gleiche Beschaffenheit aufweisen. Man erhält dann partielle lineare Differentialgleichungen mit konstanten Koeffizienten. Würde sich die Beschaffenheit entlang der Leitung ändern, so hätte man ortsabhängige Koeffizienten $R'(x)$, $L'(x)$ usw. einzuführen.

Verlustlose Leitung

Bei der Realisierung von Leitungen bemüht man sich in der Regel darum, die Leitungsverluste so klein wie möglich zu halten, d.h. R' und G' möglichst klein zu machen. Es ist daher sinnvoll, die auf einer Leitung prinzipiell ablaufenden Vorgänge zunächst einmal an dem erheblich einfacheren Beispiel einer verlustfreien Leitung zu studieren, d.h. zunächst $R' = G' = 0$ anzunehmen. Die Differentialgleichungen der Leitung vereinfachen sich dann auf

$$- \frac{du}{dx} = L' \frac{di}{dt} \, ,$$ (3-37)

$$- \frac{di}{dx} = C' \frac{du}{dt} \, .$$ (3-38)

Dieses Differentialgleichungssystem hat nach D'Alembert (1717–1783) [A60] die allgemeine Lösung

$$u(x, t) = u_1(x - vt) + u_2(x + vt) \, ,$$ (3-39)

$$i(x, t) = \frac{1}{Z} [u_1(x - vt) - u_2(x + vt)]$$ (3-40)

mit

$$v = 1/\sqrt{L'C'} \, ,$$ (3-41)

$$Z = \sqrt{L'/C'} \, .$$ (3-42)

Man kann sich von der Richtigkeit der Lösung leicht durch nachrechnen und einsetzen in die Differentialgleichungen überzeugen:

$$\frac{du}{dx} = u_1' + u_2'; \quad \frac{di}{dx} = \frac{1}{Z}[u_1' - u_2'];$$

$$\frac{du}{dt} = -v\, u_1' + v\, u_2'; \quad \frac{di}{dt} = \frac{1}{Z}[-v\, u_1' - v\, u_2'];$$

$$-u_1' - u_2' = L' \frac{v}{Z}[-u_1' - u_2'] = -u_1' - u_2';$$

$$-\frac{1}{Z}[u_1' - u_2'] = C' \cdot v \, [-u_1' + u_2'] = -\frac{1}{Z}[u_1' - u_2'] \, .$$

Wellengeschwindigkeit

In Gl. (3-39) stellt $u_1(x - vt)$ eine in Richtung wachsender x-Werte (d.h. „vorwärts") laufende Spannungswelle dar, dagegen $u_2(x + vt)$ eine in Richtung fallender x-Werte (d.h. „rückwärts") laufende Spannungswelle; dabei ist v die *Wellengeschwindigkeit*.

Man überlege: Zur Zeit $t = 0$ stellt $u_1(x)$ irgendeine Spannungsverteilung auf der Leitung dar. Zu einem späteren Zeitpunkt $t > 0$ können sich gleiche Funktionswerte nur für x-Werte ergeben, die um vt größer sind, also hat sich die ursprüngliche Spannungsverteilung $u(x)$ inzwischen entlang der Leitung um $+ vt$ verschoben. Für $u_2(x + vt)$ führt die entsprechende Überlegung auf eine Verschiebung um $- vt$.

Wellenwiderstand

Zu der vorwärtslaufenden Spannungswelle gehört eine vorwärtslaufende Stromwelle $u_1(x-vt)/Z$, zu der rückwärtslaufenden Spannungswelle eine rückwärtslaufende Stromwelle $-u_2(x+vt)/Z$. Da die Größe Z für jede der auf der Leitung laufenden *Einzelwellen* das Verhältnis von Spannung zu Strom angibt, vgl. Gl. (3-40), nennt man sie den *Wellenwiderstand* der Leitung.

Man beachte, daß hier nur das Spannungs-Strom-Verhältnis von *Einzelwellen* gemeint ist; bei Vorgängen, die sich aus mehreren Einzelwellen überlagern, ist das resultierende Spannungs-Strom-Verhältnis im allgemeinen nicht gleich Z, d.h. es ist beispielsweise im Zusammenhang mit Gl. (3-39) und (3-40) im allgemeinen $u(x, t)/i(x, t) \neq Z$!

Superposition

Eine positive vorwärtslaufende und eine positive rückwärtslaufende Spannungswelle *addieren* sich gemäß Gl. (3-39), die zugehörigen Stromwellen dagegen *subtrahieren* sich gemäß Gl. (3-40); ein rückwärtslaufender positiver Strom ist gleichbedeutend mit einem vorwärtslaufenden negativen Strom!

Ein sehr anschauliches, klassisches Schulbeispiel zu Gl. (3-39) ist die Entstehung von in zwei Richtungen ablaufenden Wanderwellen durch Gewittereinwirkung auf eine Leitung [A60].

Aufladevorgang

Wir wollen nun einige technisch wichtige Konsequenzen der allgemeinen Wellenlösung Gl. (3-39) und (3-40) betrachten. Legt man zur Zeit $t = 0$ eine konstante Spannung $u(0, t) = U$ an den Anfang einer homogenen Leitung, so entsteht gemäß Bild 3-55 eine rein vorwärtslaufende Spannungs- und Stromwelle, durch welche die Leitung *aufgeladen* wird. Diese Aufladewelle breitet sich mit der Wellengeschwindigkeit v aus, und die Leitung belastet die Quelle währenddessen mit ihrem Wellenwiderstand Z. Der Aufladevorgang ist beendet, sobald die vorwärtslaufende Welle das Ende der Leitung erreicht; im allgemeinen kommt es anschließend zu komplizierteren Ausbreitungserscheinungen, die sich aus vorwärts- und rückwärtslaufenden Wellen zusammensetzen.

$$u(x, t) = u_1(x - vt) = \begin{cases} U & \text{für } x < vt, \\ 0 & \text{für } x > vt. \end{cases}$$

$$i(x, t) = \frac{u(x, t)}{Z}$$

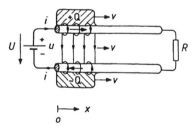

Bild 3-55
Aufladevorgang einer verlustlosen Leitung vor dem
Erreichen des Leitungsendes

Reflexionsvorgang

Nehmen wir nun zunächst einmal an, daß der Abschlußwiderstand R der Leitung zufällig gleich ihrem Wellenwiderstand Z ist, $Z = R$. Dann verlangt der Widerstand R von dem Augenblick an, da die Spannungsfront mit der Höhe U das Leitungsende erreicht hat,

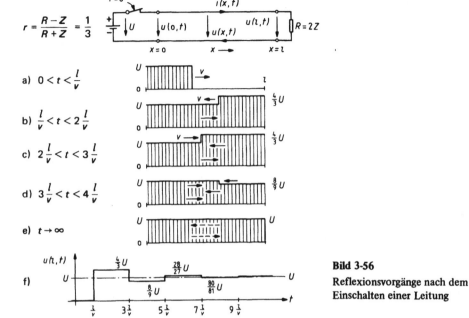

$$r = \frac{R - Z}{R + Z} = \frac{1}{3}$$

a) $0 < t < \dfrac{l}{v}$

b) $\dfrac{l}{v} < t < 2\dfrac{l}{v}$

c) $2\dfrac{l}{v} < t < 3\dfrac{l}{v}$

d) $3\dfrac{l}{v} < t < 4\dfrac{l}{v}$

e) $t \to \infty$

f)

Bild 3-56
Reflexionsvorgänge nach dem
Einschalten einer Leitung

einen Speisestrom der Größe $i(l, t) = U/R$. Dieser Strom entspricht aber im Falle $R = Z$ genau dem über die Leitung zulaufenden Strom U/Z. Daher kann sich der auf der Leitung laufende Ausbreitungsvorgang ungestört fortsetzen, mit dem einzigen Unterschied, daß jenseits des Leitungsendes die zulaufende Energie nicht mehr für die Aufladung weiterer Leitungsabschnitte genutzt, sondern im Widerstand fortlaufend in Wärme umgesetzt wird. Im Falle $R = Z$ sagt man deshalb, die Leitung sei *reflexionsfrei* abgeschlossen.

Anders ist es, wenn $R \neq Z$ ist. Wir wollen hier einmal das Beispiel $R = 2Z > Z$ betrachten. In diesem Falle kann der Abschlußwiderstand den zulaufenden Strom U/Z nicht übernehmen. Da aber am Leitungsende Leitungsstrom und Widerstandsstrom ebenso wie Leitungsspannung und Spannung am Widerstand zur Übereinstimmung kommen müssen, muß sich vom Leitungsende her ein neuer Zustand aufbauen, der den zwangsweise vorgegebenen Bedingungen gerecht wird. Dies wird physikalisch dadurch erreicht, daß sich dem zulaufenden Wellenvorgang $u_1 (x - vt)$ ein rückwärts laufender Wellenvorgang $u_2 (x + vt)$ überlagert; diesen Effekt bezeichnet man als *Reflexionsvorgang*.

Reflexionsfaktor

Es muß sich also der zulaufenden Spannungswelle $u_1 (x - vt) = U$ eine rücklaufende Welle u_2 so überlagern, daß die sich hieraus ergebende Gesamtspannung u_R am Widerstand genau den Strom verursacht, der im resultierenden Zustand über die Leitung zufließt, d.h. es müssen folgende Bedingungen erfüllt sein:

$$u(l, t) = U + u_2 = u_R , \qquad i(l, t) = \frac{U}{Z} - \frac{u_2}{Z} = \frac{u_R}{R} .$$

Durch auflösen nach u_2 findet man für die reflektierte Spannungswelle den Wert

$$u_2 = \frac{R-Z}{R+Z}\,U = r\,U\,.\qquad\qquad(3\text{-}43)$$

Das Verhältnis $r = u_2/U$ zwischen einlaufender und reflektierter Welle heißt *Reflexionsfaktor*. Im Falle $R = 2Z$ erhält man $r = 1/3$; die reflektierte Spannungswelle überlagert sich nun der zulaufenden Spannungswelle und erzeugt eine überlagerte rückwärtslaufende Spannungsfront, vgl. Bild 3-56b.

Nichtstationärer und stationärer Vorgang

Wenn die rückwärts laufende Spannungsfront die Urspannungsquelle am Anfang der Leitung erreicht hat, wird dort wieder eine zusätzliche, vorwärts laufende und negative Spannungswelle generiert, die die rückwärts laufende positive Spannungswelle kompensiert, weil ja am Leitungsanfang $u(0, t) = U$ bleiben muß. Sobald die neue, vorwärtslaufende Teilwelle das Leitungsende erreicht, wird sie wieder mit $r = 1/3$ reflektiert, und die resultierende Spannung auf der Leitung verändert sich auf $8/9\,U$, vgl. Bild 3-56d. Dieses Reflexionsspiel setzt sich fort, bis schließlich die Spannung auf der Leitung auf den konstanten Wert U und der Strom auf den entsprechenden Wert U/R eingeschwungen ist. Man sagt dann, der Vorgang sei *stationär* geworden, während die sich anfänglich abspielenden Wanderwellenvorgänge als *nichtstationäre Vorgänge* bezeichnet werden.

Stationäre Wellen

Interessanterweise kann nun auch der stationäre Strömungsvorgang auf der Leitung in eine *hinlaufende Welle* $u_{1s}(x - vt)$ und eine *rücklaufende Welle* $u_{2s}(x + vt)$ zerlegt werden. Die zu beachtenden Randbedingungen sind hierbei mit sinngemäßer Berücksichtigung von Gl. (3-39) und (3-40):

$$u_{1s} + u_{2s} = U\,,$$

$$\frac{u_{1s}}{Z} - \frac{u_{2s}}{Z} = \frac{U}{R}\,.$$

Durch auflösen des Gleichungssystems findet man:

$$u_{1s} = \frac{U}{2}\left(1 + \frac{Z}{R}\right),\qquad\qquad(3\text{-}44)$$

$$u_{2s} = \frac{U}{2}\left(1 - \frac{Z}{R}\right),\qquad\qquad(3\text{-}45)$$

$$u_{2s} = \frac{R-Z}{R+Z}\,u_{1s} = r\,u_{1s}\,.\qquad\qquad(3\text{-}46)$$

Der Zusammenhang zwischen der hinlaufenden und der rücklaufenden Welle ist also *auch im stationären Falle* durch den Reflexionsfaktor am Ende der Leitung bestimmt! Man

kann die Aufspaltung des stationären Vorgangs allein durch den Reflexionsfaktor ausdrücken:

$$u_{1s} = U \frac{1}{1+r} \, , \tag{3-47}$$

$$u_{2s} = U \frac{r}{1+r} \, . \tag{3-48}$$

Verzerrungsfreie Leitung

Läßt man nun Leitungsverluste zu, macht aber noch die Voraussetzung

$$R'/L' = G'/C' \, , \tag{3-49}$$

so hat die Lösung des Differentialgleichungssystems in Bild 3-54 nach Heaviside (1850–
1925) [A60] die Form

$$u(x, t) = e^{-\alpha x} u_1 (x - vt) + e^{\alpha x} u_2 (x + vt) \, , \tag{3-50}$$

$$i(x, t) = \frac{1}{Z} \left[e^{-\alpha x} u_1 (x - vt) - e^{\alpha x} u_2 (x + vt) \right] \, , \tag{3-51}$$

mit

$$\alpha = R'/Z = G'Z \, . \tag{3-52}$$

Von der Richtigkeit dieser Lösung kann man sich wiederum durch differenzieren und einsetzen in die
Differentialgleichung in Bild 3-54 überzeugen.

Dämpfungskonstante α

Die Gleichungen (3-50) und (3-51) sagen aus, daß die Wellen beim Fortschreiten entlang
der Leitung einer exponentialförmigen Dämpfung unterworfen sind, vgl. Bild 3-57, im
übrigen aber in ihrer Form unverändert bleiben. Man nennt α deshalb die *Dämpfungskonstante* der Leitung.

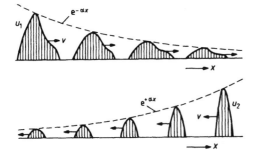

Bild 3-57
Dämpfung vorwärts und rückwärts
laufender Wellen entlang einer Leitung

Verlustbehaftete Leitung

Ist die Bedingung (3-49) nicht erfüllt, so bleibt die Lösung Gl. (3-50) und (3-51) für nicht
zu lange Laufstrecken noch als *Näherungslösung* gültig, wenn man

$$\alpha = \frac{R'}{2Z} + \frac{G'Z}{2} \tag{3-53}$$

setzt [A60]. Über längere Laufstrecken wird jedoch in diesem Falle auch die Wellenform verändert.

Zur exakten Lösung der Wellengleichungen findet man Hinweise in [A60], [A61], [A62], [A65]. Bei genauer Betrachtungsweise muß berücksichtigt werden, daß die Leitungsbeläge nicht konstant sind, sondern für zeitlich schnell veränderliche Vorgänge andere Werte haben als für langsam veränderliche Vorgänge [A26], [A32], [A63].

Sinusförmige Erregung

Legt man an den Anfang einer Leitung einen sinusförmigen Spannungsverlauf an, so spielt sich auf der Leitung zunächst natürlich ebenfalls ein mit Wanderwellen verbundener Einschwingvorgang ab. Der schließlich erreichte eingeschwungene Zustand ist aber diesmal natürlich nicht eine bestimmte Gleichgrößenverteilung auf der Leitung, sondern ein bestimmter Schwingungszustand mit sinusförmigen Zeitabhängigkeiten.

Eingeschwungener Zustand

Eingeschwungene sinusförmige Zustände werden üblicherweise mit Hilfe der komplexen Zeigerrechnung berechnet, indem man beispielsweise setzt:

$$u(t) = \text{Re}\,\{\underline{U} \cdot e^{j\omega t}\}, \qquad i(t) = \text{Re}\,\{\underline{I} \cdot e^{j\omega t}\},$$

$$\frac{du}{dt} = \text{Re}\,\{j\omega\underline{U} \cdot e^{j\omega t}\}, \qquad \frac{di}{dt} = \text{Re}\,\{j\omega\underline{I} \cdot e^{j\omega t}\}.$$

Führt man diese Substitutionen in das Differentialgleichungssystem in Bild 3-54 ein, und eliminiert man anschließend den Realteil-Operator, so nehmen die Leitungsgleichungen folgende Form an:

$$-\frac{d\underline{U}}{dx} = (R' + j\omega L')\,\underline{I}, \tag{3-54}$$

$$-\frac{d\underline{I}}{dx} = (G' + j\omega C')\,\underline{U}. \tag{3-55}$$

Dieses Gleichungssystem hat die Lösung

$$\underline{U}(x) = \underline{A} \cdot e^{-\gamma x} + \underline{B} \cdot e^{+\gamma x}, \tag{3-56}$$

$$\underline{I}(x) = \frac{1}{\underline{Z}_w}[\underline{A} \cdot e^{-\gamma x} - \underline{B} \cdot e^{+\gamma x}], \tag{3-57}$$

mit

$$\gamma = \sqrt{(G' + j\omega C')\,(R' + j\omega L')} = \alpha + j\beta, \tag{3-58}$$

$$\underline{Z}_w = \sqrt{(R' + j\omega L')/(G' + j\omega C')}. \tag{3-59}$$

Die Richtigkeit läßt sich wieder leicht durch einsetzen in Gl. (3-54) und (3-55) bestätigen.

Hierbei nennt man γ das *Fortpflanzungsmaß* und $\underline{Z}_\mathrm{w}$ den *Wellenwiderstand* der Leitung für (eingeschwungene) sinusförmige Vorgänge. Im Gegensatz zu der ursprünglichen Begriffsbildung nach Gl. (3-42) ist der Wellenwiderstand hier im allgemeinen eine komplexe Größe, weil bei einem eingeschwungenen Zustand mit sinusförmigen Zeitabhängigkeiten zwischen Wellenspannung und Wellenstrom eine Phasenverschiebung auftreten kann. Der Realteil α des Fortpflanzungsmaßes bewirkt wiederum eine Dämpfung der Wellenzüge entlang der Leitung – vgl. hierzu Bild 3-58 – und heißt deshalb *Dämpfungskonstante*; er entspricht den früheren Begriffen nach Gl. (3-52) oder Gl. (3-53), jedoch nun für eingeschwungene sinusförmige Vorgänge auf der Leitung. Der Imaginärteil β heißt *Phasenkonstante* und bestimmt die Phasengeschwindigkeit der Wellenzüge auf der Leitung; schreibt man nämlich beispielsweise den Ausdruck für die vorwärts laufende Welle wieder vollständig mit Angabe der Zeitabhängigkeit,

$$
\begin{aligned}
u_1(x,\,t) &= \mathrm{Re}\,\{\underline{A}\cdot \mathrm{e}^{-(\alpha+\mathrm{j}\beta)x}\cdot \mathrm{e}^{\mathrm{j}\omega t}\} \\
&= \mathrm{Re}\,\{\mathrm{e}^{-\alpha x}\cdot A\cdot \mathrm{e}^{\mathrm{j}\varphi_A}\cdot \mathrm{e}^{\mathrm{j}(\omega t-\beta x)}\} \\
&= \mathrm{Re}\,\{\mathrm{e}^{-\alpha x}\cdot A\cdot \mathrm{e}^{\mathrm{j}(\omega t-\beta x+\varphi_A)}\} \\
&= \mathrm{e}^{-\alpha x}\cdot A\cdot \cos(\omega t-\beta x+\varphi_A)\,,
\end{aligned}
$$

so sieht man, daß der Vorgang – vom Dämpfungsfaktor $\mathrm{e}^{-\alpha x}$ abgesehen – entlang der Leitung mit der *Phasengeschwindigkeit*

$$v = \omega/\beta \qquad (3\text{-}60)$$

fortschreitet.

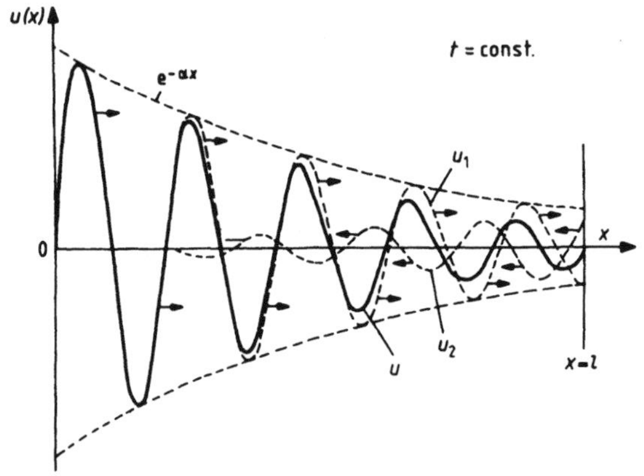

Bild 3-58
Ausbreitung einer Wechselspannung
entlang einer langen homogenen
Leitung

Man überlege: Schreitet die Zeit um Δt voran, so kann u_1 nur dann denselben Wert behalten, wenn wir auch im Ort so um Δx fortschreiten, daß $\omega\,\Delta t = \beta\,\Delta x$ gilt; daraus folgt aber sofort $v = \Delta x/\Delta t = \omega/\beta$.

Wellenlänge λ

Sieht man vom Dämpfungsfaktor ab, so ergeben sich wegen der Periodizität der Kosinusfunktion entlang der Leitung alle

$$\Delta x \cdot \beta = \lambda \cdot \beta = 2\,\pi$$

gleiche Wellenzustände. Man nennt deshalb

$$\lambda = \frac{2\pi}{\beta} = \frac{v}{f} = v\,T \tag{3-61}$$

die *Wellenlänge* des Ausbreitungsvorgangs.

Reflexionsfaktor $\underline{r}$

Trifft die zulaufende Welle am Ende der Leitung, d.h. bei $x = l$, auf eine Abschlußimpedanz $\underline{Z}$, so muß analog zu Gl. (3-46) gelten:

$$\underline{A}\,e^{-\gamma l} + \underline{B}\,e^{\gamma l} = \underline{U}_1(l) + \underline{U}_2(l) = \underline{U}(l)\,,$$

$$\frac{\underline{U}_1(l)}{\underline{Z}_w} - \frac{\underline{U}_2(l)}{\underline{Z}_w} = \frac{\underline{U}(l)}{\underline{Z}}\,,$$

$$\underline{U}_2(l) = \frac{\underline{Z} - \underline{Z}_w}{\underline{Z} + \underline{Z}_w}\,\underline{U}_1(l) = \underline{r}\cdot\underline{U}_1(l)\,. \tag{3-62}$$

Das Verhältnis zwischen der zulaufenden und der reflektierten Welle ist also wiederum durch einen ganz entsprechend definierten *Reflexionsfaktor $\underline{r}$* festgelegt. Der Reflexionsfaktor ist jedoch hier i.a. eine komplexe Größe, weil bei eingeschwungenen sinusförmigen Vorgängen zwischen der zulaufenden und der reflektierten Welle eine Phasenverschiebung bestehen kann.

Eine ausführlichere Diskussion der Ausbreitungsvorgänge bei sinusförmig erregten Leitungen findet man in fast allen Lehrbüchern der Nachrichtentechnik, z.B. [A32], [A60], [A63], [A64]. Alle Leitungskenngrößen sind in der Praxis frequenzabhängig [A32], [A26], [A63].

Eingeschwungener und stationärer Vorgang

Bei Wechselerregung einer Leitung bezeichnet man den nach Abklingen aller Wanderwellenvorgänge erreichten *eingeschwungenen Zustand* meist *nicht* als stationären Zustand. Von einem *stationären Zustand* spricht man vielmehr nur dann, wenn neben der Zeitabhängigkeit die Ortsabhängigkeit entlang der Leitung vernachlässigt werden kann, wenn also die Leitungslänge klein gegenüber der Wellenlänge des Vorgangs ist ($l/\lambda < 0{,}01$). Bei elektrisch langen Leitungen ($l/\lambda > 0{,}01$) ergibt sich auch im eingeschwungenen Zustand eine Ortsabhängigkeit der Signale, und man spricht dann nach wie vor von zwar eingeschwungenen, aber *nichtstationären Vorgängen* [A64].

3.9.2 Messung von Leitungskenngrößen

Leitungsbeläge

Die Leitungsbeläge R', L', C', G' werden in der Regel bei sinusförmiger Erregung der Leitung gemessen, entweder für eine feste Betriebsfrequenz oder als Funktion der Frequenz über einen größeren Frequenzbereich hinweg. Dies liegt erstens daran, daß Leitungen vielfach Vorgänge zu übertragen haben, die sinusförmig verlaufen oder aus sinusförmigen Teilschwingungen unterschiedlicher Frequenz zusammengesetzt sind (vgl. Abschnitt 1.4), und zweitens daran, daß auch Berechnungsverfahren für nichtsinusförmige Übertragungsvorgänge in der Regel auf Angaben über die Frequenzabhängigkeit der Leitungsbeläge zurückgreifen, z.B. [A60], [A61], [A62], [A65].

Am einfachsten ist es, die Länge der zu untersuchenden Leitung so zu wählen, daß sie kurz gegenüber der Wellenlänge der Meßfrequenz auf der Leitung ist, $l/\lambda < 0{,}01$. Dann ist die Spannungs- und Stromverteilung entlang der Leitung „stationär", die Leitung verhält sich im Kurzschlußfalle wie eine verlustbehaftete Induktivität mit den Reihen-Ersatzbildgrößen

$$R = R'l, \qquad L = L'l, \tag{3-63}$$

weil der Querstrom einer so kurzen Leitung im Kurzschlußfalle vernachlässigbar klein ist, und im Leerlauffalle wie eine verlustbehaftete Kapazität mit den Parallel-Ersatzbildgrößen

$$C = C'l, \qquad G = G'l, \tag{3-64}$$

weil der Längsspannungsabfall einer so kurzen Leitung im Leerlauffalle vernachlässigbar klein ist. Man kann also die Leitungsbeläge durch eine Induktivitäts- und Widerstandsmessung an der kurzgeschlossenen Leitungsschleife sowie eine Kapazitäts- und Parallelleitwertsmessung an der leerlaufenden Leitung bestimmen, $l/\lambda < 0{,}01$ vorausgesetzt.

Natürlich darf die Länge auch nicht so kurz gewählt werden, daß die gemessenen Werte R, L, C, G nicht mehr durch die Leitung allein, sondern auch schon durch die notwendigen Hilfsverbindungen zwischen Leitung und Meßgerät nennenswert mitbestimmt werden! Ist die Wellenlänge auf der Leitung vor Beginn der Messung nicht genau genug abschätzbar, so wird man die Messung zunächst durchführen und nachträglich anhand der gemessenen Werte R', L', C', G' überprüfen, ob die Voraussetzung $l/\lambda < 0{,}01$ erfüllt gewesen ist. War sie nicht erfüllt, so muß die Messung an einer entsprechend kürzeren Leitungsprobe wiederholt werden. Für die Berechnung von λ nach Gl. (3-61) benötigt man die Phasenkonstante β entsprechend Gl. (3-58); durch Trennen nach Real- und Imaginärteil erhält man [A32]:

$$\beta = \sqrt{\frac{1}{2}\,(-R'G' + \omega^2 L'C') + \frac{1}{2}\sqrt{(R'^2 + \omega^2 L'^2)\,(G'^2 + \omega^2 C'^2)}}, \tag{3-65}$$

$$\alpha = \frac{\omega\,(R'C' + L'G')}{2\,\beta}. \tag{3-66}$$

Für hinreichend hohe Frequenzen gilt nach Gl. (3-65) die Näherung

$$\beta \approx \omega\,\sqrt{L'C'}. \tag{3-67}$$

Ist die Bedingung $l/\lambda < 0{,}01$ nicht erfüllt oder R' bzw. G' ungewöhnlich groß, so müssen Korrekturrechnungen berücksichtigt werden, vgl. hierzu [A66]. In der Hochfrequenztechnik ist es vielfach auch zweckmäßiger, die Leitungslänge nicht kurz, sondern gleich einem ganzzahligen Vielfachen von $\lambda/4$ zu machen; auch hierfür ergeben sich einfache Auswertungsmöglichkeiten [A66]. Bei Koaxialkabeln ist in der Hochfrequenztechnik auch auf richtig konstruierte und richtig angeschlossene Steckverbindungen (mit $\underline{Z}_\mathrm{w} = \mathrm{const.}$), „Kurzschlußebenen" und Abschlußwiderstände zu achten.

Wellenwiderstand $\underline{Z}_\mathrm{w}$

Fortpflanzungsmaß γ

Es läßt sich leicht zeigen, daß die für eingeschwungene sinusförmige Vorgänge geltenden Kenngrößen $\underline{Z}_\mathrm{w}$ und γ durch Messungen der Eingangsimpedanzen der Leitungen im Kurzschluß- und Leerlauffalle bestimmt werden können.

Im *Kurzschlußfalle* gilt nach Gl. (3-56):

$$\underline{U}(l) = \underline{A} \cdot e^{-\gamma l} + \underline{B} \cdot e^{+\gamma l} = 0 ,$$
$$\underline{B} \cdot e^{\gamma l} = -\underline{A} \cdot e^{-\gamma l} ,$$
$$\underline{B} = -\underline{A} \cdot e^{-2\gamma l} ;$$
$$\underline{U}(0) = \underline{A} + \underline{B} = \underline{A}(1 - e^{-2\gamma l}) .$$

Durch einsetzen in Gl. (3-57) findet man:

$$\underline{I}(0) = \frac{1}{\underline{Z}_w} \cdot \underline{A} \cdot (1 + e^{-2\gamma l}) ,$$

$$\underline{Z}_K = \frac{\underline{U}(0)}{\underline{I}(0)} = \underline{Z}_w \frac{1 - e^{-2\gamma l}}{1 + e^{-2\gamma l}}$$

$$= \underline{Z}_w \frac{e^{\gamma l} - e^{-\gamma l}}{e^{\gamma l} + e^{-\gamma l}} = \underline{Z}_w \cdot \tanh \gamma l . \tag{3-68}$$

Entsprechend gilt für den Leerlauffall anschließend an Gl. (3-57):

$$\underline{I}(l) = \frac{1}{\underline{Z}_w}[\underline{A} \cdot e^{-\gamma l} - \underline{B} \cdot e^{+\gamma l}] = 0 ,$$
$$\underline{B} = \underline{A} \cdot e^{-2\gamma l} ,$$
$$\underline{I}(0) = \frac{1}{\underline{Z}_w} \cdot \underline{A} \cdot (1 - e^{-2\gamma l}) ,$$
$$\underline{U}(0) = \underline{A} \cdot (1 + e^{-2\gamma l}) ,$$
$$\underline{Z}_L = \frac{\underline{U}(0)}{\underline{I}(0)} = \underline{Z}_w \frac{1 + e^{-2\gamma l}}{1 - e^{-2\gamma l}} = \underline{Z}_w \frac{e^{\gamma l} + e^{-\gamma l}}{e^{\gamma l} - e^{-\gamma l}} = \underline{Z}_w \coth \gamma l . \tag{3-69}$$

Aus Gl. (3-68) und Gl. (3-69) folgt dann sofort:

$$\underline{Z}_K \cdot \underline{Z}_L = \underline{Z}_w^2 , \quad \underline{Z}_w = \sqrt{\underline{Z}_K \underline{Z}_L} ; \tag{3-70}$$

$$\frac{\underline{Z}_K}{\underline{Z}_L} = (\tanh \gamma l)^2 , \quad \tanh \gamma l = \sqrt{\frac{\underline{Z}_K}{\underline{Z}_L}} . \tag{3-71}$$

Für elektrisch kurze Kabel mit $\alpha l < 0{,}1$ gilt die folgende Näherung [A66]:

$$\tanh \gamma l \approx \alpha l \,(1 + \tan^2 \beta l) + j \tan \beta l . \tag{3-72}$$

Daraus folgt dann:

$$\alpha l = \text{Re}\,\{\sqrt{\underline{Z}_K/\underline{Z}_L}\}/(1 + [\text{Im}\,\{\sqrt{\underline{Z}_K/\underline{Z}_L}\}]^2) , \tag{3-73}$$

$$\beta l = \arctan \text{Im}\,\{\sqrt{\underline{Z}_K/\underline{Z}_L}\} . \tag{3-74}$$

Dämpfungskonstante α

Phasenkonstante β

Die etwas umständliche Ausrechnung der komplexen Gleichung (3-71) läßt sich umgehen, wenn es möglich ist, die (nicht zu kurze) Leitung mit ihrem Wellenwiderstand $\underline{Z}_w$ abzuschließen; dies ist insbesondere bei hohen Frequenzen der Fall, für die sich aus Gl. (3-59) ein nahezu reeller Wert

$$Z_{\mathrm{w}} \approx \sqrt{L'/C'} \tag{3-75}$$

ergibt. Bei Abschluß mit dem Wellenwiderstand verschwindet die rücklaufende Welle, vgl. Gl. (3-62), es gilt in Gl. (3-56) $\underline{B} = 0$, so daß folgt:

$$\underline{U}(l) = \underline{U}(0) \cdot e^{-\gamma l} = \underline{U}(0) \cdot e^{-\alpha l} \cdot e^{-j\beta l},$$

$$\frac{|\underline{U}(l)|}{|\underline{U}(0)|} = e^{-\alpha l}, \qquad \alpha l = \ln \frac{|\underline{U}(0)|}{|\underline{U}(l)|}, \tag{3-76}$$

$$\varphi\{\underline{U}(0)\} - \varphi\{\underline{U}(l)\} = \beta l, \qquad \beta l = \Delta\varphi/_{x=0,\,x=l}. \tag{3-77}$$

Man kann α also (bei einer nicht zu kurzen, mit ihrem Wellenwiderstand abgeschlossenen Leitung) durch eine Spannungsverhältnis-Messung, β durch eine Messung des Phasenunterschiedes zwischen Anfang und Ende der Leitung bestimmen.

Bei der Auswertung von Gl. (3-74) oder Gl. (3-77) ist die *Periodizität* der Phasenbeziehung auf der Leitung zu beachten, wenn die Leitung länger als eine Wellenlänge λ ist: je Wellenlänge λ auf der Leitung wächst das Phasenmaß um 2π! Wird dieser Umstand übersehen, erhält man grob fehlerhafte Ergebnisse!

Reflektometrie

In der *Hochfrequenztechnik* benutzt man sogenannte *Richtkoppler;* sie werden in den Zug einer Leitung eingefügt (auf übereinstimmenden Wellenwiderstand achten!) und ermöglichen die Auskopplung eines Teils der vorwärtslaufenden Welle allein oder eines Teils der rückwärtslaufenden Welle allein (oder beides, an getrennten Ausgängen!), vgl. z.B. [A64], [A66], [A80]. Mit Hilfe eines derartigen Gerätes kann der korrekte Wellenwiderstandsabschluß unmittelbar am Verschwinden der rücklaufenden Welle erkannt werden. Die *Sampling-Technik* erlaubt heute auch die sog. *Zeitbereich-Reflektometrie* (TDR, time domain reflectometry), bei der schnelle Impulsvorgänge, wie sie z.B. während der Einschwingzeit einer Leitung auftreten (Wanderwellenvorgänge, vgl. Abschnitt 3.9.1), auf dem Bildschirm eines Oszilloskops sichtbar gemacht werden, vgl. Abschnitt 5.1.8 [A40]. Mit derartigen Geräten lassen sich dann auch die für *nicht* eingeschwungene Vorgänge entscheidenden Kenngrößen, z.B. im Sinne von Gln. (3-41), (3-42), (3-52), (3-53), zumindest annähernd bestimmen, siehe auch [A213].

3.9.3 Leitungen als Meßhilfsmittel

In der Hochfrequenztechnik werden *Reflexionsfaktoren* und *Impedanzen* mit Hilfe von *Meßleitungen, Resonanzleitungen* und Meßeinrichtungen auf der Basis von *Richtkopplern* bestimmt.

Meßleitung

Bild 3-59 zeigt das Prinzip einer Meßleitung. Die rücklaufende Welle hängt bezüglich Amplitude und Phasenlage von der Abschlußbedingung am Leitungsende ab, also vom Reflexionsfaktor $\underline{r}$ bzw. der Impedanz $\underline{Z}$ des Meßobjekts. Durch die Überlagerung der rücklaufenden Welle mit der zulaufenden Welle kommt es auf der Leitung zur Ausbildung von Spannungsmaxima und Spannungsminima, welche mit Hilfe eines geeigneten Meßkopfes (der bei manchen Ausführungen eine Resonanzschaltung enthält, die auf die Meß-

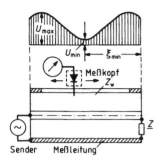

Bild 3-59

Prinzip einer Meßleitung

frequenz abgestimmt werden muß) nach Größe und räumlicher Lage auf der Leitung bestimmt werden können. Aus dem Spannungsverhältnis U_{min}/U_{max} und dem Abstand ξ_{min} des ersten Spannungsminimums vom Ende der Meßleitung kann dann $\underline{r}$ oder $\underline{Z}$ bestimmt werden.

Wir betrachten hierzu kurz die mathematischen Zusammenhänge. Zunächst einmal kann eine so kurze Leitung als verlustfrei angesehen werden, $G' = R' = 0$. Für β und Z_w gelten dann die vereinfachten Ausdrücke Gl. (3-67) und (3-75), während Gl. (3-56) wegen $\alpha = 0$ die Form

$$\underline{U}(x) = \underline{A} \cdot e^{-j\beta x} + \underline{B} \cdot e^{+j\beta x}$$

annimmt. Nun denken wir uns den Nullpunkt der Ortskoordinate x an das Leitungsende verlegt und außerdem eine neue Ortskoordinate $\xi = -x$ eingeführt, die vom Leitungsende her in Richtung zum Leitungsanfang hin gezählt wird:

$$\underline{U}(\xi) = \underline{A} \cdot e^{j\beta\xi} + \underline{B} \cdot e^{-j\beta\xi}. \tag{3-78}$$

Nun besteht zwischen der hinlaufenden Welle und der am Leitungsende reflektierten Welle für $\xi = 0$ entsprechend Gl. (3-62) der Zusammenhang

$$\underline{B} = \underline{r} \cdot \underline{A} = r \cdot e^{j\rho} \cdot \underline{A} \tag{3-79}$$

und damit

$$\underline{U}(\xi) = \underline{A} \left(e^{j\beta\xi} + r \cdot e^{j\rho} \cdot e^{-j\beta\xi} \right) \tag{3-80}$$
$$= \underline{A} \left(e^{j\beta\xi} + r \cdot e^{j(\rho-\beta\xi)} \right). \tag{3-81}$$

Die Ortsabhängigkeit der Spannung entlang der Leitung wird also durch die Summe der beiden komplexen Zeiger $e^{j\beta\xi}$ und $r \cdot e^{j(\rho-\beta\xi)}$ beschrieben, wobei r der Betrag und ρ der Winkel des Reflexionsfaktors $\underline{r}$ am Ende der Leitung ist. Bild 3-60 macht anschaulich, welche Konsequenzen das hat. In Bild 3-60a wird zunächst der Fall eines reellen Reflexionsfaktors betrachtet, $r = 0,6$ und $\rho = 0$. Am Leitungsende $\xi = 0$, also bei $\beta\xi = 0$, addieren sich beide Zeiger geradlinig und gleichsinnig, die Spannung ist am Leitungsende maximal. Schreitet man entlang der Leitung in Richtung auf den Leitungsanfang zu fort, bis $\beta\xi = \pi/4$ ist, so hat sich $e^{j\beta\xi}$ um $\pi/4$ im mathematisch positiven Sinne gedreht, dagegen $\underline{r} \cdot e^{-j\beta\xi}$ um $\pi/4$ im mathematisch negativen Sinne; die Zeiger sind nun geometrisch zu addieren, und die resultierende Spannung wird kleiner. Schließlich addieren sich die beiden Teilzeiger für $\beta\xi = \pi/2$ wieder geradlinig, aber gegensinnig, und die resultierende Spannung wird minimal; wäre $r = 1$, so würde hier sogar eine Auslöschung auftreten (Spannungsknoten einer sog. „stehenden Welle", vgl. z.B. [A64]). Ist dagegen z.B. $r = 0,6$ und $\rho = \pi/4$, so entwickelt sich gemäß Bild 3-60b vom Ende her gesehen auf der Leitung zunächst bei $\beta\xi = \pi/8$ ein Maximum und dann bei $\beta\xi = 5\pi/8$ ein Minimum. Im Falle $r = 0,6$ und $\rho = -\pi/4$ trifft man dagegen entsprechend Bild 3-60c zunächst auf ein Minimum

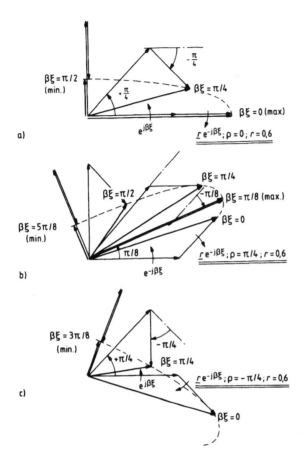

a)

b)

Bild 3-60

Zur Entstehung der Spannungsmaxima und -minima auf der
Meßleitung

c)

bei $\beta\xi = 3\pi/8$. Nun läßt sich aus Gl. (3-80) in Verbindung mit den Zeigerbildern leicht ablesen, daß
für die Beträge U_{min} und U_{max} der Spannungsextrema auf der Leitung gilt

$$U_{min} = |\underline{A}| (1 - |\underline{r}|) ,$$
$$U_{max} = |\underline{A}| (1 + |\underline{r}|) ,$$

für das Verhältnis also

$$m = \frac{U_{min}}{U_{max}} = \frac{1 - |\underline{r}|}{1 + |\underline{r}|} = \frac{1 - r}{1 + r} . \tag{3-82}$$

Hierin wird m *Anpassungsfaktor* genannt; für $\underline{Z} = \underline{Z}_W$ ist $m = 1$. Durch die Messung des Spannungsverhältnisses m auf der Leitung findet man also den Betrag des Reflexionsfaktors, indem man Gl. (3-82)
entsprechend auflöst:

$$r = \frac{1 - m}{1 + m} . \tag{3-83}$$

Der Phasenwinkel ρ des Reflexionsfaktors ergibt sich aus der Überlegung, daß am Ort des Spannungsminimums die Teilzeiger $e^{j\beta\xi}$ und $r \cdot e^{j(\rho - \beta\xi)}$ genau gegenphasig sind,

$$\beta\xi_{min} = \rho - \beta\xi_{min} + \pi ,$$

wie man sich durch ein Studium der Bilder 3-60a, b, c klarmachen kann. Daraus ergibt sich dann mit Gl. (3-61):

$$\rho = 2\beta\xi_{min} - \pi = \frac{4\pi}{\lambda}\xi_{min} - \pi .$$ (3-84)

Die Wellenlänge λ wird ebenfalls an der Meßleitung abgelesen, und zwar ist der Abstand zweier Spannungsmaxima (oder zweier Spannungsminima) gleich $\lambda/2$. Ist der Reflexionsfaktor auf diese Weise vollständig gemessen, so kann auch die Impedanz des Meßobjekts angegeben werden, indem Gl. (3-62) entsprechend aufgelöst wird:

$$\underline{Z} = Z_w \frac{1 + \underline{r}}{1 - \underline{r}} .$$ (3-85)

In der hochfrequenztechnischen Praxis erfolgt die Auswertung der Ergebnisse (3-83), (3-84) und (3-85) nicht rechnerisch, sondern graphisch mit Hilfe sogenannter *Leitungsdiagramme*, insbesondere der "Smith-Chart", vgl. z. B. [A64], [A66], [A67], [A80].

Resonanzleitungen

Resonanzleitungen sind am Ende kurzgeschlossene (seltener: leerlaufende) Leitungen, die genau auf $l = \lambda/4$ (eventuell auch ein Vielfaches davon) eingestellt werden, im allgemeinen durch verschieben einer geeignet konstruierten Kurzschlußebene. Sie verhalten sich an ihren Eingangsklemmen ähnlich wie Schwingkreise und dienen deshalb in der Hochfrequenztechnik zur sinngemäßen Realisierung des Schwingkreis-Meßverfahrens nach Bild 3-23 oder gelegentlich auch des Resonanz-Frequenzmessers nach Bild 3-38, vgl. z. B. [A66], [A80].

Resonatoren

Als Resonanz-Frequenzmesser eignen sich in der Hochfrequenztechnik besser koaxiale, zylinderförmige oder quaderförmige Hohlräume, kurz *Resonatoren* genannt, vgl. z. B. [A68], [A69], [A80].

Richtkoppler

Richtkoppler (d.h. Auskoppler für *eine* Wellenrichtung) und *Reflektometer* (für die getrennte Auskopplung der vorwärts *und* rückwärts laufenden Wellen) erlauben die getrennte Messung der vorwärts und rückwärts laufenden Wellen. Mit geeigneten Folgegeräten kann eine unmittelbare Anzeige des komplexen Reflexionsfaktors oder der Abschlußimpedanz am Ende der Leitung erreicht werden, was natürlich wesentlich angenehmer als die Auswertung der Spannungsverteilung auf einer Meßleitung ist, vgl. Abschnitt 5.3.2.

Betrachtet man die Wellenausbreitung für eingeschwungene sinusförmige Vorgänge an einem bestimmten Ort x der Leitung, so können die vorwärts laufende Welle $\underline{A} \cdot e^{-\gamma x}$ und die rückwärts laufende Welle $\underline{B} \cdot e^{\gamma x}$ durch die Größen $\underline{U}(x)$ und $\underline{I}(x)$ ausgedrückt werden, indem man Gl. (3-56) und (3-57) entsprechend auflöst ($\underline{Z}_w$ sei reell!):

$$\underline{A} \cdot e^{-\gamma x} = \tfrac{1}{2} \left[\underline{U}(x) + Z_w \underline{I}(x) \right] ,$$ (3-86)

$$\underline{B} \cdot e^{+\gamma x} = \tfrac{1}{2} \left[\underline{U}(x) - Z_w \underline{I}(x) \right] .$$ (3-87)

Man kann also für irgendeinen Ort x einer Leitung beide Wellenspannungen je für sich zur Anzeige bringen, wenn man eine Anordnung ersinnt, die die beiden Summen nach Gl. (3-86) und (3-87) zu bilden vermag. Dies ist nun beispielsweise nach Bild 3-61 möglich, wobei hinsichtlich der Dimensionierung für jeden Teilzweig $\omega L \gg R \gg 1/\omega C_2$

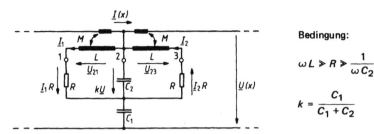

Bild 3-61 Gleichzeitige induktive und kapazitive Auskopplung als Grundprinzip für die Realisierung eines Richtkopplers bzw. Reflektometers

gelten soll. Über den kapazitiven Spannungsteiler mit dem Teilverhältnis $k = C_1/(C_1 + C_2)$ wird ein Bruchteil $k\,\underline{U}(x)$ der resultierenden Spannung $\underline{U}(x)$ auf der Leitung ausgekoppelt. Der Leitungsstrom $\underline{I}(x)$ induziert in mit der Leitung magnetisch gekoppelten Induktivitäten je eine Spannung $j\,\omega M\underline{I}(x)$, welche unter der Voraussetzung $\omega L \gg R \gg 1/\omega C_2$ jeweils die Sekundärströme

$$\underline{I}_{1,2} \approx j\,\omega M\underline{I}(x)\,/\,j\omega L = (M/L)\underline{I}(x)$$

fließen lassen, die dann an den Widerständen R wiederum jeweils die Spannungsabfälle

$$\underline{I}_{1,2}\cdot R = (RM/L)\underline{I}(x)$$

erzeugen. So ergibt sich schließlich zwischen den Klemmen 2–3 bzw. 2–1 jeweils die Summenspannung

$$\underline{U}_{23} = k\,\underline{U} + \underline{I}_2 R = k\,\underline{U} + \frac{RM}{L}\,\underline{I}\,,$$

$$\underline{U}_{21} = k\,\underline{U} - \underline{I}_1 R = k\,\underline{U} - \frac{RM}{L}\,\underline{I}\,.$$

Erfüllt man die Bedingung

$$RM\,/\,kL = Z_w\,,\tag{3-88}$$

so ergibt sich:

$$\underline{U}_{23} = k\,[\underline{U}(x) + Z_w\,\underline{I}(x)]\,,\tag{3-89}$$

$$\underline{U}_{21} = k\,[\underline{U}(x) - Z_w\,\underline{I}(x)]\,.\tag{3-90}$$

Der Vergleich mit Gl. (3-86) und (3-87) zeigt, daß $\underline{U}_{23}$ zur vorwärts, $\underline{U}_{21}$ zur rückwärts laufenden Spannungswelle proportional ist.

Neben dem in Bild 3-61 dargestellten Grundprinzip gibt es in der Hochfrequenztechnik noch eine ganze Reihe anderer Realisierungsmöglichkeiten, die zum Teil zweckmäßiger sind, deren Beschreibung jedoch eine eingehendere Darstellung räumlich verteilter Koppeleffekte erfordern würde, vgl. z.B. [A66], [A70], [A71], [A72], [A80]. Man beachte, daß der Wellenwiderstand eines Richtkopplers stets mit dem Wellenwiderstand der Leitung, in die er eingefügt werden soll, übereinstimmen muß.

Sampling-Technik

Wie man sich schon durch eine Diskussion von Bild 3-61 klar machen kann, arbeiten Richtkoppler stets nur in einem beschränkten Frequenzbereich hinreichend einwandfrei. Die Beobachtung schneller Impulsvorgänge auf Leitungen (Wanderwellen, vgl. Abschnitt 3.9.1, z.B. Bild 3-56) ist erst durch die *Sampling-Technik* allgemein möglich geworden, von einigen speziellen Echtzeit-Verfahren z.B. der Hochspannungs-Meßtechnik abgesehen. Hierbei werden der Leitung mit Hilfe sehr schneller elektronischer Schalter (Sampling-Dioden) Abtastimpulse entnommen, elektronisch gespeichert und Punkt für Punkt zu einem (langsameren) Oszillogramm des auf der Leitung ablaufenden Vorgangs zusammengesetzt; hierfür muß – bei derzeit handelsüblichen Geräten – der Vorgang auf der Leitung allerdings mit guter Reproduzierbarkeit periodisch wiederholt werden können, vgl. Abschnitt 5.1.8.

3.9.4 Leitungen als Verbindungsmittel

Hier sollen einige Überlegungen für den Fall wiedergegeben werden, daß Meßwerte über längere Leitungen übertragen werden müssen. Für den Fall sinusförmiger Signale ergeben sich die zu beachtenden Zusammenhänge im Rückblick auf die Abschnitte 3.9.1 bis 3.9.3.

Ist die Leitung sehr kurz gegenüber der Wellenlänge ($l/\lambda < 0,01$), so genügt es im allgemeinen, zu berücksichtigen, daß die Signalquelle mit der Parallelschaltung aus Leitungskapazität $C = C' l$ und Abschlußimpedanz belastet wird, und den Spannungsunterschied zwischen Anfang und Ende der Leitung aufgrund von Längsimpedanz $(R' + j\omega L') l$ und Abschlußimpedanz zu berechnen.

Ein typisches praktisches Beispiel stellt die Anwendung abgeschirmter Zuleitungen für hochohmige Verstärker- oder Oszilloskopeingänge dar. Hier muß man in der Regel damit rechnen, daß das zu beobachtende Signal durch die kapazitive Belastung der Signalquelle mit $C = C' l$ verfälscht wird (Größenordnung: $C' = 100$ pF/m). Um dem entgegenzuwirken, kombiniert man Abschirmleitungen eingangsseitig oft mit einem abgeglichenen *RC*-Spannungsteiler (Tastkopf), der die Eingangskapazität wesentlich reduziert; vgl. hierzu Abschnitt 4.1. Im Frequenzbereich oberhalb 100 MHz ist dies jedoch auch nur noch in Ausnahmefällen praktikabel; hier wird man Leitungen in der Regel mit ihrem Wellenwiderstand abschließen.

Bei Abschluß mit dem Wellenwiderstand verhält sich eine Leitung besonders übersichtlich. Die reflektierte Welle entfällt, der Eingangswiderstand ist ebenfalls gleich dem Wellenwiderstand, und der Spannungsunterschied zwischen Anfang und Ende der Leitung ist einfach durch Dämpfungs- und Phasenkonstante bestimmt, nach Gl. (3-56) folgt:

$$\underline{U}_2 = \underline{U}_1 \cdot e^{-\gamma l} = \underline{U}_1 \cdot e^{-(\alpha + j\beta) l} . \tag{3-91}$$

Von großem Nachteil ist aber im Frequenzbereich unter 100 MHz, daß die Signalquelle in diesem Falle niederohmig belastet wird, weil die Wellenwiderstände handelsüblicher Leitungen in der Regel Nennwerte von 50Ω, 60Ω, oder 75Ω haben; man beachte, daß bei tiefen Frequenzen auch der rechnerische Wert nach Gl. (3-59) vom Nennwert abweicht.

Liegt die Leitungslänge im Bereich $0,01 < l/\lambda < 0,1$, so können aus den Leitungsgleichungen äquivalente Ersatzschaltungen aus konzentrierten Einzelelementen (R, L, C, G) hergeleitet werden, vgl. hierzu z.B. [A66]. Ist die Leitung länger, so sollte man sich wegen der Vielfalt möglicher Erscheinungen (Welligkeit und Dämpfung) durch eine Auswertung der exakten Leitungsgleichungen über die zu erwartenden Fehlereinflüsse informieren. Mit Hilfe der heute verfügbaren Tisch- und Taschenrechner für wissenschaftliche Zwecke ist die Rechenarbeit durchaus zu bewältigen. Es sollen deshalb hier die mathematischen Zusammenhänge etwas auf die Aufgabenstellung zugeschnitten werden. Wir denken uns die Ortskoordinate ξ vom Leitungsende her gezählt, dann ergibt sich mit $x = -\xi$ aus Gl. (3-56) und (3-57):

$$\underline{U}(\xi) = \underline{A} \cdot e^{\gamma\xi} + \underline{B} \cdot e^{-\gamma\xi} , \tag{3-92}$$

$$\underline{Z}_w \underline{I}(\xi) = \underline{A} \cdot e^{\gamma\xi} - \underline{B} \cdot e^{-\gamma\xi} . \tag{3-93}$$

Aus den Randbedingungen bei $\xi = 0$,

$$\underline{U}(0) = \underline{U}_2 = \underline{A} + \underline{B} ,$$
$$\underline{Z}_w \underline{I}(0) = \underline{Z}_w \underline{I}_2 = \underline{A} - \underline{B} ,$$

ergibt sich durch auflösen nach $\underline{A}$ und $\underline{B}$, einsetzen in Gl. (3-56) und (3-57) und zweckentsprechendes umordnen:

$$\underline{U}_1 = \underline{U}_2 \frac{e^{\gamma l} + e^{-\gamma l}}{2} + \underline{Z}_w \underline{I}_2 \frac{e^{\gamma l} - e^{-\gamma l}}{2}$$

$$= \underline{U}_2 \cdot \cosh\gamma l + \underline{Z}_w \underline{I}_2 \sinh\gamma l , \tag{3-94}$$

$$\underline{Z}_w \underline{I}_1 = \underline{U}_2 \frac{e^{\gamma l} - e^{-\gamma l}}{2} + \underline{Z}_w \underline{I}_2 \frac{e^{\gamma l} + e^{-\gamma l}}{2}$$

$$= \underline{U}_2 \sinh\gamma l + \underline{Z}_w \underline{I}_2 \cosh\gamma l . \tag{3-95}$$

Hiernach kann im Prinzip der Unterschied zwischen den (sinusförmigen) Signalgrößen am Leitungsanfang und Leitungsende berechnet werden; für die Eingangsimpedanz, mit der ein Meßobjekt belastet wird, ergibt sich daraus noch:

$$\underline{Z}_1 = \frac{\underline{U}_1}{\underline{I}_1} = \underline{Z}_w \frac{\underline{Z}_2 \cosh\gamma l + \underline{Z}_w \sinh\gamma l}{\underline{Z}_2 \sinh\gamma l + \underline{Z}_w \cosh\gamma l} . \tag{3-96}$$

Man erkennt übrigens, wie sich die Situation bei Abschluß mit dem Wellenwiderstand sogleich auf $\underline{Z}_1 = \underline{Z}_w$ vereinfacht! Mit Hilfe der Additionstheoreme

$$\sinh(x + jy) = \sinh x \cdot \cos y + j \cosh x \cdot \sin y , \tag{3-97}$$

$$\cosh(x + jy) = \cosh x \cdot \cos y + j \sinh x \cdot \sin y \tag{3-98}$$

können die Hyperbelfunktionen des komplexen Arguments $\gamma l = (\alpha + j\beta) l$ auf Hyperbel- und Kreisfunktionen eines reellen Arguments zurückgeführt werden, welche bei geeigneten Tisch- oder Taschenrechnern aufgerufen oder Tabellenbüchern entnommen werden können [A73], [A74]. Über die Verzerrung impulsförmiger Meßsignale auf Leitungen kann man sich z.B. in [A65] informieren. In der Regel führt auch hier der Abschluß mit dem Wellenwiderstand auf die übersichtlichsten Betriebsverhältnisse.

3.9.5 Fehlerortung auf Leitungen

Bei längeren Leitungen steht man oft vor der Notwendigkeit, einen Fehlerort (Kurzschluß, Erdschluß, Unterbrechung) möglichst genau zu bestimmen, beispielsweise wenn ein defektes Kabel im Erdboden verlegt ist und der aufzugrabende Streckenabschnitt möglichst kurz gehalten werden soll.

Mehrleiterkabel

Bild 3-62 zeigt eine Möglichkeit zur Lokalisierung eines *Erdschlusses* in einem Mehrleiterkabel, die dann anwendbar ist, wenn das defekte Kabel noch mindestens eine gesunde

$$\frac{b}{a} = \frac{2\,l - x}{x}$$

$$\boxed{x = 2\,l\;\frac{a}{a+b}}$$

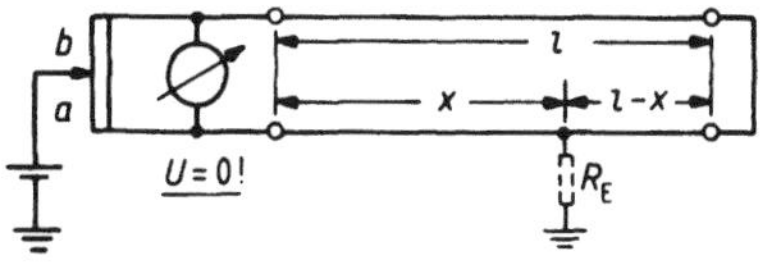

Bild 3-62 Lokalisieren eines Erdschlusses in einem Mehrleiterkabel, welches noch mindestens eine gesunde Ader enthält. Auf entsprechende Weise kann ein Kurzschluß zwischen zwei Adern lokalisiert werden, sofern noch eine gesunde Ader verfügbar bleibt.

Ader enthält. Es wird dann mit Hilfe der noch verfügbaren gesunden Ader (die hier hinsichtlich Material und Querschnitt mit der geschädigten Ader übereinstimmen soll) und eines Schleifdrahtpotentiometers (b/a) eine Wheatstonesche Brückenschaltung hergestellt (vgl. Abschnitt 3.4.1). Das Schleifdrahtpotentiometer wird dann so eingestellt, daß das Brückeninstrument $U = 0$ zeigt. Aus der in Bild 3-62 angegebenen Abgleichbedingung ergibt sich dann der Fehlerort x.

Bei diesem Verfahren liegt der Erdschlußwiderstand R_E lediglich im Speisekreis der Meßbrücke, so daß der unbekannte, meist sogar schwankende Wert von R_E keinen Einfluß auf das Meßergebnis hat.

Auf entsprechende Weise kann ein *Kurzschluß* zwischen zwei Adern eines Mehrleiterkabels lokalisiert werden, wenn noch ein (hier als gleichartig vorausgesetzter) gesunder Leiter vorhanden ist; an die Stelle der Rückverbindung über den Erdboden bzw. Kabelmantel tritt dann der Stromrückfluß über die am Kurzschluß beteiligte zweite Ader.

$$\frac{b}{a} = \frac{C_2' + C_2''}{C_1} = \frac{2\,l - x}{x}$$

$$\boxed{x = 2\,l\;\frac{a}{a+b}}$$

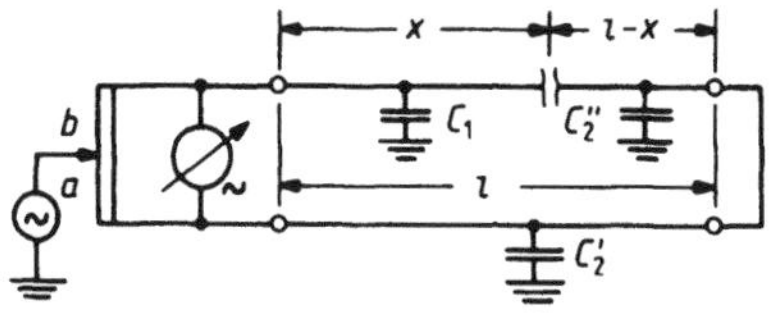

Bild 3-63 Lokalisieren eines Aderbruches in einem Mehrleiterkabel, welches noch mindestens eine gesunde Ader enthält

Ein *Aderbruch* kann ebenfalls durch ergänzen des Systems zu einer Brückenschaltung nach Bild 3-63 lokalisiert werden, wenn noch mindestens eine (gleichartige) gesunde Ader zur Verfügung steht. Hierbei wird der Umstand ausgenutzt, daß die Erdkapazität (bzw. die Kapazität zwischen Leiter und Kabelmantel) bei hinreichend gleichförmigem Aufbau eines Kabels proportional zur Leiterlänge ist; die Brückenschaltung muß hierbei natürlich mit Wechselspannung gespeist werden (z. B. $f = 1$ kHz).

Impulsechoverfahren

Besteht die Möglichkeit zur Bildung von Leitungsbrückenschaltungen nicht, wendet man sog. *Impulsechoverfahren* an. Sendet man auf eine Leitung einen kurzen Spannungsimpuls, so wird von einem Querwiderstand (Leiterschluß, Erdschluß) ein Impuls umgekehrten

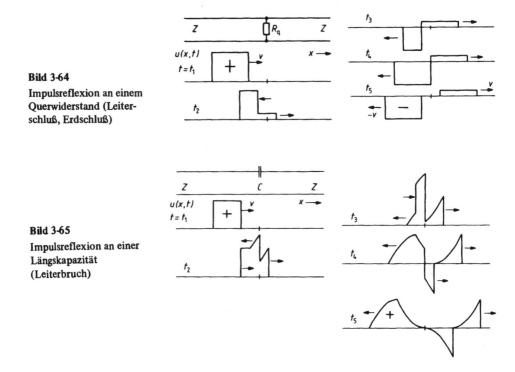

Bild 3-64

Impulsreflexion an einem
Querwiderstand (Leiter-
schluß, Erdschluß)

Bild 3-65

Impulsreflexion an einer
Längskapazität
(Leiterbruch)

Vorzeichens reflektiert, vgl. Bild 3-64, von einem Längswiderstand bzw. einer Längskapazität (Leiterbruch) ein Impuls gleichen Vorzeichens reflektiert, vgl. Bild 3-65. Ein
Impulsechogerät stellt dann z.B. auf einem Oszilloskopschirm die reflektierten Impulse
so dar, daß man die Laufzeit ablesen kann, die zwischen dem Aussenden des Meßimpulses
und dem Eintreffen des Echoimpulses vergangen ist; aus der Laufzeit kann man dann auf
die Entfernung der Fehlerstelle schließen.

Zur Erläuterung von Bild 3-64 kurz folgendes. Der Meßimpuls trifft an der Fehlerstelle auf den Abschlußwiderstand $R = R_q Z/(R_q + Z)$. Für die Zeichnung ist z.B. $R_q = Z/8$ angenommen worden.
Hierfür ergibt sich nach Gl. (3-43) ein Reflexionsfaktor $r = -0,8$. Sobald die Impulsfront der Höhe U
die Fehlabschlußstelle erreicht hat, entsteht eine reflektierte Spannungsfront der Höhe $rU = -0,8 U$,
die sich der zulaufenden Welle überlagert (vgl. $t = t_2$). Das Impulsende kann dadurch berücksichtigt
werden, daß man der zulaufenden Welle der Höhe U um die Impulsdauer verzögert eine zweite zulaufende Welle der Höhe $-U$ überlagert. Überlagert man hierzu auch die entsprechenden Reflexionsvorgänge, so erkennt man, daß sich von der Fehlabschlußstelle schließlich ein rückwärtslaufender
Impuls der Höhe $-0,8 U$ und ein vorwärtslaufender Impuls der Höhe $0,2 U$ ablösen ($t = t_5$). Der rückwärtslaufende Impuls wird vom Impulsechogerät empfangen und auf einem Oszilloskopschirm sichtbar
gemacht.
Etwas verwickelter sind die Vorgänge im Falle von Bild 3-65, wo für den Fehlabschluß nicht ein ohmscher Widerstand, sondern ein Energiespeicher, nämlich eine Längskapazität (Leiterbruch) maßgebend
ist. Im Augenblick des Auftreffens der Spannungsfront wirkt die Kapazität noch wie eine direkte Verbindung, so daß kein sprungartiger Reflexionseffekt auftritt. Für $t \to \infty$ müßte die Spannungsfront jedoch entsprechend einem Abschluß $R = \infty$ mit $r = +1$ reflektiert wwerden, die Gesamtspannung auf
der Leitung also auf $2 U$ ansteigen. Dazwischen spielt sich ein exponentialförmiger Ausgleichsvorgang

mit der Zeitkonstante $\tau = C \cdot 2Z$ ab. Das Impulsende kann wieder mit Hilfe einer Sprungwelle der Höhe $-U$ berücksichtigt werden. Schließlich lösen sich von der Fehlabschlußstelle ein rückwärtslaufender positiver Impuls und ein vorwärtslaufender Doppelimpuls ab ($t = t_5$). Einzelheiten zum Verständnis der Reflexionsvorgänge an Fehlabschlußstellen findet man z.B. in [A60], [A75].

3.10 Störsignale und Gegenmaßnahmen

▶ 3.10.1 Allgemeine Begriffserklärungen

Störspannungen (und *Störströme*) können innerhalb einer Meßanlage entstehen oder in sie von außen eingestreut werden. Wegen der räumlichen Ausdehnung sind insbesondere Verbindungsleitungen und Leitungssysteme oft mit Störquellen behaftet oder Störeinstreuungen ausgesetzt. Der Größe nach geordnet können Störeinflüsse eine Meßeinrichtung beschädigen (z.B. Blitzschlag, Berührung mit Starkstromleitungen), eine Messung verhindern (z.B. Einstreuungen aus dem Stromversorgungsnetz, Brummspannungen) oder einen Meßwert verfälschen (z.B. Fremdspannungen, Leckströme). *Störungen* sind also immer Fremdsignale, die sich in einer Meßanlage (additiv) bemerkbar machen. *Fehler*, die auf unzureichende (multiplikative) Übertragungseigenschaften von Meßgeräten oder Meßanlagen zurückzuführen sind, werden *nicht* als Störungen bezeichnet! Der Eindeutigkeit halber sollten auch *Betriebsausfälle* von Anlagenteilen *nicht* als Störungen bezeichnet werden!

▶ 3.10.2 Systeminterne Störsignale

Thermospannungen

An Kontaktstellen verschiedenartiger Metalle treten stets temperaturabhängige *Kontaktspannungen* auf. Befinden sich in einem geschlossenen Stromkreis alle Kontaktstellen auf gleicher Temperatur, so ist grundsätzlich die Summe aller Kontaktspannungen gleich Null. Befindet sich jedoch beispielsweise eine Kontaktstelle auf einer höheren Temperatur als die übrigen, so sind die Kontaktspannungen im Stromkreis nicht mehr ausgeglichen, vielmehr entsteht dann eine (in erster Näherung) zum Temperaturunterschied proportionale *Thermospannung* (Seebeck-Effekt); die Größenordnung liegt je nach Metallkombination im Bereich $1...100\,\mu\text{V}/^\circ\text{C}$. Bild 3-66 macht deutlich, wie auf diese Weise z.B. beim Übergang von einem Konstantan-Strommeßwiderstand auf Kupferleitungen (bei Gleichstrommessungen) ein Fehler entstehen kann, wenn die beiden Übergangsstellen nicht auf gleicher Temperatur sind. Thermospannungseinflüsse kann man leicht durch *Umpolen* der Meßgröße erkennen; in diesem Falle wird sich der Thermospannungsbeitrag zum Meß-

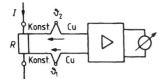

Bild 3-66

Entstehung einer störenden Thermospannung infolge unterschiedlicher Temperaturen der Übergangsstellen Konstantan-Kupfer bei einem Strommeßwiderstand

signal einmal addieren und einmal subtrahieren, so daß man ihn also erkennen und auch durch Mittelwertbildung eliminieren kann. Im übrigen lassen sich Thermospannungseinflüsse dadurch niedrig halten, daß man dafür sorgt, daß zwei Kontaktstellen, deren Kontaktspannungen sich kompensieren müssen, stets auf nahezu gleicher Temperatur bleiben (räumlich unmittelbar benachbart anordnen, Wärmeströmungen vermeiden oder Kontaktstellen im Wärmeströmungsfeld symmetrisch anordnen!). Für Abgleich- oder Meßwiderstände in Gleichstromkreisen sollte z.B. Manganin verwendet werden, dessen Thermospannung gegenüber Kupfer etwa um den Faktor 40 kleiner ist als bei der Kombination Konstantan-Kupfer, vgl. Abschnitt 2.2.1. Bei Widerstandsmeßbrücken ist die Wechselspannungsspeisung ein wirksames Mittel zur Vermeidung von Thermospannungseinflüssen, vgl. Abschnitt 6.3.

Umgekehrt kann der thermoelektrische Effekt natürlich für Temperaturmessungen eingesetzt werden, vgl. Abschnitt 2.2.6 und 6.7. Es gibt übrigens auch einen Umkehreffekt: Eine Kontaktstelle zwischen zwei verschiedenen Metallen wird bei Stromdurchfluß je nach Stromrichtung entweder erwärmt oder *abgekühlt* (Peltier-Effekt).

Galvanispannungen

Kommen zwei verschiedenartige Leiterwerkstoffe mit Wasser und dissoziierenden Lösungsanteilen (Salze, Säuren, Basen) in Berührung, so bildet sich ein *Galvanisches Element*, welches in einen Gleichspannungsmeßkreis Fehlerspannungen einspeisen kann (bis zu einigen hundert Millivolt). Bild 3-67 erläutert das ersatzbildmäßig am Beispiel eines Thermoelement-Meßkreises; die Galvanispannung U_G verursacht einen Gleichstrom über das Thermoelement, der an dessen Innenwiderstand und am Widerstand der Leitungen eine Fehlerspannung erzeugt (abgesehen von für die Betriebssicherheit gefährlichen Korrosionswirkungen!). Außerdem tritt über den (meist noch beträchtlich schwankenden) Innenwiderstand R_i einer derartigen Feuchtstelle auch noch eine fehlerverursachende Spannungsteilung für die Meßspannung auf. Derartige Störungen lassen sich natürlich durch gute Isolation und trockene Umgebung leitender Teile vermeiden. Eine Galvanispannung kann dadurch lokalisiert werden, daß sie nach dem Abschalten der Stromversorgung einer Anlage (und der Beseitigung evtl. aktiver Meßumformer) bestehen bleibt.

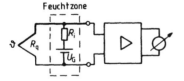

Bild 3-67

Entstehung einer Galvanispannung U_G zwischen unterschiedlichen Metallen in einer Feuchtzone (z.B. Ausgleichsleitungen eines Thermoelements, vgl. Abschn. 6.7)

Piezospannungen

Zahlreiche Dielektrika reagieren auf eine mechanische Beanspruchung (Dehnung oder Stauchung) mit einer dielektrischen Polarisation, d.h. sie influenzieren in angrenzenden Leitersystemen elektrische Spannungen. Hierdurch können z.B. bei Druck-, Zug- oder Biegebeanspruchungen von Kabeln Influenzspannungen bis zu einigen hundert Millivolt entstehen. Leitungen für *kleine* Meßsignale dürfen daher nicht mechanischen Beanspruchungen oder Erschütterungen ausgesetzt sein, es sei denn, daß elektrostatische Einflüsse durch einen hinreichend niederohmigen Kabelabschluß vernachlässigbar klein gehalten werden können. Besonders kritisch kann dieser Einfluß bei Verwendung elektrostatischer oder piezoelektrischer Meßumformer werden, z.B. in Verbindung mit sog. Ladungsverstärkern, vgl. Abschnitt 4.4 und 6.4.

Parameterschwankungen

Störspannungen können auch durch Parameterschwankungen entstehen. Ist z.B. ein Kabel während einer Messung auf eine höhere Gleichspannung aufgeladen, und ändert sich seine Kapazität infolge mechanischer Bewegung, so ändert sich unter hochohmigen Abschlußbedingungen auch die Spannung am Kabel, wodurch z.B. ein in Wahrheit nicht vorhandenes dynamisches Meßsignal vorgetäuscht werden kann (Mikrophonie).

Barkhausensprünge

In ferromagnetischen Kernen können duch mechanische Erschütterungen sog. Barkhausensprünge ausgelöst werden, durch die dann in Spulen- oder Übertragerwicklungen Störspannungen induziert werden [A27].

Leckströme

Über unzureichende Isolierstrecken (zu geringer Abstand, zu hohe Oberflächenleitfähigkeit, Verschmutzung, Feuchtigkeit) können störende Leckströme zustande kommen, z.B. zwischen den Speiseadern und den Meßsignaladern einer Meßbrückenschaltung. Kriechstromeinflüsse verhindert man am wirksamsten dadurch, daß zwischen einem auf hohem Potential liegenden Leiter und einem kleine Meßsignale übertragenden Leiter ein auf Erdpotential liegender Trennleiter oder Schirm (englisch in diesem Zusammenhang: guard) vorgesehen wird; Kriechströme fließen dann zum Erdpotential hin ab, ohne den empfindlichen Meßsignal-Leiter erreichen zu können.

Rauschen

Bei der Erfassung sehr kleiner Meßsignale zeigt sich, daß in allen Stromkreisen, die ohmsche Widerstände oder elektronische Bauelemente enthalten, *Rauschspannungen* auftreten, vgl. Abschnitt 1.4. Jeder ohmsche Widerstand kann bezüglich seines Rauschverhaltens durch eines der Ersatzbilder in Bild 3-68 dargestellt werden; hiernach ist der Effektivwert der Rauschspannung proportional zur Wurzel aus der Bandbreite, die bei der Beobachtung des Rauschens erfaßt werden kann. Bei Vierpolen oder Verstärkern legt man meist eine Rauschersatzschaltung nach Bild 3-69 zugrunde; im allgemeinen werden frequenzabhängige Spektralfunktionen $U(f)$ und $I(f)$ angegeben, über die dann zur Feststellung der Effektivwerte wie angegeben integriert werden muß, und zwar ebenfalls über die vorliegende Beobachtungsbandbreite. Auch hier gilt: Je größer die Bandbreite, desto größer die am Ausgang eines Meßsystems zu beobachtende Rauschspannung.

Ein tiefergehendes Verständnis der mit Rauscherscheinungen zusammenhängenden Probleme setzt ein eingehendes Studium der Zusammenhänge voraus [A10], [A11].

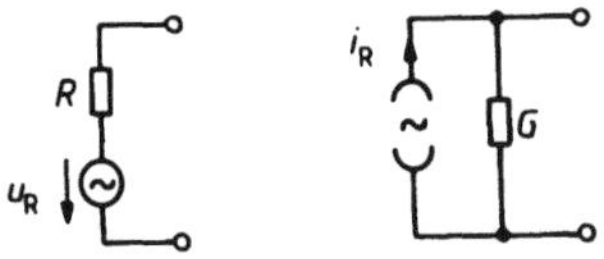

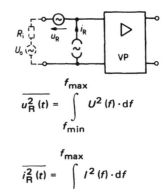

$u_{\text{eff}}^2 = 4\,k\,T\,R\cdot\Delta f \qquad i_{\text{eff}}^2 = 4\,k\,T\,G\cdot\Delta f$

$u_{\text{eff}}^2 = \overline{u_R^2(t)} \qquad\quad i_{\text{eff}}^2 = \overline{i_R^2(t)}$

$k = 1{,}38\cdot 10^{-23}\ \text{Ws/K}$

T absolute Temperatur

Δf Beobachtungsbandbreite

$$\overline{u_R^2(t)} = \int\limits_{f_{\min}}^{f_{\max}} U^2(f)\cdot df$$

$$\overline{i_R^2(t)} = \int\limits_{f_{\min}}^{f_{\max}} I^2(f)\cdot df$$

Bild 3-68
Rauschersatzbild eines ohmschen
Widerstandes (Leitwertes)

Bild 3-69
Rauschersatzbild eines Verstärkers oder
Vierpols

Hochfrequenzschwingungen

In Schaltungen, die elektronische Bauelemente enthalten, können leicht fehlerhafte Betriebszustände entstehen, welche zur Anfachung störender Hochfrequenzschwingungen führen. Diese wiederum können zu Übersteuerungserscheinungen, Nichtlinearität, Handempfindlichkeit u.a.m. führen. Hier muß grundsätzlich die Störschwingungsursache (aufgeklärt und) beseitigt werden.

Brummspannungen

In netzversorgten Anlagen können leicht netzfrequente oder zumindest netzsynchrone Störspannungen auftreten, vgl. hierzu Abschnitt 2.2.5 und 2.3.1. Auch hier sollte grundsätzlich die konkrete Ursache aufgeklärt und beseitigt werden.

▶ **3.10.3 Eingestreute Störsignale**

Induktive Einstreuung

Bild 3-70a zeigt das Zustandekommen einer *induktiven Einstreuung:* Wird die Meßleitung von einem zeitlich veränderlichen magnetischen Fluß durchsetzt, der beispielsweise von einer benachbarten Starkstromleitung herrühren kann, so wird in ihr eine Spannung induziert, die dann in Serie zur Meßspannung U_m in Erscheinung tritt. Durch *Verdrillen* der Meßleitung kann eine derartige induktive Einstreuung sehr stark reduziert werden, weil sich die induzierten Spannungen dann abschnittsweise aufheben, vgl. Bild 3-70b. Natürlich sollte grundsätzlich der Abstand zwischen Starkstromleitungen und Meßleitungen so groß wie möglich gehalten werden (in der Regel größer als 1 m), ebenso sollten auf der Starkstromseite stets Hin- und Rückleiter zusammen geführt werden, um schon von vornherein störende magnetische Streufelder so klein wie möglich zu halten.

In besonders schwierigen Situationen können Meßleitungen oder Meßübertrager durch Ummantelung mit hochpermeablen Blechen magnetisch abgeschirmt werden [A29]. Hochfrequente magnetische Felder können bereits durch nichtmagnetische Leitwerkstoffe abgeschirmt werden [A26].

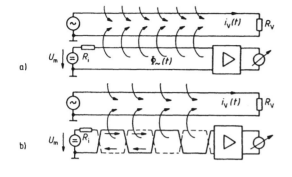

Bild 3-70

a) Induktive Kopplung zwischen einer
   Starkstromleitung und einer
   Meßleitung

b) Bei verdrillten Leitungen heben sich
   die durch das störende Magnetfeld
   induzierten Spannungen jeweils
   abschnittweise auf

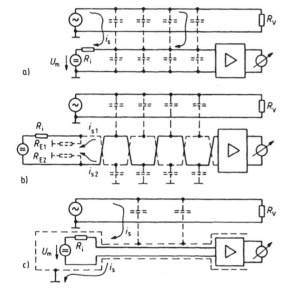

Bild 3-71

a) Kapazitive Kopplung zwischen einer
   Starkstromleitung und einer Meßleitung

b) Ist die Meßsignalquelle erdfrei, so
   kann durch Verdrillen und Erdsymmetrie ($R_{E1} = R_{E2}$) erreicht werden,
   daß keine Differenzstörspannung
   auftritt.

c) Eine geerdete Abschirmung hält die
   Störeinströmung von der Meßleitung
   fern.

Kapazitive Einstreuung

Bild 3-71a veranschaulicht das Zustandekommen einer *kapazitiven Einstreuung* über
Leitungs-Streukapazitäten; der eingestreute Störstrom i_s fließt über den Innenwiderstand
der Meßspannungsquelle und verursacht hier einen Spannungsabfall, der dann in Serie zur
Meßspannung U_m wirksam wird. Kapazitiv eingestreute Störungen können also niedrig
gehalten werden, wenn der Innenwiderstand der Meßspannungsquelle klein und der Abstand zwischen Starkstrom- und Meßleitungen möglichst groß ist (in der Regel mindestens
1 m). Ist die Meßspannungsquelle erdfrei (oder erdsymmetrisch mit geerdetem Mittelpunkt), so kann durch Verdrillen der Meßleitung und Erdsymmetrie, d.h. gleiche Ableitwiderstände R_{E1} und R_{E2} zwischen den beiden Meßleitern und Erde, erreicht werden,
daß beide Leiter die *gleiche* Störspannung gegen Erde führen, vgl. Bild 3-71b. Die Störung
erscheint also dann als „*Gleichtaktspannung*" auf beiden Leitern, während das Meßsignal

als „*Differenzspannung*" zwischen den Leitern erscheint. Benutzt man dann einen Differenzverstärker (vgl. Abschnitt 2.2.5), so wird (fast) nur das Meßsignal aufgenommen und das Störsignal unterdrückt. Noch wirksamer ist es, gemäß Bild 3-71c die Meßleitung (und, so weit möglich und erforderlich, auch die Meßspannungsquelle und den Meßverstärker) mit einer geerdeten Abschirmung zu versehen; in diesem Falle fließen kapazitiv eingestreute Störströme über den Schirm ab, ohne die Meßleiter überhaupt zu erreichen. Das Abschirmmaterial braucht hierfür nur gut leitend zu sein, ferromagnetische Eigenschaften sind *nicht* erforderlich.

Widerstandskopplung

Haben zwei Stromkreise einen gemeinsamen Leitungsabschnitt, wie in Bild 3-72a, so verursacht jeder Stromfluß in einem Stromkreis am Widerstand R_{L1} des gemeinsamen Leitungsabschnittes einen Spannungsabfall, der in den anderen Stromkreis einaddiert wird. Es ist also klar, daß in der Meßtechnik kleiner Signale zwei verschiedene Stromkreise stets nur höchstens *einen Punkt* gemeinsam haben dürfen, z.B. einen einzigen gemeinsamen Erdungspunkt, vgl. Bild 3-72b.

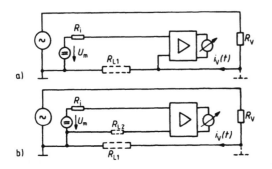

Bild 3-72

a) Widerstandskopplung zwischen zwei Stromkreisen infolge eines gemeinsamen Leitungsabschnittes mit dem Widerstand R_{L1} (z. B. gemeinsame Erdleitung)

b) Vermeidung der Widerstandskopplung durch getrennte Leitungsführung (auch bei Erdleitungen!)

Erdung und Schirmung

Wie schon durch Bild 3-72a oder b anschaulich gemacht ist, muß man in einer technischen Anlage stets damit rechnen, daß zwischen verschiedenen Erdungspunkten (Wechsel-) Potentialunterschiede bis zu einigen Volt, in Störungsfällen auch bis über 100 Volt hinaus bestehen. Man sollte deshalb nicht nur Meßleitungen, sondern auch Abschirmungen stets nur in einem einzigen Punkte erden, vgl. Bild 3-73a und b; andernfalls können über den Abschirmmantel u.U. sehr große Ausgleichsströme fließen und, bei meist unsymmetrischer Verteilung auf dem Schirm, in der umschirmten Meßleitung wiederum magnetische Einstreuungen verursachen.

Mehrfacherdung

Nun gibt es Fälle, in denen sich eine Doppelerdung oder Mehrfacherdung nicht vermeiden läßt, z.B. wenn ein Thermoelement mit einem metallischen, geerdeten Meßobjekt verschweißt sein muß und am anderen Ende der Meßleitung (Ausgleichsleitung, vgl. Abschnitt 6.7) ein Verstärker eingesetzt werden muß, der an einer geerdeten Sammelstromversorgung betrieben wird oder sein Ausgangssignal an weitere einseitig geerdete Anlagen-

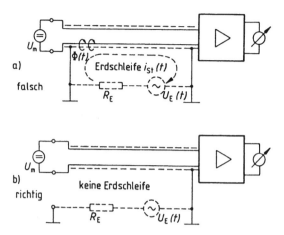

Bild 3-73

Zwischen zwei verschiedenen Erdungspunkten bestehen in der Regel (Wechsel-) Potentialunterschiede. Deshalb dürfen nicht nur Meßstromkreise, sondern auch Schirmungen stets nur in einem einzigen Punkt geerdet werden. Andernfalls fließen über die Schirmung Ausgleichsströme, die sich auf der Schirmoberfläche nicht selten unsymmetrisch verteilen und dann in der umschlossenen Meßleitung Störspannungen induzieren.

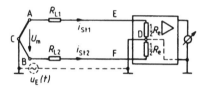

Bild 3-74

Läßt sich weder am Meßort noch am Verstärkerort eine Erdung ausschließen, so muß ein Differenzverstärker benutzt werden, vgl. Abschn. 2.2.5

teile weitergeben muß. In diesem Falle ist ein störungsfreier Betrieb nur erreichbar, wenn ein *Differenzverstärker* vorgesehen wird, vgl. Bild 3-74 und Abschnitt 2.2.5.

Auch in diesem Falle kann das Problem der Widerstandskopplung über den Erdboden nicht ganz außer Acht gelassen werden. Die Störspannung $u_E(t)$ verursacht nämlich auf den beiden Leitern A–E und B–F Störströme i_{St1} und i_{St2}. Sind nun die Leiterwiderstände R_{L1} und R_{L2} nicht exakt gleich, oder ist die Erdsymmetrie auf andere Weise gestört, so sind die von i_{St1} und i_{St2} auf der Leitung verursachten Spannungsabfälle verschieden, und es entsteht eine Differenzspannung, die der Meßverstärker vom Nutzsignal nicht mehr unterscheiden kann; man nennt diese Erscheinung „Gleichtakt-Gegentakt-Konversion".

In schwierigen Fällen wird eine sog. „Schutzschirmtechnik" nach Bild 3-75 angewandt. Die gesamte Eingangsschaltung eines für derartige Störsituationen konstruierten „Datenverstärkers" wird von einem Schutzschirm umschlossen. Der Schutzschirm und das Bezugspotential des Vorverstärkers (Punkt D) wird an die (vorhandene oder zu erwartende) Störspannung u_{St} gelegt; hierfür muß die Störspannung natürlich an einem schaltungstechnisch zugänglichen Punkt in Erscheinung treten. Da sich nun Bezugs-

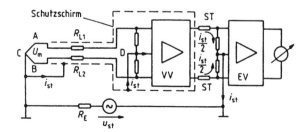

Bild 3-75

Schutzschirmtechnik für Fälle, in denen sich die Doppelerdung nicht vermeiden läßt und die Störspannung U_{St} Werte bis zu einigen hundert Volt annehmen kann („Datenverstärker")

potential, Umschirmung und Zuleitungen (R_{L1}, R_{L2}) in jedem Moment auf gleichem Potential befinden, bleibt die Meßleitung zwischen Meßumformer und Verstärkereingang störstromfrei, und es kann daher auch bei nicht exakt übereinstimmenden Leitungswiderständen R_{L1} und R_{L2} (oder sonstwie gestörter Symmetrie) keine Gleichtakt-Gegentakt-Konversion auftreten. Erst nachdem das Nutzsignal (Differenzsignal) z.B. um den Faktor 1000 vorverstärkt ist, erfolgt über den erdsymmetrischen Spannungsteiler ST eine Herabteilung von Nutz- und Störsignal auf das erdgebundene Potential des Endverstärkers EV. Der natürlich auch hier unvermeidbare Störstrom i_{St} über den erdsymmetrischen Spannungsteiler ST fließt nicht über die Meßleitung (R_{L1}, R_{L2}) zu, sondern lediglich über den Schutzschirm und das mitgleitende Bezugspotential des Vorverstärkers VV (Punkt D).

Es gibt auch Datenverstärker, bei denen zwischen dem Vorverstärkerteil VV und dem Endverstärkerteil EV keine galvanische Verbindung besteht; das Nutzsignal wird dann nach geeigneter Umsetzung in eine Wechselspannung über Übertrager oder Optokoppler übertragen [A76]. Natürlich ist eine derartige Technik aufwendig und daher nur in Sonderfällen anwendbar. In letzter Zeit ist allerdings auch die Übertragung von Analogsignalen über Optokoppler so weit verbessert worden, daß in manchen Fällen auf die Umsetzung in ein Wechselsignal verzichtet werden kann [A77].

Potentialtrennung

Vielfach dürfen zwischen verschiedenen Anlagenteilen aus sicherheitstechnischen Gründen (z.B. Explosionsschutz) keine galvanischen Verbindungen hergestellt werden. In solchen Fällen benötigt man für die Übertragung von Meßsignalen ebenfalls potentialtrennende Einheiten [E13], [E14].

Schutzleiteranschluß

Vielfach sind Meßgeräte aus Sicherheitsgründen mit einem Schutzleiteranschluß verbunden, und oft besteht darüberhinaus eine direkte galvanische Verbindung zwischen einer der Meßeingangs- oder Meßausgangsklemmen und dem Schutzleiter (vgl. VDE 0411). Schaltet man mehrere derartige Geräte zu einer Meßeinrichtung zusammen, so entstehen unübersichtliche Mehrfacherdungen in Verbindung mit dem Schutzleiter des Stromversorgungsnetzes. Hierdurch können leicht Brummspannungen in eine Meßschaltung eingestreut oder Fehlmessungen durch Ausgleichsströme auf unübersichtlich verflochtenen „Masseleitungen" entstehen. In solchen Fällen bleibt oft nichts anderes übrig, als die Schutzleiterverbindungen der einzelnen Geräte zu lösen, jedoch nicht ohne *einen* zuverlässig und wohlüberlegt angeordneten Erdungspunkt bestehen zu lassen, damit im Falle eines Geräteschadens (z.B. Isolationsdurchschlag im Netztransformator) keine Sicherheitsrisiken für an der Meßschaltung arbeitende Personen entstehen (vgl. VDE 0411).

Elektromagnetische Einstrahlung

Vielfach werden Meßschaltungen auch durch *Einstrahlung* von Hochfrequenzsignalen gestört, etwa durch einen zufällig in der Nähe arbeitenden Funksender oder sonst ein Hochfrequenzschwingungen erzeugendes Gerät. Kann man derartigen Störungen nicht ausweichen, so ist in hartnäckigen Fällen nur durch eine elektrisch dichte Umschirmung (Kupfermantel ohne Fugen und Öffnungen) in Verbindung mit Durchführungsfiltern für die ein- und auslaufenden Leitungen Abhilfe zu erreichen; Filter allein sind in der Regel wirkungslos, da derartige Störungen als elektromagnetische Wellen direkt in die gestörte Schaltung eindringen. Störungen, die durch Schütze und Leistungsschalter entstehen und dann von den unmittelbar angrenzenden Leitungen abgestrahlt werden, lassen sich wirkungsvoller durch Verblockung und Verdrosselung des Störers bekämpfen, vgl. hierzu VDE 0874 (DIN 57 874) sowie auch VDE 0871 und VDE 0875 [A78], [E184].

▶ 3.10.4 Gleichtakt- und Gegentaktsignale

Im vorigen Abschnitt wurde verschiedentlich deutlich, daß man Stör- und Meßsignale in manchen Fällen aufgrund der Tatsache trennen kann, daß das Störsignal als „Gleichtaktsignal" und das Meßsignal als „Differenzsignal" anfällt. Es sollen deshalb hier die Begriffsbildungen zusammengestellt werden, die zur (mathematischen) Charakterisierung von erdsymmetrischen Systemen und Differenzverstärkeranordnungen benutzt werden.

Gleichtaktspannung

Gegentaktspannung

Differenzspannung

Die beiden erdbezogenen Spannungen u_1 und u_2 in Bild 3-76 können nach den im Bild angegebenen Definitionen zerlegt werden in eine *Gleichtaktspannung* u_M (Mittelpunktsspannung) und eine *Gegentaktspannung* u_G. Die meßtechnisch interessante *Differenzspannung* $u_{12} = u_D$ ist genau das Doppelte der Gegentaktspannung u_G. Die Gleichtaktspannung u_M dagegen steht in keiner Verbindung zum Nutzsignal u_D und soll deshalb z.B. von einem Differenzverstärker möglichst nicht weiter übertragen werden, sie ist eine vom Verstärker zu unterdrückende Störspannung. Da eine solche Störspannungsunterdrückung praktisch nie vollständig gelingt, müssen einige Maßzahlen definiert werden, durch die sich z.B. die Qualität eines Differenzverstärkers ausdrücken läßt.

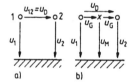

$u_M = (u_1 + u_2)/2$

$u_G = (u_1 - u_2)/2$

$u_D = u_1 - u_2$

mit $u_D = 2u_G$

Bild 3-76
Begriffsbildungen zum System „Zwei Leiter über Erde"

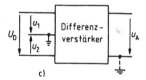

$u_A = k_1 \cdot u_1 + k_2 \cdot u_2$

$\quad = v_M \cdot u_M + v_G \cdot u_G$

$\quad = v_M \cdot u_M + v_D \cdot u_D$

mit $v_G = 2v_D$

Bild 3-77
Konvertierung von „Zwei Leiter über Erde" auf „Ein Leiter über Erde", z.B. durch einen Differenzverstärker

Differenzverstärker I: Erdsymmetrisch/erdunsymmetrisch

Dazu sei ein Differenzverstärker zunächst als eine Schaltung mit drei Eingangsklemmen und zwei Ausgangsklemmen gemäß Bild 3-77 betrachtet. Man kann dann die Ausgangsspannung u_A durch eine lineare Gleichung mit zwei Eingangsspannungen verknüpfen, entweder in der Form

$$u_A = k_1 \cdot u_1 + k_2 \cdot u_2 \tag{3-99}$$

oder, wenn man u_1 und u_2 durch die sich aus den Definitionen von u_G und u_M ergebenden Gleichungen

$$u_1 = u_M + u_G, \quad u_2 = u_M - u_G$$

ersetzt, nach u_G und u_M ordnet und die Koeffizienten neu benennt, in der Form

$$u_A = v_M \cdot u_M + v_G \cdot u_G . \tag{3-100}$$

Man kann natürlich auch die Gegentaktspannung u_G durch die Differenzspannung u_D ersetzen und schreiben

$$u_A = v_M \cdot u_M + v_D \cdot u_D , \tag{3-101}$$

wobei gilt:

$$v_D = v_G / 2 . \tag{3-102}$$

Dabei nennt man

v_M Gleichtakt-Verstärkung,
v_G Gegentakt-Verstärkung und
v_D Differenz-Verstärkung.

Hierzu erklärt man als Gleichtaktunterdrückung G den Quotienten aus der Differenz-Verstärkung v_D und der Gleichtakt-Verstärkung v_M:

$$G = v_D / v_M . \tag{3-103}$$

Im Idealfalle ist $v_M = 0$ und $G = \infty$.

Differenzverstärker II: Erdsymmetrisch/erdsymmetrisch

Ein Differenzverstärker kann aber neben drei Eingangsklemmen auch drei Ausgangsklemmen haben, vgl. Bild 3-78; in diesem Falle benötigt man zur Kennzeichnung des Übertragungsverhaltens vier Koeffizienten, z.B.:

v_M Gleichtakt-Gleichtakt-Verstärkung,
v_{GM} Gegentakt-Gleichtakt-Konversion,
v_{MG} Gleichtakt-Gegentakt-Konversion,
v_G Gegentakt-Gegentakt-Verstärkung.

Im Idealfalle ist $v_M = v_{GM} = v_{MG} = 0$. Den vier Kenngrößen entsprechend kann man hier drei Gütefaktoren definieren [E15]. Wir wollen hier darauf verzichten und weiterhin nur die Begriffsbildungen nach Bild 3-78 benutzen. Man achte aber in der Literatur darauf, welche Definitionen jeweils gemeint sind; auch die Koeffizienten v_M, v_G und v_D haben in den beiden Beschreibungssystemen verschiedene Bedeutung, und der Zusammenhang zwischen v_G und v_D ist jeweils anders!

Erdsymmetrische Leitungssysteme

Die Definitionen nach Bild 3-78 lassen sich nicht nur auf Gegentaktverstärker anwenden, sondern z.B. auch auf erdsymmetrische Leitungssysteme, bei denen ja, wie im vorigen Abschnitt bereits erläutert wurde, beispielsweise auch eine Gleichtakt-Gegentakt-Konversion auftritt, wenn Abweichungen von einem streng erdsymmetrischen Aufbau auftreten, z.B. unterschiedliche Leitungswiderstände, Erdkapazitäten und Ableitwiderstände.

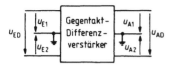

Verstärkergleichung:

$$u_{A1} = k_{11} \cdot u_{E1} + k_{12} \cdot u_{E2}$$
$$u_{A2} = k_{21} \cdot u_{E1} + k_{22} \cdot u_{E2}$$

Neue Schreibweise:

$$u_{EG} = \frac{u_{E1} - u_{E2}}{2} \quad u_{AG} = \frac{u_{A1} - u_{A2}}{2} \quad u_{EM} = \frac{u_{E1} + u_{E2}}{2} \quad u_{AM} = \frac{u_{A1} + u_{A2}}{2}$$

$$u_{ED} = u_{E1} - u_{E2} \quad u_{AD} = u_{A1} - u_{A2} \text{ mit } u_{ED} = 2u_{EG} \text{ und } u_{AD} = 2u_{AG}$$

a) Gegentaktform   b) Differenzform

$$u_{AM} = v_M \cdot u_{EM} + v_{GM} \cdot u_{EG}$$
$$u_{AG} = v_{MG} \cdot u_{EM} + v_G \cdot u_{EG}$$

$$u_{AM} = v_M \cdot u_{EM} + v_{DM} \cdot u_{ED}$$
$$u_{AD} = v_{MD} \cdot u_{EM} + v_D \cdot u_{ED}$$

mit $v_{MD} = 2v_{MG}$ $v_D = v_G$ $v_{GM} = 2v_{DM}$

Bild 3-78 Konvertierung von „Zwei Leiter über Erde" auf „Zwei (andere) Leiter über Erde", z. B. beim Gegentakt-Differenzverstärker

Gleichtaktunterdrückung

Mit Benutzung der vorstehenden Begriffsbildungen läßt sich nun sagen: Damit ein Differenzverstärker seinen praktischen Zweck erfüllt, muß er eine möglichst geringe Gleichtaktverstärkung v_M, d.h. eine möglichst hohe Gleichtaktunterdrückung G besitzen. Die Gleichtaktunterdrückung wird meist in dB angegeben, entsprechend zu Gl. (2-44):

$$g_{dB} = 20 \log G = 20 \log v_D/v_M \ . \tag{3-104}$$

Gleichtakt-Gegentakt-Konversion

Von einem Differenzverstärker mit Gegentaktausgang oder von einem erdsymmetrischen Leitungssystem muß man vor allem eine möglichst kleine Gleichtakt-Gegentakt-Konversion verlangen, denn das Gleichtaktsignal ist oft sehr viel größer als das Gegentaktsignal (Nutzsignal), und wenn in einer Übertragungskette einmal eine Gleichtakt-Gegentakt-Konversion stattgefunden hat, läßt sich das dadurch in den Übertragungsweg eingekoppelte Störsignal nicht mehr vom Nutzsignal unterscheiden, es sei denn, daß Stör- und Nutzsignal noch in verschiedenen Frequenzbereichen liegen und daher nachträglich noch durch Filterung getrennt werden können.

▶ **3.10.5 Trennung von Meß- und Störsignalen**

In den Abschnitten 3.10.2 und 3.10.3 wurde bei den verschiedenen erwähnten Störsignalen jeweils kurz betrachtet, was gegen ihr Eindringen in den Meßstromkreis getan werden kann. Hier soll noch einmal – zum Teil rückblickend – kurz zusammengestellt werden, welche prinzipiellen Möglichkeiten es gibt, Stör- und Meßsignale nachträglich zu trennen.

1. Gleichsignale können nachträglich nur getrennt werden, wenn es möglich ist, das Nutzsignal umzupolen und aus zwei Messungen ohne und mit Umpolung den Mittelwert zu
bilden. Bei Widerstandsmeßbrücken ist eine fortgeschrittene Konsequenz des Umpol-
gedankens die Wechselspannungsspeisung; wertet man nur den Wechselspannungsanteil
meßtechnisch aus (sog. Trägerfrequenzverfahren), so spielen störende Gleichspannungen keine Rolle mehr.
2. Durch erdsymmetrische Schaltungstechniken kann man vielfach erreichen, daß Störungen als Gleichtaktsignale, Nutzgrößen als Gegentaktsignale (Differenzsignale) in Erscheinung treten. In diesem Falle ist eine Trennung mit Hilfe eines Differenzverstärkers
hoher Gleichtaktunterdrückung möglich, sofern in allen Teilen der Meßanlage auch die
Gleichtakt-Gegentakt-Konversion hinreichend klein bleibt.
3. Liegen Nutz- und Störsignal in deutlich verschiedenen Frequenzbereichen, so ist eine
Trennung durch Filter möglich, vgl. Abschnitt 2.2.9.
4. Ist eine Trennung nach Frequenzbereichen nicht möglich, die Meßinformation jedoch
einer nach Frequenz und Phasenlage bekannten Wechselspannung aufgeprägt (sog.
Trägerfrequenzsysteme), so ist eine Trennung durch phasenselektive Demodulation
und anschließende Filterung möglich, vgl. z. B. Abschnitt 6.3.
5. Ist zumindest die Frequenz eines Meßinformationsträgers genau bekannt, ist noch
eine Signaltrennung durch Korrelationsverfahren möglich, vgl. Abschnitt 5.2.6.

Eine mehr ins Einzelne gehende Darstellung von Entstörungsproblemen findet man in
[A76], [A79], VDE 0871, VDE 0875, [A78], [E181], [E184]. Für die Untersuchung
des Störverhaltens von Meßeinrichtungen sind oft Störsimulatoren nützlich [E16].

3.10.6 Elektromagnetische Verträglichkeit

Die vorstehend beschriebene Problematik der Einstreuung von Störsignalen in betriebs-
technische oder meßtechnische Anlagenteile begleitet den Anwender elektrotechnischer
Methoden ständig und von Anfang an. In der Gegenwart hat jedoch die wechselseitige
Störungswirkung von Schaltungsteilen aufeinander infolge des immer enger werdenden
räumlichen Aufbaus sowie die störende Beeinflussung von niederenergetischen Stromkreisen z. B. der Meß- oder Steuerungstechnik durch hochenergetische Stromkreise der
Energie- oder Hochfrequenztechnik in Häufigkeit und Bedeutung derart zugenommen,
daß sich die nähere Erforschung und Beschreibung von Abhilfemaßnahmen unter dem
Sammelbegriff „*Elektromagnetische Verträglichkeit*" als eigenes Fachgebiet etabliert
hat. Es gibt zu diesem Thema mittlerweile einige umfangreiche Sammelwerke [A222],
[B9], [B10]. Eine ausführliche Behandlung von Kopplungseffekten in Nahbereichen sowie
von anwendbaren praktischen Gegenmaßnahmen findet man in [A249].
Neben dem durch die Mikroelektronik forcierten enger werdenden räumlichen Schaltungsaufbau sowie der durch das rasant wachsende Angebot an Informationsübertragungstech-
niken zunehmenden Zahl energiereicher Hochfrequenzaussendungen ist vor allem die
Leistungselektronik durch ihre zwangsweise vorgegebene impulstechnische Betriebsweise
zur aktiven Störungsquelle geworden. Um die an Halbleiter-Stellelementen (Thyristor,
Triac, usw.) auftretende Verlustleistung hinreichend begrenzt halten zu können, müssen
diese in einem andauernden Betriebszustand entweder völlig gesperrt sein, so daß an ihnen
zwar eine hohe Spannung anliegt, aber kein Strom fließt, oder voll leitend sein, mit

hohem Strom aber niedrigster Restspannung. Der Übergang zwischen diesen beiden Zuständen muß extrem schnell erfolgen, damit die hierbei am Stellelement auftretenden hohen Verlustleistungen auf Mikrosekunden-Intervalle beschränkt bleiben. So entstehen steilflankige Impulsvorgänge, deren Fourierzerlegung einem breitbandigen Schwingungsspektrum entspricht, welches wiederum zu einer teils leitungsgebundenen, teils frei abgestrahlten Ausbreitung elektromagnetischer Wellen führt. Die dadurch entstehende Umweltbelastung wird dem Menschen nicht unmittelbar bewußt, weil er für diesen Bereich elektromagnetischer Strahlung keine Sinnesorgane besitzt, führt aber zu Störungen im Bereich der Technik selbst, sobald niederenergetische Stromkreise betroffen sind. Zu den in den vorstehenden Kapiteln beschriebenen Abwehrmaßnahmen kommen deshalb im Rahmen der *EMV-Technik* noch *Meßmethoden zur Erfassung elektromagnetischer Wellen*, z.B. Meßantennen und Meßempfänger, sowie Methoden zur *Ausfilterung* und *Abschirmung* derartiger Vorgänge hinzu. Hierzu eine kurze Auflistung *typischer Schwerpunktkapitel von EMV-Sammelwerken:*

1. Beschreibung elektromagnetischer Beeinflussungen im Zeit- und Frequenzbereich: *Fourier-Reihen, Fourier-Spektren*, vgl. Kap. 8.2.2.
2. *Schmalbandige* (HF-Generatoren) sowie intermittierende oder transiente *breitbandige* Störquellen (z.B. periodisch wiederholte nichtsinusförmige Vorgänge; nichtperiodische Schaltvorgänge).
3. Kopplungsmechanismen und Gegenmaßnahmen; zu den bereits hier in den Kapiteln 3.10.3 bis 3.10.5 studierbaren Prozessen kommt insbesondere noch die *Strahlungskopplung* hinzu.
4. Entstörkomponenten und elektromagnetische Schirme; zu den hier im Kapitel 2.2.9 prinzipiell erwähnten *Filtern* kommen vor allem Überspannungsableiter, optische Übertragungsstrecken und *Elektromagnetische Abschirmungen* [A26] hinzu. Man beachte, daß sog. *Aktive Filter* wegen ihrer eigenen Übersteuerungsanfälligkeit im allgemeinen für EMV-Entstörungsprobleme *nicht* geeignet sind.
5. Meßantennen, Meßempfänger und Simulationseinrichtungen für elektromagnetische Emissionen; vgl. ggf. auch Kap. 5.1.7, 5.2.2 und 5.7.5. Insbesondere auch Methoden zur Messung der Schirmdämpfung von Raum- oder Kabelschirmen.
6. EMV-Normung: IEC, CISPR, CENELEC, DIN, VDE; Störschutzmaßnahmen, Entstörmittel, Meßtechnik, Produktfamilien; vgl. z.B. [A222], [B9], [B10].

EMV-Recht in Europa

Die in den Unterabschnitten des Kapitels 3.10 zum Ausdruck gekommene Vielfalt elektrotechnischer Signale und Kopplungsmechanismen macht es natürlich sehr schwierig, im Sinne einer elektromagnetischen Verträglichkeit grenzwertbeschreibende Normen und Meßvorschriften festzulegen. Würde dabei jeder Staat eigene Wege gehen, so entstünde eine Variantenvielfalt, die den internationalen Handel schwer behindern und unerfreuliche Wettbewerbsverzerrungen verursachen könnte. Zur *europäischen Harmonisierung* hat man sich deshalb im Rahmen der Europäischen Gemeinschaften auf eine gemeinsame Rechtsgrundlage geeinigt und die Möglichkeit offengelassen, einschlägige technische Normen aus einem weltweiten Sichtfeld auswählen zu können. Europäische Rechtsgrundlage ist dabei die *Richtlinie 89/336/EWG des Rates der Europäischen Gemeinschaften vom 3. Mai 1989 zur Angleichung der Rechtsvorschriften der Mitgliedstaaten über die elektromagnetische Verträglichkeit* [A246]. In Deutschland ist die geforderte Angleichung erfolgt durch das *Gesetz über die elektromagnetische Verträglichkeit von Geräten (EMVG) vom 9. November 1992* [A246].

EMV-Schutzziele

Das EMV-Gesetz gilt für *Geräte, die elektromagnetische Störungen verursachen können oder deren Betrieb durch diese Störungen beeinträchtigt werden kann* [EMVG § 1 (1)]. Ausnahmen sind in [EMVG § 1 Absatz (2) und (3)] aufgeführt. Die betroffenen Geräte müssen nach [EMVG § 4 Absatz (1)] so beschaffen sein, daß

1. *die Erzeugung elektromagnetischer Störungen so weit begrenzt wird, daß ein bestimmungs-gemäßer Betrieb von Funk- und Telekommunikationsgeräten sowie sonstigen Geräten möglich ist,*
2. *die Geräte eine angemessene Festigkeit gegen elektromagnetische Störungen aufweisen, so daß ein bestimmungsgemäßer Betrieb möglich ist.*

Angesichts der denkbaren Vielfalt elektromagnetischer Kopplungserscheinungen in qualitativer und quantitativer Hinsicht kann man natürlich auch für normgemäß geprüfte Geräte kaum für jeden beliebigen praktischen Fall die bestimmungsgemäße Betriebsfähigkeit abolut vorhersagbar garantieren. Man beachte deshalb die weitere Formulierung in [EMVG § 4 Absatz (2)]:

*Das Einhalten der in Absatz 1 beschriebenen Forderungen **wird vermutet** für Geräte, die übereinstimmen*

1. *mit den einschlägigen harmonisierten europäischen Normen, deren Fundstellen im Amts-blatt der Europäischen Gemeinschaften veröffentlicht wurden. Diese Normen werden in DIN VDE Normen umgesetzt und ihre Fundstellen im Amtsblatt des Bundesministers für Post und Telekommunikation veröffentlicht; oder*
2. *mit einschlägigen nationalen Normen der Mitgliedstaaten der Europäischen Gemeinschaf-ten für Bereiche, in denen keine harmonisierten europäischen Normen bestehen. Vorausset-zung dafür ist die Anerkennung der betreffenden Normen nach dem in Artikel 7 der EMV-Richtlinie vorgesehenen Verfahren. Die Fundstellen der Normen werden im Amtsblatt des Bundesministers für Post und Telekommunikation und im Amtsblatt der Europäischen Gemeinschaften veröffentlicht.*

EG-Konformitätserklärung

Die Bescheinigung der Einhaltung der vorstehenden Schutzanforderungen durch eine *EG-Konformitätserklärung* in Verbindung mit der Anbringung eines stilisierten *EG-Konformi-tätszeichens* „CE" am Gerät obliegt nach [EMVG § 5] normalerweise dem Hersteller oder einem in einem Mitgliedsstaat der EG niedergelassenen Bevollmächtigten des Herstellers. Für den Fall, daß der Hersteller oder sein Bevollmächtigter dieser Obliegenschaft nicht nachkommen kann, z.B. weil einschlägige Normen fehlen, definiert [EMVG § 2] *zuständige Stellen* oder *gemeldete Stellen*, die Bescheinigungen über die Einhaltung der Schutzanforde-rungen ausstellen können. Überwachende Behörde ist nach [EMVG § 6 § 7] das Bundesamt für Post und Telekommunikation. Einige Übergangsvorschriften nach [EMVG § 13 § 14] treten mit Ablauf des 31. Dezember 1995 außer Kraft [A246].

Entwicklung von EMV-Normen

An der Harmonisierung internationaler technischer Normen sind im wesentlichen die im Abschnitt 1.2 aufgeführten Normungsinstitutionen mehr oder weniger beteiligt, je nach Zuständigkeit. Die Europäische Kommission hat 1984 einen Auftrag zur Schaffung einheit-licher europäischer EMV-Normen an die CENELEC vergeben [A248]. Dahinter mag die Überlegung gestanden haben, daß die bei der IEC notwendige weltweite Abstimmung zu starken zeitlichen Verzögerungen führen könnte oder auch europäische Interessen vielleicht einmal anders geartet sein könnten als weltweite Interessen [A246]. Dies hat sich jedoch in keiner Weise nachteilig ausgewirkt, weil CENELEC tatsächlich seit langem eng mit CISPR und IEC zusammenarbeitet, ebenso wie mit den beteiligten nationalen Normungsinstituten. Wegen der großen und rasch zunehmenden Vielfalt an Telekommunikationsgeräten wurde noch eine Arbeitsteilung zwischen CENELEC und ETSI vereinbart [A248]. In Deutschland werden europäische EMV-Normen im Regelfalle in folgende Nummerngruppen übernom-men:

CENELEC-Normen	ab EN 50 000	z.B. EN 50 081, 50 082;
CISPR-Normen	ab EN 55 000	z.B. EN 55 013 nach CISPR 13;
IEC-Normen	ab EN 60 000	z.B. EN 60 555 nach IEC 555.

CENELEC teilt erarbeitete oder übernommene EMV-Normen in 3 Klassen ein:

1. **Grundnormen (Basic Standards).** Diese definieren und beschreiben EMV-Probleme, Meß- und Testmethoden sowie grundsätzliche Meßmittel und Meßanordnungen. Sie enthalten keine Grenzwertvorgaben oder Beeinträchtigungskriterien, wohl aber Auswahlvorschläge für die weitere Entwicklung in den beiden folgenden Normklassen. Aus meßtechnischer Sicht ist die folgende Beispielgruppe aus der IEC-Arbeit markant:

IEC 1000-4-1   Übersicht über die Störfestigkeits-Meßverfahren;
IEC 1000-4-2   Störfestigkeit gegen elektrostatische Entladungen (ESD);
IEC 1000-4-3   Störfestigkeit gegen hochfrequente elektromagn. Felder;
IEC 1000-4-4   Störfestigkeit gegen schnelle transiente Störungen (Bursts);
IEC 1000-4-5   Störfestigkeit gegen Stoßspannungen (Surges);
IEC 1000-4-6   Störfestigkeit gegen leitungsgeführte hochfrequ. Störungen.

Die IEC entwickelt diese Grundnormengruppe aus der schon früher für Meß-, Steuer- und Regeleinrichtungen in der industriellen Prozeßtechnik publizierten Gruppe IEC 801-1 bis IEC 801-6. Eine etwas umfassendere Auflistung von Grundnormen findet man in [A248].

Welche Bezeichnungsverflechtungen durch die Zusammenarbeit der verschiedenen Normungsinstitutionen und die *laufende Fortentwicklung* entstehen, mag hierzu das folgende Beispiel aus dem vorstehend angesprochenen Problemkreis ESD deutlich machen: Aus IEC 801-2 (1984) entstand nach Einarbeitung von Erfahrungen IEC 801-2 (1991) [A247]; diese Norm muß nach vorstehender Konzeption in IEC 1000-4-2 überführt werden. Als Europa-Norm findet man EN 60801-2 (1992) [C5], worauf offensichtlich EN 61000-4-2 folgen muß. Im deutschen Normenwerk erschien zunächst DIN VDE 0843 Teil 2 (1987), dann der Entwurf DIN VDE 0843 Teil 2 Ausgabe 2 (1991) [A247]. Man erkennt, daß die Arbeit des Recherchierens in Zukunft immer aufwendiger werden wird.

2. **Fachgrundnormen (Generic Standards).** Diese beziehen sich jeweils auf eine bestimmte Umwelt, in der Geräte arbeiten, und legen dafür gewisse Anforderungen und Prüfungen fest, beispielsweise maximal zulässige Störaussendungen und mindestens erforderliche Störfestigkeitswerte. Dabei kann zwischen verschiedenen Kategorien der Beeinträchtigung unterschieden werden, beispielsweise:

Kategorie A: Ungestörte Funktion während des Störenergieeinflusses.
Kategorie B: Gestörte Funktion während des Störenergieeinflusses, einwandfreie Funktion nach Abschalten der Störenergie.
Kategorie C: Funktionsausfall während des Störenergieeinflusses, Wiederherstellbarkeit der korrekten Funktion durch Neueinstellung des Meßobjektes.

Eine Fachgrundnorm erfüllt dabei eine gewisse Übergangsfunktion: Für den Fall, daß eine produktbezogene Norm noch nicht existiert, füllt sie die sonst bestehende Lücke. Dadurch kann sie natürlich auch eine Orientierungshilfe für die Entwicklung produktbezogener Normen sein. Sobald jedoch eine produkt- oder produktfamilienbezogene Norm existiert, hat diese Vorrang gegenüber der nur umweltbezogenen Fachgrundnorm. Hier die ersten vier von CENELEC erarbeiteten Fachgrundnormen:

Elektromagnetische Verträglichkeit – Fachgrundnorm
Störaussendung:
EN 50081-1 Teil 1: Wohnbereich, Geschäfts- und Gewerbebereich sowie Kleinbetriebe.
EN 50081-2 Teil 2: Industriebereich.
Elektromagnetische Verträglichkeit - Fachgrundnorm
Störfestigkeit:
EN 50082-1 Teil 1: Wohnbereich, Geschäfts- und Gewerbebereich sowie Kleinbetriebe.
EN 50082-2 Teil 2: Industriebereich.

Inhaltskurzbeschreibungen findet man in [A248]. Die entsprechenden VDE-Bezeichnungen sind zur besseren Identifizierbarkeit in den letzten Stellen identisch: VDE 0839 Teil 81-1 bis VDE 0839 Teil 82-2. Es gibt wohl auch Kritik daran, in der vorstehenden Art zwei Umgebungsbereiche zu unterscheiden, weil man im freien Warenverkehr letztlich nicht vorschreiben kann, wo der Käufer ein Gerät einsetzen wird; so wird bei ETSI eine solche Unterscheidung für die EMV von Funkeinrichtungen vermieden [A246]. Angesichts dieser fließenden

Entwicklung wird der Normenanwender sich stets sehr darum bemühen müssen, die für ihn wirklich aktuellen Normausgaben herauszufinden.

3. *Produktnormen (Product Standards)*. Diese werden unterteilt in Produktfamilien-Normen und spezielle Produktnormen. Die meisten der bis heute angewandten EMV-Normen sind *Produktfamilien-Normen*. Sie dürfen auf keinen Fall geringere Anforderungen an ein Meßobjekt stellen als einschlägige Fachgrundnormen und haben Vorrang, wenn sie vorhanden sind. Typische Beispiele:

EN 55013/06.90   Grenzwerte und Meßmethoden für die Funkstöreigenschaften von Rundfunkempfängern und angeschlossenen Geräten. Deutsche Norm: DIN VDE 0872 Teil 13/08.91.

EN 55015/02.93   Grenzwerte und Meßverfahren für Funkstörungen von elektrischen Beleuchtungseinrichtungen und ähnlichen Elektrogeräten. Dazu DIN VDE 0875 Teil 15/12.93.

EN 55020/06.88   Störfestigkeit von Rundfunkempfängern und angeschlossenen Geräten. Dazu DIN VDE 0872 Teil 20/08.89.

Eine ausführlichere Auflistung findet man in [A248], [A247].

Von *speziellen Produktnormen* spricht man in dem besonderen Falle, daß EMV-Anforderungen an ein Produkt nicht in einer eigenständigen EMV-Norm beschrieben, sondern in eine andere Norm für dieses Produkt eingebettet sind; sie sind dann entsprechend etwas schwieriger zu finden [A248].

Wer für Entwicklungs-, Fertigungs-, Handels- oder Prüfvorhaben verantwortlich ist, tut gut daran, sich in regelmäßigen Abständen über den jeweils letzten vollständigen Stand der im EMVG § 4 angesprochenen Fundstellenveröffentlichungen im Amtsblatt des Bundesministers für Post und Telekommunikation und im Amtsblatt der Europäischen Gemeinschaften zu informieren, ggf. im Kontakt mit der zuständigen Außenstelle des Bundesamtes für Post und Telekommunikation (BAPT) [A246], [C5].

EMV-Meßverfahren

Wie schon die weiter oben wiedergegebenen Zitate aus dem EMV-Gesetz deutlich machen, können Geräte einerseits elektromagnetische Störungen verursachen, z.B. durch leitungsgeführte oder abgestrahlte *Störaussendungen*, andererseits durch auf sie zukommende Störsignale in ihrer Funktion beeinträchtigt werden, weswegen man von ihnen eine gewisse *Störfestigkeit* verlangen muß. Diese Dualität zeigt sich entsprechend auch in den weiter oben zitierten Fachgrundnormen EN 50081 und EN 50082, und sie setzt sich nun weiter in den Bereich der notwendigen meßtechnischen Verfahren fort: Um für Geräte die „Elektromagnetische Verträglichkeit" (Electromagnetic Compatibility, EMC) nachzuweisen, müssen einerseits Störaussendungen (Electromagnetic Interference, EMI) gemessen werden, andererseits Messungen zum Nachweis der Störfestigkeit (Electromagnetic Susceptibility, EMS) definiert und durchgeführt werden. Die Messung von Störaussendungen mit Meßempfängern und Meßantennen ist ein Jahrzehnte altes Begleitproblem der Funktechnik [B9]. Der Schwerpunkt der folgenden Ausführungen wird deshalb bei Messungen zum Nachweis der Störfestigkeit liegen, denn dieser Bereich ist durch das Inkrafttreten des EMV-Gesetzes und die darin den Herstellern auferlegte EG-Konformitätserklärung besonders vielschichtig und aktuell geworden.

EMV-Meßräume

Absorberhallen

Ein recht allgemeines, auf sehr viele Geräte anwendbares und anzuwendendes Prüfverfahren betrifft die Ermittlung der Störfestigkeit gegen hochfrequente elektromagnetische Felder (vgl. z.B. IEC 1000-4-3). Hierfür müssen im Prüfvolumen durch Antennen oder andere Feldgeneratoren möglichst homogene Wechselfelder erzeugt werden, ohne daß dabei elektromagnetische Wellen in die Umgebung hinausgestrahlt werden. Denkt man an Prüfvolumen bis zur Größe eines Kraftfahrzeugs, werden also metallisch geschirmte Hallen erforderlich. Dabei müssen aber die Innenseiten der leitenden Wände mit Absorbern belegt werden, weil andernfalls Wellenreflexionen die Feldhomogenität im Prüfvolumen ruinieren und die Feldintensität durch Resonanzerscheinungen stark frequenzabhängig machen würden; so gelangt man zu dem aufwendigen Konzept der *Absorberhallen*. Eine der am meisten eingesetzten Absorberformen ist der *Pyramidenabsorber* aus kohlenstoffgetränktem Schaumstoff, brauchbar etwa im Bereich 30 MHz bis 50 GHz [A248]. Eine bessere Raumausnutzung bieten *Ferritabsorber* etwa im Bereich 20 MHz bis 1 GHz. Durch eine Kombination beider Typen zu *Hybridabsorbern* kann der Frequenzbereich 20 MHz bis 50 GHz erschlossen werden. Im Frequenzbereich 10 kHz bis 20 Mhz muß man Feldgeneratoren mit lokal beschränktem Testbereich einsetzen, z.B. geeignete Spulenkonzepte [A247].

TEM-Zellen

Bei hinreichend kleinen Meßobjekten (Geräte, Baugruppen, Leiterplatten) lassen sich zur Prüfung der Störfestigkeit gegen hochfrequente elektromagnetische Felder natürlich Meßräume weit unterhalb des Aufwandes einer Absorberhalle einsetzen, z.B. die *TEM-Zelle* nach *Crawford* [E214], [A247]. Ihr Konstruktionsprinzip: Man stelle sich vor, der Außenleiter eines Koaxialkabels vergrößert sich in Form einer vierseitigen Pyramide auf einen vielfach größeren rechteckförmigen Leitungsquerschnitt, setzt sich so über eine gewisse Zellenlänge hinweg fort, und reduziert sich dann wieder in Form einer vierseitigen Pyramide auf den ursprünglichen Koaxialkabeldurchmesser. Der Innenleiter des zulaufenden Koaxialkabels erweitert sich dabei zu einer horizontalen leitenden Ebene - kurz *Septum* genannt - in Mittelhöhe der rechteckigen Zelle und zieht sich am jenseitigen Ende der Zelle wieder auf den Innenleiter des ablaufenden Koaxialkabels zurück; eine zeichnerische Darstellung findet man z.B. in [A247]. Über das zulaufende Kabel kann ein Wechselstrom eingespeist werden, das ablaufende Kabel wird mit dem Wellenwiderstand der Anordnung abgeschlossen. Bei Stromdurchfluß entsteht dann im mittleren Bereich oberhalb und unterhalb des Septums je eine rein fortschreitende nahezu homogene ebene elektromagnetische Welle, bei der die *E*- und *H*-Komponenten (in guter Näherung) senkrecht zueinander und zur Ausbreitungsrichtung stehen. So strukturierte Wellen nennt man *Transversal-Elektro-Magnetisch*, was eben auf den Namen *TEM-Zelle* führt. Unterhalb des Septums kann dann ein Prüfobjekt eingebracht, oberhalb des Septums der Nennwert der Feldstärke gemessen werden. Die Höhe eines Prüfobjekts sollte 1/3 des Abstandes zwischen Septum und Zellenboden nicht überschreiten, damit die Feldhomogenität nicht zu sehr gestört wird. Die Frequenz der Testdurchströmung muß nach oben hin beschränkt werden, damit keine Hohlraumresonanzen angeregt werden; bei Zellenhöhen und Septumsbreiten im Bereich 0,2 ... 1 m bewegt sich die höchstzulässige Frequenz im Bereich 500 ... 100 Mhz, die Meßobjektgröße im Bereich $15 \times 15 \times 5$ cm^3 bis $60 \times 60 \times 20$ cm^3 [A247], [A248]. Der Hauptvorteil der TEM-Zelle ist, daß Wechselfelder auf das Innere beschränkt bleiben und man deswegen auf einen geschirmte Arbeitsraum verzichten kann. Hinsichtlich Arbeitsvolumen und Frequenzbereich bleiben natürlich Wünsche offen.

GTEM-Zellen

Bei einer *GTEM-Zelle* werden Elemente der TEM-Zelle und einer Absorberkammer kombiniert, um den nutzbaren Frequenzbereich bis auf einige GHz und das Arbeitsvolumen zu erweitern [A247], [A248]. Grundform der GTEM-Zelle ist ein vom Mittelpunkt einer Kugel ausgehender räumlicher Sektor mit etwa 15 Grad Öffnungswinkel, aber rechteckigem Querschnitt, der durch die Kugeloberfläche abgeschlossen wird. Im Ausgangspunkt wird mit einem Koaxialkabel eingespeist, wobei der Innenleiter der Koaxialleitung ähnlich wie bei der TEM-Zelle in einen Innenleiter der Zelle übergeht. Die Anordnung wirkt dann wie eine sich langsam erweiternde Koaxialleitung mit konstantem Wellenwiderstand $Z = 50 \Omega$. Am Ende der TEM-Wellen-Laufstrecke wird die Zelle jedoch nicht wieder auf einen Koaxialkabel-Anschluß zurückgeführt, sondern durch eine leitende Ausprägung der maßgebenden Kugeloberfläche beendet. Der Innenleiter wird im Inneren der Zelle mit flächenhaft verteilten diskreten Widerstandselementen abgeschlossen, was etwa bis 50 MHz einen korrekten

Abschluß mit $R = Z = 50\ \Omega$ ergibt. Für den darüber liegenden Frequenzbereich wird die abschließende leitende Kugelkalotte mit Pyramidenabsorbern belegt; eine zeichnerische Darstellung findet man z.B. in [A247]. Die den Innenleiter der Zelle umgebende laufende TEM-Wellenstruktur ist im Prinzip eine Kugelwelle, die aber infolge des kleinen Öffnungswinkels von ca. 15 Grad praktisch als ebene Welle angesehen werden kann. In großen GTEM-Zellen erreicht man Meßvolumina bis über 1 m³ und Homogenitätsfehler unter etwa ± 4 dB; hierfür müssen Längenabmessungen eines Testobjektes jedoch ähnlich wie bei den TEM-Zellen kleiner als etwa 1/3 des Abstandes Innenleiter-Zellenboden im Endbereich der Wellenlaufstrecke bleiben.

Mit 1 m³ Arbeitsvolumen und einigen GHz Frequenzbereich erreicht man aber für viele Fälle schon einmal einen zufriedenstellenden Kompromiß zwischen den TEM-Zellen und den doch sehr aufwendigen Absorberhallen.

Offene TEM-Wellenleiter

Eine einfache Möglichkeit zur Erzeugung einer ebenen TEM-Welle bietet die *Streifenleitung,* bestehend aus einer in Längsrichtung stromdurchflossenen ebenen Platte über einer leitenden Ebene. Die Stromzuführung erfolgt über ein Koaxialkabel, dessen Außenmantel mit der leitenden Ebene verbunden ist, während der Innenleiter über eine dreieckförmige aufsteigende leitende Platte mit der Einspeisungskante der Streifenleiterplatte verbunden ist. Am gegenüberliegenden Ende ist die Streifenleiterplatte wieder über eine Dreiecksplatte einem koaxialen Anschluß zugeführt, der mit dem Wellenwiderstand der Anordnung abzuschließen ist, damit keine Reflexionen entstehen. Bei passender Wahl der Abmessungen läßt sich ein Wellenwiderstand $Z = 50\ \Omega$ annähern; eine bemaßte Zeichnung findet man z.B. in [A247] (Feldvolumen $l \times b \times h = 250 \times 74 \times 15$ cm³). Ein derartiger *offener TEM-Wellenleiter* muß in einem *geschirmten Raum* betrieben werden, da es sonst zur Abstrahlung von Wellen in die Umgebung kommt. Kann man diese vergleichsweise aufwendige Voraussetzung erfüllen, hat man aber den Vorteil eines relativ frei zugänglichen Prüfvolumens, in dem man z.B. Kabelbaumteile einer Anlage im Betrieb testen kann. Baugruppenhöhen müssen natürlich auch hier auf höchstens etwa 1/3 des Abstandes zwischen Streifenleiter und Bodenebene beschränkt bleiben, damit die Feldhomogenität nicht zu stark gestört wird.

Typische EMV-Prüfaufgaben

Eine erste grobe Übersicht über *typische EMV-Prüfaufgaben* geben schon die weiter oben als Beispiele aufgezählten *Grundnormen*-Titel. Hier sollen nun die wichtigsten Begriffsbildungen und Meßsystemstrukturen etwas erläutert werden, jedoch ohne Nennung von Grenzwerten oder anderen qualitätsbestimmenden Spezifikationen, denn solche Daten müssen angesichts der vielfältigen laufenden Fortentwicklung stets den *aktuell gültigen* Fachgrund- und Produktnormen bzw. den entsprechenden äquivalenten deutschen Normen entnommen werden. Wer detailliertere Beschreibungen oder bildliche Darstellungen sucht, sei vorab auf [A247] hingewiesen.

Störfestigkeit gegen hochfrequente elektromagnetische Felder

Dieser Problemkreis ist schon mit der weiter oben gegebenen Übersicht über *EMV-Meßräume* angesprochen worden. Hierbei geht es darum, ein zu prüfendes Testobjekt (im weitesten Sinne: Leiterplatte, Baugruppe, Gerät, Anlage mit Verkabelungen, etc.) einem elektromagnetischen Wechselfeld variierbarer Frequenz und Intensität (Amplitude) auszusetzen und daraufhin zu beobachten, ob dabei Betriebsstörungen erst bei höheren Feldintensitäten entstehen, als eine zu beachtende Grenzwertnorm fordert. Wenn Betriebsstörungen schon bei niedrigeren Feldintensitäten entstehen, muß die Störungsursache im Detail aufgeklärt und das Testobjekt weiter verbessert werden. Wie schon beschrieben, erfolgt die Felderzeugung für große Testobjekte in der Regel durch Antennen oder *E/H*-Feldgeneratoren vom Spulentyp innerhalb einer Absorberhalle. Für kleine Testobjekte stehen die weiter oben beschriebenen TEM-Zellen zur Verfügung, oder auch offene TEM-Wellenleiter innerhalb eines geschirmten Raumes. Zur Speisung der Felderzeuger müssen natürlich entsprechend einstellbare Signalgeneratoren und Leistungsverstärker bereitgestellt werden.

Für den tieffrequenten Bereich (15 Hz–150 kHz) findet man Beschreibungen passender Felderzeugungsspulen z.B. in [A247].

Störfestigkeit gegen leitungsgeführte hochfrequente Störungen

Leitungsgeführte hochfrequente Störspannungen und Störströme auf Versorgungsleitungen, Signalleitungen, Leitungsschirmen oder auch leitenden Gehäusen entstehen in der Regel als Folgeerscheinungen hochfrequenter elektromagnetischer Felder. Hierfür eigenständige Testverfahren zu entwickeln und zu normen ist dennoch wirtschaftlich vernünftig, weil die Einspeisung hochfrequenter Spannungen und Ströme auf Leitungen erheblich weniger Aufwand kostet als die Einstrahlung eines hochfrequenten Feldes.

In der Regel führen *Versorgungsleitungen* und sog. *erdunsymmetrische Signalleitungen* einem Gerät eine in bezug auf das Erdpotential definierte Nutzspannung zu. In dieser Situation muß die zuzuführende hochfrequente Störspannung jeweils zur erdbezogenen Nutzspannung addiert werden. Dies läßt sich leicht dadurch realisieren, daß man die Leitungen in der Nähe des Prüflings durch Drosseln (d.h. ausreichend große Induktivitäten) gegenüber dem Netz oder der Signalquelle für Hochfrequenz sperrt und dann das HF-Signal jeweils über einen Koppelkondensator auf das kurze Leitungsstück zwischen einer Drossel und dem Prüfling einspeist. Die HF-Spannung baut sich dann jeweils an der Drossel auf und erscheint so in Reihe zum erdbezogenen Nutzsignal.

Bei sog. *erdsymmetrischen Signalleitungen*, z.B. verdrillten Fernmeldeleitungen oder Meßleitungen, wird die Nutzinformation als Differenzspannung zwischen beiden Leitern übertragen. In bezug auf Erde hat dann ein Leiter ein um die halbe Differenzspannung höheres, der andere ein um die halbe Differenzspannung tieferes Potential; man nennt die halbe Differenzspannung deshalb auch Gegentaktspannung. Dabei können beide Leiter gegenüber Erde ein gemeinsames mittleres Potential führen, die Gleichtaktspannung; vgl. hierzu die Definitionen im Abschnitt 3.10.4. Wegen des engen räumlichen Zusammenschlusses beider Leiter, insbesondere bei Verdrillung, können äußere Störfelder praktisch nur eine beiden Leitern gemeinsame Gleichtaktstörspannung erzeugen. Aus diesem Grunde speist man zur Prüfung einer derartigen Anordnung in der Regel auch nur eine *hochfrequente Gleichtaktstörspannung* ein. Zu diesem Zweck sperrt man die erdsymmetrische Leitung in der Nähe des Prüflings durch eine Zweileiterdrossel, die so gewickelt ist, daß von der Gleichtaktspannung verursachte, in beiden Leitern gleichsinnige Ströme gesperrt werden, während die von einer Differenzspannung herrührenden, in beiden Leitern gegensinnig fließenden Ströme die Drossel ungehindert passieren können. An die beiden kurzen Leitungsstücke zwischen Sperrdrossel und Prüfling schließt man dann zur Einspeisung der Gleichtaktstörspannung eine zweite Zeileiterdrossel an, den einen Leiter mit dem Anfang an die erste Ader der erdsymmetrischen Leitung, mit dem Ende an die Gleichtaktstörspannung, den anderen Leiter umgekehrt mit dem Anfang an die Gleichtaktstörspannung und mit dem Ende an die zweite Ader der erdsymmetrischen Leitung. Bei dieser Anschlußweise verhindert die Drossel Differenzsignal-Ströme, während Gleichtaktsignal-Ströme sie gegensinnig zu den beiden Leitern der erdsymmetrischen Leitung hin passieren können.

Zur Einspeisung *hochfrequenter Störströme auf Leitungsschirme* sind zwei verschiedene Methoden in Gebrauch. Wenn der Leitungsschirm zwei leitende Gehäuse verbindet, kann auf das erste isoliert aufgestellte Gehäuse eingespeist werden, während das zweite ebenfalls isoliert aufgestellte Gehäuse über ein kurzes Leitungsstück mit einer die Rückleitung übernehmenden Masseplatte verbunden wird; der HF-Strom wird über ein Koaxialkabel zugeführt, dessen Außenleiter in der Nähe des ersten Gehäuses mit der Masseplatte verbunden ist. Wenn der Leitungsschirm jedoch von einem betriebsmäßigen Signalgeber herkommt, auf den sich die HF-Einleitung nicht erstrecken darf, so muß dieser vom Prüfbereich durch eine *Entkopplungseinrichtung* abgetrennt werden; diese besteht im einfachsten Falle aus einer Gruppe von Ferrit-Ringkernen, die den Leitungsschirm umschließen und dabei ähnlich wie eine Drossel für Mantelströme sperrend wirken. Die HF-Einspeisung auf den Leitungsschirm erfolgt dann im Bereich zwischen der Entkopplungseinrichtung und dem die Leitung abschließenden Gerät; der HF-Störstrom muß wie oben durch eine entsprechend vorgesehene Verbindung über die Masseplatte zur Einspeisestelle zurückfließen können.

Betrifft die HF-Störstromeinleitung lediglich ein *leitendes Gehäuse*, so wird man die Anschlußpunkte in der Regel den Endpunkten der längstmöglichen Raumdiagonalen zuordnen, damit tatsächlich ein möglichst umfassender Bereich der Gehäuseoberfläche überströmt wird; eine HF-Strömung bündelt sich andernfalls vorzugsweise entlang der kürzestmöglichen Verbindung. Die Gesamtanordnung ist auch hier über einer leitenden Masseplatte zu errichten, über der das Gehäuse isoliert aufzustellen ist; der Rückleitungsanschluß führt auf kürzestem Wege zur Masseplatte.

Bei der Realisierung einer der vorstehenden HF-Einströmungstechniken sind zahlreiche hochfrequenztechnische Detailprobleme zu beachten, auf die hier der gebotenen Kürze halber nicht eingegangen werden kann; man ziehe stets die einschlägige Spezialliteratur und die gerade aktuellen Normen zu Rate [A247], [A248].

Im tieffrequenten Bereich (15 Hz–150 kHz) muß die Einkopplung von Prüf-Störsignalen meist transformatorisch erfolgen. Dabei dürfen die in Versorgungsleitungen oft hohen Betriebsströme nicht zu einer Kernsättigung oder gefährlich hohen transformierten Spannungen führen; man ziehe auch hier die einschlägige Literatur und Normung zu Rate [A247].

Störfestigkeit gegen elektrostatische Entladungen (ESD)

Bei Bewegungs- und Gleitprozessen isolierender Stoffe kommt es oft zur Trennung positiver und negativer Ladungsträger mit der Folge einer *elektrostatischen Aufladung* isolierender sowie angrenzender leitender Teile, sowohl bei technischen Bewegungsvorgängen (Pulver, Granulate, Flüssigkeiten, Folien, Papier) als auch bei Menschen, die sich mit isolierenden Schuhen auf isolierenden Bodenbelägen oder auf Stühlen sitzend bewegen. Beim Zustandekommen einer entsprechenden Zufallsverbindung zwischen einem elektrostatisch aufgeladenen Leiter und eine elektronischen Schaltung kommt es dann zu einer *stoßstromartigen Entladung der statischen Elektrizität (ESD, Electro Static Discharge)*, die zu Funktionsstörungen und zu Zerstörungswirkungen führen kann, insbesondere an Halbleiterbauelementen. Dabei ist die elektrostatische Aufladung von Menschen die weitaus häufigere Störungsursache, da man ja bei technischen Einrichtungen von vornherein für eine ausreichende Leitverbindung zum Erdpotential sorgen wird, schon aus Explosions- und Feuerschutzgründen. Durch entsprechende Untersuchungen an Testpersonen wurden folgende Werte als charakteristisch ermittelt: Aufladespannung bis 16 kV; Entladespitzenstrom bis 60A; Stromanstiegszeit 0,5 ... 50 ns; Impulsbreite 35 ... 100 ns [A247]. Für reproduzierbare Tests wurde danach in einschlägigen Normen (z.B. IEC 801-2, DIN VDE 0843 Teil 2) ein Hochspannungs-ESD-Simulator definiert, dessen Entladestromimpuls Kenndaten im vorstehend abgegrenzten Bereich realisiert. Bei praktischen Prüfaufgaben erfolgen Entladungen entweder auf das leitende Gehäuse eines Gerätes, oder bei ungeschirmten Geräten auf eine nahebei angeordnete Koppelplatte mit hochohmiger Erdableitung. Da derartige Entladungen weit in Erscheinungsbereiche der Hochspannungs- und Hochfrequenztechnik hineinführen, sollte man stets sehr auf die praktischen Details der Normvorschläge achten.

Störfestigkeit gegen Stoßspannungen (Surges)

Überspannungen infolge von Schaltvorgängen in Energieversorgungsanlagen oder infolge von Blitzeinwirkungen gehören zu den häufigsten Ausfallursachen insbesondere elektronischer Anlagen. Dabei kann ein gestörter Stromkreis von einer der angedeuteten Ursachen entweder *direkt* oder infolge auftretender Kopplungseffekte (vgl. Abschn. 3.10.3) *indirekt* betroffen sein. Aufwendige Untersuchungen in verschiedenen Ländern ergaben für direkte Blitzstromimpulse folgende charakteristischen Werte: Stromscheitelwerte bis über 250 kA; Anstiegszeiten 0,2 ... 200 μs; Halbwertszeiten 6 ... 2000 μs; Dauer einer Blitzimpulsfolge 0,1 ... 1100 ms [A247]. Hier geht es um eine Größenordnung, gegen die man Objekte wie Sendemasten oder energietechnische Übertragungsanlagen noch mit gewissen begrenzten Erfolgsaussichten schützen kann, aber elektronische Systeme nicht mehr. Nun sind direkte Blitzeinwirkungen auf so empfindliche Systeme extrem selten; nach allen Erfahrungen sind Schäden durch indirekte Blitz- oder Schalthandlungseinwirkungen um ein Vielfaches häufiger, weil hierbei die Verkopplung über Leitungssysteme zum gefahrenausbreitenden Effekt wird. Einschlägige Normungsvorschläge geben deshalb für Prüfimpulse Kennwerte vor, die im statistischen Mittel für indirekt betroffene Leitungsabschnitte insbesondere von Energieverteilungsnetzen charakteristisch sind. So definiert IEC 801-5d (1991) einen „Combination Wave Generator" mit zwei Betriebsmöglichkeiten: Im Leerlauf eine Scheitelspannung bis zu 4,0 kV mit einer Anstiegszeit von 1,2 μs und einer Halbwertszeit von 50 μs, im Kurzschluß einen Scheitelstrom bis zu 2,0 kA mit einer Anstiegszeit von 8 μs und einer Halbwertszeit von 20 μs. Für Datenübertragungsleitungen gibt es eine CCITT Vorschrift K17 mit folgenden Kenngrößen: Scheitelspannung bis zu 4,0 kV; Anstiegszeit 10 μs; Halbwertszeit 700 μs; Kurzschlußstrom bis 100 A [A247]. Auch hierzu ist anzuraten, sehr auf die Details der Normtexte zu achten und übliche Sicherungsmaßnahmen der Hochspannungstechnik einzuhalten.

Störfestigkeit gegen schnelle transiente Störungen (Bursts)

Beim Schließen eines mechanisch bewegten Kontaktes treten vorweggehend, beim Öffnen nachfolgend *Funkenent-ladungen* auf, die ihrerseits wiederum komplizierte, durch vielgestaltige Impulsfolgen charakterisierte Einschwing-vorgänge (auch Transienten genannt) auslösen. Während die Funkenstrecke (oder besser: der Lichtbogen) brennt, sinkt die Spannung an der Kontaktstrecke schnell ab, bis der Lichtbogen erlischt. Anschließend steigt die Spannung an der Kontaktstrecke nach Maßgabe eines gerade dominierenden Einschwingprozesses wieder an, bis eine Rückzün-dung des Lichtbogens erfolgt. Diese beiden Prozesse lösen sich unter Erzeugung dreieckförmiger Spannungsimpulse so lange wechselseitig ab, bis die Kontaktschließung (auch über mechanische Prellerscheinungen hinweg) endgültig gesichert oder die Kontaktöffnung so weit fortgeschritten ist, daß eine Rückzündung nicht mehr möglich ist. Der Gesamtvorgang wird dadurch sehr komplex, daß in der Regel mehrere verschiedene Einschwingprozesse mit stark verschiedenen Zeitkonstanten oder Eigenfrequenzen zusammenwirken. In der Praxis geht es vor allem um Ein- und Ausschaltvorgänge der Stromversorgung von Geräten oder Anlagen, z.B. am üblichen 230 V-Wechselspannungsnetz, oder auch um das Bürstenfeuer von Motoren. Für diesen wichtigen Bereich haben Untersuchungen folgende charakteristische Daten für auftretende Impulsdauerzeiten erbracht [A247]: Auf der *Verbraucherseite* treten Um-speichervorgänge zwischen Induktivitäten und Streukapazitäten auf, die Impulsdauerzeiten bis in den ms-Bereich generieren, bei Spannungen bis in den kV-Bereich. Auf der *Netzseite* sind beteiligte Leitungsinduktivitäten um viele Größenordnungen kleiner, so daß hier entstehende Impulsdauerzeiten typischerweise im μs-Bereich liegen. Hinzu kommt weiter der *Nahbereich* des Kontaktes, der einerseits aus einem Anschlußleitungsstück bis zum Netz und andererseits aus einem Anschlußleitungsstück bis zum Verbraucher bestehen kann; hier treten Reflexions- und Wanderwellenvorgänge auf (vgl. Abschn. 3.9.1), für die Impulsdauerzeiten unter 100 ns charakteristisch sind. Nun ist diese Aufgliederung gegenüber der Realität stark vereinfacht, aber sie läßt doch die Folgerung zu, daß z.B. bei einem Ausschaltvorgang ms-Impulse auftreten, die im Anfangsbereich jeweils eine Serie von μs-Impulsen vor sich herschie-ben, wobei jeder μs-Impuls mit einer Serie von ns-Impulsen beginnt. Typisches Erscheinungsbild sind also z.B. Gruppen abklingender 50ns-Impulse, die in Zeitabständen von 1 ... 100 μs (also mit Frequenzen von 1 MHz bis 10 kHz) wiederholt werden; hierfür wurde in die Normensprache der englische Ausdruck *Burst* übernommen. Da das Fourierspektrum derartiger Signale (vgl. Abschn. 8.2.2) ein sehr breites Frequenzband belegt, spricht man hierbei auch von *Breitbandstörungen*, im Gegensatz zu den eingangs angesprochenen hochfrequenten Störungen, für die ein (zumindest annähernd) sinusförmiger Zeitverlauf zugrundegelegt wurde, so daß man sie abgrenzend als *Schmalband-störungen* bezeichnet, weil ihre Fourierzerlegung nur *eine* (dominierende) Frequenz enthält, auch wenn diese von Testfall zu Testfall verändert oder zur Aufdeckung von Frequenzabhängigkeiten *langsam* variiert (gewobbelt) wird. Während nun der ms-Impulsanteil im Regelfalle nur den geschalteten Stromkreis selbst beeinflußt, breiten sich die μs- und ns-Impulsanteile oft wegen ihrer hohen Änderungsgeschwindigkeiten du/dt und di/dt über kapazitive oder magnetische Wege (vgl. Abschn. 3.10.3, 8.2.3) oder sogar über Strahlungswege (vgl. Abschn. 3.10.3) auf benachbarte Stromkreise aus. Für eine Überprüfung der Störfestigkeit gegenüber schaltkontaktbedingten Bursts ist es also vor allem wichtig, die ns-Impulse mit Wiederholfrequenzen bis zu 1 Mhz reproduzierbar erzeugen zu können. Im Rahmen des damals technologisch Möglichen wurde 1988 die Norm IEC 801-4 mit folgenden Impulsdaten veröffentlicht: Anstiegszeit 5 ns, Halbwertsdauer 50 ns (an 50 Ω); Generatorleerlaufspannung 250 V bis 4 kV; Wiederholfrequenz maximal 5 kHz. Inzwischen zeigen Erfahrungen, daß höhere Spannungswerte und sehr viel höhere Wiederholfrequenzen - bis über 500 kHz - wünschenswert und auch technologisch realisierbar wären [A247]; es muß deshalb wohl mit einer baldigen Änderung der Normvorgaben gerechnet werden. Die Einkopplung der Burstsignale erfolgt bei Netzleitungen über Kondensator-Drossel-Kombinationen, ähnlich wie weiter oben für leitungsgeführte hochfrequente Störspannungen beschrieben, bei Signalleitungen über kapazitive Koppelzangen. Im Interesse der Reproduzierbarkeit und Vergleichbarkeit von Testergebnissen informiere man sich bei anstehenden Prüfaufgaben stets über die Details der Normen und handelsübliche Prüfmittel [A247], [A248].

Zusammenfassung zu Kapitel 3

1. Der innere Widerstand eines Strommessers soll möglichst klein, der innere Widerstand eines Spannungsmessers möglichst groß sein. Bei einer Widerstandsmessung mit Hilfe von Strom- und Spannungsmesser muß bei einer stromrichtigen Meßschaltung der innere Widerstand des Strommessers, bei einer spannungsrichtigen Meßschaltung der innere Leitwert des Spannungsmessers vom nominellen Meßergebnis subtrahiert werden, es sei denn, daß man die Meßgerätekombination so wählen kann, daß die an sich erforderliche Korrektur vernachlässigbar klein bleibt.

2. *Gleichrichterschaltungen mit Ladekondensatoren messen Spitzenwerte, Gleichrichterschaltungen mit einer einfachen Mittelwertbildung durch die Trägheit z. B. eines Drehspulmeßwerks messen Gleichrichtwerte von Wechselspannungen bzw. -strömen. Erfolgt vor der Mittelung eine Quadratbildung, etwa durch Ausnutzung einer Stromwärmewirkung oder eines quadratischen Kraftgesetzes oder einer quadratischen Arbeitskennlinie, so wird der Effektivwert angezeigt. Sehr oft wird ein gleichrichtwertbildendes Meßinstrument unter Voraussetzung sinusförmiger Wechselgrößen mit einer Effektivwertskala versehen; in diesem Falle darf die Meßgröße nicht von der Sinusform abweichen, da sich sonst grobe Fehlablesungen ergeben.*

3. *Meßbereicherweiterungen erfolgen bei Gleichgrößenmessungen durch Vorwiderstände (Spannungsmessung) oder Nebenwiderstände (Strommessung), bei Wechselgrößenmessungen durch Spannungswandler oder Stromwandler. Wandler erlauben auch eine Meßbereichsreduzierung, allerdings natürlich ohne Leistungsverstärkung. Bei Gleichgrößenmessungen sind für Meßbereichsreduzierungen natürlich Meßverstärker erforderlich.*

4. *Vielbereichs-Meßinstrumente sind besonders im Hinblick auf eine wirtschaftliche Meßbereichsumschaltung konzipiert. Bei Wechselgrößenmessungen bilden sie meist den Gleichrichtwert, sind aber unter Voraussetzung sinusförmiger Wechselgrößen mit einer Effektivwertskala versehen. Für nichtsinusförmige Wechselgrößen muß ein Meßinstrument verwendet werden, welches ausdrücklich als echt-effektivwertbildendes Gerät gekennzeichnet ist. Vielfachmeßgeräte sind besonders überlastungsgefährdet, da leicht eine notwendige Meßbereichsumschaltung vergessen wird, aber nur manchmal mit einem Überlastungsschutz versehen.*

5. *Leistung wird in der Regel noch mit elektrodynamischen Meßwerken, elektrische Arbeit bei Wechselstrom mit Induktionszählern, bei Gleichstrom mit Meßmotorzählern gemessen. Es ist stets dafür zu sorgen, daß der Strompfad des Meßwerks nicht überlastet wird! Ein Wirkleistungsmesser kann durch eine sog. 90°-Schaltung als Blindleistungsmesser benutzt werden. Für die Drehstrom-Leistungsmessung (Arbeitsmessung) gibt es eine Reihe verschiedener Schaltungen mit ein, zwei oder drei Leistungsmessern (Arbeitszählern) oder entsprechenden Kombinationsmeßwerken. In einem Dreileiter-System ist für die Wirkleistungsmessung die Zwei-Wattmeter-Methode besonders zweckmäßig, in einem Vierleitersystem die Drei-Wattmeter-Methode.*

6. *Reihen- oder Parallelersatzschaltungen für Kapazitäten, Induktivitäten oder allgemeinere Scheinwiderstände können bei nicht zu hohen Genauigkeitsanforderungen durch zwei aufeinanderfolgende Messungen mit Gleich- und Wechselstrom, bei höheren Ansprüchen an die Genauigkeit durch eine Leistungsmeßmethode (Energietechnik), durch ein Schwingkreisverfahren oder mit Hilfe von Scheinwiderstandsmeßbrücken (Nachrichtentechnik) bestimmt werden. Eine Gegeninduktivitätsmessung wird zweckmäßigerweise auf zwei Induktivitätsmessungen zurückgeführt.*

7. *Die Wheatstonesche Brückenschaltung dient zur Messung von (stromunabhängigen) ohmschen Widerständen, die Thomson-Brücke zur Messung sehr kleiner Widerstandswerte. Wechselspannungsgespeiste Meßbrücken dienen vorwiegend zur Bestimmung der Ersatzschaltbilder von Scheinwiderständen und Bauelementen. Kompensatoren*

dienen zur belastungsfreien Messung von Spannungen (oder Strömen). Beim Aufbau von wechselspannungsgespeisten Meßbrücken oder Kompensatoren muß ganz besonders auf die durch Schaltkapazitäten oder induktive Kopplungen entstehenden Nebeneffekte und Fehler geachtet werden.

8. *Frequenzen werden heute in der Regel mit Hilfe elektronischer Zähler gemessen. Daneben gibt es analog arbeitende Verfahren, wie z.B. das Kondensator-Umladeverfahren, Resonanz-Frequenzmesser und die Möglichkeit des Frequenzvergleichs mit Hilfe Lissajousscher Figuren. Phasenunterschiede können mit Hilfe von Zweistrahl- bzw. Zweikanal-Oszilloskopen, mit Hilfe Lissajousscher Figuren, mit Hilfe elektronischer Phasenmesser oder mit Hilfe elektrodynamischer Leistungsfaktor-Anzeiger erfaßt werden.*

9. *An Zwei- und Vierpolen hat man oft Scheinwiderstände, Frequenzgänge oder Kennlinien zu messen. Scheinwiderstands- und Übertragungsfunktions-Messungen können beispielsweise mit Hilfe einer Eichleitung und eines Oszilloskops (evtl. eines Phasenmessers) durchgeführt, Kennlinien mit Hilfe eines Oszilloskops (oder eines X-Y-Schreibers) dargestellt werden. Natürlich gibt es daneben zahlreiche, allerdings dann meist kostspielige Spezialgeräte.*

10. *Nichtsinusförmige Größen werden mit Hilfe abstimmbarer selektiver Verstärker auf ihre Fourierspektren hin untersucht (Spektrumanalysatoren, Klirranalysatoren). Bei einem Klirrfaktormesser wird die Grundschwingung unterdrückt und der Effektivwert des Oberschwingungsspektrums gebildet.*

11. *Magnetische Wechselgrößen können am einfachsten aufgrund von Induktionserscheinungen gemessen werden. Bei magnetischen Gleichgrößen müssen Induktionsvorgänge durch Ein- und Ausschaltvorgänge oder durch mechanische Bewegung, z.B. von Probespulen, hervorgerufen werden. Eine unmittelbare Messung der magnetischen Induktion ist mit Hall-Sonden möglich. Hystereseschleifen können mit Hilfe eines Oszilloskops dargestellt werden. Eisenverluste werden in der Regel durch eine Leistungsmessung bestimmt. Bei Permeabilitätsmessungen muß man sich sehr skeptisch mit dem Einfluß der Kernform, der Meßmethode und überhaupt der zugrunde zu legenden Permeabilitätsdefinition auseinandersetzen.*

12. *Leitungskenngrößen (R', L', C', G') werden in der Regel durch Kurzschluß- und Leerlaufmessungen an einem Probestück zweckmäßig gewählter Länge bestimmt ($l \approx 0{,}01\ \lambda$).*

13. *In der Hochfrequenztechnik können Abschlußimpedanzen und Reflexionsfaktoren durch ausmessen der auf einer Meßleitung entstehenden Welligkeit der Spannungsverteilung bestimmt werden; komfortabler, aber erheblich aufwendiger sind mit Richtkopplern arbeitende Verfahren, die bis zu einer Direktanzeige komplexer Reflexionsfaktoren oder Scheinwiderstände als Frequenzfunktionen ausgebaut werden können.*

14. *In hochohmigen Meßschaltungen verursacht im allgemeinen die Kapazität einer Verbindungsleitung einen Belastungsfehler; aus diesem Grunde versieht man abgeschirmte Verbindungsleitungen eingangsseitig oft mit einem (kompensierten) RC-Spannungsteiler, durch den die Eingangskapazität wesentlich reduziert wird. Bei*

längeren Leitungen ist der Einfluß von Dämpfung und Welligkeit zu berücksichtigen; in der Hochfrequenztechnik ergeben sich die übersichtlichsten Verhältnisse bei Abschluß mit dem Wellenwiderstand, der in der Regel bei 50, 60 oder 75 Ω liegt. Der Übertragungsfehler einer Leitung bei sinusförmiger Erregung kann durchaus mit Hilfe eines für wissenschaftliche Zwecke konzipierten Tisch- oder Taschenrechners berechnet werden.

15. *In ausgedehnten Meßanlagen können leicht systeminterne Störsignale (z. B. Thermospannungen, Galvanispannungen, Piezospannungen, Leckströme, Rauschen) und eingestreute Störsignale (induktive Einstreuung, kapazitive Einstreuung, Widerstandskopplung, elektromagnetische Einstrahlung) auftreten. Störende Gleichspannungen, wie Thermospannungen oder Galvanispannungen, können oft durch Umpolung des Nutzsignals ausgeschieden werden, bei Brückenschaltungen durch Wechselspannungsspeisung. Die wichtigsten Gegenmaßnahmen gegen eingestreute Störsignale sind: Großer Abstand von störenden Leitungen, Verdrillen, Abschirmen. Durch eine erdsymmetrische Leitungstechnik können Einstreuungen oft als Gleichtaktsignale, Meßgrößen als Differenzsignale geführt und dann durch Differenzverstärker getrennt werden. Liegen Störsignale in anderen Frequenzbereichen als die Nutzsignale, so ist eine Trennung durch Filter möglich. Eine eingehende Untersuchung und Beschreibung darüber, wie elektrische Anlagenteile aufzubauen sind, damit es nicht zu einer gegenseitigen störenden Beeinflussung kommt, ist Zielsetzung des Fachgebietes „Elektromagnetische Verträglichkeit".*

Literatur zu Kapitel 3

[A20] *Merz, Grundkurs der Meßtechnik I*, ist ein seit langem bekanntes Grundlehrbuch im Stil und Umfang einer Vorlesung.

[A23] *Dosse, Elektrische Meßtechnik*, ist ebenfalls ein Grundlehrbuch im Stil und Umfang einer Vorlesung, dessen Schwerpunkt bei der rechnerischen Darstellung klassischer Methoden der elektrischen Meßtechnik liegt.

[A32] *Küpfmüller, Einführung in die theoretische Elektrotechnik*, ist ein sehr bekanntes Lehrbuch der theoretischen Elektrotechnik, welches man auch für Nachschlagezwecke immer wieder zu Rate ziehen wird.

[A39] *Meinke-Gundlach, Taschenbuch der Hochfrequenztechnik*, ist ein vielbenutztes Nachschlagewerk.

[A47] *Helke, Gleichstrommeßbrücken, Gleichspannungskompensatoren und ihre Normale*, ist ein umfassendes Standardwerk.

[A48] *Helke, Meßbrücken und Kompensatoren für Wechselstrom*, ist ebenfalls ein umfassendes Standardwerk.

[A50] *Borucki-Dittmann, Digitale Meßtechnik*, ist ein bekanntes Lehrbuch.

[A52] *Krönert, Meßbrücken und Kompensatoren*, ist ein berühmtes klassisches Lehrbuch der Meßbrückentechnik.

[A53] *Wirk-Thilo, Niederfrequenz- und Mittelfrequenz-Meßtechnik für das Nachrichtengebiet*, ist ein bekanntes, noch immer aktuelles Lehr- und Nachschlagebuch der Nachrichten-Meßgerätetechnik.

[A60]   *Wagner, Elektromagnetische Wellen*, ist ein sehr anschaulich geschriebenes, klassisches Lehrbuch.

[A63]   *Steinbuch-Rupprecht, Nachrichtentechnik*, ist ein umfassendes Lehrbuch.

[A66]   *Zinke-Brunswig, Hochfrequenz-Meßtechnik*, ist ein bekanntes, für die Einarbeitung in die Hochfrequenz-Meßtechnik zu empfehlendes Lehrbuch.

[A80]   *Groll, Mikrowellen-Meßtechnik*, ist ein Lehrbuch auf neuerem technischen Stand.

[A213] *Schuon-Wolf, Nachrichten-Meßtechnik*, vermittelt im Stil einer Vorlesung eine Einführung in die Meßverfahren der Nachrichtentechnik und zugehörige Gerätemuster.

[A222] *Schwab, Elektromagnetische Verträglichkeit*, gibt eine Übersicht über das Fachgebiet und enthält ein umfangreiches Literaturverzeichnis.

[A224] *Mäusl-Schlagheck, Meßverfahren in der Nachrichten-Übertragungstechnik*, enthält eine umfangreiche Zusammenstellung der Meßverfahren für nachrichtentechnische Übertragungssysteme.

[A249] *Rodewald, Elektromagnetische Verträglichkeit*, enthält eine ausführliche Behandlung von Kopplungseffekten in Nahbereichen sowie von anwendbaren praktischen Gegenmaßnahmen.

Teil 2
Elektronische Hilfsmittel und Verfahren

In Teil 2 werden meßtechnisch wichtige Grundschaltungen der Elektronik sowie die innere Struktur und Schaltungstechnik elektronischer Meßgeräte behandelt. Hierbei müssen einige Grundkenntnisse über elektronische Bauelemente und Schaltungen vorausgesetzt werden, wie sie z.B. während eines elektrotechnischen Studiums in den Anfangsvorlesungen über elektronische Bauelemente, Schaltungen und Netzwerke gebracht werden.

4 Elektronische Hilfsmittel

Darstellungsziele

1. *Übertragungs- und Impulsformungseigenschaften einfacher, in der Meßtechnik häufig benutzter RC-Netzwerke (4.1).*
2. *Grundschaltungen der Verstärkertechnik, so weit sie für die Meßtechnik eine wesentliche Rolle spielen (4.2).*
3. *Die stabilisierende Wirkung der Gegenkopplung (4.3).*
4. *Vorstellung der wichtigsten linearen Operationsverstärkerschaltungen, wie sie in der Meßtechnik für Verknüpfungs- und Rechenoperationen eingesetzt werden (4.4).*
5. *Vorstellung einiger wichtiger nichtlinearer Operationsverstärkerschaltungen, wie sie insbesondere für Aufgaben der Signalverformung oder Signalumformung eingesetzt werden (4.3).*
6. *Vorstellung sogenannter Tor-, Gatter- und Speicherschaltungen, wie sie für Steuer- und Verknüpfungsaufgaben benötigt werden (4.6, 4.7, 4.8).*
7. *Erläuterung sog. Kippschaltungen für die Impulserzeugung und Impulsformung (4.9).*
8. *Vorstellung von Trigger- und Verzögerungsschaltungen für Steuerungsaufgaben in Meßsystemen (4.10, 4.11).*
9. *Erläuterung der Wirkungsweise von Multiplizierern (4.12).*
10. *Schaltprinzipien für Spannungs- und Stromquellen, Sinusgeneratoren und Funktionsgeneratoren (4.13, 4.14, 4.15).*
11. *Übersicht über den gegenwärtigen Stand der Realisierung meßtechnisch häufig benutzter Grundschaltungen in Form monolithisch integrierter Schaltungen (4.16).*
12. *Kurzer Abriß der Mikrorechnertechnik (4.17).*

▶ 4.1 Impulsformende Netzwerke

R-C-Tiefpaß

Bild 4-1a zeigt eine sehr einfache, in Systemen der Meßwerterfassung und der Elektronik häufig vorkommende Grundschaltung, nämlich den *R-C-Tiefpaß*. Diese Benennung rührt daher, daß die Schaltung offensichtlich im Grenzfalle $\omega \to 0$, also für Gleichspannung oder Sinussignale sehr niedriger Frequenz, keine Spannungsteilung verursacht, jedoch mit wachsender Frequenz infolge des abnehmenden Blindwiderstandes der Kapazität eine immer stärker ins Gewicht fallende Spannungsteilung entsteht; tiefe Frequenzen können dieses einfache Grundnetzwerk also passieren, höhere dagegen werden mit zunehmender Frequenz zunehmend gedämpft. Für $\omega \to \infty$ ist das Ausgangsklemmenpaar durch die Kapazität kurzgeschlossen. In der Schreibweise der komplexen Zeigerrechnung ergibt sich, wenn man die Zeigergrößen sinngemäß zu den Benennungen in Bild 4-1a bezeichnet:

$$\frac{\underline{U}_2}{\underline{U}_0} = \frac{1/j\omega C}{R + 1/j\omega C} = \frac{1}{1 + j\omega CR} = \frac{1}{1 + j\omega/\omega_g} = \frac{1}{1 + j\omega\tau} \tag{4-1}$$

mit

$$\tau = \frac{1}{\omega_g} = \frac{1}{2\pi f_g} = RC \ . \tag{4-2}$$

Hierin nennt man τ die *Zeitkonstante* des R-C-Gliedes, f_g die *Grenzfrequenz*. Bildet man den Betrag des Spannungsverhältnisses für sinusförmige Größen,

$$\frac{U_2}{U_0} = \frac{1}{\sqrt{1 + (\omega/\omega_g)^2}} \ , \tag{4-3}$$

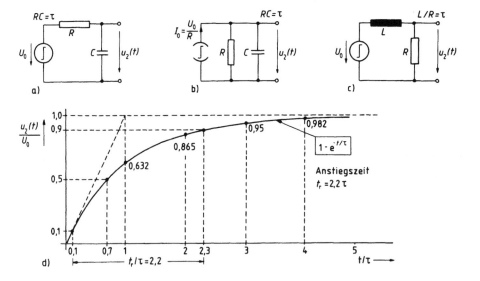

Bild 4-1 *RC*-Tiefpaß und Schaltungen mit entsprechendem Übertragungsverhalten

so erkennt man, daß das Spannungsverhältnis bei der Grenzfrequenz auf den Wert $1/\sqrt{2}$ abgesunken ist. Die Benennung rührt daher, daß man f_g vereinbarungsgemäß als „Grenze" zwischen dem „Durchlaßbereich" ($f < f_g$) und dem „Sperrbereich" ($f > f_g$) dieses einfachen „Tiefpaßfilters" auffaßt. Aufgrund des Zusammenhanges Gl. (4-2) kann der Übertragungsbereich eines R-C-Tiefpasses nach Belieben durch die Grenzfrequenz f_g oder die Zeitkonstante τ gekennzeichnet werden.

3 dB-Grenzfrequenz

In der Nachrichtentechnik bezeichnet man Verhältniswerte gern logarithmisch, indem man das Zwanzigfache des dekadischen Logarithmus bildet und den Einheitennamen „dB" (für Dezibel) dazusetzt. Für das Verhältnis $1/\sqrt{2}$ erhält man so die Maßzahl „-3dB". Aus diesem Grunde wird die vorstehend eingeführte Grenzfrequenz auch ganz allgemein „3dB-Grenzfrequenz" genannt, um sie deutlich von anderen manchmal benutzten Grenzfrequenzdefinitionen zu unterscheiden. Weiterhin nennt man dann den durch die 3db-Grenzfrequenz charakterisierten Übertragungsbereich von $f = 0$ bis $f = f_g = f_{3dB}$ die *3dB-Bandbreite*.

Sprungantwort

In vielen Fällen interessiert die Frage, wie ein *Spannungssprung* (z.B. von 0 auf U_0 im Zeitpunkt $t = 0$, vgl. Bild 4-1a) über den R-C-Tiefpaß übertragen wird. Für den Zeitbereich $t > 0$ findet man durch einen Maschenumlauf die Gleichung

$$- U_0 + R\, i(t) + u_2(t) = 0 \, ,$$

und mit

$$i(t) = C \cdot \frac{du_2}{dt}$$

die Differentialgleichung

$$u_2 + RC\,\frac{du_2}{dt} = U_0 \, . \tag{4-4}$$

Sie hat für $u_2(0) = 0$ die Lösung

$$u_2(t) = U_0\left(1 - e^{-\frac{t}{\tau}}\right) , \tag{4-5}$$

wie man durch Nachrechnen und Einsetzen in die Differentialgleichung leicht zeigen kann.

Eine systematische Herleitung dieser Lösung findet man in geeigneten Grundlagenlehrbüchern der Elektrotechnik, z.B. in [A7], [A15], [A21].

Bild 4-1d zeigt den Verlauf dieser Zeitfunktion. Für die zugehörige Steigungsfunktion ergibt sich aus Gl. (4-5)

$$\frac{du_2}{dt} = \frac{U_0}{\tau}\, e^{-\frac{t}{\tau}} ,$$

speziell für den Anfangspunkt der Kurve

$$\left.\frac{du_2}{dt}\right|_{t=0} = \frac{U_0}{\tau} . \tag{4-6}$$

Man kann also die Anfangstangente leicht konstruieren, indem man auf der Zeitachse den Punkt $t = \tau$ und genau darüber den Endwert U_0 der Funktion markiert, durch den die Anfangstangente nach Gl. (4-6) gehen muß. Merkt man sich noch, daß die Funktion bei $t = \tau$ 63,2 %, bei $t = 3\tau$ 95 % ihres Endwertes erreicht hat, so läßt sich der gesamte Anstiegsvorgang der Ausgangsspannung stets leicht skizzieren.

3db-Grenzfrequenz und Anstiegszeit

Eine wichtige praktische Kenngröße ist die *Anstiegszeit* der Sprungantwort von 10 % auf 90 % des Endwertes. Aus Bild 4-1 ergibt sich hierfür $t_r = 2,2 \cdot \tau$ und nach Einsetzen von Gl. (4-2) ein leicht zu merkender Zusammenhang zwischen *3dB-Grenzfrequenz und Anstiegszeit:*

$$\boxed{t_r = 0,35/f_g} . \tag{4-7}$$

Hierzu eine für die praktische Anwendung dieses Zusammenhanges wichtige Anmerkung: Im Abschnitt 8.2.5 wird anhand von Literaturausblicken dargelegt, daß impulstechnisch optimale Übertragungssysteme, deren Sprungantwort nicht oszilliert und höchstens geringfügig überschwingt, hinsichtlich ihres Frequenzganges zwangsläufig einer „Gaußschen Übertragungsfunktion" nahe kommen müssen. Für die Gaußsche Übertragungsfunktion ergibt sich nach [E46] der Zusammenhang $t_r = 0,34/f_g$. Angesichts des geringfügigen Unterschiedes kann man daher Gl. (4-7) als Näherung für die kürzestmögliche Anstiegszeit ansehen, die ein Impulsübertragungssystem unter der Nebenbedingung erreichen kann, daß seine Sprungantwort nicht oszillieren und höchstens geringfügig überschwingen darf. Siehe hierzu auch Abschnitt 8.2.7!

Impulsverhalten

Das Übertragungsverhalten gegenüber einem *Rechteckimpuls* läßt sich nun leicht darstellen, indem man sich den Rechteckimpuls aus zwei zeitlich verschobenen Spannungssprüngen (Sprungfunktionen, vgl. auch Abschnitt 1.4 und Bild 1-5) gleicher Höhe, aber entgegengesetzten Vorzeichens entstanden denkt. Der Ausgangsvorgang läßt sich dann aus den entsprechend zeitlich verschobenen Antwortvorgängen additiv überlagern. Bild 4-2 zeigt drei Beispiele. Ist $\tau \ll T_i$, so werden lediglich Anstiegs- und Abfallflanke des Impulses etwas verzögert. Ist $\tau \approx T_i$, so entfernt sich die Ausgangszeitfunktion bereits erheblich von der Rechteckform.

Impulsmindestdauer

Diskutiert man einen Rechteckimpuls mit der Impulsbreite $T_i = t_r = 2,2 \cdot \tau$ nach Gl. (4-7), so erreicht der Scheitelpunkt der zugehörigen Ausgangszeitfunktion gemäß dem in Bild 4-1 dargestellten Funktionsverlauf gerade 89 % der Impulshöhe. Man kann also Gl. (4-7) auch interpretieren als *Mindestdauer*, die ein Rechteckimpuls haben muß, damit er bei der Übertragung über einen *R-C*-Tiefpaß nicht mehr als 11 % an Höhe verliert, von der Formänderung abgesehen.

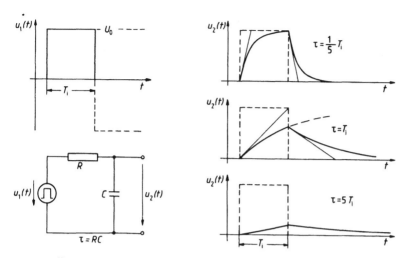

Bild 4-2 Übertragung eines Rechteckimpulses über einen *RC*-Tiefpaß für drei verschiedene Zeitkonstanten τ

Es ist sicher einleuchtend, daß ein Impuls bei der Übertragung über ein Tiefpaßsystem im Vergleich zur Sprungfunktion gleicher Höhe nur dann wenig an Höhe verlieren kann, wenn seine Dauer mindestens gleich der Anstiegszeit der Sprungantwort ist; insofern läßt sich die eben gegebene zweite Interpretation zu Gl. (4-7) auch abschätzungsweise bei den vorhin erwähnten impulstechnisch zweckmäßigen Annäherungen Gaußscher Übertragungssysteme benutzen.

Integrierwirkung

Im Falle $\tau \gg T_i$ bleibt die Ausgangsspannung des Tiefpasses sehr viel kleiner als die Impulshöhe am Eingang, $|u_2| \ll |U_0|$, und der Zeitverlauf von $u_2(t)$ hat — der Form nach — große Ähnlichkeit mit dem Zeitintegral der Eingangsfunktion. Dies ist nicht zufällig so, sondern wohl begründet. Ersetzt man einmal in Gl. (4-4) die für $t > 0$ konstante Spannung U_0 durch eine beliebige Zeitfunktion $u_1(t)$, und kann man dann für einen gewissen Zeitbereich $|u_2(t)| \ll |u_1(t)|$ voraussetzen, so läßt sich u_2 gegenüber u_1 vernachlässigen, und es gilt dann

$$\frac{\mathrm{d}u_2}{\mathrm{d}t} \approx \frac{1}{RC} u_1(t), \quad u_2(t) \approx \frac{1}{RC} \int_0^t u_1(\vartheta) \cdot \mathrm{d}\vartheta , \qquad (4\text{-}8)$$

wobei noch angenommen wurde, daß der Kondensator zur Zeit $t = 0$ ladungsfrei war.

Legt man an den Eingang eines R-C-Tiefpasses (mit hier ursprünglich ladungsfrei gedachtem Kondensator) eine Spannungs-Zeitfunktion $u_1(t)$, so stellt die zugehörige Ausgangszeitfunktion $u_2(t)$ das mit $1/RC$ multiplizierte Zeitintegral der Eingangszeitfunktion dar, so lange nur die Bedingung $|u_2(t)| \ll |u_1(t)|$ erfüllt bleibt. Aus diesem Grunde bezeichnet man den R-C-Tiefpaß in der Elektronik oft auch als „*Integrierglied*".

Liegt als Eingangszeitfunktion beispielsweise ein Rechteckimpuls der Dauer T_i vor, so bleibt während der Zeitdauer $0 \leqslant t \leqslant T_i$ die Ausgangsspannung sehr viel kleiner als die Eingangsspannung, wenn man $\tau \gg T_i$ macht, und man sieht am Ausgang während der Impulsdauer den der Integration entsprechenden zeitproportionalen Spannungsanstieg, vgl. Bild 4-2, letzter Fall.

Legt man an den Eingang des R-C-Tiefpasses eine Folge von Rechteckimpulsen, so beobachtet man am Ausgang einen Einschwingvorgang entsprechend Bild 4-3, wobei die Details natürlich von τ/T_i und τ/T abhängen.

Bild 4-3 enthält zahlreiche Angaben, aufgrund deren ein derartiger Einschwingvorgang recht genau skizziert werden kann, doch soll eine Diskussion der Einzelheiten hier unterbleiben. Die Konstruktion beruht natürlich wiederum auf der Superposition zeitlich verschobener Sprungfunktionen und Sprungantworten wechselnden Vorzeichens.

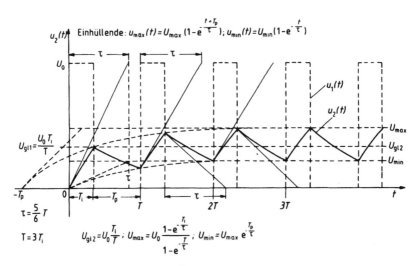

Bild 4-3 Einschwingvorgang bei der Übertragung einer zur Zeit $t = 0$ eingeschalteten Rechteckimpulsfolge über einen RC-Tiefpaß

Mittelwertbildung

Der eingeschwungene Vorgang enthält einen Gleichanteil und eine überlagerte „Welligkeit". Diese Welligkeit wird um so kleiner, je größer die Zeitkonstante τ des Tiefpaßfilters ist, vgl. Bild 4-4. Der Gleichanteil am Ausgang ist im eingeschwungenen Zustand

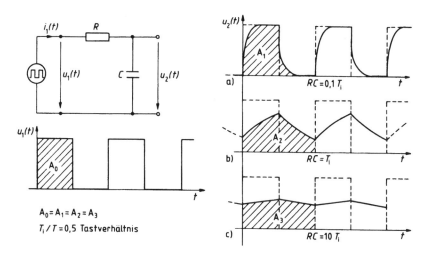

Bild 4-4 Übertragung einer Rechteckimpulsfolge über einen RC-Tiefpaß im stationären Zustand für verschiedene Zeitkonstanten $\tau = RC$

genau so groß wie der Gleichanteil des eingangsseitigen Vorgangs, denn nur in diesem Falle kann der Vorgang stationär sein, andernfalls müßte die mittlere Kondensatorladung noch zu- oder abnehmen. Der R-C-Tiefpaß ist also bei hinreichend großer Zeitkonstante zur Feststellung des Mittelwertes einer Eingangszeitfunktion geeignet.

Legt man an die Eingangsklemmen eines R-C-Tiefpasses einen periodischen Vorgang, so entspricht der Mittelwert der zugehörigen Ausgangszeitfunktion im eingeschwungenen Zustand genau dem Mittelwert der Eingangszeitfunktion. Wählt man die Zeitkonstante τ so groß, daß die „Welligkeit" des ausgangsseitigen Vorgangs vernachlässigt werden kann, so erhält man nach Ablauf der Einschwingzeit den Mittelwert des eingangsseitigen periodischen Vorgangs.

Voraussetzung für eine genaue Mittelwertbildung ist also, daß der eingeschwungene Zustand abgewartet werden kann, d.h. daß der eingangsseitige Vorgang lange genug unverändert periodisch bleibt. Eine mathematisch exakte Mittelwertbildung über ein vorgegebenes Zeitintervall erfordert einen gesteuerten statischen Integrierer, vgl. Abschnitt 5.2.1. Verbesserte Näherungslösungen mit geringerem Aufwand findet man z.B. in [E17].

Eine R-C-Parallelschaltung nach Bild 4-1b zeigt bei Einspeisung durch eine Urstromquelle ein dem bisher beschriebenen genau entsprechendes Verhalten, ebenso der L-R-Tiefpaß nach Bild 4-1c bei Einspeisung durch eine Urspannungsquelle. Es läßt sich leicht feststellen, daß die Schaltungsanalyse auf eine Gl. (4-4) genau entsprechende Differentialgleichung führt.

C-R-Hochpaß

Vertauscht man in Bild 4-1a die Elemente R und C, so erhält man den *C-R-Hochpaß* nach Bild 4-5a. Im Grenzfall $\omega \to 0$ stellt der Kondensator eine Stromkreisunterbrechung dar, die Schaltung kann also – im stationären Zustand – kein Gleichspannungssignal übertragen; natürlich löst das eingangsseitige Anschalten einer Gleichspannung (d.h. ein Span-

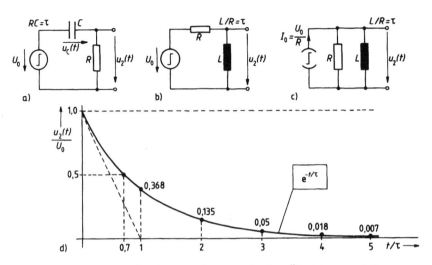

Bild 4-5 CR-Hochpaß und Schaltungen mit entsprechendem Übertragungsverhalten

nungssprung am Eingang) auch einen an den Ausgangsklemmen zu beobachtenden Einschwingvorgang aus, der aber gegen Null hin abklingen muß. Mit wachsender Frequenz
sinkt der Blindwiderstand der Kapazität, das Verhältnis von Ausgangs- zu Eingangs-
amplitude nimmt zu, und für $\omega \to \infty$ beobachtet man überhaupt keine Spannungsteilung
mehr; mit den Kenngrößen ω_g und τ nach Gl. (4-2) erhält man hier:

$$\frac{U_2}{U_0} = \frac{R}{R + 1/j\omega C} = \frac{j\omega RC}{1 + j\omega RC} = \frac{j\omega/\omega_g}{1 + j\omega/\omega_g} = \frac{j\omega\tau}{1 + j\omega\tau}, \qquad (4\text{-}9)$$

$$\frac{U_2}{U_0} = \frac{\omega/\omega_g}{\sqrt{1 + (\omega/\omega_g)^2}}. \qquad (4\text{-}10)$$

Für die Grenzfrequenz $f = f_g$ ist das Spannungsverhältnis auch hier bis auf $1/\sqrt{2}$ abge-
sunken, verglichen jedoch mit dem Übertragungsverhältnis bei hohen Frequenzen. Der
C-R-Hochpaß läßt also Vorgänge hoher Frequenz passieren und sperrt Vorgänge niedriger
Frequenz.
Legt man an den Eingang des C-R-Gliedes zur Zeit $t = 0$ einen Spannungssprung der
Höhe U_0 an, so erhält man durch aufstellen der Maschengleichung für $t > 0$

$$-U_0 + u_C(0) + \frac{1}{C} \int_0^t i_C(\vartheta)\,d\vartheta + u_2(t) = 0, \quad i_C(t) = \frac{u_2(t)}{R},$$

und durch einsetzen und einmaliges differenzieren

$$u_2 + RC\frac{du_2}{dt} = 0. \qquad (4\text{-}11)$$

Setzt man voraus, daß der Kondensator im Einschaltmoment ungeladen ist, so gilt $u_C(0) = 0$, und dann muß $u_2(0) = U_0$ sein! Unter dieser Voraussetzung hat Gl.(4-11) die Lösung

$$u_2(t) = U_0 \cdot e^{-\frac{t}{\tau}} . \tag{4-12}$$

Eine systematische Herleitung findet man in geeigneten Grundlagenlehrbüchern der Elektrotechnik, z.B. in [A7], [A15], [A21].

Bild 4-5d zeigt wiederum den Verlauf dieser Funktion und die für das Skizzieren des Ausgleichsvorganges nützlichen Hilfsinformationen; die Anfangstangente hat die Steigung $-U_0/\tau$, nach der Zeit $t = \tau$ ist der Vorgang auf 36,8 %, nach der Zeit $t = 3\tau$ auf 5 % des Anfangswertes abgesunken.

Bild 4-6 zeigt die Übertragung eines Rechteckimpulses für verschiedene Zeitkonstantenverhältnisse τ/T_i; diese Bilder findet man auch wieder durch Superposition entsprechender Sprungantworten.

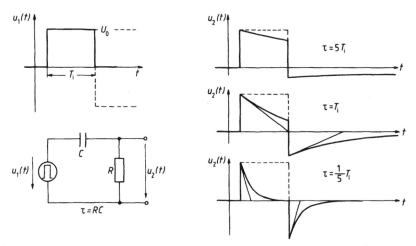

Bild 4-6 Übertragung eines Rechteckimpulses über einen CR-Hochpaß für drei verschiedene Zeitkonstanten τ

Gleichspannungsabriegelung

Bild 4-7 zeigt den Ablauf des Einschwingvorgangs nach dem Anlegen einer periodischen Rechteckimpulsfolge.

Bild 4-7 enthält wiederum zahlreiche Details, die ein recht genaues Skizzieren eines derartigen Einschwingvorgangs erlauben; die Konstruktion beruht wie im entsprechenden Tiefpaßfalle auf der Superposition von Sprungantworten.

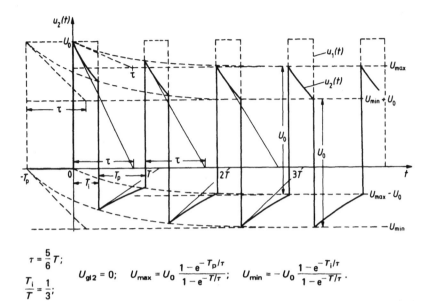

$$\tau = \frac{5}{6}T; \qquad U_{gl2} = 0; \quad U_{max} = U_0\frac{1-e^{-T_p/\tau}}{1-e^{-T/\tau}}; \quad U_{min} = -U_0\frac{1-e^{-T_i/\tau}}{1-e^{-T/\tau}}.$$

$$\frac{T_i}{T} = \frac{1}{3};$$

Bild 4-7 Einschwingvorgang bei der Übertragung einer zur Zeit $t = 0$ eingeschalteten Rechteckimpuls-folge über einen CR-Hochpaß

Im eingeschwungenen Zustand ist der Mittelwert des Ausgangssignals gleich Null, weil über den Kondensator kein Gleichstrom zufließen kann. Man erkennt:

> Der C-R-Hochpaß kann dafür benutzt werden, den Gleichspannungsanteil eines Vorgangs abzuriegeln und nur den Wechselanteil zu übertragen, sofern nur erst eingeschwungene Verhältnisse erreicht sind.

Bild 4-8 zeigt die Übertragung einer Rechteckimpulsfolge im eingeschwungenen Zustand für verschiedene Zeitkonstanten $\tau = RC$. Ist $\tau \gg T_i$, äußert sich der Hochpaßeinfluß nur in einer leichten Dachschräge der Impulse, von der Unterdrückung des Gleichspannungs-anteils abgesehen, vgl. Bild 4-8a. Ist dagegen $\tau \ll T_i$, so ist der Einschwingvorgang bereits während der Impulsdauer T_i abgeklungen, und man erhält eine Folge sogenannter „Nadelimpulse", vgl. Bild 4-8c.

Differenzierwirkung

Der Vorgang in Bild 4-8c läßt sich so interpretieren: Hat der eingangsseitige Vorgang eine große positive Steigung, so erscheint ein positiver Ausgangsimpuls. Hat der Eingangsvorgang eine große negative Steigung, so erscheint ein negativer Ausgangsimpuls. Mathematisch gesehen entspricht dies – wenn hier auch in sehr grober Annäherung – dem Vorgang des *Differenzierens*. Zeigt der eingangsseitige Vorgang nicht zu große Steigungswerte,

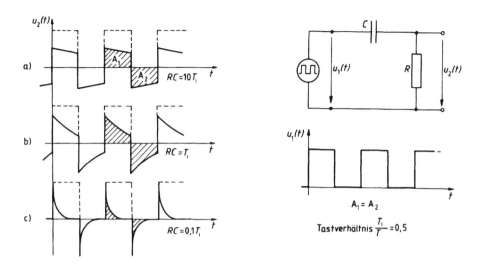

Bild 4-8 Übertragung einer Rechteckimpulsfolge über einen CR-Hochpaß im stationären Zustand für verschiedene Zeitkonstanten $\tau = RC$

so bleibt bei hinreichend kleiner Zeitkonstante die Steigung des Ausgangssignals sehr viel kleiner als die des Eingangssignals, und dann läßt sich die Differenzierwirkung auch wieder formelmäßig begründen. Denkt man sich in Bild 4-5a U_0 durch eine Eingangszeitfunktion $u_1(t)$ ersetzt, so ergibt ein Maschenumlauf

$$-u_1(t) + u_C(0) + \frac{1}{C} \int_0^t \frac{u_2(\vartheta)}{R}\, d\vartheta + u_2(t) = 0 \,,$$

und durch einmaliges differenzieren erhält man

$$-\frac{du_1}{dt} + \frac{1}{RC} u_2 + \frac{du_2}{dt}\,, \quad u_2 + RC\,\frac{du_2}{dt} = RC\,\frac{du_1}{dt}\,. \qquad (4\text{-}13)$$

Läßt sich nun $\left| \dfrac{du_2}{dt} \right| \ll \left| \dfrac{du_1}{dt} \right|$ voraussetzen, so gilt

$$u_2 \approx RC \cdot \frac{du_1}{dt}\,. \qquad (4\text{-}14)$$

Legt man an den Eingang eines C-R-Hochpasses eine Spannungs-Zeitfunktion $u_1(t)$, so stellt die zugehörige Ausgangszeitfunktion $u_2(t)$ den mit RC multiplizierten Differentialquotienten der Eingangszeitfunktion dar, so lange nur die Bedingung $\left|\dfrac{\mathrm{d}u_2}{\mathrm{d}t}\right| \ll \left|\dfrac{\mathrm{d}u_1}{\mathrm{d}t}\right|$ erfüllt ist, was durch Wahl einer hinreichend kleinen Zeitkonstante τ erreicht werden kann (so lange man die Steigung der Eingangszeitfunktion nur endlich große Werte annehmen läßt). Aus diesem Grunde bezeichnet man den C-R-Hochpaß in der Elektronik oft als *„Differenzierglied"*.

In dem Grenzfall einer idealen Rechteckimpulsfolge als Eingangssignal kann die Näherungsvoraussetzung nicht mehr erfüllt werden, das Differentiationssignal entartet dann zu einer Folge von exponentiell abklingenden „Nadelimpulsen" nach Bild 4-8c. Gerade das wird in der Impulstechnik aber häufig ausgenutzt, um das Erscheinen eines Spannungssprunges am Eingang eines C-R-Hochpasses durch einen Nadelimpuls am Ausgang zu markieren.

Ein R-L-Hochpaß nach Bild 4-5b oder eine R-L-Parallelschaltung nach Bild 4-5c mit Einspeisung durch eine Urstromquelle zeigt entsprechende Eigenschaften wie der C-R-Hochpaß.

Potentialklammerung

Bei der Anwendung der vorstehend beschriebenen R-C-Glieder ist manchmal die Aufgabe gestellt, Ausgangssignale *eines* Vorzeichens zu unterdrücken, beispielsweise in Bild 4-8c die negativen Nadelimpulse. Dies kann dadurch erreicht werden, daß man zwischen das Ausgangsklemmenpaar eine geeignet gepolte Diode schaltet; die Ausgangsspannung kann dann in *einer* Polarität nicht größer als die Durchlaßspannung der Diode werden, man spricht deswegen dann auch von einer *Potentialklammerung*. Im Falle des C-R-Hochpasses spricht man auch von einer *Gleichspannungswiederherstellung*, denn wenn nur Ausgangsimpulse eines Vorzeichens auftreten, ist auch wieder ein Gleichspannungsanteil vorhanden (Gleichrichteffekt).

Zusätzliche Spannungsteilung

Bild 4-9 zeigt häufig benutzte R-C- bzw. C-R-Glieder mit zusätzlicher Spannungsteilung. Die Schaltung in Bild 4-9a wird natürlich genau wie die in Bild 4-1a Tiefpaßverhalten zeigen, jedoch mit dem Unterschied, daß auch ein Gleichspannungssignal im stationären Zustand nicht ungeteilt übertragen werden kann, sondern im Spannungsteilerverhältnis $R_2/(R_1 + R_2)$ geteilt wird; entsprechend müssen auch alle in der Schaltung auftretenden Einschwingvorgänge eine zusätzliche Spannungsteilung erfahren. Zur Diskussion von Ausgleichsvorgängen ersetzt man den Schaltungsteil links von der Schnittstelle A−B zweckmäßigerweise durch seine Ersatzspannungsquelle mit dem ohmschen Innenwiderstand R_i und der Leerlaufspannung u_0, wie in Bild 4-9a rechts angegeben. Dann lassen sich alle weiteren Überlegungen wie im Falle von Bild 4-1a führen. Entsprechend wird die Schaltung Bild 4-9b Hochpaßverhalten zeigen, aber verbunden mit einer zusätzlichen Spannungsteilung im Verhältnis $C_1/(C_1 + C_2)$.

Der Satz von der Ersatzspannungsquelle wird in allen elektrotechnischen Grundlagenlehrbüchern behandelt, vgl. z. B. [A7], [A15], [A35].

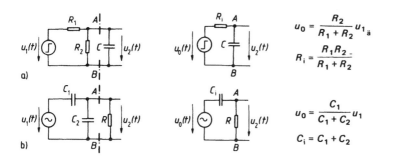

$$u_0 = \frac{R_2}{R_1 + R_2} u_1 \ddot{a}$$

$$R_i = \frac{R_1 R_2}{R_1 + R_2}$$

$$u_0 = \frac{C_1}{C_1 + C_2} u_1$$

$$C_i = C_1 + C_2$$

Bild 4-9 R-C- bzw. C-R-Glieder mit zusätzlicher Spannungsteilung und ihre Ersatzschaltungen

Ohmscher Spannungsteiler

In der Meßtechnik benutzt man oft ohmsche Spannungsteiler (vgl. Abschnitt 2.2.4). Oft läßt sich nicht vermeiden, daß das Ausgangsklemmenpaar des Spannungsteilers kapazitiv belastet wird; dieser Fall tritt z. B. regelmäßig bei der Benutzung von Vorschaltspannungs- teilern (Tastköpfen) auf, die über eine abgeschirmte Leitung mit einem nachfolgenden Oszilloskopeingang oder Meßverstärkereingang verbunden werden. In diesem Falle liegt eine Situation nach Bild 4-9a vor, der Spannungsteiler überträgt nicht mehr frequenzunab- hängig, sondern zeigt Tiefpaßverhalten, und Impulsflanken können nicht mehr unverzerrt übertragen werden, sondern erfahren die dem Tiefpaßverhalten gemäße exponentielle Abrundung der Anstiegs- und Abfallflanke, vgl. Bild 4-2 oder Bild 4-4, jeweils oben rechts.

Kompensierter Spannungsteiler

Diesem frequenzabhängigen bzw. funktionsformabhängigen Fehler kann durch Einführung einer weiteren *Kompensationskapazität* in die Spannungsteilerschaltung entgegengewirkt werden; man gelangt dann zum *kompensierten Spannungsteiler* nach Bild 4-10. Hierzu kann man sich leicht folgendes überlegen. Für die Teilung eines Gleichspannungssignals im stationären Falle ist das Verhältnis R_1/R_2 der Widerstände entscheidend. Legt man ein Eingangssignal sehr hoher Frequenz an, so ist das umgekehrte Verhältnis C_2/C_1 der Kapazitäten für die Spannungsteilung entscheidend, weil die Kapazitäten für sehr hohe Frequenzen sehr kleine Blindwiderstände darstellen und die parallel liegenden ohmschen Widerstände demgegenüber vernachlässigbar werden. Soll das Teilerverhältnis für alle Fre- quenzen gleich sein, so ist also mindestens

$$R_1/R_2 = C_2/C_1$$

zu fordern, woraus unmittelbar die Bedingung

$$R_1 C_1 = R_2 C_2 \tag{4-15}$$

Kompensierbarer
Spannungsteiler:

$$G_1 = 1/R_1$$
$$G_2 = 1/R_2$$

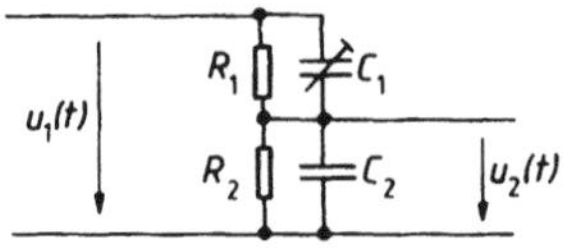

Übertragungs-
funktion:

$$\underline{A}(j\omega) = \frac{\underline{U}_2}{\underline{U}_1} = \frac{G_1}{G_1+G_2} \cdot \frac{1+j\omega C_1/G_1}{1+j\omega(C_1+C_2)/(G_1+G_2)}.$$

Für $\dfrac{C_1}{G_1} = \dfrac{C_1+C_2}{G_1+G_2}$ ist $\dfrac{\underline{U}_2}{\underline{U}_1} = \dfrac{G_1}{G_1+G_2} = \dfrac{R_2}{R_1+R_2}.$

Aus $\dfrac{C_1}{G_1} = \dfrac{C_1+C_2}{G_1+G_2}$ folgt $\underline{R_1 C_1 = R_2 C_2}.$

Bild 4-10 Kompensation eines kapazitiv belasteten Spannungsteilers. Die angegebene Abgleichbedingung muß beispielsweise bei jedem Oszilloskop-Tastspannungsteiler durch entsprechende Betätigung des stets vorgesehenen Abgleichtrimmers erfüllt werden, ehe man Messungen ohne frequenzabhängige bzw. kurvenformabhängige Abbildungsfehler durchführen kann (vgl. hierzu Bild 4-11).

folgt, d.h. die Forderung nach übereinstimmenden Zeitkonstanten der beiden Teilabschnitte des Spannungsteilers. In Bild 4-10 ist diese Bedingung anhand der Übertragungsfunktion des Spannungsteilers exakt hergeleitet. Ist der Spannungsteiler so eingestellt, daß er Sinussignale für alle Frequenzen mit dem gleichen Teilverhältnis überträgt, dann überträgt er auch Vorgänge beliebiger Kurvenform verzerrungsfrei.

Dies ergibt sich einmal aus der Tatsache, daß z.B. nichtsinusförmige periodische Vorgänge nach Fourier durch eine Superposition von Sinussignalen verschiedener Frequenzen dargestellt werden können, oder einmalige Vorgänge durch sog. Spektralfunktionen, vgl. Abschnitt 1.4. Der exakte Beweis läßt sich aber auch durch aufstellen und lösen der Differentialgleichung des kompensierbaren Spannungsteilers führen.

In Bild 4-11 sind Kriterien für die praktische Durchführung des Spannungsteilerabgleichs aufgeführt. Zunächst könnte man die Spannungsteilereinstellung mit Hilfe eines Sinusgenerators durch verändern der Frequenz überprüfen, vgl. Bild 4-11a. Ist der Teiler kompensiert, so ergibt sich für tiefe und hohe Frequenzen das gleiche Teilverhältnis. Ist er unter- oder überkompensiert, so ergeben sich für tiefe und hohe Frequenzen unterschiedliche Teilverhältnisse, und die Trimmkapazität C_1 muß so lange nachgestellt werden, bis das Teilverhältnis eben frequenzunabhängig wird. Dieses Verfahren ist jedoch umständlich und sehr zeitraubend. Einfacher und schneller kommt man mit Hilfe eines Rechteckimpuls-Generators zum Ziel, vgl. Bild 4-11b und c. Stimmt die Kompensationseinstellung, so wird ein Rechteckimpuls unverzerrt übertragen. Liegt eine Unter- oder Überkompensation vor, so beobachtet man zunächst einen dem Kapazitätsverhältnis entsprechenden Anfangssprung, der bei Unterkompensation zu niedrig und bei Überkompensation zu hoch ist, und an den sich dann ein Ausgleichsvorgang bis zum Erreichen des dem ohmschen Teilverhältnis entsprechenden Ausgangsspannungswertes anschließt. Man kann so leicht und augenblicklich feststellen, ob die Trimmkapazität noch nachgestellt werden muß oder nicht.

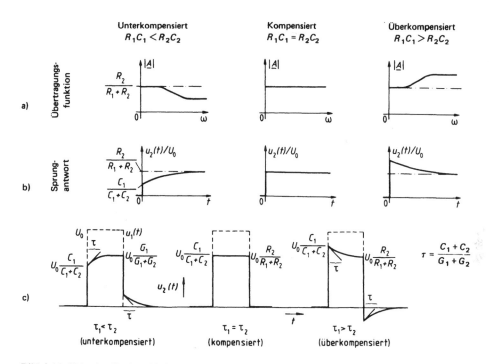

Bild 4-11 Kriterien für den Abgleich eines kompensierbaren Spannungsteilers

Bei der Wahl des Rechteckimpuls-Generators ist zu beachten, daß dessen Flankensteilheit groß genug sein muß. Genauer gesagt: Die zu oszilloskopierenden (bzw. sonstwie zu analysierenden) Vorgänge dürfen keine größere Flankensteilheit aufweisen als die Impulse, mit denen der Spannungsteilerabgleich durchgeführt wurde. Andernfalls kann der Teiler im Meßbetrieb fehlerhafte Bilder wiedergeben, ohne daß das beim Abgleichvorgang auffällt. Oszilloskope höherer Preisklassen enthalten meist eine hinreichend einwandfreie Impulsspannungsquelle für Kalibrierzwecke. Bei Oszilloskopen niedrigerer Preisklassen ist oft eine Rechteck- bzw. Trapezspannungsquelle vorgesehen, mit deren Hilfe zwar Spannungsmaßstäbe überprüft werden können, deren Flankensteilheit für das Abgleichen von Tastspannungsteilern aber nicht ausreicht. Man achte also sorgfältig darauf, hier keine schwerwiegenden Fehler zu begehen!

► 4.2 Grundschaltungen der Verstärkertechnik

Die Schaltungstechnik elektronischer Verstärker ist außerordentlich variantenreich; hier können nur einige der am weitesten verbreiteten Schaltungsprinzipien kurz angesprochen werden, mit dem Ziel, ein allgemeines Verständnis zu sichern. Alle Einzelheiten und Dimensionierungsprobleme müssen nach Werken über elektronische Schaltungen und Netzwerke erarbeitet werden, vgl. z.B. [A81] bis [A84], [A98].

R-C-Breitbandverstärker

Bild 4-12 zeigt eine weitverbreitete Standardschaltung für einen einstufigen Wechselspannungsverstärker. Mit Hilfe des Spannungsteilers R_1 und R_2 sowie des Emitterwider-

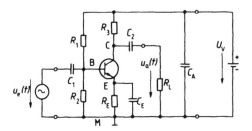

Bild 4-12
R-C-Breitbandverstärker

standes R_E wird ein bestimmter Transistorruhestrom eingestellt; diese Maßnahme nennt man *Arbeitspunkteinstellung*. Der Widerstand R_E dient dabei zur *Ruhestromstabilisierung*, insofern, als er bewirkt, daß der sich einstellende Ruhegleichstrom nicht mehr wesentlich von den Transistorkennlinien abhängt, welche von Exemplar zu Exemplar sehr stark streuen und auch sehr temperaturabhängig sind, sondern im wesentlichen durch die zwischen E und M vorgegebene Gleichspannung und den Wert R_E des Emitterwider-standes festgelegt ist. Man kann sich die stabilisierende Wirkung von R_E leicht auch so überlegen: Steigt etwa durch Temperatureinfluß der Emitterstrom des Transistors an, so wächst auch der Spannungsabfall an R_E; dadurch wird die Basis-Emitter-Spannung ver-ringert, und dies wirkt dem Stromanstieg entgegen. Über den Koppelkondensator C_1 wird dann das zu verstärkende Wechselsignal eingekoppelt und dadurch dem Ruhegleich-strom ein sog. Kleinsignal-Wechselstrom überlagert, der dann u.a. am Arbeitswider-stand R_3 auch einen Wechselspannungsanteil verursacht. Bei zweckentsprechender Dimen-sionierung ist die an R_3 entstehende Wechselspannung größer als die Eingangsspannung $u_e(t)$, so daß also eine Verstärkung erreicht wird. Damit der Stabilisierungswiderstand R_E nicht auch den durch $u_e(t)$ verursachten Stromschwankungen entgegenwirkt, wird R_E für Wechselsignale durch einen hinreichend großen Emitterkondensator C_E überbrückt. Der Koppelkondensator ist erforderlich, damit das für den Betrieb des Transistors not-wendige Gleichpotential in B nicht auf die Signalquelle Einfluß nehmen kann, und umge-kehrt, damit ein eventuell durch die Quelle vorgegebenes Gleichpotential keinen Einfluß auf die Ruhestromeinstellung nehmen kann (Gleichspannungsabriegelung, vgl. Ab-schnitt 4.1). Ebenso wird durch den Koppelkondensator C_2 das Gleichpotential am Kollektor C vom Lastwiderstand (Verbraucher) R_L ferngehalten, der nur die verstärkte Wechselspannung $u_a(t)$ zugeführt bekommt. U_V ist die *Versorgungsspannung* für den Ver-stärker.

Zu einer praktisch aufgebauten Schaltung gehört stets noch ein *Abblockkondensator* C_A, der in un-mittelbarer Nähe der Verstärkerstufe angebracht werden muß und die Versorgungsspannungsleitung für hohe Frequenzen kurzschließen soll, damit nicht infolge von Leitungsinduktivitäten und -kapazi-täten sowie oft schwer nachprüfbaren Verkopplungen mit anderen Leitungen bei hohen Frequenzen parasitäre Effekte (manchmal sogar Störschwingungen) auftreten. Derartige Abblockkondensatoren werden in den nachfolgenden Prinzipschaltbildern nicht mehr gezeichnet, da sie an sich nichts mit dem jeweils darzustellenden Schaltungsprinzip zu tun haben, müssen aber bei der praktischen Realisierung elektronischer Schaltungen stets vorgesehen werden (Größenordnung 0,01...10 μF)!

Die Übertragungsfähigkeit einer Schaltung nach Bild 4-12 wird zu tiefen Frequenzen hin durch die Koppelkondensatoren begrenzt, zu hohen Frequenzen hin durch Trägheitseffekte im Transistor sowie durch parasitäre Kapazitäten des Schaltungsaufbaus. Man definiert eine *untere Grenzfrequenz* f_u und eine *obere Grenzfrequenz* f_h, bei denen die Verstärkung jeweils auf das $1/\sqrt{2}$-fache der Verstärkung im mittleren Frequenzbereich abgesunken ist. Zwischen diesen beiden Grenzfrequenzen liegt in der Regel ein mehrere Zehnerpotenzen breiter Frequenzbereich; aus diesem Grunde spricht man hier von einem *„Breitbandverstärker"*.

Schmalbandverstärker

Ersetzt man in der Schaltung Bild 4-12 den Arbeitswiderstand R_3 durch einen Parallelschwingkreis, so kann nur noch die Resonanzfrequenz des Schwingkreises und ein schmaler Frequenzbereich beiderseits der Resonanzfrequenz verstärkt werden, man spricht dann von einem *Schmalbandverstärker*, vgl. Bild 4-13, Fall a. Die Differenz zwischen den Grenzfrequenzen f_h und f_u nennt man die *Bandbreite* des Verstärkers.

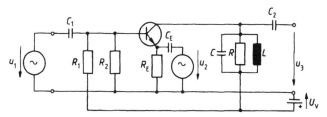

Bild 4-13

a) Schmalbandverstärker ($u_2 = 0$, lineare Aussteuerverhältnisse)
b) Frequenzvervielfacher ($u_2 = 0$, nichtlineare Aussteuerverhältnisse)
c) Mischer ($u_2 \neq 0$, nichtlineare Aussteuerverhältnisse)

Lineare Verstärkung

Voraussetzung für eine lineare, verzerrungsfreie Verstärkung ist bei den bisher erwähnten Verstärkern, daß das Eingangssignal klein genug bleibt, so daß die Kennlinienkrümmung der Transistoren keine nennenswerte Rolle spielt und insbesondere auch keine Begrenzungserscheinungen auftreten.

Frequenzvervielfacher

Macht man das Eingangssignal so groß, daß die Kennlinienkrümmung (oder Knickung) eine wesentliche Rolle spielt oder sogar Begrenzungserscheinungen auftreten, so ist der im Transistor auftretende Wechselstromanteil auch bei sinusförmiger Eingangswechselspannung der Stufe nicht mehr sinusförmig. Aus der Theorie der Fourierzerlegung (vgl. Abschnitt 1.4) ist bekannt, daß der Transistorwechselstrom dann Oberschwingungen enthält. Stimmt man nun den Schwingkreis in der Kollektorzuleitung nicht auf die Grundfrequenz, sondern auf eine der Oberschwingungen des Transistorwechselstromes ab, so läßt sich am Ausgang der Stufe eine Sinuswechselspannung entsprechend mehrfacher Frequenz abgreifen, die Schaltung arbeitet als *Frequenzvervielfacher*, vgl. Bild 4-13, Fall b.

Mischer

Steuert man die Schaltung nach Bild 4-13, wie für den Fall c angegeben, gleichzeitig mit
zwei Sinussignalen verschiedener Frequenz an, und wählt man dabei ein Signal oder beide
so groß, daß nichtlineare Verhältnisse vorliegen, so entstehen im Transistorwechselstrom
Kombinationsfrequenzen, unter anderem die Summen- und die Differenzfrequenz. Stimmt
man den Schwingkreis in der Kollektorzuleitung z.B. auf die Differenzfrequenz ab, so
beobachtet man am Ausgang praktisch nur eine Sinusschwingung mit dieser Differenzfrequenz. Eine Schaltung mit dieser Funktion nennt man *Mischstufe, Mischer oder Frequenzumsetzer.* Derartige Mischstufen werden beispielsweise in der Funkgerätetechnik
und bei der Frequenzaufbereitung viel benutzt, vgl. Abschnitt 5.7.9.

Bei der eben angenommenen Aussteuerung mit zwei Sinusschwingungen verschiedener Frequenz
treten bei Zugrundelegung einer nichtlinearen Aussteuerkennlinie nämlich z.B. Produkte von zwei
Sinusfunktionen verschiedener Frequenz auf, und hierfür wurde bereits in Abschnitt 1.4 anhand eines
Additionstheorems gezeigt, daß dann Anteile mit Summen- und Differenzfrequenz auftreten.

Differenzverstärker

Die Verstärkerstufe nach Bild 4-12 ist wegen der Koppelkondensatoren natürlich nicht
für die Übertragung von Gleichspannungssignalen geeignet, wie sie heute in der Meß-,
Steuer- und Regelungstechnik häufig zu verarbeiten sind. Die Aufgabe, kleine Wechsel-
und Gleichspannungen zu verstärken, wird heute in der Regel mit Hilfe einer *Differenz-
verstärkerstufe* nach Bild 4-14 gelöst. Die auffallendste Neuerung ist die Einführung einer
zweiten Versorgungsspannung U_H, mit deren Hilfe erreicht werden kann, daß die Basisanschlüsse der Verstärkertransistoren auf Nullpotential liegen, so daß Koppelkondensatoren entfallen können. Die Schaltung hat aber weitere neuartige Eigenschaften, die für
einen Betrieb als Gleichspannungsverstärker unerläßlich sind, und hierzu gehört vor allem
die nachfolgend erklärte Differenzverstärkerwirkung.
Voraussetzung für die gewünschte Funktion ist eine Dimensionierung, bei der R_e sehr
groß ist. Für sogenannte „*Gleichtaktsignale*" mit $u_1'(t) = u_1(t)$ hat die Stufe dann einen
sehr großen, beiden Transistoren gemeinsamen Emitterwiderstand, welcher Stromände-
rungen auf sehr kleine Werte beschränkt und damit eine Verstärkung von Gleichtaktsignalen nahezu unmöglich macht. Führt man demgegenüber reine „*Gegentaktsignale*" zu, d.h.
macht man $u_1'(t) = -u_1(t)$ (vgl. zur Begriffsbildung evtl. noch einmal Abschnitt 3.10.4),
so nimmt der Strom des einen Transistors um ebensoviel zu, wie der des anderen Transistors abnimmt, die Summe beider Emitterströme bleibt konstant und damit der große
Widerstand R_e wirkungslos. Das bedeutet, daß Gegentaktsignale voll verstärkt werden
können und an den Arbeitswiderständen R und R' entsprechend verstärkte Spannungsänderungen in Erscheinung treten. Legt man eine beliebige Spannungskombination $u_1(t)$
und $u_1'(t)$ an, so wird der *Gleichtaktanteil*

$$u_M(t) = \frac{u_1(t) + u_1'(t)}{2} \qquad (4\text{-}16)$$

unterdrückt, dagegen der *Gegentaktanteil*

$$u_G(t) = \frac{u_1(t) - u_1'(t)}{2} \qquad (4\text{-}17)$$

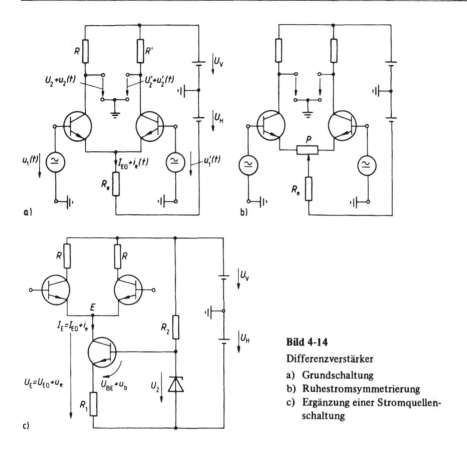

Bild 4-14

Differenzverstärker

a) Grundschaltung
b) Ruhestromsymmetrierung
c) Ergänzung einer Stromquellenschaltung

voll verstärkt. Das Doppelte des Gegentaktanteils ist die *Differenzspannung*

$$u_D(t) = u_1(t) - u_1'(t) .$$ (4-18)

Man kann also auch sagen: Der *Differenzanteil* u_D der Eingangsspannungen wird voll verstärkt, der Gleichtaktanteil u_M wird nicht (oder nicht nennenswert) verstärkt; daher rührt
die Bezeichnung „*Differenzverstärker*".

Da Temperaturänderungen sich in erster Näherung auf beide Transistoren gleich auswir-
ken, verursachen sie hauptsächlich Gleichtakt-Störsignale, welche nicht verstärkt werden.
Ein Differenzverstärker nach Bild 4-14a ist also bezüglich der eingestellten Ruheströme
auch näherungsweise *temperaturkompensiert;* hierdurch wird ein Betrieb als Gleichspannungsverstärker überhaupt erst praktisch möglich, da man ja keine Arbeitspunktstabilisierung mehr einführen kann, weil Nutz- und Störsignale beide die Frequenz Null
enthalten und daher nicht mehr unterscheidbar sind, wie beim *R*-*C*-Breitbandverstärker.

Eine besondere Qualität der Temperaturkompensation muß bei kritischen Anwendungsfällen allerdings
dadurch erreicht werden, daß beide Transistoren möglichst im gleichen technologischen Arbeitsgang
hergestellt werden, u.z. als sog. „Doppeltransistoren" oder „Dualtransistoren" oder im Rahmen der
Technik monolithisch integrierter Schaltungen, vgl. Abschnitt 4.16.

Zur Symmetrierung der Ruhestromeinstellung wird manchmal gemäß Bild 4-14b ein Abgleichpotentiometer P vorgesehen.

Um die Bedingung eines möglichst großen Wertes von R_e besser erfüllen zu können, wird in praktischen Schaltungen in der Regel statt eines ohmschen Widerstandes R_e eine *Stromquellenschaltung* nach Bild 4-14c eingefügt. Der als „Stromquelle" wirkende, zusätzlich eingeführte Transistor erlaubt die Einstellung eines bestimmten Summenstromes I_{E0}, verhindert jedoch eine Änderung dieses Summenstromes durch die von Gleichtaktsignalen im Betrieb verursachte Änderung des Potentials in E.

Zur Schaltungstechnik und Theorie des Differenzverstärkers gibt es eine umfangreiche Literatur, vgl. z. B. [A81], [E15], [E18], [E19].

Mehrstufige Verstärker

Erreicht man in einer einzigen Stufe keine ausreichende Verstärkung, so läßt man mehrere Verstärkerstufen aufeinanderfolgen. Hierbei bevorzugt man schon bei reinen Wechselspannungsverstärkern eine Gleichspannungskopplung zwischen den einzelnen Stufen, um die meist räumlich großen Koppelkondensatoren und vor allem die großen Zeitkonstanten zu vermeiden, die nach Übersteuerungen zu langdauernden Einschwingvorgängen führen, vgl. Bild 4-15. Damit das Kollektorpotential nicht von Stufe zu Stufe immer weiter ansteigt, läßt man vielfach NPN- und PNP-Transistoren miteinander abwechseln. Im allgemeinen sind derartige Schaltungen, sofern es sich um Wechselspannungsverstärker handelt, auch noch daraufhin durchdacht, daß eine über alle Stufen gemeinsam wirkende Arbeitspunktstabilisierung zustande kommt.

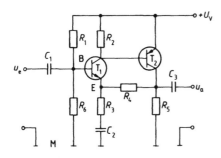

Bild 4-15
Beispiel eines zweistufigen Wechselspannungs-
verstärkers

Komplementärfolger

Die Endstufe eines Verstärkers muß den Verbraucherwiderstand speisen. Bei den bisher wiedergegebenen Schaltungsbeispielen muß der Ruhestrom des als Endstufe arbeitenden Transistors stets größer sein als der höchste vorkommende Wert (Spitzenwert) des an die Nutzlast abzugebenden Stromes; das würde in vielen Fällen zu einer sehr unwirtschaftlichen Leistungsvergeudung führen. Aus diesem Grunde hat man u. a. den aus zwei komplementären Transistoren zusammengesetzten *Komplementärfolger* nach Bild 4-16a in die Verstärkerschaltungstechnik eingeführt. Mit Hilfe der meist durch Dioden (aber auch durch geeignete Transistorschaltungen) realisierten Vorspannungen U_{D1} und U_{D2} werden

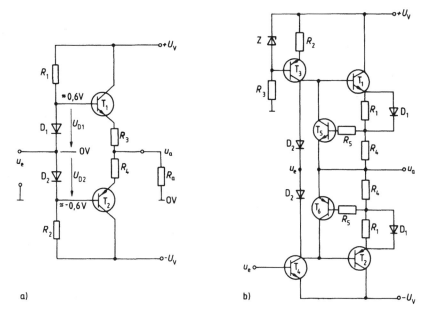

Bild 4-16 Komplementärfolger. a) Standardschaltung, b) Strombegrenzung durch Messung des Emitterstromes [A41].

die beiden Transistoren T_1 und T_2 auf einen *kleinen* Ruhestrom gesetzt (viel kleiner als der an die Last abzugebende Spitzenstrom). Nimmt nun die Eingangsspannung u_e positive Werte an, so steigt der Strom in T_1 weiter an, während T_2 keinen Strombeitrag übernimmt. Nimmt die Eingangsspannung u_e negative Werte an, so steigt der Strom über T_2 an, während T_1 in den stromlosen Zustand übergeht. Auf diese Weise können trotz sehr kleiner Ruheströme große Spitzenströme an die Last R_a abgegeben werden. Man nennt eine derartige Schaltung auch einen *„Gegentaktverstärker"*, und es gibt auch noch andere Gegentaktverstärkerschaltungen als den Komplementärfolger.

Strombegrenzung

Leistungsendstufen wie die eben beschriebene sind sehr kurzschlußgefährdet. Kann z.B. in Bild 4-16a die Ausgangsspannung u_a infolge eines Kurzschlusses der Eingangsspannung u_e nicht folgen, so nimmt für $u_e > 0$ der Strom über T_1 und für $u_e < 0$ der Strom über T_2 so große Werte an, daß es i.a. zur Zerstörung des Transistors kommt. Dem begegnet man durch sog. *Strombegrenzungsschaltungen*. Bild 4-16b zeigt eine von vielen Ausführungsmöglichkeiten. Bei kleinem Ausgangsstrom fällt an den Widerständen R_4 keine nennenswerte Spannung ab, die Transistoren T_5 und T_6 sind infolge nicht ausreichender Basis-Emitter-Spannung gesperrt. Nimmt der Ausgangsstrom zu, so wird der Spannungsabfall an einem der Widerstände R_4 irgendwann so groß, daß einer der Transistoren T_5 oder T_6 aufgesteuert (leitend) wird und so ein weiteres Anwachsen des Basis- und damit auch des Kollektorstromes von T_1 oder T_2 verhindert.

R_1 ist zusätzlich für eine Ruhestromstabilisierung vorgesehen, wie auch die Widerstände R_3 und R_4 in Bild 4-16a. Für große Ausgangsströme werden die Widerstände R_1 durch die parallel liegenden Dioden D_1 überbrückt.

Operationsverstärker

Bild 4-17 zeigt einen mehrstufigen Gleichspannungsverstärker, der aus einem Differenzverstärker nach Bild 4-14b, einer weiteren Verstärkerstufe T_3 und einem Komplementärfolger T_4/T_5 als Endstufe besteht.

Der Komplementärfolger enthält eine vereinfachte Strombegrenzungsschaltung, die hier aus den Dioden D_4 und D_5 besteht, wobei im Kurzschlußfalle allerdings auch noch der Widerstand R_4 für eine Begrenzung des über T_3 fließenden Stromes sorgen muß.

In Verbindung mit der im nächsten Abschnitt (4.3) behandelten Gegenkopplungstechnik ist ein derartiger Gleichspannungsverstärker nicht nur für Verstärkungsaufgaben, sondern auch für Verknüpfungs- und Rechenoperationen geeignet, wie sie in der Meß-, Steuer- und Regelungstechnik benötigt werden; aus diesem Grunde wird er auch als *Operationsverstärker* bezeichnet.

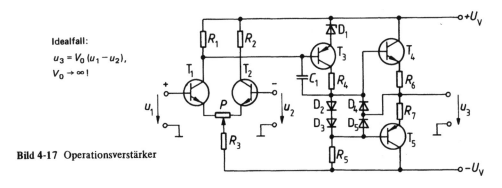

Idealfall:

$u_3 = V_0 (u_1 - u_2),$

$V_0 \rightarrow \infty$!

Bild 4-17 Operationsverstärker

Legt man an den mit „+" bezeichneten Eingang eine (kleine) *positive* Spannung an, so pflanzt sich dieses Signal in einer solchen Weise durch den Verstärker fort, daß auch der Ausgang ein positives Signal abgibt (und umgekehrt); man bezeichnet diesen Verstärkereingang deshalb als den „*nichtinvertierenden Eingang*". Legt man dagegen an den mit „–" bezeichneten Eingang eine (kleine) *positive* Spannung an, so gibt der Ausgang ein negatives Signal ab (und umgekehrt); man nennt diesen Eingang daher den „*invertierenden Eingang*".

Offsetabgleich

Ein Verstärker nach Bild 4-17 soll im Idealfalle so dimensioniert sein, daß bei kurzgeschlossenen Eingängen, also im Falle $u_1 = u_2 = 0$, auch die Ausgangsspannung null ist, $u_3 = 0$. Bei einem realen Verstärker ist diese Bedingung i.a. nicht von selbst erfüllt, vielmehr müßte man z.B. dem nichtinvertierenden Eingang eine (kleine) Korrekturspannung zuführen, damit tatsächlich $u_3 = 0$ wird; man nennt diese Fehlerspannung die *Offset-*

spannung des Verstärkers. Viele Schaltungen enthalten nun intern eine Abgleichmöglich-
keit, um diesen Fehler zu Null zu machen; man nennt dies dann den *Offsetabgleich*. In
der Schaltung Bild 4-17 ist hierfür das Potentiometer P geeignet.

Praktisch kann dieser Offsetabgleich erst in der betriebsfertigen, gegengekoppelten Schaltung vorge-
nommen werden. Man schließt dann das betriebsmäßige Eingangsklemmenpaar kurz, ohne die Gegen-
kopplung unwirksam zu machen, und gleicht ab, bis die Ausgangsspannung des Verstärkers genau den
Wert Null annimmt.
Weitere in praktischen Schaltungen zu berücksichtigende Fehlerquellen sind die Basisruheströme der
Eingangstransistoren, die je nach innerer Schaltung des Verstärkers ganz oder teilweise über die äußere
Beschaltung zufließen müssen und dabei natürlich störende Potentialverlagerungen verursachen können
(Bezeichnung in Datenblättern: Input bias current. Differenz beider äußeren Ruheströme: Input offset
current). Bei der Schaltungskonzeption ist außerdem die Temperaturabhängigkeit all dieser Störgrößen
zu beachten.
Die Kapazität C_1 in Bild 4-17 bewirkt eine Frequenzgangkorrektur, durch die verhindert werden soll,
daß in einem kompletten gegengekoppelten System Störschwingungen auftreten, vgl. hierzu z.B. [A81].
Im Hinblick auf die beabsichtigte Gegenkopplungstechnik soll ein Operationsverstärker eine möglichst
hohe Verstärkung haben, vgl. die Anmerkung in Bild 4-17. Praktische Verstärker erreichen *für Gleichspannung* Verstärkungsfaktoren etwa im Bereich 10^3 bis 10^7. Die Verstärkung muß jedoch aus stabilitätstheoretischen Gründen (s.o.) mit wachsender Frequenz etwa frequenzproportional abnehmen.
Auch das ist bei der Konzeption von Schaltungen zu beachten.

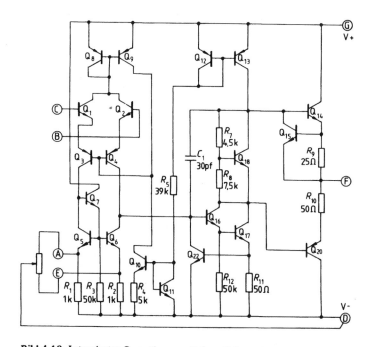

Bild 4-18 Integrierter Operationsverstärker. B Invertierender Eingang, C nichtinvertierender Eingang,
A–E Offsetspannungsabgleich, $Q_1 - Q_{11}$ Differenzverstärker, Q_{12}, Q_{13}, Q_{16}, Q_{17} zweite Verstärkerstufe, Q_{18}, Q_{14}, Q_{20} Komplementärfolger, Q_{15}, Q_{22} Strombegrenzung, C_1 Frequenzgangkorrektur.

Integrierter Operationsverstärker

Der Operationsverstärker ist heute eine der meistbenutzten Standardschaltungen und wird daher in zahlreichen Typen und in großen Stückzahlen in Form von monolithisch integrierten Schaltungen angeboten. Ein kompletter Operationsverstärker erscheint dem Anwender dann nur noch als Bauelement in einem Metall-, Keramik- oder Plastikgehäuse. Bild 4-18 zeigt die Innenschaltung eines weit verbreiteten integrierten Operationsverstärkers.

▶ 4.3 Gegengekoppelte Verstärker

Obwohl die Eigenschaften von Halbleiterbauelementen großen Exemplarstreuungen und Temperatureinflüssen unterworfen sind, ist es möglich, mit ihnen präzise arbeitende Meßverstärker aufzubauen. Das Mittel hierfür ist die Gegenkopplungstechnik, deren Grundgedanke anhand von Bild 4-19 erläutert werden soll.

$$V_0 = \frac{u_A}{u_1} \qquad \text{innere Verstärkung}$$

$$k = \frac{u_2}{u_A} \qquad \text{Rückführfaktor}$$

$$V_B = \frac{u_A}{u_E} \qquad \text{Betriebsverstärkung}$$

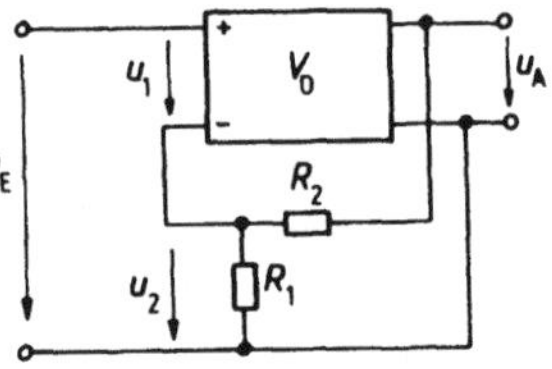

$$k = \frac{R_1}{R_1 + R_2}$$

Bild 4-19 Gegengekoppelter Verstärker

Betriebsverstärkung

Zunächst läßt sich dem Bild sofort folgender Ansatz entnehmen,

$$u_A = V_0\, u_1 = V_0\,(u_E - u_2) = V_0\,(u_E - k\,u_A)\,,$$

woraus dann folgt:

$$V_B = \frac{u_A}{u_E} = \frac{V_0}{1 + k\,V_0}\,. \tag{4-19}$$

Man sieht, daß die Gegenkopplung den Effekt hat, daß die Betriebsverstärkung i.a. kleiner ist als die ursprünglich – ohne Gegenkopplung – verfügbare innere Verstärkung V_0 des Verstärkers. Das rührt natürlich daher, daß die rückgeführte Spannung u_2 sich von der Eingangsspannung u_E subtrahiert und am Verstärkereingang nur noch die Differenzspannung u_1 wirksam wird. Dem Umstand, daß die rückgeführte Spannung u_2 der Eingangsspannung u_E *entgegenwirkt*, ist auch die Bezeichnung „*Gegenkopplung*" zu verdanken.

Eine Rückführung auf den nichtinvertierenden Eingang des Verstärkers würde man „Mitkopplung" nennen, vgl. Abschnitt 4.9 und 4.14. Das Wort „Rückkopplung" schließt beide Möglichkeiten ein.

Sicher ist nicht ohne weiteres einzusehen, daß mit einer derartigen Verstärkungsreduzierung ein praktischer Vorteil verbunden sein könnte.

Stabilisierungseffekt

Daß das aber doch der Fall ist, zeigt sich bei der Betrachtung von toleranz- oder einflußbedingten Verstärkungsänderungen. Es sei einmal die Betriebsverstärkung nach der inneren Verstärkung differenziert:

$$\frac{dV_B}{dV_0} = \frac{(1 + k\,V_0) - k\,V_0}{(1 + k\,V_0)^2} = \frac{1}{(1 + k\,V_0)^2} = \frac{1}{1 + k\,V_0} \cdot \frac{V_0}{1 + k\,V_0} \cdot \frac{1}{V_0},$$

$$\frac{dV_B}{V_B} = \frac{1}{1 + k\,V_0} \cdot \frac{dV_0}{V_0} = \frac{V_B}{V_0} \cdot \frac{dV_0}{V_0}.$$

Wendet man dieses Ergebnis sinngemäß auf kleine endlich große Verstärkungsänderungen an, so erhält man also:

$$\frac{\Delta V_B}{V_B} \approx \frac{V_B}{V_0} \cdot \frac{\Delta V_0}{V_0}. \qquad (4\text{-}20)$$

Bei einem gegengekoppelten Verstärker sind (unter den Voraussetzungen der vorstehenden Rechnung) relative Änderungen der Betriebsverstärkung um den gleichen Faktor kleiner als die sie auslösenden Änderungen der inneren Verstärkung, um den die Betriebsverstärkung gegenüber der inneren Verstärkung durch Gegenkopplung abgesenkt worden ist! Ein ursprünglich vorhandener Verstärkungsüberschuß kann also dafür ausgenutzt werden, die Betriebsverstärkung zu stabilisieren.

Man wird sich also bemühen, die innere Verstärkung eines für Gegenkopplungszwecke gedachten Verstärkers stets so hoch wie möglich zu machen. Für den mathematischen Idealfall $V_0 \to \infty$ ergibt sich:

$$\lim_{V_0 \to \infty} V_B = \lim \frac{1}{\frac{1}{V_0} + k} = \frac{1}{k}. \qquad (4\text{-}21)$$

Im Grenzfalle $V_0 \to \infty$ hängt die Betriebsverstärkung V_B eines gegengekoppelten Verstärkers nur noch vom Gegenkopplungsnetzwerk ab. Verwendet man hierfür sehr hochwertige Bauelemente, so läßt sich also leicht eine präzise Festlegung der Verstärkereigenschaften erreichen.

Voraussetzung ist eben, daß die innere Verstärkung V_0 um einen wesentlichen Faktor größer ist als die gewünschte Betriebsverstärkung V_B, so daß der Unterschied zwischen den Ergebnissen von Gl. (4-19) und (4-21) vernachlässigbar klein wird.

Prinzip der verschwindenden Eingangsgrößen

Die Eingangsspannung u_1 des inneren Verstärkers muß natürlich im Grenzfalle $V_0 \rightarrow \infty$ gegen Null streben:

$$u_1 = u_E - u_2 = u_E - k\,V_B\,u_E = u_E\,(1 - k\,V_B)\,.$$

Mit Gl. (4-21) folgt also:

$$\lim_{V_0 \rightarrow \infty} u_1 = 0\,. \tag{4-22}$$

Es ist klar, daß dies nicht anders sein kann: Wenn der Verstärker infolge der endlich großen Betriebsverstärkung am Ausgang eine endlich große Spannung abgibt, selbst aber eine unendlich große innere Verstärkung hat, so ist dies nur vereinbar, wenn seine unmittelbare Eingangsspannung null ist. Setzt man für den Verstärker einen von Null verschiedenen Eingangswiderstand voraus, so muß für $u_1 = 0$ auch der Eingangsstrom verschwinden.

> Für einen (dynamisch stabilen) gegengekoppelten Verstärker gilt im Grenzfalle $V_0 \rightarrow \infty$ für die innere Eingangsspannung stets $u_1 = 0$ und damit bei von Null verschiedenem Eingangswiderstand auch für den inneren Eingangsstrom $i_1 = 0$.

Aus diesem *„Prinzip der verschwindenden Eingangsgrößen"* ergibt sich stets ein einfacher Ansatz zur Berechnung des Idealverhaltens des gegengekoppelten Systems im Grenzfalle unendlich großer innerer Verstärkung. Man kann sich z.B. anhand von Bild 4-19 sofort das Ergebnis Gl. (4-21) überlegen: Ist $u_1 = 0$, so muß

$$u_E = u_2 = k\,u_A$$

sein, woraus sofort

$$V_B = \frac{u_A}{u_E} = \frac{1}{k} = \frac{R_1 + R_2}{R_1} \tag{4-23}$$

folgt. Zahlreiche weitere Beispiele für die Anwendung des Prinzips der verschwindenden Eingangsgrößen findet man in den beiden folgenden Abschnitten (4.4, 4.5).

Um Fehlschlüsse auszuschließen, sei noch einmal ausdrücklich darauf hingewiesen, daß das Prinzip der verschwindenden Eingangsgrößen in einer praktischen Schaltung stets nur auf ein Eingangsklemmenpaar angewandt werden kann, auf das in der Schaltung tatsächlich eine sehr hohe, nicht durch Gegenkopplung reduzierte Verstärkung folgt, also beispielsweise in Bild 4-15 auf das Klemmenpaar B–E, oder bei dem Operationsverstärker Bild 4-17 auf den Differenzspannungseingang, d.h. die beiden Basisanschlüsse (+/−), und in Bild 4-18 auf die Anschlüsse C–B. Man kann z.B. in Bild 4-15 nicht annehmen, daß die Spannung zwischen den Punkten B–M oder E–M null würde!
Alle vorstehenden Überlegungen haben zur Voraussetzung, daß ein gegengekoppelter Verstärker „dynamisch stabil" bleibt, also keine Störschwingungen generiert. Hier steht der Verstärkerentwickler in manchen Fällen vor einem schwierigen Problem, dessen Behandlung jedoch den Rahmen dieses Buches überschreiten würde [A81], [A85], [E20] bis [E23].
Die Gegenkopplung hat auch erhebliche Einflüsse auf den Eingangswiderstand eines Verstärkers sowie seinen ausgangsseitigen Innenwiderstand. So liegt beispielsweise in Bild 4-19 eine sog. „spannungsgesteuerte Spannungsgegenkopplung" vor, für die der ausgangsseitige Innenwiderstand mit $V_0 \rightarrow \infty$ gegen

Null und der betriebliche Eingangswiderstand gegen Unendlich strebt. Auch dieser Problemkreis kann hier nicht systematisch behandelt, sondern lediglich bei einzelnen nachfolgend wiedergegebenen Anwendungsbeispielen kurz erörtert werden. Mehr hierüber findet man z.B. in [A86], [A87], [E24] bis [E26].

▶ 4.4 Lineare Operationsverstärkerschaltungen

In Anwendungsschaltbildern wird ein Operationsverstärker (vgl. Bild 4-17 oder 4-18) durch ein Dreiecksymbol dargestellt, z.B. wie in Bild 4-20a.

In Prinzipschaltbildern wird dabei die Stromversorgung sowie die notwendige Abblockung (vgl. Abschnitt 4.2) weggelassen, weil man als selbstverständlich voraussetzt, daß diese Teile bei der praktischen Realisierung ergänzt werden. Ebenso werden Einrichtungen für den Offsetspannungsabgleich oder zur Frequenzgangkorrektur extern hinzuschaltende Kapazitäten oder R-C-Glieder (vgl. Bild 4-17 oder 4-18) in der Regel nur in technischen Stromlaufplänen angegeben, jedoch nicht in Prinzipschaltbildern.

Nichtinvertierender Verstärker

Bild 4-20b zeigt die Beschaltung als *nichtinvertierender Verstärker*, die der Form nach und hinsichtlich der Anwendung des Prinzips der verschwindenden Eingangsgrößen genau Bild 4-19 entspricht. Je nach Wahl der Widerstände R_2 und R_1 sind positive Verstärkungsfaktoren $V_B > 1$ möglich.

a) Operationsverstärkersymbol.

Zählpfeile wie in Bild 4-19.

Stromversorgung und Abblockung werden in weiteren Prinzipschaltbildern als „selbstverständlich vorhanden" vorausgesetzt und nicht mehr eingezeichnet.

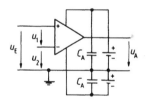

b) Nichtinvertierender Verstärker:

Entspricht Bild 4-19!

$$u_1 = 0 \curvearrowright u_E = \frac{R_1}{R_1 + R_2} u_A,$$

$$V_B = \frac{u_A}{u_E} = \frac{R_1 + R_2}{R_1}.$$

$$i_1 = 0 \curvearrowright R_E = \frac{u_E}{i_1} = \infty.$$

c) Invertierender Verstärker:

Es wurde lediglich die Einspeisungs-Schnittstelle verlegt.

$u_1 = 0$, $i_1 = 0$:

$$\frac{u_E}{R_1} + \frac{u_A}{R_2} = 0 \curvearrowright V_B = \frac{u_A}{u_E} = -\frac{R_2}{R_1}, \ R_E = \frac{u_E}{i_E} = R_1.$$

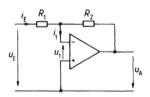

Bild 4-20 Zwei Operationsverstärker-Anwendungsschaltungen und ihre Analyse nach dem Prinzip der verschwindenden Eingangsgrößen

Spannungsfolger

Im Sonderfall $R_1 = \infty$, $R_2 = 0$ (oder auch $R_2 \neq 0$, sofern nur $R_1 = \infty$ bleibt) wird $V_B = 1$. Man nennt die Schaltung in diesem Falle *Spannungsfolger*, weil die Ausgangsspannung einfach der Eingangsspannung folgt; angewandt wird ein Spannungsfolger dann, wenn eine Signalquelle von einer nachfolgenden Belastung entkoppelt werden soll.

Invertierender Verstärker

Speist man die Eingangsspannung u_E statt am nichtinvertierenden Eingang am Fußpunkt des Widerstandes R_1 ein, so gelangt man zum *invertierenden Verstärker* nach Bild 4-20c; auch hierfür findet man nach dem Prinzip der verschwindenden Eingangsgrößen rasch die Betriebsverstärkung im Idealfalle $V_0 \to \infty$. Dem Betrage nach sind hier Verstärkungsfaktoren größer oder kleiner als Eins möglich, je nach Wahl der Widerstände R_1 und R_2.

Addierer

Der Invertierer läßt sich durch ergänzen weiterer Eingangswiderstände zum *Addierer* weiterentwickeln. Die Analyse in Bild 4-21a zeigt, daß man hierbei mehrere Spannungen mit unterschiedlichen Gewichtsfaktoren addieren kann, je nach Wahl der Widerstände R_1, R_2 und R_3, aber auch mit gleichen Gewichtsfaktoren, wenn man $R_1 = R_2 = R_3$ macht.

Subtrahierer

Wandelt man das Prinzip des Addierers so ab, daß die Eingangssignale teils invertierend, teils nichtinvertierend behandelt werden, so kann man auch subtrahieren. Die Schaltungsausführung nach Bild 4-21b hat als *Differenzverstärker* mit präzise definiertem Verstärkungsfaktor große praktische Bedeutung gewonnen. Die Differenzverstärkerschaltungen nach Bild 4-14 (bzw. Bild 4-17, 4-18) sind nur als Bestandteile eines „inneren Verstärkers" (im meßtechnischen Sinne) geeignet, da ihre Verstärkungsfaktoren von Halbleitereigenschaften abhängen und nicht (bzw. kaum) durch Gegenkopplung stabilisiert sind. Bei einer Anordnung nach Bild 4-21b dagegen kann der Differenzverstärkungs-Faktor durch Präzisionswiderstände festgelegt werden (ebenso innerhalb gewisser Grenzen die Gleichtaktunterdrückung; zur Begriffsbildung vgl. Abschnitt 3.10.4).

Integrierer

Mit einer Anordnung nach Bild 4-21c kann das Zeitintegral einer Eingangsspannung gebildet werden. Hier ist zu beachten, daß der Kondensator C zu Beginn eines Integrationsvorgangs bereits geladen sein kann, was sich dann in einem Anfangswert $u_A(0) = U_0$ der Ausgangsspannung äußert. Soll der Anfangswert gleich Null sein, so muß der Kondensator durch eine geeignete Hilfsschaltung zu Beginn des Integrationsvorgangs entladen werden.

Soll U_0 einen bestimmten Wert annehmen, so muß dieser Anfangswert durch eine geeignete Hilfsschaltung aufgeschaltet werden. Man sieht, daß ein derartiger „statischer Integrierer" oft in Verbindung mit einer Steuerschaltung betrieben werden muß. Das ist übrigens beim „offenen Integrieren" schon deshalb erforderlich, weil $u_A(t)$ in einem praktischen System dadurch „wegdriftet", daß unvermeidbare Fehlergrößen, wie z.B. die Offsetspannung oder ein Eingangsruhestrom des Operationsver-

a) Addierer

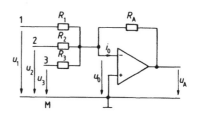

$u_0 = 0$, $i_0 = 0$:

$$\frac{u_1}{R_1} + \frac{u_2}{R_2} + \frac{u_3}{R_3} + \frac{u_A}{R_A} = 0,$$

$$u_A = -\left[\frac{R_A}{R_1} u_1 + \frac{R_A}{R_2} u_2 + \frac{R_A}{R_3} u_3\right]$$

b) Subtrahierer

Das Prinzip der verschwindenden Eingangsgrößen wird auf das Eingangsklemmenpaar (+/ -) angewandt. Die Eingangswiderstände zwischen (−/M) und (+/M) werden als unendlich groß angesehen. u_+ und u_- sind die Potentiale in bezug auf M.

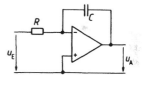

PVE: $u_- = u_+$; (1)

$$\frac{u_1 - u_-}{R_1} + \frac{u_A - u_-}{R_2} = 0;$$ (2)

$$\frac{u_2 - u_+}{R_1} - \frac{u_+}{R_2} = 0.$$ (3)

Nach Auflösung:

$$u_A = -\frac{R_2}{R_1}(u_1 - u_2).$$

c) Integrierer

PVE: $\dfrac{u_E}{R} + C \cdot \dfrac{du_A}{dt} = 0$;

$$\frac{u_E}{RC} = -\frac{du_A}{dt} ;$$

$$\frac{1}{RC} \int_0^t u_E(\vartheta) \cdot d\vartheta - U_0 = -u_A ; \quad u_A = U_0 - \frac{1}{RC} \int_0^t u_E(\vartheta) \cdot d\vartheta.$$

Bild 4-21 Sogenannte Rechenschaltungen und ihre Analyse nach dem Prinzip der verschwindenden Eingangsgrößen. Der Subtrahierer ist vom verstärkertechnischen Standpunkt aus ein Differenzverstärker mit präzise definiertem Verstärkungsfaktor $V_D = - R_2/R_1$.

stärkers, fortlaufend aufintegriert werden. Dagegen kann ein Integrierer z.B. in einem geschlossenen Regelkreis (als sog. I-Regler) sehr wohl kontinuierlich arbeiten. Das Problem des Wegdriftens kann auch dadurch beseitigt werden, daß man zur Kapazität C einen hochohmigen Widerstand parallel schaltet. Es läßt sich leicht herleiten, daß die Anordnung dann aber als *Tiefpaßverstärker* arbeitet und nur noch kurzzeitige oder periodische Vorgänge mit hinreichend kurzer Periodendauer näherungsweise richtig integriert (sog. *„dynamischer Integrierer"*).

Differenzierer

Vertauscht man in Bild 4-21c die Elemente R und C, so erhält man im Prinzip einen Differenzierer. Dieser wird praktisch jedoch kaum angewandt, erstens weil er stabilitätstheoretisch schwieriger zu beherrschen ist und zu Störschwingungen neigt, zweitens weil durch einen Differentiationsprozeß überlagerte Rausch- und Störsignale angehoben werden, was im allgemeinen sehr unerwünscht ist.

Differenzverstärker mit hohem Eingangswiderstand

Bild 4-22 zeigt zwei vielbenutzte Differenzverstärkeranordnungen mit präzise definiertem Verstärkungsfaktor, die sich von der Anordnung Bild 4-21b dadurch unterscheiden, daß sie infolge spannungsgegengekoppelter Eingangsstufen sehr hohe Eingangswiderstände erreichen.

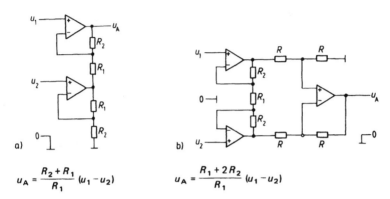

$$u_A = \frac{R_2 + R_1}{R_1}(u_1 - u_2) \qquad\qquad u_A = \frac{R_1 + 2R_2}{R_1}(u_1 - u_2)$$

Bild 4-22 Differenzverstärkerschaltungen mit präzise definiertem Verstärkungsfaktor und hohem Eingangswiderstand. Die formelmäßigen Angaben gelten unter den Voraussetzungen nach Bild 4-21b.

Fehleranalyse

Bild 4-23 zeigt ein Beispiel dafür, daß das Prinzip der verschwindenden Eingangsgrößen auch für eine Schaltungsanalyse unter Berücksichtigung der *additiven Fehlerquellen* des Operationsverstärkers herangezogen werden kann.

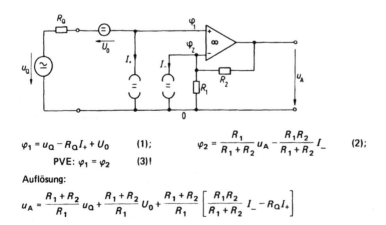

$$\varphi_1 = u_Q - R_Q I_+ + U_0 \quad (1); \qquad\qquad \varphi_2 = \frac{R_1}{R_1 + R_2} u_A - \frac{R_1 R_2}{R_1 + R_2} I_- \quad (2);$$

$$\text{PVE: } \varphi_1 = \varphi_2 \quad (3)!$$

Auflösung:

$$u_A = \frac{R_1 + R_2}{R_1} u_Q + \frac{R_1 + R_2}{R_1} U_0 + \frac{R_1 + R_2}{R_1}\left[\frac{R_1 R_2}{R_1 + R_2} I_- - R_Q I_+\right]$$

Bild 4-23 Berücksichtigung additiver Fehlerquellen bei der Analyse einer Operationsverstärkerschaltung nach dem Prinzip der verschwindenden Eingangsgrößen

$$\underline{W}_0 = \frac{V_0}{1 + j\,\omega/\omega_K} \qquad (1)$$

$$\underline{W}_B = \frac{\underline{W}_0}{1 + k\,\underline{W}_0} \qquad (2)$$

$$\underline{W}_B = \frac{V_B}{1 + j\,\omega/\omega_B} \qquad (3)$$

$$V_B = \frac{V_0}{1 + k\,V_0} \qquad (4)$$

$$\omega_B = (1 + k\,V_0)\,\omega_K = (V_0/V_B)\,\omega_K \qquad (5)$$

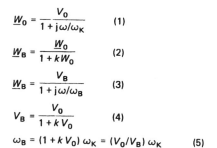

Bild 4-24
Bode-Diagramme des Frequenzgangs eines
nichtinvertierenden Verstärkers

Bild 4-24 enthält einige grundsätzlich wichtige Angaben über den Frequenzgang einer Operationsverstärkerschaltung, dargestellt am Beispiel eines nichtinvertierenden Verstärkers. Aus stabilitätstheoretischen Gründen gibt man einem Operationsverstärker – hauptsächlich durch eine bewußt zusätzlich eingefügte Tiefpaßwirkung, vgl. Abschnitt 4.2 – ein Tiefpaßverhalten ersten Grades. Der im Bild kurz angedeutete Rechengang zeigt, wie sich dieses Tiefpaßverhalten dann mit veränderter Knickfrequenz ($\omega_K \to \omega_B$) auch auf das gegengekoppelte System überträgt.
Bezüglich weiterer Einzelheiten muß auf verstärkertechnische Literatur verwiesen werden [A81], [A84], [A86], [A88], [A89], [A98].

▶ **4.5 Nichtlineare Operationsverstärkerschaltungen**

Begrenzung

Bild 4-25a zeigt ein Beispiel eines Umkehrverstärkers mit Begrenzung des Ausgangssignals. Idealisiert man die beiden Zenerdioden insofern, daß man sagt, in Durchlaßrichtung liegt an der Diode eine bestimmte Durchlaßspannung U_D, in Durchbruchsrichtung eine bestimmte Zenerspannung U_Z, so kann die Ausgangsspannung u_A nicht über die Werte $\pm (U_D + U_Z)$ hinaus anwachsen. Sobald nämlich die Ausgangsspannung einen der angegebenen Grenzwerte erreicht, wird die Diodenstrecke voll leitend, und jeder über R_1 zufließende Strom kann durch einen entsprechenden Gegenkopplungsstrom über die Diodenstrecke kompensiert werden, ohne daß die Ausgangsspannung noch anzuwachsen braucht. Auf diese Weise wird eine Begrenzung des Ausgangssignals erreicht, ohne daß es – bei zu großem Eingangssignal – zu einer Übersteuerung des Verstärkers kommt.

Sieht man eine solche (oder entsprechende) äußere Begrenzung durch die Gegenkopplungsbeschaltung nicht vor, so kommt es bei zu großen Eingangssignalen zu einer Übersteuerung des Operationsverstärkers. Der Begrenzungspegel ist dann von zufälligen inneren Eigenschaften des Verstärkers abhängig, außerdem kann die Übersteuerung des Operationsverstärkers u.U. sehr störende Folgeerscheinungen nach sich ziehen.

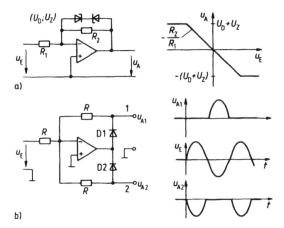

a)

b)

Bild 4-25

Typische Elemente nichtlinearer
Operationsverstärkerschaltungen

a) Umkehrer mit Begrenzung

b) Polaritätsseparator

Polaritätsseparator

Bild 4-25b zeigt ein weiteres, für nichtlineare Operationsverstärkerschaltungen sehr wesentliches Funktionselement, nämlich den *Polaritätsseparator*. Denkt man sich das Eingangssignal u_E positiv, so gibt der Operationsverstärker ein negatives Ausgangssignal ab (Invertierer!), die Diode D1 geht in den Sperrzustand, die Diode D2 in den leitenden Zustand über. Dadurch erscheint ein Ausgangssignal an Klemme 2, welches aber durch die Gegenkopplung über den unteren Widerstand R wie bei einem invertierenden Verstärker präzise kontrolliert ist. Denkt man sich das Eingangssignal u_E negativ, so erscheint am Operationsverstärkerausgang ein positives Signal, die Diode D2 wird gesperrt, die Diode D1 leitend, und es erscheint ein Ausgangssignal an Klemme 1, welches über den oberen Gegenkopplungspfad präzise kontrolliert wird. Die Dioden D1 und D2 entscheiden also wohl darüber, an welchem Ausgangsklemmenpaar ein Signal erscheint, der genaue Wert des Ausgangssignals kann aber durch die unvollkommenen Eigenschaften der Dioden nicht verfälscht werden, weil er durch die jeweils wirksame Gegenkopplung kontrolliert wird.

Präzisionsgleichrichter

Durch Kombination eines Polaritätsseparators mit einem Addierer läßt sich ein *Präzisions-Zweiweggleichrichter* realisieren, vgl. Bild 4-26.

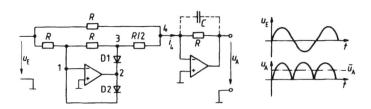

Bild 4-26 Präzisions-Zweiweggleichrichter, entstanden durch Kombination eines Polaritätsseparators mit einem Addierer. Durch ergänzen einer integrierenden Kapazität C kann auch noch eine Mittelwertbildung (Gleichrichtwert) vorgenommen werden.

Zur Erläuterung der Wirkungsweise betrachten wir zunächst wieder ein *positives* Eingangssignal. Dieses erzeugt im Punkt 2 ein negatives Signal, D2 sperrt, D1 wird leitend, der Polaritätsseparator arbeitet zum Punkt 3 hin als Umkehrverstärker, in 3 erscheint also das Signal $-u_E$. Im Punkt 4 fließt dann der resultierende Strom

$$i_4 = \frac{u_E}{R} + \left(\frac{-u_E}{R/2}\right) = \frac{u_E}{R} - \frac{2\,u_E}{R} = -\frac{u_E}{R}$$

zu. Wegen

$$i_4 + \frac{u_A}{R} = 0$$

ergibt sich dann

$$u_A = -R\,i_4 = +u_E \,.$$

Nun betrachten wir das Verhalten der Schaltung für ein *negatives* Eingangssignal. Am Punkt 2 erscheint ein positives Signal, D1 geht in den Sperrzustand, D2 wird leitend. Der Gegenkopplungsweg wird dadurch über D2 geschlossen, der Operationsverstärker hält den Punkt 1 auf Nullpotential, damit bleibt auch Punkt 3 auf Nullpotential (D1 ist gesperrt!). Diesmal gilt daher

$$i_4 = u_E/R$$

und

$$u_A = -R\,i_4 = -u_E \,.$$

Die Ausgangsspannung u_A ist also wiederum positiv, denn u_E hatten wir ja jetzt als negativ vorausgesetzt! Über beide Halbperioden einer Wechselspannung betrachtet, bildet die Schaltung also stets den *Absolutwert* der Eingangsspannung:

$$u_A(t) = |u_E(t)| \,. \tag{4-24}$$

Dies entspricht dem Verhalten eines Zweiweggleichrichters, aber der Zusammenhang nach Gl. (4-24) ist durch die angewandte Gegenkopplungstechnik präzise definiert, während Gleichrichterschaltungen z. B. nach Bild 3-4 oder 3-5 dem Einfluß der Diodenkennlinien unterworfen sind und daher nichtlineare Umformerkennlinien sowie Temperatureinflüsse nicht ausgeschlossen werden können, vgl. Abschnitt 3.1.2.

Das Beispiel des Präzisions-Zweiweggleichrichters zeigt:

> Mit Hilfe des Operationsverstärkers und der Gegenkopplungstechnik ist es möglich, Gleichrichterschaltungen zu realisieren, deren Umformungsverhalten präzise definiert ist, z. B. als Betragsbildung (ideale Zweiweggleichrichtung), und daher nicht durch reale, obendrein temperaturabhängige Diodenkennlinien nachteilig beeinflußt wird.

Natürlich gilt eine solche Aussage nur innerhalb gewisser Voraussetzungen und Grenzen. So wird beispielsweise bei wachsender Frequenz der gleichzurichtenden Wechselspannung ein mit der Frequenz zunehmender Fehler auftreten, sobald die Verstärkungsreserve des Operationsverstärkers nicht mehr hinreichend hoch ist oder die Dioden nicht mehr hinreichend trägheitslos arbeiten.
Weitere Beispiele zum Thema findet man in [A81], [E27] bis [E29].

▶ 4.6 Torschaltungen

Torschaltungen dienen zur Durchschaltung oder Unterbrechung von Signalübertragungs-
wegen. Ist ein Tor durchgeschaltet, so überträgt es ein angebotenes Eingangssignal *unverzerrt* zu seinem Ausgang; ist es gesperrt, so ist die Signalübertragung nicht möglich.

FET-Torschaltungen

Bild 4-27 zeigt eine einfache Torschaltung. Sie wird durch die *Torspannung* $u_T(t)$ gesteuert. Ist der Feldeffekttransistor leitend, so wirkt er als Kurzschluß zwischen den Ausgangsklemmen, $u_A(t)$ bleibt sehr klein, das Tor ist gesperrt. Wird der Feldeffekttransistor
gesperrt (bei einem N-Kanal-FET durch hinreichend negative Gate-Spannung), so erfolgt
keine Spannungsteilung mehr, das Tor ist durchlässig.

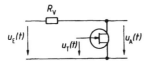
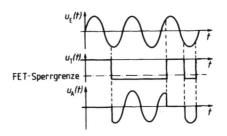

Bild 4-27

Einfache Torschaltung

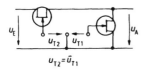
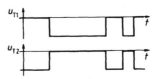

Bild 4-28 Torschaltung mit verbessertem Durchlaß-Sperr-Verhältnis

Durch zwei gegensinnig gesteuerte Feldeffekttransistoren im Längs- und Querzweig kann das Durchlaß-
Sperr-Verhältnis wesentlich verbessert werden, vgl. Bild 4-28. Es gibt noch sehr viele andere schaltungstechnische Möglichkeiten zur Realisierung von Toren, vgl. z.B. [A50].

Polaritätswender

Bild 4-29 zeigt eine spezielle, torähnliche Schaltung, die ein Eingangssignal entweder mit
Originalvorzeichen oder mit invertiertem Vorzeichen überträgt, je nach Schaltzustand des
steuernden Feldeffekttransistors.

Analyse nach dem PVE:

FET leitend:

$$u_A = -u_E.$$

FET gesperrt:

$$u_A = +u_E.$$

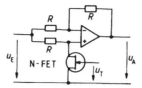

Bild 4-29 Polaritätswender [E30]

► **4.7 Gatterschaltungen**

Gatterschaltungen sind insofern mit den Torschaltungen verwandt, als sie ebenfalls in Abhängigkeit von bestimmten Eingangssignalen oder Eingangssignal-Kombinationen bestimmte Ausgangssignale abgeben, es besteht jedoch nicht mehr die Forderung, daß ein Ausgangssignal einem bestimmten Eingangssignal hinsichtlich des Zeitverlaufs unverzerrt entsprechen muß. In den Anwendungen ist in der Regel auch gar nicht mehr der Zeitverlauf interessant, sondern vielmehr die Frage, ob zu bestimmten Zeitpunkten ein Ausgangssignal vorhanden ist oder nicht. Dies soll nun an einigen konkreten Beispielen erläutert werden. Zu den Schaltzeichen vgl. DIN 40 900 T12.

ODER-Gatter (OR)

Zunächst sei eine Schaltung nach Bild 4-30 betrachtet. An den drei Eingängen mögen die in der Bildmitte dargestellten Eingangs-Zeitfunktionen $u_1(t)$, $u_2(t)$ und $u_3(t)$ anliegen. Für unsere Überlegungen sollen die Dioden der Vereinfachung halber als *ideal* angenommen werden, d.h. sie sollen in Durchlaßrichtung einen Stromfluß ermöglichen, ohne daß hierfür eine Durchlaßspannung aufzubringen wäre. Zunächst sind alle Eingangsspannungen null, dann ist natürlich auch die Ausgangsspannung null. Steigt nun $u_1(t)$ rascher an als die beiden anderen Spannungen, so geht die Diode D1 in den Durchlaßzustand über, während die Dioden D2 und D3 in den Sperrzustand übergehen; am Ausgang erscheint die dominierende Eingangsspannung, $u_A = u_1$. Etwas später überholt die Spannung u_2 den Wert von u_1, jetzt wird D2 leitend, D1 und D3 gehen in den Sperrzustand über, es wird $u_A = u_2$. Wieder etwas später dominiert schließlich u_3. Man erkennt: Eine Schaltung nach Bild 4-30 gibt am Ausgang stets die *größte* der angebotenen Eingangsspannungen wieder,

$$u_A = \text{Max}\{u_1; u_2; u_3\}. \qquad\qquad (4\text{-}25)$$

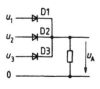

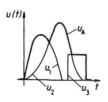

Kurzzeichen nach
DIN 40900, T12, 1984:

Bild 4-30 ODER-Gatter (OR)

Diese Beschreibung stellt die *physikalische* Funktion der Schaltung dar. Man kann das Ergebnis aber auch *logisch* interpretieren: Am Ausgang erscheint immer dann eine Spannung, wenn u_1 *oder* u_2 *oder* u_3 oder mehrere davon (mit positivem Wert) vorhanden sind, in *symbolischer* Schreibweise:

$$u_A = u_1 \vee u_2 \vee u_3 = u_1 + u_2 + u_3 \ . \tag{4-26}$$

Man nennt die Schaltung dementsprechend eine *„ODER-Schaltung"* (englisch: OR). Sie gestattet also festzustellen, ob von mehreren möglichen (positiven) Eingangssignalen *mindestens eins* vorhanden ist (oder auch mehrere vorhanden sind). Eine derartige Abfrage ist z.B. in der Steuerungstechnik oder in der Datenverarbeitung oft erforderlich. In den Anwendungen ist man in der weit überwiegenden Zahl aller Fälle nur an dieser logischen Interpretation interessiert und unterscheidet bei den Eingangsvariablen ebenso wie bei den Ausgangsvariablen nur noch die Zustände „Signal vorhanden" und „Signal nicht vorhanden". Eine Spannung wird als vorhanden angesehen, wenn sie größer als ein bestimmter Mindest-Garantiewert ist, und als nicht vorhanden, wenn sie kleiner als ein gewisser zugelassener Höchstwert ist. In der Steuerungstechnik können auf diese Weise z.B. Zustandsmeldungen über Schalterstellungen, Ventilstellungen usw. verknüpft werden, in der Datenverarbeitung die Binärzahlen 0 und 1.

Im Meßgeräte- und Meßanlagenbau benötigt man heute zur Abwicklung von Hilfsfunktionen Schaltungen der Steuerungstechnik und der Datenverarbeitung in weitreichendem Umfang!

In Übersichtsschaltbildern werden ODER-Gatter durch Kurzzeichen dargestellt, wie sie in Bild 4-30 rechts wiedergegeben sind; gegenwärtig muß man mit der alten wie mit der neuen Norm vertraut sein, da beide noch nebeneinander in Gebrauch sind.

UND-Gatter (AND)

Nun sei die Schaltung nach Bild 4-31 betrachtet. Wenn $u_1 = u_2 = u_3 = 0$ ist, sind alle Dioden im leitenden Zustand, der über R_V zufließende Strom wird über die Dioden zum Nullpotential hin abgeleitet. Unter Voraussetzung idealer Dioden ist dann auch $u_A = 0$.

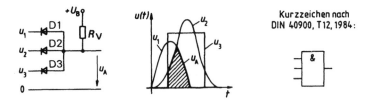

Bild 4-31 UND-Gatter (AND)

Nun sei verfolgt, was geschieht, wenn u_1 und u_2 ansteigen: Die Dioden D1 und D2 gehen in den Sperrzustand über, die Diode D3 bleibt leitend, so daß auch $u_A = 0$ bleibt! Erst wenn auch u_3 einen positiven Wert annimmt, kann sich die Situation ändern: Der über R_V zufließende Strom wird von der Diode D2 übernommen, D1 und D3 gehen in den

Sperrzustand über, so lange $u_1 > u_2$ und $u_3 > u_2$ ist, und die Ausgangsspannung muß so lange der Eingangsspannung u_2 folgen. Die Situation ändert sich erst, wenn $u_1 < u_2$ und $u_1 < u_3$ wird; dann muß $u_A = u_1$ sein. Sobald eine der drei Spannungen wieder den Wert Null erreicht hat, muß auch wieder $u_A = 0$ bleiben. Man erkennt: Eine Schaltung nach Bild 4-31 gibt am Ausgang stets die *kleinste* der angebotenen Eingangsspannungen wieder:

$$u_A = \mathrm{Min}\ \{u_1\ ; u_2\ ; u_3\}\ . \tag{4-27}$$

Dieses Verhalten der Schaltung läßt sich auch wieder *logisch* interpretieren: Am Ausgang erscheint nur dann eine Spannung, wenn u_1 *und* u_2 *und* u_3 (mit positiven Werten) vorhanden sind, *symbolisch:*

$$u_A = u_1\ \&\ u_2\ \&\ u_3 = u_1 \cdot u_2 \cdot u_3\ . \tag{4-28}$$

Man nennt die Schaltung entsprechend eine „*UND-Schaltung*" (englisch: AND). Sie gestattet also festzustellen, ob von mehreren zu beobachtenden Eingangsgrößen *alle* (positiv) vorhanden sind. Auch diese Funktion wird in der Steuerungs- und Datenverarbeitungstechnik in vielfältiger Weise angewandt. In Übersichtsschaltbildern werden die Kurzzeichen nach Bild 4-31 rechts benutzt.

NICHT-Glied (NOT)

Eine weitere vielbenutzte „logische Funktion" ist die *Negation:* Ist ein Eingangssignal vorhanden, soll am Ausgang kein Signal erscheinen, und umgekehrt, in *symbolischer* Schreibweise:

$$u_A = \bar{u}_1\ . \tag{4-29}$$

Diese Funktion kann ganz einfach durch eine Transistorstufe realisiert werden, vgl. Bild 4-32.

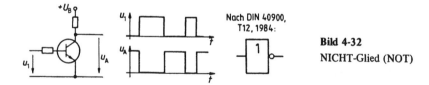

Bild 4-32
NICHT-Glied (NOT)

NOR und NAND

Vielfach werden die Gatter nach Bild 4-30 oder 4-31 mit einer nachfolgenden Transistor-Verstärkerstufe kombiniert, so daß zu der ursprünglich vorhandenen logischen Grundfunktion die Negation hinzukommt. Man gelangt so zu den sehr verbreiteten NOR- und NAND-Gattern, vgl. Bild 4-33.

Durch eine Verstärkerstufe soll erreicht werden, daß ein Gatter mit den Eingangswiderständen weiterer Verknüpfungsschaltungen belastet werden kann.
In der Steuerungs- und Informationsverarbeitungstechnik wird eine Vielzahl weiterer Gatterschaltungen benutzt. Insbesondere werden Gatterschaltungen heute in einer großen Typenvielfalt und in sehr

Kurzzeichen nach DIN 40900, T 12, 1984:

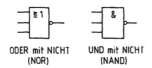

ODER mit NICHT   UND mit NICHT
(NOR)   (NAND)

Bild 4-33 Beispiele für kombinierte Logikfunktionen

großen Stückzahlen als monolithisch integrierte Schaltungen hergestellt, vgl. auch Abschnitt 4.16. Die Innenschaltungen solcher integrierter Bausteine haben sich im Laufe der technischen Entwicklung zum Teil erheblich von den einfachen Prinzipschaltbildern 4-30 bis 4-32 entfernt, um schaltungstechnisch und technologisch optimale Ergebnisse zu erzielen. Eine detailliertere Darstellung des Gebiets findet man in Lehrbüchern der Nachrichten- bzw. Informationsverarbeitung sowie der Digitaltechnik, z.B. [A44], [A45], [A50], [A90], [A91], [A97].

► **4.8 Speicherschaltungen**

Analogwertspeicher

Bild 4-34 zeigt eine von mehreren möglichen Ausführungsformen eines sogenannten *Abtast-Halte-Speichers* (Englisch: track and hold memory) für Analogwerte. Der erste Operationsverstärker arbeitet als nichtinvertierender Verstärker, dann folgt ein IGFET-Tor (Englisch: IGFET = isolated gate field-effect-transistor) und danach ein wie ein Integrierer beschalteter Endverstärker (vgl. Bild 4-21c). So lange die Steuerspannung u_{St} null ist, ist der Feldeffekttransistor leitend und die Integrationszeitkonstante klein genug, so daß die Ausgangsspannung u_A einer (nicht zu schnell veränderlichen) Eingangsspannung u_E folgen kann; die Gesamtschaltung arbeitet dann als invertierender Verstärker (vgl. Bild 4-20c). Wird der IGFET gesperrt, so kann sich die Ladung auf dem Kondensator C nicht mehr ändern (vgl. Prinzip der verschwindenden Eingangsgrößen, Abschnitt 4.3 und 4.4), und am Ausgang bleibt die Spannung stehen, die unmittelbar vor dem Abschaltmoment dort erreicht worden war; man vergleiche hierzu die Funktionsskizzen in Bild 4-34 rechts. Auf diese Weise können, wie man sieht, Abtastwerte einer Spannungs-Zeit-Funktion „*analog*" gespeichert werden.

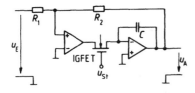

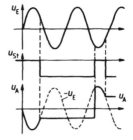

Bild 4-34 Abtast-Halte-Speicher für Analogwerte

Man beachte, daß der Zusammenhang zwischen u_E und u_A durch Gegenkopplung präzise definiert ist, so lange der Verstärker in Funktion ist. Im Haltezustand wird die Ausgangsspannung natürlich eine mit wachsender Zeit zunehmende Fehlerwirkung erfahren, z.B. infolge des Eingangsruhestromes des Ausgangsverstärkers (vgl. Bild 4-23, $I\_$) oder auch infolge des zwar kleinen, aber eben doch vorhandenen Isolationsfehlers des Kondensators C.
Ein Analogwertspeicher kann natürlich auch nichtinvertierend organisiert werden, z.B. auch mit Hilfe eines Spannungsfolgers (vgl. Abschnitt 4.4). Schaltungsbeispiele findet man z.B. in [A81]. Interessante Sonderfälle sind die *Spitzenwertablöser* [E31], [E32], [E33].

Digitale Speicher

Wie bereits in Abschnitt 4.7 erwähnt, unterscheidet man in der Digitaltechnik bei Ein- und Ausgangsvariablen nur die beiden Fälle „Signal vorhanden" und „Signal nicht vorhanden", etwa in der Bedeutung von „0" und „1". Dementsprechend braucht eine *digitale Speicherzelle* auch nur zwischen diesen beiden Informationsstufen zu unterscheiden. Sie läßt sich deshalb mit erheblich geringerem Aufwand realisieren als ein (genauer) Analogwertspeicher. Ein vielbenutzter digitaler Speicher ist die im nächsten Abschnitt beschriebene *bistabile Kippschaltung*; die beiden Informationsstufen „Signal vorhanden" und „Signal nicht vorhanden" können hierbei beliebig lange gespeichert werden, sofern nur die Betriebsspannung nicht zwischendurch abgeschaltet wird oder ausfällt. Die von einer solchen Speicherzelle bewahrte Informationsmenge – nämlich *eine* 0/1-Entscheidung – wird als Informationseinheit „1 Bit" bezeichnet.

Digitale Speicherzellen werden in der Digitaltechnik zu Funktionsblöcken mit einer u.U. sehr großen Zahl einzelner Zellen zusammengefaßt, vgl. z.B. Abschnitt 4.16. Bei Betriebsspannungsausfällen kann die Stromversorgung in geeigneten Pufferschaltungen durch Langlebensdauerbatterien übernommen werden. *Magnetische Speicherverfahren* bewahren die Information unabhängig von der Betriebsspannungsversorgung (Kernspeicher, Plattenspeicher, Bandspeicher). Über digitale Speicher gibt es eine umfangreiche Literatur, z.B. [A43], [A44], [A45], [A81], [A91], [A92].

▶ 4.9 Kippschaltungen

Für eine *Kippschaltung* ist charakteristisch, daß sie an ihren Ausgangsklemmen kein zeitverlaufsgetreues Abbild einer Eingangsspannung liefert, sondern im allgemeinen nur zwei Ausgangszustände hat, die durch verschiedene Ausgangsspannungen charakterisiert sind. Ein Übergang von einem Zustand in den anderen erfolgt sprunghaft.

Schmitt-Trigger

Am Beispiel eines *Schmitt-Triggers* nach Bild 4-35a läßt sich diese Verhaltensweise einer Kippschaltung besonders einfach studieren. Sei zunächst die Eingangsspannung gleich Null, $u_e = 0$. Dann ist der Transistor T_1 gesperrt, das Potential u_1 hoch, damit über den Spannungsteiler $R_1/(R_1 + R_2)$ der Transistor T_2 leitend gehalten und das Ausgangspotential u_a niedrig. Denkt man sich nun die Eingangsspannung u_e ins Positive wachsend, so wird irgendwann ein Wert erreicht, bei dem der Transistor T_1 Strom zu führen beginnt. Dann sinkt aber das Potential u_1 ab, damit auch das Basispotential von T_2, der Emitter-

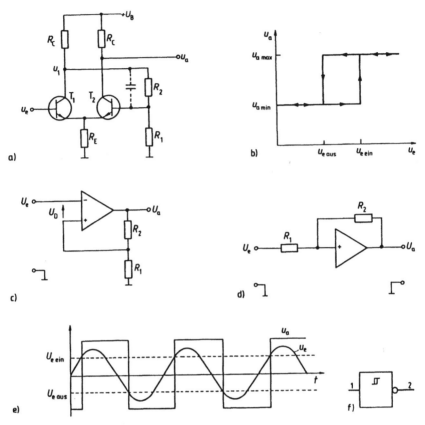

Bild 4-35 Schmitt-Trigger

a) Emittergekoppelte Transistorschaltung
b) Schalthysterese
c) invertierende Operationsverstärkerschaltung
d) nichtinvertierende Operationsverstärkerschaltung
e) Ausgangszeitfunktion bei sinusförmiger Eingangszeitfunktion im nichtinvertierenden Falle
f) Kurzzeichen nach DIN 40900, T12, 1984, insbesondere für integrierte Schaltungen mit Schmitt-Trigger-Verhalten; dargestellt ist eine invertierende Stufe

strom von T_2 fällt. Dadurch sinkt nun auch das Emitterpotential von T_1 ab, die Basis-Emitter-Spannung von T_1 erhöht sich somit zusätzlich, und der Stromanstieg in T_1 wird weiter beschleunigt. Dieser *Mitkopplungseffekt* setzt sich fort, bis die Schaltung „umgekippt" ist, d.h. T_1 voll leitend und T_2 gesperrt ist. Das Ausgangspotential u_a geht dabei sprunghaft vom tiefen Ruhewert $u_{a\,min}$ auf den hohen Ruhewert $u_{a\,max}$ über. Läßt man die Eingangsspannung u_e wieder kleiner werden, so kippt die Schaltung irgendwann wieder in den anfangs beschriebenen Zustand zurück.

Alle Kippschaltungen zeigen ein derartiges oder ähnliches Kippverhalten, sofern das geschlossene, mitgekoppelte System nur über eine ausreichende Verstärkungsreserve verfügt.

In manchen Fällen kann das Umschalten einer Kippschaltung auch ohne Mitwirkung eines Mitkopplungsprozesses ablaufen. Die in Bild 4-35a angedeutete Kapazität dient einer Unterstützung des dynamischen Mitkopplungsprozesses und damit zur Verkürzung des Kippvorgangs (sog. Wendekondensator).

Schalthysterese

Einschalt- und Ausschalt-Kippvorgang treten i.a. nicht beim gleichen Wert der Eingangsspannung u_e auf, vielmehr gilt in der Regel $u_{e\,ein} > u_{e\,aus}$. Man nennt den Unterschied

$$\Delta u_e = u_{e\,ein} - u_{e\,aus} \tag{4-30}$$

die *Schalthysterese* des Systems. Die Bezeichnung rührt daher, daß eine Figur ähnlich der ferromagnetischen Hystereseschleife entsteht, wenn man die Ausgangsspannung als Funktion der Eingangsspannung aufzeichnet, vgl. Bild 4-35b.

Der Unterschied zwischen $u_{e\,ein}$ und $u_{e\,aus}$ läßt sich am Beispiel der Schaltung Bild 4-35a leicht begründen. Ein Kippvorgang wird immer etwa dann einsetzen, wenn das Basispotential von T_1 gleich dem Basispotential von T_2 ist, denn dann sind beide Transistoren stromführend und voll verstärkungsfähig (wie ein Differenzverstärker nach Bild 4-14a). Vor dem Einschaltvorgang ist aber das Basispotential von T_2 gleich $u_{1\,max} \cdot R_1/(R_1 + R_2)$, dagegen vor dem Ausschaltvorgang gleich $u_{1\,min} \cdot R_1/(R_1 + R_2)$. Es muß also eine Schalthysterese

$$\Delta u_e = \frac{R_1}{R_1 + R_2}(u_{1\,max} - u_{1\,min}) \tag{4-31}$$

auftreten.

Bistabilität

Baut man eine Kippschaltung beispielsweise so auf, daß der Einschaltpunkt bei einer positiven Eingangsspannung $u_{e\,ein}$, der Ausschaltpunkt bei einer negativen Eingangsspannung $u_{e\,aus}$ liegt, so verhält die Kippschaltung sich *bistabil:* Sie kann dann z.B. durch einen positiven Eingangsimpuls in den „Ein-Zustand" versetzt werden und verbleibt nach dem Verschwinden der Eingangsspannung in diesem Zustand. Erst durch einen negativen Eingangsimpuls kann die Schaltung wieder in den „Aus-Zustand" zurückgekippt werden, in dem sie dann wiederum so lange verbleibt, wie kein genügend hoher positiver Eingangsimpuls angelegt wird. Damit ist eine derartige Schaltung bereits zum Speicher für eine digitale Informationseinheit geworden; man kann dem einen Zustand z.B. die Bedeutung „0", dem anderen die Bedeutung „1" zuordnen.

Operationsverstärker-Kippschaltungen

Die Operationsverstärker-Realisierungen eines Schmitt-Triggers nach Bild 4-35c und d haben in der Regel (d.h. bei bipolarer Betriebsspannungsversorgung) bereits ein derartiges symmetrisch-bistabiles Verhalten. Dabei arbeitet die Schaltung Bild 4-35c „invertierend", d.h. für hinreichend positives U_e wird die Ausgangsspannung U_a negativ. Demgegenüber verhält sich die Schaltung Bild 4-35d „nichtinvertierend"; man studiere das zugehörige Funktionsbeispiel Bild 4-35e.

Bistabile Kippschaltungen

In der Regel werden bistabile Kippschaltungen zum Speichern digitaler Informationseinheiten nicht aus Operationsverstärkern, sondern aus Transistorverstärkerstufen aufgebaut. Um verschiedenen speziellen Forderungen gerecht werden zu können, hat sich dabei eine Serie verschiedener Grundschaltungen mit jeweils spezifischem Verhalten herausgebildet, vgl. die Bilder 4-36 bis 4-40. Für die bistabile Kippschaltung hat sich in der Praxis die aus dem Englischen übernommene Bezeichnung „Flip-Flop" eingebürgert.

RS-Flip-Flop

Ein RS-Flip-Flop nach Bild 4-36a nimmt nach dem Einschalten in der Regel eine Einstellung an, bei der ein Transistor gesperrt und ein Transistor leitend ist. Ist z.B. T_2 leitend (übersättigt), so ist sein Kollektorpotential (Klemme Q) niedriger als das für einen Stromfluß in T_1 erforderliche Basispotential, also muß T_1 gesperrt bleiben, so lange T_2 voll leitend ist. Ob sich nun nach dem Einschalten dieser oder der gegenteilige Zustand (T_1 leitend und T_2 gesperrt) einstellt, ist in der Regel zufallsbedingt.

Aus diesem Grunde müssen Systeme mit Flip-Flops nach dem Einschalten in der Regel zunächst durch einen „Richtimpuls" (auch: Setzimpuls, Reset, Clear) in einen definierten Ausgangszustand gebracht werden.

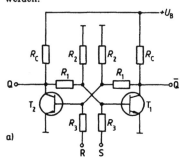

R	S	Q	$\overline{Q}$
H	H	nicht zulässig	
H	L	L	H
L	H	H	L
L	L	wie vorher	

a)

b)

c)

Bild 4-36 *RS*-Flip-Flop
a) historische Transistorschaltung
b) Funktionstabelle
c) Kurzzeichen nach DIN 40900, T12, 1984, insbesondere für integrierte RS-Flipflops

Angenommen, es ist T_2 leitend; dann ist das Potential der Klemme Q niedrig, englisch "low", abgekürzt „L". Legt man nun an Klemme S einen hinreichend großen positiven Impuls an, so wird T_1 leitend, und die Schaltung kippt über den inneren Mitkopplungsprozeß in den entgegengesetzten Zustand um (man überlege sich die Einzelheiten des Kippvorgangs entsprechend zu der ausführlichen Darstellung beim Schmitt-Trigger). Nach dem Umkippvorgang ist das Potential der Klemme Q hoch, englisch "high", abgekürzt „H". Der Ausgang Q ist von „L" auf „H" gesetzt worden, deshalb nennt man den Eingang S den „Setzeingang" des Flip-Flops. Entsprechend ist der Eingang R ein „Rücksetzeingang". Die Schaltung Bild 4-36a ist also ein „Setz-Rücksetz-Flip-Flop", was auch in der Kurzbezeichnung RS-Flip-Flop zum Ausdruck kommen soll. Kürzer und übersichtlicher als durch eine verbale Beschreibung wird die Wirkungsweise durch die Funktionstabelle in Bild 4-36b beschrieben. Der Zustand R = H und S = H ist nicht zulässig; in diesem Falle wären nämlich beide Transistoren leitend, und es wäre dem Zufall überlassen, welchen Zustand das Flip-Flop nach dem Verschwinden beider H-Signale annähme. Solche Situationen dürfen bei der Anwendung niemals auftreten. Man beachte, daß der Ausgang $\overline{Q}$ stets den entgegengesetzten Zustand annimmt wie Q. Durch die Überstreichung wird angedeutet, daß man dort immer das „invertierte" Signal zu Q erhält.

VW-Flip-Flop

Ein RS-Flip-Flop reagiert zu jedem beliebigen Zeitpunkt auf Setz- oder Rücksetzimpulse, also z.B. auch auf eventuell zufällig an R oder S erscheinende Störimpulse. Bei vielen Anwendungen muß man aus organisatorischen Gründen und vielfach auch aus Sicherheitsgründen fordern, daß Flip-Flops ihre Zustände nur zu ganz bestimmten *Taktzeiten* ändern können, also statt einer *asynchronen* eine *synchrone* Arbeitsweise vorschreiben. Dies führte im historischen Ablauf zunächst zur Entwicklung von Flip-Flops mit *Vorbereitungseingängen* V, W und *Takteingängen* T, vgl. Bild 4-37a. Ist V = H und W = H, so sind beide Dioden D gesperrt, Impulse am Takteingang T bleiben wirkungslos. Ist dagegen z. B. V = H und W = L, so verursacht jede *fallende Taktflanke* einen negativen Nadelimpuls an der Basis von T_2, woraufhin T_2 in den Sperrzustand übergehen muß. Im Falle V = H und W = L löst eine negative Taktflanke also ein *Setzen* des Flip-Flops aus. Im Falle V = L und W = H löst eine fallende Taktflanke entsprechend ein *Rücksetzen* des Flip-Flops aus. Eine kürzere, aber präzise Beschreibung des Schaltungsverhaltens liefert wieder die Funktionstabelle Bild 4-37b. In älteren Übersichtsschaltbildern wird das Kurzzeichen Bild 4-37c verwendet.

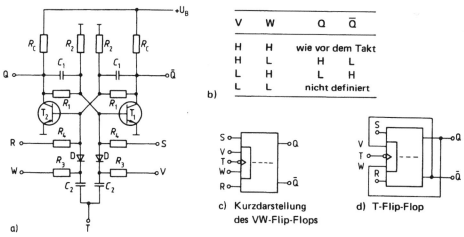

V	W	Q	$\overline{Q}$
H	H	wie vor dem Takt	
H	L	H	L
L	H	L	H
L	L	nicht definiert	

b)

c) Kurzdarstellung des VW-Flip-Flops

d) T-Flip-Flop

Bild 4-37 Historisches VW-Flip-Flop und T-Flip-Flop

T-Flip-Flop

Verbindet man den Vorbereitungseingang V fest mit $\overline{Q}$, den Vorbereitungseingang W fest mit Q, so wechselt das Flip-Flop seinen Zustand nach jeder fallenden Taktflanke *(T-Flip-Flop)*. Da ein derartiges Verhalten insbesondere beim Aufbau von *Ereigniszählern* benötigt wird (vgl. Abschnitt 5.4), wird das T-Flip-Flop auch als *Zähl-Flip-Flop* bezeichnet. In älteren Übersichtsschaltbildern wird das Kurzzeichen Bild 4-37d benutzt.

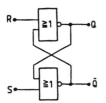

a) RS-Flip-Flop mit
    NOR-Gattern

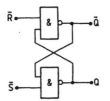

b) RS-Flip-Flop mit
    NAND-Gattern

$\bar{S}$	$\bar{R}$	Q
0	0	nicht zulässig
0	1	1
1	0	0
1	1	wie vorher

Funktionstabelle eines RS-Flip-Flops
mit NAND-Gattern
$1 \,\hat{=}\, H,\ 0 \,\hat{=}\, L$

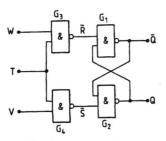

c) Flip-Flop mit statischen
    Vorbereitungseingängen

V	W	Q_n	Q_{n+1}	
0	0	0	0	Ausgangszustand bleibt unverändert
0	0	1	1	
0	1	0	0	
0	1	1	0	Ausgangszustand wird gleich V
1	0	0	1	
1	0.	1	1	
1	1	0	nicht definiert	$(1 \,\hat{=}\, H,\ 0 \,\hat{=}\, L)$
1	1	1	nicht definiert	

Funktionstabelle des Flip-Flops mit Vorbereitungseingängen

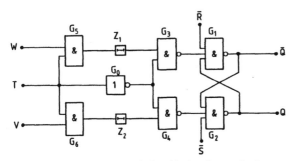

d) VW-Flip-Flop mit dynamischen Vorbereitungseingängen

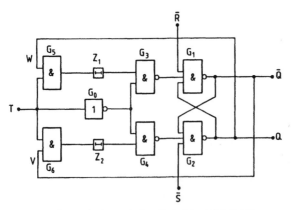

e) T-Flip-Flop mit dynamischer Zwischenspeicherung

Bild 4-38

Realisierung von Flip-Flops aus
Gattern (vgl. Bild 4-33, NOR,
NAND). Eine ausführlichere
Erläuterung der Wirkungsweise
dieser Schaltungen findet man
in [A81].
Schaltzeichen nach DIN 40900
T.12.

Flip-Flops aus Gattern

Die vorstehend beschriebenen Flip-Flop-Verhaltensweisen können auch mit Hilfe von integrierten Gattern nach Bild 4-33 realisiert werden; unter heutigen Produktionsbedingungen ist dies mittlerweile natürlich die einzige wirtschaftlich machbare Lösung. Bild 4-38a zeigt ein RS-Flip-Flop aus NOR-Gattern; die Wirkungsweise läßt sich anhand der in Abschnitt 4.7 eingeführten NOR-Funktion überlegen; vgl. evtl. auch [81]. Invertiert man die Signale R und S, so läßt sich das RS-Flip-Flop auch aus NAND-Gattern aufbauen, vgl. Bild 4-38b einschließlich der Funktionstabelle. Bild 4-38c zeigt die Weiterentwicklung zum VW-Flip-Flop. Man studiere die Wirkungsweise anhand der Funktionstabelle, evtl. [A81].

Im Gegensatz zum VW-Flip-Flop nach Bild 4-37a arbeitet die Schaltung Bild 4-38c *statisch*, d.h. so lange ein Taktsignal ansteht, reagiert das Flip-Flop auch auf Signaländerungen an den Eingängen V und W. Das schließt manche Anwendungen aus; z.B. kann man es nicht als T-Flip-Flop schalten, denn dann würde es bei zu lange andauerndem Takt hin und her kippen. Um wieder ein Flip-Flop zu erhalten, das nur während der *fallenden Taktflanke* auf den Zustand der Vorbereitungseingänge V und W reagiert, muß man eine Ergänzung nach Bild 4-38d vorsehen; darin stellen Z_1 und Z_2 Zeit-Verzögerungsglieder dar [A81]. Voraussetzung für eine einwandfreie Funktion ist, daß die Abfallzeit des Taktimpulses kürzer ist als die Verzögerungszeit von Z_1 bzw. Z_2.

In integrierten Schaltungen werden die Verzögerungszeiten durch die Speicherzeiten von Transistoren realisiert; die Abfallzeit des Taktimpulses muß dann in der Regel unter 100 ns liegen. Bild 4-38e zeigt die Ergänzung zum T-Flip-Flop.

JK-Flip-Flop

Ein wesentlicher Nachteil des VW-Flip-Flops ist, daß die Funktionstabelle jeweils einen Eingangszustand enthält, der nicht vorkommen darf. Ergänzt man beim T-Flip-Flop nach Bild 4-38e zwei weitere Eingänge J und K wie in Bild 4-39a, so erhält man ein Flip-Flop, das für alle möglichen Eingangszustände stets ein genau definiertes Ausgangsverhalten aufweist; man studiere die Wirkungsweise anhand der Funktionstabelle Bild 4-39c, evtl. [A81]. Ein noch verbleibender Nachteil ist, daß die Abfallzeit der Taktimpulse kürzer als die innere Verzögerungszeit der Verzögerungsglieder Z_1 bzw. Z_2 bleiben muß. Realisiert man die erforderlichen Verzögerungen nicht durch die Speicherzeiten von Transistoren, sondern durch interne Zwischenschaltung eines weiteren Flip-Flops, so gelangt man zum *JK-Master-Slave-Flip-Flop* nach Bild 4-39b. Dieses übernimmt mit der *Anstiegsflanke* des Taktimpulses die an den Eingängen J und K anstehende Information in den Zwischenspeicher (master-flip-flop) und schiebt sie mit der *Abfallflanke* in den Ausgangsspeicher weiter (slave-flip-flop), vgl. [A81]. Im Falle J = K = H arbeitet die Schaltung als T-Flip-Flop. Damit ist für die Technik integrierter Schaltungen eine betriebssichere Universallösung gefunden; es muß allerdings hier vorausgesetzt werden, daß sich der Zustand der JK-Eingänge nicht ändert, so lange das Taktsignal ansteht. Es gibt daher auch noch gewisse Weiterentwicklungen, auf die hier jedoch nicht mehr eingegangen werden kann [A81]. Integrierte JK-Flip-Flops enthalten oft noch mehrere Eingänge J_1, J_2 usw. bzw. K_1, K_2 usw. (vgl. Bild 4-39b), wodurch sich ggf. sonst vorzuschaltende UND-Gatter einsparen lassen.

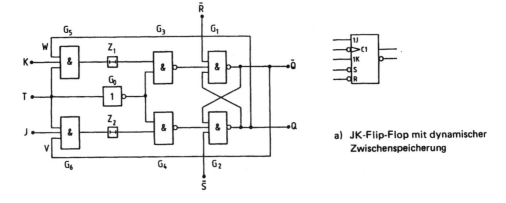

a) JK-Flip-Flop mit dynamischer Zwischenspeicherung

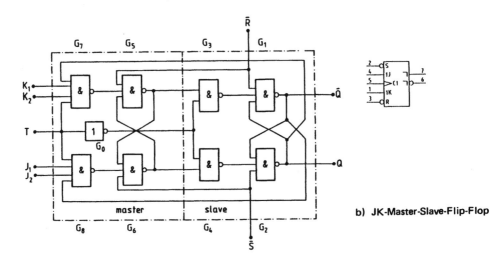

b) JK-Master-Slave-Flip-Flop

J	K	Q_n	Q_{n+1}	
0	0	0	0	Ausgangszustand bleibt unverändert
0	0	1	1	
0	1	0	0	
0	1	1	0	Ausgangszustand wird gleich J
1	0	0	1	
1	0	1	1	
1	1	0	1	Ausgangszustand ändert sich bei jedem Takt
1	1	1	0	

c) Funktionstabelle eines JK-Flip-Flops

Bild 4-39 JK-Flip-Flop, siehe hierzu auch [A81], ($1 \triangleq H$, $0 \triangleq L$).
Kurzzeichen nach DIN 40 900, T12, 1984.

D-Flip-Flop

Die vorstehenden Ausführungen lassen erkennen, daß zur Einspeicherung einer digitalen Informationseinheit (H oder L entsprechend z.B. 1 oder 0) die Eingänge V und W oder J und K entgegengesetzte Zustände angeboten bekommen müssen. Ergänzt man hierfür ein NICHT-Gatter, so erhält man das D-Flip-Flop z.B. nach Bild 4-40a (Speicherzelle, Speicher-Flip-Flop, data latch). Entsprechend kann natürlich auch das JK-Flip-Flop zum D-Flip-Flop ergänzt werden. Da Speicherzellen in Datenverarbeitssystemen in großer Zahl benötigt werden, ist man natürlich an einer möglichst einfachen Speicherzelle interessiert. Bild 4-40b zeigt eine nochmals vereinfachte Lösung mit den gleichen Eigenschaften wie Bild 4-40a [A81].

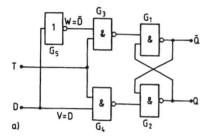

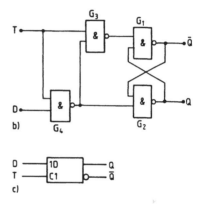

Bild 4-40 *D*-Flip-Flop als Speicherzelle.
a) Grundschaltung
b) Vereinfachung zur Einsparung eines Gatters, siehe hierzu auch [A81]
c) Kurzzeichen nach DIN 40 900, T12, 1984 (deutsch T Takt entspricht englisch C Clock)

Astabile Kippschaltung

Ersetzt man in der Grundschaltung des Flip-Flops (vgl. Bild 4-36a) die Gleichspannungskopplung zwischen den Verstärkerstufen in beiden Fällen durch Kondensatorkopplungen, so erhält man eine *astabile Kippschaltung* (auch *Multivibrator* genannt), die mit bestimmten Verzögerungszeiten τ_1 und τ_2 zwischen zwei „quasistabilen" Zuständen hin und her kippt, vgl. Bild 4-41a. Zur Erläuterung der Wirkungsweise beginnen wir die Schaltung (während ihres stationären Schwingungszustandes) gemäß Bild 4-41b in einem Moment zu betrachten, in dem der Transistor T_1 gerade voll leitend (übersättigt) und T_2 gerade gesperrt ist. Die Sperrung von T_2 ist dadurch bedingt, daß die Basis-Emitterspannung u_{B2} in diesem Moment negativ ist; wir werden am Schluß der Betrachtung sehen, daß dieser Zustand periodisch regeneriert wird. Nun muß das Basispotential von T_2 aber infolge eines Stromzuflusses über R_2 nach Maßgabe der Zeitkonstante $R_2 C_2$ gegen $+ U_B$ hin ansteigen, vgl. Bild 4-41b, unterstes Bild. Sobald nun das Basispotential von T_2 die Schwellenspannung der Basis-Emitter-Strecke von T_2 überschreitet, wird T_2 leitend und löst — ähnlich wie weiter oben beim Schmitt-Trigger beschrieben — einen Umkippvorgang aus. Vor diesem Umkippvorgang hatte der Kondensator C_1 Zeit, sich positiv aufzuladen, vom linken zum rechten Beleg gezählt. Wenn nun während des Kippvorganges das Kollektorpotential von T_2 sehr schnell zusammenbricht, verursacht die Kondensatorladung das plötzliche Auftreten einer hoch sperrenden negativen Basisspannung an der Basis von T_1.

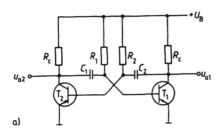

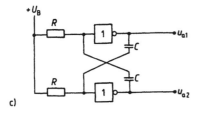

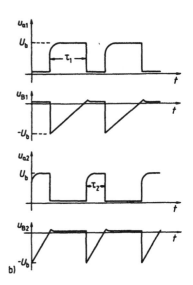

Bild 4-41 Astabile Kippschaltung
a) Grundschaltung in Transistortechnik
b) Spannungs-Zeit-Funktionen in der Grundschaltung
c) Realisierung durch NOR-Gatter
Weitere Möglichkeiten z. B. in [81]

Daran schließt sich dann wieder ein Umladevorgang gegen $+ U_B$ hin an, so daß die Schaltung nach der Zeit τ_1 wieder zurückkippt und auf entsprechende Weise die negative Spannung an der Basis-Emitter-Strecke von T_2 regeneriert. Nach der Zeit τ_2 wiederholt sich der zu Beginn beschriebene Kippvorgang. Auf diese Weise entsteht eine periodische Folge von Rechteckimpulsen, die in einem System z.B. als *Taktsignal* benutzt werden kann.

Werden an die Frequenzkonstanz eines Taktsignals hohe Anforderungen gestellt, so muß dieser einfache Oszillator durch einen quarzstabilisierten Oszillator ersetzt werden, vgl. Abschnitt 4.14. Auch die astabile Kippschaltung kann durch Gatterschaltungen realisiert werden, vgl. z.B. Bild 4-41c. Über eine Vielzahl weiterer Schaltungs- und Dimensionierungsprobleme kann man sich z.B. in [A81] informieren.

Monostabile Kippschaltung

Ersetzt man in der Grundschaltung des Flip-Flops (Bild 4-36a) die Gleichspannungskopplung zwischen den Stufen nur in *einem* Falle durch eine Kondensatorkopplung, so erhält man eine *monostabile Kippschaltung* (auch *Monoflop, Univibrator*), die einen stabilen und einen (zeitlich begrenzten) quasistabilen Zustand hat. Zur Erläuterung der prinzipiellen Wirkungsweise soll hier die NOR-Gatter-Realisierung nach Bild 4-42 betrachtet werden. Sei zunächst die Eingangsspannung gleich Null, $u_1 = 0$. Dann kann der stationäre Zustand nur darin bestehen, daß das Ausgangspotential niedrig ist, $u_4 = L$, denn über R

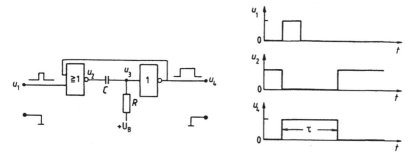

Bild 4-42 Monostabile Kippschaltung, dargestellt am Beispiel einer Realisierung mit NOR-Gattern. Weitere Möglichkeiten z.B. in [A81].

wird auf jeden Fall nach einer gewissen Wartezeit ein positives Potential $u_3 > 0$ hergestellt. Da in diesem stabilen Zustand beide Eingänge des links angeordneten NOR-Gatters auf niedrigem Potential liegen, befindet sich der Ausgang des NOR-Gatters auf hohem Potential, $u_2 = H$. Trifft nun am Eingang ein positiver Impuls ein, so bricht das Ausgangspotential des NOR-Gatters zusammen, die Ladung des Kondensators C verursacht eine negative Spannung am Eingang des NICHT-Gatters, der Ausgang nimmt H-Potential an, $u_4 = H$. Nach einer gewissen Zeit τ jedoch ist die Kapazität C über den Widerstand R so weit umgeladen, daß wieder $u_3 > 0$ wird und das NICHT-Gatter den Ausgang wieder auf Niedrigpotential legt, $u_4 = L$; die Schaltung kippt so in den Ruhezustand zurück. Ein Monoflop reagiert also auf z.B. einen kurzen Eingangsimpuls damit, daß es am Ausgang einen Rechteckimpuls bestimmter, nur von seiner spezifischen Zeitkonstante RC abhängiger Dauer abgibt.

Es gibt eine Vielzahl weiterer Monoflop-Schaltungen, die ähnlich wie die Flip-Flop-Familie speziellen Forderungen gerecht werden können, vgl. z.B. [A81], [A91].
Abschließend muß hier betont werden, daß die Technik der Kippschaltungen an dieser Stelle nur so weit angesprochen werden konnte, wie das erforderlich ist, um diejenigen Begriffe zusammenzustellen, die später im Kapitel 5 zur Erläuterung grundlegender Meßgerätekonzepte benötigt werden.
Wer Schaltungsentwicklung betreiben muß, wird zunächst noch eine wesentlich eingehendere Darstellung digitaler Schaltungstechniken zu Rate ziehen müssen, z.B. [A81], [A90], [A91], [A97].
Wer Übersichtspläne digitaler Schaltungen lesen oder zeichnen muß, der wird zunächst DIN 40 700 Teil 14 in der *alten* und in der *neuen* Fassung (Nov. 1963 und Juli 1976) eingehend studieren müssen. Der Übergang von den alten zu den neuen Schaltzeichen vollzieht sich gegenwärtig langsam, weil er mit mancherlei Problemen verbunden ist; deshalb werden auch hier noch alte wie neue Symbole nebeneinander benutzt.

▶ 4.10 Triggerschaltungen

Eine *Triggerschaltung* soll dann, wenn eine Eingangsspannung bestimmte Bezugspegel über- oder unterschreitet, an ihrem Ausgang einen Spannungssprung oder einen „Markierimpuls" abgeben, der ggf. dann innerhalb eines umfassenderen Systems weitere Folgeoperationen auslösen kann. Der *Schmitt-Trigger* nach Bild 4-35a z.B. gibt bei Überschrei-

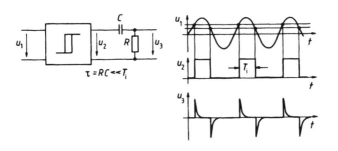

Bild 4-43
Triggerschaltung, bestehend aus
einem Schmitt-Trigger (z.B. nach
Bild 4-35a) und einem Differenzierglied.

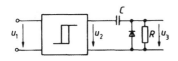 

Bild 4-44 Unterdrückung der negativen Triggerimpulse durch eine „Klammerdiode". Selbstverständlich werden bei umgekehrter Polung der Diode die positiven Impulse unterdrückt.

tung eines Einschaltpegels $u_{e\,ein}$ einen positiven Spannungssprung, bei Unterschreitung
eines bestimmten Ausschaltpegels $u_{e\,aus}$ einen negativen Spannungssprung ab. Kombiniert
man ihn gemäß Bild 4-43 mit einem Differenzierglied, so werden entsprechend zugeordnete *Nadelimpulse* erzeugt. Durch Ergänzung einer „Klammerdiode" können die
Nadelimpulse *einer* Polarität unterdrückt werden, vgl. Bild 4-44.

Es gibt eine Vielzahl weiterer, an spezielle Randbedingungen angepaßter Triggerschaltungen, vgl. z.B.
[A98].

▶ 4.11 Verzögerungsschaltungen

Eine *Verzögerungsschaltung* soll ein an ihren Eingangsklemmen auftretendes Ereignis erst
nach Ablauf einer bestimmten *Verzögerungszeit* t_v zum Ausgang hin weitermelden, beispielsweise um in einem umfassenderen System eine bestimmte Folgeoperation verspätet
auszulösen. Bild 4-45 zeigt eine Verwirklichung dieser Aufgabenstellung durch ein Monoflop mit nachgeschaltetem geklammertem Differenzierglied.

Es ist einleuchtend, daß auch hier eine Vielzahl weiterer Schaltungsvarianten erdacht werden kann.

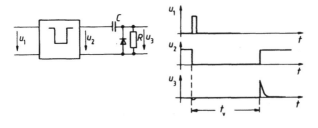

Bild 4-45
Verzögerungsschaltung, bestehend
aus einem Monoflop und einem
Differenzierglied mit Klammer-
diode

▶ 4.12 Multiplizierer

Wo die Überführung eines Meßsignals in eine digitale Darstellung zu aufwendig erscheint (vgl. Abschnitt 5.5), kann man ähnlich wie beim Addieren oder Subtrahieren (vgl. Bild 4-21) auch die Multiplikation mit Hilfe analog arbeitender Rechenschaltungen realisieren. Im Laufe der Entwicklung der Analogrechentechnik ist eine ganze Reihe von Verfahren bekannt geworden, z.B. das Time-Division-Verfahren, ein Verfahren mit quadrierenden Funktionsnetzwerken, Verfahren mit elektromechanisch oder elektronisch verstellbaren Koeffizienten, u.a.m. [A81].

Logarithmierverfahren

Im Zusammenhang mit der Technologie integrierter Schaltungen hat heute das *Logarithmierverfahren* besondere Bedeutung erlangt. In Bild 4-46 ist der Grundgedanke dieses Verfahrens am Beispiel eines Einquadrantenmultiplizierers dargestellt, bei dem die beiden miteinander zu multiplizierenden Analogspannungswerte U_1 und U_2 stets positiv sein müssen.

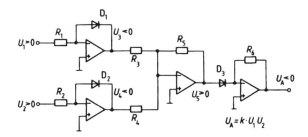

Bild 4-46 Grundgedanke des analogen Multiplizierens nach dem Logarithmierverfahren (Einquadrantenmultiplizierer)

Die Eingangsspannung U_1 verursacht nach dem Prinzip der verschwindenden Eingangsgrößen (vgl. Abschnitt 4.3) einen proportionalen Strom durch die Diode D_1. Infolge der exponentiellen Spannungs-Strom-Kennlinie einer Halbleiterdiode ist dann die Ausgangsspannung $U_3 < 0$ der Schaltung mit guter Näherung proportional zum Logarithmus der (geeignet normierten) Eingangsspannung:

$$I_D = I_0 \left(e^{\frac{U_D}{U_T}} - 1 \right) \approx I_0 \, e^{\frac{U_D}{U_T}}, \tag{4-32}$$

$$U_D = U_T \cdot \ln \frac{I_D}{I_0}, \tag{4-33}$$

$$U_3 = - U_{D1} = - U_T \cdot \ln \frac{U_1}{R_1 I_0}. \tag{4-34}$$

Entsprechend gilt natürlich

$$U_4 = - U_{D2} = - U_T \cdot \ln \frac{U_2}{R_2 I_0}.$$

In der nächsten Stufe werden die Logarithmensignale addiert; es sei $R_4 = R_3$ und $R_2 = R_1$:

$$U_5 = -\frac{R_5}{R_3}(U_3 + U_4) = \frac{R_5}{R_3} U_T \cdot \ln \frac{U_1 U_2}{(R_1 I_0)^2}.$$

Schließlich wird die Kennlinie der Diode D_3 wieder zur Entlogarithmierung herangezogen:

$$I_{D3} = I_0 \left(e^{\frac{U_5}{U_T}} - 1 \right) \approx I_0\, e^{\frac{U_5}{U_T}} = I_0 \cdot e^{\frac{R_5}{R_3}\ln \frac{U_1 U_2}{(R_1 I_0)^2}}.$$

Mit $R_5 = R_3$ erhält man dann

$$I_{D3} = \frac{U_1 U_2}{R_1^2 I_0}, \qquad U_A = -R_6 I_{D3} = -\frac{R_6 U_1 U_2}{R_1^2 I_0},$$

oder z.B. mit $R_6 = R_1 = R$

$$U_A = -\frac{U_1 U_2}{R I_0} = k \cdot U_1 U_2. \qquad\qquad (4\text{-}35)$$

So weit der Grundgedanke. Bis zu einer einsatzreifen technischen Lösung ist noch eine Reihe von Detailproblemen zu lösen: Erstens muß die starke Temperaturabhängigkeit der Halbleiterkenngrößen kompensiert werden (z.B. ist I_0 in Gl. (4-35) exponentiell temperaturabhängig!), und zweitens muß die Schaltungstechnik so vervollkommnet werden, daß U_1 und U_2 beliebige Vorzeichen annehmen dürfen (Vierquadrantenmultiplizierer). Beides kann durch Einführung symmetrischer Transistorstufen erreicht werden, ähnlich wie sie bei der Einführung des Differenzverstärkers gewählt worden sind, vgl. Bild 4-14a. Bild 4-47 zeigt das Prinzipschaltbild einer ausgereiften technischen Lösung, wie sie heute als monolithisch integrierte Schaltung erhältlich ist [A81].

Mit Hilfe eines Multiplizierers können durch geeignete Anwendungsschaltungen dann auch Rechenoperationen wie das Dividieren, Quadrieren oder Radizieren realisiert werden, vgl. z.B. Abschnitt 5.2.1 oder [A81].

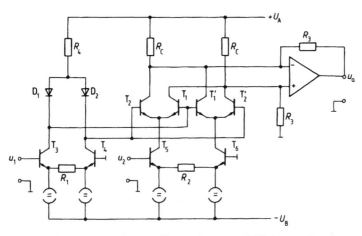

Bild 4-47 Prinzipschaltbild eines Vierquadrantenmultiplizierers, wie er heute als monolithisch integrierte Schaltung erhältlich ist [A81]

► 4.13 Spannungs- und Stromquellen

Die Gleichspannungsspeisung von elektronischen Schaltungen ebenso wie die von Meß-schaltungen erfolgt heute in der Regel durch elektronische Spannungsregler. Es gibt eine große Zahl praktisch angewandter Schaltungen [A81].

Spannungsregler

Wir beschränken uns hier auf eine Erläuterung des Schaltungsbeispiels Bild 4-48, welches im Prinzip alle wesentlichen Grundelemente derartiger Regelschaltungen enthält.

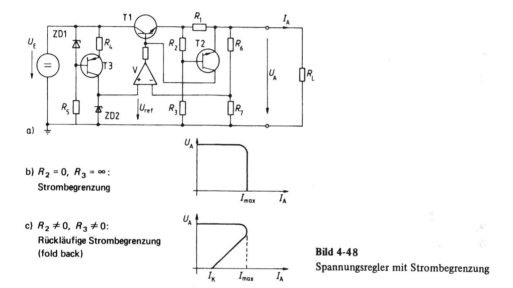

b) $R_2 = 0$, $R_3 = \infty$:
   Strombegrenzung

c) $R_2 \neq 0$, $R_3 \neq 0$:
   Rückläufige Strombegrenzung
   (fold back)

Bild 4-48
Spannungsregler mit Strombegrenzung

Mit Hilfe der (bei Präzisionsspannungsquellen temperaturkompensierten) Zenerdiode ZD_2 wird eine (hoch-) stabile Referenzspannung U_{ref} erzeugt. Der Strom durch die Referenz-diode ZD_2 wird mit Hilfe der Stromquellenschaltung aus R_5, ZD_1, R_4 und T_3 vorstabili-siert, um die Referenzdiode auch bei schwankender Eingangsspannung U_E stets möglichst genau im gleichen Arbeitspunkt zu halten; zum Begriff der Stromquellenschaltung vgl. Bild 4-14c. Der Differenzverstärker V vergleicht den Bruchteil $U_A \cdot R_7/(R_6 + R_7)$ der Ausgangsspannung U_A mit der Referenzspannung U_{ref} und stellt den Leistungstran-sistor T_1 (der hier als Emitterfolger betrieben wird) stets in einem solchen Sinne nach, daß U_A auch bei Schwankungen der Eingangsspannung U_E sowie des Belastungsstromes I_A mit hoher Genauigkeit nahezu konstant gehalten wird. Wendet man auf den Eingang des Differenzverstärkers V das Prinzip der verschwindenden Eingangsgrößen an (vgl. Ab-schnitt 4.3), so ergibt sich unmittelbar

$$U_A = \frac{R_6 + R_7}{R_7} U_{ref} \, . \tag{4-36}$$

Strombegrenzung

Eine derartige Spannungsregelschaltung ist extrem kurzschlußgefährdet. Im Falle eines Kurzschlusses der Ausgangsklemmen würde der Regler den Leistungstransistor natürlich voll aufsteuern, und das hätte infolge der dann sprunghaft anwachsenden Verlustleistung am Transistor T_1 dessen Zerstörung zur Folge. Es muß deshalb eine elektronische Strombegrenzung vorgesehen werden, die hier aus den Elementen R_1, R_2, R_3 und T_2 besteht. Wir betrachten zunächst den einfacheren Fall $R_2 = 0$, $R_3 = \infty$. Sobald mit wachsendem Belastungsstrom I_A der Spannungsabfall an R_1 die Basis-Emitter-Schwellenspannung des Transistors T_2 überschreitet, wird dieser leitend und verhindert ein weiteres Anwachsen des Basisstromes von T_1, so daß auch dessen Kollektor- bzw. Emitterstrom nicht mehr weiter anwachsen kann. Berücksichtigt man, daß die Basis-Emitter-Spannung eines Silizium-Transistors bei etwa $U_{BE} = 0{,}6\,\text{V}$ liegt, so ergibt sich

$$I_A \leqslant I_{max} \approx \frac{0{,}6\,\text{V}}{R_1}. \tag{4-37}$$

Überschreitet man im Betrieb diesen Maximalwert, so geht die Klemmenspannung bei annähernd konstantem Wert $I_A \approx I_{max}$ auf Null herunter, vgl. Bild 4-48b.

Rückläufige Strombegrenzung

Im Kurzschlußfalle wird am Leistungstransistor T_1 annähernd die volle Netzteilleistung $U_E I_{max}$ in Verlustwärme umgesetzt; das kann bei Geräten für größere Ströme oder im Falle beengter Kühlverhältnisse immer noch problematisch werden. Aus diesem Grunde wird vielfach eine rückläufige Strombegrenzung vorgesehen, die den Kurzschlußstrom I_K kleiner als den maximal abnehmbaren Belastungsstrom I_{max} macht, vgl. Bild 4-48c.

Diese Art der Strombegrenzung tritt in Erscheinung, wenn auch die Widerstände R_2 und R_3 vorgesehen werden. Im normalen Betriebszustand liegt dann an R_2 eine zusätzliche Sperrspannung für den Transistor T_2 an; die Strombegrenzung setzt erst ein, wenn der Spannungsabfall an R_1 zusätzlich zur Schwellenspannung U_{BE} des Transistors T_2 auch noch die an R_2 anstehende Spannung überwindet. Im Kurzschlußfalle $U_A = 0$ ist die zusätzliche Spannung an R_2 nicht mehr vorhanden, so daß die Strombegrenzung dann bei einem kleineren Wert $I_k < I_{max}$ einsetzt. Zur Dimensionierung siehe [A81]. Es sind auch stabilitätstheoretische Überlegungen erforderlich, da die Möglichkeit besteht, daß die Anordnung das Verhalten einer bistabilen Kippschaltung annimmt und nach entfernen des Kurzschlusses nicht mehr selbsttätig in den normalen Betriebszustand zurückkehrt.

Stromregler

Im Prinzip stellt der Fall Bild 4-48b schon eine Stromregelung dar, wenn man einen Betriebspunkt im abfallenden Teil $I_A \approx I_{max}$ der Belastungskennlinie einstellt. Von einem *Stromregler* spricht man aber erst dann, wenn tatsächlich mit einem etwas größeren Aufwand, nämlich durch eine präzisere Referenzvorgabe und einen Regelverstärker mit ausreichender Verstärkungsreserve für eine präzise Konstanthaltung des Klemmenstromes gesorgt wird. Bei Stromreglern kann dann der konstant zu haltende Wert des Klemmenstromes in der Regel auch frei eingestellt werden, so wie bei den meisten Spannungsreglern der gewünschte Spannungswert [A81].

Spannungs-Strom-Regler

Bei vielen Kombinationsgeräten kann man einen Spannungs- und einen Stromwert einstellen. In der Nähe des Leerlauffalles arbeitet das Gerät dann als Spannungsregler. Erhöht man die Belastung, so geht das Gerät bei Erreichen des eingestellten Stromwertes in die Betriebsart Stromregelung über [A81].

▶ 4.14 Sinusgeneratoren

LC-Oszillatoren

Im Frequenzbereich oberhalb 1 MHz werden Sinusschwingungen in der Regel durch *LC*- bzw. Schwingkreisoszillatoren erzeugt, vgl. Bild 4-49, ggf. [A81]. Die Schwingfrequenz ist dabei in der Regel durch die Resonanzfrequenz des Schwingkreises festgelegt.

RC-Oszillatoren

Im Frequenzbereich unter 1 MHz werden Sinusschwingungen vorzugsweise mit Hilfe von *RC*-Oszillatoren erzeugt; die Schwingfrequenz wird hierbei jeweils durch ein hinsichtlich seiner Phasencharakteristik speziell ausgesuchtes *RC*-Netzwerk festgelegt.

Bild 4-49b zeigt ein Beispiel, bei dem die eigentliche Oszillatorschaltung zugleich mit einer präzise arbeitenden Amplitudenstabilisierung verbunden ist, wie sie insbesondere für meßtechnische Anwendungen oft vorgesehen werden muß. Die Schwingungsamplitude wird mit Hilfe eines Präzisionsgleichrichters Gl (vgl. hierzu Bild 4-26) gemessen und mit einer Referenzspannung U_{ref} verglichen. Bei auftretenden Abweichungen vom Sollwert stellt ein Integralregler V_2 den Kanalwiderstand eines Feldeffekttransistors T so nach, daß die frequenzbestimmende Brückenschaltung im Sinne einer Verkleinerung oder Vergrößerung der Verstärkereingangsspannung verstellt wird, je nach dem, ob ein Absenken oder ein Anheben der Schwingspannung des Oszillators erforderlich ist.

Die Auswahl und Dimensionierung von Oszillatorschaltungen ist mit einer vielschichtigen Problematik verbunden, die hier nicht angesprochen werden kann [A81], [E32] bis [E40].
In der meßtechnischen Praxis steht man auch oft vor der Notwendigkeit, mehrere auf annähernd gleicher Frequenz schwingende Oszillatoren miteinander zu synchronisieren, damit nicht Störungen durch Schwebungserscheinungen auftreten, [E41] bis [E45].

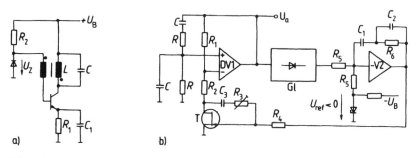

Bild 4-49 Sinusoszillatoren   a) *LC*-Oszillator   b) *RC*-Oszillator

Quarzoszillatoren

Wo eine hohe Frequenzkonstanz erforderlich ist ($\Delta f/f < 10^{-4}$), setzt man *quarzstabili-sierte Oszillatoren* ein. Geeignet ausgewählte und geschnittene Quarzkristalle sind einer-seits mechanisch sehr stabil und zeigen andererseits ein ausgeprägtes piezoelektrisches Verhalten, durch das sie in elektrischen Wechselfeldern zu mechanischen Schwingungen angeregt werden können [A98]. In der Nähe einer mechanischen Eigenresonanz verhalten sie sich in elektrischen Schaltungen wie Schwingkreise sehr hoher Güte; aus diesem Grunde vermögen sie die Schwingfrequenz eines Oszillators sehr präzise festzulegen. Ein derartiger Quarzkristall verhält sich bei einer mechanischen Eigenfrequenz wie ein Serien-schwingkreis und in sehr enger Nachbarschaft der Eigenfrequenz wie ein Parallelschwing-kreis, vgl. hierzu ggf. [A81]. In der Oszillatorschaltung Bild 4-50a beispielsweise wird die Serienresonanz zur Stabilisierung der Frequenz eines Schwingkreisoszillators ausgenutzt. Ist man nicht unbedingt auf sinusförmige Schwingungen angewiesen, so kann die Serien-resonanz beispielsweise auch in der schwingkreislosen Schaltung Bild 4-50b angeregt werden. In Digitalschaltungen werden z.B. für die dort oft erforderliche Takterzeugung gern Quarzoszillatorschaltungen mit Gattern eingesetzt, z.B. nach Bild 4-50c [A93].

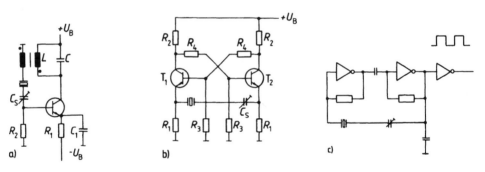

Bild 4-50 Quarzoszillatoren

▶ 4.15 Funktionsgeneratoren

Als *Funktionsgeneratoren* bezeichnet man Schaltungen, die ähnlich wie astabile oder monostabile Kippschaltungen arbeiten, jedoch nach Gesichtspunkten der Präzisions-elektronik dimensioniert sind und deshalb genau definierte Rechteck- und Dreieck-schwingungen erzeugen, aus denen dann durch weitere signalformverändernde Über-tragungstechniken z.B. Parabelschwingungen und Sinusschwingungen (zumindest in guter Annäherung) abgeleitet werden.

Rechteck-Dreieck-Sinus-Generatoren

Das einfache Beispiel Bild 4-51 enthält bereits alle wesentlichen Grundprinzipien dieser Technik. V_1 ist ein Schmitt-Trigger wie in Bild 4-35d, V_2 ein Integrierer wie in Bild 4-21c. V_1 und V_2 bilden zusammen einen Rechteck-Dreieck-Generator. Zur Erläuterung der

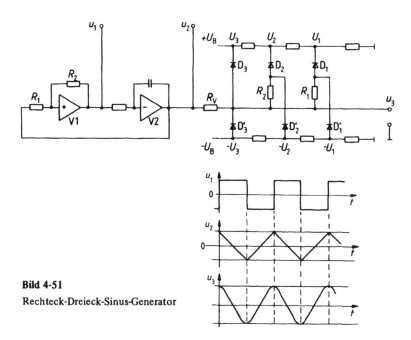

Bild 4-51
Rechteck-Dreieck-Sinus-Generator

Wirkungsweise betrachten wir das System im stationären Schwingungszustand, beginnend in einem Moment, in dem der Schmitt-Trigger V_1 gerade einen positiven Ausgangsspannungswert angenommen hat, vgl. die Zeitfunktionen in Bild 4-51, $t = 0$, $u_1 = u_{1\,max} > 0$. Auf die nun konstante Eingangsspannung $u_1 = u_{1\,max} > 0$ reagiert der Integrierer mit einer zeitproportional absinkenden Ausgangsspannung $u_2(t)$, die wiederum dem Eingang des Schmitt-Triggers zugeführt wird. Sobald die Rückschaltschwelle des Schmitt-Triggers erreicht ist, springt seine Ausgangsspannung auf einen negativen Wert um, $u_2 = u_{2\,min} = -u_{1\,max} < 0$, und damit kehrt sich dann zugleich die Steigung des integrierten Signals um. Man erkennt leicht, daß dieser Ablauf sich periodisch fortsetzt. Die Dreieckspannung $u_2(t)$ wird anschließend einem *Dioden-Funktionsnetzwerk* zugeführt, das so dimensioniert ist, daß an seinem Ausgang statt der eingangsseitigen Dreieckschwingung durch geeignete nichtlineare Verzerrung eine annähernd sinusförmige Schwingung erscheint.

Zur Wirkungsweise des Funktionsformers ist folgendes zu sagen. Sei zunächst der Fall $u_2 = 0$ betrachtet. Dann sind sämtliche Dioden in der Schaltung durch die von $+ U_B$ und $- U_B$ her über Spannungsteiler vorgegebenen Vorspannungen gesperrt. Wächst nun u_2 ins Positive, so wird irgendwann zunächst die Diode D_1 leitend; damit tritt dann eine Belastung des Ausgangsklemmenpaars über den Querzweig R_1 in Erscheinung. Während vorher $u_3(t)$ dieselbe Steigung hatte wie $u_2(t)$, muß nach dem Leitendwerten der Diode D_1 $u_3(t)$ infolge der Spannungsteilung über R_v und den Querzweig R_1 mit einer geringeren Steigung weiter anwachsen als $u_2(t)$. Sobald dann etwas später D_2 leitend wird, muß sich die Steigung von $u_3(t)$ weiter abflachen, und schließlich kommt es mit dem Leitendwerten der Diode D_3 zur Begrenzung der Ausgangsspannung u_3. Wird $u_2(t)$ wieder kleiner, so werden alle diese Schritte nacheinander wieder rückgängig gemacht. Wird $u_2(t)$ negativ, so übernehmen die Dioden D_1', D_2' und D_3' entsprechende Funktionen. Auf diese Weise kann man bei richtiger Berechnung des Funktionsnetzwerks eine Sinusfunktion recht brauchbar annähern, ggf. können mehr als je drei Diodenzweige eingesetzt werden.

Sägezahngenerator

Bild 4-52 zeigt das Prinzip eines gesteuerten Sägezahngenerators, wie er insbesondere für die Zeitablenkung von Oszilloskopen oder $y(t)$-Schreibern benötigt wird. So lange die Steuerspannung u_{St} hinreichend positiv ist, ist der Transistor voll leitend (übersättigt). Dadurch wird der Kondensator C kurzgeschlossen und die Ausgangsspannung u_A (nach dem Prinzip der verschwindenden Eingangsgrößen, vgl. Abschnitt 4.3) auf einen kleinen negativen Wert (entsprechend der Kollektor-Emitter-Restspannung des Transistors) festgeklemmt. Macht man dann u_{St} hinreichend negativ, so wird der Transistor T_1 gesperrt und die Integriererfunktion der Schaltung freigegeben (vgl. Bild 4-21c); entsprechend der positiven Eingangsspannung $\dot{U}_0 > 0$ wächst die Ausgangsspannung u_A des Integrierers zeitproportional ins Negative. Wird die Steuerspannung wieder auf einen hinreichend positiven Wert zurückgeschaltet, so wird der Kondensator C wieder kurzgeschlossen, der Integrationsprozeß abgebrochen und die Ausgangsspannung auf den Ruhewert zurückgestellt; insgesamt entsteht somit ein sägezahnförmiger Ausgangsspannungsverlauf.

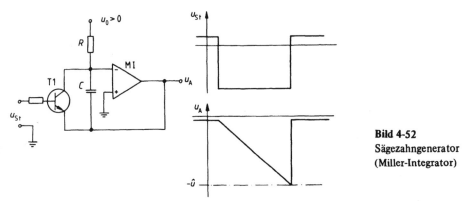

Bild 4-52
Sägezahngenerator
(Miller-Integrator)

Getriggerter Sägezahngenerator

Bild 4-53 zeigt ein *getriggertes* System, welches einen zu einer periodischen Eingangsspannungsfunktion $u(t)$ synchronen periodischen Sägezahnspannungsverlauf erzeugt; die Wirkungsweise ergibt sich aus den Eintragungen im Bild.

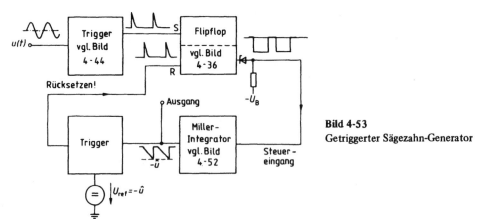

Bild 4-53
Getriggerter Sägezahn-Generator

Eine derartige Synchronisation ist z.B. bei einem Oszilloskop erforderlich, wenn auf dem Bildschirm ein stehendes Bild der Funktion $u(t)$ erzeugt werden soll, vgl. Abschnitt 5.1.
Man beachte, daß die Sägezahnerzeugung aussetzt, wenn keine Eingangsspannung $u(t)$ vorhanden ist.

4.16 Integrierte Schaltungen

Bereits in den vorstehenden Abschnitten 4.1 bis 4.15 wird häufig darauf hingewiesen, daß viele Standardschaltungen heute in Form monolithisch integrierter Schaltungen verfügbar sind. Die Bereitstellung oder Entwicklung einer elektronischen Schaltung zur Lösung einer speziellen meßtechnischen Aufgabe beginnt deshalb heute vielfach damit, Kataloge von Halbleiterherstellern daraufhin durchzusehen, inwieweit es bereits realisierte Teil- oder Gesamtlösungen in Form monolithisch integrierter Schaltungen gibt.

Eine Übersicht über Technologien integrierter Schaltungen kann man sich etwa anhand von [A94], [A95] verschaffen.

Mit dem Erscheinen von sog. „Mittelintegrierten Schaltungen" (Medium scale integration, MSI) und „Hochintegrierten Schaltungen" (Large scale integration, LSI) verwischen sich zur Zeit die Grenzen zwischen den klassischen Begriffen Bauelement, Gerät und Anlage. Standardschaltungen, die Produktionsstückzahlen oberhalb 10^4 bis 10^5 erreichen können, werden zum Bauelement. Ein Vier-Dekaden-Zähler beispielsweise war früher ein Gerät, ist heute aber — wenn man von speziellen Anforderungen absieht — nur noch ein Bauelement in MSI-Technologie, zu dem nur noch die Stromversorgung und ggf. eine Ziffernanzeige zu ergänzen ist. Was früher als „Rechenanlage" bezeichnet wurde, ist infolge der LSI-Technologie — wiederum von speziellen Anforderungen abgesehen — zur Gerätebaugruppe in Steckkartenform geworden und bereits auf dem Wege zur Bauelementekonfiguration. Die Anpassung derartiger Elemente an spezielle Aufgabenstellungen eines Anwenders erfolgt im wesentlichen nicht mehr durch Entwicklung spezieller Schaltungen, sondern durch eine spezielle Programmierung hochkomplexer Bauelemente. Diese Entwicklung bringt gegenwärtig zahlreiche technische, wirtschaftliche und soziale Strukturänderungsprobleme mit sich.
Wir beschränken uns hier auf die Betrachtung einiger besonders charakteristischer Beispiele integrierter Systeme.

Schreib-Lese-Speicher

Bild 4-54 zeigt das Prinzip eines Schreib-Lese-Speichers (Englisch: Random access memory, RAM) zur Speicherung (und Wiederauslesung) digitaler Informationseinheiten (0/1-Entscheidungen). In einer nach Zeilen und Spalten organisierten Matrix sind viele einzelne Speicherzellen S_{ik} angeordnet; der Aufbau der einzelnen Zelle entspricht dem D-Flip-Flop Bild 4-40b, ergänzt um die für Schreib- und Lese-Operationen erforderlichen Gatter G_5 und G_6 [A81]. Die einzelne Zelle wird dadurch angesprochen, daß man auf den „Adreß-bus" $A_0...A_3$ in Form von als Dualzahl aufzufassenden L-H-Spannungskombinationen die „Zellenadresse" setzt. So würde in unserem Beispiel etwa mit der Kombination

$$A = A_3 A_2 A_1 A_0 = 1011 = (10)(11) = (2)(3)$$

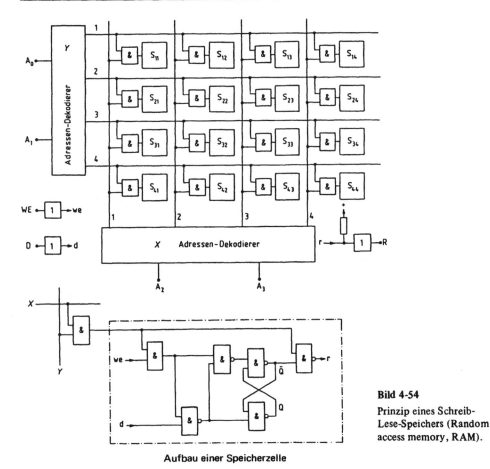

Bild 4-54
Prinzip eines Schreib-
Lese-Speichers (Random
access memory, RAM).

Aufbau einer Speicherzelle

über den Adressen-Dekodierer die Zelle S_{32} angesprochen. An den Dateneingang D wird
die einzuschreibende Information (L oder H entsprechend 0 oder 1) angelegt und nach
Erscheinen eines Schreibsignals an WE (write enable) in die ausgewählte Zelle eingeschrie-
ben. Erscheint das Schreibsignal nicht, so wird lediglich die in der Zelle gespeicherte Information (0 oder 1) zum Ausgang R (read) hin durchgeschaltet.

Das Prinzip ist vereinfacht dargestellt. Technische integrierte Speicher sind meist nicht bitweise, sondern wortweise organisiert, d.h. unter einer bestimmten Adresse werden gleichzeitig z.B. 4 oder 8
Speicherzellen erreicht. An die Stelle der Datenleitungen D und R tritt dann ein entsprechend mehr-
adriger „Datenbus". Zur Wirkungsweise eines Dekodierers siehe Abschnitt 5.4.3 oder [A81].

Nur-Lese-Speicher

Bild 4-55 zeigt das Prinzip eines Nur-Lese-Speichers. Die einzelnen Matrixplätze können
wie beim Schreib-Lese-Speicher über den Adreßbus (hier: $A_0 \dots A_3$) angesprochen werden;
je nach dem, ob nun unter der angewählten Adresse die in der Zeichnung jeweils ange-

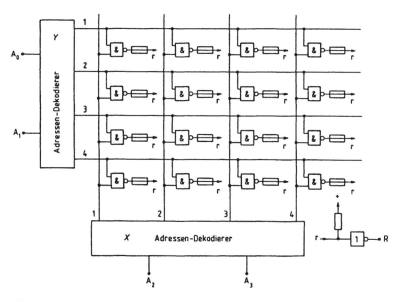

Bild 4-55 Prinzip eines Nur-Lese-Speichers (Read only memory, ROM).

deutete Brücke vorhanden ist oder nicht, wird zum Leseausgang R die Information 1 oder 0 ausgegeben. Bei einem ROM (Read only memory) werden die Brücken während des Herstellungsprozesses nach Vorschrift des Anwenders durch eine entsprechende Maskierung eingearbeitet bzw. weggelassen; dieses Verfahren ist natürlich nur für hohe Produktionsstückzahlen geeignet. Bei einem PROM (Programmable ROM) kann der Anwender mit Hilfe eines vom Hersteller vorgeschriebenen Programmierverfahrens ursprünglich vorhandene Brücken zerstören. Ein EPROM (Erasable PROM) kann durch eine sich nur sehr langsam verflüchtigende Ladungseinspeicherung programmiert und durch Bestrahlung mit Ultraviolettlicht wieder gelöscht sowie einige Male neu programmiert werden.

4.17 Mikroprozessoren

Im Rahmen der LSI-Technologie ist es in den letzten Jahren gelungen, die Zentraleinheit eines Prozeßrechners (central processor unit, CPU) auf einem einzigen Siliziumkristall unterzubringen; damit war der *Mikroprozessor* geschaffen, mit dem eine Vielzahl von Automatisierungsaufgaben sehr kostengünstig gelöst werden kann.

Mikrorechner

Um die Blockstruktur eines Mikroprozessors verstehen zu können, muß man zunächst einen ungefähren Überblick darüber haben, in welcher Weise ein Mikroprozessor mit anderen hochintegrierten Bausteinen zusammenarbeiten muß, damit ein kompletter, einsatzbereiter *Mikrorechner* entsteht.

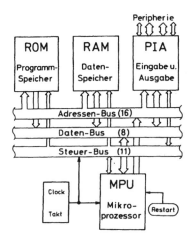

ROM   Read Only Memory   Nur-Lese-Speicher
RAM   Random Access Memory   Schreib-Lese-Speicher
PIA   Peripheral Interface Adapter Ein-Ausgabe-Einheit
MPU   Microprocessing Unit   Mikroprozessor

Bild 4-56
Prinzipieller Aufbau eines Mikrorechners
(Mikrocomputers)

Wir betrachten daher zunächst Bild 4-56. Der Mikroprozessor setzt nach dem Einschalten und dem Ablauf einer internen Initialisierungsroutine eine bestimmte Adresse auf den Adreßbus, die im allgemeinen einen bestimmten Platz im ROM anspricht. Daraufhin erscheint auf dem Datenbus ein unter dieser Adresse abgespeichertes Datenwort, welches dem Mikroprozessor eine Anweisung darüber gibt, was er nun als nächste Operation ausführen soll. Mikroprozessoren „verstehen" je nach Typ einige zehn bis einige hundert derartiger Instruktionen. Aus der Abarbeitung der Instruktion ergibt sich in einem Folgeschritt wieder eine neue Adresse, unter der der Mikroprozessor dann wieder eine neue Instruktion abruft, usw. Auf diese Weise arbeitet das System fortlaufend eine Instruktionsfolge ab, die man „Programm" nennt. Das Programm muß vom Anwender so festgelegt (man sagt: „geschrieben") und in den Speichern abgelegt sein, daß es die gestellte Meßwertverarbeitungs- oder Automatisierungsaufgabe löst. Daten, die während der Abarbeitung eines Programms variieren, werden im Schreib-Lese-Speicher (RAM) ebenfalls wieder unter bestimmten Adressennummern zwischengespeichert, abgerufen, verändert. Eine besondere Rolle spielen die sog. Ein/Ausgabe-Bausteine (peripheral interface adapter, PIA), ebenfalls hochintegrierte Systeme, die an einer „Schnittstelle" an die rechnerinterne Organisation des Adreß- und Datenbussystems angepaßt sind, an einer anderen Schnittstelle jedoch an die Datenübertragungsnorm externer Geräte, wie Analog-Digital- oder Digital-Analog-Umsetzer (vgl. Abschnitt 5.5), Drucker, Bildschirmgeräte, Tastaturen, u.a.m. Schließlich gehört zu einem kompletten System noch der *Taktgenerator* (Clock) – meist quarzstabilisiert – der den sequentiellen Funktionsablauf synchronisiert, sowie ein *Steuerbussystem* zur Übertragung verschiedener Steuersignale zwischen den Bausteinen.

Mikroprozessor

Bild 4-57 zeigt nun ein Blockstrukturbeispiel für einen Mikroprozessor. Man erkennt oben die Adreßbusanschlüsse, unten die Datenbusanschlüsse und links Steuerbusanschlüsse. Ein *Befehlsdekoder* (Instruction decode) entschlüsselt die über Daten- und Steuerbus hereinkommenden Instruktionen und löst in einem zugeordneten *Steuerwerk* (Control) ent-

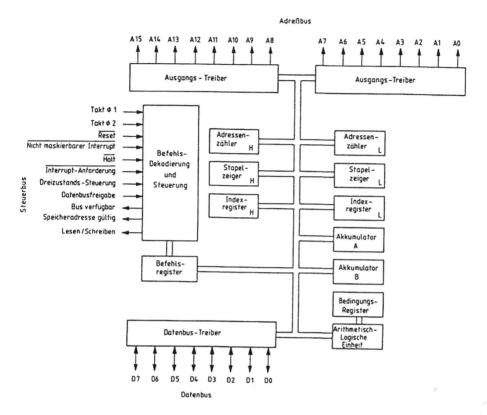

Bild 4-57 Blockstrukturbeispiel eines Mikroprozessors

sprechende Folgeoperationen aus. Im *Adressenzähler* (Program counter) wird die jeweils anzusprechende Adresse gespeichert. Im *Stapelzeiger* (Stack pointer) wird die Zwischenspeicherung von Rücksprungadressen organisiert; dadurch wird es möglich sog. Unterprogramme anzuspringen und anschließend an die richtige Stelle im Hauptprogramm zurückzukehren. Im *Indexregister* können Adressen oder Daten zwischengespeichert und ggf. modifiziert werden. Die *Arithmetisch-Logische Einheit* (Arithmetic-Logic unit, ALU) wickelt in Verbindung mit den *Akkumulatoren* logische und arithmetische Operationen ab (z.B. UND-Verknüpfungen, ODER-Verknüpfungen, Additionen, Subtraktionen). Im *Bedingungsregister* (Condition code register) können einzelne Flip-Flops gesetzt (oder rückgesetzt) werden, um beispielsweise in Abhängigkeit von bestimmten Ergebnissen logischer oder arithmetischer Operationen nachfolgende Funktionsläufe verändern zu können.

Die Eigenschaften eines derartigen Mikroprozessors sind so komplex, daß sie im allgemeinen durch ein Handbuch (oder mehrere Handbücher) beschrieben werden müssen und der Anwender sich einer längeren Einarbeitung oder Programmierschulung unterziehen muß [A96].

Ein/Ausgabe-Bausteine

Bild 4-58 zeigt ein Blockstrukturbeispiel für einen Ein/Ausgabe-Baustein. Der Mikroprozessor kann über die linke Schnittstelle Daten in den Baustein hineinschreiben, die dann als „Ausgabedaten" an der rechten Schnittstelle erscheinen. Umgekehrt können an der rechten Schnittstelle anstehende Eingangsdaten vom Mikroprozessor her gelesen werden. Jede einzelne externe Datenleitung kann über die Datenrichtungsregister von Fall zu Fall zum Ausgang oder Eingang erklärt werden.

Das Beispiel Bild 4-58 ist für eine „parallele Datenausgabe" gedacht. Es gibt ebenfalls Ein-Ausgabe-Bausteine für serielle Datenübertragungstechniken (z.B. V24, RS232C, mit geeigneten Pufferschaltungen) oder auch für eine byteserielle, bitparallele Datenübertragung (sog. IEC-Bus, vgl. Abschnitt 7.10).

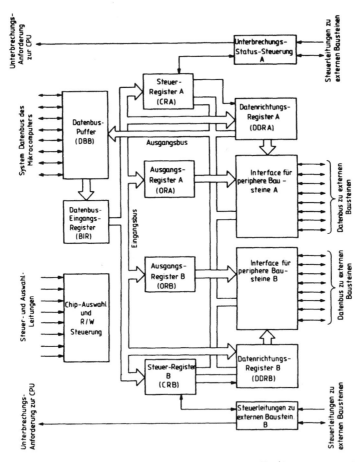

Bild 4-58 Blockstrukturbeispiel eines hochintegrierten Ein/Ausgabe-Bausteins (Peripheral interface adapter, PIA)

Zusammenfassung zu Kapitel 4

1. *Der RC-Tiefpaß wird häufig als einfaches Integrierglied, der CR-Hochpaß als einfaches Differenzierglied insbesondere zur Erzeugung von Nadelimpulsen angewandt. Ohmsche Spannungsteiler müssen bezüglich ihrer Parallelkapazitäten auf übereinstimmende Teilzeitkonstanten abgeglichen werden, wenn sie frequenzunabhängig übertragen und Impulsvorgänge verzerrungsfrei wiedergeben sollen; das gilt insbesondere für Tastteiler, wie sie bei Oszilloskopen benutzt werden.*

2. *Unter den zahlreichen Grundschaltungen der Verstärkertechnik hat für die Meßtechnik der Differenzverstärker und der aus ihm abgeleitete Gleichspannungsverstärker besondere Bedeutung erlangt, insbesondere in der Form des hoch gegenkoppelbaren Operationsverstärkers.*

3. *Die Gegenkopplung erlaubt eine weitgehende Stabilisierung des Verstärkungsfaktors sowie der Übertragungseigenschaften von Meßverstärkern überhaupt und macht dadurch elektronische Verstärker überhaupt erst meßtechnisch anwendbar. Nach dem Prinzip der verschwindenden Eingangsgrößen kann das Betriebsverhalten eines gegengekoppelten Verstärkers stets einfach und schnell ermittelt werden, sofern man nur den Idealfall annehmen darf, daß die innere Verstärkung des Systems quasi unendlich groß ist.*

   Auf Störschwingungsprobleme, die mit Gegenkopplungsschaltungen oft verbunden sind, konnte hier nur hingewiesen werden.

4. *Zu den wichtigsten linearen Operationsverstärkerschaltungen gehören der nichtinvertierende und der invertierende Verstärker, der Addierer, Subtrahierer und Integrierer sowie Differenzverstärkerschaltungen mit präzise definiertem Verstärkungsfaktor.*

5. *Wichtige nichtlineare Operationsverstärkerschaltungen sind der Begrenzer, der Polaritätsseparator und der Präzisionsgleichrichter.*

6. *Torschaltungen ermöglichen die Sperrung oder Freigabe eines Signalübertragungsweges, Gatterschaltungen die Realisierung logischer Verknüpfungen (UND, ODER, NICHT; NAND, NOR). Ein Abtast-Halte-Speicher dient dazu, einen analogen Spannungswert über eine gewisse, begrenzte Zeit hinweg für eine nachfolgende Meßwertverarbeitung zu bewahren. Eine digitale Speicherzelle dagegen muß eine digitale Informationseinheit (0/1-Entscheidung, 1 Bit) über unbegrenzte Zeit hinweg bewahren.*

7. *Kippschaltungen haben nur zwei mögliche Ausgangszustände und wechseln diese sprunghaft. Bistabile Kippschaltungen oder Flip-Flops dienen als digitale Speicherelemente; es gibt eine größere Zahl von Varianten für verschiedene Ansteuerbedingungen (RS-Flip-Flop, VW-Flip-Flop, T-Flip-Flop, JK-Flip-Flop, D-Flip-Flop). Astabile Kippschaltungen oder Multivibratoren liefern periodische Impulsfolgen, wie sie in Digitalschaltungen beispielsweise als Taktsignal benötigt werden. Eine monostabile Kippschaltung liefert auf ein Eingangssignal hin einen einzelnen Ausgangsimpuls.*

8. *Eine Triggerschaltung soll an ihrem Ausgang einen Spannungssprung oder einen Markierimpuls abgeben, wenn ihre Eingangsspannung bestimmte Bezugspegel über-*

oder unterschreitet; am bekanntesten ist der Schmitt-Trigger mit einer Vielzahl von Schaltungsvarianten. Eine Verzögerungsschaltung soll ein an ihren Eingangsklemmen auftretendes Ereignis erst nach Ablauf einer bestimmten Verzögerungszeit zum Ausgang hin weitermelden; eine Standardlösung besteht aus der Kombination einer monostabilen Kippschaltung mit einem geklammerten Differenzierglied.

9. *Die Aufgabe, zwei Spannungswerte miteinander analog zu multiplizieren, kann heute am einfachsten durch integrierte Multiplizierer nach dem Logarithmierverfahren gelöst werden.*

10. *Die Stromversorgung von Hilfs- und Meßschaltungen erfolgt heute in der Regel mit Hilfe elektronischer Spannungs- oder Stromregler. Mit Hilfe einer (ggf. temperaturkompensierten) Zenerdiode wird eine Referenzspannung erzeugt, die dann das Bezugssignal für die mit Hilfe eines Regelverstärkers eingestellte Ausgangsspannung oder den konstant zu haltenden Ausgangsstrom bildet. Spannungsregler müssen als Kurzschlußschutz eine elektronische Strombegrenzung aufweisen. Sinusschwingungen werden im Frequenzbereich oberhalb 1 MHz durch Schwingkreisoszillatoren, im Frequenzbereich unterhalb 1 MHz durch RC-Oszillatoren erzeugt. Eine besonders gute Frequenzkonstanz kann durch Quarzoszillatoren erreicht werden. Funktionsgeneratoren erzeugen in der Regel Rechteck-, Dreieck- und angenäherte Sinusschwingungen; sie bestehen im Prinzip aus präzise dimensionierten astabilen Multivibratoren und sog. Funktionsformern. Sägezahngeneratoren liefern zeitproportional anwachsende Spannungen, wie sie z.B. für die Horizontalablenkung in Oszilloskopen oder y (t)-Schreibern benötigt werden.*

11. *Sehr viele Standardschaltungen der Elektronik und Meßtechnik sind heute in Form monolithisch integrierter Schaltungen erhältlich. Mit dem Erscheinen von sog. Mittelintegrierten Schaltungen (MSI) und Hochintegrierten Schaltungen (LSI) verwischen sich die Grenzen zwischen den klassischen Begriffen Bauelement, Gerät und Anlage. Standardschaltungen, die hohe Produktionsstückzahlen erreichen können, werden zum Bauelement. Besonders charakteristische Beispiele sind Schreib-Lese-Speicher (RAM) und Nur-Lese-Speicher (ROM, PROM, EPROM).*

12. *Mikroprozessoren stellen die Realisierung der Zentraleinheit eines Prozeßrechners (CPU) auf einem einzigen Siliziumkristall dar. Mikrorechner bestehen aus einem Mikroprozessor, Festwertspeichern (ROM), Schreib-Lese-Speichern (RAM), Ein/Ausgabe-Bausteinen (PIA) sowie einem Adreß-, Daten- und Steuerbussystem und erlauben eine kostengünstige Lösung von Meßwertverarbeitungs- und Automatisierungsaufgaben durch Programmierung. Die Eigenschaften eines Mikroprozessors sind recht komplex und verlangen vom Anwender eine intensive Einarbeitung oder Programmierschulung.*

Literatur zu Kapitel 4

[A81] *Tietze-Schenk, Halbleiter-Schaltungstechnik,* ist ein sehr umfassendes Lehr- und Nachschlage-
       werk der gesamten elektronischen Schaltungstechnik, das bisher in rasch aufeinanderfolgen-
       den Neuauflagen oder Nachdrucken stets auf aktuellstem technischem Stand gehalten worden
       ist. Es besticht insbesondere durch außerordentlich prägnante Dimensionierungsangaben und
       gehört heute praktisch zur Standardbibliothek jedes Elektronikers.

[A83] *Beuth-Schmusch, Grundschaltungen der Elektronik,* ist ein ausführliches Lehrbuch über die
       Grundschaltungen der Halbleiterbauelemente.

[A84] *Bishop, Einführung in lineare elektronische Schaltungen,* ist sozusagen ein Schnellkursus mit
       einer sehr praxisnahen Stoffauswahl.

[A86] *Arnolds, Elektronische Meßtechnik,* vermittelt eine ausführliche Darstellung der elektroni-
       schen Hilfsmittel der Meßtechnik.

[A88] *Bergtold, Schaltungen mit Operationsverstärkern Band 1 und 2.* Dieses Buch sollte jeder Elek-
       troniker einmal durcharbeiten.

[A89] *Bergtold, Umgang mit Operationsverstärkern:* wie vorstehend!

[A90] *Ulrich, Grundlagen der Digital-Elektronik und digitalen Rechentechnik,* ist eine sehr systema-
       tische und informationsreiche Darstellung.

[A91] *Texas Instruments, Das TTL-Kochbuch,* ist ein unentbehrliches Nachschlagewerk.

[A96] *Osborne, Einführung in die Mikrocomputertechnik,* vermittelt eine ausgezeichnete Einführung
       in die Mikrorechnertechnik, verbunden mit einer Übersicht über die wichtigsten handels-
       üblichen Mikroprozessoren.

[A97] *Morris, Einführung in die Digitaltechnik,* ist eine kurzgefaßte Einführung in die Schaltungs-
       grundlagen der Digitaltechnik.

[A98] *Böhmer, Elemente der angewandten Elektronik,* ist ein kompaktes Arbeits- und Nachschlage-
       buch über die Bauelemente und Grundschaltungen der Elektronik.

[A212] *Neufang, Lexikon der Elektronik,* ein hochinformatives Nachschlagewerk mit einer Neben-
       einanderstellung deutscher und englischer Fachbegriffe und einem umfangreichen Literatur-
       verzeichnis.

5 Elektronische Meßgeräte

Darstellungsziele

1. Übersicht über den technischen Aufbau von Oszilloskopen, übliche Standardbauformen und deren anwendungsmäßige Besonderheiten (5.1).

2. Übersicht über den technischen Aufbau sowie anwendungsspezifische Ausführungsformen von Meß- und Anzeigeverstärkern (5.2).

3. Anwendungsspezifische Bauformen und Funktionsprinzipien sogenannter Zwei- und Vierpolmeßgeräte (5.3).

4. Kurze Einführung in die Schaltungstechnik elektronischer Zähler (Ereigniszähler, 5.4).

5. Übersicht über Funktionsprinzipien einiger häufig benutzter Meßumsetzer (5.5).

6. Kurze Einführung in die Schaltungstechnik digital arbeitender Meßgeräte (5.6).

7. Übersicht über häufig benutzte Prinzipien von Signalquellen und Signalnormalen (5.7).

5.1 Oszilloskope

Im Abschnitt 2.3.2 wurde so viel über den Aufbau und die Wirkungsweise von Oszilloskopen gesagt, wie man für die Bedienung von einfachen Standard-, Zweistrahl- oder Zweikanaloszilloskopen anfänglich wissen muß. Hier soll nun etwas genauer auf verschiedene übliche Ausführungsformen, ihren inneren technischen Aufbau sowie die sich daraus zusätzlich ergebenden Bedienungserfordernisse eingegangen werden. Eine ausführliche Darstellung des Fachgebietes findet man in [A245].

▶ ### 5.1.1 Standardoszilloskop

Bild 5-1 zeigt ein typisches Blockschaltbild eines Standardoszilloskops.

Vertikalablenkung

Man betrachte zunächst den *Vertikalablenkkanal* oben im Bild. Am Y-Eingang findet man stets die bereits in Abschnitt 2.3.2 (vgl. Bedienungsfunktion 12) erläuterte Umschaltmöglichkeit zwischen Gleich- und Wechselspannungsübertragung (DC, direct current), nur Wechselspannungsübertragung (AC, alternating current) und Kurzschluß des Verstärkereingangs zum Zwecke der Kontrolle der Ruhelage des Strahlbildes. Es folgt dann der *Abschwächer*, d.h. ein in Stufen umschaltbarer Spannungsteiler zur Anpassung des Y-Maßstabsfaktors an die Amplitude des abzubildenden Vorgangs. Ein Feineinstellpotentiometer für den Y-Maßstab befindet sich in der Regel innerhalb des nachfolgenden Vertikalverstärkers; man beachte, daß die am Abschwächerschalter angegebenen Maßstabsfaktoren nur dann gelten, wenn die Feineinstellung eine bestimmte Raststellung einnimmt (vgl.

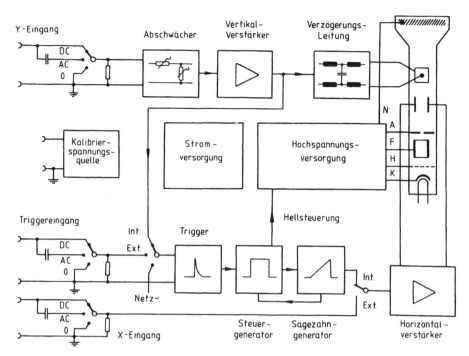

Bild 5-1 Typische schaltungstechnische Bestandteile eines Standard-Oszilloskops

Abschnitt 2.3.2, Bedienungsfunktion 10). Der Vertikalverstärker ist in der Regel nach Schaltungsprinzipien ähnlich Bild 4-14 aufgebaut. Der Y-Eingang hat im allgemeinen einen *Eingangswiderstand* von $1\,\mathrm{M\Omega}$, dem eine Eingangskapazität (Schaltkapazität) zwischen etwa 20 pF und 50 pF parallel liegt; hierauf sind vorgeschaltete Tastköpfe vor Gebrauch abzugleichen, vgl. Abschnitt 4.1, Bilder 4-10 und 4-11.

Verzögerungsleitung

Soll ein Oszilloskop für die Wiedergabe von Impulsflanken mit sehr kurzer Anstiegs- oder Abfallzeit geeignet sein, so muß das Vertikalablenksignal durch eine *Verzögerungsleitung* etwas verzögert werden. Den Grund hierfür macht Bild 5-2 deutlich. Im Augenblick t_1 überschreitet der Impulsanstieg die Triggerschwelle U_{Tr}, Bild 5-2a. Danach vergeht eine gewisse Verzögerungszeit t_V, ehe die Zeitablenkung gestartet und eingeschwungen und die Hellsteuerung des Elektronenstrahls erfolgt ist, so daß man ein Schirmbild erst vom Augenblick t_2 an sehen kann; dadurch wird aber gerade der im allgemeinen interessierende Anstiegsabschnitt des Impulses nicht dargestellt, vgl. Bild 5-2b. Verzögert man nun das Vertikalsignal um eine gewisse Zeit $t_{\mathrm{VL}} > t_V$, so läßt sich der gesamte Anstiegsvorgang auf dem Bildschirm darstellen.

Diese Problematik tritt natürlich bei allen getriggerten Meßsystemen auf, z.B. auch bei *Transientenspeichern* (vgl. Abschnitt 2.4.9 und 5.1.7) oder *Logikanalysatoren* (vgl. Abschnitt 5.1.9).

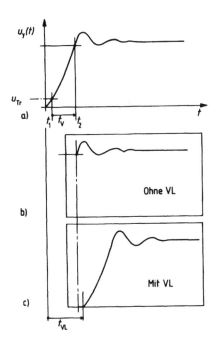

Bild 5-2
Wirkung einer Verzögerungsleitung im Vertikal-
kanal bei der Triggerung und Wiedergabe
schneller Impulsflanken

Horizontalablenkung

Die Horizontal-Ablenkplatten werden vom *Horizontal-Verstärker* gespeist. Dieser kann
entweder direkt über den X-Eingang angesteuert werden (vgl. Abschnitt 2.3.2, Abbildungsvorgang $y = f(x)$, sowie Abschnitt 3.5, Frequenzvergleich und Phasenmessung) oder vom
internen *Zeitablenksystem*. Dieses System besteht im Prinzip normalerweise aus einer
Triggerschaltung, einem Steuergenerator und dem Sägezahngenerator, deren funktionelles
Zusammenspiel bereits in Abschnitt 4.15 beschrieben ist, vgl. Bild 4-52 und 4-53. Der
Eingang der Triggerschaltung kann in der Regel entweder intern an das Vertikalablenksignal geschaltet werden (vor der Verzögerungsleitung!), oder an einen besonderen Eingang für externe Triggerung, oder schließlich auch intern an die Netzfrequenz zur Abbildung netzspannungssynchroner Vorgänge. X-Eingang und Triggereingang sind oft auch
mit den Umschaltmöglichkeiten DC-AC-0 versehen, wie der Y-Eingang; manchmal ist
auch der interne Triggerweg DC-AC-umschaltbar. Die Bedienungserfordernisse für Horizontalablenkung und Triggerung sind bereits in Abschnitt 2.3.2 beschrieben; man beachte
insbesondere die Bedienungsfunktionen 4, 5, 6, 7, 8, 9, 11, 14.

Kalibrierspannungsquelle

Komfortablere Geräte enthalten vielfach eine *Kalibrierspannungsquelle*, welche eine
Rechteckspannung abgibt, mit deren Hilfe zum einen die Y- oder X-Abbildungsmaßstäbe
überprüft werden können, zum anderen der Tastkopfabgleich nach Abschnitt 4.1, Bilder
4-10 und 4-11 erledigt werden kann.

Allerdings kann die Kalibrierspannung nur dann für den Tastkopfabgleich benutzt werden, wenn sie
steilflankig genug ist; diese Bedingung ist leider bei manchen Fabrikaten nicht erfüllt.

Stromversorgung

Natürlich gehört zur Schaltung eines Oszilloskops stets noch eine Stromversorgungseinrichtung, meist netz-, manchmal batteriegespeist, sowie ein Hochspannungsteil zur Versorgung der Elektronenstrahl-röhre, vgl. Abschnitt 2.3.2, Bild 2-23. Im Hochspannungsteil muß auch die Aufgabe gelöst werden, das vom Steuergenerator gelieferte Hellsteuersignal statisch auf das Hochspannungspotential am Helligkeits-Steuergitter H (Wehneltzylinder W) anzuheben.

Dimensionierungsprobleme

Der Vertikal-Ablenkverstärker eines Oszilloskops muß hinsichtlich seines *Impulsverhaltens* optimiert sein, der Horizontal-Ablenkverstärker hinsichtlich der Übertragung von *Sägezahnsignalen* [E46], [E47]. Wegen dieser unterschiedlichen Zielsetzungen sind in der Regel auch die Phasen-Frequenzgänge von Y- und X-Verstärker recht verschieden, so daß eine phasenfehlerfreie Darstellung von Lissajousschen Figuren oder von Kennlinien $y = f(x)$ im allgemeinen nur bei hinreichend tiefen Frequenzen möglich ist; man beachte hierzu stets die Datenblattangaben. Ist der Eingang des Oszilloskops als *Differenzver-stärkereingang* ausgeführt (intern sind alle Oszilloskopverstärker heute Differenzverstärker), so ist eine besonders sorgfältige Fehlerkontrolle anzuraten, insbesondere hinsichtlich *Gleichtaktunterdrückung* und höchstzulässiger *Gleichtakt-Eingangsspannung*, vgl. Abschnitt 3.10.4 und 4.2 [E48]. Weiter-führende Literatur ist in [A40] zusammengestellt.

▶ **5.1.2 Zweistrahloszilloskop**

Denkt man sich in Bild 5-1 oben einen zweiten Y-Kanal und in der Elektronenstrahlröhre ein zweites Y-Ablenkplattenpaar ergänzt, so gelangt man zum *Zweistrahl-Oszilloskop*, mit dessen Hilfe zwei zeitabhängige Vorgänge gleichzeitig beobachtet werden können. Die X-Ablenkeinrichtung ist auch hierbei nur einmal vorhanden. Dies ist ausreichend, da der Sinn einer Zweistrahldarstellung darin besteht, Zusammenhänge bzw. wechselseitige Ab-hängigkeiten zwischen den beiden gleichzeitig dargestellten Oszillogrammen festzustellen oder nachzuprüfen; hierfür müssen beide Bilder im gleichen Zeitmaßstab dargestellt werden, und die Zeitmaßstäbe dürfen gegeneinander auch nicht verschoben sein. Im allgemeinen besteht bei einem Zweistrahloszilloskop die Möglichkeit, das Triggersignal von Kanal 1, Kanal 2, extern oder netzsynchron vorzugeben.

Ein besonderer Vorteil des Zweistrahlzilloskops ist, daß man stets die Gewähr hat, daß man zwei gleichzeitig ablaufende Ereignisse auf dem Bildschirm auch tatsächlich genau übereinander, d.h. an der gleichen Stelle der Zeitachse dargestellt sieht; bei dem nachfolgend beschriebenen Zweikanal-system können u.U. durch Triggerfehler gleichzeitige Ereignisse gegeneinander verschoben oder nicht gleichzeitig übereinander erscheinen. Ein Nachteil des Zweistrahlprinzips ist die technisch schwierige Konstruktion der Zweistrahlröhre, die nicht nur erhöhte Kosten verursacht, sondern auch den darstell-baren Frequenzbereich zusätzlich einengt.

X-Y-Oszilloskop

Wie dargelegt, stehen in einem Zweistrahloszilloskop zwei vollkommen gleichartig aufgebaute Y-Ver-stärkerkanäle zur Verfügung. Es kostet nur geringen Mehraufwand, eine Umschaltmöglichkeit vorzu-sehen, durch die einer der beiden Y-Kanäle der X-Ablenkung zugeordnet wird. Dann hat man im Y- und X-Kanal Verstärker mit übereinstimmendem Phasengang, so daß über einen großen Frequenz-bereich eine phasenfehlerfreie Darstellung von Lissajousschen Figuren oder von Kennlinien $y = f(x)$ möglich wird (vgl. Abschnitte 2.3.2, 3.5, 3.6). Ein Oszilloskop mit dieser Besonderheit nennt man *X-Y-Oszilloskop*.

▶ **5.1.3 Zweikanaloszilloskop**

Bild 5-3 zeigt die prinzipielle Konzeption eines *Zweikanaloszilloskops*. Mit Hilfe einer Einstrahlröhre können hier dadurch zwei verschiedene Vorgänge auf dem Bildschirm dargestellt werden, daß die beiden zu beobachtenden Signale mit Hilfe einer elektronischen Umschalteinrichtung wechselweise zum Y-Ablenkplattenpaar durchgeschaltet werden. Man erkennt im Bild oben links zunächst einen Kanal Y_A, abgeschlossen durch eine Torschaltung A, in der Mitte links einen Kanal Y_B, abgeschlossen durch eine Torschaltung B (zum Begriff Torschaltung vgl. Abschnitt 4.6). Die beiden Tore werden durch ein Flip-Flop (vgl. Abschnitt 4.9) gegensinnig gesteuert, so daß stets nur *ein* Tor durchgeschaltet sein kann und das andere gesperrt sein muß. Dadurch gelangt zu einer bestimmten Zeit immer nur eines der beiden Signale $y_A(t)$ oder $y_B(t)$ über den Endverstärker an das Y-Plattenpaar. Das Flip-Flop besitzt zwei Eingänge A! und B! mit R-S-Verhalten (vgl. Abschnitt 4.9) sowie einen dynamischen Eingang mit T-Verhalten (vgl. Abschnitt 4.9). Über einen an der Frontplatte eines derartigen Oszilloskops verfügbaren Wahlschalter kann dann entweder nur A! aktiviert werden, dann wird nur der Vorgang A zum Bildschirm durchgeschaltet, oder nur B!, dann wird nur der Vorgang B dargestellt, oder eine der beiden dynamischen Betriebsweisen "Chopped" (deutsch: Hackbetrieb, Chopperbetrieb) oder "Alternated" (deutsch: Wechselbetrieb, alternierender Betrieb), vgl. hierzu auch Abschnitt 2.3.2, Bedienfunktionen 15 und 16.

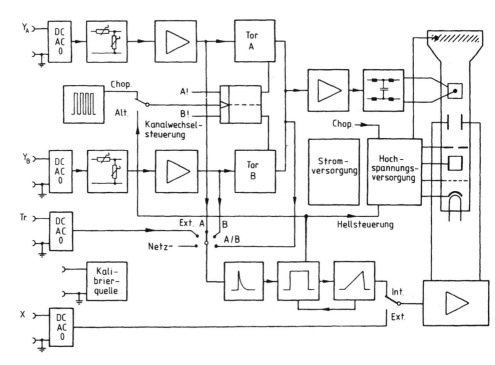

Bild 5-3 Typische Blockstruktur eines Zweikanal-Oszilloskops

Chopperbetrieb (Chopped)

Im Falle des Chopperbetriebes wird zwischen den beiden darzustellenden Vorgängen schnell gewechselt, so daß auf dem Bildschirm immer abwechselnd ein kurzer Abschnitt des Vorgangs A, dann ein kurzer Abschnitt des Vorgangs B, dann wieder A, dann wieder B, usw. erscheint. Der Elektronenstrahl springt also schnell zwischen beiden Bildern hin und her. Während des Übergangs erfolgt jeweils eine Dunkelsteuerung, so daß man auf dem Bildschirm eben nur punktweise aufgelöste Bilder der Vorgänge A und B sieht. Da zwischen der Chopperfrequenz und der Frequenz der darzustellenden Vorgänge in der Regel keine Synchronisation besteht, bleibt die Auflösung in einzelne Punkte meist unbemerkt, man hat den Eindruck, zwei kontinuierliche Bilder zu sehen, so lange die Chopperfrequenz – meist im Bereich 200 kHz...2 MHz – viel höher als die Frequenz des darzustellenden Vorgangs ist. Der Chopperbetrieb ist also besonders für die Darstellung niederfrequenter Vorgänge geeignet.

Wechselbetrieb (Alternated)

Im Falle des Wechselbetriebes erfolgt eine Synchronisation mit der Zeitablenkung (daher auch: „ablenksynchrone Umschaltung"), und zwar dadurch, daß der T-Eingang des Umschaltflipflops vom Steuerimpuls des Sägezahngenerators her getaktet wird. In diesem Falle wird immer ein vollständiges Bild des Vorgangs A, dann ein vollständiges Bild des Vorgangs B, usw. abwechselnd geschrieben. Es ist klar, daß diese Darstellungsweise nur bei ausreichend hohen Signal- bzw. Ablenkfrequenzen ein flimmerfreies Bild liefern kann. Bei manchen Oszilloskopen ist die Umschaltung zwischen Chopperbetrieb und Wechselbetrieb deshalb auch zwangsläufig mit der Umschaltung des Zeitmaßstabes gekoppelt, so daß man u.U. gar nicht mehr bemerkt, welches Umschaltverfahren gerade benutzt wird.

Trigger-Wahlmöglichkeiten

Wie Bild 5-3 deutlich macht, kann man bei einem voll ausgebauten Zweikanalsystem das Triggersignal entweder vom Kombinationsvorgang A/B im Endverstärker, oder allein vom Vorgang B, oder allein vom Vorgang A, oder extern, oder von der Netzfrequenz herleiten.

Bezüglich weiterer Triggermöglichkeiten, wie *Automatik-Triggerung, Spitzentriggerung, Einmal-Triggerung, TV-Triggerung*, Triggerung auf *schnelle* oder *langsame* Impulsflanken u.a.m. sei auf die umfassende Darstellung in [A40] hingewiesen.

Triggerprobleme

Man stelle sich nun zunächst den Fall vor, daß man vom Kombinationssignal A/B im Endverstärker her triggert. Dieses Signal enthält wechselweise Formanteile des Vorgangs A, Formanteile des Vorgangs B und die durch den Umschaltprozeß entstehenden Spannungssprünge. Es ist damit weithin dem Zufall überlassen, welche Spannungssprünge oder Funktionspunkte des Gesamtvorgangs die Steuerung der Zeitablenkung übernehmen! Man kann deshalb nicht mehr garantieren, daß zwei auf dem Bildschirm scheinbar gleichzeitig erscheinende Vorgangselemente von A und B tatsächlich gleichzeitig sind! Praktisch erkennt man das meist daran, daß eine Verstellung des Triggerpegels (Triggerniveaus) eine sprungartige Verschiebung der beiden Bilder A und B gegeneinander zur Folge hat. Eine Triggerung vom Kombinationssignal A/B kann daher nur in seltenen Sonderfällen einen Sinn haben; oft ist diese Wahlmöglichkeit deshalb auch nicht zugelassen.

Leider muß man nun aber bei den meisten Zweikanaloszilloskopen auch dann, wenn man z.B. Triggerung von Kanal A gewählt hat, damit rechnen, daß ein Restsignal von Kanal B (oder umgekehrt) oder das Kanalwechselsignal zur Triggerstufe gelangt und dann immer noch Triggerfehler auslöst.

Es empfiehlt sich daher bei Zweikanal-Oszilloskopen stets, das Triggersignal *extern* zuzuführen. Aber auch dann läßt sich ein Triggerfehler durch eingestreute Restsignale erfahrungsgemäß nicht vollständig ausschließen. Hat man die Möglichkeit, die Triggerung von einem sprungstellenfreien Signal abzuleiten, z.B. von einer Sinus- oder Dreieckschwingung, so hat man eine einfache Kontrollmöglichkeit zur Ausschaltung von Triggerfehlern: Verstellt man das Triggerniveau, so müssen sich beide Bilder A und B entlang der Zeitachse parallel zueinander verschieben, ohne daß Positionssprünge gegeneinander auftreten.

> Bei der Darstellung von Zweikanal-Oszillogrammen sollte stets externe Triggerung gewählt und kontrolliert werden, ob sich bei einer Verstellung des Triggerniveaus beide Einzelbilder entlang der Zeitachse parallel zueinander verschieben, d.h. ihre gegenseitige zeitliche Zuordnung auf dem Bildschirm beibehalten. Trifft dies nicht zu, so liegt ein Triggerfehler vor, und man hat keine Urteilsmöglichkeit mehr über die Gleichzeitigkeit von Vorgangselementen.

Bei einem *Zweistrahloszilloskop* kann ein derartiger Triggerfehler *nicht* auftreten, vgl. Abschnitt 5.1.2.

X-Y-Oszilloskop

Auch Zweikanaloszilloskope können mit geringem Mehraufwand als X-Y-Oszilloskope ausgeführt werden, vgl. Abschnitt 5.1.2.

Mehrkanal-Oszilloskop

Das Prinzip der elektronischen Umschaltung kann natürlich leicht auf mehr als zwei Kanäle ausgeweitet werden; besonders häufig findet man Vierkanal-Systeme.

Einschub-Oszilloskop

Die Vielfalt der Möglichkeiten in der Auswahl von Verstärkerkanälen oder – wie nachfolgend beschrieben – von Zeitablenksystemen hat zu einer starken Verbreitung von *Einschuboszilloskopen* mit auswechselbaren Spezialeinschüben geführt [A40]. Daneben behaupten sich aber auch mehr oder weniger spezialisierte *Kompaktoszilloskope* erfolgreich.

▶ 5.1.4 Zweite Zeitbasis

Ergänzt man in einem Zweikanal-Oszilloskop ein zweites Zeitablenkgerät und eine entsprechend synchronisierbare Zweikanal-Umschalteinrichtung auch für die X-Ablenkung, so kann man auf dem Bildschirm zwei Bilder mit verschiedenen Zeitablenkmaßstäben übereinander darstellen [A40]. Von dieser Möglichkeit wird jedoch nur sehr selten Gebrauch gemacht.

Verzögerte Zeitablenkung

Häufig dagegen wird eine zweite Zeitbasis zur Realisierung einer sog. *„verzögerten Zeitablenkung"* vorgesehen. Hierunter versteht man die Auswahl eines der Triggerung nicht unmittelbar zugänglichen Teilausschnittes aus einem (detailreichen) Gesamtvorgang mit anschließender Spreizung des ausgewählten Funktionsabschnittes über die ganze Bildschirmbreite.

Ein typisches Beispiel hierfür wäre etwa die Auswahl eines Details aus dem Helligkeitssignal für eine Fernseh-Bildzeile. Da die Zeilensynchronimpulse das Helligkeitssignal stets überragen, kann man nur auf die Synchronimpulse triggern, aber nicht auf dazwischen liegende Details. Mit Hilfe der verzögerten Zeitablenkung kann aber ein zwischen den Synchronimpulsen liegendes Detail herausgelöst und über die Bildschirmbreite gespreizt werden.

Anhand von Bild 5-4 soll nun die Wirkungsweise eines derartigen Verfahrens erläutert werden. Man verfolge die eingezeichneten Schalterstellungen für die Triggerung: Das Eingangssignal $y_1(t)$ wird dem Triggereingang der Zeitbasiseinrichtung A zugeführt. Durch eine hinreichend markante Einzelheit des Vorgangs $y_1(t)$ (z.B. durch den Zeilensynchronimpuls bei einem Fernseh-Zeilensignal) kann also nun ein Sägezahnablauf A gestartet werden. Dieses Sägezahnsignal wird aber nicht den Horizontalablenkplatten zugeführt, sondern einem *Komparator* K. Dem zweiten Eingang des Komparators K wird eine Bezugs-

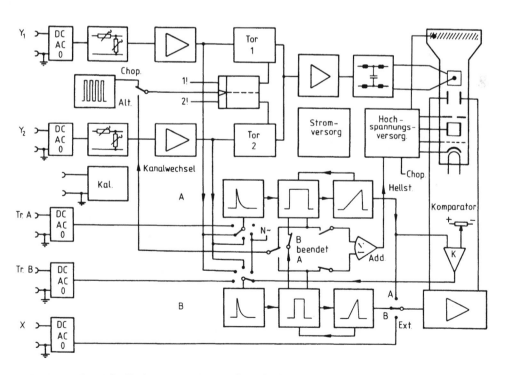

Bild 5-4 Zweikanal-Oszilloskop mit verzögerter Zeitablenkung

spannung zugeführt, die mit Hilfe eines Potentiometers – meist eines an der Frontplatte des Gerätes zugänglichen Zehngangpotentiometers – fein aufgelöst eingestellt werden kann. Sobald nun die Sägezahnspannung von Zeitbasis A den eingestellten Bezugswert erreicht, springt die Ausgangsspannung des Komparators K um und löst dadurch die Triggerung des Zeitbasisgerätes B aus. Damit wird aber nun die tatsächlich auf die X-Ablenkung geschaltete Zeitablenkung B gestartet, die normalerweise auf eine *höhere* Ablenkgeschwindigkeit eingestellt ist als Zeitbasis A. Letzteres hat zur Folge, daß nun ein an den Auslösemoment anschließender Teilabschnitt des Vorgangs $y_1(t)$ auf dem Bildschirm zeitlich gedehnt erscheint. Gleichzeitig mit der Auslösung von B wird der Sägezahnablauf von A beendet. Ist der rechte Darstellungsrand der Elektronenstrahlröhre erreicht, wird auch Sägezahn B beendet, und der Gesamtvorgang kann neu angetriggert werden. Die Zeitbasis B bedient natürlich auch die Hellsteuerung des Elektronenstrahls.

Der Anfangszeitpunkt des auszuwählenden Teilabschnittes ergibt sich durch Einstellung der Komparator-Bezugsspannung, die Ausschnittbreite und damit die Spreizung durch Einstellung der Zeitablenkgeschwindigkeit von Zeitbasis B; je höher die Ablenkgeschwindigkeit von B, um so stärker die Spreizung und um so kürzer der Ausschnitt.

Verzögerte Hellsteuerung

Um nun den zu spreizenden Ausschnitt aus dem Gesamtbild richtig auswählen zu können, besteht normalerweise die Möglichkeit, zunächst mit Zeitbasis A den Gesamtvorgang auf dem Bildschirm darzustellen und dabei während der Laufzeit von Zeitbasis B den Elektronenstrahl heller als normal zu steuern ("A intensified by B"). Dann sieht man im Gesamtbild denjenigen Abschnitt heller aufleuchten, der bei der anschließenden Umschaltung auf „verzögerte Zeitablenkung" ("B delayed by A") über die ganze Bildbreite gespreizt erscheinen wird, und kann so Lage und Breite des Ausschnitts nach Wunsch einstellen.

Weitere Eigenarten und Anwendungsmöglichkeiten eines Oszilloskops mit zweiter Zeitbasiseinrichtung sind in [A40] beschrieben.

5.1.5 Bildspeicherröhren

Einmalablenkung

Bisher ist stets vorausgesetzt worden, daß der auf dem Bildschirm eines Oszilloskops wiederzugebende Vorgang periodisch abläuft und daher durch entsprechende Triggerung immer wieder neu geschrieben werden kann, so daß das Auge den Eindruck eines stehenden Bildes erhält. Hat man es aber mit *einmaligen Vorgängen* zu tun, so ist dieses Verfahren nicht anwendbar. Man kann natürlich eine *Einmaltriggerung* bzw. *Einmalablenkung* auslösen, dann muß man aber das Schirmbild photographieren, da das Auge sonst bestenfalls ein kurzes Aufleuchten erkennen, aber keine Einzelheiten mehr analysieren könnte. Die Vorbereitung einer photographischen Registrierung eines einmaligen Vorgangs ist recht umständlich, da man z.B. schon die richtige Einstellung der Helligkeit und des Zeitmaßstabs schwer kontrollieren kann.

Bildspeicherung

Einfacher ist es, sog. *Bildspeicherröhren* zu verwenden. Diese arbeiten im wesentlichen nach folgendem Prinzip. Hinter der Phosphoreszenzschicht (vom Betrachter aus gesehen) wird eine sog. *Speicherschicht (Target)* aus vielen einzelnen, hochisolierten, metallischen Kondensatorelementen angebracht, vor der Phosphoreszenzschicht eine positiv vorgespannte *Kollektorschicht* (bei manchen Ausführungen auch hinter der Speicherschicht). Wird die Speicherschicht vom Schreib-Elektronenstrahl getroffen, so entsteht ein Sekundärelektronenstrom von den Speicherelementen zur Kollektorschicht, und die vom Schreib-Elektronenstrahl getroffenen Speicherelemente werden positiv aufgeladen. Das System aus Speicherschicht und Phosphoreszenzschicht wird nun mit Hilfe zusätzlicher *Flutkathoden* mit langsamen Elektronen gleichmäßig berieselt. Dort, wo die Speicherschicht positiv aufgeladen ist, werden die Rieselelektronen zusätzlich beschleunigt, und die Phosphoreszenzschicht leuchtet heller auf. Auf diese Weise leuchtet ein einmal eingeschriebener Kurvenverlauf nach, bei neuen Speicherröhren bis zu einigen Stunden, nach einigen tausend Betriebsstunden im allgemeinen nur noch einige Minuten. Dadurch können dann auch einmalige Abläufe in Ruhe betrachtet oder bequem photographiert werden.

Das Prinzip ist hier sehr stark vereinfacht dargestellt worden. Eine detailliertere Darstellung findet man in [A40], [E177], [A245].

* 5.1.6 Digitale Bildspeicherverfahren

Digital-Speicheroszilloskop

Bei einem *digitalen Speicheroszilloskop* mit noch komplett vorgesehenem konventionellen analogen Oszilloskopteil, also einem *kombinierten Oszilloslop* (z.B. Philips/Fluke „*Combiscope*"), kann man einen Vorgang zunächst in analoger Darstellung auf dem Bildschirm betrachten und dann Abtastwerte nehmen lassen, die analog-digital umgesetzt und dann digital gespeichert werden (vgl. Abschnitt 5.5.5 und 4.16). Durch eine geeignete Ablaufsteuerung kann der Prozeß dann umgekehrt werden: Die gespeicherten Digitalwerte werden wieder digital-analog umgesetzt (vgl. Abschnitt 5.5.4) und dann auf dem Bildschirm wiederum Punkt für Punkt abgebildet, ggf. mit Interpolation. Auf diese Weise kann ein Vorgang so lange gespeichert bleiben, wie die Betriebsspannug nicht ausfällt, oder sogar auf magnetische Langzeitspeicher (z.B. Disketten) übertragen werden. Der große Vorteil des kombinierten Oszilloskops ist, daß man im Regelfalle kontrollieren kann, ob das aus den digitalen Speicherwerten rekonstruierte Bild mit dem vorher gesehenen Analogbild hinreichend gut übereinstimmt [A245].

In jüngster Zeit hat sich die Abtasttechnik insofern verselbständigt, als man bei reinen *Digital-Speicher-Oszilloskopen* (DSO) den konventionellen analogen Oszilloskopteil wegläßt und die Rekonstruktion des Abtastbildes auf einem preiswerten Monitor vornimmt, wie er heute für computertechnische Anwendungen in Großstückzahlen produziert wird. Bei diesem Konzept hat man keine Möglichkeit mehr, das rekonstruierte Abtastbild mit einem ursprünglichen analogen Oszillogramm zu vergleichen, so daß man in technisch ungünstigen Situationen, insbesondere bei zu wenig Abtastpunkten, ungewarnt vor erheblich verfälschte Bilder gestellt werden kann. Wegen des großen Digital-Aufwandes kann ein DSO kaum preiswerter als ein konventionelles Analog-Oszilloskop sein, aber wohl preiswerter als ein kombiniertes Oszilloskop. Der Hauptvorteil der unbegrenzten Speicherdauer kann damit also schon etwas preiswerter genutzt werden, wenn man die zu speichernden Signale vorher hinreichend genau kennt und für eine ausreichende Zahl von Abtastpunkten sorgen kann; man beachte hierzu, daß bei langsamen Vorgängen die Abtastfrequenz zwangsweise reduziert werden muß, damit der Speicher nicht überläuft [A245].

Computer-Oszilloskop

Weiterhin können die von einem derartigen Digital-Speicheroszilloskop aufgenommenen Meßwerte z.B. an einen Rechner ausgegeben und dort weiter verarbeitet werden. Wird das Oszilloskop in geeigneter Weise ausgerüstet, so können auch Rechenergebnisse wieder in das Oszilloskop eingespeichert, digital-analog umgesetzt und auf dem Bildschirm sichtbar gemacht werden; man gelangt so zu einem „*computergesteuerten Oszilloskop*" [A40].

* 5.1.7 Transientenspeicher

Trennt man die Umsetz- und Speichereinheit vom Oszilloskop nach Abschnitt 5.1.6 ab, so erhält man ein selbständiges Speichersystem für dynamische Vorgänge, den *Transientenspeicher*. Eine besondere Anwendungsform ist der *Störungsspeicher*. Hierbei wird ein bestimmter (kontinuierlicher oder periodischer) Vorgang, z.B. der Netzspannungsverlauf, ständig abgetastet und in einen *Schiebespeicher* (Durchlaufspeicher, Schieberegister) eingelesen, der eine bestimmte Zahl von Abtastwerten aufbewahren kann und dann „überläuft", d.h. den jeweils ältesten Abtastwert wieder verliert. Durch ein *Triggersignal*, z.B. eine kurzzeitige Überspannung oder einen kurzzeitigen Spannungszusammenbruch, kann dieser Durchschiebeprozeß angehalten werden. Dann lassen sich anschließend nicht nur die Ereignisse nach dem Auftreten des Triggerereignisses (Störungsereignisses) studieren, sondern auch über einen gewissen Zeitbereich hinweg die Ereignisse vor dem Auftreten des Triggersignals. Dadurch lassen sich oft Rückschlüsse auf die Ursache der Störung ziehen. Transientenspeicher ermöglichen ganz allgemein die Realisierung von Ein- und Ausgabevorgängen mit Zeitversatz oder unterschiedlichen Geschwindigkeiten, z.B. bei sog. *Transientenrecordern*, [E182].

* 5.1.8 Samplingoszilloskop

Beim *Sampling-Oszilloskop* wird eine schnelle Abtasttechnik dafür eingesetzt, sehr schnelle (z.b. hochfrequente) periodische Vorgänge (im Nanosekunden bis Picosekundenbereich) abzutasten, analog zu speichern und dann langsamer punktweise auf dem Bildschirm des Oszilloskops wiederzugeben. Dadurch können Vorgänge sichtbar gemacht werden, für die anders keine hinreichend schnellen Verstärker verfügbar wären ($f > 500$ MHz). Hierbei wird z.B. in jeder Schwingungsperiode des darzustellenden periodischen Vorgangs ein Abtastwert genommen, der jedoch von Periode zu Periode etwas versetzt wird, d.h. jedesmal relativ zur Periode des Vorgangs etwas später genommen wird. So erhält man dann nach z.B. 100 Perioden ein vollständiges Abtastbild des Vorgangs, welches dann langsam wiedergegeben werden kann. Weitere interessante Details findet man in [A40], [A213], [A245].

Es hat auch Versuche zur Entwicklung von Einimpuls-Sampling-Oszilloskopen gegeben, jedoch sind daraus wegen großer technischer Schwierigkeiten und großen Aufwandes keine handelsüblichen Geräte erwachsen.

* 5.1.9 Logikanalysatoren

Im Zusammenhang mit der zunehmenden Verbreitung von Prozeßrechner- und Mikrorechnersystemen erfährt z.Z. der *Logikanalysator* eine stürmische Entwicklung. Das ist eine spezialisierte Form des Oszilloskops, die eingehende Signalfolgen nach den digitaltechnischen Begriffen "Low-Pegel" und "High-Pegel" (vgl. Abschnitt 4.7) analysiert und abspeichert, dies aber für viele Signalkanäle (z.B. bis zu 64 Kanäle) und lange Taktfolgen (z.B. bis 4096 Bit/ Kanal). Auf dem Bildschirm erscheint dann für die beobachteten Kanäle die gespeicherte zeitliche Pegelfolge, oder *umkodiert* die zugehörige Folge von Binärwerten (0/1), oder eine parallele oder serielle Zusammenfassung von Bitmustern zu *alphanumerischen Zeichen*, z.B. unmittelbar der Darstellung eines Programmablaufes in einem Mikrorechnersystem in Maschinen- oder sogar Assemblercodierung. Bei manchen Systemen können markante Störimpulse (z.B. besonders kurzzeitige Störimpulse) getrennt abgespeichert und im Bild dargestellt werden. Schließlich besitzen derartige Logikanalysatoren in der Regel *hochkomfortable Triggermöglichkeiten*, z.B. eine Triggerung auf vorgegebene *Bitmuster* (Worte). Dadurch kann man dann sequentielle Funktionsabläufe von bestimmten vorgewählten Bitmustern an abbilden und auf fehlerhafte Vorgänge hin analysieren. Die Funktionen von Logikanalysatoren sind mittlerweile bereits so vielseitig geworden, daß die Hersteller davon sprechen, daß zu den „klassischen" Darstellungsweisen im „Zeitbereich" und im „Frequenzbereich" eine ganz neue Darstellungsweise im „Datenbereich" hinzugekommen ist [E49], [E50], [E51], [A214], [E185].

5.2 Meß- und Anzeigeverstärker

Grundsätzliches über *Meßverstärker* und deren Bedienung ist bereits in Abschnitt 2.2.5 gesagt: Zu beachten sind stets die Aussteuergrenzen, eine endlich große Bandbreite, vor allem die Unterscheidung zwischen Gleichspannungsverstärkern mit lediglich einer oberen Grenzfrequenz und Wechselspannungsverstärkern mit einer Bandbegrenzung auch zu tiefen Frequenzen hin, die Möglichkeit der Einstreuung von Störsignalen über eine netzgebundene Stromversorgung, die Unterscheidung zwischen erdunsymmetrischen oder erd-

symmetrischen Eingangsklemmenpaaren. Gleichspannungsverstärker sind meist Differenzverstärker und haben dann auch oft herausgeführte erdsymmetrische Eingänge, vgl. Abschnitte 3.10.4, 3.10.5, 4.2 Bild 4-14. Während es bei Verstärkern für Oszilloskope meist
darauf ankommt, große Bandbreiten zu erzielen und das Impulsverhalten (Einschwingverhalten) zu optimieren, erwartet man bei einem Meßverstärker in engerem Sinne eine präzise Stabilisierung des Verstärkungsfaktors zumindest im Niederfrequenzbereich, vgl. Abschnitte 4.3, 4.4, insbesondere Bild 4-22. Oft werden Meßverstärker nicht hauptsächlich
wegen der erzielbaren Verstärkung, sondern zumindest teilweise auch wegen erzielbarer
Entstörungseffekte eingesetzt, vgl. Abschnitte 2.2.9, 3.10.5. Bei *Anzeigeverstärkern* muß
man sich stets darüber informieren, welche Kennwerte oder Mittelwerte eigentlich gebildet
und angezeigt werden, vgl. Abschnitte 2.2.6, 2.3.1, 3.1.2. Im folgenden sollen besondere
schaltungstechnische Entwicklungsrichtungen charakterisiert werden.

5.2.1 Meßverstärker, Filter, Rechengeräte

Wechselspannungsverstärker

Wechselspannungsverstärker sind — wenn es sich nicht speziell um Schmalbandverstärker
handeln soll — in der Regel ähnlich dem Prinzip Bild 4-15 aufgebaut oder aus ähnlichen
Teilschaltungen zusammengesetzt. Ergänzend zu den Ausführungen in Abschnitt 4.2
(„Mehrstufige Verstärker") sei hier auf den *Gegenkopplungs-Spannungsteiler* $R_3/(R_3 + R_4)$
hingewiesen, der für Meßverstärkerkonzepte unerläßlich ist, da anders keine ausreichende
Stabilisierung des Verstärkungsfaktors erreicht werden würde, vgl. Abschnitt 4.3. Hat
nämlich der aus T1 und T2 bestehende „innere Verstärker" eine ausreichend große Verstärkungsreserve, so kann auf das Eingangsklemmenpaar B–E das „Prinzip der verschwindenden Eingangsgrößen" angewandt werden, und es gilt unter der Voraussetzung
$\omega C_2 \gg 1/R_3$ sowie bei Zugrundelegung hinreichend großer Koppelkondensatoren C_1
und C_3

$$u_a = \frac{R_4 + R_3}{R_3} u_e \,,$$

d.h., der Verstärkungsfaktor ist dann bei ausreichender Qualität der Widerstände R_3 und
R_4 präzise festgelegt und nicht mehr von Parameteränderungen der Halbleiterbauelemente
abhängig.
Schmalbandverstärker werden im Hochfrequenzbereich in der Regel als Schwingkreisver-
stärker realisiert, dann kann der Verstärkungsfaktor nur durch einen teilweise oder ganz
unüberbrückten Emitterwiderstand etwas stabilisiert werden, im Niederfrequenzbereich
im allgemeinen als sog. *RC-Bandpaßfilter*, vgl. z.B. Bild 5-11, Fall BP, wobei der Verstärkungsfaktor bei hinreichender Verstärkungsreserve des inneren Verstärkers wiederum
durch die Qualität der passiven Bauelemente festgelegt ist.

Trägerfrequenzverstärker mit phasenselektiver Demodulation werden vor allem im Zusammenhang mit
wechselspannungsgespeisten Meßbrücken angewandt, vgl. Abschnitt 6.3.
Der *Lock-In-Verstärker* beruht auf einem speziellen Konzept zur Ausfilterung von Signalen bestimmter
Frequenz aus einem (u.U. überdeckenden) Rausch- oder Störvorgang, vgl. z.B. [E69], [E70], [E71].

Gleichspannungsverstärker

Gleichspannungsverstärker für die Meßtechnik sind in der Regel Differenzverstärker (vgl. Abschnitt 4.2, Bild 4-14) in Verbindung mit Gegenkopplungsmaßnahmen zur Stabilisierung des Verstärkungsfaktors (vgl. Abschnitt 4.3 sowie 4.4, Bilder 4-20 und 4-22). Bei universell anwendbaren Geräten muß zusätzlich eine freizügig einstellbare *Meßbereichsumschaltung* vorhanden sein.

Bild 5-5 zeigt ein typisches Schaltungsbeispiel (vereinfacht). Ähnlich wie bei einem Oszilloskop findet man am Eingang einen *umschaltbaren Spannungsteiler* (Abschwächer) für die Meßbereichsanpassung; hier wird im allgemeinen dekadenweise umgeschaltet. Durch den vorgeschalteten Abschwächer soll in erster Linie erreicht werden, daß auch große zu erfassende Spannungen innerhalb des zulässigen Aussteuerbereiches des Verstärkers bleiben. Eine feinstufigere Umschaltung sowie eine stetige Verstärkungseinstellung (über einen begrenzten Bereich) kann dann weiter hinten im Zuge des Verstärkers angeordnet sein, vgl. Teiler T2 und Potentiometer P2. Der Eingangsspannungsteiler muß hier *hochsymmetrisch* sein, damit die an ihm auftretende Gleichtakt-Gegentakt-Konversion so klein wie möglich bleibt, vgl. Abschnitte 3.10.3 bis 3.10.5. Der *kapazitive Spannungsteilerabgleich* nach Abschnitt 4.1 Bild 4-10 kann oft auf die erste Abwärtsschaltstufe beschränkt bleiben, da die Teilerwiderstände der folgenden Stufen rasch niederohmiger werden und dann Schalt- und Streukapazitäten nicht mehr eine so bedeutende Rolle spielen wie bei

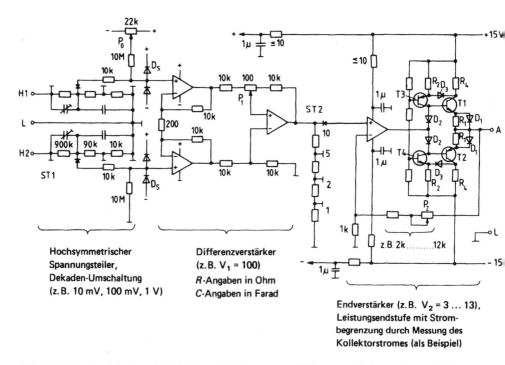

Hochsymmetrischer
Spannungsteiler,
Dekaden-Umschaltung
(z.B. 10 mV, 100 mV, 1 V)

Differenzverstärker
(z.B. V_1 = 100)
R-Angaben in Ohm
C-Angaben in Farad

Endverstärker (z.B. V_2 = 3 ... 13),
Leistungsendstufe mit Strombegrenzung durch Messung des
Kollektorstromes (als Beispiel)

Bild 5-5 Typisches Schaltungsbeispiel eines Gleichspannungs-Differenzverstärkers mit umschaltbaren Meßbereichen (vereinfacht)

hochohmigen Teilerwiderständen. Auf den erdsymmetrischen Eingangsspannungsteiler folgt ein *Differenzverstärker* entsprechend Bild 4-22b. Der Endverstärker enthält eine *Komplementärfolgerschaltung* mit Strombegrenzung als Leistungsendstufe und wird durch eine spannungsgesteuerte Spannungsgegenkopplung linearisiert und stabilisiert, vgl. Abschnitt 4.2 und 4.3. Das Potentiometer P0 dient zur *Nullpunkteinstellung,* das Potentiometer P1 zur Einstellung einer möglichst hohen *Gleichtaktunterdrückung.* Die Dioden D_S schützen in Verbindung mit den vorgeschalteten strombegrenzenden Widerständen (hier 10 kΩ) den Differenzverstärkereingang vor unzulässig hohen Eingangsspannungen, die andernfalls leicht zur Zerstörung des Verstärkerteils führen könnten.

Die spannungsgesteuerte Spannungsgegenkopplung gibt dem Ausgangsverstärker das Verhalten einer *Urspannungsquelle,* d.h. sein Innenwiderstand wird sehr klein (so lange die Strombegrenzung nicht erreicht ist). Es gibt andere Gegenkopplungsschaltungen, durch die z.B. auch das Verhalten einer *Urstromquelle* erreicht werden kann, vgl. z.B. [A41].

Datenverstärker

Ein Vorschaltspannungsteiler wie in Bild 5-5 hat den Nachteil, daß Differenzsignale und Gleichtakt-signale im gleichen Verhältnis abgeschwächt werden und obendrein noch durch die nie ganz vermeid-bare Gleichtakt-Gegentakt-Konversion das Verhältnis von Nutzsignal zu Störsignal zusätzlich ver-schlechtert wird, da die Nutzinformation in der Regel nur in der Eingangs-Differenzspannung enthal-ten ist. Es ist in vielen Fällen zweckmäßig, zunächst eine Vorverstärkung des Differenzsignals vorzu-nehmen, und erst danach die Teilung über einen erdgebundenen, symmetrischen Spannungsteiler vor-zunehmen. Diese Aufgabe läßt sich insbesondere dann wirkungsvoll lösen, wenn das Gleichtakt-Stör-signal an einem bestimmten Punkt des Meßsystems konkret abgegriffen werden kann, z.B. als Potential-unterschied zwischen verschiedenen Erdungspunkten einer Anlage, wie in Bild 3-75 die Störspan-nung u_{St}. Für solche Fälle eignet sich ein Konzept nach Bild 5-6, das in der Regel als *Datenverstärker* (in engerem Sinne) bezeichnet wird. Die abgreifbare, u.U. große Gleichtakt-Störspannung u_{M2} wird dem Bezugspotential und der Abschirmung (Englisch "guard") einer erdfreien Vorverstärkereinheit zugeführt. Die Vorverstärkerschaltung braucht dann nur noch eine kleine, durch die verwendete Meß-schaltung selbst evtl. verursachte Gleichtaktspannung u_{M1} unterdrücken zu können. Typische Kon-zepte erlauben z.B. Werte im Bereich $u_{M1} < 10\,V$, aber $u_{M2} < 300\,V$! Die Differenzspannung u_D wird vorverstärkt und erst dann zusammen mit der großen Gleichtaktspannung u_{M2} dem erdgebun-denen, symmetrischen Spannungsteiler zugeführt.

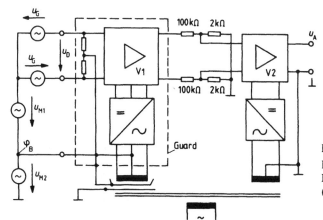

Bild 5-6

Datenverstärker mit gleitender
Eingangsschaltung und Schirmung
(Englisch „guarding")

Isolierverstärker

Bei einem *Isolierverstärker* besteht zwischen der Eingangsschaltung bzw. dem Vorverstärker einerseits sowie Erdpotential bzw. Ausgangsschaltung andererseits keine galvanische Verbindung mehr. Eine derartige Forderung tritt einmal bei Meßaufgaben der Starkstrom-, Elektromaschinen- oder Hochspannungstechnik auf, zum anderen auch bei Potentialtrennungsaufgaben im Zusammenhang mit Explosionsschutzproblemen, vgl. Abschnitt 7.5. Bild 5-7a zeigt den prinzipiellen Aufbau eines Isolierverstärkers in *Übertragertechnik:* Das vorverstärkte Eingangssignal wird in ein proportionales Wechselsignal umgesetzt, über einen Übertrager geführt und danach wieder in ein Gleichspannungssignal (bzw. Basissignal) zurückübersetzt. Anstelle einer Übertragerkopplung werden heute bereits häufig *Optokoppler* eingesetzt. In der Hochspannungstechnik bietet sich eine Kopplung über *Lichtleitfasern* an. Übertragergekoppelte Systeme können dadurch *breitbandig* gemacht werden, daß man die Gleichspannungskomponente bzw. niederfrequente Komponenten des Meßsignals in ein proportionales Wechselsignal umsetzt, vgl. Bild 5-7b Pfad $\ddot{U}_2$, höherfrequente Anteile aber direkt über einen Breitbandübertrager $\ddot{U}_1$ führt.

Sieht man primär und sekundär jeweils eine Gleichspannungs-Wechselspannungs-Umsetzung bzw. Wechselspannungs-Gleichspannungs-Umsetzung ohne oder ohne nennenswerte Leistungsverstärkung vor, so gelangt man zum Prinzip eines *Gleichspannungsübertragers*, wie er für Potentialtrennungsaufgaben in explosionsgeschützten Anlagen zuweilen eingesetzt wird, vgl. Abschnitt 7.5.

Weitere Hinweise zur Technik von Gleichspannungs-, Daten- und Isolierverstärkern findet man in [E18], [E19], [E22], [E52], [A76].

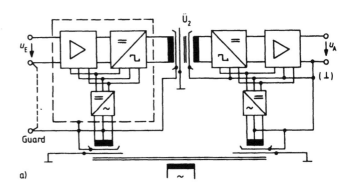

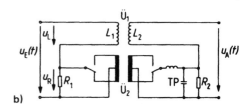

Bild 5-7

Isolierverstärker in Übertragertechnik

a) Standardbeispiel

b) Breitbandübertragung und
   synchrone Demodulation

Zerhackerverstärker

Bei der Verstärkung *kleiner* Gleichspannungssignale stört die *Nullpunktdrift* der direkt gekoppelten Gleichspannungsverstärker, d.h. die temperaturabhängige oder alterungsbedingte Veränderung der Verstärkerausgangsspannung bei Eingangsspannung Null, vgl. Abschnitt 4.2. Mit sogenannten *Zerhackerverstärkern* kann eine erheblich geringere Nullpunktdrift erreicht werden. Bild 5-8a zeigt das Prinzip: Am Verstärkereingang wird das

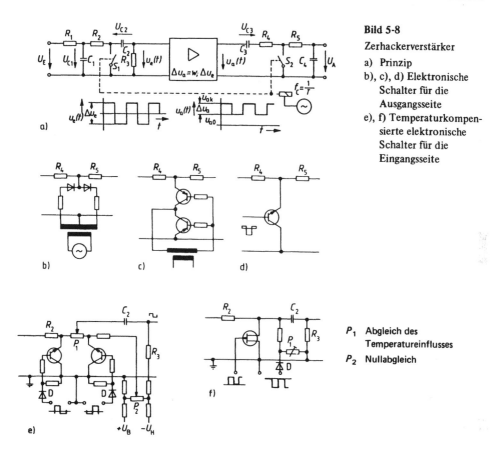

Bild 5-8
Zerhackerverstärker
a) Prinzip
b), c), d) Elektronische
   Schalter für die
   Ausgangsseite
e), f) Temperaturkompen-
   sierte elektronische
   Schalter für die
   Eingangsseite

P_1 Abgleich des
   Temperatureinflusses
P_2 Nullabgleich

Gleichspannungssignal durch einen sich periodisch öffnenden und schließenden Schalter S_1 in eine Rechteckwechselspannung umgesetzt („zerhackt"). Diese Wechselspannung wird dann durch einen Wechselspannungsverstärker verstärkt, das verstärkte Signal durch einen synchron zu S_1 arbeitenden Schalter S_2 wieder in eine Gleichspannung umgesetzt („demoduliert"). Hierbei entfallen Drifteinflüsse des Verstärkers, so daß die erreichbare Nullpunktkonstanz im wesentlichen nur noch durch Fehlereinflüsse im Zerhackerschalter S_1 begrenzt ist, welche normalerweise erheblich kleiner sind als die Drifteffekte in direkt gekoppelten Verstärkerstufen. Anstelle mechanischer Schalter werden heute in der Regel elektronische Schalter eingesetzt.

Die Bilder 5-8b, c, d zeigen Ausführungsbeispiele elektronischer Schalter, wie sie für den ausgangsseitigen Schalter S_2 eingesetzt werden können. Eine besondere Merkwürdigkeit der Schaltungen Bilder 5-8c, d ist, daß die Transistoren „invers" betrieben werden, d.h. die Ansteuerung nicht zwischen Basis und Emitter, sondern zwischen Basis und Kollektor erfolgt; hierdurch kann unter gewissen Umständen eine besonders niedrige Kollektor-Emitter-Restspannung erreicht werden [E53], [E54], [E55]. Zerhackerschaltungen für die Eingangsseite enthalten oft besondere Ergänzungen zur Kompensation der restlichen Nullpunkt-Fehlereinflüsse, wie z.B. in den Bildern 5-8e, f. In letzter Zeit werden anstelle von FET-Zerhackern (Bild 5-8f) vorteilhafterweise Zerhacker mit isolierten Feldeffekttransistoren

(IGFET, MOSFET) eingesetzt, manchmal auch Zerhacker aus Optokopplern oder Photowiderständen. Über die Berechnung der Verstärkung derartiger Zerhackerverstärker kann man sich z.B. in [E22] informieren.

Während heute z.b. direkt gekoppelte integrierte Operationsverstärker Nullpunktdriften im Bereich von etwa 100 μV/°C bis herab zu 0,2 μV/°C aufweisen – je nach Qualität und Preis – werden mit Zerhackerverstärkern Werte zwischen 2 μV/°C und 0,02 μV/°C erreicht, jeweils auf das Eingangsklemmenpaar des Verstärkers bezogen.

Ein Zerhackerverstärker muß hinter dem Demodulator (S_2) ein Tiefpaßfilter enthalten (z.B. R_5, C_4 in Bild 5-8a), durch das die im Ausgangssignal enthaltenen zerhackerfrequenten Anteile wieder ausgefiltert werden. Da auch die Zerhackerfrequenz nicht beliebig hoch gewählt werden kann (typischer Bereich 100 Hz...1000 Hz), weil im allgemeinen mit zunehmender Schaltfrequenz auch nullpunktschädliche Fehlereinflüsse zunehmen, ergibt sich daraus für den Gesamtverstärker eine geringe Übertragungsbandbreite, so daß nur langsam veränderliche Vorgänge übertragen werden können.

Nullpunktstabilisierte Breitbandverstärker

Wo eine sehr gute Nullpunktkonstanz und zugleich eine große Übertragungsbandbreite benötigt wird, muß eine geeignete Kombination zwischen einem Zerhackerverstärker und einem Breitbandverstärker gebildet werden, derart, daß für Gleichspannungssignale die gute Nullpunktkonstanz des Zerhackerverstärkers wirksam wird, schnelle dynamische Vorgänge jedoch über den Breitbandverstärker übertragen werden.

Bild 5-9 zeigt eine verbreitete Standardlösung. V1 ist ein breitbandiger Operationsverstärker, V2 ein schmalbandiger, aber driftarmer Verstärker, z.B. ein Zerhackerverstärker. Durch u_1 soll die eingangsbezogene Fehlerspannung (Offsetspannung) von V1, durch u_2 die eingangsbezogene Fehlerspannung von V2 ersatzbildmäßig erfaßt sein. Nun denke man sich die Verstärkungsfaktoren beider Verstärker für Gleichspannungssignale so hoch gewählt, daß das „Prinzip der verschwindenden Eingangsgrößen" angewandt werden kann, vgl. Abschnitt 4.3. Dann muß also das Potential am invertierenden Eingang von V1 im Betrieb stets durch das Ausgangspotential von V2 kompensiert sein, während die Eingangsspannung von V2 gegen Null geht, also gelten muß

$$\varphi_0 + u_2 = 0 ,$$
$$\varphi_0 = - u_2 .$$

Da bei endlich großen Verstärkereingangswiderständen nach dem Prinzip der verschwindenden Eingangsgrößen auch die Verstärker-Eingangsströme null werden, gilt:

$$\frac{u_E - \varphi_0}{R_1} + \frac{u_A - \varphi_0}{R_2} = 0 ,$$

$$u_A = -\frac{R_2}{R_1} u_E + \left(1 + \frac{R_2}{R_1}\right)\varphi_0 ,$$

$$u_A = -\frac{R_2}{R_1} u_E - \frac{R_2 + R_1}{R_1} u_2 .$$

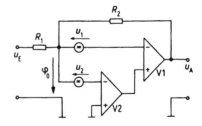

Bild 5-9 Invertierender Breitbandverstärker mit Nullpunktstabilisierung, z. B. durch einen Zerhackerverstärker (V2)

Man erkennt, daß in dem zugrunde liegenden Idealfalle (Grenzfall V2 → ∞) die Störspannung u_1 keine Rolle mehr spielt und die Nullpunktinkonstanz des Gesamtsystems durch den driftarmen Verstärker allein bestimmt ist. Höhere Frequenzanteile von $u_E(t)$ können dabei aber direkt über den breitbandigen Verstärker V1 übertragen werden.

Weitere Ausführungen zur Theorie und Technik von Zerhackerverstärkern und nullpunktstabilisierten Systemen findet man in [A99], [E22], [E56] bis [E59].

Operationsverstärker

Zuweilen wird das Prinzip des Operationsverstärkers als technisches Gerät realisiert, häufig z.B. als *Oszilloskopeinschub* oder als sog. *Leistungs-Operationsverstärker* zur Speisung größerer Lasten.

Ladungsverstärker

Bei einem Operationsverstärker mit Integrierer-Beschaltung ist eine Ausgangsspannungsänderung proportional zur eingangsseitig zugeflossenen Ladungsänderung, vgl. Bild 4-21c:

$$u_A = U_0 - \frac{1}{RC} \int_0^t u_E(\vartheta) \cdot d\vartheta = U_0 - \frac{1}{C} \int_0^t \frac{u_E(\vartheta)}{R} d\vartheta =$$

$$= U_0 - \frac{1}{C} \int_0^t i(\vartheta) \cdot d\vartheta = U_0 - \frac{\Delta q(t)}{C}. \tag{5-1}$$

Diese Eigenschaft läßt sich vorteilhaft ausnutzen, wenn man Meßwertumformer einsetzt, bei denen die abgegebene elektrische Ladung proportional zur Meßgröße ist, z.B. piezoelektrische Kraftaufnehmer [E60]; in diesem Falle wählt man $R = 0$.

Hierbei muß jedoch meist auf eine statische Integration verzichtet werden, weil der Nullpunkt sonst infolge der Offsetspannungs- bzw. Offsetstromfehler des Verstärkers im Laufe der Zeit zu weit abdriftet. Um dies zu verhindern, muß man in Bild 4-21c parallel zu C noch einen (hochohmigen) Widerstand anordnen. Dadurch wird die Anordnung aber zum Tiefpaßsystem, und es werden nur noch nicht zu langsame, dynamische Vorgänge annähernd richtig integriert („dynamischer Integrierer").

Verstärkerfilter

Grundsätzliches über Filter wurde bereits im Abschnitt 2.2.9 gesagt. Im Frequenzbereich unter 1 MHz verwendet man heute in der Regel sog. *Aktive Filter* bzw. *Verstärkerfilter*, die keine Spulen enthalten. Für den Einsatz bei Meßaufgaben werden viele Geräte mit umschaltbaren Grenzfrequenzen angeboten, meist Tiefpaßfilter, manchmal Hochpaßfilter, oft Tiefpaß- und Hochpaßfilter in einer solchen Weise kombiniert, daß man durch geeignete Wahl der unteren und oberen Grenzfrequenz Bandpaßcharakteristiken einstellen kann [E10].

> Wenn ein Filter in eine Meßkette eingefügt wird, die zur Beobachtung oder Messung *impulsförmiger Vorgänge* dient, so ist stets zu beachten, daß hierbei der ursprüngliche Vorgang durch Einschwingvorgänge des Filters verändert wird!

Bild 5-10 zeigt ein typisches Beispiel für ein *Tiefpaßfilter*. Wählt man einen steilflankigen Übergang vom Durchlaß- in den Sperrbereich, wie z.B. bei dem sog. „*maximal flachen Frequenzgang*" nach *Butterworth*, so zeigt das Filter bei Erregung durch eine Sprungfunktion ein oszillierendes Einschwingverhalten mit starkem Überschwingen. Will man ein stärkeres Überschwingen vermeiden, um impulsförmige Vorgänge bis auf eine nicht vermeidbare Verlängerung der Anstiegszeit sonst möglichst unverfälscht wiederzugeben, so muß der Frequenzgang einen „abgerundeten" Übergang vom Durchlaßbereich in den Sperrbereich aufweisen, wie z.B. beim sog. „*Gaußschen Frequenzgang*" [E46], [A100] oder „*Besselschen Frequenzgang*" [A100], [E61]; vgl. hierzu auch Abschnitt 8.2.4 und Abschnitt 8.2.5.

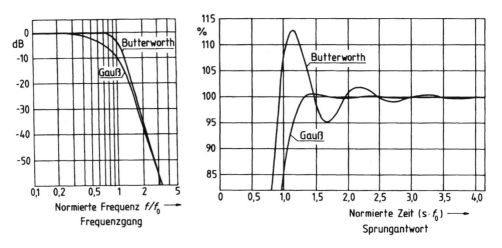

Bild 5-10 Zusammenhänge zwischen Frequenzgang und Einschwingverhalten (Impulsverhalten) eines Filters, dargestellt am Beispiel eines Tiefpaßfilters 6. Grades

Schaltungstechnik

Verstärkerfilter werden in der Regel als Kettenschaltungen aus Grundbausteinen ersten oder zweiten, höchstens dritten Grades (wie z.B. in Bild 2-22b) aufgebaut; dadurch kann die *Einflußempfindlichkeit* gegenüber Änderungen der Verstärkungsfaktoren der Operationsverstärker und gegenüber Toleranzen der passiven Bauelemente hinreichend klein gehalten werden, geeignete Dimensionierung vorausgesetzt [E62], [E63]. Bild 5-11 gibt eine Übersicht über einige *Standardschaltungen* zweiten Grades, für die gezeigt werden konnte, daß sie hinsichtlich Aufwand, Einflußempfindlichkeit, Rauschen und Abgleichbarkeit optimale Lösungen darstellen [E62], [E64], [A101]. Dimensioniert man unter der Nebenbedingung $G_3 \approx G_4$, so erhält man bezüglich Einflußempfindlichkeit, Rauschen und Abgleichbarkeit

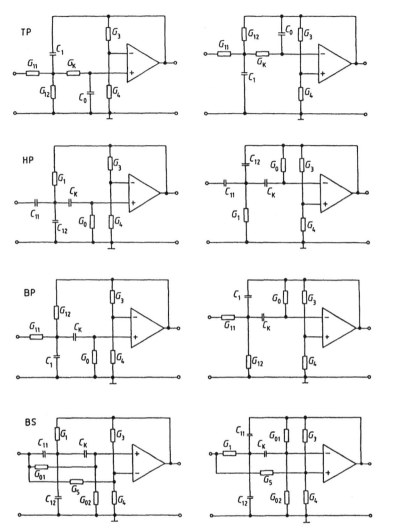

Bild 5-11 Bezüglich Einflußempfindlichkeit, Rauschen und Abgleichbarkeit optimale Filterstufen zweiten Grades, jeweils nichtinvertierender und invertierender Fall

optimale Filter. Wählt man dagegen (in den Fällen TP, HP, BP) in der linken Gruppe $G_3 = \infty$, $G_4 = 0$, oder in der rechten Gruppe $G_4 = \infty$, $G_3 = 0$, so erhält man Stufen kleinsten Bauteileaufwandes, die aber hinsichtlich Einflußempfindlichkeit und Rauschen nicht mehr optimal sind.

Multiplizieren, Quadrieren, Radizieren

Grundsätzliches über Rechengeräte wurde bereits in Abschnitt 2.2.10 gesagt und auch in Bild 4-21 dargestellt. Bild 5-12 ergänzt einige Rechenschaltungen, die mit Hilfe eines *Analogmultiplizierers*, wie er heute als integrierte Schaltung zur Verfügung steht (vgl. Abschnitt 4.12), realisiert werden können.

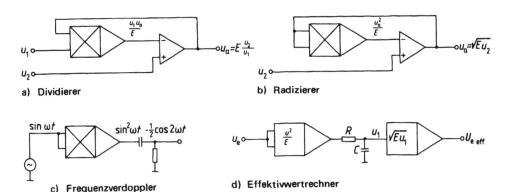

a) Dividierer   b) Radizierer

c) Frequenzverdoppler   d) Effektivwertrechner

Bild 5-12 Analoge Rechenschaltungen auf der Basis des Analog-Multiplizierers (vgl. Bild 4-47 [A81])

Fügt man einen Multiplizierer „halbseitig" in den Rückkopplungpfad eines Operationsverstärkers ein, so entsteht ein *Dividierer*, vgl. Bild 5-12a. Nach dem Prinzip der verschwindenden Eingangsgrößen (vgl. Abschnitt 4.3) muß dann nämlich gelten

$$\frac{u_1 u_a}{E} = u_2 , \qquad u_a = E \frac{u_2}{u_1} . \tag{5-2}$$

Fügt man den Multiplizierer dagegen „ganzseitig" in den Rückkopplungspfad eines Operationsverstärkers ein, wie in Bild 5-12b, so entsteht ein *Radizierer*. Diesmal gilt nach dem
Prinzip der verschwindenden Eingangsgrößen nämlich

$$\frac{u_a^2}{E} = u_2 , \qquad u_a = \sqrt{E u_2} . \tag{5-3}$$

Hierbei darf die Eingangsspannung u_2 nicht negativ werden; man muß ggf. eine Vor-
zeichenerkennung und Betragsbildung vorschalten, vgl. Bild 4-25b und Bild 4-26.
Mit Hilfe eines Quadrierers kann gemäß Bild 5-12c ein *Frequenzverdoppler* realisiert
werden. Mit Hilfe eines Quadrierers und Radizierers kann man eine *Effektivwertbildung*
nach Gl. (1-3) realisieren, vgl. Bild 5-12d.

In derartigen multiplizierenden Rechenschaltungen können beim praktischen Betrieb sehr leicht große
Spannungspegel-Variationen auftreten. Wird an irgendeiner Stelle der Spannungspegel zu groß, so
treten Übersteuerungserscheinungen auf, wird er zu klein, so kann ein Nutzsignal leicht durch Störsignale (Rauschen, Drift) überdeckt werden. Es ist deshalb sehr hilfreich, wenn derartige Rechengeräte eine *Übersteuerungskontrolle* und Übersteuerungsanzeige enthalten, welche alle kritischen
Klemmenpaare der Schaltung überwacht. Es ist dann viel leichter, alle Maßstabsfaktoren optimal einzustellen und eine Fehlverarbeitung von Meßwerten auszuschließen.

Crest-Faktor

Bei effektivwertbildenden elektronischen Meßgeräten nennt man das Verhältnis des höchsten zulässigen Spitzenwertes eines zeitabhängigen Vorgangs zum Vollausschlags-Effektiv-
wert des gewählten Meßbereiches den *Crest-Faktor*. Überschreitet man versehentlich die
so definierte Spitzenwert-Grenze, so kommt es infolge von Übersteuerungserscheinungen
zu u.U. groben Fehlanzeigen des Effektivwertmessers!

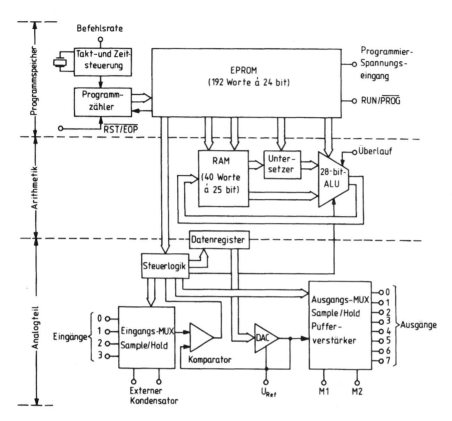

Bild 5-13 Blockschaltung des MOS-Mikroprozessors Typ 2920, der sowohl analoge Signale empfängt als auch ausgibt – dank eines mitintegrierten A/D- und D/A-Umsetzers. Dieser Baustein eignet sich besonders für die Echtzeit-Signalverarbeitung (Intel).

Frei programmierbare Rechengeräte

Angesichts der stürmischen Entwicklung der Mikroprozessortechnik (vgl. Abschnitt 4.17) ist damit zu rechnen, daß in Zukunft *frei programmierbare Rechengeräte* mit Analog-Ein- und Ausgängen Verbreitung finden werden, vgl. Bild 5-13.

5.2.2 Spannungsmesser und Meßempfänger

Elektronische Spannungsmesser sind im Prinzip Meßverstärker mit nachgeschalteter Anzeigeeinrichtung; Grundsätzliches hierüber findet man deshalb bereits in den Abschnitten 2.2.5, 2.3.1, 3.1.2, 4.2 bis 4.5 und 5.2.1. Es gibt ein klassisches Lehrbuch [A53] sowie eine Reihe von Herstellerkatalogen mit Lehrbuchcharakter, z.B. [A102], [A103], [A104]. Der Sinn einer Kombination von Verstärker- und Anzeigeeinrichtung ist einmal die Erfassung kleiner Signale, zum anderen die Erfüllung besonderer Selektionsanforderungen und schließlich auch die Ermöglichung einer weiten Meßbereichvariation von sehr kleinen bis zu sehr großen Signalen.

Gleichspannungsmesser

Gleichspannungsmesser für kleine Signale (sog. *DC-Mikrovoltmeter*) enthalten in der Regel einen *Zerhackerverstärker*, vgl. Abschnitt 5.2.1.

Als *Nulldetektoren* bezeichnet man Gleichspannungsmesser, die speziell für die Beobachtung um Null herum schwankender Spannungen gedacht sind und daher z.B. den Anzeigenullpunkt in Skalenmitte haben. Manchmal werden sie mit zunehmendem Ausschlag unempfindlicher, damit die Anzeige auch bei großen Spannungsänderungen im beobachtbaren Bereich bleibt (z.B. beim Abgleich einer Meßbrücke). Zur Wortbildung „DC-Mikrovoltmeter" vgl. die Anmerkung am Schluß von Abschnitt 2.3.1!

Breitbandspannungsmesser

Breitbandspannungsmesser für den *Niederfrequenzbereich* (etwa $f < 1$ MHz) bestehen in der Regel aus einem Vorverstärker mit umschaltbarer Verstärkung und einem nachgeschalteten Gleichrichter- oder Meßumformerteil zur Erzeugung des dem Anzeigerinstrument zuzuführenden Gleichstromsignals. Besondere Gegenkopplungstechniken erlauben hierbei die Beseitigung der Fehlereinflüsse eines Gleichrichters. So wird z.B. durch eine Gegenkopplungsanordnung nach Bild 5-14 erreicht, daß der Strom durch das Meßinstrument nicht durch die gekrümmten Kennlinien der Gleichrichterdioden verfälscht werden kann, so daß eine korrekte Anzeige des Gleichrichtwertes zustande kommt (vgl. hierzu die Ausführungen in Abschnitt 3.1.2, Bild 3-5d). Nach dem Prinzip der verschwindenden Eingangsgrößen (vgl. Abschnitt 4.3) kann die Kurvenform von $i_{Gl}(t)$ nicht anders sein als die von $u_E(t)$. Ersetzt man den einfachen Mittelwertgleichrichter durch eine quadrierende Schaltung oder durch einen Thermoumformer, so erhält man eine Effektivwertanzeige (vgl. Bilder 5-12 oder 2-17b).

Bei Breitbandspannungsmessern für den *Hochfrequenzbereich* (etwa $f > 1$ MHz) wird die zu messende Wechselspannung zunächst einer Gleichrichteranordnung zugeführt, danach erfolgt eine Verstärkung und Anzeige der entstandenen Gleichspannung [A102].

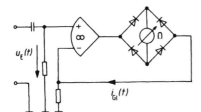

Bild 5-14
Linearisierung eines Brückengleichrichters durch
Gegenkopplung

Man beachte: Geräte mit Gleichrichtereingang messen bei Wechselspannungen unter etwa 30 mV den Effektivwert, bei höheren Spannungen als etwa 1 V in der Regel den Spitzenwert. Die Skalierung erfolgt aber meist im ganzen Bereich als Effektivwert unter Voraussetzung sinusförmiger Spannungen; vgl. hierzu Abschnitt 3.1.2!
Geräuschpegel werden oft über *Bewertungsfilter* gemessen [A102]. Breitbandspannungsmesser haben im allgemeinen einen *erdunsymmetrischen Eingang*, vgl. hierzu Abschnitt 2.2.5. In manchen Fällen sind besondere Vorkehrungen für erdsymmetrische Messungen vorgesehen [A54], [A102], z.B. auch *Symmetrieübertrager* [A103].

Selektive Spannungsmesser

Selektive Spannungsmesser sollen nur eine einzelne Frequenz bzw. ein schmales Frequenz-band erfassen. Sie arbeiten im allgemeinen nach dem *Überlagerungsprinzip:* Die zu messende Spannung mit der Eingangsfrequenz f_e wird einem *Frequenzumsetzer* (Mischer und Hilfsoszillator, vgl. Abschnitt 4.2 und 4.14) zugeführt, der sie in eine für die weitere Verstärkung und Selektion günstige feste *Zwischenfrequenz* f_z umsetzt. Hierbei entsteht allerdings eine Mehrdeutigkeit insofern, als verschiedene Eingangsfrequenzen (sog. „Spiegelfrequenzen") auf die gleiche Zwischenfrequenz führen können. Die Mehrdeutig-keit kann durch eine geeignete *Vorselektion* vor der Umsetzerstufe (z.B. geeignet dimen-sionierte Tief- oder Hochpaßfilter) beseitigt werden. Bei Geräten für hohe Eingangsfre-quenzen ist zur Erzielung einer ausreichenden Vorselektion eine *zweifache Umsetzung* erforderlich, zunächst auf eine hohe Zwischenfrequenz (Weitabselektion) und dann auf eine tiefe Zwischenfrequenz (Nahselektion). Bei sog. *Meßempfängern* sind vor dem (ersten) Umsetzer ebenfalls Schmalbandverstärker angeordnet, deren Durchlaßfrequenz im Gleichlauf mit der die Meßfrequenz bestimmenden Frequenz des (ersten) Umsetz-oszillators abgestimmt wird. Die *mitlaufende Vorselektion* ist insbesondere dann erforder-lich, wenn mit dem Gerät Spektren analysiert werden sollen. Bild 5-15 zeigt das prin-zipielle Blockschaltbild eines derartigen Doppelüberlagerungssystems. Im einzelnen haben Meßempfänger i. a. noch weit kompliziertere Blockschaltbilder, vgl. z.B. [A102].

In neuerer Zeit haben sich Empfängerkonzepte durchgesetzt, bei denen die erste Zwischen-frequenz f_{z1} höher liegt als die höchste zu erfassende Eingangsfrequenz $f_{e,max}$. In diesem Falle genügt zur Realisierung der Vorselektion u.U. ein einziges Tiefpaßfilter ($f_{e,max} < f_{g,TP} < f_{z1}$) oder eine Gruppe umschaltbarer Bandpässe (sog. Suboktav-Filter) [E178], [E179].

Hochfrequenz-Meßempfänger lassen sich mit Meßantennen zu *Feldstärkemessern* kombinieren [A102].

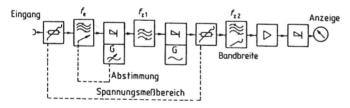

Bild 5-15 Schaltungsprinzip eines selektiven Spannungsmessers mit doppelter Überlagerung [A102]

* 5.2.3 Geräte zur Leistungsmessung

Multiplizierende Leistungsmesser

Für den Niederfrequenzbereich (etwa $f < 20$ kHz) kann ein Leistungsmesser entsprechend der Defini-tion der Leistung

$$P_w = \frac{1}{T} \int_0^T u(t) \cdot i(t) \cdot dt \qquad (5\text{-}4)$$

mit Hilfe eines Multiplizierers und einer anschließenden zeitlichen Mittelwertbildung (ähnlich wie beim Effektivwertrechner Bild 5-12d) realisiert werden. Besondere Probleme hierbei sind die Erzielung einer ausreichenden Genauigkeit, die eventuell erforderliche Potentialtrennung zwischen Meß- und Anzeigestromkreisen sowie ein wirksamer Überlastungsschutz. Welche Multiplizierverfahren bei der Konzeption von elektronischen Leistungsmessern und Energiezählern für Energieversorgungsnetze bisher eingesetzt werden, kann man in [A250] studieren.
Verzichtet man auf die Mittelwertbildung, so kann der Augenblickswert

$$p(t) = u(t) \cdot i(t) \tag{5-5}$$

dargestellt werden, z. B. bei Oszilloskopen mit eingebauten Multiplizierern.

Absorptionsleistungsmesser

Für die Hochfrequenztechnik sind rechnende Leistungsmesser nicht geeignet. Bei den *Endleistungs-messern* bzw. *Absorptionsleistungsmessern* erwärmt die zufließende HF-Leistung einen Thermistor. Die dadurch entstehende Widerstandsänderung des Thermistors wird in einer Brückenschaltung nach Bild 5-16 automatisch kompensiert. Der Effektivwert des Heizstromes für den rechten Thermistor muß zur Wurzel aus der HF-Heizleistung im linken Thermistor proportional sein. Die Brücke wird nach dem Prinzip der verschwindenden Eingangsgrößen im Abgleichzustand gehalten, vgl. Abschnitt 4.3. Ein besonderes Problem ist, den Eingangswiderstand des Thermistormeßkopfes über einen größeren Frequenzbereich gleich dem Wellenwiderstand des zugrunde liegenden Leitungssystems (ggf. Hohlleiter) und die Meßempfindlichkeit konstant zu halten.

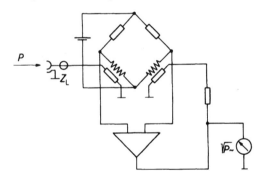

Bild 5-16
Leistungsmeßprinzip mit temperaturabhängigen Widerständen (Brückenschaltung) [A102]

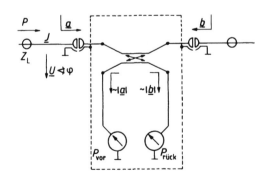

Bild 5-17
Leistungsmeßprinzip mit Richtkoppler [A102]

Durchgangsleistungsmesser

Bei einem *Durchgangsleistungsmesser* wird mit Hilfe eines *Richtkopplers* jeweils ein Bruchteil der auf der Leitung vorwärts oder rückwärts laufenden Leistung ausgekoppelt, vgl. Abschnitt 3.9.3, Bild 3-61, und dann mit einem Endleistungsmesser detektiert, vgl. Bild 5-17.

* 5.2.4 Analog anzeigende Frequenzmesser

Das Kondensatorumladeverfahren nach Abschnitt 3.5, Bild 3-37 wird in vielfältiger Weise variiert, auch im Zusammenhang mit integrierten Schaltungen, und führt dann zu verschiedenen Typen von *Frequenzanzeigern* oder *Drehzahlanzeigern*. Im Gegensatz hierzu arbeiten sog. *Frequenzhubmesser* nach FM-Demodulationsverfahren der Nachrichtentechnik [A102].

* 5.2.5 Analysatoren und Klirrgradmesser

Spektrumanalysatoren nach dem Grundprinzip Bild 3-49a sind heute – in Verbindung mit dem Überlagerungsprinzip Abschnitt 5.2.2 – zu hoher technischer Vollkommenheit gelangt und haben einen hohen Automatisierungsgrad erreicht [A102], [A105], auch in Verbindung mit Oszilloskopen [A40]. Ähnliches gilt auch für *Klirrfaktormesser* oder *Klirrgradmesser* nach dem Prinzip Bild 3-49b [A102], [A105], [A213].

Die Messung von *Phasenspektren* wird sehr selten benötigt und ist deshalb technisch kaum entwickelt. Im Niederfrequenzbereich könnte man die Aufgabe mit Hilfe eines *Abtastoszilloskops* oder eines *Transientenspeichers* – vgl. Abschnitt 5.1.6 und 5.1.7 – durch anschließende numerische Analyse in einem Rechner lösen. Im Hochfrequenzbereich müßte man durch geeignete Zusatzentwicklungen *Netzwerkanalysatoren* verwendbar machen, vgl. Abschnitt 5.3.3.

* 5.2.6 Rauschmeßgeräte und Korrelatoren

Rauschgeneratoren liefern Rauschvorgänge mit über möglichst breite Frequenzbereiche konstanten Leistungsspektren (vgl. Abschnitt 1.4, Bild 1-8) für Vergleichs- oder Rauschzahlmessungen [A10], [A11], [A102]. Das Rauschsignal wird durch Elektronenröhren, Halbleiterdioden oder digitale Zufallsgeneratoren erzeugt [A105]. Leistungsspektren können mit *Spektrumanalysatoren* festgestellt werden, wobei streng genommen eine Effektivwertbildung erfolgen muß [A11]. Der Grad der wechselseitigen zeitlichen Abhängigkeit zweier Rauschvorgänge voneinander wird durch ihr *Kreuzleistungsspektrum* gekennzeichnet [A11]. Dieses kann mit Hilfe eines veränderbaren Verzögerungsgliedes, eines Multiplikators und einer nachfolgenden zeitlichen Mittelung gemäß Bild 5-18 gemessen werden; entsprechende Geräte nennt man *Korrelatoren* [A105]. Führt man beiden Kanälen eines Korrelators den gleichen Rauschvorgang zu, erhält man die *Autokorrelationsfunktion* [A11], siehe auch [A213].

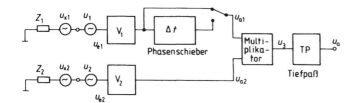

Bild 5-18

Prinzip eines Korrelators zur Messung von Kreuzspektren [A11]

* 5.2.7 Stochastisch-ergodische Meßgeräte

Die konsequente Auswertung von Korrelations- bzw. Verknüpfungsmethoden, die sich aus der Theorie von Zufallsprozessen, speziell sog. „stochastisch-ergodischen Prozessen" [A11], [A106], [E85] ergibt, hat zur Realisierung einiger sehr universell anwendbarer Meßgeräte geführt, mit denen z.B. Wahrscheinlichkeiten, Verteilungs- und Dichtefunktionen, mittlere quadratische Abweichungen, Formfaktoren u.a.m. ermittelt werden können [A107], [E170], [E171].

5.3 Zwei- und Vierpolmeßgeräte

5.3.1 R-, L-, C-, tan δ und Q-Meßgeräte

Widerstände, Induktivitäten und Kapazitäten sowie deren Verlustfaktoren oder Gütefaktoren können mit Hilfe von Strom-Spannungs-, Leistungs-, Schwingkreis- oder Brückenmeßverfahren bestimmt werden, wie sie in den Abschnitten 3.3 und 3.4 dargestellt sind. Hier soll an zwei Beispielen gezeigt werden, wie elektronische Hilfsmittel einerseits zur Verbesserung oder Vereinfachung herkömmlicher Meßverfahren herangezogen werden können, wie sie aber andererseits auch neuartige Meßverfahren möglich machen, an deren Realisierung man früher nicht denken konnte.

Halbautomatischer Brückenabgleich

Der bei wechselspannungsgespeisten Meßbrücken erforderliche zweikomponentige Abgleich erschwert die Bedienung. Soll z.B. nur die Induktivität einer Spule abgelesen werden und nicht auch ihr Verlustwiderstand, so kann man die zweite, nicht abzulesende Komponente durch einen relativ einfachen elektronischen Hilfsregelkreis automatisch abgleichen, so daß der Abgleichvorgang für den Benutzer der Meßbrücke ebenso einfach wird wie bei einer gleichspannungsgespeisten Meßbrücke. Bild 5-19 zeigt als Beispiel eine *RLC-Präzisionsmeßbrücke*, die nicht nur entsprechend den denkbaren Parallel- oder Serienersatzbildern der zu messenden Bauelemente umgeschaltet werden kann, sondern auch halbautomatisch, d.h. bezüglich der Verlustkomponente automatisch abgeglichen werden kann. Die Brückenausgangsspannung passiert den Verstärker V1 und wird dann einmal direkt einem phasenselektiven Gleichrichter Gl. 2 sowie über einen 90°-Phasenschieber einem phasenselektiven Gleichrichter Gl. 1 zugeführt (zum Begriff des phasenselektiven Gleichrichters siehe Abschnitt 6.3). Der Ausgangsstrom von Gl. 1 ist proportional zu der gegenüber der Speisespannung um 90° phasenverschobenen Komponente, der Ausgangsstrom von Gl. 2 proportional zu der in bezug auf die Brückenspeisespannung gleichphasigen Komponente der Brückenausgangsspannung. Der differentielle Widerstand der beiden im Schaltbild links oben erkennbaren Dioden liegt parallel zur Referenzkapazität C_N und kann durch Arbeitspunktverschiebung, d.h. durch die Größe des Ausgangsstromes von Gl. 1 verändert werden. Bei richtig gewählten Polaritätsbeziehungen und hinreichend hohen Verstärkungsfaktoren der Stufen V1 und V2 stellt der über Gl. 1 führende Regelkreis die 90°-Komponente der Brückenausgangsspannung auf fast null, während der Benutzer aufgrund der Anzeige des Instrumentes I nach Gl. 2 die 0°-Komponente der Brückensignalspannung auf null abgleicht. An den vom Benutzer bedienten Schaltern kann dann L_x bzw. C_x abgelesen werden.

Vollautomatischer Brückenabgleich

Es ist natürlich grundsätzlich möglich, auch einen vollautomatischen Brückenabgleich zu realisieren, z.B. unter Zuhilfenahme motorischer Antriebe für Schalter oder Potentiometer. Da das natürlich sehr aufwendig ist, wird davon nur selten Gebrauch gemacht.

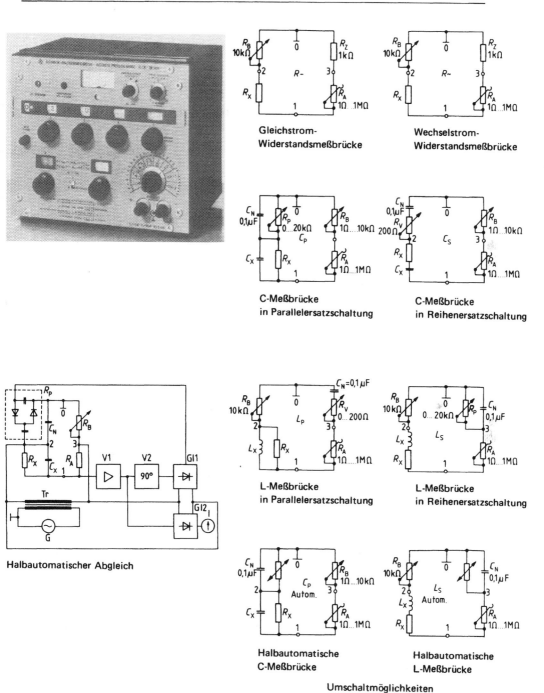

Bild 5-19 Beispiel für die Realisierung einer Bauelemente-Meßbrücke mit Umschaltmöglichkeiten sowie der Möglichkeit eines halbautomatischen Abgleichs (Rohde & Schwarz) [A102]

Der *Gütefaktor* Q (oder sein Kehrwert $\tan\delta$, der *Verlustfaktor*) einer Spule kann z.B. durch Messen des Reihen- oder Parallelersatzbildes an einem Impedanzmeßgerät aufgrund der Definition

$$Q = \omega L_R/R_R = R_P/\omega L_P \qquad\qquad\qquad (5\text{-}4)$$

bestimmt werden. Eine andere Möglichkeit wäre, die Spule in einen Schwingkreis (mit sehr verlustarmem Kondensator) einzubeziehen und dann die sog. Resonanzüberhöhung oder das Verhältnis von Resonanzfrequenz zu Bandbreite zu bestimmen [A15], [A7].

Bild 5-20 zeigt ein mit elektronischen Mitteln besonders elegant zu realisierendes Verfahren [A102]. Die Spule wird ebenfalls zu einem Schwingkreis ergänzt. Der Schwingkreis wird durch einen Impulsgeber zu freien Schwingungen angestoßen. Die Amplitude dieser freien Schwingungen klingt nach einer Exponentialfunktion ab [A7]; es läßt sich zeigen, daß die Amplitude nach Q Schwingungen auf den e^π-ten Teil abgesunken ist [E67]. Man kann deshalb die Güte dadurch messen, daß man mit Hilfe eines geeigneten Schwellenwertschalters beim Unterschreiten eines wählbaren Anfangswertes der Schwingungsamplitude einen Periodenzähler (vgl. Abschnitt 2.3.3 und 5.4.2) in Gang setzt und den Zähler nach unterschreiten des e^π-ten Teils dieses Anfangswertes wieder abschaltet. Die Anzahl der eingezählten Schwingungen ist dann gleich dem Gütefaktor Q. Zuvor kann der Schwingkreis auf die gewünschte Meßfrequenz abgestimmt werden, indem er durch Einbeziehung in einen Oszillator zu Dauerschwingungen angeregt und hierbei die Frequenz gemessen wird.

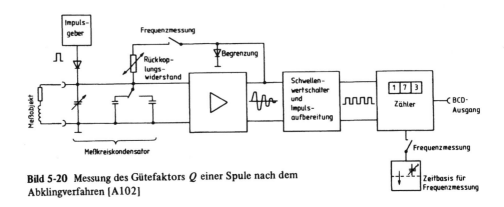

Bild 5-20 Messung des Gütefaktors Q einer Spule nach dem Abklingverfahren [A102]

5.3.2 Impedanzmeßgeräte und Wobbler

Bild 5-21 zeigt ein Beispiel für ein nach Betrag und Winkel anzeigendes Impedanzmeßgerät [A105]. Niederohmige Impedanzen werden mit einer Konstantstromspeisung gemessen; dabei ist die an ihnen abfallende Spannung proportional zur Impedanz, so daß also mit Hilfe eines Anzeigeverstärkers leicht die Impedanz angezeigt werden kann, während der Phasenunterschied zwischen Spannung und Strom durch einen eingebauten Phasenmesser angezeigt werden kann (vgl. Abschnitt 3.5). Bei hochohmigen Impedanzen ist eine Konstantspannungsspeisung zweckmäßiger.

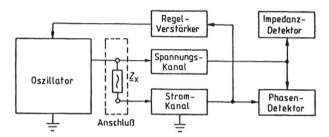

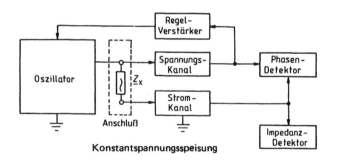

Bild 5-21
Beispiel für die Realisierung eines elektronischen Impedanz-Meßgerätes mit Betrag/Winkel-Anzeige (sog. Vektor-Impedanzmeter, Hewlett-Packard) [A105]

Wobbler

Wobbler sind Geräte, die die Frequenzabhängigkeit des Betrages einer Impedanz oder einer Übertragungsfunktion (oder bei entsprechender Anpassung auch anderer Größen) auf einem Bildschirm darstellen. Bild 5-22a zeigt ihren prinzipiellen Aufbau. Ein Zeit-ablenkgerät (vgl. Abschnitt 4.15) steuert einen elektronisch durchstimmbaren Oszillator. Das Antwortsignal des Prüflings wird in einem Empfangskanal verstärkt und gleichgerichtet (demoduliert) und dann der Vertikalablenkung des Sichtteils zugeführt, während horizontal eine zur Oszillatorfrequenz proportionale Ablenkung erfolgt. Oft sind zwei (oder mehr) Empfangskanäle vorgesehen, damit man zwei (oder mehr) Frequenzabhängigkeiten gleichzeitig darstellen und ggf. miteinander vergleichen kann, vgl. Bild 5-22b. Damit man das Bild auch quantitativ auswerten kann, besteht im allgemeinen die Möglichkeit, *Frequenzmarken* einzublenden, z.B. in Form einer punktweisen Hell- oder Dunkelsteuerung oder in Form von sog. Schwebungsmarken, vgl. Bild 5-22c.

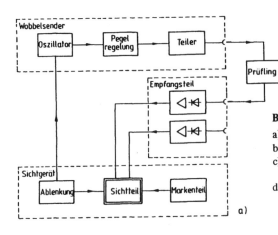

Bild 5-22 Wobbelmeßplatz

a) Prinzipieller Aufbau
b) Realisierungsbeispiel [A102]
c) Beispiel für die Bildkalibrierung durch
   eingeblendete Schwebungsmarken [A102]
d) Weiterentwicklung zu einem skalaren Netz-
   werkanalysatorsystem hoher Präzision
   [A237].

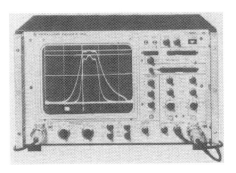

b)

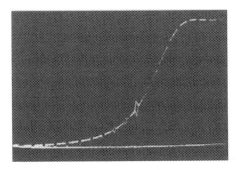

c)

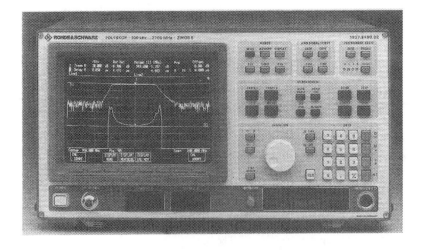

d)

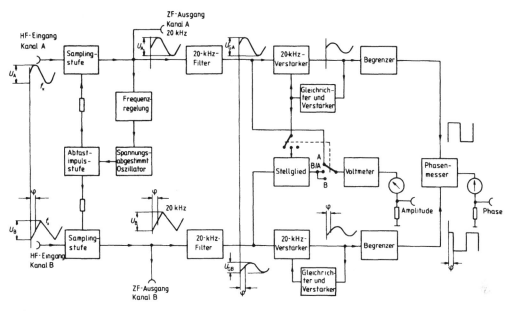

a) Konzept eines Vektoranalysators
   (oben) [A102]

b) Realisierungsbeispiel für Hand-
   betrieb

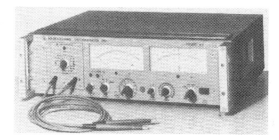

c) Realisierungsbeispiel für Rechnersteuerung

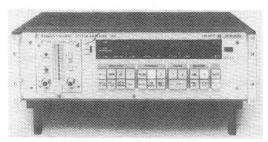

d) Erweiterung zu einem rechnergesteuerten Netzwerkanalysator

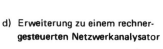

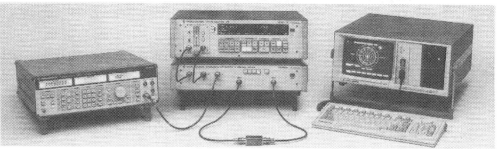

Bild 5-23 Konzept eines Vektoranalysators und Weiterentwicklung bis zum rechnergesteuerten Netzwerkanalysator [A237]

5.3.3 Phasen- und Dämpfungsmeßgeräte

Vektor- und Netzwerkanalysatoren

Bild 5-23a zeigt das Konzept eines sog. *Vektoranalysators*, in dem Elemente der Sampling-Oszilloskop-Technik (vgl. Abschnitt 5.1.8), der Überlagerungsempfänger-Technik (vgl. Abschnitt 5.2.2), der Verstärkervoltmeter-Technik (Abschnitte 5.2.1, 5.2.2) sowie der elektronischen Phasenmeßtechnik (3.5) zu einem kompletten System für die Ermittlung von Amplituden- und Phasenunterschieden zwischen zwei Hochfrequenzsignalen zusammengefaßt sind. Das Prinzp ist mittlerweile von vielen Meßgeräteherstellern zu hochkomfortablen *Netzwerkanalysatoren* weiterentwickelt worden, deren Typenspektrum den gesamten heute technisch bedeutsamen Frequenzbereich erfaßt und bis in Lichtwellenleiter-Anwendungen hineinreicht, vgl. Abschn. 7.12.

In den beiden Sampling-Stufen werden die Eingangssignale mit Hilfe sehr schneller Torschaltungen abgetastet. Dabei wird der Abtastimpuls von Periode zu Periode zeitlich etwas versetzt, so daß ein langsames Abbild des hochfrequenten Vorgangs entsteht, hier bei einer Zwischenfrequenz von 20 kHz. Die richtige Abtastfrequenz wird mit Hilfe eines spannungsgesteuerten Oszillators und einer Frequenzregelschaltung automatisch eingestellt. In den Zwischenfrequenzfiltern werden jeweils die Grundschwingungen ausgefiltert und dann einer logarithmierenden Voltmeterschaltung zugeführt (zum Grundprinzip vgl. Abschnitt 4.12), welche dann entweder die Grundschwingungsamplitude am Eingang A, die am Eingang B oder das Amplitudenverhältnis B/A anzeigen kann, z.B. für Verstärkungsfaktormessungen. Anschließend werden die sinusförmigen Zwischenfrequenzsignale in Rechtecksignale umgewandelt und einer Anzeigeeinrichtung für den Phasenunterschied zugeführt. Bild 5-23b zeigt die äußere Gestaltung eines derartigen Meßsystems. Ergänzt man für die Betrags- und Phasenanzeigesignale eine Analog-Digital-Umsetzung, so erhält man ein digital anzeigendes Gerät, ergänzt man weiterhin eine Interface-Einrichtung für eine Rechnersteuerung und -abfrage (z.B. ein sog. IEC-Interface, vgl. Abschnitt 7.10), so erhält man ein voll rechnerkompatibles Meßsystem für Übertragungsfunktionen, vgl. Bild 5-23c. Ist einmal dieser Automatisierungsgrad erreicht, so kann ein derartiges System zu einem *,,rechnergesteuerten Netzwerkanalysator''* erweitert werden, so daß sich die verschiedensten Steuer- und Auswertefunktionen durch entsprechende Systemprogrammierung festlegen lassen. Man kann dann z.B. die Ergebnisse einer Wobbelmeßreihe auf dem Bildschirm eines Rechners direkt in einer *"Smith-Chart"* (vgl. Hinweis in Abschnitt 3.9.3) angeben und bei Bedarf das Bild direkt auf Papier ausgeben, vgl. z.B. Bild 5-23d. Zur Bezeichnung ,,Vektorvoltmeter'' vgl. die Anmerkung in Abschnitt 2.3.1!

* 5.3.4 Meßgeräte für elektronische Bauelemente

Zum Überprüfen, Testen oder auch Messen der Kenngrößen von Dioden, Transistoren, integrierten Operationsverstärkern sowie auch anderen integrierten Schaltungen wird heute eine große Zahl von speziell zugeschnittenen Geräten angeboten, wobei das Spektrum von einfachen und preiswerten Testgeräten bis zu umfassenden rechnergeführten Testsystemen reicht, vgl. z.B. [A102], [A103], [A105].

5.4 Ereigniszähler

▶ 5.4.1 Flip-Flop-Zählschaltungen

Die schaltungstechnische Entwicklung einer bistabilen Kippschaltung zum *T-Flip-Flop* oder *Zählflipflop* ist bereits in Abschnitt 4.9 dargestellt, sowohl für die ursprünglich konventionellen als auch für integrierte Schaltungen. Hieran anknüpfend ist in Bild 5-24a noch einmal die Funktion des T-Flip-Flops deutlich gemacht: In der Regel löst jede

fallende Taktflanke einen Umkippvorgang aus. Wird z.B. der Q-Ausgang zunächst auf
"Low" gesetzt (etwa durch $\overline{R} = 0$, $\overline{S} = 1$), so folgt auf die erste fallende Taktflanke ein
Übergang nach "High". Nach der zweiten fallenden Taktflanke wird wieder der ursprüng-
liche Zustand erreicht. Kombiniert man jedoch eine Reihe von einzelnen Flip-Flops in
geeigneter Weise, so wird der Ausgangszustand der gesamten Anordnung erst nach einer
größeren Anzahl von Taktimpulsen wieder erreicht, d.h. man kann dann über einen
größeren Zahlenbereich hinweg zählen.

▶ **5.4.2 Dualzähler und BCD-Zähler**

Dualzähler

Verbindet man wie in Bild 5-24b jeweils den Q-Ausgang eines T-Flip-Flops mit dem
nächstfolgenden T-Eingang, so löst jedes Rücksetzen eines Flip-Flops einen Setz- oder
Rücksetzschritt im nachfolgenden Flip-Flop aus. Betrachtet man die aufeinanderfolgen-
den Zustände an den Klemmen A, B, C, D, so erkennt man, daß die Folge der Dualzahlen
von 0000 bis 1111 entsprechend 0...15 dezimal durchlaufen wird, so wie sie in der Tabelle
Bild 5-24c dargestellt ist. Mit vier in Kette geschalteten Flip-Flops können also $2^4 = 16$
Dualzahlen dargestellt werden. Beim sechzehnten Zählimpuls werden alle vier Flip-Flops
in den Ausgangszustand zurückgesetzt. Durch eine Verlängerung der Zählkette kann der
Zahlenbereich erweitert werden, je Flip-Flop um den Faktor 2.

BCD-Zähler

Vielfach ist es erwünscht, eine Gruppe von vier Flip-Flops nur bis 1001 (dezimal 9) zählen
zu lassen und schon beim zehnten Impuls den Ausgangszustand wieder herzustellen, unter
Weitergabe eines „Übertragssignals" an die nächste Zähltetrade. In diesem Falle wird in
jeder Zähltetrade eine Dezimalziffer dargestellt, und man kann auf besonders einfache
Weise wieder zu einer dezimalen Ziffernanzeige zurückkehren. Man nennt auf diese Weise
– nämlich durch vier Binärziffern – dargestellte Dezimalzahlen auch *„Binär codierte
Dezimalzahlen"* oder *„BCD-Zahlen"*, wobei die in der Tabelle Bild 5-24c eingerahmte
Darstellungsweise auch als „8-4-2-1-Code" bezeichnet wird, zur Unterscheidung von anderen möglichen Codierungen der Dezimalzahlen [A44].
In dem Beispiel Bild 5-24d wird das Rücksetzen der Flip-Flops in den Ausgangszustand
beim zehnten Impuls durch die zusätzlich eingefügten UND- bzw. ODER-Verknüpfungen
erreicht. Zu Beginn des Zählvorgangs liegt am Eingang 2 des UND-Gatters G1 High-Potential, so daß jede Potentialänderung an Klemme A zum Eingang des zweiten Flip-Flops
übertragen wird. Gleichzeitig ist vorerst das UND-Gatter G3 infolge Low-Potentials am
Eingang 2 gesperrt.
Nach dem achten Zählimpuls wird G1 infolge des Potentialwechsels am Q-Ausgang des
vierten Flip-Flops gesperrt, während G3 freigegeben wird. Der neunte Zählimpuls setzt
noch das erste Flip-Flop. Der zehnte Zählimpuls setzt das erste Flip-Flop zurück, die
fallende Impulsflanke an Klemme A setzt über G3 und G2 das vierte Flip-Flop zurück;
damit ist der Ausgangszustand der BCD-Zähltetrade wieder erreicht.

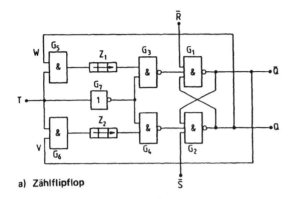

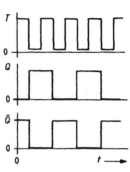

a) Zählflipflop

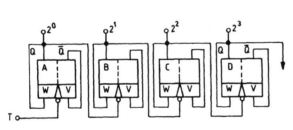

b) Dualzähler

	8	4	2	1
0	0	0	0	0
1	0	0	0	1
2	0	0	1	0
3	0	0	1	1
4	0	1	0	0
5	0	1	0	1
6	0	1	1	0
7	0	1	1	1
8	1	0	0	0
9	1	0	0	1
10	1	0	1	0
11	1	0	1	1
12	1	1	0	0
13	1	1	0	1
14	1	1	1	0
15	1	1	1	1
	D	C	B	A

c)

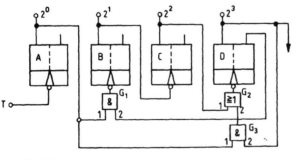

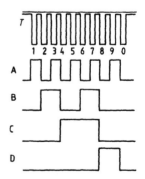

d) BCD-Zähler

▶ 5.4.3 Dekodierung und Anzeige

Bei gerätetechnischen Anwendungen muß der Stand eines BCD-Zählers wieder in Form von Dezimalzahlen zur Anzeige gebracht werden. Benutzt man *Ziffernanzeigeröhren* mit einzelnen kompletten Zifferzeichen (z.B. sog. Nixie-Röhren), so muß entsprechend dem jeweiligen Stand einer BCD-Zähldekade jeweils eine von zehn Ziffern 0...9 aufgerufen werden, d.h. man benötigt einen „BCD zu 1-aus-10-Dekoder". Häufiger werden inzwischen sog. *Sieben-Segment-Anzeigen* benutzt, bei denen jede Dezimalziffer durch eine entsprechende Auswahl aus vier vertikalen und drei horizontalen „Balken" dargestellt wird [A43]. In diesem Falle benötigt man einen „BCD zu 7-Segment-Decoder", der dann natürlich für jede Ziffer mehrere Ausgangssignale abgeben muß.

BCD-8-4-2-1 zu 1-aus-10-Dekoder

Bild 5-24e zeigt ein Beispiel für die Umkodierung einer BCD-8-4-2-1-Darstellung in eine 1-aus-10-Darstellung. Das Prinzip dieses Umkodierers ist leicht zu erkennen. Die Anzeige „0" muß angesteuert werden, wenn alle Eingangssignale A, B, C, D *nicht* vorhanden sind, d.h. es ist eine UND-Verknüpfung der invertierten Größen $\bar{A}$, $\bar{B}$, $\bar{C}$, $\bar{D}$ zu bilden. Die Anzeige „1" wird sinngemäß über die Verknüpfung $A \cdot \bar{B} \cdot \bar{C} \cdot \bar{D}$ eingeschaltet. Von der Ziffer „2" an ergeben sich Einsparungsmöglichkeiten; da sich die duale Ziffernkombination C, B, A = 010 in der Tabelle (Bild 5-24c) der Dezimalziffern 0...9 nicht noch einmal wiederholt, braucht die höchstwertige Variable D nicht mehr dekodiert zu werden. Die Ziffern „8" und „9" schließlich können allein anhand der Zustände von A und D erkannt werden.

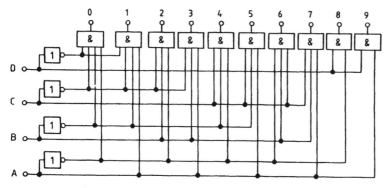

e) BCD-Dezimal-Decoder

Bild 5-24 Grundlegendes zur Schaltungstechnik elektronischer Zähler (Ereigniszähler).

BCD zu 7-Segment-Dekoder

Wird statt einer Ziffernanzeigeröhre z.B. eine 7-Segment-LED-Anzeige verwendet (LED = light emitting diodes), so müssen die Ausgangsleitungen des Dekoders nicht den einzelnen Ziffern, sondern den einzelnen „Balken" der Ziffernstruktur zugeordnet sein. Die logischen Verknüpfungen sind dann so festzulegen, daß jeweils die richtige Ziffernstruktur aufgerufen wird.

Integrierte Schaltungen

Es sei hier noch einmal darauf hingewiesen, daß die vorstehend erwähnten Grundschaltungen der Zählertechnik heute in einer großen Variationsvielfalt in Form Integrierter Schaltungen zur Verfügung stehen.

▶ **5.4.4 Organisation eines Universalzählers**

Unter einem *Universalzähler* versteht man ein Gerät, welches für verschiedene, auf der Basis von Zählvorgängen lösbare Meßaufgaben umgeschaltet werden kann, z.B. Ereigniszählung, Frequenzmessung, Frequenzverhältnismessung, Periodendauermessung, Zeitintervallmessung oder Impulsbreitenmessung.
Anhand der in Bild 5-25 zusammengestellten, bei einem Universalzähler in der Regel durch den Betriebsartenumschalter wählbaren Strukturen, sollen nun die verschiedenen möglichen Meßfunktionen erläutert werden.

Ereigniszählung (n_1)

Für eine Ereigniszählung wird eine Schaltungsstruktur entsprechend Bild 5-25a hergestellt. Das zu beobachtende Eingangssignal liegt am Zählereingang E1 an und wird über einen Anpaßverstärker V1, einen Schmitt-Trigger ST und eine Torschaltung T1 dem *Ergebniszähler* zugeführt. Das Tor T1 wird zunächst durch die nach dem Einschalten des Systems angenommene Vorzugslage des Flip-Flops FF1 gesperrt gehalten. Durch ein Start- bzw. Auslösekommando wird das Monoflop MF1 zur Abgabe eines kurzen Reset-Impulses veranlaßt, der den Ergebniszähler auf Null zurücksetzt. Mit der Rückfallflanke des Monoflops MF1 wird dann das Flip-Flop FF1 umgesetzt und dadurch das Tor T1 freigegeben. Von nun an löst jeder durch das Eingangssignal an E1 ausgelöste Low/High-Übergang des Schmitt-Triggers ST, bei entsprechender Einstellung der Triggerung also z.B. jeder steigende Nulldurchgang der Eingangsspannung, einen Zählschritt aus. Durch ein Stopsignal kann die Zählfunktion wieder gesperrt werden. Das in den Ergebniszähler eingezählte Ergebnis wird über einen geeigneten Decoder an die Ziffernanzeige weitergegeben.

Frequenzmessung (f_1)

Um eine Frequenzmessung zu realisieren, muß gemäß Bild 5-25b das Tor T1 für eine genau definierte Zeit, in der Regel für einen dekadischen Bruchteil oder ein dekadisches Vielfaches einer Sekunde, freigegeben werden. Dies erreicht man dadurch, daß man ein von einem sehr frequenzkonstanten Quarzoszillator Q erzeugtes Taktsignal in einen zweiten Zähler, den sog. *Zeitablaufzähler* einzählt, bis dieser ein Überlaufsignal abgibt und

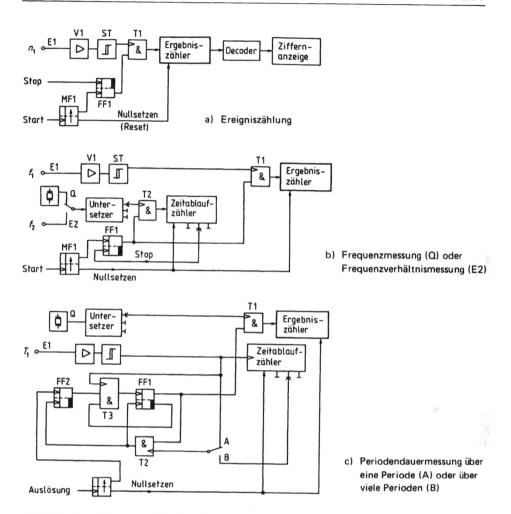

Bild 5-25 Die wichtigsten prinzipiellen Funktionsstrukturen eines Universalzählers

damit die Zählzeit beendet. Je nach dem, an der wievielten Zählstufe des Zeitablauf-
zählers das Überlaufsignal abgegriffen wird, kann man dann kürzere oder längere Zähl-
zeiten und damit verschiedene Frequenzmeßbereiche oder Zählerauflösungen wählen.
Zusätzliche Variationsmöglichkeiten ergeben sich, wenn man in den Weg des Taktsignals
einen weiteren Zähler als Untersetzer einfügt. Bei der Wahl des Torzeitintervalles muß
man natürlich stets beachten, daß ein Zählergebnis mit kleiner relativer Abweichung nur
erreicht werden kann, wenn die erreichte Ziffernanzeige genug Dezimalstellen aufweist!
Bei tiefen Frequenzen wäre hierfür eine sehr lange Zählzeit erforderlich, so daß man dann
besser die weiter unten erläuterte Periodendauermessung wählt. Ändert sich die Frequenz
des Eingangssignals während der Zähldauer, so findet natürlich eine Mittelwertbildung
über das gesamte Torzeitintervall statt!

Frequenzverhältnismessung (f_1/f_2)

Legt man den in Bild 5-25b eingezeichneten Schalter von Q nach E2 um, so kann man anstelle des Quarzoszillatorsignals ein externes Taktsignal mit der Frequenz f_2 zuführen. In diesem Falle ist die Zähldauer proportional zum Kehrwert von f_2, was bedeutet, daß sich eine Frequenzverhältnismessung (f_1/f_2) ergibt. Auch hier muß man bei der praktischen Einstellung des Universalzählers natürlich darauf achten, daß ein Meßergebnis mit kleinem relativem Fehler nur erreicht werden kann, wenn sich eine entsprechend vielstellige Dezimalanzeige ergibt.

Periodendauermessung (T_1)

Legt man den Ergebniszähler an die interne Taktfrequenz, und macht man über eine geeignete Triggeranordnung die Toröffnungszeit gleich der Periodendauer des Signals am Eingang E1, so ergibt sich eine Periodendauermessung. Bild 5-25c stellt hierzu einige weitere Einzelheiten dar. Nach dem Einschalten des System sind durch die Vorzugslagen der beiden Flip-Flops FF1 und FF2 alle Tore gesperrt. Ein Auslösekommando veranlaßt zunächst das Nullsetzen der beiden Zähler und setzt dann FF2 um. Von diesem Moment an ist das Tor T3 für einen Signaldurchlaß vorbereitet. Der nächste vom Eingang E1 über den Schmitt-Trigger eingehende L/H-Übergang setzt FF1 und öffnet damit das Tor T1; der Zählprozeß beginnt. FF1 bereitet zugleich die Übertragungsfähigkeit des Tores T2 vor und sperr das Tor T3. Dies wiederum hat zur Folge, daß der nächste von E1 her eingehende L/H-Übergang die Flip-Flops FF1 und FF2 zurücksetzt; dadurch wird T1 wieder gesperrt und im übrigen der Anfangszustand wiederhergestellt. Da der Abstand zweier positiver L/H-Übergänge gleich der Periodendauer des Eingangssignals an E1 ist, ist die während der Öffnungszeit von T1 in den Ergebniszähler eingezählte Impulszahl ein Maß für die gesuchte Periodendauer. Auch hier wird man bei der praktischen Einstellung des Universalzählers darauf zu achten haben, daß die Taktuntersetzung so eingestellt ist, daß die Anzeige einerseits nicht überläuft, andererseits aber genügend viele Dezimalstellen erreicht werden. Es ist klar, daß lange Periodendauern, also niedrige Eingangsfrequenzen, mit Hilfe der Periodendauermessung besonders genau aufgelöst werden können. Kurze Periodendauern, also hohe Eingangsfrequenzen, wird man dagegen durch eine Frequenzmessung besser erfassen können.

Eine andere Möglichkeit, auch kurze Periodendauern mit guter Auflösung auszuzählen, ergibt sich durch die Periodendauermessung über mehrere (oder viele) Perioden. Hierzu ist in Bild 5-25c der eingezeichnete Schalter in die Stellung B umzulegen. In diesem Falle endet das Zählintervall nicht bereits nach einer Periode des Eingangssignals, sondern erst dann, wenn der eingeschleifte Zeitablaufzähler dem gewählten Ausgang entsprechend ein Überlaufsignal abgibt. Natürlich wird dann auch hier ein Mittelwert gebildet, wenn sich die Periodendauer während der Meßzeit verändert.

Man beachte, daß die Öffnungszeit des Zähltores T1 nicht im Auslösemoment beginnt, sondern mit den Triggerpegeldurchgängen des Eingangssignals an E1 synchronisiert ist! Die Auslösung bereitet nur einen startfähigen Zustand des Systems vor. Auf diese Weise kann eine Zählerfunktion vom Einfluß eines zufälligen Auslösemomentes befreit werden.

Zeiterintervallmessung (Δt)

Durch eine weitere Strukturumschaltung kann eine Zeitintervallmessung realisiert werden. Hierfür muß man z.B. durch einen positiven Nulldurchgang des Eingangssignals an E1 über die Schmitt-Trigger-Schaltung das Flip-Flop FF1 in die Arbeitslage bringen und durch einen folgenden Nulldurchgang am Eingang E2 das Flip-Flop FF1 wieder rücksetzen; während der dazwischen liegenden Zeit wird dann über T1 die interne Taktfrequenz in den Ergebniszähler eingelesen.

Impulsbreitenmessung (T_i)

Organisiert man die Triggeranordnung so, daß ein steigender Triggerpegeldurchgang am Eingang E1 das Flip-Flop FF1 in die Arbeitslage bringt, ein fallender Triggerpegeldurchgang am *gleichen* Eingang FF1 zurücksetzt, so ergibt sich durch das Einzählen der internen Taktfrequenz während der Öffnungszeit von T1 eine Impulsbreitenmessung.

Bei den Zeitintervall- und Impulsbreitenmessungen ist natürlich stets zu beachten, daß das Meßergebnis von den eingestellten Triggerniveaus abhängt. Manche modernen Zählerausführungen bieten deshalb die Möglichkeit, das jeweils eingestellte Triggerniveau durch zusätzlichen Anschluß eines Oszilloskops zu kontrollieren, so daß man auf dem Bildschirm des Oszilloskops genau sehen kann, von welchem Zeitpunkt bis zu welchem Zeitpunkt tatsächlich gezählt wird. Oft werden Zähler und Oszilloskope im Rahmen von Einschubsystemen kombiniert.

Anzeigespeicher
Zwischenspeicher

Ist die Ziffernanzeige unmittelbar mit dem Ergebniszähler verbunden, wie in Bild 5-25a dargestellt, so beobachtet man während des Zählprozesses natürlich eine laufende Veränderung des Ziffernbildes; eine Ablesung ist erst nach Abschluß des Zählvorganges möglich. In komfortableren Geräten wird deshalb außer dem Ergebniszähler noch ein getrennter *Anzeigespeicher* (auch *Zwischenspeicher* genannt) vorgesehen. Das Zählergebnis wird nach Beendigung eines Zählprozesses in den Anzeigespeicher übertragen. Man kann dann ein feststehendes Ziffernbild ablesen, während „im Hintergrund" bereits ein neuer Zählprozeß abläuft, dessen Ergebnis dann wieder in *einem* Übertragungsmoment die alte Anzeige ablöst; vgl. hierzu auch Bild 5-30.

Referenzfrequenz

Es ist selbstverständlich, daß kein Zählergebnis – gleich welcher Art – eine bessere relative Genauigkeit erreichen kann, als sie die zur Verfügung stehende *Referenzfrequenz* bietet. Benutzt man z.B. den in einem Universalzähler in der Regel vorgesehenen Quarzoszillator als Referenzfrequenzquelle, so überträgt sich dessen relative Frequenzungenauigkeit bei einer Periodendauermessung direkt über die Taktfrequenzzählung, bei einer Frequenzmessung über die Toröffnungszeit in das Ergebnis. In der Regel ist deshalb bei einem Universalzähler die Möglichkeit vorgesehen, anstelle des internen Quarzoszillators eine externe Normalfrequenzquelle zu benutzen, vgl. Abschnitt 5.7.10.

5.5 Meßumsetzer und signalstrukturändernde Meßumformer

Ein *Meßumsetzer* ist nach VDI/VDE 2600 ein Gerät, das an Ein- und Ausgang verschiedene Signalstruktur aufzuweisen hat, vgl. Abschnitt 1.5. Ein Gerät, das ein analoges Eingangssignal in ein analoges
Ausgangssignal umformt, ist demgegenüber ein *Meßumformer*. Hiernach ist ein Analog-Digital-Con-
verter ein Meßumsetzer, aber ein Spannungs-Frequenz-Converter ein Meßumformer, denn die von ihm
abgegebene Frequenz ist ein *analoges* Abbild der Eingangsspannung; dies wird neuerdings durch die
Anwendung in sog. „frequenzanalogen Systemen" besonders deutlich [E65], [E66], [E68]. Andererseits vermittelt ein Spannungs-Frequenz-Umformer aber auch eine Signalstrukturänderung, so daß es
sicher nicht abwegig ist, ihn hier einzuordnen statt in ein Kapitel über Dehnungsmeßstreifen oder
Thermoelemente. Eindeutig falsch im Sinne der Norm VDI/VDE 2600 sind die im allgemeinen Sprachgebrauch besonders häufig anzutreffenden Bezeichnungen „Analog-Digital-Wandler" und „Spannungs-
Frequenz-Wandler".

5.5.1 Spannungs-Frequenz-Umformer

Frequenz proportional Spannung

Bild 5-26 zeigt ein Beispiel für einen Spannungs-Frequenz-Umformer. Zur Erläuterung der
Wirkungsweise sei angenommen, daß die umzuformende Eingangsspannung U_1 negativ,
die Referenzspannung U_{ref} positiv ist. Weiterhin soll die Betrachtung der Funktionsabläufe
in der Schaltung in einem Moment begonnen werden, in dem die Integratorausgangsspannung $u_A(t)$ gerade null ist. Der mit dem Komparator gekoppelte (elektronische) Umschalter möge gerade die gezeichnete Stellung haben. In dieser Situation liegt am Eingang
des Integrierers eine resultierende negative Eingangsspannung an, so daß $u_A(t)$ ins Positive
anwachsen muß. Sobald jedoch $u_A(t) = V \cdot U_{ref}$ geworden ist, schaltet der Komparator
den (elektronischen) Schalter um. Da der nichtinvertierende Eingang des Integrierers am
Halbierspannungsteiler $R_3/(R_2 + R_3)$ liegt, wird jetzt eine positive Integrierereingangs-
spannung resultierend wirksam, und $u_A(t)$ fällt wieder, so lange, bis $u_A(t) = 0$ erreicht ist
und der Komparator wieder den anfangs vorausgesetzten Zustand herstellt. Dieser Ablauf
muß sich periodisch wiederholen.

Man überlege nun: Würde die Eingangsspannung U_1 (dem Betrage nach) doppelt so groß,
so würde sich die Steigung der Integratorausgangsspannung verdoppeln, die Periodendauer
des Vorgangs halbieren, die Frequenz verdoppeln. Das dargestellte Prinzip führt also auf
eine Proportionalität zwischen Spannung und Frequenz.

Periodendauer proportional Spannung

Vertauscht man in Bild 5-26 U_1 mit U_{ref} (wobei zur weiteren Diskussion dann auch
$U_1 > 0$ und $U_{ref} < 0$ gewählt werden soll), so führt ein sinngemäß entsprechend geführter
Überlegungsgang zu der Erkenntnis, daß jetzt die Periodendauer der Dreieckschwingung
proportional zur Eingangsspannung U_1 sein wird [E65], [E66].

> Vertauscht man bei einem Spannungs-Frequenz-Umformer die Eingangsspannung
> mit der Referenzspannung, so entsteht ein Spannungs-Periodendauer-Umformer,
> und umgekehrt.

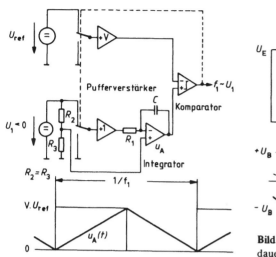

Bild 5-26 Beispiel einer Spannungs-Frequenz-Umformung [E65], [E66]

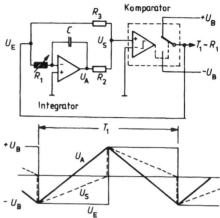

Bild 5-27 Beispiel einer Widerstands-Periodendauer-Umformung [E65], [E66]

U-f- oder U-T-Umformung?

Die Spannungs-Frequenz-Umformung ist beispielsweise zweckmäßig, wenn anschließend mit Hilfe eines Zählers eine Analog-Digital-Umsetzung erfolgen soll. Durch Auszählen über ein bestimmtes Zeitintervall entsteht eine Mittelwertbildung (Integration).

Sollen dynamische Vorgänge erfaßt werden, so kann die Spannungs-Periodendauer-Umformung von Vorteil sein: Durch Auszählen der Periodendauer mit Hilfe einer höheren Taktfrequenz (vgl. Abschnitt 5.4.4) ist dann eine Analog-Digital-Umsetzung bereits innerhalb einer Periode abgeschlossen. Dabei entfällt der Effekt der Mittelwertbildung über eine längere Schwingungsfolge.

5.5.2 Widerstands-Periodendauer-Umformer

Macht man beim Spannungs-Periodendauer-Umformer nach Bild 5-26 die Eingangsspannung konstant, und sieht man den Integriererwiderstand R_1 als veränderbar an, so entsteht ein Widerstands-Periodendauer-Umformer, wie er z.B. in Verbindung mit Widerstandsthermometern eingesetzt werden kann. Bild 5-27 zeigt ein noch etwas abgewandeltes Beispiel. Es gibt eine ganze Reihe weiterer Möglichkeiten, z.B. auch zur Umformung sehr kleiner Widerstandsänderungen, wie sie z.B. bei Dehnungsmeßstreifen auftreten [E33], [E65], [E66], [E72], [E73], [E74], [E75].

5.5.3 Frequenz-Spannungs-Umformer

Ein einfacher Weg zur Umformung einer Frequenz in eine Spannung besteht darin, zunächst mit Hilfe eines Monoflops Impulse konstanter Dauer und Höhe zu formen, deren zeitlicher Abstand entsprechend der umzuformenden Frequenz veränderlich ist, und über diese Impulsfolge dann mit Hilfe einer Tiefpaßstufe den Mittelwert zu bilden; damit ist natürlich eine entsprechende Verzögerungswirkung verbunden.

Ein grundsätzlich anderes, sehr flexibles und vielseitig anpaßbares Verfahren − auch für die Spannungs-Frequenz-Umformung − ergibt sich durch Anwendung sogenannter *Phasenregelschleifen* (Phase locked loops) [A108].

▶ **5.5.4 Digital-Analog-Umsetzer**

Bild 5-28a zeigt den Grundgedanken einer Digital-Analog-Umsetzung zunächst anhand
einer Relaisanordnung. Als Beispiel sollen die auf vier Leitungen A, B, C, D darstellbaren
Dualzahlen von 0000 bis 1111 entsprechend 0...15 dezimal in proportionale Spannungswerte U_A umgesetzt werden. Hierfür sind den einzelnen Bits der dualen Darstellung ge-
wichtete Widerstände $R/1$ bis $R/8$ als Eingangswiderstände eines Summierers zugeordnet.
Ist nun z.B. die Dualzahl 0001 umzusetzen, so wird Relais A eingeschaltet und dadurch
der Widerstand $R/1$ an die Referenzspannung U_0 gelegt; die Ausgangsspannung U_A nimmt
den Wert $U_A = -(R_0/R)U_0$ an. Für die Dualzahl 0010 ergibt sich, weil Relais B eingeschaltet wird,

$$U_A = -(R_0/(R/2))U_0 = -2(R_0/R)U_0 .$$

Für die Dualzahl 0011 ergibt sich dann die Summe der Beiträge von Relais A und Relais B:

$$U_A = -(R_0/R)U_0 - 2(R_0/R)U_0 = -3(R_0/R)U_0 .$$

Man erkennt, daß sich so eine Folge von Ausgangsspannungswerten ergibt, die der Folge
der Dualzahlen von 0000 bis 1111 proportional ist.
Bild 5-28b zeigt eine mögliche elektronische Realisierung dieses Umsetzungsprinzips. Die
Emitterwiderstände der über Dioden mit A, B, C, D verbundenen Schaltertransistoren sind
in der gleichen Weise gestuft wie die entsprechenden Widerstände im Bild 5-28a. Die Referenzspannung U_0 wird durch eine Z-Diode vorgegeben. Die in Reihe zur Z-Diode liegende
Diode kompensiert die Basis-Emitter-Spannung der Schaltertransistoren; außerdem wird
mit einer derartigen Kombination ein Temperaturkompensationseffekt bezweckt. Die
Referenzschaltung sei im übrigen so dimensioniert, daß im Punkt E ein Potential von ca.
+2 V herrscht. Dann kann man sich folgendes überlegen: So lange die Klemmen A, B, C, D
auf Low-Potential liegen, sind die Schaltertransistoren gesperrt, weil das Emitterpotential
für jeden Transistor niedriger ist als das Basispotential (PNP-Typen!). Wird nun z.B. A auf
High-Potential angehoben (d.h. auf annähernd $+U_V$), so geht die mit Klemme A verbun-

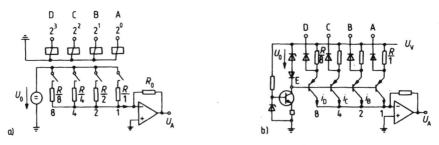

Bild 5-28 Digital-Analog-Umsetzer a) Prinzip, b) Elektronische Realisierung

dene Diode in den Sperrzustand über, und es kommt über den Emitter des dadurch freigegebenen Transistors der Strom U_0/R zustande und fließt weiter über dessen Kollektor zum Eingang des Summierverstärkers. Wird zusätzlich B auf High-Potential gelegt, so addiert sich hierzu der Strom $U_0/(R/2) = 2\,U_0/R$, usw. Man sieht, daß sich hier die gleiche Funktion ergibt, wie sie zuvor an der entsprechenden Relaisstruktur erläutert wurde.

Für einen größeren Zahlenbereich als 0...15 dezimal müssen natürlich mehr Schaltstufen ergänzt werden, um eine feinere Auflösung zu erreichen, und man wird natürlich mit zunehmender Auflösung auch große Anstrengungen unternehmen müssen, um die Fehlerbeiträge der einzelnen Schaltungselemente hinreichend klein zu halten. Ausführlichere Darstellungen findet man z.B. in [A50], [A109], [A110].

▶ **5.5.5 Analog-Digital-Umsetzer**

Stufenumsetzer

Bild 5-29a zeigt das Prinzip eines *Stufenumsetzers*. Die umzusetzende Eingangsspannung wird dem einen Eingang eines Komparators zugeführt, die Ausgangsspannung eines Digital-Analog-Umsetzers dem anderen Eingang des Komparators (Kompensationsspannung U_{komp}). Eine geeignete Steuerschaltung setzt die Eingangswerte des D/A-Umsetzers nach einem geeigneten Folgeprogramm. Im Bild wird z.B. zunächst das höchstwertige Bit gesetzt; der Komparator meldet an die Steuerung, daß das gesetzte Kompensationssignal noch zu klein ist. Daraufhin setzt die Steuerung das nächst niederwertigere Bit dazu; der Komparator meldet an die Steuerung, daß dieser Schritt zu weit gegangen ist. Die Steuerung nimmt den Schritt zurück und setzt das nächstniedrigere Bit, usw. Dieses Verfahren wird so lange fortgesetzt, bis alle Setz- oder Löschentscheidungen bis zum niedrigstwertigen Bit hin vollzogen sind; dann steht am Digitaleingang des D/A-Umsetzers das Ergebnis der A/D-Umsetzung an! Infolge der nur endlich großen ziffernmäßigen Auflösung verbleibt ein Restfehler, der sog. *Quantisierungsfehler*, vgl. Abschnitt 1.7.

Sägezahnumsetzer

Bild 5-29b zeigt das Prinzip eines *Sägezahnumsetzers*. Ein Sägezahngenerator erzeugt eine zeitproportional anwachsende Spannung. Sobald die Sägezahnspannung den Wert Null durchläuft, wird das Eingangstor eines Zählers geöffnet, sobald die Sägezahnspannung den Wert der umzusetzenden Eingangsspannung U_E erreicht hat, wieder geschlossen. Die Zahl der während der Toröffnungszeit in den Zähler eingezählten Taktimpulse ist proportional zur Eingangsspannung U_E. Nachteile dieses Verfahrens sind, daß Steigungsfehler der Sägezahnfunktion, Taktfrequenzfehler sowie der Eingangsspannung überlagerte Rausch- oder Brummspannungen unmittelbar in das Meßergebnis eingehen.

Zweirampenverfahren

Diese Nachteile vermeidet das heute meistbenutzte *Zweirampenverfahren* nach Bild 5-29c. Die Eingangsspannung U_E wird zunächst mit Hilfe eines Miller-Integrators MI (vgl. auch Bild 4-52) integriert (Tor T1 ein!), und zwar so lange, bis ein parallel hierzu laufender Zähler seinen Überlaufwert k erreicht hat. Dann wird die umzusetzende Eingangsspannung abgeschaltet und stattdessen eine Referenzspannung umgekehrter Polarität an den Integrierer angeschaltet (Tor T3 ein, falls U_E positiv war, anderenfalls T2!), so daß die

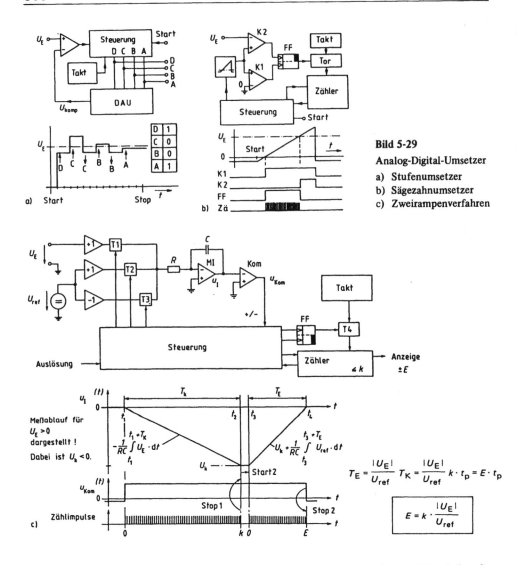

Bild 5-29

Analog-Digital-Umsetzer

a) Stufenumsetzer

b) Sägezahnumsetzer

c) Zweirampenverfahren

Integrierer-Ausgangsspannung sich nun gegensinnig verändert, so lange, bis wieder der Wert Null erreicht ist. Die währenddessen eingezählte Impulszahl E ist proportional zur Eingangsspannung U_E. Steigungsfehler des Integrierprozesses (Zeitkonstantenfehler) und Taktfrequenzfehler wirken sich im ersten und zweiten Integrationsabschnitt in gleicher Weise aus und kompensieren sich daher in ihren Auswirkungen, sofern sie nur über eine Umsetzperiode hinweg konstant bleiben. Durch den Integrationsprozeß werden außerdem Rausch- oder Brummspannungen, die der zu messenden Spannung U_E überlagert sind, weitgehend ausgemittelt. Das Prinzip ist insbesondere auch für die Schaltungsintegration sehr geeignet.

Stufenumsetzer oder Zweirampenverfahren?

Der *Stufenumsetzer* erreicht im Vergleich zu einem integrierenden Verfahren eine sehr *kurze Umsetzungszeit*. Er galt früher als aufwendiges Verfahren, weil die Realisierung einer geeigneten Steuerung in konventioneller oder halbkonventioneller Technik eben einen gewissen Aufwand erforderte. Beim heutigen Stand der Schaltungsintegration beginnt sich die Situation in dieser Hinsicht jedoch sehr zu ändern. In einem Gerät beispielsweise, in dem zur Realisierung von Automatisierungsfunktionen etwa ein Mikrorechner eingesetzt wird, lassen sich die notwendigen Steuerfunktionen durch einen vergleichsweise geringfügigen zusätzlichen Programmieraufwand realisieren.

Wo die Umsetzungszeit nicht extrem kurz sein muß, oder wo der Aufwand eines Mikrorechners nicht eingeplant ist, stellt das *Zweirampenverfahren* nach wie vor eine *sehr bewährte Lösung* dar. Es gibt mittlerweile auch eine ganze Reihe monolithisch integrierter Systeme.

Eine ausführlichere Einführung in die Technik der A/D-Umsetzung findet man z.B. in [A50], [A109], [A110].

5.6 Digital arbeitende Geräte

▶ 5.6.1 Digitalvoltmeter

Zur Bezeichnung „Digitalvoltmeter" vgl. die Anmerkung im Abschnitt 2.3.1!

Ein Digitalvoltmeter ist im Prinzip natürlich nichts anderes als die Kombination eines Analog-Digital-Umsetzers mit einer Ziffernanzeige, ggf. mit umschaltbaren Meßbereichen. Nun haben die Digitalvoltmeter hinsichtlich meßtechnischer Präzision und Bedienungskomfort jedoch eine gewisse eigenständige Entwicklung durchlaufen, deshalb soll hier mit Bild 5-30 eine typische Blockstruktur vorgestellt und etwas diskutiert werden. Diese Blockstruktur trifft man sowohl in Einbereich-Einbauvoltmetern als auch – ergänzt um eine Meßbereichsumschaltung oder eine selbsttätig arbeitende Meßbereichsautomatik – in Geräten für den Laboratoriumseinsatz häufig an.

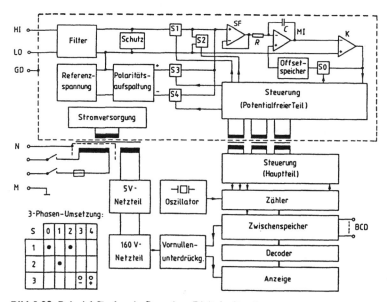

Bild 5-30 Beispiel für den Aufbau eines Digitalvoltmeters

Zunächst fällt auf, daß der eigentliche Umsetzungsteil, der den Miller-Integrator MI enthält, von einem *Schirm* umschlossen ist (Guard, GD). Der Umsetzungsteil kann in einem solchen Falle vollkommen potentialfrei betrieben werden, und es läßt sich z.B. vermeiden, daß infolge von Ausgleichsströmen auf unübersichtlichen Erdverbindungen Fehlerspannungen in den Meßkreis gelangen, vgl. hierzu Bild 3-72 und Bild 3-73. Die Meßklemmen haben in der Regel eine „High-Seite" (HI) und eine „Low-Seite" (LO), vgl. hierzu auch Abschnitt 2.2.5. Die „Low-Seite" hat gegenüber dem „Guard" im allgemeinen eine beträchtlich höhere Kapazität als die „High-Seite" und natürlich auch einen gewissen endlichen Isolationsleitwert gegenüber dem Schirm. In der Regel soll deshalb „LO" und „GD" verbunden sein, damit Fehlerströme nur zwischen Guard und Erde auftreten können; ggf. ist nach Bild 5-6 zu verfahren, natürlich unter Beachtung der höchstzulässigen Spannungen. Die Stromversorgung des erdfreien Schaltungsteils erfolgt über einen Transformator mit geschirmten Wicklungen, die Übertragung der Meß- und Steuersignale ebenfalls über einen Übertrager, durch den sich der Guard hindurchzieht.

Am Eingang ist vielfach ein *Filter* vorgesehen, durch das eine über den Integrationsprozeß des Zweirampenverfahrens hinausgehende, zusätzliche Störsignalunterdrückung erreicht werden kann; ein derartiges Filter kann oft nach Wunsch an- oder abgeschaltet werden. Eine *Schutzschaltung* sorgt dafür, daß überhöhte Eingangssignale begrenzt werden und es daher nicht zur Zerstörung des Verstärker- bzw. Integratoreingangs kommen kann. Dies ist von besonderer Bedeutung bei Geräten mit automatischer Meßbereichsumschaltung; ein derartiges Gerät muß nämlich stets im empfindlichsten Meßbereich „warten", da andernfalls ein kleines Eingangssignal nicht erkannt werden könnte, es kann aber jederzeit ein Spannungspegel für den unempfindlichsten Meßbereich angelegt werden!

Über die Torschalter S1, S3 und S4 legt die Steuerung jeweils abwechselnd die zu messende Spannung oder eine positive oder negative Referenzspannung an, je nach dem, welche Polarität die zu messende Spannung hatte. In den Meßpausen wird über S2 der Integrierereingang kurzgeschlossen und über S0 ein Hilfsgegenkopplungskreis geschlossen, der den Ausgang des Systems SF-MI-K auf Null stellt. Die hierbei dem nichtinvertierenden Eingang des Integrierers zugeführte Stellspannung bleibt anschließend in einem Kondensator gespeichert und wird so als *automatische Nullpunktkorrektur* wirksam.

Außerhalb des potentialfreien Teils, also im allgemeinen auf dem Potential der Schutzerde, befindet sich außer einem Teil der Steuerung der Zähler für das Zweirampenverfahren, der Zwischenspeicher einschließlich einer *BCD-Ausgabe* des Meßergebnisses, der Anzeigedekoder sowie die Anzeige einschließlich einer *Vornullenunterdrückung*, die dafür sorgt, daß vor der höchsten signifikanten Ziffer alle Nullanzeigen dunkelgesteuert bleiben. Außerdem sind natürlich — wie bei jedem elektronischen Gerät — die verschiedenen benötigten Versorgungsspannungen bereitzustellen.

5.6.2 Digitalmultimeter

Ein *Digitalmultimeter* enthält außer Gleichspannungsmeßbereichen verschiedene andere, durch Umschalter wählbare Meßmöglichkeiten, z.B. auch Gleichstrom- und Widerstandsmeßbereiche sowie Meßbereiche für Wechselspannung und Wechselstrom. Hierbei werden Wechselspannungen durch einen Präzisionsgleichrichter — z.B. nach Bild 4-26 — oder durch einen Effektivwertumformer — z.B. ähnlich dem Prinzip Bild 5-16 — in Gleichspannungen umgeformt. Aus diesem Grunde bleibt die Meßgenauigkeit der Wechselgrößenbereiche in der Regel weit hinter der Genauigkeit der Gleichgrößenbereiche zurück, insbesondere bei steigender Frequenz; man muß hier stets die Herstellerangaben genau lesen. Manchmal findet man bei einem Digitalmultimeter heute auch Temperaturmeßbereiche für den Anschluß eines Thermoelements oder auch eines speziell zugeschnittenen Temperaturaufnehmers.

5.6.3 Erfordernisse der Präzisionsmeßtechnik

Digital arbeitende Geräte mit mehr als dreistelliger Anzeige sind – zumindest der Ablesbarkeit nach – ausgesprochene Präzisionsmeßgeräte. Ein entsprechend genaues Meßergebnis kann damit jedoch nur erzielt werden, wenn durch eine entsprechende Sorgfalt bei der Anschlußweise und Bedienung auch alle Fehlereinflüsse entsprechend klein gehalten werden. Es soll deshalb hier kurz zusammengestellt werden, worauf zu achten ist.

1. Der Meßbereich muß so gewählt sein, daß der *Quantisierungsfehler* relativ zum Meßwert hinreichend klein bleibt, vgl. Abschnitt 1.7.
2. Bei Messungen an Schaltungen mit hohem Innenwiderstand ist zu beachten, daß die gemessene Spannung u.U. von der Leerlaufspannung nennenswert abweichen kann, einmal infolge der *Belastung* durch den Eingangswiderstand des Meßgerätes (vgl. Abschnitt 3.1.1), zum anderen aber evtl. auch durch *Eingangsfehlströme* des Meßgerätes, vgl. Bild 4-23. Letzteres läßt sich prüfen, indem man die Eingangsklemmen des Meßgerätes mit einem entsprechend hochohmigen passiven Widerstand abschließt; ggf. ist bei Eingangskurzschluß ein Offsetspannungsabgleich, bei hochohmigem Abschluß ein Offsetstromabgleich auszuführen, sofern diese Einstellmöglichkeiten vorgesehen sind.
3. Ein Präzisionsmeßgerät muß in mehr oder weniger regelmäßigen Zeitabständen überprüft und *nachkalibriert* werden, z.B. durch Vergleich mit Präzisionsspannungsquellen (Abschnitt 5.7.1), bei Hochpräzisionsgeräten ggf. durch Vergleich mit einer Referenzspannung der PTB, vgl. Abschnitt 1.3 und Abschnitt 5.7.3, siehe auch [E169].
4. Beim Anschluß der Eingangsklemmen des Meßgerätes (HI, LO) ist darauf zu achten, daß keine *Fremdspannungsabfälle* in den Meßkreis eingreifen dürfen, vgl. Bild 3-72 und 3-73. Bei der Messung kleiner Gleichspannungen ist zu beachten, daß Fehler durch *Thermospannungen* entstehen können, vgl. Abschnitt 3.10.2.
5. Bei einem *geschirmten* Präzisionsmeßgerät (HI, LO, GD) ist ein Anschluß sinngemäß zu Bild 5-6 vorzunehmen.
6. Bei einem netzversorgten Gerät ist auch zu prüfen, ob nicht über das Meßgerät *netzsynchrone Störströme* in die Meßschaltung eingespeist werden und dort an irgendeiner Stelle zu störenden Spannungsabfällen führen, vgl. Abschnitt 2.2.5.
7. Sind einer Meßgröße *meßartfremde Signale* überlagert, z.B. einer zu messenden kleinen Gleichspannung eine Wechselspannung, so ist für eine ausreichende Filterung zu sorgen. Bei integrierenden Digitalmeßgeräten wird eine besonders gute Unterdrückung von netzsynchronen Störsignalen erreicht, wenn die Integrationszeit ein ganzzahliges Vielfaches der Netzspannungsperiodendauer ist [E76]. Unter keinen Umständen darf ein meßartfremdes Signal zu einer Verstärker-Übersteuerung führen! .
8. Bei einem *effektivwertbildenden Gerät* ist stets darauf zu achten, daß die Signal-Scheitelwerte ein bestimmtes Vielfaches des als Effektivwert angegebenen Nennbereiches nicht überschreiten dürfen (Scheitelfaktor, engl. crest factor). Andernfalls kommt es zu einer Verstärker-Übersteuerung durch das Meßsignal selbst.

Es ist sehr empfehlenswert, zum Thema dieses Abschnittes eine ausführlichere Darstellung zu lesen, z.B. [E76].

* 5.6.4 Digitale Zweipol-Meßgeräte

Digital arbeitende Zweipol-Meßgeräte, z.B. für Impedanzen oder Bauelementeparameter R, L, C, kombinieren eine geeignete Spannungs- oder Stromquellenschaltung, ggf. mit verstellbarer Frequenz, mit einer digital arbeitenden Spannungsmeßeinrichtung, vgl. z.B. die Speiseeinrichtungen des Gerätes Bild 5-21. In manchen Fällen kann jedoch auch irgendein spezielles Verfahren für die Digitalisierung sehr viel günstiger sein, vgl. z.B. Bild 5-20.

* 5.6.5 Digitale Vierpol-Meßgeräte

Digital arbeitende Vierpolmeßgeräte sind in der Regel eine Kombination aus Doppelspannungsmesser und Phasenmesser mit Analog-Digital-Umsetzung, z.B. sog. *Netzwerkanalysatoren*, vgl. Abschnitt 5.3.3.

5.7 Signalquellen und Normale

5.7.1 Gleichspannungsquellen

Präzisions-Spannungsquellen

Präzisions-Gleichspannungsquellen leiten ihre Ausgangsspannung in der Regel von einem hinreichend vorgealterten und temperaturkompensierten *Z-Dioden-Referenzelement* ab, ähnlich wie ein elektronisches Stromversorgungsgerät, vgl. Bild 4-48. Ausgangsspannungen oberhalb von etwa 1 Volt können dann in der Regel direkt am Ausgang eines hochgegengekoppelten Gleichspannungsverstärkers entnommen, d.h. mit sehr kleinem Innenwiderstand zur Verfügung gestellt werden. Ausgangsspannungen unter etwa 1 Volt müssen demgegenüber in der Regel an ohmschen Spannungsteilern abgegriffen werden, da die Offsetspannung eines elektronischen Verstärkers andernfalls zu große Fehler verursachen würde. Hierbei ist dann stets der Innenwiderstand des Teilers zu beachten, der bei Umschaltungen keineswegs konstant zu sein braucht; die Kalibrierung bezieht sich in solchen Fällen stets auf die Leerlaufspannung! Die Spannungsteiler sind in der Regel in dekadischer Stufung einstellbar, manchmal mit einer zusätzlichen kontinuierlichen Auflösung der kleinsten schaltbaren Stufung.

Differenz-Spannungsmesser

Soll die Ausgangsspannung eines Gleichspannungsnormals mit der Ausgangsspannung einer anderen Spannungsquelle verglichen werden, so benötigt man ein empfindliches Spannungsdifferenz-Meßgerät (Galvanometer), das jedoch auch hinreichend geschützt sein muß. Oft wird ein Gleichspannungs-Standard deshalb direkt mit einer Spannungsdifferenz-Meßeinrichtung kombiniert; man nennt ein solches Gerät dann *Differenz-Spannungsmesser*, vgl. z.B. [A107].

Strombegrenzung

Elektronische Normalspannungs-Ausgänge bedürfen zum Kurzschlußschutz einer Strombegrenzung, wie jedes andere Konstantspannungsgerät auch. Eine *einstellbare* Strombegrenzung hat den Vorteil, daß man auch anzuschließende Meßobjekte vor Überströmen schützen kann.

5.7.2 Gleichstromquellen

Präzisions-Stromquellen

Bei Präzisions-Stromquellen wird durch eine geeignete Gegenkopplungstechnik (z.B. eine „stromgesteuerte Spannungsgegenkopplung", vgl. Hinweise in Abschnitt 4.3) ein konstanter, vom Lastwiderstand (so gut wie) unabhängiger Ausgangsstrom erzwungen.

Spannungsbegrenzung

Dies ist natürlich nur innerhalb eines gewissen Ausgangsspannungsbereiches realisierbar, im Leerlauf tritt natürlich eine Spannungsbegrenzung in Erscheinung. Zum Schutz anzuschließender Meßobjekte kann die Spannungsbegrenzung auch einstellbar gemacht werden.

Multiplikatorschalter

Zur Überprüfung der Linearität anzeigender oder umsetzender Geräte ist es sehr praktisch, wenn ein (digital) einstellbarer Grundwert schrittweise mit einem ganzzahligen Multiplikator vervielfacht werden kann.
Bild 5-31 zeigt ein modernes Ausführungsbeispiel, das sozusagen eine bildliche Zusammenfassung der vorstehenden Ausführungen darstellt.

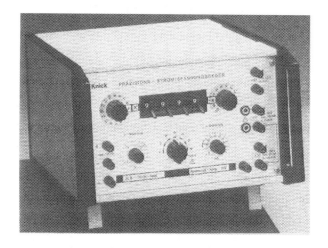

Bild 5-31
Beispiel für die Gestaltung eines Präzisions-Strom- und -Spannungs-Gebers (Knick, Berlin)

* 5.7.3 Transfer-Standards

Transfer-Standards sind Gleichspannungsnormale, die in einem engen Bereich (z.B. 0,999 V...1,001 V oder 1,017 V...1,020 V entsprechend der Spannung eines Weston-Normalelements, vgl. Abschnitt 2.2.11) sehr feinstufig eingestellt werden können, postversandfähig sind oder postversandfähige Normalelemente enthalten, um damit genaue Referenzspannungswerte übernehmen und „transportieren" zu können, vgl. z.B. [A107].

5.7.4 RC- und LC-Generatoren

RC- und *LC*-Generatoren sind im Prinzip komfortabel umschaltbare und abstimmbare technische Ausführungen der Oszillatorprinzipien Bild 4-49b und a. Sie sind darüberhinaus oft modulierbar (AM Amplitudenmodulation, FM Frequenzmodulation, PM Phasenmodulation, PAM Pulsamplitudenmodulation, PPM Pulsphasenmodulation), um Nachrichtensender-Signale nachbilden zu können.

Bezeichnungsweise

Es ist in der Regel *nicht* der Sinn eines *RC*- oder *LC*-Generators, hochgenaue Amplituden- oder Frequenzwerte abzugeben; Amplitudengenauigkeiten um 1% und Frequenzgenauigkeiten um 1‰ sind als gut anzusehende Werte. Generatoren mit hohen Anforderungen an die Amplitudengenauigkeit nennt man *Präzisionsmeßsender*, Generatoren mit hohen Anforderungen an die Frequenzgenauigkeit nennt man *Frequenzdekaden* oder *Synthesizer;* sie arbeiten nach sog. *Frequenzaufbereitungsverfahren,* vgl. Abschnitt 5.7.9.

5.7.5 Impulsgeneratoren

In *Impulsgeneratoren* werden in vielfältiger Weise *Kippschaltungen* (vgl. Abschnitt 4.9) mit geeigneten Verknüpfungs-, Steuer- und Einstellschaltungen so kombiniert, daß man Impulse oder Impulsfolgen mit in weiten Grenzen veränderbaren Zeit- und Amplitudenkennwerten erzeugen kann. Die Vielfalt der möglichen Ausführungsformen ist sehr groß, so daß man sich hierüber praktisch nur nach Herstellerkatalogen informieren kann.

Anpassung

Die von einem Impulsgenerator erzeugte Impulsform kann im allgemeinen nur dann verzerrungsfrei über Kabel übertragen werden, wenn eine *Wellenwiderstandsanpassung* erfolgt (vgl. Abschnitt 3.9.1 und 3.9.4). Die ausgangsseitigen Innenwiderstände von Impulsgeneratoren entsprechen deshalb in der Regel einem (oder mehreren, umschaltbar) der üblichen Wellenwiderstände $50\,\Omega$, $60\,\Omega$, $75\,\Omega$, $200\,\Omega$ oder $600\,\Omega$.

5.7.6 Funktionsgeneratoren

Funktionsgeneratoren sind komfortabel umschalt- und abstimmbare technische Realisierungen des Prinzips Bild 4-51. Neben der Möglichkeit, Rechteck-, Dreieck- und Sinussignale einstellbarer Amplitude und Frequenz zu entnehmen, ist oft auch die Möglichkeit einer Frequenz- oder Amplitudenmodulation vorgesehen. Daneben gibt es für spezielle Anwendungen z.B. auch *Zwei-* oder *Dreiphasengeneratoren.* Auch hier ist das Spektrum der Gestaltungsmöglichkeiten sehr groß, so daß man sich anhand von Herstellerkatalogen näher informieren muß.

Funktionsformer

Manchmal wird in der Literatur oder in Prospektunterlagen ein *Funktionsformer* fälschlich als Funktionsgenerator bezeichnet. Ein Funktionsformer ist eine − meist aus einem Diodennetzwerk bestehende − nichtlineare Übertragungsschaltung, die einem eingangsseitigen Spannungsverlauf einen anders geformten ausgangsseitigen Spannungsverlauf zuordnet; so ist z.B. die Diodenschaltung in Bild 4-51 rechts ein Funktionsformer. Funktionsformer als selbständige Geräte sind so aufgebaut, daß man den Zusammenhang zwischen Eingangs- und Ausgangsspannung in weiten Grenzen frei einstellen kann; sie werden vor allem bei Analogrechnern eingesetzt.

* **5.7.7 Rauschgeneratoren**

Rauschgeneratoren erzeugen Rauschspannungen bzw. entsprechende Zufallsfunktionen. Diese können z.b. einer physikalischen Rauschquelle entnommen sein, z.b. einer Diode oder Elektronenröhre, oder auch einem künstlichen Zufallsprozeß, z.b. einem digitalen Zufallszahlengenerator [A105], [A111]. Ist das erzeugte Signal in Wahrheit doch deterministisch, nur mit einer so langen Wiederholungsperiode, daß man diese bei der Anwendung nicht mehr zu beachten braucht, so spricht man von *Pseudozufallsgeneratoren*.

* **5.7.8 Präzisionsmeßsender**

Präzisionsmeßsender sind *RC*- oder *LC*-Generatoren mit sehr präziser Amplitudenregelung und daher sehr genau einstellbarer Ausgangsspannung [E77], [E78]. Sie sind für die Kalibrierung von Wechselspannungsmeßgeräten gedacht.

5.7.9 Frequenzaufbereitung

Hochgenaue Meßfrequenzen oder hochgenaue Steuerfrequenzen für Nachrichtensender (relativer Frequenzfehler unter etwa 10^{-7}) können nicht durch freischwingende *RC*- oder *LC*-Oszillatoren erzeugt werden, sondern müssen durch sogenannte *Frequenzaufbereitungsverfahren* von einer hochkonstanten Referenzfrequenz abgeleitet werden, z.B. von der Schwingfrequenz eines sehr hochwertigen Quarzoszillators. Geräte dieser Art nennt man *Synthesizer*, wegen ihrer im allgemeinen dekadischen Einstellbarkeit auch *Frequenzdekaden*.

Frequenzsynthese

Bei dem *Frequenzsynthese-Verfahren* wird die gewünschte Ausgangsfrequenz aus einer Reihe von Einzelfrequenzen, die alle ganzzahlige Vielfache oder Teile einer Referenzfrequenz sind, in entsprechend vielen Mischstufen (vgl. Abschnitt 4.2, Bild 4-13c) zusammengemischt. Bild 5-32a stellt ein auf zwei Dekadenschalter vereinfachtes Blockschaltbild dieses Verfahrens dar. Das zu synthetisierende Signal durchläuft eine Kettenschaltung von Mischstufen mit zwischengeschalteten Bandpässen und Frequenzteilern. In jeder Mischstufe wird die Frequenz um einen hinzugemischten Wert vergrößert oder verkleinert. Die hinzugemischten Frequenzen werden durch umschaltbare Bandpässe aus den Oberschwingungen der Referenzfrequenz ausgefiltert. Durch die zwischen den Mischstufen liegenden Frequenzteiler wird erreicht, daß für alle Dekaden dieselben Harmonischen der Referenzfrequenz benutzt werden können. Die Bandpässe zwischen den Mischstufen blenden jeweils die gewünschten Mischprodukte aus; nach der letzten Umsetzung ist nur noch ein Tiefpaß erforderlich.
Wie dieses Verfahren nun im einzelnen arbeitet, macht man sich am besten anhand des in Bild 5-33 dargestellten Zahlenbeispiels klar. Hier ist für ein älteres, noch einfach überschaubares Gerät für die Dekadenschalter-Stellung „90,055 kHz" gezeigt, wie diese Ausgangsfrequenz aus dem Bereich der 45-ten bis 54-ten Harmonischen von 100 kHz zusammengemischt wird. Die in Bild 5-32a noch angedeuteten Bandpässe zwischen den Mischstufen sowie der Tiefpaß am Ausgang sind hier nicht explizit gezeichnet worden; die Bandpässe müssen jeweils unmittelbar hinter den Mischstufen liegen und bei diesem Beispiel jeweils den Bereich 5...6 MHz passieren lassen, der Ausgangstiefpaß den Bereich 0...100 kHz.

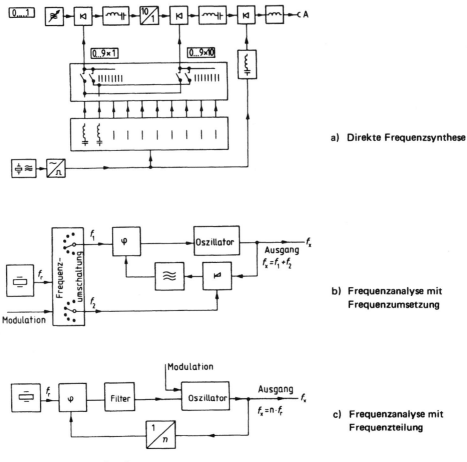

a) Direkte Frequenzsynthese

b) Frequenzanalyse mit Frequenzumsetzung

c) Frequenzanalyse mit Frequenzteilung

Bild 5-32 Frequenzaufbereitung

Wenn gewünscht, kann bei einem solchen Verfahren von einer beliebigen Dezimalstelle an auf kontinuierliche Abstimmung umgeschaltet werden, wenn man den entsprechenden Mischereingang auf den vorgesehenen Interpolationsgenerator umschaltet. Legt man z.B. den Schalter S0 um, so kann zwischen 90,055...90,056 kHz interpoliert werden, legt man S1 um, so kann zwischen 90,050...90,060 kHz interpoliert werden, usw., legt man S5 um, so hat man eine freie kontinuierliche Abstimmbarkeit über den gesamten Bereich von 0...100 kHz, wobei die präzise dekadische Ablesbarkeit und Stabilisierung natürlich verloren geht. Man erkennt, daß man auf diese Weise auch Teil- oder Ganzbereiche *wobbeln* kann (vgl. Abschnitt 5.3.2), und man erkennt, daß man auf diese Weise eine *Frequenzmodulation* einspeisen kann, aber auch eine *Amplitudenmodulation,* da die Mischstufen bei geeigneter Dimensionierung auch Amplitudenschwankungen weitergeben.

Zusammenfassend läßt sich sagen, daß das Verfahren der Frequenzsynthese ganz offensichtlich hinsichtlich der Umschaltbarkeit und der Modulierbarkeit große Freiheiten offen läßt, daß es aber wegen der vielen benötigten Filter auch mit großem Aufwand (und Gewicht) verbunden ist.

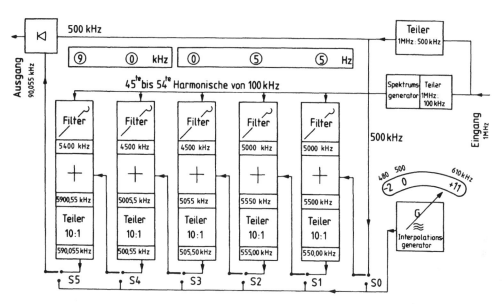

Bild 5-33 Zahlenbeispiel zur direkten Frequenzsynthese 0 ... 100 kHz (Schomandl)

Frequenzanalyse

Beim Verfahren der *Frequenzanalyse* wird die Ausgangsspannung nicht über Mischstufen, sondern direkt von einem Oszillator erzeugt, der über einen *Phasenregelkreis* (vgl. auch Abschnitt 5.5.3) mit einer Referenzfrequenz phasensynchronisiert und damit frequenzstarr verbunden wird [A108], [E79], [E80]. Nun liegt die Referenzfrequenz in der Regel um einige Dekaden tiefer als die Ausgangsfrequenz. Um den für die Phasenregelung notwendigen Phasenvergleich in einem Phasendiskriminator vornehmen zu können, muß deshalb die Oszillatorfrequenz entweder durch Zusetzen einer weiteren quarzstabilen Frequenz auf die Referenzfrequenz heruntergemischt werden — wie in Bild 5-32b — oder sie muß durch einen Frequenzteiler heruntergeteilt werden — wie in Bild 5-32c.

Das Analyseverfahren kommt mit weit geringerem Aufwand aus, weil man nicht so viele Filter benötigt, auch weil man einige Systemteile sehr wirtschaftlich mit Hilfe von integrierten Schaltungen der Digitaltechnik realisieren kann, ist aber hinsichtlich der Frequenzumschaltung und hinsichtlich Modulationsmöglichkeiten von mancherlei Problemen begleitet [E79]. Nach Wirtschaftlichkeitsgesichtspunkten optimierte Synthesizer benutzen daher im allgemeinen zweckmäßige Kombinationen des Frequenzsynthese- und -analyseverfahrens. Moderne Synthesizerkonzepte sind deshalb für den weniger Eingearbeiteten nicht mehr einfach zu überblicken, zumal gute Standardgeräte heute einen Dezimalstufenbereich von der 10Hz-Stelle bis 1000 MHz aufweisen, vgl. z.B. Bild 5-34a. Dazu kommt heute bei Spitzengeräten die Forderung nach Rechnerkompatibilität, vgl. z.B. Bild 5-34b.
Die relative Frequenzkonstanz eines derartigen Synthesizers ist gleich der Konstanz der Referenzfrequenz. Mit hochwertigen Quarzoszillatoren werden z.B. bei den Geräten nach Bild 5-34 Werte von $< 2 \cdot 10^{-9}/°C$, $< 2 \cdot 10^{-9}/Tag$ und $< 5 \cdot 10^{-8}/Monat$ erreicht. Stabilere Frequenzen können von entsprechend stabileren externen Frequenznormalen abgeleitet werden, vgl. Abschnitt 5.7.10.
Ausführlichere Darstellungen der Synthesizertechnik findet man in [E79], [E80], [A112].

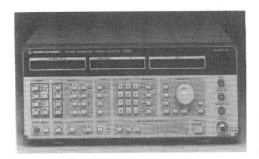

a)
Dekadischer Meßgenerator 50 kHz–1360 MHz,
mikroprozessorgesteuert und IEC-Bus-kompatibel

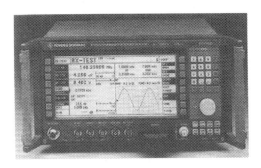

b)
Dekadischer Meßsender und automatischer
Empfängermeßplatz 50 kHz–1000 MHz
(IEC-Bus)

Bild 5-34 Beispiele zum gegenwärtigen Stand der Frequenzaufbereitungs-Technik (Rohde & Schwarz)

* 5.7.10 Frequenz- und Zeitnormale

Frequenznormale liefern mindestens *eine* Wechselspannung mit sehr konstanter Periodendauer, die immer ein ganzzahliger Bruchteil einer Sekunde ist; Frequenznormale sind daher gleichzeitig Zeitnormale.

Primär-Frequenznormale

Primär-Frequenznormale leiten ihre Ausgangsfrequenz entsprechend der Definition der Sekunde durch die 13. Generalkonferenz für Maß und Gewicht vom Oktober 1967 (vgl. Abschnitt 1.3) von einem *Cäsiumstrahl-Atomnormal* ab. Für ein derartiges Normal gibt z.B. die Firma Rohde & Schwarz eine mittlere Drift nach 10 Tagen Betriebsdauer von $\pm\,5 \cdot 10^{-12}$ für die gesamte Lebensdauer des Cäsiumstrahl-Rohres an. Die PTB gibt für ihr Primärnormal eine Unsicherheit von $1{,}5 \cdot 10^{-13}$ an [E81].

Sekundär-Frequenznormale

Sekundär-Frequenznormale sind weniger kostspielig, müssen jedoch infolge ihrer „Alterung" von Zeit zu Zeit an Primär-Normale „angeschlossen" werden; dies kann z.B. aufgrund von Zeitzeichenaussendungen der PTB mit geeigneten Normalfrequenzempfängern durchgeführt werden, auch vollautomatisch [E82], [A102]. Für ein *Rubidium-Frequenzstandard* gibt die Firma Rohde & Schwarz beispielsweise eine Alterung von $< 2 \cdot 10^{-11}$/Monat, für ein *Quarzoszillator-Standard* $< 2 \cdot 10^{-10}$/Tag an, nach 10 Tagen Betriebsdauer.
Detailliertere Informationen findet man in [E1], [E81], [E82], [E83], [E84], [A102], [E176].

Zusammenfassung zu Kapitel 5

1. Oszilloskope enthalten neben der Elektronenstrahlröhre einen hinsichtlich des Impulsverhaltens optimierten Y-Verstärker, einen hinsichtlich der Übertragung von Sägezahnspannungen optimierten X-Verstärker sowie einen triggerbaren Sägezahnspannungs-Generator für die Zeitablenkung. Eine einwandfreie Beobachtung schneller Impulsanstiegsflanken ist nur möglich, wenn im Y-Kanal eine Verzögerungsleitung vorgesehen ist. Bei einem Zweikanaloszilloskop können mit Hilfe eines elektronischen Umschalters auf dem Bildschirm zwei Vorgänge scheinbar gleichzeitig dargestellt werden. Bei einem Zweistrahloszilloskop können auf dem Bildschirm zwei Vorgänge tatsächlich gleichzeitig dargestellt werden. Bei Zweikanaloszilloskopen ist externe Triggerung zu empfehlen. X-Y-Oszilloskope erlauben die Darstellung von Lissajousschen Figuren oder Kennlinien über einen großen Frequenzbereich. Mit Hilfe einer verzögerten Zeitablenkung können Ausschnitte aus detailreichen Vorgängen zeitlich gedehnt auf dem Bildschirm dargestellt werden. Sehr langsame oder einmalige Vorgänge können durch Bildspeicherröhren oder digitale Bildspeicherverfahren auf dem Bildschirm eines Oszilloskops betrachtbar gemacht werden.

Mit Sampling-Oszilloskopen können sehr schnelle periodische Vorgänge sichtbar gemacht werden, mit Logikanalysatoren lassen sich Funktionsabläufe der Digitaltechnik über viele Kanäle und lange Taktfolgen überschaubar machen.

2. Meßverstärker sind heute meist Gleichspannungsverstärker, und es gibt hierbei viele spezialisierte Bauformen, vom umschaltbaren Differenzverstärker über den Datenverstärker mit gleitender Eingangsschaltung bis zum Isolierverstärker.

Zerhackerverstärker und zerhackerstabilisierte (nullpunktstabilisierte) Verstärker dienen zur Verstärkung sehr kleiner Gleichspannungen. LC-Filter sind im Niederfrequenzbereich durch RC-Verstärkerfilter abgelöst worden. Bei analogen Rechengeräten (Multiplizieren, Quadrieren, Radizieren, Filtern) beginnt gegenwärtig ein Ablösungsprozeß durch hochintegrierte Mikrorechner mit Analog-Ein- und -Ausgängen. Selektive Spannungsmesser arbeiten in der Regel nach einem sog. Überlagerungsverfahren mit fester Zwischenfrequenz.

Elektronische Leistungsmesser für den Niederfrequenzbereich enthalten einen Multiplizierer mit anschließender Mittelwertbildung. Im HF-Bereich unterscheidet man sog. Endleistungsmesser und Durchgangsleistungsmesser.

3. Bei der Zwei- und Vierpolmeßtechnik bietet die Elektronik vor allem Automatisierungs- und Digitalisierungsmöglichkeiten. Halbautomatische Bauelementemeßbrücken sind einfacher zu bedienen als zweikomponentig abzugleichende Meßbrücken. Elektronische Impedanzmeßgeräte können Impedanzen nach Betrag und Winkel anzeigen. Wobbler stellen Frequenzabhängigkeiten auf einem Bildschirm dar. Phasen- und Dämpfungsmeßgeräte sind heute bis zu kompletten Netzwerkanalysatoren (ebenfalls mit Betrags- und Phasenanzeige) durchentwickelt und vielfach rechnerkompatibel, z.B. über den sog. IEC-Bus.

4. Elektronische Ereigniszähler sind aus sog. Zählflipflops aufgebaut, zählen im dualen Zahlensystem oder stellen – bei Ergänzung geeigneter Verknüpfungen – auch sog.

„Binär codierte Dezimalzahlen" dar (BCD-Zahlen), denen sich unmittelbar eine dezimale Anzeige schaltungstechnisch zuordnen läßt. Universalzähler können für verschiedene Meßaufgaben umgeschaltet werden, z. B. Frequenzmessung, Periodendauermessung, Frequenzverhältnismessung, Zeitintervallmessung, Impulsbreitenmessung.

5. *Von großer Wichtigkeit sind heute Digital-Analog- und Analog-Digital-Umsetzer. Analog-Digital-Umsetzer in Meßgeräten arbeiten meist nach einem sog. Zwei-Rampen-Integrationsverfahren.*

6. *Digital-Spannungsmesser bestehen im Prinzip aus einem Analog-Digital-Umsetzer und einer Ziffernanzeigeeinrichtung. Die mit einer Auflösung von mehr als drei Dezimalziffern im Prinzip erreichbare Genauigkeit setzt eine entsprechende Sorgfalt bei der Anschlußweise und Bedienung voraus, wenn sie nicht durch äußere Fehlereinflüsse zunichte gemacht werden soll. Digitalmultimeter enthalten zusätzlich Umformer für andere Meßgrößen als Gleichspannung.*

7. *Präzisions-Gleichspannungs- und Gleichstrom-Quellen leiten ihr Ausgangssignal von Z-Dioden-Referenzelementen ab.*
   RC- und LC-Generatoren sind im Prinzip nichts anderes als komfortabel ausgeführte Oszillatoren. Es gibt heute ein sehr breites Angebot an Impuls- und Funktionsgeneratoren.
   Höchste Frequenzkonstanz erreicht man nur bei sog. Synthesizern oder Frequenzdekaden, die nach bestimmten Frequenzaufbereitungsverfahren arbeiten.

   Bei extremen Anforderungen an die Frequenzgenauigkeit können Synthesizer durch externe Frequenznormale gesteuert werden.

Literatur zu Kapitel 5

Einige wichtige Bücher zur elektronischen Meßtechnik sind bereits in den Kapiteln 3 und 4 kommentiert.

[A40]   *Lipinski, Das Oszilloskop,* vermittelt eine sehr informative, bisher stets auf neuestem Stand gehaltene Übersicht über die Oszilloskoptechnik.

[A49]   *Fricke, Das Arbeiten mit Elektronenstrahl-Oszillografen,* vermittelt eine elementare Einführung insbesondere in den Umgang mit Oszilloskopen.

[A99]   *Steudel-Wunderer, Gleichstromverstärker kleiner Signale,* ein umfassendes und grundlegendes Lehrbuch auf der Basis der Transistorschaltungstechnik.

[A109] *Lange, Digital-Analog/Analog-Digital-Wandlung,* ein Fachgebietsüberblick im Taschenbuchformat.

[A98]   *Böhmer, Elemente der angewandten Elektronik, 7. Auflage 1990:* Wer bei meßtechnischen Studien Nachschlagebedarf über elektronische Bauelemente feststellt, findet hier ein detailreiches Informationsangebot.

[A245] *Seibt, Oszilloskop-Handbuch,* vermittelt eine umfassende und sehr aktuelle Übersicht über Schaltungsprinzipien, Anwendungsprobleme und Wartung von Oszilloskopen, insbesondere auch für Sampling- und Digitalspeicher-Oszilloskope (DSO) mit ihrer vielfältigen Wiedergabeproblematik.

[A250] *Kahmann, Elektrische Energie elektronisch gemessen,* gibt eine breit angelegte Übersicht über die in Energieversorgungsnetzen bisher einsetzbaren Prinzipien elektronischer Leistungsmesser und Energiezähler, verbunden mit Umfeldbetrachtungen zu Rechtsfragen, Prüfmethoden, Tarifproblemen, Anwendungsbesonderheiten sowie mit Firmenhinweisen durch Anzeigen.

Teil 3
Anlagen zur Kontrolle technischer Prozesse

In Teil 3 wird der Gesichtskreis auf den Bereich der elektrischen Messung nichtelektrischer Größen, insbesondere die Vielfalt der Meßumformer-Technik, sowie auf die Integration meßtechnischer Elemente zu Anlagen für die Prozeßüberwachung und Prozeßlenkung hin erweitert. Abschließend folgt ein Ausblick auf einige für die Meßtechnik wichtige systemtheoretische Begriffsbildungen und Lehrsätze.

6 Elektrische Messung nichtelektrischer Größen

Darstellungsziele

Charakterisierung der Meßumformertechnik an ausgewählten Beispielen:

1. *Einige grundlegende Bauformen von Wegaufnehmern (6.2).*
2. *Eine etwas ausführlichere Darstellung der Dehnungsmeßtechnik (6.3).*
3. *Einige Bauformen von Druckaufnehmern (6.4).*
4. *Aufnehmer für Menge und Durchfluß (6.5).*
5. *Grundzüge der Schwingungsmeßtechnik (6.6).*
6. *Grundzüge der Temperaturmeßtechnik (6.7).*
7. *Einige Methoden der Feuchtemessung (6.8).*
8. *Erläuterung einiger elektrochemischer Meßmethoden am Beispiel der Wasseranalyse (6.9).*
9. *Einige grundlegende Verfahren der Gasanalyse (6.10).*
10. *Einige Methoden zur Erfassung radioaktiver Strahlung (6.11).*

6.1 Einleitende Bemerkungen

Es gibt eine kaum übersehbare Vielfalt von Meßwertaufnehmer-Prinzipien und -Konstruktionen. In der nachfolgenden Darstellung kann nur eine kleine Auswahl berücksichtigt werden, mit dem Ziel, einige der wichtigsten Aufnehmerprinzipien verständlich zu machen. Die Darstellung ist hierbei aber nicht nach Konstruktionsprinzipien, sondern nach einigen ausgewählten Meßgrößenbeispielen gegliedert. Wer an einer umfassenderen Übersicht interessiert ist, sei auf einschlägige Lehrbücher, z.B. [A113] bis [A116], [A121], [A122], [A128], sowie auf enzyklopädische Darstellungen hingewiesen, z.B. [A117] bis [A120].

Sensoren und Aktoren

Wegen der enormen Bedeutung der Meßwertaufnehmer für die rechnergestützte Automatisierungstechnik hat sich ihre Vielfalt parallel zu der zunehmenden Verbreitung von Mikrorechnern und Personal-Computern in Produktionsanlagen nach 1982 um ein Vielfaches gesteigert; im technischen Sprachgebrauch werden sie dabei auch immer häufiger als *„Sensoren"* bezeichnet [A240], [E208]. Um das Zusammenwirken mit Automatisierungsrechnern zu erleichtern, werden Sensoren immer häufiger mit *digitalen Schnittstellen* und mit sog. *Feldbus-Schnittstellen* versehen, vgl. Abschnitt 7.10 und [E209]. Logischerweise werden dann natürlich auch die für die Prozeßsteuerung benötigten *Stellglieder* immer häufiger mit Schnittstellen für eine unmittelbare Rechnersteuerung versehen oder ebenfalls *feldbusfähig* gemacht; parallel hierzu werden Stellglieder dabei auch immer häufiger als *„Aktoren"* bezeichnet [E200], [E210].

▶ 6.2 Weg

Relativweg

Bei den meisten Wegmeßaufgaben muß man die Bewegung eines Körpers gegenüber einem anderen Körper erfassen, z.B. die Bewegung eines Maschinenteils gegenüber einem Maschinenchassis, also einen *Relativweg* messen. In diesem Falle wird man z.B. die Tastspitze eines Wegaufnehmers mit dem einen, sein Gehäuse mit dem anderen Körper verbinden.

In der *Schwingungsmeßtechnik* mißt man im Gegensatz hierzu oft den *Absolutweg*, indem man sich – unter gewissen Voraussetzungen – auf den Ort einer großen trägen Masse bezieht, vgl. Abschnitt 6.6.

Linearweg

Im allgemeinsten Falle kann die Aufgabe gestellt sein, eine Weglänge entlang einer beliebig geformten Bahnkurve zu erfassen, oder – schon eingeschränkt – entlang eines Kreisbogens [A117]. Wir beschränken uns hier auf die Erfassung von *Linearwegen*, also Bewegungen entlang einer Geraden.

Potentiometer-Aufnehmer

Beim *Potentiometer-Aufnehmer* wird die Bewegung eines Schleifers entlang einer Widerstandsbahn ausgenutzt. Durch Anlegen einer Speisespannung an das Potentiometer erhält man eine wegabhängige Spannungsteilung; im Belastungsfalle sind natürlich die in Abschnitt 2.2.4 erwähnten Linearitätsprobleme zu beachten, vgl. Bild 2-15a. Ergänzt man das Potentiometer zu einer Brückenschaltung, so kann je nach Einstellung des Kompensationszweiges der Brückenschaltung eine beliebige Stellung des Meßpotentiometers als Nullstellung definiert werden, indem man hierfür die Brückenausgangsspannung zu Null macht, vgl. Bild 6-1a. Vielfach wird man eine geradlinige Bewegung über einen Seilzug mit Rolle oder eine (spielfreie!) Zahnstange in eine Drehbewegung überführen, um handelsübliche *Drehpotentiometer* verwenden zu können, vgl. Bild 6-1b und c.

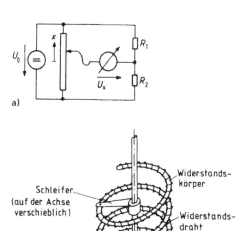

a)

b)

Schleifer
(auf der Achse
verschieblich)

Widerstands-
körper

Widerstands-
draht

Bild 6-1 Potentiometer als Wegaufnehmer.
a) Ergänzung eines Potentiometers zur Brückenschaltung.
b) Prinzip eines Mehrfachwendel-Potentiometers.
c) Innenansicht eines Mehrfachwendel-Zehngang-
Potentiometers (Beckmann Instruments)
[A 25].

Drahtgewickelte Potentiometer erreichen natürlich nur eine endlich feine Auflösung, während sog.
Eindrahtpotentiometer und Metallschichtpotentiometer im Prinzip eine unendlich feine Auflösung
erreichen [A117]. Durch veränderliche Querschnitte des Wicklungsträgers, veränderliche Wicklungs-
steigungen oder Parallelschaltung von Widerständen können leicht sog. *Funktionspotentiometer* hergestellt werden, bei denen zwischen Weg und abgegebener Spannung ein vorgegebener nichtlinearer
Zusammenhang besteht (z. B. Sinuspotentiometer, logarithmische Potentiometer u.a.m.) [A117].
Die markantesten Vorteile von Potentiometer-Aufnehmern sind ihre hohe Linearität bzw. ihr kleiner
Fehler über den gesamten Stellbereich, das hohe Nutzsignal (z. B. Ausgangsspannungen bis zu einigen
zehn Volt) sowie die Möglichkeit der Gleichspannungsspeisung, die die Verwendung auch langer Zuleitungskabel erlaubt. Dem steht jedoch als wesentlicher Nachteil gegenüber, daß Kontaktfehler und
Abhebeerscheinungen auftreten können, insbesondere bei schnelleren Bewegungen, sowie mit Abnutzung (Abrieb) und Korrosion gerechnet werden muß.

Induktive Aufnehmer

Im Gegensatz zu Potentiometer-Aufnehmern sind induktive Wegaufnehmer robust, verschleißfrei und nicht mit Kontaktproblemen behaftet; sie werden deshalb in großer Zahl
angewandt.

Bild 6-2a zeigt das Prinzip eines *Differential-Tauchanker-Aufnehmers*. Im Inneren zweier
zylinderähnlicher Spulen L_1 und L_2 bewegt sich ein Tauchanker aus ferromagnetischem
Material. In Mittelstellung dieses Ankers sind beide Induktivitäten gleich groß. Bewegt
sich der Anker A nach rechts, so wird L_2 größer und L_1 kleiner. Ergänzt man das Spulen-
paar zu einer Brückenschaltung, so ist diese im Idealfalle in Mittelstellung des Ankers abgeglichen, während man für eine nach links oder rechts verschobene Ankerstellung eine
Brückenausgangsspannung erhält. Diese Brückenausgangsspannung ist in einem Falle gegenphasig, im anderen Falle gleichphasig zur Speisespannung der Brückenanordnung, vgl.
Bild 6-3. Wünscht man ein dem Vorzeichen der Ankerverschiebung entsprechendes Gleich-

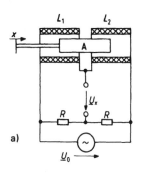 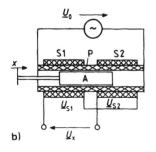

Bild 6-2

Induktive Tauchanker-Auf-
nehmer für Linearwege.
a) Differentialdrossel;
b) Differentialtransformator.

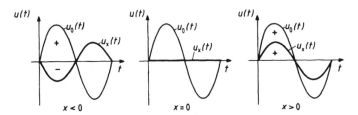

$$x < 0 \qquad\qquad x = 0 \qquad\qquad x > 0$$

Bild 6-3 Ausgangswechselspannungen einer Schaltung nach Bild 6-2a oder b für verschiedene Anker-
positionen im Vergleich zur Speisewechselspannung (etwas idealisiert).

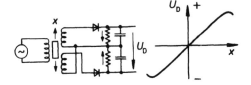

Bild 6-4

Verhältnisgleichrichter als Detektor für
einen Differentialtransformator-
Aufnehmer.

spannungssignal, so muß das Brückenausgangssignal einem *phasenselektiven Gleichrichter*
zugeführt werden, wie er im nächsten Abschnitt beschrieben ist.

Bild 6-2b zeigt das Prinzip eines *Differentialtransformator-Tauchanker-Aufnehmers*. Dieser
Aufnehmer besteht aus einer wechselspannungsgespeisten Primärspule P und zwei Sekundärspulen S1 und S2. In Mittelstellung des Ankers A wird in beiden Sekundärspulen die
gleiche Spannung induziert. Schaltet man sie gegensinnig in Reihe, wie im Bild 6-2b, so
ist die Ausgangswechselspannung der Gesamtanordnung in Mittelstellung des Ankers
wiederum null, während sich bei Verlagerung in der einen oder anderen Richtung wiederum Ausgangswechselspannungen ergeben, die zur Speisespannung gegenphasig oder gleichphasig sind – je nach Richtung der Verlagerung – und dann ebenfalls durch einen phasenselektiven Gleichrichter (vgl. Abschnitt 6.3) in zugeordnete negative oder positive Gleichspannungssignale umgewandelt werden können.

Unterläßt man die unmittelbare Reihenschaltung der beiden Sekundärspulen, so kann ein
vorzeichenrichtiges Gleichspannungssignal auf einfache Weise auch durch einen *Verhältnis-*
gleichrichter nach Bild 6-4 gewonnen werden. Nach diesem einfachen Prinzip werden oft

Wegaufnehmer hergestellt, die nur mit einer Versorgungs-Gleichspannung gespeist werden müssen und dann unmittelbar ein wegproportionales, vorzeichenrichtiges Gleichspannungssignal abgeben; sie enthalten einen Oszillator für die Wechselspannungsspeisung, das Differentialtransformatorsystem und einen Verhältnisgleichrichter [A119].

Phasenfehler

Die in Bild 6-3 gegebene Darstellung der Ausgangswechselspannungen eines induktiven Aufnehmers ist idealisiert; sie würde nur dann exakt zutreffen, wenn man es mit idealen, völlig verlustfreien Induktivitäten zu tun hätte. In Wahrheit enthalten die Spulen natürlich ohmsche Widerstände, und es treten durch Wirbelströme in umgebenden Metallteilen und im Kern weitere, zum Teil recht komplizierte Verlusteffekte auf. Die Induktivitäten erscheinen daher – im Sinne der Zeigerrechnung – als komplexe Scheinwiderstände, und auch die transformatorischen Verkopplungen sind mit komplizierten frequenzabhängigen Nebeneffekten behaftet. Dies hat zur Folge, daß die Ausgangswechselspannungen eines Induktivaufnehmersystems nicht rein gegen- oder gleichphasig zur Speisespannung, sondern in der Regel zusätzlich phasenverschoben sind. Meist enthält die Ausgangswechselspannung eine in bezug auf die Speisespannung 90° phasenverschobene Komponente, welche zur Folge hat, daß die Ausgangsspannung in Mittelstellung des Ankers keinen einwandfreien Nulldurchgang zeigt, vgl. Bild 6-5. Verwendet man einen phasenselektiven Gleichrichter, so muß dieser z.B. in der Lage sein, trotz der Anwesenheit der 90°-Komponente sauber zu detektieren. Manchmal ist es – z.B. für die Linearität oder den Meßempfindlichkeitsfaktor des Aufnehmers – vorteilhaft, nicht bezüglich der 0°-Komponente, sondern bezüglich einer um einige Grad phasenverschobenen Referenzspannung – der sog. *Referenzphase* – zu demodulieren; Speisegeräte für induktive Aufnehmer enthalten deshalb oft eine entsprechende Einstellmöglichkeit für die Referenzphase [E86], [E87]. Ein weiteres Problem, welches zu Fehlereinflüssen führen kann, ist der durch den ferromagnetischen Kern verursachte Oberschwingungsgehalt der Ausgangswechselspannung eines induktiven Aufnehmers.

Dimensionierungsprobleme

So einfach und robust induktive Aufnehmer sind, so schwierig ist es auf der anderen Seite, ihr Verhalten vorauszuberechnen, insbesondere weil ihre Arbeitskennlinie auch von den Eigenschaften des benutzten Demodulators mit abhängt [E88].

Verzichtet man auf das Differentialdrosselprinzip, so wird es schwierig, eine hinreichend lineare Umformerkennlinie zu realisieren, und kaum möglich sein, den Umformer hinreichend temperaturunabhängig zu machen. Im allgemeinen ist die Entwicklung eines meßtechnisch hochwertigen Induktivaufnehmers mit großem experimentellem Aufwand verbunden.

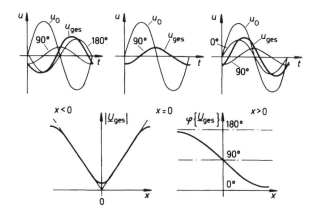

Bild 6-5

Meist enthält die Ausgangs-Wechselspannung einer Induktivaufnehmer-Schaltung eine in bezug auf die Speisespannung 90° phasenverschobene Komponente.

Querankeraufnehmer

Für *kleine Wege* bietet der *Querankeraufnehmer* nach Bild 6-6 eine größere Meßempfindlichkeit als der Tauchankeraufnehmer. Auch hier führt ein Verzicht auf das Differentialprinzip auf eine stark nichtlineare Kennlinie und erhöhten Temperatureinfluß [A117], [A114].

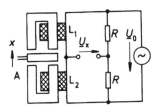

Bild 6-6
Differential-Querankeraufnehmer.

Abstandsaufnehmer

Nimmt man die Nichtlinearität der Umformerkennlinie in Kauf, so kann man die Anordnung mit einem einfachen magnetischen Joch als *Abstands-* oder *Schichtdickenaufnehmer* einsetzen, vgl. Bild 6-7.

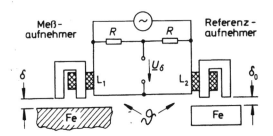

Bild 6-7
Abstands- oder Schichtdickenmessung mit Temperaturkompensation.

Zweikomponentiger Brückenabgleich

Will man eine Induktivaufnehmer-Brückenschaltung trotz der auftretenden 90°-Komponenten – vgl. Bild 6-5 – für eine bestimmte Aufnehmerstellung exakt auf null abgleichen, so benötigt man – wie bei wechselspannungsgespeisten Meßbrücken allgemein, vgl. Abschnitt 3.4.4 – einen *zweikomponentigen Brückenabgleich*. In vielen Speisegeräten wird hierfür die einfache Anordnung nach Bild 6-8 benutzt.

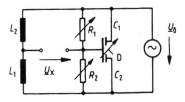

Bild 6-8
Zweikomponentiger Brückenabgleich für Induktivaufnehmer.

D Differential-Drehkondensator

Kapazitive Aufnehmer

Obwohl *kapazitive Wegaufnehmer* verschiedene große Vorteile haben – sie arbeiten verschleißfrei, sind einfach herzustellen und sehr genau vorausberechenbar – werden sie nur in Sonderfällen benutzt, weil sie demgegenüber zwei schwerwiegende Nachteile haben: ihre Kapazitäten liegen in gleicher Größenordnung wie die der notwendigen Zuleitungskabel, was leicht zu großen Fehlereinflüssen führen kann, und ihr Scheinwiderstand ist im

Niederfrequenzbereich sehr hoch, so daß nachfolgende Anpaßschaltungen sehr hohe Eingangsimpedanzen haben müssen. Kapazitive Aufnehmer sind daher in der Regel nur dann einsetzbar, wenn man sie *unmittelbar am Meßort* mit einem Anpaßverstärker hohen Eingangswiderstandes oder mit einem als Kapazitäts-Frequenz-Umformer arbeitenden Oszillator kombinieren kann.

Wendet man – unter Beachtung der vorstehenden Bemerkungen – kapazitive Wegaufnehmer an, so kann der Abstand der Belege oder die Fläche der Belege wegabhängig verändert werden, oder es kann das Dielektrikum zwischen den Belegen verschoben werden. Kapazitive *Abstandsaufnehmer* eignen sich besonders für extrem kleine Abstände, sind aber stark nichtlinear. Aufnehmer mit Flächenänderung sind für größere Wege geeignet und lassen sich leicht mit linearer oder beliebig nichtlinearer Kennlinie ausführen, als sog. *Funktionskondensatoren*, je nach Zuschnitt der Belege. *Dielektrische Wegaufnehmer* haben den besonderen Vorteil, daß der bewegliche Teil keine Anschlußelektrode benötigt. Weiteres zum Thema findet man in [A117], [A115], [A114].

Inkremental-Aufnehmer

Oft besteht die Aufgabe, ein Wegmeßsignal möglichst direkt in eine *digitale Darstellung* zu überführen. Ein *Inkremental-Aufnehmer* (Schritt-Aufnehmer) gibt den Wegelementen zugeordnete Impulse ab, die dann mit Hilfe eines Zählers aufsummiert werden können, ggf. unter Hinzuziehung eines getrennt zu erzeugenden Vorwärts-Rückwärts-Signals. Mit Rücksicht auf die erforderliche Betriebssicherheit arbeiten derartige Anordnungen im allgemeinen mit Rasterscheiben oder Rasterspiegeln und optischer Abtastung, vgl. Bild 6-9. Transformiert man den Linearweg in eine Drehbewegung, so können auch Schlitzscheiben oder Lochscheiben eingesetzt werden.

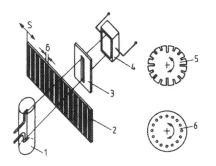

1 Glühlampe; 2 Rasterscheibe; 3 Schlitzblende; 4 lichtempfindliches Bauteil; 5 Schlitzscheibe; 6 Lochscheibe

Bild 6-9
Inkrementaler photoelektrischer Wegaufnehmer [A117].

Absolut-Aufnehmer

Anstelle eines monotonen Rasters kann auf einer optisch abzutastenden Scheibe natürlich auch – in mehreren Spuren – eine *Zahlencodierung* aufgebracht und damit eine *absolute digitale Lesung* ermöglicht werden, vgl. Bild 6-10. Überführt man die Linearbewegung in eine Drehbewegung, so lassen sich entsprechend aufgebaute *absolute Winkelcodierer* einsetzen.

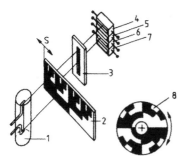

.1 Glühlampe; 2 kodierte Scheibe; 3 Schlitzblende; 4, 5, 6, 7 lichtempfindliche Bauteile;
8 kodierte kreisförmige Scheibe

Bild 6-10

Absoluter photoelektrischer Wegaufnehmer
[A117].

Bei Absolut-Codierern können u.U. grobe Umsetzungsfehler auftreten, wenn gleichzeitig zwei (oder mehr) Hell-Dunkel-Übergänge zu überschreiten sind: wird an einer Stelle gelesen, an der *ein* Hell-Dunkel-Übergang bereits erkannt worden ist, der andere noch nicht, so wird eine völlig falsche Zahl ausgegeben. Das läßt sich durch sog. *einschrittige Codes* vermeiden, z.B. den sog. *Gray-Code*. Bei einem einschrittigen Code tritt an einer Übergangsstelle stets nur *ein* Hell-Dunkel-Übergang auf, vgl. Bild 6-11. Weiteres zum Problem der Codierung vgl. [A44], [A119].

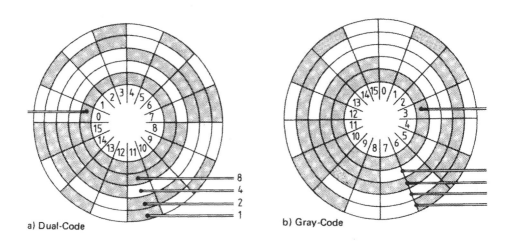

a) Dual-Code   b) Gray-Code

Bild 6-11 Zur Codierung mechanischer Analog-Digital-Umsetzer.

Feder-Weg-Systeme

Mit Hilfe eines geeigneten Federsystems kann jede *Kraftwirkung* auf einen *Weg* zurückgeführt und dann mit einem geeigneten Wegaufnehmer erfaßt werden [A117], vgl. z.B. Bild 6-12. Das gilt natürlich auch für verteilte Kraftwirkungen; z.B. kann ein *Druck* mit Hilfe einer sich durchbiegenden Membran erfaßt werden. Eine *Beschleunigung* kann mit Hilfe eines Feder-Masse-Systems auf eine *Auslenkung* zurückgeführt werden, usw.

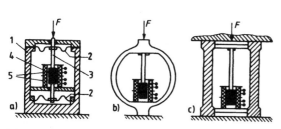

1 Gehäuse
2 Blattfedern
3 Bolzen
4 Tauchanker
5 Spulen

Bild 6-12 Beispiele für Feder-Weg-Systeme mit induktiven Differential-Tauchanker-Aufnehmern zur Kraftmessung [A117].
a) Blattfedern, b) Ringfeder, c) Zylinderfeder.

▶ 6.3 Dehnung

Grundlegendes

Beansprucht man einen Stab der Länge l und des Querschnitts A mit einer Längskraft F, so dehnt er sich um ein Stückchen Δl. Man bezeichnet dann das Verhältnis

$$\epsilon = \Delta l/l \tag{6-1}$$

als *Dehnung* und das Verhältnis

$$\sigma = F/A \tag{6-2}$$

als (mechanische) *Spannung*. Im sogenannten *Elastizitätsbereich* besteht zwischen ϵ und σ Proportionalität,

$$\sigma = E \cdot \epsilon . \tag{6-3}$$

Hierbei nennt man E den *Elastizitätsmodul* oder kurz *E-Modul* des Werkstoffes. Wird der Elastizitätsbereich überschritten, so tritt eine plastische oder bleibende Dehnung auf, und geht man im Bereich der plastischen Dehnung zu weit, so kommt es zum Bruch.

Spannungszustände

Bei der Beanspruchung eines Stabes durch eine Längskraft spricht man von einem *einachsigen* Spannungszustand. Man kann sich leicht vorstellen, daß z.B. in einem Blech oder in einer Membran ein komplizierterer, *zweiachsiger* Spannungszustand bestehen kann, und daß man dann in verschiedenen Richtungen verschiedene *Zug-* oder *Druckspannungen* und entsprechende *positive* oder *negative* *Dehnungen* antrifft. Daneben treten dann *Schubspannungen* auf, die i.a. rechnerisch ermittelt werden müssen, vgl. z.B. [A122]. Im allgemeinsten Falle – bei räumlicher Ausdehnung – hat man es mit *drei-achsigen* Spannungszuständen zu tun.

Örtliche Dehnung

Verformt man einen festen Körper beliebiger Form, so treten an verschiedenen Punkten nach Größe und Richtung verschiedene Dehnungs- bzw. Spannungszustände auf, und man müßte dann die Bezugslänge l für die Feststellung eines Dehnungswertes differentiell klein machen, was praktisch natürlich nicht möglich ist. Praktisch kann man immer nur *mittlere Dehnungswerte* über eine bestimmte Meßlänge erfassen, und man wird sich natürlich stets überlegen müssen, in welcher *Richtung* man eine Dehnung messen muß; im allgemeinen wird man eine Richtung zu wählen haben, in der eine *maximale Zug- oder Druckspannung* zu erwarten ist.

Zweck der Dehnungsmessung

Vielfach wird die Dehnungsmessung den Zweck haben, nachzuprüfen, ob ein Werkstoff etwa an irgendeiner Stelle einer Konstruktion über den Elastizitätsbereich hinaus beansprucht und damit einer Bruchgefahr ausgesetzt wird. Dies ist aber bei weitem nicht der einzige Zweck der Dehnungsmeßtechnik; vielmehr ermöglicht sie über geeignete Umformerkonstruktionen die Erfassung sämtlicher Effekte, die in irgendeiner Weise auf elastische Formänderungen führen, sei es nun durch unmittelbare Kraftwirkungen, wegbedingte Formänderungen, Temperatureinflüsse, Magnetostriktion, Schwingungserscheinungen u.a.m. Dadurch ist die Dehnungsmeßtechnik heute zum wichtigsten Hilfsmittel des Meßumformerbaus für mechanische Größen geworden.

Meßmethoden

Da eine Dehnung über eine endlich große Meßlänge eine Längenänderung verursacht, kann sie natürlich mit *empfindlichen Wegaufnehmern* gemessen werden, z.B. mit empfindlichen Induktivaufnehmern, wenn diese z.B. mit zwei Meßspitzen auf die Dehnungsfläche aufgepreßt werden. Das Aufsetzen mit Meßspitzen oder anderen mechanischen Verbindungselementen ist natürlich mit vielen Fehlerproblemen verbunden. Demgegenüber haben sich *Dehnungsmeßstreifen* als nahezu ideale Meßelemente durchgesetzt: sie haben sehr kleine Fehler, sind bis zu Frequenzen von einigen zehn Kilohertz hinauf brauchbar, benötigen keine Aufspannvorrichtungen, sind erschütterungsunempfindlich, in Spezialausführungen auch für hohe Temperaturen geeignet, erlauben Meßlängen bis herab zu 1 mm, und es können optimal kombinierte Formen (Rosetten) für mehrachsige Spannungszustände hergestellt werden. Die Nachteile – geringe Meßempfindlichkeit, Querempfindlichkeit, Feuchtigkeitsempfindlichkeit, relativ große Meßkräfte – sind heute durch geeignete Peripherieentwicklungen fast bedeutungslos geworden [A117]. Der Dehnungsmeßstreifen ist damit auch zum meistbenutzten Element für Kraft-, Druck-, Beschleunigungs- und Wegaufnehmer nach dem Federprinzip geworden. Wo es weniger auf quantitative Meßwerte ankommt als auf eine qualitative Übersicht über den Verlauf von Spannungsfeldern, verwendet man noch die *Reißlackmethode* und die *Spannungsoptik* [A117].

Dehnungsmeßstreifen

Unterzieht man einen Metalldraht einer Dehnung, so steigt sein elektrischer Widerstand; im Bereich kleiner Dehnungen ($\Delta l/l < 10^{-2}$) gilt hierbei ein linearer Zusammenhang zwischen Dehnung und Widerstandsänderung:

$$\Delta R/R = K \cdot \Delta l/l = K \cdot \epsilon . \qquad (6\text{-}4)$$

Hierauf beruht *der Dehnungsmeßstreifen* (kurz: DMS): er besteht aus einem isolierenden Trägermaterial (Papier, Kunstfolie, Glasfasergewebe) und einem metallischen Widerstand in Form eines Meßgitters aus Draht oder einer geätzten (neuerdings auch aufgedampften) Folie, vgl. Bild 6-13; für die Erfassung häufig vorkommender mehrachsiger Spannungszustände gibt es speziell angepaßte DMS-Rosetten. Derartige Dehnungsmeßstreifen wer-

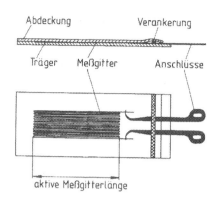

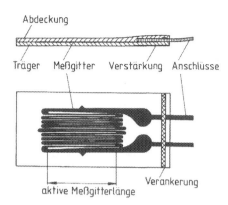

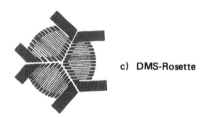

Bild 6-13 Dehnungsmeßstreifen   c) DMS-Rosette

den mit Hilfe geeigneter Kleber auf die bezüglich Dehnung zu untersuchende Oberfläche aufgeklebt. Für die meisten DMS-Typen gilt $K \approx 2$.

Näheres zur Begründung von Gl. (6-4) sowie über die unmittelbare Anwendung von *Dehnungsmeß-* *drähten* findet man z. B. in [A114], [A117]. Näheres über die Eigenschaften von DMS entnimmt man am besten geeigneten Herstellerunterlagen, vgl. hierzu z. B. [E90] bis [E93], [A233]. Die meistbenutzten Metalle sind *Konstanten* (Cu-Ni), sowie gewisse *Nickel-Chrom-Legierungen.* Neben metallischen DMS werden hin und wieder auch *Halbleiter-DMS* benutzt; sie haben einen etwa zwei Zehnerpotenzen grö-ßeren K-Faktor, jedoch muß man sich bei ihnen besonders mit Nichtlinearitäten und Temperaturein-flüssen auseinandersetzen [A117], [E94]. In neuerer Zeit erfährt das Gebiet der Halbleiter-Dehnungssen-soren jedoch im Zusammenhang mit Integrationstechniken eine intensive Entwicklung [E95] bis [E97].

DMS-Brückenschaltungen

Da die Widerstandsänderungen nach Gl. (6-4) — zumindest bei Metall-Dehnungsmeß-streifen — sehr klein sind, bildet man zu ihrer meßtechnischen Erfassung Brückenschal-tungen nach dem allgemeinen Prinzip Bild 6-14. Eine derartige Brückenschaltung enthält

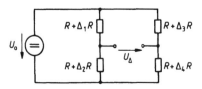

Bild 6-14

Allgemeine Brückenschaltung aus Dehnungs-meßstreifen gleichen Grundwiderstandes.

dann mindestens einen, höchstens vier Dehnungsmeßstreifen, wenn man von der Möglichkeit einer Reihen- oder Parallelschaltung mehrerer DMS absieht. Wir betrachten den allgemeinsten Fall, daß sich jeder der vier Widerstände R um jeweils einen *kleinen* Wert $\Delta_\nu R$ ($\nu = 1, 2, 3, 4$) ändert. Dann entsteht eine Verstimmung der Brückenschaltung, und es gilt für die Ausgangsspannung U_Δ:

$$\frac{U_\Delta}{U_0} = \frac{R + \Delta_2 R}{2R + \Delta_1 R + \Delta_2 R} - \frac{R + \Delta_4 R}{2R + \Delta_3 R + \Delta_4 R} =$$
$$= \frac{(R + \Delta_2 R)(2R + \Delta_3 R + \Delta_4 R) - (R + \Delta_4 R)(2R + \Delta_1 R + \Delta_2 R)}{(2R + \Delta_1 R + \Delta_2 R)(2R + \Delta_3 R + \Delta_4 R)}. \tag{6-5}$$

Nach dem Ausmultiplizieren der Klammerausdrücke kann man Produkte höherer Ordnung vernachlässigen, weil ja alle $\Delta_\nu R/R$ sehr klein sein sollen, und es bleibt der folgende einfache Ausdruck als gute Näherung übrig:

$$\frac{U_\Delta}{U_0} \approx \frac{1}{4}\left[\left(\frac{\Delta_2 R}{R} + \frac{\Delta_3 R}{R}\right) - \left(\frac{\Delta_1 R}{R} + \frac{\Delta_4 R}{R}\right)\right]. \tag{6-6}$$

Man sieht – und kann sich das auch anhand des Schaltbildes anschaulich überlegen – daß sich gleichsinnige Widerstandsänderungen in unmittelbar benachbarten Zweigen subtrahieren, dagegen gleichsinnige Widerstandsänderungen in nicht benachbarten Zweigen addieren. Man kann also z.B. *gedehnte* und *gestauchte* DMS in der Brückenschaltung so gruppieren, daß ihre Wirkungen sich unterstützen.

Detailliertere Rechnungen, insbesondere auch über die mit den hier zugrunde gelegten Vereinfachungen verbundenen Fehler, findet man z.B. in [A117], [E98] bis [E100].

„Viertelbrücke"

Wir betrachten nun den Fall, daß innerhalb der Brückenschaltung Bild 6-14 nur *ein aktiver DMS* vorgesehen wird (z.B. $\Delta_2 R \neq 0$; $\Delta_1 R = \Delta_3 R = \Delta_4 R = 0$), während die übrigen Elemente durch Festwiderstände R realisiert werden. Für diesen Fall erhält man aus Gl. (6-6) und (6-4):

$$\frac{U_\Delta}{U_0} = \frac{1}{4}\frac{\Delta R}{R} = \frac{1}{4}K\epsilon. \tag{6-7}$$

Dieser Betriebsfall wird normalerweise bei Empfindlichkeitsangaben von Meßgeräten für die DMS-Technik zugrunde gelegt, wobei man sich im allgemeinen auf $U_0 = 5\,\mathrm{V}$ und $K = 2$ bezieht. Man spricht in diesem Zusammenhang vom Fall der „Viertelbrücke", obwohl das natürlich nicht ganz korrekt ist, da ja in jedem Falle eine vollständige Wheatstonesche Brückenschaltung vorliegt, auch wenn nur „ein Viertel" davon meßtechnisch „aktiv" ist.

Temperaturkompensation

Obwohl Dehnungsmeßstreifen aus nahezu temperaturkompensierten Widerstandslegierungen bestehen, können Temperatureinflüsse *nicht* vernachlässigt werden, erstens weil die nutzbaren Widerstandsänderungen sehr klein sind, und zweitens weil ja auch das Meßobjekt einer temperaturabhängigen Dehnung unterworfen ist. Man muß deshalb zu der vorhin betrachteten „Viertelbrücke" einen weiteren DMS ergänzen, der auf ein Stück des gleichen Materials wie im Falle des aktiven Meßstreifens aufgeklebt und den gleichen Temperatureinflüssen ausgesetzt sein muß. Dieser Kompensationsstreifen ist dann so in die Brückenschaltung einzufügen, daß sich die temperaturbedingten Widerstandsänderungen bezüglich der Brückenverstimmung aufheben, also in einen zum „aktiven" Zweig unmittelbar benachbarten Brückenzweig. Für die Meßempfindlichkeit bleibt Gl. (6-7) gültig.

Für Fälle, in denen die Ergänzung eines Kompensationsstreifens nicht möglich ist, gibt es auch temperaturkompensierte Meßstreifen; diese sind jeweils nur für *ein bestimmtes* Bauteilmaterial geeignet [A117].

DMS quergeklebt

Die vorstehend beschriebene Temperaturkompensationsmethode ist natürlich insofern unvollkommen, als nicht in jedem Falle sichergestellt ist, daß ein von der Meßstelle räumlich getrenntes Materialstück jederzeit die gleiche Temperatur hat wie die Meßstelle. Im Falle eines einachsigen Spannungszustandes – also z.B. bei einem Zugstab – kann man nun den für die Temperaturkompensation erforderlichen DMS auch in unmittelbarer Nähe des „aktiven" Meßstreifens *quer* zur Dehnungsrichtung aufkleben; es gibt auch entsprechend kombinierte DMS-Rosetten. Hierbei ist jedoch zu beachten, daß jede Längsdehnung eine Querkontraktion zur Folge hat und umgekehrt; ein gezogener Stab wird länger und dünner, ein gestauchter Stab wird kürzer und dicker. Dabei gilt für die Querkontraktion

$$\Delta d / d = \mu \cdot \Delta l / l \,. \tag{6-8}$$

Im Falle konstanten Volumens gilt $\mu = 1/2$, für die meisten Werkstoffe jedoch $\mu \approx 0{,}3$ [A114], [A117], weil reale Werkstoffe im Falle der Dehnung ihr Volumen etwas vergrößern. Da man den Kompensationsstreifen so in die Brückenschaltung einfügt, daß die Temperatureinflüsse sich aufheben, ergibt sich aus der Querkontraktion zwangsläufig eine Erhöhung der Meßempfindlichkeit um den Faktor $(1 + \mu)$:

$$\frac{U_\Delta}{U_0} = \frac{1}{4} K \epsilon \, (1 + \mu) \approx \frac{1}{4} K \epsilon \cdot 1{,}3 \,. \tag{6-9}$$

„Halbbrücken"

Betrachtet man z.B. einen gebogenen Stab mit rechteckförmigem Querschnitt, so findet man auf der konvexen Seite eine gedehnte, auf der konkaven Seite eine gleich stark gestauchte Oberfläche vor. Versieht man jede Seite mit je einem Dehnungsmeßstreifen und kombiniert man diese im Sinne einer Temperaturkompensation, so ergibt sich eine *Verdoppelung der Meßempfindlichkeit* gegenüber Gl. (6-7)!
Zwei in einer Brückenschaltung nach Bild 6-14 benachbart angeordnete Elemente bilden eine *„Halbbrücke"*. Es gibt also drei technisch wichtige Halbbrückenanordnungen von Dehnungsmeßstreifen:

  1) Ein aktiver Streifen mit inaktivem Kompensationsstreifen, mit einer Meßempfindlichkeit nach Gl. (6-7);

2) ein aktiver Streifen mit quergeklebtem Kompensationsstreifen, Meßempfindlichkeit nach Gl. (6-9);

3) zwei aktive Streifen (Dehnung, Stauchung) mit gleichzeitiger Temperaturkompensation, Verdoppelung der Meßempfindlichkeit gegenüber Gl. (6-7).

„Vollbrücken"

Jede der Halbbrückenkonfigurationen 1), 2), 3) kann zu einer *„Vollbrücke"* erweitert werden, jeweils bei gleichzeitiger Verdoppelung der Meßempfindlichkeit, indem die Halbbrückenkonfiguration doppelt geklebt und dann sinngemäß zusammengeschaltet wird. Im Falle 3) ergibt sich so eine Vollbrücke mit vier aktiven Streifen und vierfacher Meßempfindlichkeit gegenüber Gl. (6-7); dies ist eine optimale Anordnung für den Bau von Meßumformern auf DMS-Basis.

Vergleich

Vom schaltungstechnischen Standpunkt aus ist die *Vollbrückenanordnung* optimal, erstens weil sowohl die Speiseleitung für die Brücke als auch die Signalleitung von der Brücke zum Meßverstärker als (ggf. verseilte und abgeschirmte) Zweidrahtleitungen geführt werden können und damit wenig störanfällig sind (vgl. Abschnitt 3.10.3, Bilder 3-70b, 3-71b und c, 3-73b), und zweitens weil Änderungen der Leitungswiderstände den Abgleichzustand der Meßbrücke nicht beeinflussen können. Bei der *Halbbrückenanordnung* können Störsignale leichter eindringen, und unterschiedliche Widerstandsänderungen der Speiseleitungen verändern den Abgleichzustand der Brückenschaltung. Die *Viertelbrückenanordnung* ist insofern besonders kritisch, als Änderungen der Zuleitungswiderstände zum aktiven DMS in voller Höhe den Abgleichzustand der Brückenschaltung verändern und damit unmittelbar Meßfehler verursachen. Diese Anordnung wird man daher nur in Sonderfällen verwenden, z.B. in Vielstellenmeßanlagen aus Ersparnisgründen, oder dort, wo unmittelbar vor einer Messung ein Nullabgleich oder eine Nullpunktkontrolle erfolgen kann. Bei der Verdrahtung räumlich ausgedehnter Brückenanordnungen beachte man auch Bild 3-34.

Zur *Querempfindlichkeit* von Dehnungsmeßstreifen vgl. [A117]. Anschauliche Bilder zu den vorstehend beschriebenen Brückenkonfigurationen findet man z.B. in [A113].

Meßfedern

Versieht man geeignete Federelemente mit Dehnungsmeßstreifen, so läßt sich eine Vielzahl von Aufnehmern für Weg, Kraft, Druck oder Drehmoment realisieren. Die Orte, an denen Dehnungsmeßstreifen aufgeklebt werden, müssen so gewählt sein, daß sich ein signifikanter Zusammenhang zwischen der Dehnung oder Stauchung und der zu erfassenden Größe ergibt. Außerdem sollten in der Regel vier Dehnungsmeßstreifen in geeigneter Weise zu einer Vollbrücke kombiniert werden, damit äußere Fehler- oder Störeinflüsse möglichst klein bleiben.

Ein *einseitig eingespannter Biegebalken* nach dem Schema Bild 6-15a kann als Kraft- oder als Wegaufnehmer eingesetzt werden, je nach dem, ob man den Zusammenhang zwischen der Kraft F und der Dehnung ϵ oder den Zusammenhang zwischen der Durchbiegung f und der Dehnung ϵ praktisch ausnutzt. Bringt man auf der Dehnungsseite zwei DMS und auf der Stauchungsseite zwei DMS an – wie in der Zeichnung angedeutet – so kann man eine Vollbrücke mit vier aktiven Meßstreifen bilden. Im allgemeinen wird man eine derartige Anordnung mechanisch kalibrieren; die formelmäßigen Angaben im Bild dienen zur überschlägigen Dimensionierung, z.B. zur Festlegung der Abmessungen.

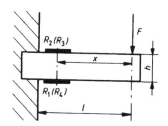

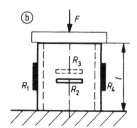

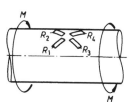

a) Einseitig eingespannter Biegebalken, Rechteckquerschnitt $b \times h$.

Durchbiegung an der Kraftangriffsstelle:

$$f = \frac{4\,l^3\,F}{b\,h^3\,E}.$$

Dehnung:

$$\epsilon = \pm \frac{6\,x\,F}{b\,h^2\,E}.$$

E Elastizitätsmodul.

b) Gestauchte Zylinderfeder (Ring-Querschnitt).

Stauchung:

$$\Delta l = \frac{4\,l\,F}{\pi\,(D^2 - d^2)\,E}.$$

Dehnung:

$$\epsilon = \frac{-4\,F}{\pi\,(D^2 - d^2)\,E}.$$

G Schubmodul.

c) Drehmomentmeßwelle (DMS gegenüber Schubebene 45° verdreht).

Verdrillung:

$$\varphi = \frac{32\,l\,M}{\pi\,D^4\,G}.$$

Dehnung:

$$\epsilon = \pm \frac{8\,M}{\pi\,D^3\,G}.$$

Bild 6-15 Beispiele für typische Meßfedern, wie sie in der DMS-Technik benutzt werden. Eine ausführlichere Übersicht findet man in [A122], Werkstoffkenngrößen in [A123].

Bild 6-15b zeigt eine sog. *Zylinderfeder* für Kraftmessungen (vgl. auch Bild 6-12c). Hier läßt sich nur eine Vollbrückenanordnung mit zwei aktiven und zwei zur Temperaturkompensation quergeklebten DMS realisieren.

Bei einer auf *Drehmoment* beanspruchten kreiszylindrischen Welle liegen die Hauptrichtungen der auf der Oberfläche auftretenden Dehnung bzw. Stauchung um ± 45° gegenüber der Schubebene (Querschnittsebene) der Welle verdreht. Für Drehmomentmessungen muß man daher zur Realisierung einer Vollbrücke vier DMS wie in Bild 6-15c angedeutet aufkleben oder eine entsprechend gestaltete DMS-Rosette verwenden. Auch hier kann ggf. statt des Drehmomentes M die Verdrillung φ als zu erfassende Meßgröße angesehen werden.

Selbstverständlich sind die vorstehend beschriebenen Anordnungen nicht nur für den Aufnehmerbau geeignet, sondern auch für eine Überwachung bezüglich maximal zulässiger mechanischer Spannungen bzw. Dehnungen. Die erforderlichen theoretischen Kenntnisse zur Berechnung des Zusammenhanges zwischen der jeweils vorliegenden Beanspruchung und der durch DMS erfaßbaren Dehnung findet man in Lehrbüchern über Festigkeitslehre bzw. Elastizitätstheorie, z.B. [A125] bis [A127], [A122].

Ermüdungsindikatoren

Eine spezielle Entwicklungsrichtung der DMS-Technik stellen die *Ermüdungsindikatoren* dar. Hierbei handelt es sich im Prinzip um Dehnungsmeßstreifen, die bei langanhaltender mechanischer Wechselbeanspruchung ihren ohmschen Grundwiderstand erhöhen. Indem man von Zeit zu Zeit den Grundwiderstand mißt, kann man die Ermüdungsgeschichte eines Konstruktionselementes verfolgen und ggf. einem Dauerbruch zuvorkommen. Dies setzt jedoch eine intensive Einarbeitung in diese spezielle Entwicklungsrichtung voraus, [E101] bis [E104].

Brückenabgleich

Es ist natürlich nicht so, daß eine DMS-Brückenschaltung nach dem Aufkleben und Verdrahten von vornherein exakt abgeglichen wäre und erst durch einen nachträglich auftretenden Dehnungsvorgang verstimmt würde; der „*Meßnullpunkt*" muß vielmehr durch einen *Abgleich* der Brückenschaltung hergestellt werden, schon allein wegen der herstellungsbedingten Widerstandstoleranzen aller beteiligten Elemente, aber auch wegen prinzipiell unvermeidbarer Dehnungseffekte, die beim Aufkleben der DMS oder durch mechanische Vorspannungen entstehen. Bild 6-16 zeigt grundsätzlich wichtige Abgleichmöglichkeiten. Fügt man wie in Bild 6-16a ein Potentiometer zwischen zwei DMS (oder zwischen zwei Brückenergänzungswiderständen) ein, so muß dieses recht niederohmig, im allgemeinen also ein Schleifdrahtpotentiometer sein. Praktisch zweckmäßiger ist es, die Abgleichelemente gemäß Bild 6-16b *parallel* zu einem Brückenzweig anzuordnen; es macht dann auch keine Schwierigkeiten, sie räumlich entfernt von der Meßbrücke anzuordnen, z.B. in einem separaten Speise- und Anpassungsgerät. Da die Widerstandstoleranzen um ein bis zwei Größenordnungen größer sein können als die dehnungsbedingten Widerstandsänderungen, muß in der Regel eine Aufteilung in *Grob- und Feinabgleich* vorgesehen werden, z.B. wie in Bild 6-16c.

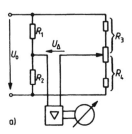

a)

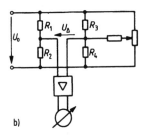

b)

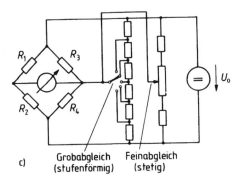

c)   Grobabgleich   Feinabgleich
     (stufenförmig)   (stetig)

Bild 6-16
Abgleichschaltungen für DMS-Brücken. a) Schleifdrahtpotentiometer; b) Parallelabgleich; c) Grob- und Feinabgleich.

Würde man nämlich einem Potentiometer einen zu großen Stellbereich zuweisen, so könnte man den Abgleich erstens nicht feinfühlig genug einstellen, und zweitens könnten mechanische Erschütterungen des Potentiometers leicht eine Verstellung des Abgleichs verursachen. Natürlich müssen Abgleicheinrichtungen aus hinreichend temperaturunabhängigen Widerständen aufgebaut werden. Weitere nützliche Hinweise zur Abgleichtechnik findet man in [A117], [A122], [A123], [E99], [E100].

Ausschlags- und Kompensationsmethode

Bei Messungen nach der *Ausschlagsmethode* (vgl. auch Abschnitt 1.5) benutzt man die Abgleicheinrichtung nur für den anfänglich vorzunehmenden Nullabgleich; das Meßergebnis erhält man durch Ablesen des Ausschlags einer der Brückenausgangsspannung in der Regel unter Zwischenschaltung eines Verstärkers zugeordneten Anzeigeeinrichtung, vgl. Bild 6-16a oder b. Bei Messungen nach der *Kompensationsmethode* (auch Nullabgleichverfahren genannt, vgl. Abschnitt 1.5) wird dagegen zunächst ein Nullabgleich vorgenommen, dann die Meßgröße aufgebracht und danach wieder auf Nullausschlag abgeglichen. Das Meßergebnis erhält man dann aus der Differenz der beiden Abgleicheinstellungen vor und nach dem Aufbringen der Meßgröße; die Abgleicheinrichtung muß in diesem Falle natürlich entsprechend ablesbar gestaltet sein. Ein Nachteil der Ausschlagsmethode ist, daß Nichtlinearitäten des Verstärkers oder Schwankungen des Verstärkungsfaktors Fehler verursachen; als Vorteil steht dem gegenüber, daß mit Hilfe geeigneter Anzeige- oder Registriereinheiten (Oszilloskope, Oszillographen) dynamische Vorgänge erfaßt werden können. Bei der Kompensationsmethode sind Nichtlinearitäten der Anzeigeeinrichtung oder Schwankungen des Verstärkungsfaktors belanglos, aber es können nur statische Vorgänge erfaßt werden; mit guten Kompensatoren lassen sich insbesondere Langzeitbeobachtungen durchführen.

Trägerfrequenzspeisung

Da die dehnungsbedingten Widerstandsänderungen von DMS sehr klein sind, hat man es bei DMS-Brückenschaltungen auch mit sehr kleinen Nutzsignalspannungen zu tun, so daß sich bei Gleichspannungsspeisung leicht Fehler durch Thermospannungseinflüsse oder durch die Nullpunktunsicherheit von Gleichspannungsverstärkern ergeben können. Aus diesem Grunde zieht man bei den meisten Anwendungen eine *Wechselspannungs*- bzw. *Trägerfrequenzspeisung* vor.

Die Gleichspannungsspeisung ist vorteilhaft, wenn man dynamische Vorgänge mit Frequenzanteilen bis hinauf zu einigen zehn Kilohertz erfassen will, die Trägerfrequenzspeisung jedoch vor allem für statische Messungen, aber auch für langsame dynamische Vorgänge mit Frequenzanteilen bis zu einigen hundert Hertz [E107]. Manchmal allerdings spielt der niedrigere Preis einer Gleichspannungsspeise- und -verstärkereinrichtung eine entscheidende Rolle.

Geht man von einer ursprünglich abgeglichenen DMS-Brücke aus, so äußert sich die Dehnung eines Streifens beispielsweise in einer zur Speisespannung gleichphasigen Brückenausgangsspannung, die Stauchung dann in einer zur Speisespannung gegenphasigen Brückenausgangsspannung (oder umgekehrt), wie das schon anhand von Bild 6-3 am Beispiel einer Wegaufnehmer-Brückenschaltung dargestellt worden ist. Um dieses Signal wieder in ein zugeordnetes positives oder negatives Gleichspannungssignal umwandeln zu können, benötigt man einen sog. *phasenselektiven Gleichrichter*; dies führt dann auf das prinzipielle Konzept nach Bild 6-17. Da bei einer Wechselspannungsspeisung auch parasitäre

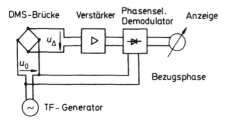

Bild 6-17
Grundgedanke der Trägerfrequenzspeisung einer DMS-Brücke.

Kapazitäten (von Verbindungsleitungen und Zuleitungskabeln) eine Brückenverstimmung verursachen, benötigt man in der Regel (wie bei jeder wechselspannungsgespeisten Meßbrücke, vgl. Abschnitt 3.4.4) einen *zweikomponentigen Nullabgleich*, beispielsweise gemäß Bild 6-18a als *Parallelabgleich* oder gemäß Bild 6-18b als *kompensatorischen Abgleich*.

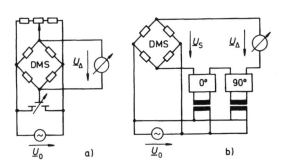

Bild 6-18 Zweikomponentiger Nullabgleich einer trägerfrequenzgespeisten DMS-Brücke. a) Parallelabgleich; b) kompensatorischer Abgleich.

Der Parallelabgleich hat den Nachteil, daß er die Brückenzweige durch die parallel liegenden Leitwerte zusätzlich belastet und dadurch den Meßempfindlichkeitsfaktor einer Brückenanordnung etwas beeinflußt (vgl. [E100], Teil II), aber den Vorteil, daß sich hinsichtlich des C-Abgleichs ein annähernd frequenzunabhängiger Abgleich ergibt, so daß die Brücke auch für Oberschwingungen der Speisespannung abgeglichen ist. Der kompensatorische Abgleich hat den Vorteil, daß der Meßempfindlichkeitsfaktor der Brückenanordnung nicht beeinflußt wird, aber bei oberschwingungsbehafteter Brückenspeisespannung im allgemeinen nur die Grundschwingung der Brückenausgangsspannung richtig kompensiert wird, was bei der Auslegung von Oszillator, Verstärker und Demodulator beachtet werden muß.

Phasenselektive Gleichrichtung

Bild 6-19 demonstriert die prinzipielle Wirkungsweise eines phasenselektiven Gleichrichters. Man stelle sich vor, daß der im Bild zu sehende Umschalter im Takte der *Bezugsphase* bzw. *Referenzphase* umgeschaltet wird: ist die Bezugswechselspannung positiv, so soll der Schalter die gezeichnete Stellung annehmen; sobald das Vorzeichen der Bezugswechselspannung ins Negative überwechselt, soll der Umschalter die entgegengesetzte Stellung annehmen.

Man überlege sich nun unter Zuhilfenahme der Bilder 6-19a und b, was geschieht, wenn die Eingangswechselspannung $u_1(t)$ einmal gleichphasig, andermal gegenphasig zur Bezugswechselspannung ist. (Bei der Anordnung nach Bild 6-17 wäre die Bezugswechselspannung die Speisespannung der DMS-Brücke.) Im Falle der Gleichphasigkeit wird am Ausgang die Zeitfunktion $u_2(t) = + |u_1(t)|$ erscheinen, weil der Schalter genau in dem Moment umgelegt wird, in dem $u_1(t)$ vom Positiven ins Negative überwechselt. Das Ausgangssignal hat dabei einen *positiven* Mittelwert $\bar{u}_2$. Ist die Eingangswechselspannung aber gegenphasig zur Bezugsspannung, so führt der Polaritätswendeschalter zu einer Ausgangsspannung $u_2(t) = - |u_1(t)|$, und der Mittelwert $\bar{u}_2$ des Ausgangssignals wird *negativ*. Man sieht also, daß ein Phasensprung von $\varphi = 0°$ auf $\varphi = 180°$ von diesem Detektorsystem in einen Vorzeichenwechsel des Mittelwertes der Ausgangsspannung konvertiert wird. Führt man das Ausgangssignal einem (linearen) elektromechanischen Anzeiger zu, so stellt

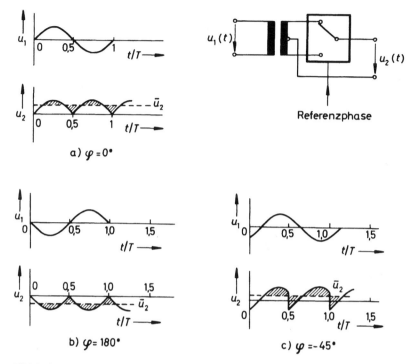

a) $\varphi = 0°$

b) $\varphi = 180°$

c) $\varphi = -45°$

Bild 6-19 Grundgedanke der phasenselektiven Gleichrichtung (Erläuterung im Text).

dieser sich infolge seiner mechanischen Trägheit dem Mittelwert entsprechend ein. Soll ein elektronischer Anzeiger benutzt werden, z.B. ein Oszilloskop, so muß der dem Mittelwert überlagerte Wechselanteil ausgefiltert werden; in der Regel kombiniert man deshalb den phasenselektiven Gleichrichter unmittelbar mit einem darauffolgenden *Tiefpaßfilter*. Besteht zwischen der Bezugsschwingung und $u_1(t)$ ein Phasenunterschied, so treten im Schaltmoment abrupte Vorzeichensprünge auf, und $u_2(t)$ nimmt einen Verlauf an ähnlich wie er in Bild 6-19c für den speziellen Phasenunterschied $\varphi = \varphi_1 - \varphi_{Ref} = -45°$ dargestellt ist. Für den Mittelwert $\bar{u}_2$ ergibt sich bei beliebigem Phasenunterschied φ nach Gl. (1-1):

$$\bar{u}_2 = \frac{1}{T} \int_0^T u_2(t) \cdot dt =$$

$$= \frac{1}{T} \left[\int_0^{T/2} \hat{u}_2 \cdot \sin(\omega t + \varphi) - \int_{T/2}^T \hat{u}_2 \cdot \sin(\omega t + \varphi) \right] = \frac{2}{\pi} \hat{u}_2 \cos\varphi . \qquad (6\text{-}10)$$

Man erhält im Sonderfall $\varphi = 0$ den Gleichrichtwert der Sinusschwingung, im Sonderfall $\varphi = 180°$ das Negative des Gleichrichtwertes. Im Falle $\varphi = 90°$ wird $\bar{u}_2 = 0$. Man erkennt:

> Ein phasenselektiver Gleichrichter mit nachfolgender Mittelwertbildung selektiert die in bezug auf die Referenzwechselspannung gleich- oder gegenphasige Komponente einer Sinusspannung (gleicher Frequenz) und unterdrückt eine bezüglich der Referenzwechselspannung um $\pm 90°$ phasenverschobene Komponente.

Es ist bereits bei der Behandlung induktiver Wegaufnehmer im Zusammenhang mit Bild 6-5 erwähnt worden, daß die Unterdrückung einer 90°-Komponente ebenfalls eine wichtige Eigenschaft eines phasenselektiven Gleichrichters ist.

In diesem Zusammenhang sei auch auf die Anwendung nach Bild 5-19 hingewiesen, bei der in Gl. 1 und Gl. 2 ebenfalls die Phasenselektivität ausgenutzt wird.

Bei sog. „Lock-In-Verstärkern" wird die phasenselektive Demodulation zur Ausfilterung von Signalen bestimmter Frequenz aus einem (u. U. überdeckenden) Rausch- oder Störvorgang benutzt [E69], [E70], [E71], [E105], [E106].

Realisierung

Zur Realisierung eines phasenselektiven Gleichrichters benötigt man vor allem einen geeigneten elektronischen Polaritätswender. Bild 6-20 zeigt eine Realisierung auf der Basis von Bild 4-29 einschließlich der für die Schaltersteuerung erforderlichen Rechteckimpulsformung sowie einschließlich eines Referenzphasenschiebers, wie er für Einsatzfälle im Zusammenhang mit induktiven Aufnehmern sich oft als zweckmäßig erweist, vgl. Abschnitt 6.2, [E86].

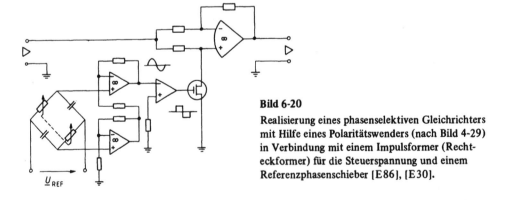

Bild 6-20

Realisierung eines phasenselektiven Gleichrichters mit Hilfe eines Polaritätswenders (nach Bild 4-29) in Verbindung mit einem Impulsformer (Rechteckformer) für die Steuerspannung und einem Referenzphasenschieber [E86], [E30].

Ringmodulator

Bild 6-21 zeigt eine ältere Realisierungsform eines phasenselektiven Demodulators auf der Basis des ursprünglich aus der Nachrichtentechnik stammenden „Ringmodulators". Diese Realisierungsmöglichkeit wird wegen des erforderlichen Übertrageraufwandes heute nur noch selten benutzt, erreicht jedoch bisher – bei optimaler Dimensionierung – die besten Ergebnisse hinsichtlich Nullpunktsicher-

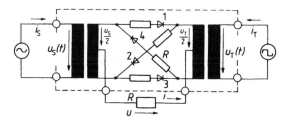

Bild 6-21

Ringmodulator als phasenselektiver Gleichrichter.

heit und Störsignalunterdrückung. Zur Wirkungsweise: Bei positiver Referenzspannung $u_T > 0$ (Rechteckschwingung) sind die Dioden D2 und D3 leitend und die übrigen gesperrt, bei negativer Referenzspannung $u_T < 0$ sind die Dioden D1 und D4 leitend und wiederum die anderen gesperrt. Dadurch ergibt sich für den Signalvorgang $u_S(t)$ im ersten Falle eine Stromflußmöglichkeit, bei der die Ausgangsspannung $u(t)$ das gleiche Vorzeichen wie $u_S(t)$ hat, im zweiten Falle aber eine Stromflußmöglichkeit, die für $u(t)$ umgekehrtes Vorzeichen wie $u_S(t)$ verursacht; damit ist die erforderliche periodische Polaritätswendung realisiert.

DMS-Brücke mit parasitärer Kapazität

Es soll nun noch, ausgehend von Bild 6-22, der Einfluß einer parasitären Kapazität C innerhalb der DMS-Brückenschaltung etwas diskutiert werden; ein derartiger kapazitiver Einfluß entsteht beispielsweise — meist ungewollt — durch Leitungskapazitäten. Die Schaltungsanalyse führt auf folgenden Ansatz:

$$\frac{\underline{U}_2}{\underline{U}_1} = \frac{R}{R + \cfrac{1}{j\omega C + \cfrac{1}{R}}} - \frac{1}{2} = \frac{1 + j\omega RC}{2 + j\omega RC} - \frac{1}{2} .$$

Durch Zusammenfassung auf einen Bruchstrich und Einführung der Abkürzung

$$\tau = \frac{R}{2} C \qquad\qquad (6\text{-}11)$$

findet man mit Trennung nach Real- und Imaginärteil:

$$\frac{\underline{U}_2}{\underline{U}_1} = \frac{1}{2} \frac{j\omega\tau}{1 + j\omega\tau} = \frac{1}{2} \left[j \frac{\omega\tau}{1 + \omega^2\tau^2} + \frac{\omega^2\tau^2}{1 + \omega^2\tau^2} \right] . \qquad (6\text{-}12)$$

Unter Bedingungen, wie sie bei DMS-Brücken auftreten, gilt stets $\omega^2\tau^2 \ll 1$, und man kann schreiben:

$$\frac{\underline{U}_2}{\underline{U}_1} \approx \frac{1}{2} \left[j\omega\tau + \omega^2\tau^2 \right] . \qquad (6\text{-}13)$$

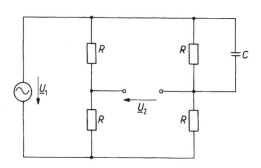

Bild 6-22

Trägerfrequenzgespeiste DMS-Brücke mit einer störenden Kapazität C.

Hierin ist dann natürlich auch $\omega^2 \tau^2 \ll \omega \tau$. Die Kapazität C verursacht also in erster Linie einen gegenüber der Brückenspeisespannung $\underline{U}_1$ um 90° phasenverschobenen Anteil der Brückenausgangsspannung $\underline{U}_2$. Dieser wird vom phasenselektiven Demodulator zwar im Prinzip ignoriert; dennoch muß dieser Anteil in der Regel durch eine Abgleicheinrichtung zu Null gemacht werden, weil er oft viel größer als das Nutzausgangssignal der Brücke ist und daher zu Übersteuerungen des TF-Verstärkers und des phasenselektiven Demodulators führen kann. Bei Systemen ohne Phasenabgleich entstehen extreme Anforderungen an die Phasenselektivität und Aussteuerbarkeit des Demodulators. Der zweite Anteil in Gl. (6-13) ist zwar wesentlich kleiner, aber gleichphasig mit dem Nutzsignal, d.h. er wird vom phasenselektiven Demodulator voll detektiert. So lange dieser Fehleranteil konstant ist, fällt er in der Regel nicht auf, weil er ja (unbewußt) in den Nullabgleich vor Beginn einer Messung mit einbezogen wird. Ändert er sich aber während einer Messung, z.B. durch thermische oder mechanische Einwirkungen auf die Kapazität, entsteht ein Meßfehler. Trotz der Möglichkeit eines Phasenabgleichs und der Phasenselektivität des Demodulators wird man daher bei Trägerfrequenzen von 1 kHz an aufwärts Schaltkapazitäten so klein wie möglich halten und Betriebsschaltungen wählen, die gegenüber den Kapazitäten längerer Zuleitungskabel besonders unempfindlich sind.

Erdsymmetrische Betriebsweise

Beim Betrieb einer wechselspannungsgespeisten Brückenschaltung steht man stets vor der Frage, wie man den Einfluß von Erd- und Leitungskapazitäten möglichst unwirksam machen kann, vgl. hierzu auch Abschnitt 3.4.5. Für DMS-Brücken ergibt sich aufgrund des Aufbaus der Brückenschaltung aus vier annähernd gleichen Widerständen eine besonders einfache und zweckmäßige Lösung [E86], vgl. Bild 6-23. Bei einseitiger Erdung der Speisespannungsquelle gemäß Bild 6-23a stellt die Kapazität C_S der Speiseleitung nur eine Belastung für die TF-Quelle dar, aber die Leitungskapazitäten C_{L1} und C_{L2} verursachen Bei-

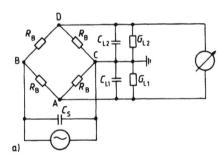

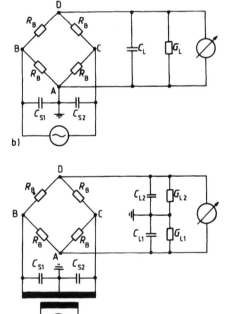

Bild 6-23
Erdungsprobleme bei einer trägerfrequenzgespeisten DMS-Brücke mit Zuleitungskabeln.
a) Speisespannung einseitig geerdet;
b) Meßverstärkereingang einseitig geerdet;
c) voll erdsymmetrische Betriebsweise.

träge zur Verstimmung der Brückenschaltung. Bei einseitiger Erdung des Meßverstärkereinganges gemäß Bild 6-23b stellt die Kapazität C_L der Verstärkerzuleitung nur noch eine Belastung der Brückenschaltung dar, die keinen Beitrag zur Brückenverstimmung liefern kann, aber die Kapazitäten C_{S1} und C_{S2} der Speiseadern liefern Beiträge zur Brückenverstimmung. Eine optimale Lösung ergibt sich erst durch die sog. „voll erdsymmetrische Betriebsweise" nach Bild 6-23c: Die Brückenspeisespannung wird bezüglich Erde symmetriert, und der Verstärker hat einen erdsymmetrischen Eingang, ist also z.B. ein Differenzverstärker. Hierbei stellen die Speiseleitungskapazitäten C_{S1} und C_{S2} nur noch Belastungen der Speisespannungsquelle dar, und die Kapazitäten C_{L1} und C_{L2} können nur noch einen sehr kleinen Beitrag zur Brückenverstimmung liefern, weil die Brückeneckpunkte A und D stets annähernd Erdpotential haben und daher über C_{L1} und C_{L2} nur noch sehr kleine Ströme fließen können. Die Anordnung Bild 6-23c stellt schließlich — weil A und D auf annähernd Erdpotential verharren — auch wesentlich geringere Anforderungen an die Gleichtaktunterdrückung des Differenzverstärkers als die Anordnung nach Bild 6-23a.

Es ist klar, daß der Vorteil der voll erdsymmetrischen Betriebsweise nicht nur in der DMS-Technik, sondern auch bei anderen ohmschen Meßbrücken mit vier annähernd gleichen Widerständen genutzt werden kann, z.B. bei der Messung kleiner Temperaturänderungen mit Widerstandsthermometern [E108]. Bei Brückenschaltungen mit teilweise ungleichen Widerständen läßt sich das optimale Verfahren sinngemäß abwandeln (vgl. hierzu auch Abschnitt 3.4.5, Wagnerscher Hilfszweig).

Sechsleiterschaltungen

Bei längeren Kabelverbindungen zwischen dem Speise- und Anzeigegerät einerseits und der DMS-Brücke andererseits stimmt bei den bisher zugrunde gelegten Schaltungen die Speisespannung unmittelbar an der Brückenschaltung wegen des Spannungsabfalls auf den Speiseleitungen nicht mehr mit der im Gerät verfügbaren Generatorspannung überein. Da sich die Kalibrierung eines Gerätes auf die im Gerät verfügbare Speisespannung bezieht, entstehen so Meßfehler, die sich nur auf relativ umständliche Weise korrigieren lassen. Bei einer *Sechsleiterschaltung* nun wird die tatsächliche Speisespannung an der DMS-Brücke über zwei weitere Leiter in das Gerät zurückgeführt. Es sind dann zwei Konzepte möglich, den Fehlereinfluß zu korrigieren:

1. Die von der Brücke rückgeführte Spannung wird zur Speisung einer (hinreichend hochohmigen) Abgleich- und Kalibrierschaltung benutzt. Dann bleiben alle Kompensatorablesungen und Kalibrierwerte zur Brückenspeisespannung richtig zugeordnet, und der Verstärkungsfaktor des Gerätes kann mit Hilfe einer Kalibrierschaltstufe nachjustiert werden.

   Die Bilder 6-24 und 6-25 zeigen handelsübliche Gerätekonzepte, denen dieses Verfahren zugrunde liegt, und zwar einmal ein komfortables Universalgerät, andermal eine vereinfachte Ausführung für die Festmontage in der Betriebsmeßtechnik.

2. Die von der Brücke zurückgeführte Kontrollspannung wird der Amplitudenregeleinrichtung des TF-Oszillators zugeführt und die Generatorspannung automatisch so nachgeregelt, daß an der DMS-Brücke stets die richtige, der Kalibrierung des Gerätes zugrunde liegende Speisespannung anliegt. Die Abgleich- und Kalibrierschaltung muß dabei natürlich auch an der rückgeführten Speisespannung liegen.

Fünfleiterschaltung

Geht man davon aus, daß die beiden Speiseadern annähernd gleichen ohmschen Widerstand haben, so genügt es auch, nur das Potential *eines* Speisepunktes ins Gerät zurückzuführen, da dieses bei erdsymmetrischer Speisung dann annähernd gleich der halben
Brückenspeisespannung sein muß. In diesem Falle kann ein Leiter eingespart werden,
und man erhält eine „*Fünfleiterschaltung*".

Bild 6-26 zeigt ein handelsübliches Gerätekonzept in Fünfleitertechnik, bei dem außerdem
aufgrund eines entsprechend dimensionierten phasenselektiven Demodulators und Vorver-

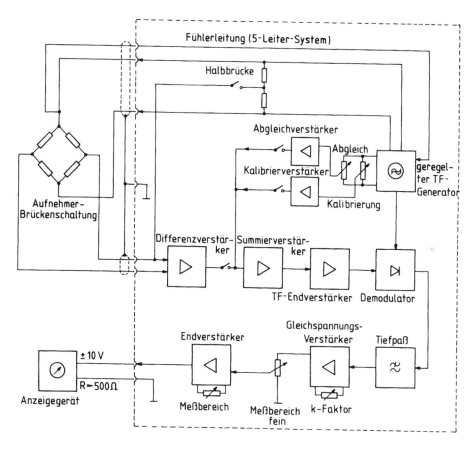

Bild 6-26

Gerätekonzept mit Fühlerleitung
zur Speisespannungsregelung (sog.
5-Leiter-System), bei dem darüberhinaus auf den Phasenabgleich verzichtet werden kann; Realisierungsbeispiel (Hottinger, Darmstadt),
[E112].

stärkers auf den Phasenabgleich verzichtet werden kann. Auch in Fünfleitertechnik gibt es eine große Zahl vereinfachter Geräteausführungen für die Betriebsmeßtechnik, wo es weniger auf die Universalität und den Bedienungskomfort eines Gerätes ankommt als auf eine besonders zuverlässige und preiswerte Lösung.

Ergänzende Hinweise

Eine ausführlichere Darstellung der Gerätetechnik findet man in [E86], [E109], [E107]. Für Viel-kanalanlagen gibt es automatisch abgleichende Geräte, vgl. z.B. [E110]. In [A129] findet man eine Theorie der trägerfrequenten Meßkette und des phasenselektiven Demodulators. Die Technik der TF-Kompensatoren ist zu hoher Präzision bis hin zur Wägetechnik entwickelt worden [A130], [A131]. Eine aktuelle Entwicklungsrichtung ist die direkte Dehnungs-Frequenz- oder Dehnungs-Periodendauer-Umformung [E33], [E65], [E66], [E72] bis [E75]. Aktuelle Literaturberichte über die elektrische Messung nichtelektrischer Größen findet man laufend in [B6].

▶ **6.4 Druck**

Grundlegendes

Der Druck p ist definiert als Verhältnis der auf eine Fläche wirkenden Normalkraft F zu der beteiligten Oberfläche A,

$$p = F/A .\qquad(6\text{-}14)$$

Die zugehörige SI-Einheit ist 1 Pascal = $1 N/m^2$. Diese Druckeinheit ist sehr klein und daher eigentlich nur für Vakuummessungen geeignet. Im allgemeinen benutzt man die größere Einheit 1 bar = $10^5 N/m^2$. Diese Einheit stimmt bis auf rund 2 % mit der früher benutzten Einheit kp/cm^2 überein, $1 kp/cm^2$ = = 1 at = 0,9807 bar. In den USA und in England rechnet man noch mit der Einheit 1 psi = 0,069 bar.

Druckmessung

Gas- und Flüssigkeitsdrücke werden in der Regel aufgrund der von ihnen verursachten Volumen- bzw. Formänderung eines Meßgefäßes oder einer Meßfläche bestimmt, auf diese Weise also wiederum in eine Weg- oder Winkeländerung oder eine direkt meßbare Dehnung überführt, ähnlich wie das bei Kraftmessungen der Fall ist. Hierbei sind jedoch je nach Art der Gefäßkonzeption *fünf verschiedene Arten* der Druckmessung zu unter-scheiden, vgl. Bild 6-27.

Ein gegen die Atmosphäre abgeschlossener Meßraum zeigt *Überdruck*, wenn sein absoluter Druck größer als der barometrische Druck der Atmosphäre ist, oder *Unterdruck*, wenn sein absoluter Druck kleiner ist als der barometrische Druck der Atmosphäre. Der *Barometerdruck* ist der Druck der Atmo-sphäre gegen ein abgeschlossenes *Vakuum*. Manchmal wird dem abgeschlossenen Meßraum jedoch ein gewisser Innendruck p_0 gegeben (z.B. der Normwert des atmosphärischen Druckes, p_0 = 1013,3 mbar), dann ist der Ausschlag des Meßgerätes proportional zur Barometerdruckänderung gegenüber dem Innendruck, es wird also dann in Wahrheit ein atmosphärischer Überdruck (oder Unterdruck) gemes-sen, und es gilt $p_{bar} = p_ü + p_0$. Der *Absolutdruck* ist der Druck gegenüber einem Vakuum; jedoch versieht man auch bei Absolutdruckmessungen den Vergleichsraum oft mit einem Innendruck, und es gilt dann $p_a = p_ü + p_0$. Aufnehmer für *Differenzdruck* messen den Druckunterschied zwischen zwei gegeneinander abgeschlossenen Räumen. Lediglich bei Absolutdruck- und Differenzdruckaufnehmern hängt die Anzeige nicht vom barometrischen Luftdruck ab. In nicht evakuierten abgeschlossenen

Art der Druckmessung	Veranschaulichung am Beispiel einer Membran-Druckmeßdose	Anzeige abhängig vom Barometerstand?
Überdruck $p_{\ddot{u}} = p_a - p_{bar}$	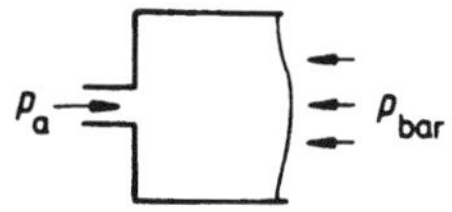 p_a ⟶ ⟵ p_{bar}	ja
Unterdruck $p_u = p_{bar} - p_a$	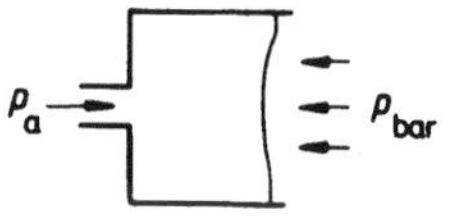 p_a ⟶ ⟵ p_{bar}	ja
Barometerdruck a) gegenüber Vakuum b) $p_{bar} = p_{\ddot{u}} + p_0$	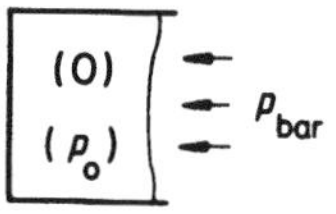 (0) (p_0) ⟵ p_{bar}	ja
Absolutdruck a) gegen Vakuum b) $p_a = p_{\ddot{u}} + p_0$	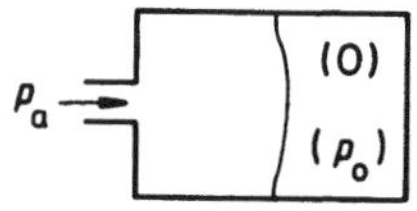 p_a ⟶ (0) (p_0)	nein
Differenzdruck $\Delta p = p_1 - p_2$	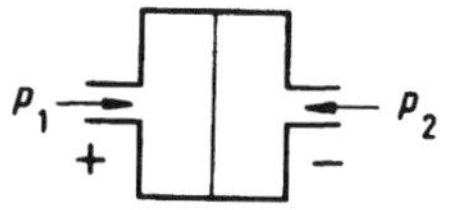 p_1 ⟶ + ⟵ p_2 −	nein

Bild 6-27 Fünf Arten der Druckmessung, dargestellt am Beispiel einer Membran-Druckmeßdose.

Vergleichsräumen hängt der Innendruck von der Temperatur ab, es sind daher dann geeignete Kompensationsmaßnahmen erforderlich. Ausführlichere Bilder über Formen von Druckmeßgefäßen findet man in [A114], [A115] Bd. 2, [A116], [A118], [A119], [A121], [A132].

Druckmeßmembran

Eine ringsum eingespannte kreisrunde Membran zeigt unter Druckbelastung im Zentrum ein Maximum der tangentialen und radialen Dehnung und in der Nähe des Randes eine starke radiale Dehnung umgekehrten Vorzeichens, vgl. Bild 6-28a. Sie eignet sich daher ausgezeichnet für die Druckmessung mit Hilfe von Dehnungsmeßstreifen, vgl. Bild 6-28b. Um die Abmessungen (und damit die Eigenfrequenz) einer Druckmeßmembran klein halten zu können, verwendet man gern spezielle DMS-Rosetten, vgl. z.B. Bild 6-28c.

Angaben zur überschlägigen Berechnung solcher Membranen findet man z.B. in [A114], [A122], [A123], [E113].

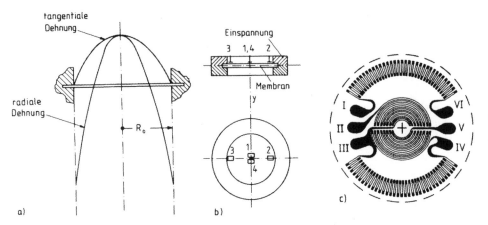

Bild 6-28 Druckmeßmembran in DMS-Technik. a) Dehnungsverteilung in einer eingespannten, druck-belasteten Membran; b) Anordnung einzelner DMS an Orten größter radialer Dehnung bzw. Stauchung; c) Spezialrosette in Vollbrückenschaltung.

Differenzdruckmessung

Der *Differenzdruckmessung* kommt in der Verfahrenstechnik eine besonders große Bedeutung zu. Bild 6-29a zeigt einen einfachen Grundgedanken für einen Differenzdruck-aufnehmer in DMS-Technik. Vom Grundgedanken bis zur praktisch bewährten Konstruktion ist oft ein langer Entwicklungsweg zu bewältigen. Dies kann man sich etwa am Bei-

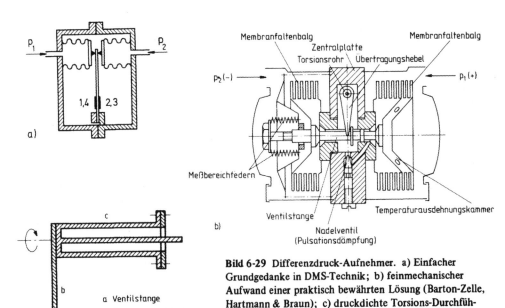

Bild 6-29 Differenzdruck-Aufnehmer. a) Einfacher Grundgedanke in DMS-Technik; b) feinmechanischer Aufwand einer praktisch bewährten Lösung (Barton-Zelle, Hartmann & Braun); c) druckdichte Torsions-Durchführung der Barton-Zelle.

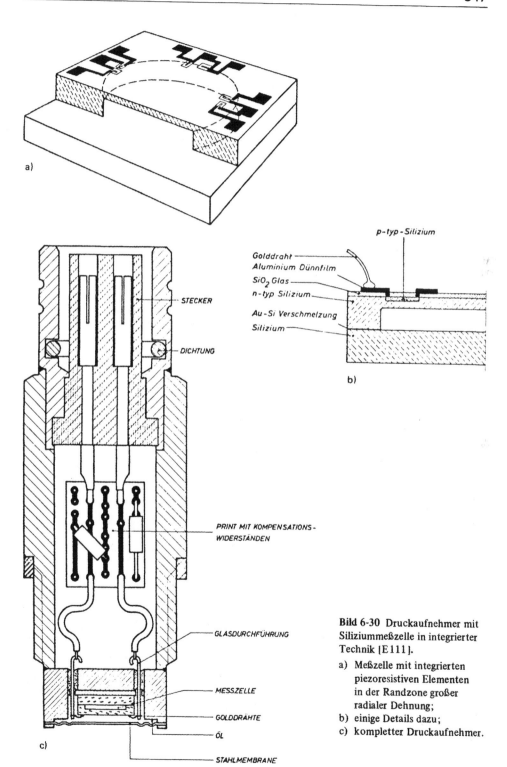

a)

b)

p-typ-Silizium
Golddraht
Aluminium Dünnfilm
SiO$_2$ Glas
n-typ Silizium
Au-Si Verschmelzung
Silizium

c)

STECKER
DICHTUNG
PRINT MIT KOMPENSATIONS-WIDERSTÄNDEN
GLASDURCHFÜHRUNG
MESSZELLE
GOLDDRÄHTE
ÖL
STAHLMEMBRANE

Bild 6-30 Druckaufnehmer mit Siliziummeßzelle in integrierter Technik [E111].

a) Meßzelle mit integrierten piezoresistiven Elementen in der Randzone großer radialer Dehnung;
b) einige Details dazu;
c) kompletter Druckaufnehmer.

spiel der sehr bekannt gewordenen *Barton-Zelle* klar machen, vgl. Bild 6-29b. Eines der Probleme, die bei der Konstruktion eines solchen Aufnehmers zu lösen sind, ist der *Überdruckschutz*. Die Messung kleiner Druckdifferenzen setzt dünne, nachgiebige Membranen bzw. Federbälge voraus; fällt an einer Seite der Druck aus, so wird auf der anderen Seite plötzlich der volle Betriebsdruck wirksam, trotzdem darf die nachgiebige Membrankonstruktion dadurch nicht zerstört werden! Bei der Barton-Zelle wird das dadurch erreicht, daß die Innenräume der Federbälge mit einer Flüssigkeit (z.B. Wasser) gefüllt sind. Tritt an einer Seite ein gefährlicher Überdruck auf, so schließt auf dieser Seite das mit der Ventilstange verbundene Konusventil, die Flüssigkeit kann den Balgraum nicht mehr verlassen und der Federbalg sich nicht mehr weiter verformen, da die Flüssigkeit inkompressibel ist.

Eine weitere elegante Lösung stellt das Torsionsrohr dar, über das die Meßbewegung druckdicht nach außen übertragen werden kann, vgl. Bild 6-29c. Ausführlichere Beschreibungen der Barton-Zelle findet man z.B. in [A114], [A121].

Integrierte Druckaufnehmer

Eine akutelle Entwicklungsrichtung stellen die *Siliziummeßzellen* mit *integrierten dehnungsempfindlichen Widerstandselementen* dar, vgl. Bild 6-30. Hier beginnt das mechanisch-elektrische Umformerelement mit der Meßzelle zu einer technologischen Einheit zu verschmelzen. Wie auch so oft bei Bauelementen der integrierten Schaltungstechnik, sind die Abmessungen des einsatzfertigen Aufnehmers nicht mehr durch das Funktionselement, sondern durch Montage- und Anschlußerfordernisse bestimmt, vgl. Bild 6-30c.

Piezoelektrische Druckaufnehmer

Beansprucht man bestimmte Kristalle wie Quarz oder Turmalin in gewissen Richtungen mit einer mechanischen Spannung, so tritt eine dielektrische Polarisation auf, und man kann an geeignet angebrachten Metallbelegen elektrische Ladungen abnehmen, die der mechanischen Spannung und damit zur erzeugenden Kraft oder zum erzeugenden Druck proportional sind. Dies ist der *piezoelektrische Effekt*. Bild 6-31a zeigt als Beispiel eine Anordnung mit zwei entgegengesetzt polarisierten Kristallen. Die elektronische Erfassung der freiwerdenden Ladung erfolgt am zweckmäßigsten mit Hilfe eines Integrationsverstärkers nach Bild 4-21c und Gl. (5-1), in diesem Zusammenhang als *„Ladungsverstärker"* bezeichnet.

Bild 6-31b zeigt als interessantes Ausführungsbeispiel einen piezoelektrischen Druckaufnehmer mit einer Vibrationskompensation durch einen zweiten, als Beschleunigungsaufnehmer arbeitenden Piezokristall.

Der besondere Vorteil des integrierenden Ladungsverstärkers ergibt sich durch Anwendung des Prinzips der verschwindenden Eingangsgrößen (vgl. Abschnitt 4.3): Im Idealfalle eines Operationsverstärkers mit unendlich hoher Verstärkung geht die Spannung zwischen den Punkten 1 und 2 gegen Null, so daß Kabelkapazität und Kabelableitung (in erster Näherung) keine Rolle mehr spielen. Bei Dauerbetrieb muß der Integrierer durch einen hochohmigen Widerstand parallel zu C vor dem „Abdriften" bewahrt werden, vgl. Abschnitt 4.4 und 5.2.1. Wegen des hohen Innenwiderstandes eines piezoelektrischen Aufnehmers muß das Verbindungskabel eine sehr hochwertige Isolation und *Schirmung* besitzen; in

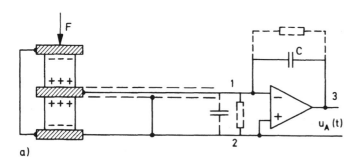

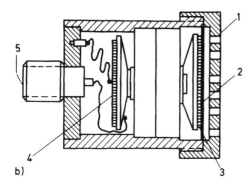

Bild 6-31
Piezoelektrische Kraft- und Druckmessung.
a) Grundprinzip und elektronische Erfassung der auftretenden Ladung durch einen Integrationsverstärker als „Ladungsverstärker".
b) Beispiel für einen piezoelektrischen Druckaufnehmer mit Vibrations-Kompensation [A119].
1 perforierte Schutzkappe, 2 Membran, 3 piezoelektrischer keramischer Kristall, 4 piezoelektrischer Beschleunigungsaufnehmer zur Vibrations-Kompensation, 5 koaxiale Steckverbindung.

der Regel findet man deshalb eine koaxiale Steckverbindung vor. Wegen stets (zumindest in zweiter Näherung) übrigbleibender Isolationsfehler (u.a.) sind piezoelektrische Kraft- und Druckaufnehmer für statische Messungen nicht geeignet, wohl aber für dynamische Messungen bis in den Ultraschallbereich hinauf. Weiteres zur Druckaufnehmertechnik findet man in [A117] bis [A120].

Vakuummeßtechnik

Die Ermittlung von sehr kleinen Restdrücken in evakuierten Räumen erfordert ganz andere als die vorstehend angedeuteten Verfahren; ausgenutzt werden z.B. Schwingungsdämpfungseffekte, Molekülimpulse, Wärmeleitungseffekte oder Ionenströme. Eine erste Übersicht mit Literaturhinweisen findet man z.B. in [A118], [A133].

▶ 6.5 Menge

Grundlegendes

Im weitesten Sinne kann man unter einer *Mengenmessung* natürlich alles verstehen, was auf die Ermittlung eines *Stoffvolumens* oder einer *Masse* hinzielt, also z.B. auch die Ermittlung des Füllstandes eines Behälters oder des Gewichtes eines Behälterinhalts.

Der *Füllstand* von Schüttgutbehältern z.B. kann durch Wägung, also mit Hilfe von Kraftaufnehmern (Abschnitt 6.2, 6.3), oder Durchstrahlung ermittelt werden, z.B. mit Infrarot, Ultraschall oder radioaktiver Strahlung (Isotopenstrahlung); Flüssigkeitsfüllstände lassen sich leicht auf Weg-, Kraft- oder Druckmessungen zurückführen [A115] Bd. 2, [A116], [A118], [A128], [A132].

In *engerem Sinne* versteht man unter einer Mengenmessung jedoch die Ermittlung des durch einen *Rohrleitungsquerschnitt* geflossenen Volumens V oder der entsprechenden Masse *m*. Es ist üblich, die Erfassung eines hindurchgeflossenen Volumens oder der entsprechenden Masse als *Zählung* zu bezeichnen. Demgegenüber versteht man unter einer *Durchflußmessung* die Feststellung des Verhältnisses der Menge zu der zum Hindurchfließen benötigten Zeit, entweder bezüglich des Volumens,

$$Q_V = V/t\,,\tag{6-15}$$

oder bezüglich der Masse,

$$Q_m = m/t\,.\tag{6-16}$$

Bei rasch veränderlichen Werten sind natürlich die entsprechenden differentiellen Definitionen zugrunde zu legen. Es gibt außerordentlich viele mechanische und elektromechanische Systeme zur Erfassung solcher Durchflußgrößen, vgl. z. B. [A134].

Wir beschränken uns hier auf die Erläuterung einiger besonders charakteristischer und verbreiteter Aufnehmertypen; Tabelle 6-1 gibt zunächst eine Übersicht über die nachfolgende Darstellung.

Tabelle 6-1 Übersicht zur Mengen- und Durchflußmessung

Art der Messung		Erfaßte Größe	Benutzte Einheiten	Aufnehmer
Mengenmessung	Volumen-Zählung	V	l, m³	Ovalradzähler (Bild 6-32)
	Massen-Zählung	m	kg, t	Massen-Durchflußmesser (Bild 6-33) mit elektrischer Integration
Durchflußmessung	Volumen-durchfluß-messung	Q_V	l/h, m³/h	Ovalradzähler mit Meßgenerator
				Wirkdruck-Meßumformer (Bild 6-34)
				Induktiver Durchflußmesser (Bild 6-35)
	Massen-Durchfluß-Messung	Q_m	kg/h, t/h	Massen-Durchfluß-messer

Ovalradzähler

Bild 6-32 zeigt das Prinzip des *Ovalradzählers*. In der Meßkammer befinden sich zwei drehbar gelagerte Ovalräder, deren Zähne aufgrund der speziell berechneten Form der Räder stets im Eingriff bleiben [A134]. Jedes Rad grenzt bei einer Umdrehung stets eine genau definierte Flüssigkeitsmenge ab, so daß die Zahl der Umdrehungen ein genaues Maß für das durch die Meßkammer hindurchgeflossene *Volumen* ist. Die Umdrehungen können z.B., wie in Bild 6-32a angedeutet, mit Hilfe eines induktiven Impulsgebers gezählt werden. Bild 6-32b versucht das Abgrenzen hindurchwandernder Teilmengen deutlich zu machen. Für die Volumen-Durchflußmessung kann der Umformer mit einem Meßgenerator gekoppelt werden, der eine drehzahlproportionale Spannung abgibt.

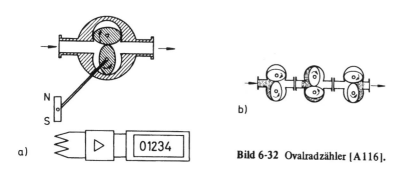

Bild 6-32 Ovalradzähler [A116].

Massen-Durchflußmesser

Bild 6-33 zeigt das Prinzip eines *Massen-Durchflußmessers*. Durch den Antriebsmotor 1 wird eine Lauftrommel 2 mit konstanter Drehzahl bewegt. Dadurch erhält die hindurchströmende Flüssigkeit eine tangentiale Geschwindigkeitskomponente. Diese übt dann auf die federgefesselte Bremstrommel 4 ein dem Massendurchfluß proportionales Drehmoment aus. Dadurch entsteht eine zum Massendurchfluß proportionale Verdrehung $\Delta\varphi$ der Bremstrommel. Wird diese in einen Strom oder eine Frequenz umgeformt, so kann durch Integration mit Hilfe eines Meßmotors (vgl. Abschnitt 2.1.2) oder eines Impulszählers die hindurchgeflossene Masse m ermittelt werden.

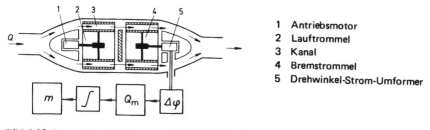

1 Antriebsmotor
2 Lauftrommel
3 Kanal
4 Bremstrommel
5 Drehwinkel-Strom-Umformer

Bild 6-33 Massen-Durchflußmesser mit elektrischer Integration [A116].

Wirkdruck-Meßumformer

Das *Wirkdruckverfahren* beruht auf der Umwandlung von Druckenergie (potentieller Energie) in Geschwindigkeitsenergie (kinetische Energie) an einer Engstelle in einer Rohrleitung, vgl. Bild 6-34. Nach dem Energieerhaltungssatz muß, wenn man die Strömung als reibungsfrei ansieht, die Summe der Druckenergie und der Geschwindigkeitsenergie vor der Engstelle und in der Engstelle gleich sein. Da die Geschwindigkeit in der Engstelle größer ist, muß dort der Druck niedriger sein. Dieser Effekt ist um so ausgeprägter, je größer der *Volumendurchfluß* ist. Man kann deshalb mit Hilfe eines Differenzdruckaufnehmers (also z.B. mit Hilfe der Barton-Zelle aus Abschnitt 6.4) den Volumendurchfluß bestimmen.

Eine Herleitung der formelmäßigen Zusammenhänge findet man z.B. in [A116]. Da sich ein Ausdruck ergibt, in dem Q_V proportional zur Wurzel aus der Druckdifferenz ist, muß noch durch ein geeignetes Rechengerät radiziert werden.

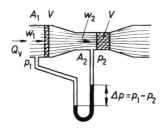

Bild 6-34
Prinzip der Durchflußmessung nach dem Wirkdruckverfahren [A116].

Induktiver Durchflußmesser

Dieser Aufnehmer liefert direkt ein elektrisches Signal, läßt sich aber nur bei leitenden Flüssigkeiten anwenden. Die leitende Flüssigkeit durchströmt ein magnetisches Feld, vgl. Bild 6-35. Dabei wird in der Flüssigkeit eine elektrische Spannung induziert, die zur Strömungsgeschwindigkeit proportional ist und an den angedeuteten Elektroden abgegriffen werden kann.

Um elektrochemische Polarisationserscheinungen zu vermeiden, wird in der Praxis ein Wechselfeld benutzt und die induzierte Spannung in der Regel ähnlich wie in der DMS-Technik mit Hilfe eines phasenselektiven Demodulators detektiert.
Umfassendere Beschreibungen zum Thema dieses Abschnittes findet man in [A114], [A115] Bd. 2, [A116], [A117], [A118], [A119], [A120], [A121], [A132], [A134], [A140].

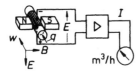

Bild 6-35
Induktiver Durchflußmesser [A116].

▶ 6.6 Schwingungsgrößen

Schwingungsaufnehmer

Bild 6-36 zeigt den prinzipiellen Aufbau eines *Schwingungsaufnehmers*. Eine träge Masse 2 ist über eine Feder 3 an einen starren Rahmen 1 gefesselt. Das so gebildete schwingungsfähige System erfährt durch irgendeine geeignete Einrichtung 4 eine Dämpfung (z.B. Luftdämpfung, Flüssigkeitsdämpfung, Wirbelstromdämpfung, werkstoffinterne Reibung, vgl. auch Abschnitt 2.1.2). Der Rahmen wird im Anwendungsfalle mit irgendeiner schwingenden (vibrierenden) Unterlage verbunden, wobei ihm ein (periodischer) Schwing-

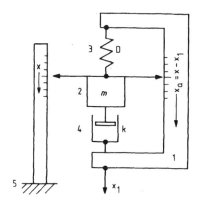

1 Starrer Rahmen
2 Träge Masse
3 Feder
4 Dämpfungseinrichtung
5 Gedachtes Bezugssystem
   absoluter Ruhe

Bild 6-36 Prinzipieller Aufbau eines Schwingungsaufnehmers [A 115].

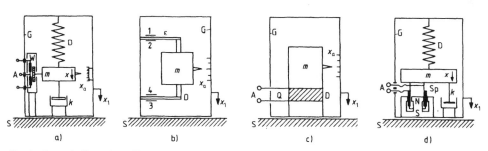

S schwingende Grundlage (Erdboden, Fundament, Maschinenchassis)
G mit der schwingenden Grundlage starr verbundenes Gehäuse

a) Aufnehmer für absolute Schwingwege oder Beschleunigungen. Der aufnehmerinterne Schwingweg x_a wird durch den Wegmeßumformer W ausgegeben.

b) wie vor, jedoch Erfassung von x_a über die Dehnung ϵ und DMS.

c) Beschleunigungsaufnehmer, bei dem das piezoelektrische Element Q zugleich die Rolle der Feder übernimmt.

d) Aufnehmer für absolute Schwinggeschwindigkeiten. Die in der Spule Sp induzierte Spannung ist proportional zur Geschwindigkeit dx_a/dt.

Bild 6-37 Zur technischen Ausgestaltung von Schwingungsaufnehmern.

weg $x_1(t)$ aufgezwungen wird. Unter dem Einfluß einer solchen aufgezwungenen Schwingung wird das aufnehmerinterne System auch irgendwelche Bewegungen ausführen. Um diese besser diskutieren zu können, stellen wir uns vor, daß wir noch über ein Bezugssystem 5 verfügen, welches sich in absoluter Ruhe befindet, so daß wir von dort aus z.B. Bewegungen der Masse m beobachten können. Einen Weg dieser Masse m gegenüber unserem in Ruhe befindlichen Bezugssystem 5 bezeichnen wir mit x. Legt außerdem der Rahmen 1 einen Weg x_1 zurück, so werden wir an der aufnehmerinternen Skala einen Differenzweg $x_a = x - x_1$ ablesen können. Von allen definierten Wegen ist dieser interne Differenzweg x_a der einzige, den man z.B. durch einen im Schwingungsaufnehmer montierten Wegmeßumformer erfassen und durch ein elektrisches Signal über Klemmen A nach außen mitteilen kann, z.B. wie in Bild 6-37a. Hierzu wollen wir nun zunächst einfach überschaubare *Grenzfälle* betrachten.

Absolutwegmessung

Angenommen, die Masse 2 sei extrem groß, die Feder 3 weich, der Dämpfungseinfluß sehr gering. Dann wird die Masse m wegen ihrer großen Trägheit trotz des dem Rahmen aufgezwungenen Schwingweges $x_1(t)$ in Ruhe bleiben, es gilt $x = 0$ und $x_a = -x_1$. Ein z.B. nach Bild 6-37a im Schwingungsaufnehmer montierter Wegmeßumformer gibt also $x_a(t) = -x_1(t)$ aus, also ein genaues Abbild des von einem ruhenden Bezugssystem aus beobachtbaren *absoluten Schwingweges* $x_1(t)$, denn das Vorzeichen kann man ja nach Belieben umkehren. Statt durch einen induktiven Wegmeßumformer kann der Schwingweg $x_a(t) = -x_1(t)$ natürlich auch mit Mitteln der DMS-Technik erfaßt werden, z.B. wie in Bild 6-37b.

Absolutgeschwindigkeitsmessung

Ersetzt man den internen Wegmeßumformer z.B. durch ein Tauchspulensystem im Luftspalt eines Permanentmagneten wie in Bild 6-37d, so wird an den Ausgangsklemmen A nach dem Induktionsgesetz eine zur Geschwindigkeit $dx_a/dt = -dx_1/dt$ proportionale Spannung ausgegeben, unveränderte mechanische Bedingungen vorausgesetzt. Man erfaßt also dann die *absolute Schwinggeschwindigkeit* gegenüber der ruhenden Masse m.

Beschleunigungsmessung

Wir ändern nun die mechanischen Voraussetzungen: die Masse 2 soll nun sehr klein sein, die Feder 3 sehr steif, der Dämpfungseinfluß nach wie vor sehr gering. Dann wird die Masse m die Bewegung $x_1(t)$ des Rahmens nahezu fehlerfrei mitmachen, aber auf die Feder wirkt dann nach dem Grundgesetz der Mechanik doch eine zur Massenbeschleunigung proportionale Kraft

$$F_m(t) = -m\frac{d^2x}{dt^2} = -m\frac{d^2x_1}{dt^2},$$

wobei das Minuszeichen einer Stauchung der Feder zugeordnet wurde. Unter dem Einfluß dieser Kraft ist die Feder dann natürlich einer Dehnung $\epsilon(t)$ unterworfen, und deshalb tritt natürlich auch eine intern feststellbare Längenänderung $x_a(t) \sim F_m(t)$ auf, nur daß jetzt eben $|x_a| \ll |x_1|$ bleibt. Ein Schwingbeschleunigungsaufnehmer kann also *auch* entsprechend Bild 6-37a oder b konstruiert sein, nur muß der Wegumformer oder die Dehnungsmessung um ein Vielfaches empfindlicher sein als bei der Schwingwegmessung. Besonders eignen sich für die Schwingbeschleunigungsmessung auch piezoelektrische Umformer ähnlich Bild 6-37c, bei denen der piezoelektrische Kristall (meist Quarz) zugleich die Rolle einer sehr steifen Feder übernehmen kann.

In Bild 6-31b beispielsweise übernimmt der Piezokristall 4 außerdem auch gleichzeitig die Rolle der Masse; die Parameter des Systems sind nicht mehr „konzentriert", sondern „verteilt".

Differentialgleichung

Genauere quantitative Aussagen über den Gültigkeitsbereich der Schwingweg- oder Schwinggeschwindigkeitsmessung einerseits und der Schwingbeschleunigungsmessung andererseits lassen sich aus der Differentialgleichung des schwingenden Systems herleiten. Angenommen, wir beobachten eine Auslenkung der Masse m aus ihrer Ruhelage im x_a-System; dann müssen folgende Kräfte miteinander im Gleichgewicht stehen:

Die Federkraft $\quad\quad\quad F_D = -D x_a \,,$

die Trägheitskraft $\quad\quad F_m = -m \dfrac{d^2 x}{dt^2} = -m \dfrac{d^2 (x_a + x_1)}{dt^2} \,,$

und die Reibungskraft $\quad F_k = -k \dfrac{dx_a}{dt} \,,$

$F_D + F_m + F_k = 0 \,.$

Hieraus erhält man durch einsetzen und umformen:

$$m \frac{d^2 (x_a + x_1)}{dt^2} + k \cdot \frac{dx_a}{dt} + D x_a = 0 \,, \tag{6-17}$$

$$m \frac{d^2 x_a}{dt^2} + k \frac{dx_a}{dt} + D x_a = -m \frac{d^2 x_1}{dt^2} \,. \tag{6-18}$$

Dies ist eine *inhomogene lineare Differentialgleichung zweiter Ordnung mit konstanten Koeffizienten,* wie sie in vielen mathematischen Lehrbüchern ausführlich behandelt wird, vgl. auch Abschnitt 2.1.5 und z.B. [A21]. Durch Einführung der Abkürzungen

$$\omega_0 = \sqrt{\frac{D}{m}} \,, \quad \xi = \frac{k}{2 \sqrt{mD}} \tag{6-19}$$

gelangen wir noch zu der in der Literatur bevorzugten Schreibweise

$$\frac{d^2 x_a}{dt^2} + 2 \xi \omega_0 \frac{dx_a}{dt} + \omega_0^2 x_a = - \frac{d^2 x_1}{dt^2} \,. \tag{6-20}$$

Wir interessieren uns nun für den Fall einer dem Rahmen 1 aufgezwungenen sinusförmigen Störfunktion:

$$x_1(t) = \hat{x}_1 \cdot \sin \omega t \,, \tag{6-21}$$

$$v_1(t) = \frac{dx_1}{dt} = \omega \hat{x}_1 \cos \omega t \,, \tag{6-22}$$

$$b_1(t) = \frac{d^2 x_1}{dt^2} = -\omega^2 \hat{x}_1 \sin \omega t \,. \tag{6-23}$$

Die allgemeine Lösung der Differentialgleichung (6-20) zu der Störfunktion Gl. (6-23) enthält einen (zeitlich abklingenden) Ausgleichsvorgang und eine für $t \to \infty$ verbleibende stationäre Lösung. Wir wollen uns hier nur für die stationäre Lösung interessieren. Diese wird zweifellos auch aus einer Sinusschwingung der Frequenz ω bestehen, jedoch mit anderen Werten für die Amplitude und den Nullphasenwinkel:

$$x_a(t) = \hat{x}_a \cdot \sin(\omega t + \varphi) , \tag{6-24}$$

$$v_a(t) = \frac{dx_a}{dt} = \omega \hat{x}_a \cos(\omega t + \varphi) , \tag{6-25}$$

$$b_a(t) = \frac{d^2 x_a}{dt^2} = -\omega^2 \hat{x}_a \sin(\omega t + \varphi) . \tag{6-26}$$

Durch einsetzen dieses Ansatzes in die Differentialgleichung (6-20) und auflösen der entstehenden Bestimmungsgleichungen findet man:

$$\frac{\hat{x}_a}{\hat{x}_1} = \frac{(\omega/\omega_0)^2}{\sqrt{[1 - (\omega/\omega_0)^2]^2 + 4\,\xi^2\,(\omega/\omega_0)^2}} , \tag{6-27}$$

$$\varphi = -\arctan \frac{2\,\xi\,(\omega/\omega_0)}{1 - (\omega/\omega_0)^2} . \tag{6-28}$$

Bild 6-38 zeigt Ausrechnungen dieser Ergebnisse für verschiedene Werte ξ in Abhängigkeit von der Frequenz. Im Falle $k = 0$ ist nach Gl. (6-19) auch $\xi = 0$, und in Bild 6-38a steigert sich das Amplitudenverhältnis bei $\omega = \omega_0$ zu einer extremen Resonanzspitze; man nennt deshalb $f_0 = \omega_0/2\pi$ die *Eigenfrequenz* des Schwingungsaufnehmers. Je größer ξ ist, desto weitgehender wird der Resonanzeffekt abgedämpft; man nennt deshalb ξ den *Dämpfungsgrad* des Aufnehmers. Man sieht weiter, daß sich für $\omega \gg \omega_0$ ein getreues, frequenzunabhängiges Abbild der *Schwingungsamplitude* ergibt. Um in einem möglichst breiten Kreisfrequenzbereich $\omega > \omega_0$ messen zu können, sollte $0,6 < \xi < 0,8$ sein. Man muß aber bei der Auswertung von Messungen ggf. noch den Phaseneinfluß nach Bild 6-38b berücksichtigen!

Für den Fall, daß der Schwingungsaufnehmer einen geschwindigkeitssensitiven Meßumformer enthält, wie in Bild 6-37d, findet man durch Vergleich von Gl. (6-25) und (6-22)

$$\hat{v}_a = \omega \hat{x}_a = \omega \hat{x}_1 \left(\frac{\hat{x}_a}{\hat{x}_1} \right) = \hat{v}_1 \left(\frac{\hat{x}_a}{\hat{x}_1} \right) , \tag{6-29}$$

während der Phasenunterschied zwischen sinusförmigen $v_a(t)$ und $v_1(t)$ wiederum gleich dem berechneten Wert φ ist. Die Diagramme Bild 6-38 sind also auch für eine *Geschwindigkeitsmessung* nach dem Prinzip Bild 6-37d repräsentativ.

Für die *Schwingbeschleunigungsmessung* mit einem wegsensitiven Meßumformer innerhalb des Schwingungsaufnehmers (Bild 6-37a, b oder c) ergibt sich aus Gl. (6-23) und (6-27)

$$\hat{b}_1 = \omega^2 \hat{x}_1 = \omega^2 \left(\frac{\hat{x}_1}{\hat{x}_a} \right) \hat{x}_a ,$$

$$\frac{\hat{x}_a}{\hat{b}_1} = \frac{1}{\omega^2} \left(\frac{\hat{x}_a}{\hat{x}_1} \right) = \frac{1}{\omega_0^2} \cdot \frac{1}{\sqrt{[1 - (\omega/\omega_0)^2]^2 + 4\,\xi^2\,(\omega/\omega_0)^2}} , \tag{6-30}$$

während der Phasenunterschied zwischen $x_a(t)$ und $b_1(t)$ nach Gl. (6-23) und (6-24) um 180° größer ist als φ,

$$\varphi_{ab} = \varphi + 180° . \tag{6-31}$$

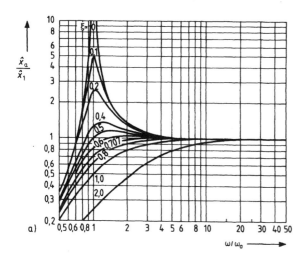

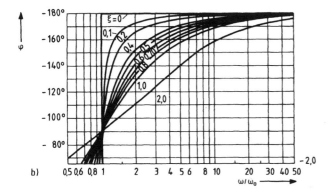

Bild 6-38
Amplituden- und Phasen-
frequenzgang des Schwing-
wegaufnehmers [A117].

Bild 6-39 zeigt die zugehörigen Frequenzgangkurven. Diesmal ist die Amplitudentreue für $\omega \ll \omega_0$ gegeben, aber das System wird nach Gl. (6-30) um so unempfindlicher, je größer man ω_0 wählt! Auch jetzt wird man zur Erzielung eines möglichst breiten Arbeitsbereiches $\omega < \omega_0$ eine Dämpfung im Bereich $0,6 < \xi < 0,8$ anstreben.

Eine eingehendere Diskussion zur *Aufnehmerdynamik* findet man in [A117]. Es gibt auch noch die Möglichkeit, die *Schwinggeschwindigkeitsmessung* mit einem wegsensitiven internen Meßumformer durchzuführen, wenn man dem Schwingungsaufnehmer einen sehr großen Dämpfungsgrad ξ gibt [A122]. Durch elektronische Integration oder Differentiation kann man Beschleunigung in Geschwindigkeit und Weg bzw. umgekehrt umrechnen, vgl. Abschnitt 4.4. Durch elektronische Filter (vgl. Abschnitt 5.2.1) können auch zahlreiche Frequenzgang-Korrekturmaßnahmen realisiert werden, z.B. eine scheinbare Verschiebung der Eigenfrequenz eines Aufnehmers [A135].

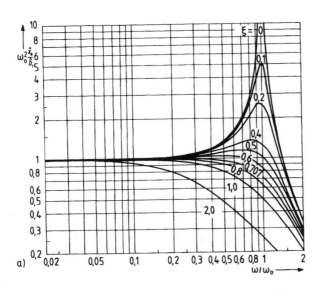

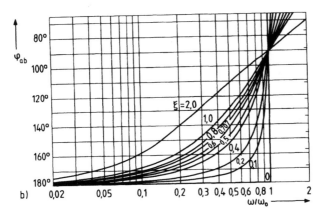

Bild 6-39
Amplituden- und Phasen-
frequenzgang des Schwing-
beschleunigungsaufnehmers
[A117].

▶ **6.7 Temperatur**

Temperaturskalen

Physikalische Grundlage der Temperaturmessung ist die *thermodynamische Temperatur-skala*, welche auf der für ideale Gase geltenden Gleichung $p \cdot v = R \cdot T$ beruht (p Druck, v spezifisches Volumen, R spezifische Gaskonstante, T Temperatur). Die thermodyna-mische Temperatur wurde früher auch „absolute Temperatur" genannt. Die zugehörige SI-Einheit ist das Kelvin (K), eine der Basiseinheiten des SI-Systems, vgl. Abschnitt 1.3 [A4], [A5], [A136]. Differenzen einer beliebigen thermodynamischen Temperatur T ge-genüber $T_0 = 273{,}15$ K werden Celsius-Temperatur genannt (°C). Für die *Zahlenwerte* gilt also $\{T_K\} = 273{,}15 + \{t_C\}$. Wo eine Verwechslung mit der Größe „Zeit" zu be-fürchten ist, wird T durch Θ und t durch ϑ ersetzt.

Die thermodynamische Temperaturskala läßt sich mit einem *Gasthermometer* bis etwa 2000 °C reali-sieren. Da dieses Verfahren für praktische Temperaturmessungen zu umständlich ist, hat man die *Internationale praktische Temperaturskala* (IPTS 68) geschaffen, die durch bestimmte Fixpunkte (Gleichgewichtstemperaturen von Zustandsübergängen, z. B. flüssig-gasförmig; stehen drei Zustände miteinander im Gleichgewicht, wie z. B. fest-flüssig-gasförmig, spricht man von Tripelpunkten) ausge-suchter Stoffe festgelegt ist, zwischen denen nach festgelegten Formeln bzw. mit Normal-Widerstands-thermometern oder Normal-Thermopaaren interpoliert wird [E114], [E115], [A137]. Einige wichtige Punkte sind z. B. der Siedepunkt von Sauerstoff (– 182,962 °C), der Tripelpunkt des Wassers (0,01 °C), der Siedepunkt des Wassers (100 °C), der Erstarrungspunkt des Goldes (1064,43 °C), jeweils unter festgelegten Bedingungen. Eine Gegenüberstellung mit älteren Temperaturskalen findet man in [A4].

Widerstandsthermometer

Die Eigenschaften von Widerstandsthermometern aus *Platin-* oder *Nickeldraht* sind in DIN IEC 751 bzw. DIN 43760 festgelegt. Vorzugsweise werden die Typen Pt 100 und Ni 100 verwendet, welche bei 0 °C den Widerstand 100 Ω haben, vgl. Bild 6-40a. Über größere Bereiche ist der Zusammenhang zwischen Temperatur und Widerstand nicht streng linear; graphisch läßt sich das besser darstellen, wenn man die Meßempfindlichkeit dR/dT über der Temperatur aufträgt, vgl. Bild 6-40b. Natürlich benutzen viele Hersteller auch andere Werkstoffe, insbesondere Legierungen und Halbleiterwerkstoffe. Widerstands-thermometer werden in der Regel in eine Glas- oder Keramikumhüllung eingeschlossen, oder sogar in besondere Schutzgehäuse eingesetzt, vgl. Bild 6-40c, d, e.

Betriebsschaltungen

Widerstandsthermometer werden in Verbindung mit Drehspulinstrumenten, Kreuzspul-instrumenten oder – gegenwärtig zunehmend – elektronischen Anpassungsschaltungen eingesetzt. *Zweileiterschaltungen* – vgl. Bild 6-41a – haben den Nachteil, daß (tempera-turbedingte) Änderungen der Zuleitungswiderstände Meßfehler verursachen. Bei *Drei-leiterschaltungen* werden zwei Leiter so auf verschiedene Zweige einer Brückenschaltung oder Verhältnisschaltung verteilt, daß die Fehlereinflüsse dieser beiden Leiter sich (in erster Näherung) aufheben, so lange beide Leiter ihre Widerstände um den gleichen Wert ändern, vgl. Bild 6-41b, c. Im allgemeinen muß bei Inbetriebnahme ein Abgleich der Lei-tungswiderstände auf bestimmte Nennwerte (meist 10 Ω) erfolgen. Bei *Vierleiterschaltun-*

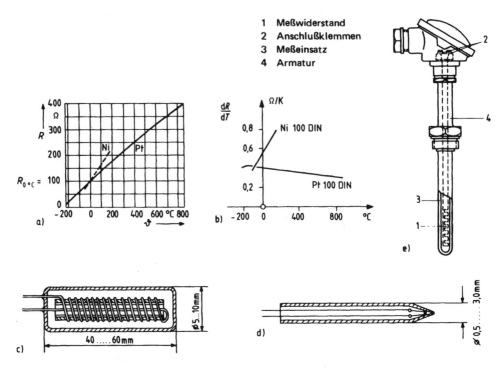

1 Meßwiderstand
2 Anschlußklemmen
3 Meßeinsatz
4 Armatur

Bild 6-40 Eigenschaften und Bauformen von Widerstandsthermometern.
a) Widerstandskennlinien von Pt100- und Ni100-Thermometern.
b) Änderung der Meßempfindlichkeit von Pt100- und Ni100-Thermometern in Abhängigkeit von der Temperatur.
c) Metallwiderstandsthermometer in Hartglasausführung.
d) Halbleiter-Widerstandsthermometer in Glaskapillare.
e) Industrielle Thermometerausführung in Schutzgehäuse.

gen werden zwei Leiter für die Stromzuführung und zwei Leiter für den Spannungsabgriff benutzt, so daß der Leitungseinfluß ganz eliminiert werden kann, vgl. Bild 6-41d. In größeren Anlagen der Verfahrenstechnik setzt man das Meßsignal meist auf ein *Norm-Stromsignal* 0...20 mA oder 4...20 mA um, vgl. Bild 6-41d.

Linearisierung f(R)

Ändert sich ein Meßwiderstand um mehr als einige Prozent, so vermittelt eine Meßbrücke einen nichtlinearen Zusammenhang zwischen Widerstandsänderung und Brückenausgangsspannung, weil der Speisestrom durch den Meßwiderstand nicht konstant bleibt. Dieser Effekt kann durch eine *Kompensationsbrückenschaltung* nach Bild 6-42a beseitigt werden, die bei richtiger Dimensionierung ein streng *widerstandsproportionales* Ausgangssignal liefert [E116]; der Speisestrom wird gleichzeitig unabhängig von R_ϑ.

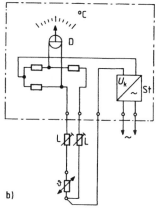

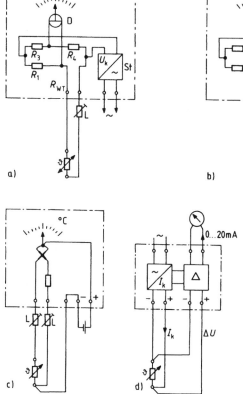

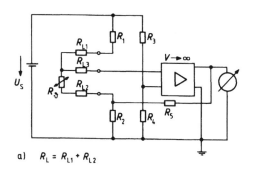

Bild 6-41

Zwei-, Drei- und Vierleiterschaltungen für Widerstandsthermometer.

a) Meßbrücke mit Thermometer in Zweileiterschaltung.

b) Meßbrücke mit Thermometer in Dreileiterschaltung.

c) Dreileiterschaltung mit Kreuzspulmeßwerk, vgl. Abschn. 2.1.2.

d) Vierleiterschaltung mit Spannungs-Strom-Umsetzung.

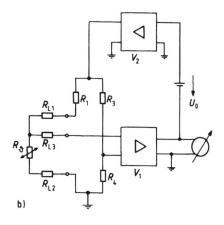

Bild 6-42 Linearisierung von Widerstandsthermometern [E 116].

a) Kompensationsbrückenschaltung b) Speisespannungssteuerung

Linearisierung f(T)

Soll das Ausgangssignal streng *temperaturproportional* sein, so muß auch noch der nichtlineare Zusammenhang $R(T)$ ausgeglichen werden. Das ist bei den Thermometern Pt 100 und Ni 100 sehr einfach möglich, weil die Empfindlichkeitsfaktoren sich mit der Temperatur über einen weiten Bereich linear ändern, vgl. Bild 6-40b. Man braucht lediglich beim Pt 100 die Brückenspeisespannung (bzw. den Speisestrom des Meßwiderstandes) entsprechend proportional zur angezeigten Temperatur zu erhöhen, beim Ni 100 zu verringern, vgl. Bild 6-42b [E116]. Natürlich läßt sich die Schaltungstechnik hierfür auf verschiedene Weise abwandeln [E118]. Bei Meßwiderständen mit temperaturproportional zunehmender Meßempfindlichkeit, also z.B. beim Ni 100, läßt sich die Linearisierung bereits durch Parallelschalten eines ohmschen Widerstandes geeigneter Größe erreichen [E117].

Thermoelemente

Hat die Verbindungsstelle zweier Drähte aus verschiedenen Metallen oder Legierungen eine andere Temperatur als die beiden anderen Drahtenden, so zeigt ein angeschlossenes Millivoltmeter eine kleine elektrische Spannung U_{Th} an, die in erster Näherung proportional zum Temperaturunterschied ist, vgl. Bild 6-43a. Dieser Effekt bietet eine relativ einfache Möglichkeit zur Temperaturmessung. Man nennt zwei zu diesem Zweck miteinander verschweißte oder verlötete Metalldrähte ein *Thermopaar* oder *Thermoelement*. Einige Thermopaare sind genormt, vgl. Bild 6-43b. Bei genauer Betrachtung sind die Spannungs-Temperatur-Kennlinien nicht streng linear, vgl. Bild 6-43d. Ein besonderer Vorteil der Thermoelemente ist, daß man mit ihnen nahezu punktförmige Meßstellen mit geringer Wärmeträgheit realisieren kann. Dieser Vorteil geht natürlich teilweise verloren, wenn man die Meßelemente zum Schutz vor mechanischen, thermischen oder chemischen Einflüssen, auch Feuchtigkeitseinflüssen, in Gehäuse einbauen oder ummanteln muß, vgl. Bild 6-43e, f, g.

Die Thermoelemente müssen gegenüber dem Meßmedium nur isoliert sein, wenn chemische Einflüsse oder Galvanispannungen zu befürchten sind (vgl. Bild 3-67) oder Fehler durch Nebenschlußwiderstände; so bleibt z.B. auch in dem Extremfalle Bild 6-43h die Anzeige richtig, so lange sich die beiden Thermodrähte A und B in der Metallschmelze auf gleicher Temperatur befinden. Verbindet man nicht isolierte Thermoelemente mit elektronischen Schaltungen, z.B. Verstärkern, so sind aber die Gesichtspunkte nach Bild 3-72, 3-74 und 3-75 zu beachten. Wegen dieser Gesichtspunkte müssen z.B. auch Meßstellenumschalter stets zweipolig ausgeführt sein (Bild 6-46).

Bild 6-43 Eigenschaften und Ausführungsformen von Thermoelementen.
a) Grundanordnung; b) Genormte Thermopaare nach DIN IEC 584 und DIN 43710; c) Thermospannungskennlinien; d) Änderung der Meßempfindlichkeit in Abhängigkeit von der Temperatur; e) Schutzgehäuse; f) Mantelthermoelement mit nichtisolierter Meßstelle; g) Mantelthermoelement mit isolierter Meßstelle; h) Extremfall: die Thermodrähte tauchen in eine metallische Schmelze ein.

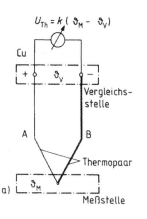

a)

$$U_{Th} = k \, (\vartheta_M - \vartheta_V)$$

Cu

Vergleichs-stelle

A   B

Thermopaar

ϑ_M

Meßstelle

b)

Typ	Kontaktpaar	Temperaturbereich °C	Ungefähr μV/K
R	Pt – 13 % Rh/Pt	– 50 ... 1769	11
S	Pt – 10 % Rh/Pt	– 50 ... 1769	10
B	Pt – 30 % Rh/Pt – 6 % Rh	0 ... 1820	6
J	Fe/CuNi	– 210 ... 1200	56
T	Cu/CuNi	– 270 ... 400	46
E	NiCr/CuNi	– 270 ... 1000	75
K	NiCr/Ni	– 270 ... 1372	42
U	Cu/CuNi	– 200 ... 600	52
L	Fe/CuNi	– 200 ... 900	56

c)

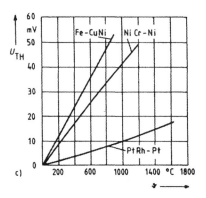

d)

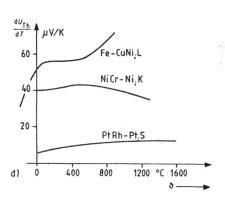

e)

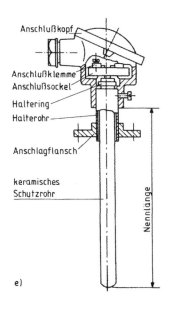

Anschlußkopf
Anschlußklemme
Anschlußsockel
Haltering
Halterohr
Anschlagflansch
keramisches Schutzrohr
Nennlänge

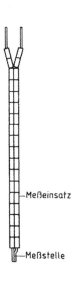

Meßeinsatz

Meßstelle

f)   g)

h)

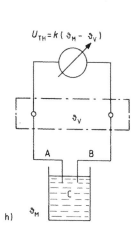

$$U_{TH} = k \, (\vartheta_M - \vartheta_V)$$

Ausgleichsleitungen

Da die *Vergleichsstelle*, an der der Übergang auf Kupferleiter erfolgt, auf *konstanter Temperatur* bleiben muß, muß sie oft in einiger Entfernung von der Meßstelle angebracht werden. In diesem Falle verlegt man zwischen dem Thermopaar und der Vergleichsstelle *Ausgleichsleitungen*, deren Leiter jeweils aus dem gleichen Material bestehen wie der anschließende Thermodraht des Thermoelementes, oder aus einem hinsichtlich des Thermospannungseffektes angeglichenen Material, vgl. Bild 6-44. Es muß sehr darauf geachtet werden, daß *beide* Klemmstellen der Vergleichsstelle stets gleiche Temperatur haben müssen, sonst entsteht hier ebenfalls ein Thermospannungsbeitrag!

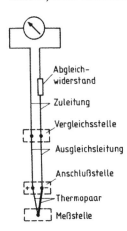

Bild 6-44 Ausgleichsleitung

Vergleichsstellen

Sofern Raumtemperaturänderungen gegenüber der Meßgröße nicht vernachlässigbar klein sind, muß die Vergleichsstelle in einem Thermostaten angebracht werden, vgl. Bild 6-45a. Eine andere Möglichkeit besteht darin, die Kontaktstellen wohl der veränderlichen Umgebungstemperatur folgen zu lassen, aber durch eine temperaturgesteuerte Brückenschaltung eine Spannung in den Meßkreis einzuaddieren, die den entstehenden Fehler ausgleicht (sog. Korrektionsdosen), vgl. Bild 6-45b. Insbesondere in Anlagen mit vielen Thermoelement-Meßstellen ist es günstiger, dem Meß-Thermoelement ein Vergleichs-Thermoelement entgegenzuschalten und dieses zu thermostatisieren, vgl. Bild 6-45c. Der Thermo-

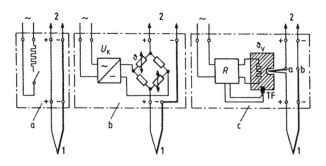

1 Thermoelement mit Ausgleichsleitung
2 zur Meßschaltung
a Thermostat mit Temperaturregler
b Spannungsausgleicher
c Gegenthermoelement und Thermostat
R Regler
TF Temperaturfühler

Bild 6-45 Vergleichstemperatur-Schaltungen [A116].

stat kann dann für viele Meßstellen dienen und entsprechend sorgfältiger ausgeführt werden, ohne daß die Kosten pro Meßstelle zu stark ansteigen. Es gibt sowohl *geheizte Thermostaten* als auch sog. *Eispunkt-Thermostaten*, die die Vergleichstemperatur 0 °C sehr genau realisieren. Bei Verwendung eines entgegengeschalteten Thermoelements dürfen die Übergangsklemmenpaare beliebige Temperatur haben, sofern nur stets *beide* Klemmen eines Klemmenpaares die *gleiche Temperatur* haben; hierfür muß durch konstruktive Maßnahmen Sorge getragen werden!

Anzeigeeinrichtungen

Bei der Verwendung von Drehspulinstrumenten muß im allgemeinen ein Abgleich auf einen bestimmten Nennwert des Leitungswiderstandes erfolgen, vgl. Bild 6-44, da insbesondere die Ausgleichsleitungen Widerstände bis zu einigen hundert Ohm erreichen können und dann die Spannungsabfälle auf den Leitungen eben in die Kalibrierung mit einbezogen werden müssen. Um auf den Abgleich verzichten zu können, wurden früher vielfach manuelle oder automatische Gleichspannungskompensatoren eingesetzt, vgl. Abschnitt 3.4.2. Heute läßt sich die belastungsfreie Erfassung von Thermospannungen jedoch mit Hilfe der Gleichspannungsverstärkertechnik beherrschen, vgl. Abschnitt 5.2.1.

Vielstellenmeßtechnik

In Vielstellenmeßanlagen wird jedem Meßthermoelement ein thermostatisiertes Gegenthermoelement zugeordnet; dann kann eine Umschaltung mit Hilfe thermospannungsarmer Schalter oder Relais erfolgen, und die Kosten für einen hochwertigen Meßverstärker oder Spannungs-Strom-Umsetzer verteilen sich auf viele Meßstellen, vgl. Bild 6-46.

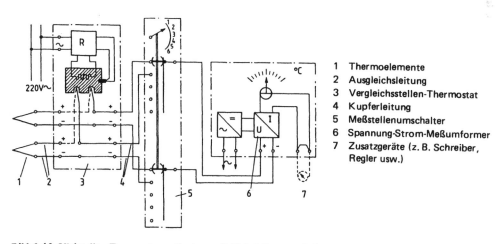

1 Thermoelemente
2 Ausgleichsleitung
3 Vergleichsstellen-Thermostat
4 Kupferleitung
5 Meßstellenumschalter
6 Spannung-Strom-Meßumformer
7 Zusatzgeräte (z. B. Schreiber, Regler usw.)

Bild 6-46 Vielstellen-Temperaturmeßanlage mit Meßstellenumschalter und gemeinsamem Vergleichsstellen-Thermostat [A116].

Linearisierung

Bei genauen Messungen über größere Temperaturbereiche wirken sich die Nichtlinearitäten der Spannungs-Temperatur-Kennlinien sehr störend aus, vgl. Bild 6-43d. Sofern es nur um eine Temperaturablesung geht, kann man Kalibriertabellen (vgl. DIN IEC 584 und DIN 43710) oder – bei Schreibern – entsprechend verzerrte Raster verwenden. Da die auftretenden Nichtlinearitäten keinen so regelmäßigen Charakter haben wie bei Pt 100- oder Ni 100-Widerständen, ist die elektronische Linearisierung umständlich und aufwendig. In analogen Übertragungsschaltungen muß sie durch Funktionsformer erfolgen, also speziell angepaßte Widerstands-Dioden-Schaltungen, vgl. Abschnitt 4.15.

Ist eine Analog-Digital-Umsetzung ohnehin vorgesehen, so kann die Korrektur auf der Digitalseite in der Regel wirtschaftlicher durchgeführt werden. Vorteilhaft kann auch ein Eingriff in die A/D-Umsetzung selbst sein [E119].

Strahlungsthermometer

Bei Temperaturen oberhalb von 1000 °C muß man von den Berührungsthermometern auf *Strahlungsthermometer* übergehen, auch *Strahlungspyrometer* oder kurz *Pyrometer* genannt.

Bei dem viel benutzten Thermoelementpyrometer nach Bild 6-47 fällt die vom Meßobjekt ausgehende Strahlung auf eine geschwärzte Metallfläche, deren Erwärmung durch ein Thermoelement erfaßt wird. Zum Anvisieren des Meßfeldes ist – bei beweglichen Ausführungen – hinter der schwarzen Metallfläche eine Okularlinse vorgesehen.

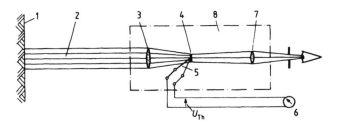

1 Strahlender Körper
2 Temperaturstrahlung
3 Sammellinse
4 geschwärzte Metallfläche
5 Thermopaar
6 Temperaturanzeiger
7 Okularlinse
8 Thermoelement-Pyrometer

Bild 6-47 Prinzip des Thermoelement-Pyrometers [A116].

Weiterführendes

Detaillierte Informationen zur Temperaturmeßtechnik, sowohl hinsichtlich theoretischer Grundlagen als auch im Hinblick auf praktische Montage- und Fehlerprobleme findet man in [A113] bis [A116], [A118] bis [A121], [A132], [A137] bis [A139].

6.8 Feuchte

Luftfeuchte

Die *absolute Feuchte* von Luft wird in g/m^3 angegeben. Bezieht man die absolute Feuchte auf den bei einer bestimmten Temperatur höchstens erreichbaren Sättigungswert, so erhält man die *relative Feuchte*, die in Prozent angegeben wird. Kühlt man wasserdampfhaltige Luft ab, so reduziert sich der Sättigungswert, und es muß bei einer bestimmten Temperatur – dem *Taupunkt* – zur Ausscheidung von Wasserdampf kommen, Betauung genannt.

Lithium-Chlorid-Feuchtemesser

Bild 6-48 zeigt eine *LiCl-Feuchtemeßeinrichtung*. Das dünne Glasröhrchen 1 ist mit einem Glasgewebestrumpf 2 überzogen, der mit einer stark hygroskopischen LiCl-Lösung getränkt ist. Auf dem Strumpf sind zwei korrosionsfeste Edelmetalldrähte 3,4 aufgewickelt, die über einen Strombegrenzungswiderstand 6 an eine Wechselspannung gelegt sind. Der dann durch die LiCl-Lösung fließende Strom führt zu einer Aufheizung, die Temperaturerhöhung kann durch ein Widerstandsthermometer 5 gemessen werden. Die Feuchtemessung beruht nun auf der Ausnutzung eines Gleichgewichtszustandes zwischen der durch die Heizung verursachten Wasserverdunstung und der mit steigender Luftfeuchtigkeit zunehmenden Wasseraufnahme der Lösung. Ist die Luftfeuchtigkeit niedrig, so wird schon bei einer niedrigen Temperatur eine Austrocknung der Lösung erreicht, welche den Stromfluß und damit die Heizwirkung bis zu einem Gleichgewichtszustand reduziert. Ist die Luftfeuchtigkeit hoch, so kann dieser Gleichgewichtszustand erst bei höherer Temperatur erreicht werden. Auf diese Weise wird die Feuchtemessung also auf eine Temperaturmessung zurückgeführt. Angezeigt wird die absolute Feuchte, jedoch kann durch Kombination mit einer Lufttemperaturmessung auch die relative Feuchte bestimmt werden.

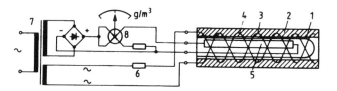

1	Glasröhrchen
2	LiCl-getränktes Glasgewebe
3,4	Elektroden
5	Widerstandsthermometer
6	Widerstand
7	Netztransformator
8	Kreuzspulanzeiger

Bild 6-48 LiCl-Feuchtemeßeinrichtung zur Bestimmung der absoluten Feuchte [A 116].

Haarhygrometer

Ein *Haarhygrometer* enthält ein Haar oder ein geeignetes Kunststoffband, welches sich mit zunehmender *relativer Feuchte* dehnt. Diese Dehnung kann dann z.B. auf ein Drehpotentiometer übertragen werden.

Psychrometer

Das *Psychrometer* beruht auf der Auswertung des Temperaturunterschiedes zwischen zwei in einem Luftstrom befindlichen Thermometern, von denen eines mit einem dauernd feucht gehaltenen Gewebestrumpf überzogen ist.

Materialfeuchte

Das Messen der Feuchte von Holz, Sand, Beton oder ähnlichen, porösen Werkstoffen erfolgt meist über eine Messung des elektrischen Widerstandes. Der Feuchtegehalt von Folien kann u.U. auch durch Kapazitätsmessungen geprüft werden.
Eine ausführlichere Behandlung der Feuchtemeßtechnik findet man in [A116].

6.9 Wasseranalyse

Die meßtechnische Erfassung elektrochemischer oder physikalischer Kenngrößen des Wassers ist für die chemische Verfahrenstechnik von größter Bedeutung, heute aber auch für die Überprüfung von Gewässerzuständen im Rahmen des Umweltschutzes.

6.9.1 pH-Wert   *Begriffsbildung*

Der pH-Wert ist der negative Exponent der Wasserstoffionenkonzentration (in mol/l) einer wäßrigen Lösung von Säuren oder Basen; er steht in einer Kehrwertbeziehung zur OH^--Ionen-Konzentration, vgl. die Tabelle in Bild 6-49a. Für neutrales Wasser gilt bei 25 °C pH = 7. Da sich der Neutralitätspunkt in Abhängigkeit von der Temperatur verschiebt, muß der pH-Wert stets zusammen mit der Lösungstemperatur angegeben werden; Näheres in [A116].

Glaselektrodenkette

Zur Messung von pH-Werten wird meist eine *Glaselektrodenkette* mit einem prinzipiellen Aufbau nach Bild 6-49b verwendet. Im Inneren der *Meßelektrode* G befindet sich eine Lösung mit einer vorgegebenen Wasserstoffionenkonzentration pH_0. Der Unterteil der Glaselektrode ist sehr dünn und weist eine kleine Leitfähigkeit auf, so daß eine leitende Verbindung zur Meßflüssigkeit M gegeben ist. Die *Bezugselektrode* B besteht aus einem Glasbehälter mit einer speziellen Salzlösung, welche über eine poröse Glasfritte mit der Meßlösung in leitender Verbindung steht. In diesem System spielen sich Ionenreaktionen ab, die so ausgewählt sind, daß zwischen den metallischen Anschlüssen beider Elektroden eine resultierende Galvanispannung U entsteht, die proportional zum pH-Unterschied zwischen pH_0 und der Wasserstoffionenkonzentration pH_M der äußeren Flüssigkeit ist:

$$U = U_{is} + 0,1983 \frac{mV}{K} T (pH_0 - pH_M). \tag{6-32}$$

Darin ist U_{is} eine auf Herstellungstoleranzen der Glaselektroden zurückzuführende „Asymmetriespannung" und T die thermodynamische Temperatur. Das Meßsignal U hängt also einmal von Toleranzen der Glaselektrodenkette und zum anderen von der Temperatur ab, vgl. Bild 6-49c. Eine komplette pH-Meßeinrichtung muß deshalb einmal ihre Meßempfindlichkeit der jeweiligen Temperatur anpassen, zum anderen muß man einen Abgleich auf die speziellen Werte der Asymmetriespannung U_{is} und der Bezugskonzentration pH_0, welche den Isoklinenschnittpunkt in Bild 6-49c festlegt, vornehmen können, vgl. Bild 6-49d. Ein solcher Abgleich erfolgt mit Hilfe spezieller *Kalibrierlösungen*.

Der innere Widerstand derartiger Glaselektrodenketten liegt je nach Temperatur zwischen $1 M\Omega$ und $1000 M\Omega$; aus diesem Grunde werden Gleichspannungsverstärker mit Eingangswiderständen von mehr als $10^{12} \Omega$ benötigt. Angesichts des hohen Quellenwiderstandes kann man Störungseinflüsse nur durch sorgfältig überlegte Schirmungs- und Erdungsverhältnisse fernhalten. Die Glaselektroden haben eine Lebensdauer von etwa 1/2 bis 1 Jahr; sie müssen also regelmäßig ausgewechselt werden. Es gibt auch *Einstabelektroden*, bei welchen Meß- und Bezugselektrode eine Einheit bilden, jedoch ist ihre Verwendung etwas kostspieliger, da dann gleichzeitig beide Elektroden erneuert werden müssen. Eine eingehendere Darstellung der pH-Meßtechnik und Literaturhinweise findet man in [A116], [A141], [A142].

pH-Wert	Ionenkonzentration	
	C_{H^+} mol/l	C_{OH^-} mol/l
14	10^{-14}	10^0
13	10^{-13}	10^{-1}
12	10^{-12}	10^{-2}
11	10^{-11}	10^{-3}
10	10^{-10}	10^{-4}
9	10^{-9}	10^{-5}
8	10^{-8}	10^{-6}
7	10^{-7}	10^{-7}
6	10^{-6}	10^{-8}
5	10^{-5}	10^{-9}
4	10^{-4}	10^{-10}
3	10^{-3}	10^{-11}
2	10^{-2}	10^{-12}
1	10^{-1}	10^{-13}
0	10^0	10^{-14}

basisch

neutral 0

sauer

a)

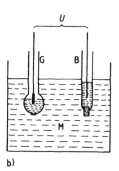

b)

G Glasmeßelektrode
B Bezugselektrode
M Meßflüssigkeit
U Galvanispannung

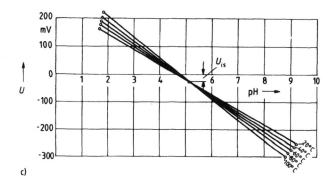

c)

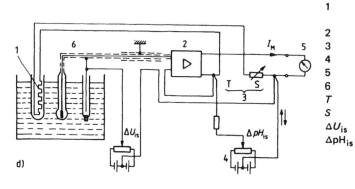

d)

1	Widerstandsthermometer Pt 100 DIN
2	Verstärker
3	Gegenkopplung
4	Meßbereichsverschiebung
5	Ausgabegerät
6	Elektrodenkette
T	Temperatureinstellung
S	Steilheitseinstellung
ΔU_{is}	Asymmetriespannung
ΔpH_{is}	Korrektur des Isothermen-Schnittpunkts und Meß-bereichsverschiebung

Bild 6-49 pH-Messung. a) Konzentrationsskala für wäßrige Lösungen bei 25 °C; b) Glaselektroden-kette; c) Spannung einer Glaselektrodenkette; d) Aufbau einer Betriebs-pH-Meßeinrichtung [A116].

6.9.2 Redoxpotential

Das sog. *Redoxpotential* oder der *Redoxwert* rH ist ein Maß für die Reduktions- oder Oxydationsfähigkeit von an einem Prozeß beteiligten Stoffen. Zur Bestimmung wird eine ähnliche Meßkette wie bei der pH-Messung benutzt, mit dem Unterschied, daß die Meßelektrode nicht aus Glas, sondern aus einer blanken metallischen Elektrode besteht, meist einer Edelmetallelektrode. Näheres hierzu siehe [A141], [A142].

6.9.3 Leitfähigkeit

Die *spezifische Leitfähigkeit* von Elektrolyten interessiert oft als (summarisches) Konzentrations- oder Verunreinigungsmaß. Sie muß zur Vermeidung von Polarisationserscheinungen mit Wechselstrom gemessen werden; außerdem ist ihre starke Temperaturabhängigkeit zu beachten. Die spezifische Leitfähigkeit wird im allgemeinen in μS/cm angegeben, bei großen Werten in mS/cm. Die Kalibrierung von Meßelektroden erfolgt meist mit Hilfe einer Lösung bekannter spezifischer Leitfähigkeit. Bei starken Verschmutzungsproblemen kann elektrodenlos gemessen werden [A116], [A142].

6.9.4 Sauerstoffgehalt

Der in Wasser gelöste Sauerstoff ist für die Erhaltung des Lebens in Gewässern von besonderer Wichtigkeit und daher auch eine wichtige Meßgröße in der Abwassertechnik. Der *Sättigungswert* beträgt z.B. bei 15 °C 9,76 mg/l. Zur elektrochemischen Messung gibt es verschiedene elektrolytische Zellen.

Polarometrische Zelle

Bild 6-50a zeigt eine sog. *polarometrische Zelle.* Sie enthält eine Kathode aus Edelmetall, wie Gold oder Platin, und eine Anode aus Silberdraht, zwischen denen eine Kaliumchlorid-Paste als Elektrolyt angeordnet ist. Die Zelle wird durch Anlegen einer bestimmten Spannung polarisiert. Der Sauerstoff diffundiert durch die Membran, welche den Elektrolytraum zur Meßflüssigkeit hin abschließt, wird an der Kathode reduziert, wodurch die Kathode depolarisiert wird und ein Strom zustande kommt, der — nach Einstellung eines Gleichgewichts — proportional zum Sauerstoffgehalt des Wassers ist. Der Aufnehmer muß stets von fließendem oder turbulentem Wasser angeströmt werden. Der Elektrolyt muß von Zeit zu Zeit erneuert werden. Bild 6-50b zeigt eine geeignete Betriebsschaltung. Der Thermistor dient zur Temperaturfehlerkompensation und ermöglicht eine Kalibrierung in mg/l.

Da die Polarisation erst einige Stunden nach dem Anlegen der Hilfsspannung abgeschlossen ist, darf die Hilfsspannung bei vorübergehender Betriebsunterbrechung nicht verschwinden. Man beachte, daß Meßschaltungen, deren Aufnehmer mit Wasser und damit mit dem Erdpotential in leitender Verbindung stehen, potentialfrei betrieben werden müssen. Müssen Meßsignale an ausgedehntere Anlagenbereiche weitergeleitet werden, werden u.U. Isolierverstärker (Trennverstärker) erforderlich, vgl. Abschnitt 5.2.1.

Zur Nullpunktkontrolle von Sauerstoffsensoren benutzt man dreiprozentige Na_2SO_3-Lösung, die völlig O_2-frei ist. Näheres zur Sauerstoffgehaltmessung findet man in [E120], [E121], [A142].

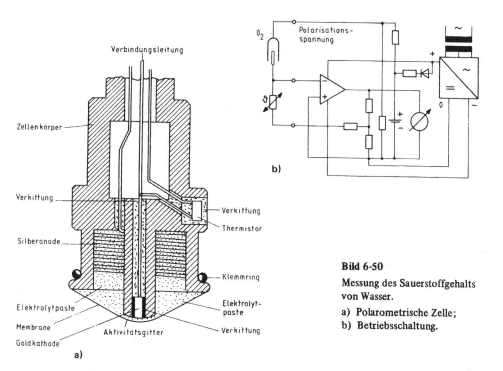

Bild 6-50

Messung des Sauerstoffgehalts
von Wasser.

a) Polarometrische Zelle;
b) Betriebsschaltung.

6.10 Gasanalyse

Unter *Gasanalyse* versteht man die Bestimmung des Anteils einer oder mehrerer Gaskomponenten an
einem Gasgemisch. Die *Gasspurenanalyse* befaßt sich insbesondere mit der Überwachung von Arbeits-
oder Aufenthaltsräumen auf unerwünschte oder gefährliche Gasspuren. Gasgemische können nur in
den seltensten Fällen unmittelbar analysiert werden; sie müssen in der Regel erst aufbereitet, d.h. z.B.
von Staub, Wasserdampf oder störenden Gaskomponenten befreit und auf geeignete Werte von Druck
und Temperatur gebracht werden. Die Gasanalyse und Gasspurenanalyse ist ein Arbeitsgebiet von
großer Vielseitigkeit und oft erheblichem apparativem Aufwand. Hier kann nur auf einige Beispiele
und im übrigen auf speziellere Literatur hingewiesen werden [A116], [A118], [A121], [A132], [A142],
[A143].

* 6.10.1 Wärmeleitfähigkeitsverfahren

Dieses Verfahren ist für Gase mit besonders guter *Wärmeleitfähigkeit* geeignet (z.B. H_2, CO_2, SO_2,
Cl_2, NH_3, CH_4). Zur Messung wird die Wirkung eines durchströmenden Gasgemisches auf die Über-
temperatur beheizter, im Gasstrom liegender Drähte herangezogen. Zum Schutz vor chemischem An-
griff sind die Meßdrähte i.a. in Glasröhrchen eingebettet. In der Regel werden vier Meßdrähte zu einer
Vollbrückenschaltung zusammengefaßt (ähnlich wie in der DMS-Technik, vgl. Bild 6-14). Hierbei
werden dann zwei Drähte von dem zu analysierenden Gasgemisch umspült, und zwei Drähte von einem
Vergleichsgas, meist Luft. Tritt in dem zu analysierenden Gas eine gut wärmeleitende Komponente
auf, so ergibt sich eine Brückenverstimmung [A116], [A118], [A132], [A143].

* 6.10.2 Infrarot-Absorptionsverfahren

Ein *Infrarot-Gasanalysator* beruht darauf, daß Infrarotstrahlung (Wellenlänge 2 μm bis 12 μm) beim Durchgang durch bestimmte Gase absorbiert wird (z. B. bei CO_2, CH_4, SO_2, NH_3, H_2O, C_2H_2 u.a.m., dagegen *nicht* bei elementaren Gasen wie N_2, O_2, H_2, Ar, Ne usw.). Da die Absorption wellenlängenselektiv auftritt, kann man einzelne Gaskomponenten *selektiv* messen. In der Regel arbeitet man mit einem Zweistrahlverfahren: ein Strahl durchdringt eine *Meßkammer*, der zweite eine *Vergleichskammer*; durch einen geeigneten Infrarotdetektor können dann durch ein absorbierendes Meßgas entstehende Intensitätsunterschiede ausgewertet werden. Eine selektive Messung ist leicht dadurch möglich, daß man die Durchstrahlungsleistung mit einer Erwärmungskammer detektiert, die selbst mit der aufzuspürenden Gasart gefüllt ist [A116], [A121], [A132], [A143].

* 6.10.3 Mikrowellen-Absorptionsverfahren

In manchen Fällen ist es vorteilhaft, Absorptionserscheinungen im Mikrowellenbereich auszunutzen [A144], [A145].

* 6.10.4 Gas-Chromatographen

Gaschromatographen haben insofern eine besondere Bedeutung erlangt, als sie es gestatten, gleichzeitig mehrere Meßkomponenten in einem Meßgang zu erfassen. Dem steht allerdings der Nachteil einer diskontinuierlichen Arbeitsweise gegenüber; Meßwerte stehen nur alle 5 bis 30 Sekunden zur Verfügung.

Bild 6-51a zeigt den prinzipiellen Aufbau, Bild 6-51b ein Chromatogramm-Beispiel. Die zu untersuchende Gasprobe wird einem Trägergas (z. B. Helium oder Stickstoff) beigemischt, welches die Probe in eine *Trennsäule* befördert, die i. a. mehrere Meter lang und mit einem adsorbierenden Material (z. B. Aktivkohle) gefüllt ist. Das adsorptiv wirkende Material verursacht für verschiedene Gaskomponenten verschiedene zeitliche Transportverzögerungen. Dadurch können die beteiligten Komponenten am Ausgang der Trennsäule *zeitlich nacheinander* detektiert werden, in der Regel durch ein Wärmeleitfähigkeitsverfahren, vgl. Abschnitt 6.10.1 [A116], [A118], [A121], [A132].

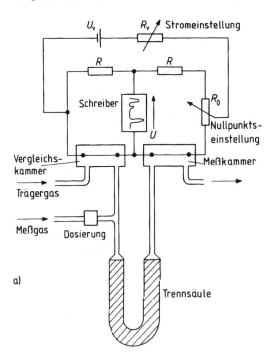

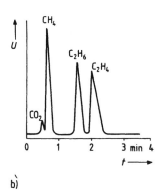

Bild 6-51
Prinzip eines Gaschromatographen [A121]
a) Aufbau;
b) Chromatogrammbeispiel.

* 6.10.5 Elektronenspin-Resonanz-Spektroskopie

Elektronen (und auch Protonen) zeigen wegen ihres magnetischen Moments in statischen Magnetfeldern mit überlagerter Mikrowellenkomponente (bzw. Hochfrequenzkomponente) ausgeprägte Resonanzerscheinungen. Dieser Effekt wird zur Strukturuntersuchung von Molekülen und auch Festkörpern benutzt. Eine erste Einführung und Literaturhinweise findet man in [A146].

* 6.10.6 Gasspurenanalyse

Zur Messung kleinster Konzentrationen (einige mg Gas je m^3) ist von den vorstehend erwähnten Analysatoren nur der *Infrarot-Analysator* (ggf. ein Mikrowellen-Analysator) teilweise geeignet.

Leitfähigkeits-Analysator

Beim *Leitfähigkeits-Analysator* verändert die gesuchte Gaskomponente durch chemische Reaktion die Leitfähigkeit einer (sich ständig erneuernden) Flüssigkeit. Die Leitfähigkeitsänderung wird mit Hilfe einer Wechselstrom-Brückenschaltung detektiert [A116], [A142].

Depolarisations-Analysator

Hier verursacht die gesuchte Gaskomponente eine *galvanische Elementbildung*, die entstehende Galvanispannung wird zur Anzeige gebracht [A116], [A142].

Flammenionisationsdetektor

Mit dem *Flammenionisationsdetektor* können alle brennbaren Kohlenwasserstoffe nachgewiesen werden. Durch Verbrennen der gesuchten Gaskomponente in einer Wasserstofflamme wird ein meßbarer Ionenstrom erzeugt. Dieses Verfahren wird z. B. bei Straßen-Gasspürwagen benutzt [A132], [A142].

* 6.11 Radioaktivität

Anwendungsbereich
Strahlenarten

Der Grund für die meßtechnische Erfassung radioaktiver Strahlung ist nicht etwa nur die Betriebs- und Sicherheitsüberwachung kerntechnischer Anlagen, vielmehr gibt es auch eine große Zahl rein meßtechnischer Anwendungen, z. B. die Messung der Schichtdicke von Blechen, Papier oder Kunststoffolien, der Dichte von Flüssigkeiten, des Feuchtigkeitsgehaltes von Plattenmaterialien oder des Füllstandes von Behältern. In der Regel hat man es mit sog. α-, β- oder γ-Strahlen zu tun:

α-*Strahlen*   bestehen aus Heliumkernen (2 Protonen, 2 Neutronen);
β-*Strahlen*   sind freie Elektronen hoher Geschwindigkeit;
γ-*Strahlen*   sind kurzwellige elektromagnetische Wellen, ähnlich wie Röntgenstrahlen, jedoch mit
              noch höherer Durchdringungsfähigkeit.

Eine kurze Beurteilung vom sicherheitstechnischen Standpunkt aus findet man z. B. in [A142]. Wichtig ist vor allem, zu verhindern, daß strahlende Substanzen sich auf der Haut festsetzen oder mit der Luft oder mit Nahrungsmitteln aufgenommen werden.

Gasgefüllte Detektoren

Ein energiereiches Strahlungsteilchen hinterläßt in einem Gas eine Spur ionisierter Atome bzw. Moleküle. In einem etwas evakuierten Gasentladungsgefäß kann man so erzeugte Ionen ebenso wie die dabei frei werdenden Elektronen durch Anlegen einer elektrischen Spannung — meist zwischen einem zentralen Anodendraht und einem umgebendem koaxialen Kathodenblech, das zugleich das Gehäuse sein kann — beschleunigen und dadurch einen Strom in Gang bringen. Jedes das Gasentladungsgefäß durch-

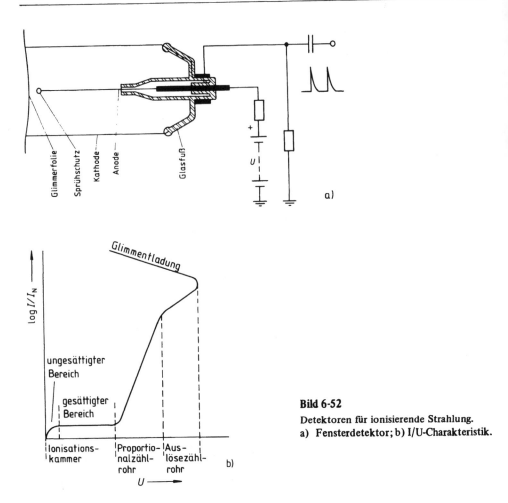

Bild 6-52

Detektoren für ionisierende Strahlung.
a) Fensterdetektor; b) I/U-Charakteristik.

fliegende ionisierende Teilchen verrät sich dann durch einen Stromimpuls. Während γ-Strahlen leicht Stahlwände durchdringen, baut man zur Erfassung der weicheren α- oder β-Strahlung sog. Fensterdetektoren, vgl. z.B. Bild 6-52.

Arbeitsbereiche

In Abhängigkeit von der angelegten Betriebsspannung zeigt ein derartiger Gasentladungsdetektor eine Reihe verschiedener Verhaltensweisen, die anhand der prinzipiellen Strom-Spannungs-Charakteristik Bild 6-52b erläutert werden sollen.

Bei niedriger Betriebsspannung werden nicht alle erzeugten Ionen erfaßt, da einige rekombinieren, ehe sie die Kathode erreichen. Sobald die Spannung so hoch ist, daß alle primär erzeugten Ionen erfaßt werden, erreicht der Strom einen Sättigungswert, der dann i.a. über einen Bereich von mehreren hundert Volt konstant bleibt. In diesem Bereich arbeiten die *Ionisationskammern*. Bei weiter erhöhter Spannung kommt es zur Lawinenbildung (sog. Townsend-Lawinen), aber die Größe der Stromimpulse ist noch proportional zur Energie der auslösenden Teilchen; in diesem Bereich arbeiten die *Proportionalzählrohre*. Bei noch größerer Betriebsspannung entwickeln sich zwischen Anode und Kathode durchgehende Entladungsstrecken (sog. Schlauchentladungen), man kann nur noch die Zahl der auslösenden Teilchen feststellen und keine Aussage mehr über ihre Energie erhalten; in diesem Bereich arbeiten die *Auslösezählrohre* oder *Geiger-Müller-Zählrohre*. Man hat also verschiedene Möglichkeiten für energetische oder auch nur rein zählende Untersuchungen.

Halbleiterzähler

Bei Halbleiterzählern wird die Erzeugung von Ladungsträgern in *Einkristallen* oder in *Sperrschichten* (p-n-Übergängen) ausgenutzt.

Szintillationszähler

In bestimmten Substanzen erzeugen ionisierende Teilchen Lichtblitze; auf dieser Erscheinung beruhen die *Szintillationszähler*. Die geringe Energie des Lichtblitzes wird durch Sekundärelektronenvervielfacher auf technisch erfaßbare Energiewerte angehoben.
Eine erste Einführung in das Gebiet der Teilchendetektoren findet man in [A114], [A121], [A142], [A147].

Zusammenfassung zu Kapitel 6

1.   Relativwege können mit Potentiometer-Aufnehmern oder mit induktiven Aufnehmern erfaßt werden. Als Detektoren für die besonders robusten, wechselspannungsgespeisten induktiven Aufnehmer eignen sich Verhältnisgleichrichter und phasenselektive Gleichrichter. Zur digitalen Erfassung von Wegen gibt es Inkremental- und Absolutaufnehmer. Mit Hilfe von Federsystemen können Wegaufnehmer zur Kraftmessung herangezogen werden.

2.   Die Dehnungsmessung ist ein sehr universelles Hilfsmittel zur Kontrolle mechanischer Spannungen sowie für die Messung von Weg, Kraft, Druck oder Drehmoment. Dehnungsmeßstreifen-Brückenschaltungen werden vorzugsweise mit Wechselspannung gespeist und benötigen dann meist einen zweikomponentigen Nullabgleich und phasenselektive Gleichrichtung. Zur Vermeidung störender kapazitiver Leitungseinflüsse bevorzugt man eine erdsymmetrische Betriebsweise der Brückenschaltungen. Die Meßgenauigkeit kann weiter durch sog. 6- oder 5-Leiter-Schaltungen verbessert werden.

3.   Zur Messung von Überdruck, Unterdruck oder Differenzdruck eignen sich vor allem Aufnehmer mit Dehnungsmeßstreifen, neuerdings integrierte Siliziummeßzellen, sowie für schnelle dynamische Vorgänge piezoelektrische Aufnehmer.

4.   Zur Mengenmessung eignen sich beispielsweise Ovalradzähler, zur Durchflußmessung außerdem Massen-Durchflußmesser, Wirkdruck-Meßumformer oder induktive Durchflußmesser.

5.   Schwingungsaufnehmer sind Feder-Masse-Systeme mit eingebauten Weg- oder Geschwindigkeitsmeßumformern. Je nach Masse und Federsteifigkeit können sie für (absolute) Schwingwegmessungen, Schwinggeschwindigkeitsmessungen oder Schwingbeschleunigungsmessungen eingesetzt werden.

6.   Zur Temperaturmessung eignen sich vor allem Widerstandsthermometer und Thermoelemente.

7. *Zur Luftfeuchtemessung eignen sich der LiCl-Feuchtemesser und Haarhygrometer.*

8. *Die pH-Wert-Messung durch Glaselektrodenketten liefert ein Maß für das saure oder basische Verhalten wäßriger Lösungen. Der Sauerstoffgehalt von Wasser kann z.B. mit Hilfe der sog. polarometrischen Zelle gemessen werden.*

Die spezifische Leitfähigkeit wird oft als Maß für die Verunreinigung mit Salzen herangezogen, während das Redoxpotential Aufschluß über die Reduktions- oder Oxydationsfähigkeit eines gelösten Stoffgemisches gibt.

9. *Unter Gasanalyse versteht man die Bestimmung des Anteils einer oder mehrerer Gaskomponenten an einem Gasgemisch mit Hilfe von Wärmeleitfähigkeitsverfahren, Infrarot-Absorptionsverfahren, Mikrowellen-Absorptionsverfahren oder Gaschromatographen. Zur Gasspurenanalyse dienen z.B. Leitfähigkeitsanalysatoren, Depolarisationsanalysatoren oder Flammenionisationsdetektoren.*

10. *Ionisierende Strahlung – wie α-, β- oder γ-Strahlung – kann durch gasgefüllte Detektoren, Halbleiterzähler oder Szintillationszähler erfaßt werden.*

Literatur zu Kapitel 6

[A114] *Kronmüller-Barakat, Prozeßmeßtechnik I*, ist eine Einführung in die Aufnehmertechnik unter besonderer Berücksichtigung der theoretischen Grundlagen.

[A115] *Niebuhr, Physikalische Meßtechnik*, ist eine zweibändige Einführung in die Aufnehmertechnik mit Betonung des physikalischen Hintergrundes.

[A116] *Samal, Elektrische Messung von Prozeßgrößen*, ist eine sehr übersichtliche, kompakte aber informationsreiche Einführung in die Prozeßmeßtechnik.

[A117] *Rohrbach, Handbuch für elektrisches Messen mechanischer Größen*, ist ein enzyklopädisches Nachschlagewerk zur Messung mechanischer Größen.

[A118] *Profos, Handbuch der industriellen Meßtechnik*, ist ein umfassendes Nachschlagewerk für den gesamten Bereich der industriellen Meßtechnik.

[A121] *Merz, Grundkurs der Meßtechnik II*, ist ein bekanntes Lehrbuch über das elektrische Messen nichtelektrischer Größen im Stil einer Vorlesung, jedoch größeren Umfangs.

[A122] *Haug, Elektronisches Messen mechanischer Größen*, ist eine Darstellung des Fachgebietes mit vielen wertvollen Detailinformationen und Literaturhinweisen.

[A123] *Potma, Dehnungsmeßstreifen-Meßtechnik*, ist eine Einführung in die grundlegend wichtigen praktischen Gesichtspunkte der DMS-Technik, mit Literaturhinweisen.

[A128] *Thiel, Elektrisches Messen nichtelektrischer Größen*, ist ein Fachgebietsüberblick im Taschenbuchformat.

[A132] *Siemens AG, Messen in der Prozeßtechnik*, ist eine Übersicht über die Prozeßmeßtechnik am Beispiel eines Produktspektrums.

[B6]   Das Referateorgan „Elektrisches Messen mechanischer Größen" der Bundesanstalt für Materialprüfung vermittelt laufend aktuelle, von Fachleuten geschriebene Literaturreferate aus dem gesamten Bereich der elektrischen Messung nichtelektrischer Größen einschließlich aller notwendigen Bereiche der elektrischen Schaltungstechnik.

[A240] *Schnell, Sensoren in der Automatisierungstechnik*, präsentiert eine umfangreiche, von einschlägig tätigen Fachleuten zusammengestellte Übersicht über das immens angewachsene Fachgebiet der Meßwertaufnehmer.

[A233] *Hoffmann, Eine Einführung in die Technik des Messens mit Dehnungsmeßstreifen*, ist ein hervorragendes Standardwerk des Fachgebietes, zur Einarbeitung ebenso wie für Nachschlagezwecke. Leider nicht im Buchhandel, sondern nur beim Herausgeber erhältlich.

7 Elektrische Meßanlagen

Darstellungsziele

Charakterisierung der in der Anlagentechnik heute zu beobachtenden Vielfalt meßtechnischer Einrichtungen anhand einiger Problembeispiele von allgemeinerer Bedeutung:

1. Meßeinrichtungen zur Abrechnung elektrischer Arbeit (7.2).
2. Prozeßführungssysteme der Verfahrenstechnik (7.3).
3. Beispiel einer Abwasserüberwachung (7.4).
4. Grundelemente des Explosionsschutzes (7.5).
5. Struktur einer PCM-Telemetrieanlage (7.6).
6. Vielkanalmeßtechnik für dynamische Vorgänge (7.7).
7. Vielstellenmeßtechnik für quasistatische Größen (7.8).
8. Nutzung von Datenverarbeitungstechniken (7.9).
9. Datenübertragung durch digitale Bussysteme (7.10).
10. Automatisierung von Meß- und Abgleichfunktionen (7.11).
11. Lichtwellenleiter als Datenübertragungsmedium (7.12).

7.1 Einleitende Bemerkungen

Zeigt schon die Meßgeräte- und Meßumformertechnik eine kaum übersehbare Vielfalt, so gilt dies natürlich erst recht für den Bereich der Anlagentechnik. Trotzdem soll hier der Versuch unternommen werden, an einigen Problembeispielen von allgemeinerer Bedeutung die intensiven Wechselbeziehungen zwischen Forderungen der Anlagentechnik und Entwicklungsrichtungen der Gerätetechnik deutlich zu machen, aber auch umgekehrt den weitreichenden Einfluß der raschen technologischen Entwicklung der Bauelemente- und Gerätetechnik für das Erscheinungsbild elektrischer Anlagen. Angesichts der hier gebotenen Kürze kann die Auswahl der Beispiele trotz der Aufgliederung nach allgemeineren Problembereichen nur zufällig bleiben. Eine umfassende Übersicht läßt sich gegenwärtig – wenn sie aktuell sein soll – so gut wie nur anhand einschlägiger Fachzeitschriften-, Katalog- und Prospektsammlungen erwerben.

▶ 7.2 Energieübertragung

Die Elektrische Energieübertragungstechnik hat die Aufgabe, elektrische Energie von Erzeugern (die sie aus anderen Energieformen gewinnen) zu übernehmen, über Leitungsnetze zu verteilen und an Verbraucher zu liefern, wobei in gewissen Anlagenbereichen auch ein Wechsel zwischen Energieverbrauch und Energieabgabe auftreten kann, z.B. dann, wenn ein Abnehmer auch über eine Eigenerzeugung verfügt. Meßtechnische Hilfsmittel werden hierbei zur Sicherung der Betriebsbereitschaft und Betriebssicherheit, zur Einhaltung der vereinbarten Spannungsnormen und Belastungsgrenzwerte sowie zur Abrechnung gelieferter oder erhaltener Energie benötigt.

Energieabrechnung

Als Beispiel soll hier eine Anlage zur Energieabrechnung skizziert werden, vgl. Bild 7-1. Grundelement der Instrumentierung ist der in Abschnitt 2.1.2 (Bild 2-6) vorgestellte *Induktionszähler* in einer zweisystemigen Ausführung als *Dreileiter-Drehstromzähler* entsprechend Abschnitt 3.2.3 Bild 3-16a, oder als *Dreileiter-Blindverbrauchszähler* entsprechend Bild 3-17.

Obwohl ein Blindverbrauch kein Energieverbrauch ist, muß bei Großabnehmern eine Abrechnung auch des Blindverbrauchs erfolgen, weil für die Blindstromlieferung entsprechend überdimensionierte Leitungs- und Maschinenanlagen bereitgehalten werden müssen. Hierbei ist unter Blindverbrauch in der Regel der Bezug von induktiver Blindleistung zu verstehen, wie er vor allem durch den Betrieb von Asynchronmotoren entsteht. Umgekehrt entsteht in dieser Hinsicht in der Regel ein Vorteil für den Netzbetreiber, wenn ein Abnehmer mit Eigenerzeugung induktive Blindleistung an das Netz liefert (etwa mit Hilfe eines entsprechend erregten Synchrongenerators), denn das ist gleichbedeutend mit der Aufnahme kapazitiver Blindleistung und bewirkt eine Kompensation der induktiven Blindleistungsaufnahme anderer Netzbereiche ohne Eigenerzeugung.

Ein Studium des Bildtextes zeigt, daß der Anlageneinsatz von einem Zähler neben den rein meßtechnischen Funktionen, wie sie früher erläutert wurden, dann auch je nach Situation eine Reihe spezieller betriebstechnischer Eigenschaften verlangt. Eine getrennte Abrechnung nach bezogener oder gelieferter Energie verlangt eine *Rücklaufsperre,* da sich andernfalls gelieferte Energie sogleich von der bezogenen Energie subtrahieren würde, und dann natürlich je einen Zählersatz für Bezug und Lieferung.

Soll die Abrechnung des Blindverbrauchs mit der Richtung des Wirkleistungsflusses in Zusammenhang gebracht werden, wie im Falle des Beispiels Bild 7-1, so müssen die Blindverbrauchszähler mit einer *elektromechanischen Verriegelung* versehen sein, so daß man sie durch ein *Energierichtungsrelais* P jeweils entsprechend blockieren oder freigeben kann. Sollen für verschiedene Tages- bzw. Nachtzeiten verschiedene Abrechnungstarife gelten, so benötigt man sog. *Zwei-Tarif-Zähler,* die dann z.B. durch eine Schaltuhr umgeschaltet werden, so daß der Energiefluß jeweils nach Uhrzeitbereichen getrennt in zwei verschiedenen Zählwerken aufintegriert werden kann.

Zähler mit *Impulsausgängen* eröffnen die Möglichkeit, verschiedene Zählraten additiv oder subtraktiv zu verknüpfen, und so z.B. den Energieverbrauch eines nicht direkt mit Zählern versehenen Netzabschnittes festzustellen.

Zur Darstellung des Meßanlagenbeispiels Bild 7-1 werden übrigens sog. *Schaltkurzzeichen* benutzt, wie sie für eine übersichtliche Darstellung von Anlagenplänen in der Regel unerläßlich sind, vgl. z.B. DIN 40 900 T6, DIN 40 715, DIN 40 716 T4 u.a.m., [B7].

Hierbei sind der Übersichtlichkeit halber alle für Schalt- und Schutzmaßnahmen erforderlichen Anlagenteile nicht mit eingezeichnet; bezüglich dieses Bereiches der Energieanlagentechnik muß auf einschlägige Fachwerke verwiesen werden [A149], [A150].

▶ 7.3 Verfahrenstechnik

Bei chemischen und wärmetechnischen, aber auch bei kritischen oder komplizierten mechanischen Produktionsverfahren sind elektrische Meßumformer in der Regel Bestand-

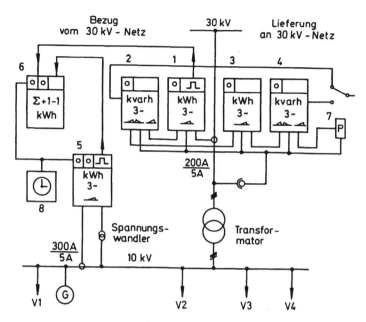

Bild 7-1 Beispiel für eine Meßeinrichtung zur Abrechnung bezogener oder gelieferter elektrischer Arbeit.

1 Dreileiter-Drehstromzähler mit Rücklaufsperre und Impulsausgang, zur Messung des dem 30 kV-Netz entnommenen Gesamt-Wirkverbrauchs.

2 Dreileiter-Drehstrom-Blindverbrauchszähler mit Rücklaufsperre und elektromagnetischer Verriegelung, zur Messung des aus dem 30 kV-Netz bezogenen Blindverbrauchs, mit Sperrung bei Wirkstromlieferung an das 30 kV-Netz.

3 Dreileiter-Drehstromzähler mit Rücklaufsperre, zur Messung der Wirkstromlieferung an das 30 kV-Netz.

4 Dreileiter-Drehstrom-Blindverbrauchszähler mit Rücklaufsperre und elektromagnetischer Verriegelung, zur Messung der Blindstromlieferung an das 30 kV-Netz, mit Sperrung bei Wirkstrombezug vom 30 kV-Netz.

5 Dreileiter-Drehstromzähler mit Rücklaufsperre, Zwei-Tarif-Zählwerk und Impulsausgang, zur Messung des Verbrauchs V_1 abzüglich Eigenerzeugung G.

6 Impuls-Differenzzähler zu 1 und 5, zur Ermittlung des Wirkverbrauchs $V_2 + V_3 + V_4$, mit Zwei-Tarif-Zählung.

7 Energierichtungsrelais, zur Sperrung des Zählers 4 bei Wirkstrombezug vom 30 kV-Netz und Sperrung des Zählers 2 bei Wirkstromlieferung an das 30 kV-Netz.

8 Schaltuhr für die Zwei-Tarif-Zähler 5 und 6.

teile von Regelkreisen, welche auf die Einhaltung optimaler Prozeßparameter (Temperaturen, Drücke, Konzentrationen, Schnittgeschwindigkeiten etc.) hinwirken. In größeren Anlagen sind Meßumformer, Stellglieder und lokale Regelkreise oft Bestandteile eines übergeordneten Prozeßführungssystem [E211].

Bild 7-2 demonstriert charakteristische Bestandteile eines derartigen Prozeßführungssystems. Dem Prozeß werden über geeignete Meßumformer analoge elektrische Meßsignale entnommen (vgl. Bild 7-2 links oben).

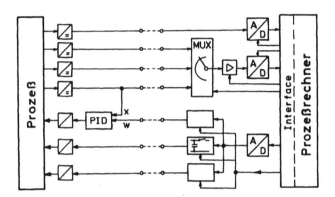

Bild 7-2 Prozeßführungssystem mit analogen elektrischen Einheitssignalen.

Einheitssignale

Um auf der Seite der elektrischen Signale eine möglichst problemlose allgemeine Anpaßbarkeit zu erreichen, hat es sich eingebürgert, der Meßspanne eines Meßumformers nach Möglichkeit ein bestimmtes *Einheitssignal* zuzuordnen. Vor allem in der chemischen Verfahrenstechnik hat sich als Einheitssignal ein *eingeprägter Gleichstrom* mit dem Variationsbereich $0\dots20$ mA eingebürgert; für den Betrieb derartiger Umformer ist natürlich eine *Hilfsenergie* erforderlich (vgl. auch Bild 1-9). Bei sog. *Zweileiter-Meßumformern* werden Hilfsenergie und Meßsignal über ein und dasselbe Adernpaar geführt; hierbei wird der Variationsbereich des eingeprägten Stromsignals auf $4\dots20$ mA eingeschränkt, damit ein Mindestenergiefluß für die Versorgung der Meßumformerschaltung erhalten bleibt. In der allgemeinen elektronischen Meßtechnik wird ein *eingeprägtes Spannungssignal* im Bereich $-10\,\text{V}\dots+10\,\text{V}$ bevorzugt.

Ein eingeprägtes Stromsignal ist dadurch charakterisiert, daß im Falle einer Änderung des Stromkreiswiderstandes der Strom (mit guter Näherung) konstant bleibt, während sich die abgegebene Spannung entsprechend ändert. Schaltungstechnisch kann dies durch eine sog. stromgesteuerte Gegenkopplung erreicht werden; vgl. hierzu die Bemerkungen in Abschnitt 4.3 sowie [A86], [A87]. Sinngemäß ist ein eingeprägtes Spannungssignal dadurch charakterisiert, daß im Falle einer Änderung des Stromkreiswiderstandes die eingespeiste Spannung (mit guter Näherung) konstant bleibt, der Strom sich aber dann entsprechend ändert; schaltungstechnisch wird dies durch eine sog. spannungsgesteuerte Gegenkopplung erreicht, s.o.! Bei eingeprägtem Spannungssignal darf ein bestimmter höchstzulässiger Belastungsstrom, bei eingeprägtem Stromsignal eine bestimmte höchstzulässige Spannungsabnahme nicht überschritten werden, vgl. auch Abschnitt 2.2.5.

Lokale Regelung

Bild 7-2 zeigt in der Mitte links eine sog. lokale Regelschleife: Ein dem Prozeß entnommenes Meßsignal x wird mit einem Sollwert w verglichen; eine Regelabweichung x − w veranlaßt den in der Zeichnung angenommenen PID-Regler zur Betätigung eines in den Prozeß eingreifenden Stellgliedes in einem solchen Sinne, daß die Regelabweichung x − w vermindert wird. Der Sollwert w kann dabei je nach Konzept fest vorgegeben sein, durch eine Bedienungsperson vorgegeben werden oder durch ein übergeordnetes Prozeßführungssystem in Abhängigkeit von Informationen aus dem gesamten Prozeßbereich gesetzt werden.

Ein *P-Regler* oder *Proportionalregler* gibt ein zur Regelabweichung x − w proportionales Stellsignal ab. Beim *I-Regler* oder *Integralregler* ist das Ausgangssignal proportional zum Integral des Eingangssignals, steigt also beispielsweise bei konstantem Eingangssignal zeitproportional an. Ein *D-Regler* oder *Differentialregler* gibt ein zur Änderungsgeschwindigkeit des Eingangssignals proportionales Ausgangssignal ab. Ein *PID-Regler* kombiniert diese drei Verhaltensweisen mit bestimmten Bewertungsfaktoren, um unter Berücksichtigung der in Stellglied, Prozeßstrecke und Meßumformer auftretenden Verzögerungseffekte die Stabilität des Regelkreises zu sichern und eine optimale Regeldynamik zu erreichen. Literatur: [A151], [A152], [A153].

Prozeßrechner

Bei größeren und komplizierteren Prozeßüberwachungsaufgaben wird man zum Einsatz eines *Prozeßrechners* übergehen. Die Meßsignale werden dem Prozeßrechner dann über *Analog-Digital-Umsetzer* zugeführt, vgl. Bild 7-2 oben, zur besseren Ausnutzung des A/D-Umsetzers ggf. über einen vom Prozeßrechner her gesteuerten *Multiplexer*, vgl. Bild 7-2 rechts. Die vom Prozeßrechner ermittelten Einstellsignale müssen dann in der Regel wieder *digital-analog umgesetzt*, in *Abtast-Halte-Gliedern gespeichert* und von hier aus den Stellgliedern oder den Sollwerteingaben der lokalen Regler zugeführt werden. Die Information des Bedienungspersonals erfolgt in konventionellen Anlagen normalerweise über Instrumentenfelder und Schreiber, vgl. Abschnitt 2.1.4 und 2.4.

Video-Leitsysteme

Eine moderne Entwicklungsrichtung stellen die *Video-Leitsysteme* dar, bei denen das Prozeßgeschehen zentral auf Bildschirm-Monitoren dargestellt wird und die Protokollierung über Fernschreiber (Blattschreiber) und Magnetplattenspeicher erfolgen kann.
Bild 7-3 zeigt eine heute für die chemische Verfahrenstechnik typische Aufgliederung eines modernen Prozeßführungssystems in den Prozeßbereich, den Bereich der *Feldgeräte*, den Bereich der *Schalttafelgeräte*, den Prozeßrechner mit Peripheriegeräten wie Schreiber und Plattenspeicher, sowie den *Bedienungs- und Überwachungsbereich* mit *Video-Ausgabegeräten*, auf deren Bildschirmen dann − nach geeigneter Datenreduktion und Datenaufbereitung − wichtige Prozeßdaten übersichtlich ausgegeben werden. Bild 7-4a zeigt ein Beispiel für eine tabellarische und graphische Bildschirmdarstellung, Bild 7-4b die Enblendung von Prozeßdaten in ein Prozeßübersichtsbild (Fließbild); vgl. auch [E211], [A242].

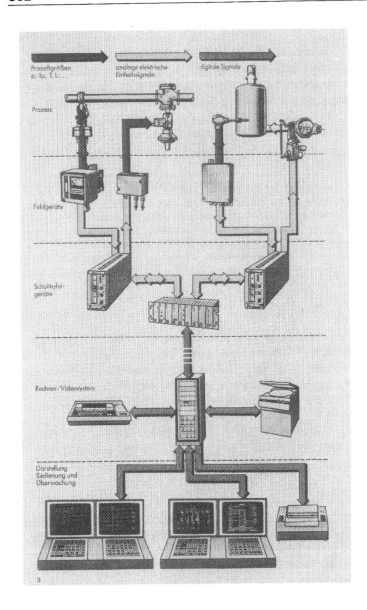

Bild 7-3 Technische Aufgliederung eines modernen Prozeßführungssystems mit Video-Leitzentrale [E 122].

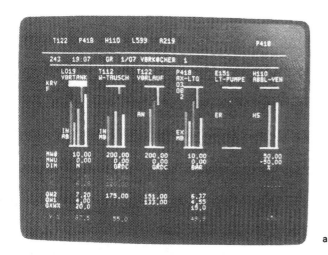

a)

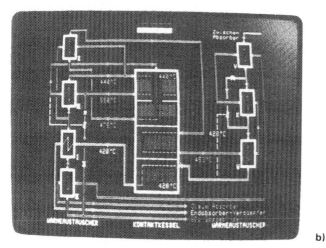

b)

Bild 7-4 Beispiele für Schirmbilder einer Video-Leitzentrale [E122].
a) Tabellarische und graphische Übersichtsdarstellung;
b) Fließbilddarstellung mit eingeblendeten Prozeßdaten.

Dezentralisation

Wie schon Bild 7-2 andeutet, übernimmt der Prozeßrechner im allgemeinen nicht sämtliche regelungstechnischen Aufgaben, sondern stellt teilweise nur Informationen für untergeordnete lokale Regelkreise bereit. Derartige Funktionsaufteilungen sind z.B. bereits aus Gründen der Betriebssicherheit erforderlich; selbst bei einem Totalausfall des zentralen Rechners darf das Prozeßsystem nicht in einen katastrophenartigen Zustand geraten! Dank der rasch zunehmenden Verfügbarkeit kostengünstiger Mikrorechner beobachtet man z.Z. deshalb auch eine zunehmende Dezentralisierung der Rechnerfunktionen, gleichzeitig aber auch eine Übernahme konventioneller Reglerfunktionen durch lokale Mikrorechner [A154].

384   7 Elektrische Meßanlagen

Frequenzanalogie

In neuerer Zeit beobachtet man gelegentlich Bestrebungen, das von den Meßumformern abgegebene eingeprägte Stromsignal durch ein *Frequenzsignal* zu ersetzen, welches unter gewissen Umständen weniger störanfällig ist und einfacher in eine Digitaldarstellung umgesetzt werden kann. Die Meßumformer müssen dann eine zum Meßwert proportionale Frequenzänderung eines Wechselsignals erzeugen, vgl. Bild 7-5. Manchmal ist auch eine meßwertproportionale Periodendaueränderung vorteilhaft. Die Frequenz (oder Periodendauer) soll hierbei dem Meßwert kontinuierlich folgen, stellt also ein analoges Signal dar; daraus ergibt sich auch die Bezeichnung *Frequenzanalogie*. Die A/D-Umsetzung zur Signalübergabe an den Prozeßrechner kann dann relativ einfach durch *Zähler* erfolgen, vgl. Bild 7-5 rechts oben. Über *Digital-Frequenz-Umsetzer* können dann sinngemäß entsprechend wie beim konventionellen Prozeßführungssystem auch frequenzanaloge Stellglieder (z.B. Schrittmotoren) oder frequenzanaloge lokale Regler angesteuert werden. Frequenzanaloge Regler sowie sog. DDA-Rechner (digital differential analyzer) beruhen im Prinzip darauf, daß Frequenzsignale durch einen Zähler integriert werden, entsprechend wie analoge Spannungs- oder Stromsignale durch einen analogen Integrierer (vgl. Bild 4-21c), jedoch ohne Langzeitfehler! Es bleibt abzuwarten, inwieweit sich diese Art der Prozeßführungstechnik weiter auszubreiten vermag. Literatur: [E65], [E66], [E68], [E72], [E73], [E74], [E75], [E126], [E127], [E128], [E129], [A159].

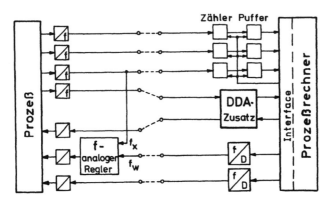

Bild 7-5 Prozeßführungssystem mit frequenzanaloger Signalübertragung.

▶ 7.4 Umweltschutz

Übersicht

Wo viel Konsum ist, da ist viel Abfall. Der Abfall hat allerdings die fatale Eigenschaft, nur zu geringen Teilen beim Konsumenten und damit gleichmäßig verteilt, überwiegend jedoch beim Produzenten und damit örtlich konzentriert anzufallen. Daraus ergibt sich die Notwendigkeit einer gezielten Abfallbeseitigung im Umfeld der Produktionsstätten, und der Meßtechnik fällt wiederum die physikalisch-chemische Erfolgskontrolle zu. Hierbei sind dann allerdings nicht nur Schadstoffe, sondern auch *energetische Einflüsse* auf die Umwelt zu erfassen, wie beispielsweise Schallabstrahlung (Lärm), radioaktive Strahlung, gefahrbringende oder störende elektromagnetische Abstrahlung, Wärmeabgabe an natürliche Gewässer. Die *Schadstoffüberwachung* umfaßt hauptsächlich folgende Bereiche:

Luftverunreinigung durch Staub (z.B. Rauchpartikel), Aerosole (extrem kleine Teilchen und Kondensationskerne bis herab zur Molekülgröße), Dämpfe und Gase. *Wasserverunreinigung* durch Schwemmstoffe (Partikel) sowie durch gelöste anorganische (dissoziierende) und organische Stoffe. *Gefährdung des Erdreiches* und damit vor allem des für die Trinkwassergewinnung wichtigen *Grundwassers* durch Ablagerung giftiger oder schädlicher Stoffe an ungeeigneten Orten in zeitlich nicht hinreichend resistenter Verpackung. Bei den *radioaktiven Abfallstoffen* besteht das besondere Problem, daß sie auch nicht spurenweise ausgestreut werden dürfen, einmal weil verschiedene pflanzliche Syntheseprozesse zu einer Anreicherung strahlender Elemente führen können, zum anderen, weil auf die Haut oder in die Nahrung gelangende Spuren radioaktiven Materials durch die anschließende permanente Strahlungswirkung (der Betroffene trägt die Strahlungsquelle mit sich herum!) biologische Zellen zerstören und Krebs auslösen können. Sofern bei industriellen Prozessen (z.B. in der Energietechnik) radioaktive Abfallstoffe mit Halbwertszeiten im Bereich von Jahrhunderten bis Jahrtausenden tonnen- oder gar tausendtonnenweise entstehen, müssen diese also in *geologisch stabile Endlagerstätten* eingeschlossen werden, was sicherlich auch wirtschaftlich und politisch stabile Verhältnisse in Zeiträumen von geologischer Dimension voraussetzt.

Meßtechnische Hilfsmittel

Staub- und Aerosolverteilungen in Luft sowie Schwemmstoffe in Wasser können *hauptsächlich* durch *optische, radiometrische oder röntgentechnische Durchstrahlung*, Dämpfe und Gase in Luft durch Methoden der *Gas- und Gasspurenanalyse* (vgl. Abschnitt 6.10), dissoziierende Lösungsbestandteile in Wasser durch *Leitfähigkeitsmessung, pH-Messung, Redoxpotentialmessung, Sauerstoffgehaltsmessung* und *Ionenanalyse* (vgl. Abschnitt 6.9), organische Lösungsmengen durch Feststellung des Sauerstoffbedarfs einer Oxidationsprobe, radioaktive Strahlung durch *Teilchendetektoren* (vgl. Abschnitt 6.11) bestimmt werden. Eine eingehendere Übersicht über meßtechnische Verfahren für den Umweltschutz findet man in [A142], tabellarische Übersichten über tolerierbare Schadstoffmengen und relevante Angaben in [A157], eine Stoffsammlung über elektromagnetische Einflüsse in [A158].

Wasserbehandlungsanlage

Bild 7-6 zeigt als Beispiel für eine Umweltschutzaufwendung eine *Wasserbehandlungsanlage* eines Galvanisierbetriebes mit pH- und Redoxpotential-Meßstellen (vgl. Abschnitt 6.9) [E123].

In diesem Beispiel fällt einmal cyanhaltiges Abwasser an (CN^-), welches durch Zusatz von NaOH und NaOCL, zum anderen chromhaltiges, welches durch Zusatz von H_2SO_4 und $NaHSO_3$ entaktiviert wird. Die entstehenden Salzlösungen werden dann in einem Neutralisierungstank weiter verdünnt, bis zum optimalen Ausgleich nachbehandelt und nach einer letztmaligen pH-Kontrolle an einen Fluß abgegeben. Zur restlosen Beseitigung der Umweltbelastung müßte ggf. noch eine Entsalzungsanlage folgen, welche dann aber natürlich auch noch das Problem des Abtransportes und der Ablagerung nach sich ziehen würde. So wird der Abtransport von Salzen heute noch weithin den natürlichen Flüssen überlassen.

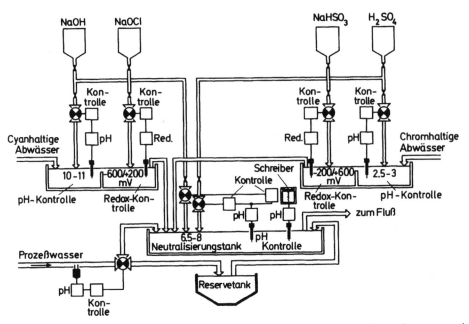

Bild 7-6 Schema der Wasserbehandlungsanlage eines Galvanisierbetriebes mit pH- und Redoxpotential-Meßstellen [E123].

Kostenproblem

Die konsequente Lösung von Umweltschutzproblemen ist in erster Linie – auch im Bereich der notwendigen Meßtechnik – ein *Kostenproblem:* Wer soll die Kosten für die notwendigen Einrichtungen und deren Betrieb tragen? Dieses Problem ist letztlich erst lösbar, wenn auch dem Konsumenten klar geworden ist, daß der Preis eines Erzeugnisses heute nicht mehr allein durch Rohstoff- und Produktionskosten bestimmt sein kann, sondern auch die aufzubringenden Entsorgungskosten berücksichtigen muß.

Problematisch ist hierbei aber die Situation im weltweiten Handel: Produzent und Konsument haben hier keinen gemeinsamen Umweltbereich, und dann ist natürlich derjenige Produzent im Vorteil, der keine Entsorgungsauflagen zu beachten braucht.

7.5 Explosionsschutz

Rechtsgrundlagen

Explosionsgefahren sind im *Bergbau (Schlagwetterschutz)* und in der *chemischen Verfahrenstechnik* zu beachten; die nachfolgenden Ausführungen beziehen sich insbesondere auf den Bereich für Verfahrenstechnik [A148], [A155], [A156].
Rechtsgrundlage ist hier die vom Gesetzgeber erlassene „Verordnung über elektrische Anlagen in explosionsgefährdeten Räumen" (ElexV) vom 27. Febr. 1980 (BGBL. 1, S. 214) und die „Allgemeine Verwaltungsvorschrift zur Verordnung über elektrische Anlagen in explosionsgefährdeten Räumen" vom 27. Febr. 1980 (BAnz. Nr. 43 vom 1. März 1980).

Der aktuelle Stand ändert sich - insbesondere wegen der notwendigen europaweiten Harmonisierung mit EN-Normen - so schnell und in so zahlreichen Details, daß jeder professionelle Anwender auf die jeweils neueste Ausgabe des DIN-Kataloges für technische Regeln verwiesen werden muß [C1]. Die folgende Darstellung soll eine erste Übersicht über die vielschichtige Problematik des Explosionsschutzes geben; umfassendere Darstellungen findet man in [A221], [B11], [A223]. Die *europäische Harmonisierung* ist für Deutschland im Grundsatz dadurch gesichert, daß die ElexV vom 27.2.1980 der vom Rat der Europäischen Gemeinschaften am 18.12.1975 erlassenen „Richtlinie zur Angleichung der Rechtsvorschriften der Mitgliedstaaten betreffend elektrische Betriebsmittel zur Verwendung in explosibler Atmosphäre" (Nr. 76/117/EWG) entspricht, vgl. Tabelle 7-1.

Für die *Bauartprüfung* und Begutachtung von Seriengeräten, die in explosionsgefährdeten Räumen eingesetzt werden sollen, ist die Physikalisch-Technische Bundesanstalt (PTB) zuständig, bei Geräten, die sowohl explosions- als auch schlagwettergeschützt sein sollen, zusätzlich die Bergbau-Versuchsstrecke (BVS) in Dortmund-Derne; der Prüfantrag muß vom Hersteller gestellt werden, vgl. [A155], S.87. Im Rahmen der *europäischen Harmonisierung* kommen natürlich die autorisierten Prüfstellen der anderen EG-Mitgliedsstaaten hinzu [A251], [A223]. Für die Sicherheitsprüfung kompletter Anlagen ist der Technische Überwachungsverein (TÜV) zuständig.

Die Verantwortung für den Betrieb einer elektrischen Anlage in einem explosionsgefährdeten Raum trägt der Betreiber. Er darf nur zugelassene Geräte installieren und muß speziell zugelassene Sachverständige zur Begutachtung heranziehen, vgl.[A155],S. 103.

Kennzeichnung

Nach EN 50014 müssen elektrische Betriebsmittel, die für explosionsgefährdete Bereiche zugelassen sind, eine gut lesbare und dauerhafte *Kennzeichnung* tragen, die über folgende Daten Auskunft gibt [A251], [A223]: Hersteller, Typenbezeichnung, Klassifizierung der Zündschutzart (vgl. Tab. 7-1d), Prüfstelle und Nummer der Prüfbescheinigung. Wenn die Baumusterprüfung nach dem 1. Mai 1988 erfolgt ist, muß die Kennzeichnung ein graphisch stilisiertes *Konformitätszeichen* „Ex" in sechseckiger Umrandung enthalten, dessen Einzelheiten in der ElexV, Anhang, Abschnitt 2 dargestellt sind [A221].

Gefahrenzonen

In der Verordnung über elektrische Anlagen in explosionsgefährdeten Räumen (ElexV) werden folgende Gefahrenzonen unterschieden:

Für Bereiche, die durch *Gase, Dämpfe* oder *Nebel* explosionsgefährdet sind:

Zone 0 umfaßt Bereiche, in denen gefährliche explosionsfähige Atmosphäre ständig oder langzeitig vorhanden ist;

Zone 1 umfaßt Bereiche, in denen damit zu rechnen ist, daß gefährliche explosionsfähige Atmosphäre gelegentlich auftritt;

Zone 2 umfaßt Bereiche, in denen damit zu rechnen ist, daß gefährliche explosionsfähige Atmosphäre nur selten und dann auch nur kurzzeitig auftritt.

Für Bereiche, die durch *brennbare Stäube* explosionsgefährdet sind:

Zone 10 umfaßt Bereiche, in denen gefährliche explosionsfähige Atmosphäre durch Staub langzeitig oder häufig vorhanden ist;

Zone 11 umfaßt Bereiche, in denen damit zu rechnen ist, daß gelegentlich durch Aufwirbeln abgelagerten Staubes gefährliche explosionsfähige Atmosphäre kurzzeitig auftritt.

Für medizinisch genutzte Räume treten an die Stelle der Zonen 0, 1 und 2 die Zonen G und M wie folgt:

Zone G, auch als „umschlossene medizinische Gas-Systeme" bezeichnet, umfaßt – nicht unbedingt allseitig umschlossene – Hohlräume, in denen dauernd oder zeitweise explosionsfähige Gemische (ausgenommen explosionsfähige Atmosphäre) in geringen Mengen erzeugt, geführt oder angewendet werden.

Zone M, auch als „medizinische Umgebung" bezeichnet, umfaßt den Teil eines Raumes, in dem explosionsfähige Atmosphäre durch Anwendung von Analgesiemitteln oder medizinischen Hautreinigungs- oder Desinfektionsmitteln nur in geringen Mengen und nur für kurze Zeit auftreten kann.

Tabelle 7-1 Zündschutzarten, Explosionsgruppen und Temperaturklassen nach VDE 0170/0171; [A221], [B11], [A223].

a) Zündschutzarten nach DIN VDE 0170/0171

Benennung, ggf. Kategorie	Kurz-zeichen	Normblätter, Hinweise
Allgemeines	–	Teil 1, 5.78 ... 11.88; EN 50014
Ölkapselung	o	Teil 2, 5.78 ... 9.80; EN 50015
Überdruckkapselung	p	Teil 3, 5.78 ... 9.80; EN 50016
Sandkapselung	q	Teil 4, 5.78 ... 9.80; EN 50017
Druckfeste Kapselung	d	Teil 5, 5.78 ... 7.87; EN 50018
Erhöhte Sicherheit	e	Teil 6, 5.78 ... 7.90; EN 50019
Eigensicherheit	i	Teil 7, 5.78 ... 11.89; EN 50020
dto., Kategorie	ib	eigensicher noch nach *einem* Bauteileausfall
dto., Kategorie	ia	eigensicher noch nach *zwei* Bauteileausfällen
Vergußkapselung	m	Teil 9, 7.88 (EN 50028)
Eigensichere Systeme	i	Teil 10, 4.82 (EN 50039)
Sonderschutz	s	nur über PTB-Zulassung

b) Explosionsgruppen nach DIN VDE 0170/0171 Teil 1 5.78

Gruppe	Grenzspaltweite in mm bei Schutzart „d" ($l = 25$ mm)	Mindestzündstromverhältnis in Schutzart „i"	Gasmischungsbeispiel (Volumenanteil)
I		1	Methan 8,3 %
IIA	> 0,9	> 0,8	Propan 5,25 %
IIB	0,5 ... 0,9	0,45 ... 0,8	Ethylen 7,8 %
IIC	< 0,5	< 0,45	Wasserstoff 21 %

c) Temperaturklassen nach DIN 57165 / VDE 0165 9.83

Temperaturklasse	Höchstzulässige Oberflächen-temperatur in °C	Zündtemperatur der brennbaren Stoffe in °C
T1	450	> 450
T2	300	> 300
T3	200	> 200
T4	135	> 135
T5	100	> 100
T6	85	> 85

d) Kennzeichnungsbeispiele nach DIN VDE 0170/0171

Beispiel	Bedeutung
EEx d IIC T5	Druckfest gekapselt; zugelassene Gasumgebung bis zur Explosions-gruppe IIC und bis zur Temperaturklasse T5.
EEx ia IIC T6	Eigensicher, selbst wenn in der die Eigensicherheit garantierenden Schaltung zwei Bauelemente gleichzeitig ausfallen, bis zur Explosions-gruppe IIC und Temperaturklasse T6.

Bauarten nach VDE 0170/0171

Tabelle 7-1 gibt eine Übersicht über Merkmale, die explosionsgeschützte Betriebsmittel nach DIN VDE 0170/0171 und DIN 57165/VDE 0165 erfüllen müssen, nach [A221], [B11] und [A223]. Zunächst werden konstruktive und schaltungstechnische Möglichkeiten zur Erzielung der Explosionssicherheit in Form verschiedener *„Zündschutzarten"* festgelegt; die wichtigsten davon werden weiter unten erläutert.

Die Angabe der *„Explosionsgruppe"* ermöglicht für ein zu erwartendes Gasgemisch eine Klassifizierung nach zulässigen Spaltweiten druckfester Gehäuse (EEX „d") oder nach zulässigen Mindestzündstromverhältnissen eigensicherer Anlagen bezüglich Methan (EEx „i").

Die *„Temperaturklasse"* bezeichnet die tiefste zulässige Zündtemperatur des mit dem Gerät in Berührung kommenden Gasgemisches.

Die Angabe der Zündschutzart legt also den konstruktiven oder schaltungstechnischen Aufbau eines Gerätes fest, die Explosionsgruppe und die Temperaturklasse die Art der Gasgemische, die mit dem Gerät in Berührung kommen dürfen; Beispiele für eine diesbezügliche Einordnung von Gasen und Dämpfen findet man in DIN 57165/VDE 0165.

Zündschutzart Druckfeste Kapselung EEx „d"

Bei der Zündschutzart EEx „d" werden in erster Linie metallische, zünddichte und druckfeste Gehäuse verwendet. Neuerdings benutzt man auch Kunststoffgehäuse, allerdings nur mit begrenztem Rauminhalt und besonderen Maßnahmen zur Sicherstellung der vorgeschriebenen Spaltlängen und Spaltweiten. Druckfeste Kapselungen müssen grundsätzlich so ausgeführt sein, daß sie sich nur mit einem Spezialwerkzeug (z.B. einem speziellen Sechskantschlüssel) öffnen lassen. Innerhalb der druckfesten Kapselung können dann praktisch alle elektromechanischen und elektronischen Bauelemente benutzt werden, z.B. auch Elektronenröhren, Schaltkontakte, Steckverbindungen, Kollektormotoren. Die Leitungsdurchführungen müssen zünddicht, druckfest und mit erhöhten Isolierstrecken versehen sein. Enthält die druckfeste Kapsel Schalter oder Sicherungen, so muß eine Verriegelung vorgesehen werden, die ein Öffnen erst dann ermöglicht, wenn alle Stromzuführungen zu dem eingebauten Gerät getrennt sind.

Zündschutzart Erhöhte Sicherheit EEx „e"

Geräte dieser Zündschutzart müssen so aufgebaut sein, daß im Betrieb keine Funken, Lichtbögen oder gefährliche Temperaturen auftreten können. Als Bauelemente sind hierbei in der Regel nur Widerstände, auch Lampen, Kondensatoren, Spulen, Transformatoren und kollektorlose Motoren zugelassen. Es kann ein metallisches oder nichtmetallisches Gehäuse mindestens in Schutzart IP54 nach DIN 40050 (Fremdkörper-, Berührungs- und Wasserschutz) mit PTB-geprüften Anschlußklemmen und besonderen Kabeleinführungen (Stopfbuchsen, Zugentlastung) benutzt werden. Beim Schaltungsaufbau sind erhöhte Luft- und Kriechstrecken zu beachten. Aus der Aufschrift (Typenschild) muß hervorgehen, in welchen explosionsgefährdeten Betriebsstätten das Gerät eingesetzt werden darf. Beispielsweise würde die Aufschrift EEx e II T2 bedeuten, daß das Gerät in explosionsgefährdeten Betriebsstätten mit Gasen der Explosionsgruppen II A und II B und

Temperaturklassen T1 und T2 (z.B. Stadtgas, Wasserstoff, Acetylen) eingesetzt werden darf, allerdings nur in den Zonen 1 und 2, siehe unten! Für die Zündschutzart „e" sind keine Unterteilungen der Explosionsgruppe nach A, B, C vorgeschrieben [A221].

Zündschutzart Überdruckkapselung EEx „p"

Die gefährlichen Teile des Gerätes oder das Gerät selbst ist in ein Gehäuse eingeschlossen, in dem durch ein Schutzgas, das unter Überdruck steht, das Auftreten einer Explosionsgefahr sicher vermieden wird.

Zündschutzart Vergußkapselung EEx „m"

Hierbei müssen Teile, die eine explosionsfähige Atmosphäre durch Funken oder durch Erwärmung zünden könnten, in eine Vergußmasse so eingebettet sein, daß diese explosionsfähige Atmosphäre nicht entzündet werden kann. Vor dem Inkrafttreten der Norm DIN VDE 0170/0171 Teil 9 bzw. EN 50028 wurde diese Maßnahme in die Schutzart „Sonderschutz" eingegliedert.

Zündschutzart Eigensicherheit EEx „i"

Ein Stromkreis oder ein Teil eines Stromkreises ist *eigensicher*, wenn er weder im normalen Betrieb noch bei einer Störung eine umgebende explosible Atmosphäre durch einen Funken oder eine andere Wärmewirkung zünden kann.

Unter „Störung" ist hierbei *nicht* ein Kurzschluß, ein Erdschluß oder eine Unterbrechung im eigensicheren Stromkreis verstanden, sondern z.B. ein Schaden an einem Bauelement, ein Ausfall eines Bauelementes oder ein Schaden an der Verdrahtung der Bauelemente, von denen die Eigensicherheit des Stromkreises abhängt.

Um eine Zündung z.B. durch einen Kurzschluß oder einen Erdschluß auszuschließen, dürfen bestimmte Höchstwerte von Spannung, Strom und (in Leitungen, Induktivitäten oder Kapazitäten) gespeicherten Energien nicht überschritten werden, unter Beachtung gewisser Sicherheitsfaktoren und Zugrundelegung des jeweils ungünstigsten Falles; quantitative Angaben findet man in DIN VDE 0170/0171 Teil 7 bzw. EN 50020. Bei der Auswahl zulässiger Grenzwerte ist besonders zu beachten, daß für induktive oder kapazitive Stromkreise wegen der darin gespeicherten Energie und für Stromkreise mit elektronischer Strombegrenzung wegen der gegenüber rein ohmschen Stromkreisen bei gleichen Strom- und Spannungs-Grenzwerten möglichen höheren Maximalleistung verschärfte Einschränkungen gelten, vgl. [A223].

Zündschutzart Sonderschutz EEx „s"

Hierunter wird zusammengefaßt, was sich in die übrigen Schutzarten nicht eingliedern läßt. Da es hierfür *keine festgelegten Bauvorschriften gibt,* ist für jeden Einzelfall eine besondere Prüfbescheinigung der PTB erforderlich. Die Begriffsbildung stammt noch aus einer früheren Ausgabe DIN VDE 0170/0171 2.61 und hat den Sinn, technologische Neuentwicklungen unter entsprechend erhöhten Vorsichtsmaßnahmen möglich zu machen. So sind beispielsweise früher entwickelte Vergußmethoden inzwischen in die Schutzart EEx m überführt worden, s. o.!

Gasanalysengerät als Beispiel

Bild 7-7 zeigt ein Beispiel, bei dem die Zündschutzarten Druckfeste Kapselung und Erhöhte Sicherheit miteinander kombiniert sind. Außerdem liegt hier ein Beispiel mit einem sog. „inneren" und „äußeren" Explosionsschutz vor.

Innerer Explosionsschutz

Zunächst einmal besteht hier das Meßmedium selbst ggf. aus einem brennbaren Gas. Tritt durch einen Funken im Meßmedium eine Explosion auf, so kann infolge der Zünddichtigkeit der Kapsel keine Wirkung nach außen auftreten, die Explosion könnte sich jedoch innerhalb der Rohrleitungen ausbreiten. Um letzteres zu verhindern, sind an beiden Enden der Meßstrecke Zünddurchschlagsicherungen (Flammensperren) eingebaut.

Äußerer Explosionsschutz

Um gegenüber einer ggf. explosiblen Umgebung des Gerätes sicher zu sein, erfüllt die Konstruktion die Bedingungen nach EEX „d" und EEx „e": der Meßteil ist druckfest gekapselt, der restliche Teil mit erhöhter Sicherheit im Gehäuse IP54 ausgeführt.

Zonenzuordnung

Für die einzelnen Gefahrenzonen gelten hinsichtlich der verwendbaren Schutzarten folgende Einschränkungen (DIN 57 165/VDE 0165):

Für Zone 0: In Zone 0 dürfen nur Betriebsmittel verwendet werden, die hierfür besonders bescheinigt sind (PTB); die Kennzeichnung muß neben der Angabe der Zündschutzart (zulassungsfähig sind „ia" und „s") die Angabe „Zone 0" enthalten.
Bei den Betriebsmitteln für Zone 0 müssen Zündquellen auch noch bei selten auftretenden Bestriebsstörungen explosionsgeschützt sein. Grundsatz: Beim Versagen einer Zündschutzart oder bei gleichzeitigem Auftreten von zwei Fehlern muß noch ein ausreichender Explosionsschutz sichergestellt sein! Daneben muß die Gefahr einer Zündung durch elektrostatische Aufladung ausgeschlossen werden.

Für Zone 1: Betriebsmittel in den Zündschutzarten o, p, q, d, e, i, m.

Für Zone 2: Betriebsmittel, bei denen im Inneren Funken auftreten, in IP-54-Gehäusen (DIN 40 050) mit besonderer Überdruckdichtigkeit, vgl. [A155], S. 30, und der Betriebsmittel, bei denen betriebsmäßig keine Funken auftreten, im Freien in der Schutzart IP 54 und in geschlossenen Räumen in der Schutzart IP 40.

Für Zone 10: Nur speziell für diese Zone zugelassene Betriebsmittel [A155], S. 30.

Für Zone 11: Keine besondere Prüfbescheinigung, vgl. VDE 0165, Abschnitt 7, [A155], S. 30.

Für Zone G: Nur Betriebsmittel, für die eine entsprechende Baumusterprüfbescheinigung vorliegt (PTB), [A223], (ElexV).

Für Zone M: Keine Baumusterprüfbescheinigung, ähnlich Zone 2 [A223].

Die *Projektierung* einer explosionsgeschützten Anlage muß stets so übersichtlich wie möglich sein; hierzu gehört eine genaue Dokumentation der Schutzarten sämtlicher Geräte und Leitungsverbindungen. *Vor einer aktuellen Projektierung studiere man die zahlreichen diffizilen Einzelvorschriften in DIN 57 165 / VDE 0165.*

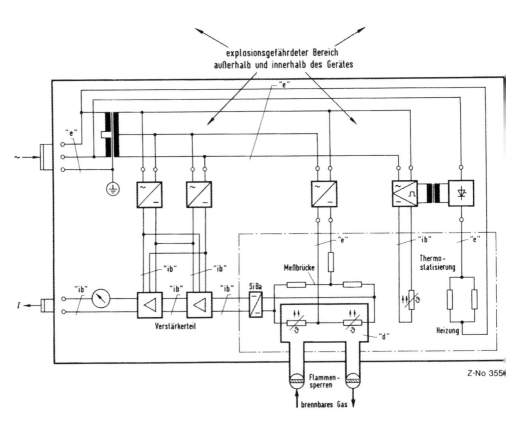

Bild 7-7 Zündschutzarten Erhöhte Sicherheit und Druckfeste Kapselung am Beispiel eines Gasanaly-sengerätes [A148] (Hartmann & Braun).

Eigensichere Stromkreise

Ein eigensicherer Stromkreis kann durch eine „*aktive Zwei- oder Vierpolquelle*" gespeist werden, deren Kurzschlußstrom und Leerlaufspannung den Bedingungen dieser Zündschutzart genügen. Bei Verwendung mehrerer solcher Strom- oder Spannungsquellen müssen je nach Zusammenschaltung innerhalb eines eigensicheren Stromkreises die Ströme bzw. Spannungen addiert, ggf. auch subtrahiert werden.

Es muß ausgeschlossen sein, daß in einem Fehlerfalle Fremdspannungen oder Fremdströme in eigensichere Stromkreise eingeschleift werden. Dies muß durch entsprechende Bauarten sichergestellt werden, z.B. bei Netzgeräten durch Verwendung von Netztransformatoren mit hohem Zuverlässigkeitsgrad und kurzschlußsicherer Ausführung, durch Einsatz drahtgewickelter Widerstände und ähnliche Maßnahmen. Entscheidend für die Beurteilung ist immer der ungünstigste denkbare Fehlerfall.

So ist z.B. ein Verstärkereingang in der Regel ein passiver Verbraucher. Im Störungsfalle kann er aber zum aktiven Zweipol werden, der Verstärker wäre dann insgesamt ein aktiver Vierpol und als solcher zu beurteilen.

Kennzeichnung

Eigensichere Leitungen und ihre Anschlußteile müssen unverwechselbar gekennzeichnet werden. Wird eine Farbkennzeichnung gewählt, so muß die Farbe *hellblau* sein. Könnte es innerhalb von Verteilern oder Schaltschränken zu Verwechslungen kommen, z.B. mit blauen N-Leitern, so müssen zusätzliche Kennzeichnungsmaßnahmen angewandt werden, beispielsweise eine Zusammenfassung der eigensicheren Adern in einem hellblauen Schlauch oder eine übersichtliche räumliche Trennung und Beschriftung [A223], [A251]. Die räumliche Trennung ergibt sich ohnehin meist schon dadurch, daß eigensichere und nichteigensichere Leitungen getrennt verlegt werden müssen und die Isolation zwischen ihnen einer Prüfwechselspannung von 1500 V standhalten muß.

Potentialtrennung

Ein eigensicherer Stromkreis muß stets auf einen hinsichtlich der zu stellenden Forderungen unbedingt überschaubaren Bereich beschränkt bleiben. Aus diesem Grunde wird man vielfach eine *galvanische Trennung* durch entsprechend geprüfte und zugelassene Trennverstärker oder Gleichstromübertrager gegenüber anderen Anlagenteilen vorsehen, vgl. Bild 7-8 (Trennstellen 1 und 2) und Abschnitt 5.2.1 Bild 5-7.

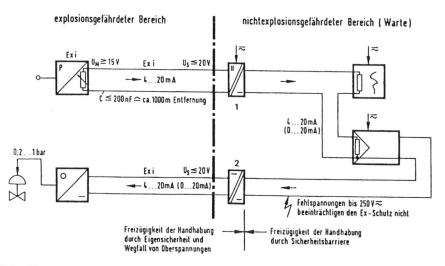

Bild 7-8 Eigensicherheit durch ex-geschützte Baueinheiten im Ex-Bereich mit galvanischer Trennung von den Wartenstromkreisen [A148].

Sicherheitsbarrieren

Weniger aufwendig sind sog. *Sicherheitsbarrieren,* welche die Verschleppung von Fremd-spannungen oder Fremdströmen verhindern, ohne daß zwischen eigensicheren Strom-kreisen und allgemeinen Stromkreisen eine galvanische Trennung eingeführt werden muß. Diese Betriebsweise ist allerdings nur für eigensichere Stromkreise in Zone 1 zugelassen. Den Grundgedanken zeigt Bild 7-9 unten: Die in den explosionsgefährdeten Bereich hineinführenden Leitungen sind über Zenerdioden am Erdpotential „abgestützt". Die Zenerdioden sind so ausgewählt, daß sie sich unter normalen Betriebsbedingungen im Sperrbereich befinden. Tritt ein unzulässiger Stromzufluß in Erscheinung, so werden die Zenerdioden leitend und begrenzen so das Potential der in den Ex-Bereich hineinführen-den Leitungen. Wird der Fremdstromzufluß zu groß, so wird durch Abschmelzen der vor die Zenerdioden gelegten Sicherungen eine Stromkreistrennung erreicht. Zwischen den Zenerdioden und den eigensicheren Leitungen sind Widerstände angeordnet, die für die vorgeschriebene Strombegrenzung sorgen. Auf ähnliche Weise wird in Speisegeräten für eigensichere Stromkreise für eine ausreichend sichere Strombegrenzung gesorgt, vgl. Bild 7-9 oben.

Voraussetzung für die Zuverlässigkeit dieses Verfahrens ist eine außergewöhnlich sichere Ausführung der Barrieren. Alle kritischen elektronischen Elemente müssen mehrfach vor-handen sein, die strombegrenzenden Widerstände müssen unter den gegebenen Schaltungs-bedingungen absolut unzerstörbar sein, und die Konstruktion der Barriere muß zufällige Überbrückungen absolut sicher ausschließen, vgl. Bild 7-10.

Potentialausgleich

Eine weitere Voraussetzung für die Verläßlichkeit der Zündschutzart Eigensicherheit und speziell der Barrierentechnik ist, daß im gesamten galvanisch nicht getrennten Bereich alle leitenden Teile einer explosionsgefährdeten Anlage hinreichend genau auf Erdpotential gehalten werden, da andernfalls zwischen elektrischen Leitungen und anderen leitenden Anlagenteilen zündfähige Funken entstehen könnten. Dies muß durch einen sog. *Poten-tialausgleich* (PAG) erreicht werden: alle leitenden Teile müssen untereinander und mit Erdpotential sicher verbunden sein, vgl. auch VDE 0165 und VDE 0100 (Berührungs-spannungsschutz). Der Mindestquerschnitt des Verbindungsleiters (Schutzleiters, Farbe grün/gelb) beträgt 1,5 mm^2. Ein Anschluß an den betriebsmäßig stromführenden Null-leiter ohne Potentialausgleich ist nicht zulässig. Man betrachte hierzu noch einmal Bild 7-9, PAG.

Sind in der gleichen Anlage mehrere Schutzsysteme vorhanden, so muß sichergestellt werden, daß diese jeweils an einer Stelle miteinander verbunden sind, um Potentialunterschiede zu vermeiden. Andernfalls kann es zu einer unzulässigen Funkenbildung selbst zwischen an sich nichtelektrischen Anlagenteilen kommen, z. B. auch beim Auswechseln von metallischen Verbindungselementen in pneu-matischen Anlagen.

Hinweis

Für den Entwurf und Betrieb explosionsgeschützter Geräte und Anlagen sind stets die z. Z. gültigen Original-Vorschriftenwerke zu Rate zu ziehen; die vorstehenden Informationen sind zum Zwecke eines eine Übersicht vermittelnden Studiums zusammengestellt, eine Gewährleistung kann damit nicht ver-bunden werden. Ein ausführliches Literaturverzeichnis findet man in [A155], [A221], [B11].

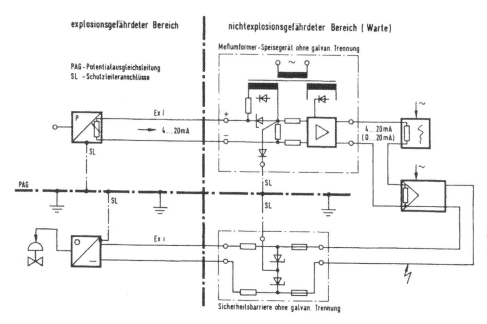

Bild 7-9 Eigensicherheit der Stromkreise im Ex-Bereich durch ex-geschützte Baueinheiten ohne galvanische Trennung von den Wartenstromkreisen [A148].

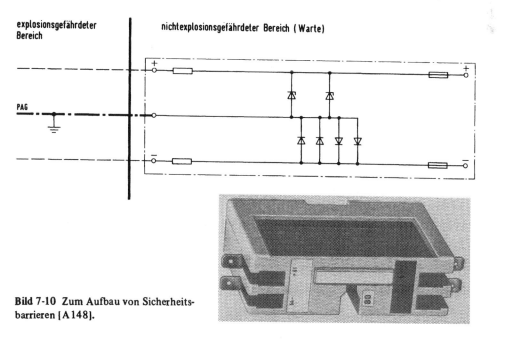

Bild 7-10 Zum Aufbau von Sicherheitsbarrieren [A148].

* 7.6 Fernmessung

Unter *Fernmessung* kann sowohl die Erfassung und Übertragung von Meßwerten über längere Leitungsverbindungen als auch über *Funkverbindungen* (Telemetrie) verstanden werden. Die Übertragung von
Strom-, Spannungs- oder Frequenzsignalen über längere Leitungen ist heute schon in der Verfahrenstechnik allgemein üblich – vgl. Abschnitt 7.3 – und stellt insofern keine Besonderheit mehr dar. Bei
der *Telemetrie* handelt es sich vielfach um eine Meßwertübertragung von bewegten Objekten auf feststehende Auswertungsstationen.

PCM-Telemetrie

Bild 7-11 zeigt das Schema einer Telemetrie-Anlage in PCM-Technik *(Pulscodemodulation)*. Die
Signale der Meßwertaufnehmer werden über Anpaßverstärker einem Analog-Multiplexer zugeführt, der
wiederum von einem Taktgeber so gesteuert wird, daß die einzelnen Meßsignale zeitlich nacheinander

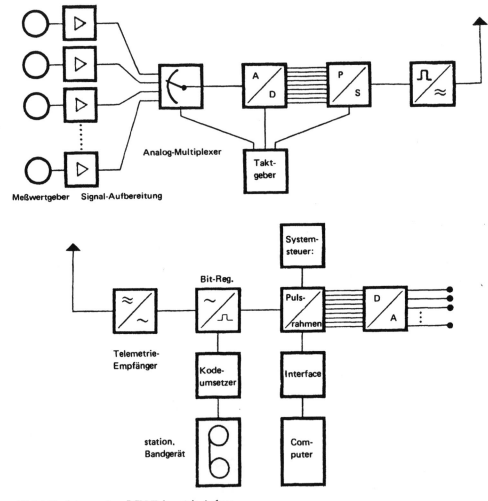

Bild 7-11 Schema einer PCM-Telemetrie-Anlage.

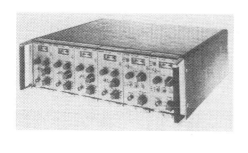

* 7.8 Vielstellenmeßtechnik

Unter „*Vielstellenmeßtechnik*" versteht man im allgemeinen die Erfassung *statischer* oder *quasistatischer* (d.h. langsam veränderlicher) Größen in einem System mit sehr vielen einzelnen Meßstellen; typische Anwendungsbereiche dieser Art sind die *Temperaturmeßtechnik* (vgl. Abschnitt 6.7) und die *Dehnungsmeßtechnik* (vgl. Abschnitt 6.3).

Umschalttechniken

Im Gegensatz zur Vielkanalmeßtechnik erfolgt die Erfassung der einzelnen Meßstellen durch Anwahl über *Meßstellenumschalter*. Ein besonderes Problem der Vielstellenmeßtechnik ist deshalb immer, Umschalttechniken bereitzustellen, die wirtschaftlich und dennoch fehlerarm und zuverlässig sind.

In der Temperaturmeßtechnik werden für Vielstellenmeßanlagen im allgemeinen Thermoelemente eingesetzt und als Umschalter im allgemeinen thermospannungsarme Relais oder Reedrelais; der geringe Thermospannungseinfluß wird beispielsweise durch einen einheitlichen Goldüberzug aller beteiligten Kontaktelemente und eine möglichst wärmeströmungsarme Konstruktion erreicht. Gelegentlich trifft man aber auch bereits geeignete Umschalttechniken unter Verwendung von Feldeffekttransistoren an.

In der Dehnungsmeßtechnik steht man vor dem besonderen Problem, daß innerhalb einer DMS-Brückenschaltung keine Kontaktwiderstände oder gar Kanalwiderstände von Feldeffekttransistoren wirksam werden dürfen; außerdem darf der Spannungsabfall auf den Speiseleitungen nicht zu einer Verfälschung des Meßempfindlichkeitsfaktors führen. Bild 7-13 zeigt eine interessante, elegante Problemlösung [E124]: Wählt man die Eingangswiderstände der Operationsverstärker O und der Spannungsfolger SF hinreichend hoch, so bleiben die Verbindungsleitungen zwischen U_{23} und U_{24} bzw. U_{33} und U_{34} praktisch stromlos. Wendet man auf O_2 und O_3 jeweils das Prinzip der verschwindenden Eingangsgrößen an (vgl. Abschnitt 4.3 und 4.4), so erkennt man, daß stets $U_{23} = U_{24} = U_{20}$ und

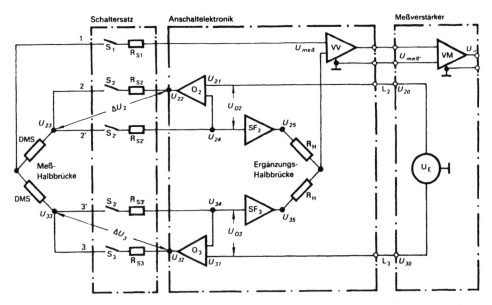

Bild 7-13 In der Vielstellenmeßtechnik benötigt man Umschalttechniken, die zugleich wirtschaftlich und zuverlässig sind; hier eine sehr interessante Lösung aus dem Bereich der DMS-Technik [E124] (Hottinger, Darmstadt).

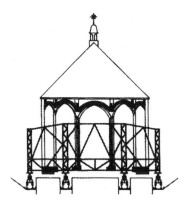

Bild 7-14

Ein interessantes Beispiel zur Vielstellenmeßtechnik:
Verschiebung einer gotischen Kirche im Braunkohlen-
gebiet von Most, ČSSR (Hottinger, Darmstadt)
[E125].

Meßtechnische Briefe 13 (1977) H. 3

$U_{33} = U_{34} = U_{30}$ sein muß, die Speisespannung der entfernten DMS-Halbbrücke also unabhängig von der Größe der Widerstände R_{S2} und R_{S3} stets den richtigen Wert beibehält. Gibt man dem Verstärker VV ebenfalls einen hinreichend hohen Eingangswiderstand, so ist auch R_{S1} belanglos, und es können z.B. alle Schalter durch Feldeffekttransistoren realisiert werden. In der DMS-Technik muß auch entweder jeder Meßstelle eine Abgleicheinrichtung zugeordnet sein, oder es müssen rechnerisch zu berücksichtigende Abgleichdaten (Nullpunktdaten) in einem Korrekturrechner gespeichert werden. Bild 7-14 gibt einen Eindruck vom Aufwand größerer Vielstellenmeßsysteme, wobei hier allerdings auch Vielkanalmeßeinrichtungen im Sinne von Abschnitt 7.7 beteiligt sind [E125].

* 7.9 Datenverarbeitung

Prozeßrechner

Zahlreiche meßtechnische Aufgabenstellungen sind heute eng mit Datenverarbeitungstechniken verknüpft: angefangen vom Registrieren und Ausdrucken von Meßdaten über die Datenreduzierung bei Vielkanal- oder Vielstellenmeßaufgaben bis hin zur kompletten Prozeßführung mit Hilfe eines Prozeßrechners, vgl. Abschnitte 2.2.8, 2.2.10, 2.4, 5.3.3, 5.4, 5.5, 5.6, 7.3, 7.6, 7.7, 7.8, 7.10, 7.11. Diese Entwicklung hat sich durch die zunehmende Verbreitung von Mikrorechnern verstärkt fortgesetzt, vgl. Abschnitte 2.2.10, 4.17, 7.3.
Eine Einführung in die technischen Grundlagen sowie Literatur-, System- und Herstellerhinweise findet man z. B. in [A43], [A44], [A45], [A160], [A161]; [A46], [A96], [A162].

Personal-Computer

Nach der stürmischen allgemeinen Verbreitung von Personal-Computern in dem Jahrzehnt zwischen 1981 und 1991 sind diese zu einem allgemein benutzten Hilfsmittel für die Ablauforganisation und Auswertung von Messungen geworden. Nachdem man als Anwender Funktionsabläufe anfangs über die Standardschnittstelle V24/RS-232-C (Asynchron seriell), die Druckerschnittstelle CENTRONICS (8 Bit parallel) oder hinzugekaufte Steckmodule (z. B. RS-485, IEC-625, vgl. Abschn. 7.10) mit Hilfe der im PC-Bereich eingeführten Programmiersprachen (Assembler, Basic, Pascal, C) selbst organisieren mußte, sind später zu manchen Sprachen besonders angepaßte Ergänzungen hinzugekommen [E205]. Inzwischen werden auf dem Softwaremarkt sehr hilfreiche „Benutzeroberflächen" angeboten, mit deren Hilfe die Ablauforganisation und die anschließende Auswertung der Meßdaten im Zuge einer „Menüführung" organisiert werden kann, so daß man als Anwender vielfach auf die Erstellung einer eigenen Programmentwicklung verzichten kann, zumindest für häufig vorkommende Standardfunktionen und Standardmodule [E206], [E207].

* 7.10 Datenbussysteme

Einleitende Bemerkungen

Digitale Datenbussysteme dienen dem Austausch von Steuersignalen und Daten zwischen verschiedenen Baugruppen, Geräten, Anlagenteilen und Rechnern, die im Rahmen einer Meß-, Steuerungs- oder Automatisierungsaufgabe zusammenwirken müssen. Sie bestehen aus aufeinander normgemäß abgestimmten Logiksystemen in den einzelnen beteiligten Geräten, die den Aufbau, den Ablauf und den Wiederabbau der Datenverbindungen steuern und überwachen, und natürlich aus Leitungssystemen, welche für Nahbereichsverbindungen in der Regel vieladrig, für Fernbereichsverbindungen nach Möglichkeit zweiadrig (z. B. koaxial, rein seriell) sind, ggf. Lichtleiterstrecken einschließen, sowie schließlich aus gerätespezifischen Anpassungsschaltungen innerhalb der einzelnen Geräte oder Anlagenbereiche. Entwicklungsziel ist jeweils eine möglichst weitgehende, allgemeine Normung, um zu erreichen, daß Geräte und Einrichtungen verschiedenster Hersteller an ein derartiges Bussystem angeschlossen werden können und dann nach Möglichkeit sofort störungsfrei mit den übrigen beteiligten Objekten zusammenwirken können.

In den Jahren 1971 bis 1981 hat der weiter unten etwas näher charakterisierte *IEC-625-Bus* weltweit die Machbarkeit eines derartigen Konzepts demonstriert, damals allerdings noch beschränkt auf die Zusammenschaltung von Meßgeräten mit einem Steuerrechner innerhalb eines Laboratoriumsbereiches. Entstanden innerhalb *eines* Meßtechnik-Unternehmens als *Hewlett-Packard-Interface-Bus HPIB*, überholte er durch explosiv wachsende Verkaufszahlen mehrere vergleichbare Konzepte (z. B. das *Siemens-PEGAMAT-System* oder das *Philips-PARTYLINE-System*), vollzog 1975 den Sprung zur USA-Norm als *IEEE-488-Standard*, schließlich 1981 den Sprung zur weltweiten Norm *IEC-625*. Damals konnte man in Stellungnahmen der Mitbewerber hören: Lieber *eine* weltweite Norm als *viele verschiedene* nationale Normen.

Zehn Jahre später ist die automatisierte Technikwelt von einer unübersehbaren Menge verschiedenster firmenspezifischer oder genormter Bussysteme durchzogen, sozusagen wie ein tropischer Urwald von Schlingpflanzen. Inzwischen hat sich die Philosophie entwickelt, nach und nach gestaffelte Bussysteme mit Brückenbildungen (Gateways) zu realisieren, die Zusammenschlüsse von den kleinsten produktionsbeteiligten Elementen – Sensoren und Aktoren – bis zu Rechenzentren oder sogar über Satellitenverbindungen erreichbaren weltweiten Zentrale in den Bereich des Machbaren rücken, unter Überwindung aller hiermit verbundenen Datensicherheitsrisiken. Damit ist die Komplexität des Definitionsgefüges und der Steuersoftware solcher Systeme teilweise um Größenordnungen angewachsen, und die Systementwicklung erfolgt oft durch mehr oder weniger große Zusammenschlüsse aus Instituten und Firmengruppen. Jede Gruppe bemüht sich um Umsatz und Publizität und gibt sich optimistisch, kurz vor dem Erreichen eines allgemein brauchbaren Standards zu stehen oder gar einen weltweiten Normungsanlauf unternehmen zu können. Der einzelne Anwender wird vorerst kaum nach technischen Gesichtspunkten auswählen können, sondern seine Gruppenzuordnungen definieren müssen.

Um eine auszugsweise Übersicht wenigstens über die in der deutschsprachigen Literatur meistpublizierten Anläufe nach dem Stand 1991/92 überschaubar machen zu können, folgt eine Aufgliederung in gestaffelte Einsatzfelder vom Rechnerbereich über den Laboratoriumsbereich und den Feldbereich bis zum Bereich der Lokalen Netzwerke. Wer sich tiefer in Datenbustechniken einarbeiten will, tut gut daran, zunächst allgemeinere Begriffsbildungen der Datenkommunikation zu studieren, die bei der Beschreibung von Bussystemen ständig benutzt werden [A239].

Rechnerbusse

Rechnerbusse organisieren die Datenübertragung zwischen Mikrorechner- oder Prozeßrechnermodulen und ihnen unmittelbar – meist in Form von steckbaren Modulen – zugeordneten Peripherieeinheiten. Eine detailreichere Übersicht findet man in [E191].

VME-Bus Ein auf übliche Europakarten-Steckverbinder und Motorola-Prozessoren zugeschnittener Mikrorechner-Bus für Datenwortbreiten bis zu 32 Bit, [E187] bis [E189], [E193].

Multibus II Ein Buskonzept von Intel, welches auf dem Rechnerboard freie CPU-Wahl zuläßt, für Datenbusbreiten bis zu 32 Bit.

VXI-Bus Eine Weiterentwicklung des VME-Bus, noch auf der Basis von Motorola-Prozessoren, jedoch unter Berücksichtigung der Anforderungen eines größeren meßtechnischen Firmenkonsortiums [E192].

Nubus Ein Buskonzept von Texas Instruments, mit freier CPU-Wahl auf dem Rechnerboard, für Datenbusbreiten bis zu 32 Bit.

Futurebus+ Wiederum eine Weiterentwicklung des VME-Bus-Konzeptes, jedoch mit freier CPU-Wahl, gesteigerten Arbeitsgeschwindigkeiten, Datenbusbreiten bis 128 Bit, ab 1994 bis 256 Bit [E194].

Laborbusse

Laboratoriums-Bussysteme sollen den zügigen Zusammenschluß einer beschränkten Serie von Meßgeräten oder auch allgemeineren Datenquellen und Datensenken innerhalb eines Laboratoriumsbereiches, eines Prüffeldes oder eines kleineren Poduktionsbereiches möglich machen.

RS-485   Eine als Weiterentwicklung der u. a. inzwischen im PC-Bereich verbreiteten Standard-schnittstelle V24/RS-232-C entstandene Bussystem-Hardware, welche bis zu 32 Daten-quellen mit bis zu 32 Datensenken verbinden kann, mit Übertragungsraten bis zu 10 MBits/s; vgl. [A239].

IEC-625   Der schon oben in den Vorbemerkungen angesprochene und weiter unten ausführ-licher beschriebene internationale Bus zur Verbindung von Meßgeräten mit einem Steuerrechner, wobei ursprünglich an Systeme mit bis zu 15 einzelnen Geräten gedacht wurde, [E138] bis [E142], [E175], [A211], [A217], [A218]. Charakteristisch ist die Strukturierung um einen zentralen Controller herum, der die Sende- und Empfangs-berechtigungen zuteilt. Deutsche Übersetzung: DIN-IEC-625, Teil 1 und Teil 2, sowie Nachträge. Amerikanische Hersteller benutzen meist die Bezeichnung der USA-Norm weiter, nämlich IEEE-488. Außerdem wird in den USA die Bezeichnung *GPIB = General Purpose Interface Bus* benutzt.

Feldbusse

Feldbusse vermitteln die Datenkommunikation in automatisierten Produktionsbereichen und in der Verfahrenstechnik, wobei heute zumindest die Zielsetzung besteht, Verbindungen von kleinsten bis zu größten Einheiten zu organisieren, also etwa von Sensoren und Aktoren über Meßgeräte und Regler bis zu dezentralen Prozeßrechnern oder übergeordneten Rechenzentren.

CAMAC   Computer Application for Measurement and Control, Euratom 1969. Ursprünglich ein Rechnerbus, welcher zunächst für die Belange der europäischen Kernforschungsstätten entwickelt worden ist, seinerzeit aber wegen der damals noch nicht gegebenen Verfüg-barkeit von Prozeßlenkungsbussen allgemeinere Verbreitung gefunden hat [E132] bis [E134], [A211].

PDV-Bus   Prozeßlenkung mit Datenverarbeitungsanlagen. Ein im Kernforschungszentrum Karls-ruhe nach 1974 entwickeltes Bussystem zur Prozeßlenkung, welches sich in einen Nahbereichsbus (NBB) und einen Fernbereichsbus (FBB) mit rein serieller Übertragung gliedern ließ, [E135] bis [E137], [E183].

DIN-Meßbus   Ein 4-Draht-System mit zentralem Master, ähnlich wie beim IEC-625-Bus. Hardware-Basis RS-485. DIN 66348, Teil 2, September 1989; [E195].

Profibus   Ein System mit verteilten Master- und Slave-Funktionen in beliebiger Mischung. Natür-lich benötigt man hierbei eine Entscheidungsmethode für die Zuteilung der Sende-berechtigung, die einen gewissen Zeitanteil verbraucht. Hardware-Basis RS-485. Siehe DIN 19245, Anfang 1991; [E196].

P-NET   Eine dänische Entwicklung aus dem Jahre 1984, auch basierend auf der handelsübli-chen Hardware RS-485, mit einem „besonders einfach" gehaltenen Protokoll ("Reduced Instruction Set"), [E197].

BITBUS   Eine Entwicklung von Intel, etwa 1980, mit zentralem Master, wie beim IEC-625-Bus, ebenfalls mit RS-485-Hardware, IEEE 1118.

Sercos   Ein digitales Schnittstellensystem zwischen Servo-Antrieben und numerischen Steue-rungen unter besonderer Berücksichtigung regelungstechnischer Erfordernisse, für Lichtwellenleiter als Übertragungsmedium [E198].

Interbus-S   Ein digitales Schnittstellensystem für die industrielle Sensorik/Aktorik und die An-triebstechnik, wiederum auf RS-485-Basis [E199].

CAN   Controller Area Network, von Bosch/Intel, ist ein Beispiel aus einer Serie von Netz-werkprotokollen, welche ursprünglich für Anwendungen in Automobilen entwickelt wurden, das aber offensichtlich auch für die Automatisierung von Fertigungsabläufen eingesetzt werden kann [E200].

Lokale Netze

Lokale Netze (LAN, Local Area Network) dienen der Übertragung großer Datenmengen mit hohen Übertragungsgeschwindigkeiten innerhalb eines nichtöffentlichen Netzbereiches, sind daher in erster Linie für die Vernetzung von Rechnern innerhalb eines räumlich zusammenhängenden Unternehmens oder Institutes gedacht; grundlegende Definitionen findet man in Publikationen des Local Network Comittee des IEEE (Institute of Electrical and Electronics Engineers, New York) unter der Projekt-Nummer 802. Bei der Entwicklung von Netzwerkprotokollen soll ein von der ISO (International Standards Organisation) entwickeltes „Schichtenmodell" zugrunde gelegt werden, welches an sich weit darüber hinausgehend für öffentliche Netze gedacht ist (OSI, Open Systems Interconnection) [E201]. Daneben gibt es inzwischen einen für Produktionsumgebungen gedachten Kommunikationsstandard MAP (Manufacturing Automation Protokol) [E202].

Ethernet ist hierbei ein Netzwerkprotokoll, bei dem jede Station zu beliebigen Zeitpunkten einen Sendeversuch starten darf. Hierbei erfolgt jedoch eine Kollisionsbeobachtung; im Falle einer erkannten Kollision werden die Sendeversuche abgebrochen und nach Maßgabe von Zufallsgeneratoren zu verschiedenen späteren Zeitpunkten wiederholt. Siehe IEEE 802.3 CSMA/CD (Carrier Sense Multiple Acces/Collision Detection). Mögliche Übertragungsleitungen sind verdrillte Adernpaare (Twisted Pair), Koaxialkabel, Lichtwellenleiter, Breitbandnetze im Sinne von kanalgegliederten Rundfunk/ Fernseh-Hausanlagen [E202].

Token ist ein Netzwerkprotokoll, bei dem die Sendeberechtigung durch eine im System von Station zu Station umlaufende Impulsgruppe, eben den Token, zugeteilt wird; vgl. IEEE 802.4 (Token-Bus) und IEEE 802.5 (Token-Ring) [E203]. Als Übertragungsleitungen kommen verdrillte umschirmte Adernpaare (Twisted Pair) oder Lichtwellenleiter in Frage.

Öffentliche Kommunikationsnetze

Auch öffentliche Kommunikationsnetze sind hier insofern zu erwähnen, als darüber in Zukunft immer häufiger eine Übertragung digitaler Daten erfolgen wird. Man denke z. B. auch an die schon heute recht zahlreichen funktechnischen Wetterdienste, die im Grunde nichts anderes tun, als Meßwerte öffentlich zu übertragen.

ISDN Integrated Services Digital Network: eine von der Telekom (früher: Deutsche Bundespost) betriebene zukünftige Zusammenfassung unterschiedlicher Kommunikationsformen zu einem flächendeckenden dienstintegrierenden Netz [A239], [E204], [A243].

IEC-Bus

Der IEC-Bus ist – wie schon gesagt – von der Normvorstellung her für die Kopplung von fernlesbaren und fernsteuerbaren Meßgeräten untereinander und natürlich mit Registriergeräten und Steuergeräten, z.B. Tisch- oder Prozeßrechnern, innerhalb etwa eines Laboratoriumsbereiches gedacht, die Leitungslänge deshalb auf maximal 20 m, die Zahl der anschließbaren Geräte auf maximal 15 beschränkt. Das System überträgt Gerätenachrichten bitparallel und byteseriell (1 Byte umfaßt ein 8-Bit-Datenwort). Bei einer Realisierung in TTL-Technik mit 48-mA-open-collector-Treibern kann unter den vorstehend aufgeführten Beschränkungen eine Datenübertragungsrate von maximal etwa 200 kByte/s erreicht werden; natürlich sind Sonderentwicklungen möglich [E143], denn die Norm legt die Art der schaltungstechnischen Realisierung nicht zwingend fest. Die IEC-Norm und die amerikanische Vornorm IEEE 488/1975 stimmen in allen elektrischen und logischen Einzelheiten überein, jedoch nicht in der Wahl der Steckverbindung. Die IEC-Norm benutzt einen 25-poligen Stecker (z.B. Amphenol Serie 17, Cannon Typ D), die IEEE-Norm einen 24-poligen Stecker (z.B. Amphenol Serie 57); es ist daher zum Übergang von Geräten amerikanischer Hersteller auf Geräte z.B. europäischer Hersteller in der Regel ein Adapter erforderlich.

Bild 7-15 gibt eine Übersicht über das Leitungssystem. Der eigentliche *Datenbus* besteht aus acht Signaladern für die byteweise Übertragung von sog. Mehrdrahtnachrichten; hierzu gehören insbesondere die auszutauschenden Gerätenachrichten. Drei weitere Adern bilden einen *Übergabebus*, auf dem ein sog. Handshake-Prozeß zur kontrollierten Übergabe der Mehrdrahtnachrichten abgewickelt wird. Fünf weitere Adern bilden einen *Steuerbus* zur unmittelbaren Übertragung von Eindrahtnachrichten für Steuerzwecke. Die restlichen neun bzw. acht Adern der vorhin erwähnten Steckverbindungen sind Masseleitungen, die zum Teil einzelnen Signaladern direkt zugeordnet und dann mit ihnen verdrillt sind (twisted pair). Das Signal „Logisch wahr" (logisch 1) wird auf dem Bus als Low-Pegel übertragen, das Signal „Logisch falsch" (logisch 0) als High-Pegel. Auf den Busleitungen muß für Eindrahtnachrichten (Übergabebus, Steuerbus) eine UND-Verknüpfung der High-Signale sowie eine ODER-Verknüpfung der Low-Signale bestehen; dies wird normalerweise durch Open-collector-Stufen erreicht. Die nachfolgende Funktionsbeschreibung ist der gebotenen Kürze wegen stark vereinfacht; eine exakte Darstellung findet man in DIN IEC 625. Auf eine Übersetzung der englischen Signalbezeichnungen wird verzichtet, um die Eindeutigkeit der Wiedergabe zu gewährleisten.

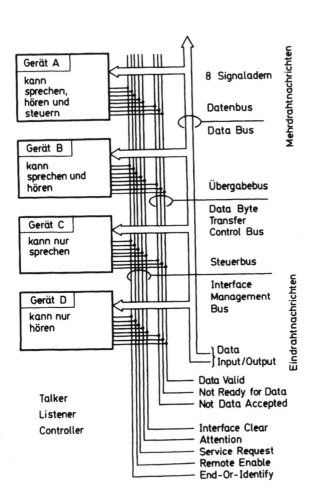

Bild 7-15
Bestandteile und Signaladern
eines IEC-Bus-Systems.

Übergabebus

DAV   **DATA VALID**

Über dieses Signal erklärt ein *Talker* (Sender, Sprecher) eine von ihm auf den Datenbus gesetzte Mehrdrahtnachricht für gültig (eingeschwungen).

NRFD   **NOT READY FOR DATA**

Dieses Signal wird von einer Geräteschnittstelle gesetzt, so lange sie nicht in der Lage ist, ein *neues* Datenwort aufzunehmen.

NDAC   **NOT DATA ACCEPTED**

Dieses Signal wird von einer Geräteschnittstelle gesetzt, so lange sie mit der Übernahme eines auf dem Datenbus anstehenden Wortes beschäftigt ist.

Steuerbus

IFC   **INTERFACE CLEAR**

Durch diese Nachricht kann das System-Steuergerät (Controller) alle angeschlossenen Interfaces in eine normgemäße Grundeinstellung bringen.

ATN   **ATTENTION**

Durch diese Nachricht wird vom System-Steuergerät festgelegt, ob die Information auf dem Datenbus als Schnittstellennachricht (ATN wahr) oder als Gerätenachricht (ATN falsch) zu interpretieren ist.

SRQ   **SERVICE REQUEST**

Durch Setzen dieser Nachricht kann ein Gerät Bedienung anfordern (Interrupt).

REN   **REMOTE ENABLE**

Durch diese Nachricht kann das System-Steuergerät alle beteiligten Geräte in einen Fernsteuerungszustand versetzen und die lokalen Bedienungsfunktionen sperren.

EOI   **END OR IDENTIFY**

Ein Talker (Sprecher) zeigt hiermit das Ende einer Blockübertragung an, falls ATN „Logisch falsch" (High) ist; das Steuergerät kann daraufhin die Talkerfunktion wieder beenden. Falls ATN „Logisch wahr" (low) ist, wird durch EOI vom Steuergerät her die Identifizierung eines SRQ-Rufes eingeleitet.

Verbindungsaufbau

Bild 7-16 zeigt den Aufbau einer Datenverbindung durch ein Steuergerät (Controller). Nach Herstellung des normgemäßen Ausgangszustandes (IFC), des Fernsteuerzustandes (REN) und Ankündigung von Schnittstellennachrichten (ATN) wird durch Setzen einer *Listener-Adresse* ein Gerät für die später folgenden Gerätenachrichten zum Listener (Hörer, Empfänger) erklärt. Die Übertragung der Listener-Adresse wird vom Handshake-Prozeß begleitet (DAV, NRFD, NDAC). Sobald alle Geräte wieder bereit zur Aufnahme eines neuen Datenwortes sind (NRFD falsch = RFD wahr), setzt der Controller eine *Talker-Adresse* und erklärt dadurch eines der beteiligten Geräte zum Talker (Sprecher, Sender); auch diese Übertragung wird wieder vom Handshake-Prozeß begleitet. Schließlich nimmt der Controller das Signal ATN wieder zurück und gibt damit das System frei zur Übertragung von Gerätenachrichten. Sobald NRFD verschwindet, alle Schnittstellen also wieder reaktionsbereit sind, wird der Talker mit der Übertragung von Nachrichtenbytes (Gerätenachrichten) an den Listener beginnen, jeweils begleitet vom Handshake-Prozeß. Durch das Signal EOI kann er schließlich wieder eine Beendigung dieses Übertragungszustandes anfordern; was im einzelnen geschieht, hängt von der Programmierung des Systemsteuergerätes ab.

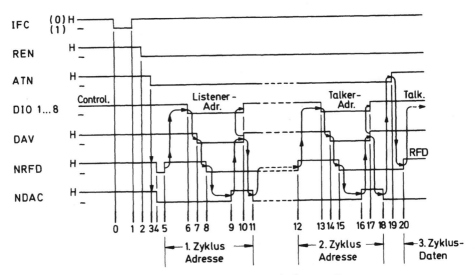

Bild 7-16 IEC-Bus: Aufbau einer Datenverbindung durch ein Steuergerät.

Tabelle 7-2 ASCII-Code (American Standard Code for Information Interchange)

$b_4\ b_3\ b_2\ b_1$	$b_7 \rightarrow 0$ $b_6 \rightarrow 0$ $b_5 \rightarrow 0$	0 0 1	0 1 L 0	0 1 L 1	1 0 T 0	1 0 T 1	1 1 0	1 1 1
0 0 0 0	NUL	DLE	SPACE	0	@	P	`	p
0 0 0 1	SOH	DC1	!	1	A	Q	a	q
0 0 1 0	STX	DC2	"	2	B	R	b	r
0 0 1 1	ETX	DC3	#	3	C	S	c	s
0 1 0 0	EOT	DC4	$	4	D	T	d	t
0 1 0 1	ENQ	NAK	%	5	E	U	d	u
0 1 1 0	ACK	SYN	&	6	F	V	f	v
0 1 1 1	BEL	ETB	´	7	G	W	g	w
1 0 0 0	BS	CAN	(	8	H	X	h	x
1 0 0 1	HT	EM	)	9	I	Y	i	y
1 0 1 0	LF	SUB	*	.	J	Z	j	z
1 0 1 1	VT	ESC	+	;	K	[	k	{
1 1 0 0	FF	FS	,	<	L	\	l	:
1 1 0 1	CR	GS	–	=	M	]	m	}
1 1 1 0	SO	RS	.	>	N	∧	n	~
1 1 1 1	SI	US	/	?	O	–	o	DEL

Codierung

Die Norm schlägt vor, für die Übertragung von Gerätenachrichten den ASCII-Code (American Standard Code for Information Interchange) zu benutzen, vgl. Tabelle 7-2. Darüberhinaus bestehen keine bindenden Festlegungen; es ist dem Geräteentwickler überlassen, festzulegen, welches Zeichen welchen Einstellvorgang auslöst und wie Meßdaten im einzelnen formatiert und codiert werden sollen. An die gerätespezifischen Festlegungen muß man dann jeweils die Programmierung des Systemsteuergerätes (z.B. eines Tischrechners) anpassen. Tabelle 7-3 zeigt ein denkbares Beispiel zur Meßbereicheinstellung und Meßwertübertragung eines Digitalvoltmeters [E138]. Ein Geräteinterface-Schaltungsbeispiel findet man in [E180].

Tabelle 7-3 IEC-Bus: Beispiel für eine Übertragung von Geräte-Einstell- und Meßdaten

Zykl.-Nr.	Datenbus-Nachricht	ATN	DIO	Bedeutung
1	Listener-Adr.	1	6	Digitalvoltmeter adressieren
2	⎫	0	R	Bereich = Range
3	⎪ Programmier-	0	5	$100\,\text{mV} = 10^5\,\mu\text{V}$
4	⎬ Daten	0	D	Gleichspannung = DC
5	⎭	0	S	Start einer Messung
6	Unlisten-Komm.	1	?	Listener-Adr. wegnehmen
7	Listener-Adr.	1	$	Drucker adressieren
8	Talker-Adr.	1	V	DVM als Talker adressieren
	Auf Ende der Messung warten			
9	⎫	0	+/−	Vorzeichen
10	⎪	0	1	Ziffer des Meßwertes
11	⎬ Meßdaten	0	2	Ziffer des Meßwertes
12	⎪	0	3	Ziffer des Meßwertes
13	⎭	0	4	Ziffer des Meßwertes
14	String-Ende	0	CR	Ende-Zeichen
15	Blockende	0	LF	Zeilenvorschub
16	Unlisten-Komm.	1	?	Druckeradresse wegnehmen

Tabelle 7-4 IEC-Bus-Schnittstellen-Funktionen (Interface-Funktionen)

SH	Handshake-Quelle	(source handshake)
AH	Handshake-Senke	(acceptor handshake)
T	Sprecher, serielle Abfrage	(talker, serial poll)
L	Hörer	(listener)
SR	Bedienungsruf	(service request)
RL	Fern-/Eigenumschaltung	(remote local)
PP	Parallelabfrage	(parallel poll)
DC	Gerät rücksetzen	(device clear)
DT	Gerät auslösen	(device trigger)
C	Steuereinheit	(controller)

Schnittstellenfunktionen

Die Fähigkeiten der IEC-Bus-Norm lassen sich in zehn einzelne *Schnittstellenfunktionen* untergliedern, vgl. Tabelle 7-4, welche in der Norm anhand sog. *Zustandsdiagramme* beschrieben sind, [E144] bis [E147]. Die Norm läßt auch definierte Teilausrüstungen der Schnittstellenfunktionen zu, so daß der Geräteentwickler die Möglichkeit hat, jeweils eine technisch-wirtschaftlich optimale Teilmenge an Kommunikationsfähigkeiten auszuwählen.

* 7.11 Meß- und Abgleichautomaten

Digitale Bussysteme ermöglichen die Zusammenstellung leistungsfähiger *Meß- und Abgleichautomaten* für die Prüffeld- und Fertigungstechnik. Diese Entwicklung hat natürlich nicht erst mit der IEC-Bus-Norm eingesetzt; vielmehr sind bereits zuvor leistungsfähige Systeme auf der Basis firmenspezifischer Bussysteme entwickelt worden. Heute gibt es ein kaum noch übersehbares Angebot verschiedenster automatischer Testsysteme, insbesondere für Bauelemente- und Leiterplattentests.

7.12 Lichtwellenleiter

Grundsätzliches

Im Rahmen der raschen Entwicklung der Informationstechnik ist zu der klassischen Signalübertragung mit Hilfe von Kupferleitungen, Hohlleitern oder sich frei im Raum gebündelt oder ungebündelt ausbreitenden elektromagnetischen Wellen einschließlich des Lichtes die optische Signalübertragung mit Hilfe von *Lichtleitfasern* hinzugekommen. Da in derartigen Fasern ähnlich wie in Hohlleitern eine dämpfungsarme Ausbreitung besonderer optischer Wellentypen ausgenutzt wird, in der Fachsprache *Moden* genannt, spricht man etwas präziser auch von *Lichtwellenleitern*.
Lichtwellenleiter bestehen in der Regel aus geeignet präparierten *Glasfasern*, in manchen Fällen auch aus ähnlich präparierbaren strahlungsdurchlässigen Kunststoffen. Bei einer *Stufenprofilfaser* wird die Lichtführung durch die Faser dadurch erreicht, daß man den Brechungsindex des Materials über den Querschnitt hinweg so stuft, daß ein Lichtstrahl bei Annäherung an die Oberfläche stets totalreflektiert wird und so die Faser nicht verlassen kann, vgl. Bild 7-17a. Bei einer *Gradientenfaser* läßt man die Brechzahl nach außen hin kontinuierlich absinken, so daß ein sich der Oberfläche nähernder Strahl durch Beugung zum Zentrum der Faser zurückgeführt wird, vgl. Bild 7-17b. Ähnlich wie bei einem Hohlleiter nimmt bei einer Verringerung des Verhältnisses von nutzbarem Faserdurchmesser zu Wellenlänge die Zahl der ausbreitungsfähigen Moden ab, so daß man durch Reduzierung des nutzbaren Durchmessers von einer *Multimodefaser* weg schließlich zu einer *Monomodefaser* gelangt, auch *Einmodenfaser* genannt. Bei Multimode-Fasern liegt der Außendurchmesser im Bereich $620 \ldots 100$ µm, der Durchmesser des lichtführenden Teils im Bereich $600 \ldots 50$ µm; bei Monomode-Fasern ist der lichtführende Bereiche auf ca. 5 µm Durchmesser reduziert.
Die Bezeichnung „Lichtwellenleiter" ist bezüglich der Mehrzahl nachrichtentechnischer Anwendungen eigentlich nicht ganz zutreffend, da im Regelfalle Strahlung im *Infrarotbereich* verwendet wird (Wellenlänge $800 \ldots 1600$ Nanometer). Das in Nachrichtensystemen im allgemeinen zunächst elektrisch gegebene Signal wird mit Hilfe einer lichtemittierenden Diode (LED) oder eines Halbleiterlasers in Lichtimpulse umgesetzt und nach Durchlaufen des Lichtwellenleiters mit Hilfe einer PIN- oder Avalanche-Fotodiode wieder in ein elektrisches Signal rückgewandelt. Zur Mehrfachausnutzung der Übertragungsstrecke wird dabei im elektrischen Bereich vorzugsweise ein Zeitmultiplexverfahren, im optischen Bereich vorzugsweise ein Wellenlängenmultiplexverfahren praktiziert. Dabei ist ein einzelner optischer Übertragungskanal selbst bei den höchsten praktizierten Bitraten um 2 Gigabits/s immer noch ein Schmalbandsystem mit einer relativen Bandbreite unter 10^{-5}. Ähnlich wie Jahrzehnte vorher in der elektrischen Kabeltechnik sind dafür optische Steckverbindungen, optische Multiplexer und optische Überlagerungsempfänger entwickelt worden.

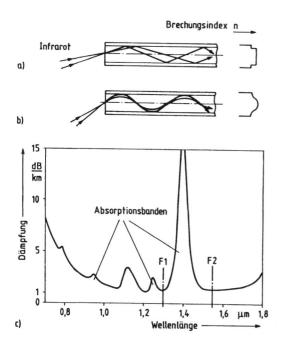

Bild 7-17 Grundsätzliches zum Verständnis der Lichtwellenleiter-Technik
a) Stufenprofilfaser; b) Gradientenfaser; c) Dämpfung einer Einmodenfaser als Funktion der Wellenlänge, nach [A225]; F1, F2 sind „optische Fenster" geringer Dämpfung; d) erreichbare Modulations-
bandbreite-Entfernungs-Produkte, nach [A224].

Dämpfung und Dispersion

Infolge von verbleibenden Streu- und Absorptionsverlusten unterliegt die Strahlungsintensität bei der
Ausbreitung entlang eines Lichtwellenleiters einer *Dämpfung*. Da die Absorptionseffekte resonanz-
ähnliche Maxima zeigen, Bild 7-17c zeigt ein Beispiel, muß man stets darauf achten, daß die benutzte
Infrarot-Frequenz in eines der durchlässigen „optischen Fenster" fällt. Für die derzeit bevorzugten
optischen Fenster um 850 nm, 1300 nm und 1550 nm erreicht man Dämpfungswerte im Bereich von
etwa 1,5 ... 0,5 dB/km. Wie bereits erwähnt, stellt die optische Übertragungsstrecke ein Schmalbandsystem dar, für das innerhalb des gewählten Fensters die Frequenzabhängigkeit der Dämpfung vernachlässigbar klein ist, *nicht jedoch die Frequenzabhängigkeit der Phasenfunktion und der damit
verbundenen Gruppenlaufzeit.* Rechnet man diesen Effekt in den Zeitbereich um, so ergibt sich, daß
ein Schwingungsimpuls am Ende der Lichtleiterstrecke nicht nur kleiner, sondern auch *breiter* geworden ist. Man nennt eine Frequenzabhängigkeit der Gruppenlaufzeit und die sich daraus ergebende
Verbreiterung eines Schwingungsimpulses in der Fachsprache *Dispersion.* Aus dieser Dispersion ergibt
sich für eine vorgegebene Lichtleiterart und Streckenlänge eine gewisse *kürzestmögliche Impulsbreite,*
die noch sinnvoll übertragen werden kann [A224]. Rechnet man diesen Effekt wiederum in den

Frequenzbereich zurück, so ergibt sich eine höchstmögliche noch sinnvoll zu übertragende *Bandbreite* des am Systemeingang zugrunde liegenden elektrischen Signals. Da der Effekt der Bandbreiteeinengung mit der Faserlänge zunimmt, ist es zweckmäßig, verschiedene Fasertypen durch das erreichbare Produkt aus Bandbreite und Länge in MHz · km zu charakterisieren. Im Bild 7-17d sind einige Daten zusammengestellt; man erkennt, daß für längere nachrichtentechnische Übertragungsstrecken der Monomode-Faser der Vorzug zu geben ist.

Meßtechnische Aufgaben

Der Meßtechnik fällt im Rahmen der vorstehend charakterisierten optischen Übertragungstechnik die Aufgabe zu, Kenngrößen für die Qualität der Lichtleitfasern und der Übertragungssysteme festzustellen und die Betriebssicherheit der Übertragungsstrecken zu überwachen. Hier eine Übersicht über die wichtigsten meßtechnisch zu erfassenden Größen der Lichtwellenleitertechnik:

Faserdämpfung: Die Faserdämpfung in dB/km muß man kennen, um bei Konzeptionsaufgaben über Streckenlängen und notwendig einzukoppelnde Strahlungsleistungen sowie Empfängerempfindlichkeiten entscheiden zu können; sie ist eine Funktion der Wellenlänge, vgl. z. B. Bild 7-17c. Die verbreitetsten Methoden sind das *Pegeldifferenzmeßverfahren* und das *Rückstreumeßverfahren.* Beim erstgenannten Verfahren wird eine stabilisierte Strahlungsleistung eingespeist, die Strahlungsleistung am Ende der Faser (als Funktion der Wellenlänge) gemessen, dann vom Einkoppelende her gesehen ein kurzes Stück der Faser abgeschnitten und ebenfalls gemessen [A225]; aus der Differenz der Meßergebnisse läßt sich der Dämpfungsbelag berechnen. Beim zweitgenannten Verfahren wird am Faseranfang die im Zuge der Faser *rückgestreute* Strahlungsleistung von der zugeführten Strahlungsleistung getrennt ausgekoppelt und gemessen. An jedem Punkt der untersuchten Faser hängt die dort generierte Rückstreuleistung von der durchfließenden optischen Leistung ab, so daß man über einer Verzögerungszeit-Achse ein Abbild der Strahlungsleistung entlang der Faser bekommt [A225]. Dieses Verfahren hat extreme Vorteile: Es ist nicht destruktiv (d. h. man braucht von der Faser nichts abzuschneiden), es braucht nur der Anfang der Meßstrecke zugänglich zu sein, und es fallen im Reflexionsbild alle eventuell vorhandenen Fehler und Inhomogenitäten besonders markant auf, vgl. Bild 7-19b; das Rückstreuverfahren zeigt also eine gewisse Ähnlichkeit mit dem *Impulsechoverfahren* der Kabeltechnik, vgl. Abschn. 3.9.5. Als besonders verbreitetes und typisches Verfahren der Lichtwellenleiter-Meßtechnik wird es weiter unten noch etwas detaillierter wiedergegeben. Es muß noch darauf hingewiesen werden, daß bei jeder Meßmethode hinsichtlich der Einkopplung der Strahlungsleistung in den Kabelanfang besondere Einrichtungen vorzusehen sind, die Fehlereffekte durch nichtstationäre Modenmischungen verhindern (Modenmischer, Modenfilter, Mantelmodenabstreifer) [A225], [A226].

Faserdispersion. Im *Zeitbereich* erfaßt man die Dispersion einer Faser durch Ausmessen der Impulsverbreiterung in ps oder ns mit Hilfe eines entsprechenden optischen Meßplatzes und eines *Sampling-Oszilloskops,* vgl. Abschn. 3.9.3 und [A225]. Die bei solchen Messungen benutzten Impulsformen sollen zweckmäßigerweise der Form einer Gaußschen Fehlerfunktion nahekommen; zu den Grundlagen vgl. Literaturhinweise in Abschn. 8.2.5, [A167], [E46]. Die Impulsverbreiterung muß man kennen, wenn ein Nachrichtenübertragungssystem geplant werden soll, das gepulste Signale überträgt. Die Signalverbreiterung ist *nicht* einfach zur Faserlänge proportional, und sie kann vorteilhafte Minima bei bestimmten Wellenlängen zeigen; typische Werte liegen z. B. bei einer Faserlänge von 1,7 km zwischen 0,5 ... 20 ns [A225]. Im *Frequenzbereich* erfaßt man die Dispersion durch Ausmessen einer Modulationsübertragungsfunktion mit Hilfe eines entsprechenden optischen Meßplatzes und eines *Netzwerkanalysators,* vgl. Abschn. 5.3.3 und [A225]. Gemessene Bandbreiten und Zeitbereichskennwerte (wie die Impulsverbreiterung) können unter gewissen Voraussetzungen mit Hilfe systemtheoretischer Zusammenhänge ineinander umgerechnet werden, vgl. z. B. Abschn. 8.2.7 und [A225]. Ein vorteilhaftes *Minimum* der Signalverbreiterung wird im Frequenzbereich durch ein *Maximum* der Bandbreite abgebildet! Bei Monomodefasern kann die Impulsverbreiterung sehr klein werden, so daß dann andere Kenngrößen benutzt werden [A225].

Grenzwellenlänge. Die Grenzwellenlänge ist die größte Wellenlänge, für die ein bestimmter Mode gerade noch ausbreitungsfähig ist; sie kann daher im Prinzip in einer Dämpfungsmeßanordnung bestimmt werden [A225].

Gaußsche Strahlweite. Dies ist ein Maß für die radiale Ausdehnung des optischen Feldes der Fasergrundmode; der Kennradius ist dort erreicht, wo die Strahlungsleistung auf $1/e^2$ des Maximalwertes im Strahlzentrum abgefallen ist; untersucht wird hierbei die aus einer Faserstirnfläche austretende Strahlungsleistung [A225].

Numerische Apertur. Die numerische Apertur ist der auf die Strahlachse bezogene Kegelöffnungswinkel, unter dem äußerstenfalls Strahlung akzeptiert oder abgegeben werden kann; die Messung erfolgt z. B. durch Ausmessen des Fernfeldes vor einer Stirnfläche mit einer Fotodiode oder einem LWL-Aufnehmer [A226].

Rückstreumeßplatz

Als besonders typisch für das meßtechnische Umfeld der Lichtwellenleiter-Technik soll hier der *Rückstreumeßplatz für die Faserdämpfung* kurz wiedergegeben werden, vgl. Bild 7-18; eine ausführlichere Beschreibung findet man in [A225].
Die Laser-Strahlungsquelle emittiert Impulse von typisch 20 ns Dauer mit einer Pulsfolgefrequenz von einigen kHz. Diese optischen Strahlungsimpulse werden durch einen Strahlteiler hindurch in die Faser eingeleitet, wobei die oben kurz angedeuteten Einleitungsprobleme im Realisierungsfalle einwandfrei

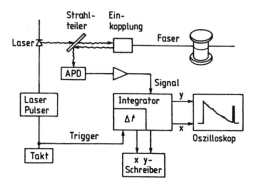

Bild 7-18 Prinzipieller Aufbau eines optischen Rückstreu-Meßplatzes, nach [A225] und [E191].

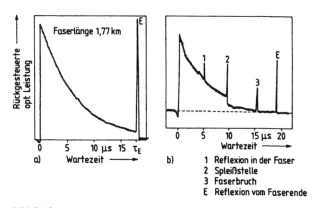

Bild 7-19 Typische Bildschirm-Ausgabe eines Rückstreu-Meßplatzes, nach [A225].
a) Fehlerfreie Faser; b) fehlerbehaftete Faser.

gelöst sein müssen. Die rückgestreute Strahlung wird vom Strahlteiler ausgelenkt und einer Avalanche-Photodiode APD (oder einem anderen für sehr geringe Strahlungsleistungen geeigneten Detektor) zugeführt. Der Meßvorgang wird periodisch wiederholt und das Meßsignal durch einen elektronischen Integrationsprozeß aus dem Rauschen der Anordnung herausgefiltert. Der Meßzeitpunkt wird dabei durch eine Zeitverzögerungs-Steuerung langsam verschoben, so daß eine Darstellung der Meßergebnisse in Abhängigkeit von der Verzögerungszeit und damit zugleich in Abhängigkeit von der Entfernung des jeweils für die Rückstreuung maßgebenden Faserquerschnittes entlang der Faser erzeugt werden kann. Diese Darstellung wird dann in der Regel auf dem Bildschirm eines Oszilloskops sichtbar gemacht oder für Dokumentationszwecke auf einem X-Y-Schreiber ausgegeben. Die Skalierung der Entfernungsachse ist leicht möglich, weil man bei einer unbeschädigten und nicht zu langen Faser vom Faserende her ein deutlich erkennbares Reflexionssignal bekommt, vgl. Bild 7-19a. Ebenso zeigen sich *Schadstellen* oder sonstige *Inhomogenitäten* in der Regel auch durch deutliche Reflexionssignale, so daß das Rückstreuverfahren nicht nur für die Dämpfungsmessung, sondern auch für die Qualitätssicherung und die Betriebskontrolle von Fasern geeignet ist, vgl. Bild 7-19b. Weitere technische Probleme der Rückstreumeßtechnik werden z. B. in [A225], [E190] angesprochen. Hersteller von Netzwerkanalysatoren oder Spektrumanalysatoren haben inzwischen oft auch „Optische Rückstreu-Meßgeräte" als Komplettsysteme im Programm.

Literatur

Eine andere kürzestgefaßte Übersicht zur LWL-Meßtechnik findet man in [A224], ein Einarbeitungsvolumen in [A225], eine lexikonähnliche Übersicht in [A226]. Darüber hinaus gibt es inzwischen eine größere Zahl umfangreicherer Lehrbücher zur optischen Übertragungstechnik, z. B. [A227] ... [A330], und natürlich spezielle Monographien, z. B. [A231], [A232]; auch [E212], [E213].

Zusammenfassung zu Kapitel 7

1. *In der Energieübertragungstechnik werden meßtechnische Hilfsmittel zur Sicherung der Betriebsbereitschaft, zur Einhaltung der Spannungsnormen und zur Abrechnung gelieferter oder erhaltener Energie insbesondere mit Hilfe von Induktionszählern benötigt.*

2. *In der Verfahrenstechnik sind elektrische Meßeinrichtungen in der Regel Bestandteile von Regelkreisen oder eines übergeordneten Prozeßführungssystems.*

3. *Umweltschutzaufgaben können oft wegen des Kostenproblems nur teilweise gelöst werden.*

4. *In explosionsgefährdeten Räumen dürfen nur speziell zugelassene elektrische Betriebsmittel eingesetzt werden (VDE 0165, VDE 0170/0171).*

5. *Für eine Meßwertübertragung von bewegten Objekten auf feststehende Auswertungsstationen bewähren sich insbesondere PCM-Telemetriesysteme.*

6. *In der Vielkanalmeßtechnik zur Erfassung dynamischer Vorgänge steht man insbesondere vor dem Problem der Datenaufzeichnung und der Datenreduzierung.*

7. *Die Vielstellenmeßtechnik befaßt sich insbesondere mit der Erfassung statischer oder quasistatischer Größen, vor allem in der Temperaturmeßtechnik und in der Dehnungsmeßtechnik, vorzugsweise durch den Einsatz geeigneter Meßstellenumschalter.*

8. *Datenverarbeitungsaufgaben sind heute mit zahlreichen meßtechnischen Aufgaben eng verknüpft; diese Entwicklung wird sich durch die zunehmende Verbreitung von Mikrorechnern verstärkt fortsetzen.*

9. *Datenbussysteme erlauben den Austausch von Steuersignalen und Meßdaten zwischen verschiedenen Baugruppen oder Geräten, die im Rahmen einer Meß- oder Automatisierungsaufgabe zusammenwirken müssen. Für die Meßgerätetechnik ist insbesondere der international genormte IEC-625-Bus wichtig. Für die Datenübertragung zwischen Sensoren, Automatisierungsgeräten und Aktoren befindet sich gegenwärtig eine Serie sogenannter „Feldbusse" in Entwicklung.*

10. *Digitale Bussysteme erlauben insbesondere die Zusammenstellung leistungsfähiger Meß- und Abgleichautomaten für die Prüffeld- und Fertigungstechnik.*

11. *In der Informationsübertragungstechnik werden anstelle von Kupferkabeln immer häufiger Lichtleitfasern bzw. Lichtwellenleiter benutzt. Zur Dämpfungsmessung und Qualitätskontrolle benutzt man dabei häufig einen Rückstreumeßplatz.*

Literatur zu Kapitel 7

Einige wichtige Bücher zur Anlagentechnik sind bereits im Kapitel 6 kommentiert.

[A78] *Hart, Einführung in die Meßtechnik,* ein allgemeines Lehrbuch der Meßtechnik, welches insbesondere in die Probleme der Betriebs- und Verfahrensmeßtechnik einführt.

[A142] *ZVEI, Elektrische Meßgeräte für den Umweltschutz,* eine katalogartige Zusammenstellung von Meßgeräten für die Schadstoffbestimmung in Luft und Wasser, Lärmmessung und Strahlungsmessung.

[A148] *Bauer und Neumann, Der Explosionsschutz in elektrischen meß-, analysen- und regelungstechnischen Anlagen,* eine hilfreiche Übersicht über Vorschriften und technische Lösungen.

[A157] *Krist, Grundwissen Umweltschutz,* ein Tabellenbuch zur Bearbeitung von Umweltschutzproblemen.

[A158] *König, Unsichtbare Umwelt,* eine Stoffsammlung über biologische Einflüsse elektromagnetischer Felder und Wellen.

[A217] *Piotrowski, IEC-Bus,* ist ein ausführliches Handbuch der IEC-Bus-Technik.

[A219] *Hofmann, Handbuch Meßtechnik und Qualitätssicherung,* ist eine komprimierte Gesamtdarstellung der Meßtechnik vom Standpunkt der Betriebskontrolle und Qualitätssicherung aus gesehen.

[A225] *Bludau, Gündner, Kaiser, Systemgrundlagen und Meßtechnik in der optischen Übertragungstechnik,* ist ein für die erstmalige Einarbeitung in die Lichtwellenleiter-Technik bestens geeignetes Taschenbuch.

[B11] *Jeiter-Nöthlichs, Explosionsschutz elektrischer Anlagen, Kommentar zur ElexV.* Eine Loseblatt-Sammlung, die fortlaufend aktualisiert wird.

8 Systemtheorie der Meßtechnik

Darstellungsziele

Ausblick auf einige für die Meßtechnik wichtige systemtheoretische Begriffsbildungen und Methoden zum Zwecke der Orientierung über weiterführende Literatur und weitere meßtechnisch relevante Studiengebiete.

1. *Zerlegung technischer Systeme in Teilsysteme einfach überschaubaren Verhaltens zum Zwecke einer mathematisch formulierbaren Analyse oder Synthese von System-Übertragungseigenschaften (8.1).*
2. *Vorstellung einiger wichtiger Aussagen der Theorie linearer zeitunabhängiger Übertragungssysteme, insbesondere im Hinblick auf dynamische Meßfehler und Korrekturmöglichkeiten; Zusammenhang zwischen Bandbreite und Anstiegszeit eines impulsoptimalen Übertragungssystems (8.2).*
3. *Charakterisierung des Arbeitsgebietes der Bestimmung innerer, nicht direkt meßbarer Systemzustände aus äußeren, meßbaren Signalen (8.3).*
4. *Charakterisierung des Arbeitsgebietes der Erkennungs- oder Identifikationstheorie (8.4).*
5. *Charakterisierung der Wirkungsweise adaptiver, d.h. selbstanpassender Systeme (8.5).*

Im Rückblick auf die bisherigen Kapitel wird sicher klar, daß die elektrische Meßtechnik heute eine kaum noch überschaubare Menge an Hilfsmitteln, Verfahren, Schaltungen, Meßgeräten und Anlagenstrukturen umfaßt. Es ist bisher versucht worden, das Gebiet — soweit möglich — nach *physikalischen* oder *technischen* Gesichtspunkten zu ordnen und zu gliedern. Gerade angesichts der großen Vielfalt einzelner Objekte ist es aber offensichtlich wünschenswert, Wege zu finden, das *funktionelle Verhalten* meßtechnischer Objekte möglichst allgemeingültig zu beschreiben. So schwierig das auf den ersten Blick erscheinen mag, es wird doch möglich, wenn man sich bemüht, meßtechnische Einrichtungen als *Übertragungssysteme* zu betrachten, die Meßsignale aufnehmen und in irgendwie gewandelter Form wieder abgeben. Unter gewissen recht allgemeinen Voraussetzungen wird dann eine allgemeine mathematische Beschreibung des Zusammenhanges zwischen *Eingangssignalen* und *Ausgangssignalen* möglich, unabhängig davon, ob ein konkretes Element nun physikalisch oder technisch gesehen zufällig etwa mechanisch, thermisch, mechanisch-elektrisch, thermisch-elektrisch oder auch rein elektrisch arbeitet. Es lassen sich gewisse *systemtheoretische Lehrsätze* begründen, welche dann auf alle physikalischen oder technischen Objekte angewandt werden können, die mit ausreichender Näherung den bei der Herleitung der Lehrsätze zugrunde gelegten Voraussetzungen gerecht werden. Systemtheoretische Aussagen betreffen vor allem das *dynamische Verhalten* von Übertragungseinrichtungen und die sich hieraus ergebenden *Fehlerwirkungen*. Sie dienen jedoch nicht nur einer *Analyse* bestehender Einrichtungen, sondern vielmehr noch der *Synthese* und *Optimierung* neu zu entwerfender Einrichtungen. Aus diesem Grunde soll hier eine orientierende Übersicht über einige wichtige systemtheoretische Voraussetzungen, Vorstellungen und Ergebnisse gegeben werden. Ein weiteres Studium kann dann anhand der angegebenen Literaturhinweise nach Bedarf geplant und ergänzt werden.

8.1 Systemstrukturen

Systembegriff erster Art

In der Einleitung ist bereits angedeutet worden, daß man in der Systemtheorie unter einem *Übertragungssystem* ein aufgrund mathematischer Voraussetzungen *abstrahiertes Modell* versteht, welches gegebenenfalls nur einzelne charakteristische Besonderheiten der Verhaltensweise einer zu diskutierenden technischen Einrichtung näherungsweise richtig darzustellen vermag. In dem sehr einfachen Falle, mit dem wir hier beginnen wollen, besteht eine Systemdefinition zunächst einmal nur aus einer auf bestimmten Voraussetzungen beruhenden *Rechenvorschrift*, nach der zu einem gegebenen *Eingangssignal* $x_1(t)$ ein *Ausgangssignal* $x_2(t)$ zu berechnen ist. Es ist üblich, eine solche Vorstellung dadurch zu dokumentieren, daß man wie in Bild 8-1a links ein Blocksymbol und Zu- bzw. Abgangssymbole für die Funktionen $x_1(t)$ und $x_2(t)$ aufzeichnet; man lasse sich dadurch gedanklich nicht darüber hinwegtäuschen, daß in Wahrheit nur die Existenz einer Rechenvorschrift $x_2(t) = f\{x_1(t)\}$ gemeint ist. Insbesondere bleibt damit die in jeder realen Übertragungseinrichtung auftretende physikalische Frage, ob $x_1(t)$ etwa einen Zufluß von Energie und $x_2(t)$ vielleicht einen Abfluß von Energie nach sich zieht, völlig außer Betracht. Die physikalische Frage nach dem Energiefluß soll *vorerst* auch dann außer Betracht bleiben, wenn die Modellvorstellung auf mehrere Eingangssignale und mehrere Ausgangssignale erweitert wird. Wir wollen derartige Modellbildungen *hier* als *Systeme erster Art* bezeichnen.

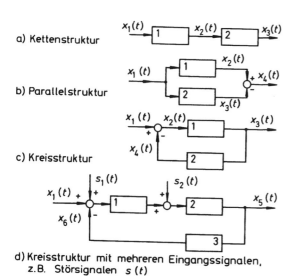

a) Kettenstruktur

b) Parallelstruktur

c) Kreisstruktur

d) Kreisstruktur mit mehreren Eingangssignalen, z.B. Störsignalen $s(t)$

Bild 8-1
Systemstrukturen.

Wenn man nun vor der Aufgabe steht, die Verhaltensweise einer umfangreicheren technischen Einrichtung durch die Rechenvorschrift eines derartigen Systems erster Art näherungsweise darzustellen, so wird man im allgemeinen nicht in der Lage sein, diese Rechenvorschrift summarisch mit einem hinreichenden Näherungsgrad zu erraten. Um sie zu finden, wird man deshalb im allgemeinen von einer *Aufgliederung* in Teilsysteme ausgehen. Diese Aufgliederung zum Zwecke einer *Analyse* kann z.B. durchaus von technischen Blockschaltbildern ausgehen, erreicht werden muß aber — wie gesagt — eine Untergliederung in Teileinheiten mit jeweils mathematisch hinreichend einfach formulierbarem Verhalten (im Sinne einer Annäherung). Bei einer *Synthese* kann der Weg natürlich auch umgekehrt und aus einer mathematischen Aufgliederung eine Realisierung durch verhaltensmäßig entsprechende technische Baugruppen erreicht werden.

Aufgliederungen von Übertragungssystemen erster Art in untergeordnete, einfachere Systeme erster Art nennt man *Strukturbilder* oder *Strukturpläne*.

Strukturbilder

Bild 8-1 gibt eine Übersicht über wichtige Grundtypen von Strukturbildern.

Bei der *Kettenstruktur* nach Bild 8-1a verursacht das Eingangssignal $x_1(t)$ im Teilsystem 1 ein bestimmtes Ausgangssignal $x_2(t)$, welches zugleich Eingangssignal des nachfolgenden Systems 2 ist und darüber wiederum ein neues Ausgangssignal $x_3(t)$ erzeugt. Verfügt man über eine mathematische Beschreibung der Zusammenhänge zwischen $x_1(t)$ und $x_2(t)$ sowie $x_2(t)$ und $x_3(t)$, so kann man natürlich aus $x_1(t)$ auch $x_3(t)$ berechnen, und oft auch umgekehrt $x_1(t)$ aus $x_3(t)$. Unter Umständen kann diese mathematische Aufgliederung unmittelbar auf sogenannte *Meßketten* angewandt werden, wie sie in Abschnitt 1.5 und Bild 1-9 definiert sind [B5].

Unter gewissen Umständen kann z.B. das Übertragungsverhalten von System 2 so gewählt werden, daß es in irgendeinem meßtechnischen Sinne definierte Übertragungsfehler von System 1 ausgleicht; man spricht in diesem Falle von einer *Kompensation* der Fehlerwirkung im System 1 oder von einer *Entzerrung* der im System 1 entstehenden Verzerrungen. Hier erkennt man bereits, daß die systemtheoretische Denkweise nicht nur analysiert, sondern umgekehrt zur Synthese zunächst von Strukturbildern und daran anknüpfend von entsprechenden technischen Systemen führen kann.

Bei der *Parallelstruktur* nach Bild 8-1b verursacht ein Eingangssignal $x_1(t)$ zwei Ausgangssignale $x_2(t)$ und $x_3(t)$, welche anschließend additiv oder subtraktiv zum Signal $x_4(t)$ verknüpft werden.

Auch bei dieser Struktur kann das System 2 beispielsweise den Sinn haben, gewisse Fehlereinflüsse des Systems 1 zu kompensieren. In anderen Fällen beispielsweise soll System 2 Teilsignale übertragen, die System 1 nicht übertragen kann, und umgekehrt, vgl. z.B. Bild 5-7b.

Bei der *Kreisstruktur* nach Bild 8-1c verursacht das Strukturausgangssignal $x_3(t)$ über das Rückführsystem 2 einen Beitrag zum Eingangssignal $x_2(t)$ des „vorwärts" übertragenden Systems 1. Diese Struktur ist von außerordentlicher technischer Bedeutung. Sie begegnet uns beispielsweise in der *Gegenkopplungstechnik*, wo sie den Sinn hat, die übertragungstechnische Präzision der Gesamtstruktur zu stabilisieren, vgl. Abschnitt 4.3 Bild 4-19, und in der *Regelungstechnik*, wo es insbesondere darum geht, das Ausgangssignal $x_3(t)$ von unvorhersehbaren Störeinflüssen möglichst unabhängig zu machen, vgl. z.B. Bild 7-2 oder Bild 7-5.

In Strukturbildern technischer Einrichtungen können Verknüpfungselemente wie die Kettenstruktur, die Parallelstruktur oder die Kreisstruktur in vielfältiger Weise miteinander kombiniert sein, wie z.B. in Bild 8-1d, in dem eine Kettenstruktur innerhalb einer Kreisstruktur zu erkennen ist. Bei derartigen komplexeren Strukturbildern interessiert man sich z.B. für die Frage, wie das Ausgangssignal, hier z.B. $x_5(t)$, von mehreren Eingangssignalen, hier z.B. $x_1(t)$, $s_1(t)$ und $s_2(t)$ abhängt. In Gegenkopplungs- oder Regleranordnungen geht es dabei in der Regel darum, wie sich z.B. ein *Nutzsignal* $x_1(t)$ gegenüber *Störsignalen* $s_1(t)$ und $s_2(t)$ durchzusetzen vermag, welche z.B. in verschiedene Stufen eines Verstärkers oder an verschiedenen Stellen einer *Regelstrecke* eindringen. Selbstverständlich können neben mehreren Eingangssignalen auch mehrere Ausgangssignale Gegenstand einer Betrachtung werden.

Weitere wichtige Hinweise zu derartigen Strukturbildern findet man z.B. in [E151]. Eine besondere Eigenart der *Blockstrukturbilder* nach Bild 8-1 ist, daß jeder mathematischen Transformation graphisch ein Block zugeordnet ist. Bei sog. *Signalflußdiagrammen* oder *Graphen* werden die Blöcke weggelassen, und es wird jeweils die Art der wirksamen mathematischen Transformation lediglich an die Verbindungslinien angeschrieben, vgl. z.B. [A165].

Systembegriff zweiter Art

Ein anderer Systembegriff ist dem Elektrotechniker vom *Vierpol* oder *Zweitor* her vertraut, vgl. Bild 8-2a: hier wird dem Eingang eine Eingangsspannung $u_1(t)$ *und* ein Eingangsstrom $i_1(t)$ zugeführt, zwei Signalfunktionen, deren Produkt physikalisch gesehen eine *Leistung*

$$p_1(t) = u_1(t) \cdot i_1(t)$$

repräsentiert und damit einen *Energiefluß* beinhaltet, ganz gleich, welche Charakteristika dieser über längere Zeit betrachtet haben mag. Ebenso kann an der Ausgangsseite des so definierten Systems außer in den Fällen (idealer) Leerlauf oder (idealer) Kurzschluß eine Leistung

$$p_2(t) = u_2(t) \cdot i_2(t)$$

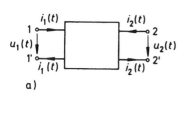

a)

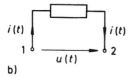

b)

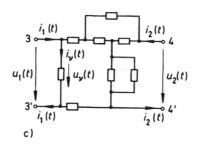

c)

Bild 8-2
Vierpol, Zweipol, Netzwerk.

und damit auch dort ein Energiefluß in Erscheinung treten. Natürlich kann auch diese Begriffsbildung auf Anordnungen mit mehr als einem Eingangsklemmenpaar (Eingangstor) oder mehr als einem Ausgangsklemmenpaar (Ausgangstor) erweitert werden; man spricht dann allgemein von *2N-Polen* oder *N-Toren*. Umgekehrt ist aber auch eine Reduzierung der Begriffsbildung auf den *Zweipol* (bzw. das *Eintor*) möglich, ohne daß das Charakteristikum dieser Systemklasse, nämlich Leistungsbildung und Energiefluß, verlorenginge, vgl. Bild 8-2b. Wir wollen derartige Modellbildungen *hier* als *Systeme zweiter Art* bezeichnen. Sie sind keineswegs auf die Elektrotechnik beschränkt, sondern auf beliebige Bereiche der Physik und Technik übertragbar, da das Phänomen des Energieflusses eine allgemeine physikalische Erscheinung ist und das Verhalten vieler Einrichtungen beispielsweise durch den Energieerhaltungssatz entscheidend geprägt wird. An die Stelle der Begriffe Spannung und Strom treten dann andere Begriffe, die man beispielsweise etwas verallgemeinert als Kraft- und Flußgrößen bezeichnen kann; hierzu folgen weitere Ausführungen im Abschnitt 8.2.1.

Zweitorstrukturen

Zweitore können natürlich ähnlich wie in Bild 8-1 zu übergeordneten Strukturen verknüpft oder ggf. in untergeordnete (einfachere) Zweitore zerlegt werden. Die wechselseitige Verknüpfung der Signale muß in derartigen Strukturen natürlich von den *Signalpaaren* an den Toren ausgehen.

Die bekanntesten Verknüpfungsstrukturen für Vierpole sind die Kettenschaltung, die Serienschaltung, die Parallel-Parallel-, die Parallel-Serien- und die Serien-Parallel-Schaltung [A169], [A170], [A174]. Natürlich können auch allgemeinere N-Tore nach Maßgabe der topologischen Möglichkeiten verknüpft oder ggf. untergliedert werden.

Netzwerke

Von weit größerer Bedeutung als eine Untergliederung der Systeme zweiter Art in untergeordnete Zweitore (oder N-Tore) ist die Aufgliederung in Zweipole, durch welche man zu *Netzwerken* gelangt, vgl. Bild 8-2c. Der Grund liegt darin, daß eine Strukturuntergliederung bis zum Zweipol sehr elementare Aussagen oder Definitionen über das Verhalten der Strukturelemente, eben der Zweipole, gegenüber Energieflüssen möglich macht, z.B. ob Energie in den Zweipolen gespeichert wird, ob sie in andere Energieformen umgesetzt wird, oder ob sie etwa aus einem Zweipol oder einem entsprechenden Strukturelement heraus dem Netzwerk zufließen kann. Weitere Ausführungen hierzu folgen im Abschnitt 8.2.1.

Reduzierung auf den Systembegriff erster Art

Der Systembegriff zweiter Art kann unter bestimmten Voraussetzungen, d.h. in bestimmten Sonderfällen, auf den Systembegriff erster Art zurückgeführt werden. Ein Beispiel: Die Ausgangsspannung $u_2(t)$ des Netzwerks Bild 8-2c wird nur für den Fall ausgangsseitigen Leerlaufs berechnet. Dann ist von vornherein $i_2(t) = 0$ vorgeschrieben, und man kann in der Regel einen Zusammenhang $u_2(t) = f\{u_1(t)\}$ herleiten, in dem weder $i_2(t)$ noch $i_1(t)$ explicit enthalten ist, so daß man diesem Zusammenhang wieder eine Symbolik nach Bild 8-1a links zuordnen kann. Würde aber nun das Netzwerk an der Ausgangsseite durch einen Widerstand belastet, so würde ein Strom $i_2(t) \neq 0$ zustande kommen, und es würde dadurch auch eine andere Ausgangsspannung $u_2(t)$ in Erscheinung treten, über welche das allein für den Leerlauffall äquivalente System erster Art keine Information liefern könnte. Anstelle des Leerlaufs könnte man für das Ausgangsklemmenpaar auch einen Abschluß mit einem *festen* Widerstand vorsehen, hierfür den Zusammenhang zwischen $u_1(t)$ und $u_2(t)$ ermitteln, und dann diesem Zusammenhang ein (anderes) System erster Art zuordnen. Die Rückführung auf den Systembegriff erster Art ist also immer dann möglich, wenn alle Tore in definierter, eindeutig überschaubarer Weise *abgeschlossen* sind.

Es ist sehr wichtig, sich diese Voraussetzungsgebundenheit eines solchen Systemwechsels gedanklich gut klar zu machen, weil in nahezu allen Lehrbüchern der System- und Netzwerktheorie beide Systembegriffe ständig neben- und durcheinander benutzt werden, und es dem Studierenden überlassen bleibt, die Voraussetzungsgebundenheit als selbstverständlich zu erkennen.

Zweipol

Bei einem Zweipol kann $u(t)$ als Eingangssignal und $i(t)$ als zugehöriges Antwortsignal betrachtet werden, oder umgekehrt. Ein Zweipol läßt sich in dieser Weise also als System erster Art behandeln. Diese Methode kann auch auf N-Tore verallgemeinert werden, wenn man N Torsignale als eingeprägt und die verbleibenden N Torsignale als zugehörige Antwortsignale betrachtet [A170]; in diesem Falle sind nämlich alle Tore entweder durch eine Leerlauf- oder durch eine Kurzschlußbedingung abgeschlossen.

Rückwirkung

Man betrachte noch einmal ein Netzwerk nach Bild 8-2c. An die Ausgangsklemmen sei ein Abschlußwiderstand angeschlossen, an die Eingangsklemmen eine feste Eingangsspannung $u_1(t)$ angelegt. Ändert man den Abschlußwiderstand, so wird sich im allgemeinen auch der Eingangsstrom $i_1(t)$ ändern. Es tritt eine *Rückwirkung* der Abschlußbedingungen am Ausgangstor auf das Verhalten des Eingangstors auf! Auch das ist eine Erscheinung, die es beim Systemmodell erster Art definitionsgemäß nicht geben kann.

8.2 Übertragungsverhalten

8.2.1 Klassifizierung von Übertragungssystemen

Zum Systembegriff erster Art

Den folgenden Erläuterungen wird zunächst der im Abschnitt 8.1 erklärte Systembegriff erster Art zugrunde gelegt.
Die Herleitung allgemeingültiger Aussagen über das Verhalten von Übertragungssystemen ist immer nur für bestimmte Klassen derartiger Systeme möglich, die gewissen grundlegenden Voraussetzungen genügen.

Quellenfreiheit

Eine grundlegende Voraussetzung ist beispielsweise die der *Quellenfreiheit*: Wenn das Eingangssignal eines Übertragungssystems identisch null ist, so muß auch das Ausgangssignal identisch null sein,

$$x_E(t) \equiv 0 \curvearrowright x_A(t) \equiv 0 . \tag{8-1}$$

Diese Voraussetzung liegt allen folgenden Betrachtungen zugrunde.

Die Formulierung „identisch null" bedeutet, daß das Signal nicht zufällig in einem betrachteten Augenblick oder (kurzen) Zeitintervall null ist, sondern ständig, zu jedem beliebigen Zeitpunkt. Wäre diese Voraussetzung nicht erfüllt, so könnte ein System auch dann ein Ausgangssignal abgeben, wenn überhaupt kein Eingangssignal existiert oder existiert hat, und es wäre dann natürlich sehr problematisch, allgemeine Aussagen darüber machen zu wollen, wie das Ausgangssignal zu einem vorgegebenen Eingangssignal aussieht. So kann man z.B. Oszillatoren nicht allgemein als Übertragungssysteme behandeln, obwohl natürlich spezielle Untersuchungen solcher Art in speziellen Fällen und unter speziellen Annahmen durchaus möglich sind.

Linearität

Ein Übertragungssystem ist *linear,* wenn für den Zusammenhang zwischen Eingangssignal und Ausgangssignal das *Superpositionsprinzip* in allgemeiner Form gilt. Darunter ist folgendes zu verstehen: Hat ein Eingangssignal $x_{E1}(t)$ das Ausgangssignal $x_{A1}(t)$ zur Folge, und hat ein anderes Eingangssignal $x_{E2}(t)$ das Ausgangssignal $x_{A2}(t)$ zur Folge, so muß jede beliebige Linearkombination $k_1 x_{E1}(t) + k_2 x_{E2}(t)$ der Eingangssignale auch die entsprechende Linearkombination $k_1 x_{A1}(t) + k_2 x_{A2}(t)$ der Ausgangssignale zur Folge haben:

$$x_{E1}(t) \to x_{A1}(t); \ x_{E2}(t) \to x_{A2}(t);$$

$$\curvearrowright k_1 x_{E1}(t) + k_2 x_{E2}(t) \to k_1 x_{A1}(t) + k_2 x_{A2}(t) . \qquad (8\text{-}2)$$

Alle Übertragungssysteme, die diese Voraussetzung *nicht* erfüllen, sind *nichtlineare* Übertragungssysteme.

Zeitunabhängigkeit

Ein Übertragungssystem ist *zeitunabhängig,* wenn es zu einer gegebenen Eingangsfunktion stets dieselbe Ausgangsfunktion liefert, unabhängig davon, inwieweit das Eingangssignal etwa entlang einer Zeitachse verschoben wird:

$$x_E(t) \to x_A(t) \curvearrowright x_E(t-\tau) \to x_A(t-\tau) . \qquad (8\text{-}3)$$

Alle Übertragungssysteme, die diese Voraussetzung *nicht* erfüllen, sind *zeitabhängige* Übertragungssysteme.

Eine Zeitabhängigkeit kann z.B. dadurch entstehen, daß in einer Übertragungseinrichtung Schalter oder Relais vorhanden sind, deren Stellung zu gewissen Zeitpunkten, beispielsweise auch periodisch, verändert wird. Dann kann das zu beobachtende Übertragungsverhalten natürlich davon abhängen, welche Stellung derartige Schalter zum Zeitpunkt des Eintreffens eines Eingangssignals gerade haben. Besonders charakteristische Systeme dieser Art sind z.B. *Abtastsysteme,* die nur zu bestimmten Zeitpunkten auf Eingangssignale reagieren und in den dazwischen liegenden Zeitintervallen überhaupt nicht.

Räumlich ausgedehnte Systeme

Als räumlich ausgedehntes System bezeichnet man eine Systemvorstellung, bei der angenommen wird, daß Signallaufzeiten zwischen verschiedenen Raumpunkten eine Rolle spielen. Natürlich ist nicht der mathematische Systembegriff räumlich ausgedehnt, sondern das zugrunde liegende physikalische Gebilde, welches durch die mathematische Systemvorstellung modelliert wird.

Räumlich konzentrierte Systeme

Als räumlich konzentrierte Systeme bezeichnet man Modellvorstellungen, bei denen die räumliche Ausdehnung des zugrunde liegenden physikalischen Gebildes ignoriert wird. In ihnen gibt es also keine Signallaufzeiten zwischen verschiedenen Raumpunkten, wohl aber Verzögerungseffekte durch am Übertragungsprozeß beteiligte Speicherelemente.

Mehrdimensionale Systeme

Um Systeme mit mehreren Ein- oder Ausgangssignalen in eine der vorstehenden Klassen einordnen zu können, müssen die jeweiligen Voraussetzungen zwischen allen Eingangssignalen und allen Ausgangssignalen erfüllt sein.

Zusammengesetzte Systeme

Betrachtet man Systeme, die im Sinne von Abschnitt 8.1 Bild 8-1 aus Teilsystemen zusammengesetzt sind, so läßt sich sagen, daß sie einer der vorstehenden Klassen angehören, wenn alle Teilsysteme dieser Klasse angehören. Gehört z. B. eines der Teilsysteme einer Klasse nicht an, so gehört meist auch das gesamte System dieser Klasse nicht an, jedoch braucht das nicht allgemein zu gelten. Ein Beispiel: Ein zusammengesetztes System enthält mehrere lineare und zwei nichtlineare Teilsysteme. Dann können u. U. die beiden nichtlinearen Teilsysteme so beschaffen und angeordnet sein, daß sich ihre nichtlinearen Einflüsse stets gegenseitig aufheben. Von dieser Möglichkeit macht man in Kompensations- oder Korrekturschaltungen oft bewußt Gebrauch.

Modellbildung

Keine reale (physikalische, technische) Einrichtung kann Voraussetzungen der vorstehend aufgeführten Art in strengem Sinne gerecht werden. Eine physikalische Einrichtung kann z. B. nicht in strengem Sinne quellenfrei sein, denn sie gibt auch bei verschwindendem Eingangssignal zumindest Rauschsignale ab. Sie kann auch nicht in strengem Sinne linear sein, denn es treten zumindest bei großen Amplituden Begrenzungserscheinungen oder Ausfallerscheinungen auf. Sie kann auch nicht in strengem Sinne zeitunabhängig sein, denn es treten zumindest gewisse Alterungserscheinungen auf, die die maßgebenden Übertragungsparameter im Laufe der Zeit verändern, oder beispielsweise zeitlich veränderliche Temperatureinflüsse auf die Übertragungsparameter. Man muß deshalb an die Stelle einer physikalischen Einrichtung immer eine *mathematische Modellbildung* setzen, welche einerseits dem Verhalten der realen Einrichtung in den als charakteristisch angesehenen Punkten hinreichend nahe kommt, andererseits aber den mathematischen Voraussetzungen, die man einführen möchte, in strengem Sinne gerecht wird. Darüberhinaus kann die Modellbildung auch wesentlich davon abhängen, auf welche Fragestellungen man eine Antwort sucht.

Eine umfassende Diskussion von Problemen der Modellbildung findet man z. B. in [A166].

QLZ-Systeme

Eine große Zahl allgemeiner und praktisch sehr wichtiger Lehrsätze konnte im Laufe der Zeit für die Klasse der *quellenlosen, linearen und zeitunabhängigen* (zeitinvarianten) Systeme (QLZ-Systeme) entwickelt werden, was vor allem der Gültigkeit des *Superpositionsprinzips* zu verdanken ist; hierüber soll in den Abschnitten 8.2.2 bis 8.2.5 ein etwas ausführlicheres Bild gegeben werden.

Zeitabhängige Systeme

Über *zeitabhängige* Systeme kann man sich beispielsweise in [A168], [A177], [A178] informieren.

Nichtlineare Systeme

Für den Bereich der *nichtlinearen* Systeme gibt es eine große Zahl spezieller Lösungen zu speziellen Problemen [A179], [A180], aber auch Ansätze allgemeiner Theorien [E152].

Stochastische Prozesse

Systemtheorien *stochastischer* Prozesse befassen sich mit Übertragungserscheinungen bei Zufalls- prozessen [A11], [A209].

Kausalitätsprinzip

Für viele Vorgänge in physikalischen Einrichtungen (sog. *deterministische* Vorgänge) gilt das *Kausalitätsprinzip:* die Wirkung kann nicht vor der Ursache auftreten. Wenn dieser Gesichtspunkt bei mathematischen Modellbildungen berücksichtigt sein soll, muß hierauf besonders geachtet werden, vgl. hierzu z.B. Abschnitt 8.2.2 und [A170].

Stabilität

Ein lineares System ist *stabil,* wenn es zu einem endlich großen Eingangssignal stets auch nur ein endlich großes Ausgangssignal generiert und dieses bei abklingendem Eingangs- signal ebenfalls wieder abklingt [A168]; dies ist für Modellsysteme technischer Einrichtun- gen natürlich eine sehr wichtige Voraussetzung. Die *Stabilitätstheorie* befaßt sich mit Fällen, in denen diese Voraussetzung ggf. in Frage gestellt ist und stellt zur Beurteilung der Situation sog. *Stabilitätskriterien* bereit [A170], [A181].

Bei nichtlinearen Systemen muß man Stabilität im Kleinen und Stabilität im Großen unterscheiden [A180].

Zum Systembegriff zweiter Art

Ein Systemmodell zweiter Art (im Sinne von Abschnitt 8.1) läßt sich nur dann in eine der vorstehend erklärten System- bzw. Verhaltensklassen einordnen, wenn für alle Tore genau überschaubare *Abschlußbedingungen* vorgegeben sind!

Daß das prinzipiell nicht anders sein kann, ergibt sich schon aus dem in Abschnitt 8.1 erwähnten Phänomen der *Rückwirkung:* dabei mußte ja gerade darauf hingewiesen werden, daß das Verhalten des betrachteten Zweitores am „Eingangstor" davon abhängt, wie das „Ausgangstor" abgeschlossen ist. Dies hängt natürlich auch mit dem mit der Systemdefinition zweiter Art verbundenen physikalischen Begriff der *Energieströmung* zusammen: die Verhaltensweise des Systems kann erst dann vollständig überschaubar sein, wenn für alle Tore restlos klar ist, inwieweit und unter welchen Umständen dort Energie zufließt, abfließt oder ggf. pendelt.
Ein entscheidender Unterschied zwischen dem Systembegriff erster Art und dem Systembegriff zweiter Art ist also auch der, daß ein Systemmodell erster Art *abgeschlossen* ist, während ein System- modell zweiter Art nicht abgeschlossen (also „unfertig") ist und noch mit anderen Systemen in nicht allgemein vorhersehbarer Weise in Wechselwirkung treten kann.

Vierpoltheorie

In der Vierpoltheorie beispielsweise setzt man sogenannte „Meßbedingungen" fest, wie Leerlauf und Kurzschluß, unter denen sich das dann abgeschlossene System linear verhalten muß, so daß es durch sog. lineare Vierpolmatrizen beschrieben werden kann. Diese Einschränkung ist wesentlich, auch wenn der so definierte lineare Vierpol anschließend als nicht abgeschlossenes System gehandhabt wird. Eine klassische Zusammenfassung der Vierpoltheorie findet man in [A174].

Im folgenden werden deshalb nur noch *abgeschlossene Systeme* betrachtet. Geht eine Untersuchung von einem nicht abgeschlossenen System aus, so müssen zunächst alle Tore, über die bei physikalischer Interpretation ein Energieaustausch denkbar wäre, in eindeutig definierter Weise abgeschlossen werden.

Netzwerke

Als besonders erfolgreich hat sich im weiteren der Netzwerkbegriff erwiesen, weil sich gezeigt hat, daß man durch Definition bestimmter idealisierter und deshalb mathematisch sehr einfach zu beschreibender *Grundzweipole* das Verhalten physikalischer Einrichtungen damit im Prinzip beliebig genau annähern kann, bei weniger weitgehenden Forderungen an die Genauigkeit aber auch besonders einfach. Zu den Grundzweipolen kommen in der Netzwerktheorie allerdings noch gewisse einfach definierbare mehrpolige Elemente hinzu, auf deren Aufzählung hier jedoch der gebotenen Kürze wegen verzichtet werden soll [A170], [A182], [A183].

Vereinheitlichung

Für die Anwendung systemtheoretischer Vorstellungen in der Meßtechnik ist nun weiterhin von großer Bedeutung, daß einfache Grundzweipole mit idealisiertem energetischem Verhalten nicht nur im Bereich der Elektrotechnik, sondern recht allgemein definiert werden können, ganz unabhängig davon, ob der Modellbildung nun eine elektrische, mechanische, thermische, mechanisch-elektrische, thermisch-elektrische oder sonstige physikalisch-technische Einrichtung zugrunde liegt. Damit wird die *Netzwerktheorie* zu einem universellen systemtheoretischen Hilfsmittel der Meßtechnik.
Der hier gebotenen Kürze halber wird die Möglichkeit der Definition einheitlicher Grundzweipol-Begriffe in Bild 8-3 lediglich für den Bereich elektrischer Einrichtungen und translatorischer mechanischer Bewegungseinrichtungen dargestellt, und auch jeweils nur für den Fall sog. *linearer Grundzweipole*. Ausführlichere und umfassendere Darstellungen dieses wichtigen Bereiches der Modellbildung findet man z.B. in [A163], [A164], [E153].

Kraft- und Flußvariable

Eine einheitliche Betrachtungsweise in verschiedenen physikalischen Bereichen läßt sich beispielsweise dadurch entwickeln, daß man jeweils sog. *Kraft-* und *Flußvariable* einander zuordnet, deren Produkt eine *Leistung* und damit einen *Energiefluß* darstellt [A163], [A164]. So werden bei dem Verfahren nach Bild 8-3 elektrische Spannungen und mechanische Kräfte als Kraftgrößen, elektrische Ströme und (mechanische) Geschwindigkeiten als Flußgrößen eingeführt.

Verallgemeinertes System	Elektrisches System	Mechanisches System
Änderungsvariable (rate variable)		
1. Kraftvariable (effort variable) $x = \dot{X}$	Elektrische Spannung $u = \dot{\psi}$	Mechanische Kraft $f = p$
2. Flußvariable (flow variable) $y = \dot{Y}$	Elektrischer Strom $i = \dot{q}$	Geschwindigkeit $v = \dot{x}$
Energiefluß $P = xy$	Leistung $P = ui$	Leistung $P = fv$
Zustandsvariable (state variable)		
1. Austauschvariable X	Magn. Spulenfluß ψ	Mech. Impuls p
2. Austauschvariable Y	El. Ladung q	Auslenkung x
Ideale Quellen:		
1. Kraftquelle $x_0 = \dot{X}_0$	Urspannungsquelle u_0	Kraftquelle f_0
2. Flußquelle $y_0 = \dot{Y}_0$	Urstromquelle i_0	Geschwindigkeitsquelle V_0
1. Ausschlagquelle X_0	(Spulenflußquelle ψ_0)	(Impulsquelle p_0)
2. Ausschlagquelle Y_0	(Ladungsquelle q_0)	(Auslenkungsquelle x_0)
Ideale Speicher energielos. Anfangszust., linearer Fall:	Ideale Induktivität L:	Masse M:
$1.\ X = \int_0^t \dot{X}\,d\tau = L\,\dot{Y}$	$\psi = \int_0^t u \cdot d\tau = L \cdot i$	$p = \int_0^t f \cdot d\tau = M \cdot v$
$E = \int_0^t \dot{X}\,\dot{Y}\,d\tau = \int_0^t \dot{X}\frac{X}{L}\,d\tau = \frac{X^2}{2L}$	$E = \int_0^t \dot{\psi}\frac{\psi}{L}\cdot d\tau = \frac{\psi^2}{2L}$	$E = \int_0^t \dot{p}\frac{p}{M}\cdot d\tau = \frac{p^2}{2M}$
$2.\ Y = \int_0^t \dot{Y}\,d\tau = C\,\dot{X}$	Ideale Kapazität C: $q = \int_0^t i \cdot d\tau = C \cdot u$	Feder mit der Nachgiebigkeit K: $x = \int_0^t v \cdot d\tau = K \cdot f$
$E = \int_0^t \dot{X}\,\dot{Y}\,d\tau = \int_0^t \frac{Y}{C}\,\dot{Y}\,d\tau = \frac{Y^2}{2C}$	$E = \int_0^t \frac{q}{C}\,\dot{q}\cdot d\tau = \frac{q^2}{2C}$	$E = \int_0^t \frac{x}{K}\,\dot{x}\cdot d\tau = \frac{x^2}{2K}$
Idealer Widerstand, linearer Fall: $x = R \cdot y$ Dissipationsrate $P = xy = R \cdot y^2$	Ohmscher Widerstand R: $u = R \cdot i$ Verlustleistung $P = ui = R \cdot i^2$	Flüssige Reibung ρ: $f = \rho \cdot v$ Bremsleistung $P = fv = \rho \cdot v^2$
Systembeispiel energieloser Anfangszustand:		
$y = C\frac{dx_0}{dt} + \frac{x_0}{R} + \frac{1}{L}\int_0^t x_0\,d\tau$	$i = C\frac{du_0}{dt} + \frac{u_0}{R} + \frac{1}{L}\int_0^t u_0\,d\tau$	$v = K\frac{df_0}{dt} + \frac{f_0}{\rho} + \frac{1}{M}\int_0^t f_0\,d\tau$

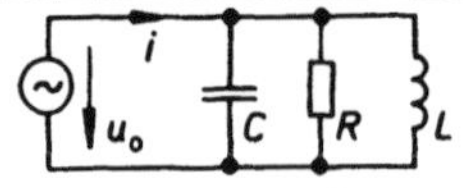

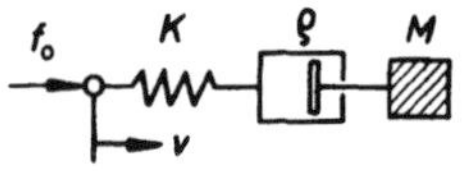

Bild 8-3 Vereinheitlichung des Grundzweipol-Begriffes, dargestellt am Beispiel eines elektrischen und eines mechanisch-translatorischen Bewegungssystems, jeweils linearer Fall und energieloser Anfangszustand.

Einpunkt- und Zweipunktvariable

Eine andere Methode geht davon aus, sogenannte *Einpunktvariable* (One-point-, through-, per-variable) und *Zweipunktvariable* (Two-point-, across-, trans-variable) zu definieren, deren Produkt ebenfalls einen Energiefluß ergeben muß [E153]. Diese Methode hat gewisse Vorteile, ist aber in der deutschsprachigen Literatur bisher kaum anzutreffen.

Zustandsvariable

Die zeitlichen Integrale der Kraft- oder Flußvariablen werden als *Zustandsvariable*, zuweilen auch als *Austauschvariable* oder *Ausschläge* bezeichnet [A164]. Im Beispiel Bild 8-3 sind das der magnetische Spulenfluß ψ oder der mechanische Impuls p einerseits, die elektrische Ladung q oder die mechanische Auslenkung x andererseits.

Man beachte, daß das Wort „Zustandsvariable" in der allgemeinen Systemtheorie in einem allgemeineren Sinne benutzt wird: dort kann *jede* zeitabhängige Variable, die den Zustand eines in einem System enthaltenen Energiespeichers beschreibt, als Zustandsvariable bezeichnet werden, also beispielsweise auch eine Spannung $u(t)$ an einem Kondensator, eine Kraft $f(t)$ an einer Feder, ein Strom $i(t)$ durch eine Induktivität, eine Geschwindigkeit $v(t)$ einer Masse [A165]. Wird das Wort „Zustandsvariable" in dem engeren Sinne nach Bild 8-3 benutzt, so bezeichnet man Größen wie u, f, i, v im Gegensatz hierzu als „Änderungsvariable" [E153].

Ideale Quellen

Ideale Quellen sind (gedachte) Zweipole, die z.B. eine Kraft- oder Flußgröße fest vorgeben und dabei in unbegrenztem Umfang Energie liefern oder aufnehmen können, je nach Richtung der Flußgröße bei einer Kraftquelle oder der Kraftgröße bei einer Flußquelle. Sie liefern bei mathematischen Untersuchungen die *Eingangsfunktionen* eines Netzwerks, dürfen also *nicht zum Netzwerk gezählt werden*, denn sonst wäre das Netzwerk nicht quellenfrei!

Dabei definieren sie zugleich die Abschlußbedingungen der Eingangstore: eine Kraftquelle beinhaltet zugleich einen Kurzschluß des Eingangsklemmenpaares (man denke sich z.B. $u_0 = 0$!), eine Flußquelle einen Leerlauf des Eingangsklemmenpaares (man denke sich z.B. $i_0 = 0$!).
Begrifflich schwieriger zu fassen sind die Ausschlagquellen, mit Ausnahme der mechanischen *Auslenkungsquelle*, welche der Anschauung besonders gut zugänglich ist, vgl. z.B. $x_1(t)$ in Bild 6-36!

Ideale Speicher

Ideale Speicher können die in gewissen Zeitintervallen aufgenommene Energie in anderen Zeitintervallen wieder in vollem Umfang abgeben. Es gibt Speicher für Flußgrößen, wie die (ideale) Induktivität L oder die Masse M, und Speicher für Kraftgrößen, wie die (ideale) Kapazität C oder die ideale Feder.

Ideale Widerstände

Ideale Widerstände setzen die ihnen zufließende Energie vollständig in eine Verlustenergie um, d.h. in eine Energieform, welche das betrachtete System verläßt, z.B. als Wärme. Ideale Widerstände können also weder Energie speichern noch Energie liefern; sie sind stets Energiesenken.

Energie fließt also stets aus Quellen heraus zu, erfährt in den Speichern eines Netzwerks dynamische Umspeicherprozesse (Verzögerungsprozesse, Gedächtnisprozesse) und verläßt das Netzwerk über die idealen Widerstände oder auch über Quellen. Diese energetische Doppelfunktion der Quelle findet in der Elektrotechnik besonders plausible Veranschaulichungen: eine ideale elektrische Maschine kann Generator oder Motor sein, ein idealer Akkumulator Energie liefern oder aufnehmen!

Gesteuerte Zweipole

Die Netzwerktheorie kennt außer den vorstehend erwähnten Elementen auch sog. *gesteuerte* Quellen, Speicher oder Widerstände, sowie noch einige (mehrpolige) Elemente mit besonderen Eigenschaften [A170], [A182], [A183], [A164], [E153]. Gesteuerte Quellen können im Gegensatz zu den Festquellen sehr wohl zum Netzwerk gehören; man spricht dann von sog. *aktiven Netzwerken.* Aktive Netzwerke können an ihren Toren u.U. mehr Energie abgeben, als ihnen von den Festquellen her zufließt; hiermit befassen sich Begriffsbildungen wie „Passivität" und „Aktivität" [A183].

Systembeispiele

Bild 8-3 zeigt unten Systembeispiele, die auf einander genau entsprechende mathematische Beziehungen führen. Damit ist plausibel gemacht, daß mit Hilfe der angedeuteten Systematik Systemprobleme verschiedener physikalischer Bereiche in der Regel auf ein- und dieselbe netzwerktheoretische Methode der Analyse oder Synthese zurückgeführt werden können. Es genügt deshalb im folgenden, allgemeine Lehrsätze lediglich anhand der für elektrische Netzwerke geltenden Gesetzmäßigkeiten herzuleiten. Systemmodelle anderer Bereiche müssen solchen Lehrsätzen in dem Maße gehorchen, in dem sie auf ein entsprechendes elektrisches Netzwerk zurückgeführt werden können.

Reihen- und Parallelstruktur

In dem Beispiel Bild 8-3 erkennt man, daß bei der zugrunde gelegten Zuordnungssystematik (die Kraft entspricht einer Spannung, die Geschwindigkeit einem Strom) mechanische „Reihenschaltungen" elektrischen Parallelschaltungen entsprechen (und umgekehrt). Dies mag als Nachteil anzusehen sein. Ein solcher Nachteil läßt sich bei einer Systematik vermeiden, welche nach sog. Einpunkt- und Zweipunktvariablen ordnet [E153]; hierzu gibt es jedoch bisher offenbar kein deutschsprachiges Lehrbuch.

Netzwerke aus konzentrierten Elementen

Systemmodelle im Sinne von Bild 8-3 bestehen aus *konzentrierten Elementen,* denn in ihre mathematische Beschreibung gehen keinerlei Informationen über die räumliche Ausdehnung der zugrunde liegenden physikalischen Einrichtungen ein. Läßt man wie in Bild 8-3 außerdem nur lineare Grundzweipole zu, so gelangt man zu *linearen Netzwerken aus konzentrierten Elementen,* wie sie im Abschnitt 8.2.3 weiter diskutiert werden. Netzwerke aus konzentrierten Elementen sind natürlich räumlich konzentrierte Systeme.

▶ **8.2.2 Lineare zeitunabhängige Systeme**

Für die Klasse der *quellenlosen, linearen und zeitunabhängigen* (zeitinvarianten) Systeme (kurz „QLZ-Systeme") läßt sich eine große Zahl allgemeiner Berechnungsmethoden und Aussagen herleiten, weil die genannten Voraussetzungen mathematische Ansätze von sehr weitreichender Aussagefähigkeit erlauben.

Die Voraussetzung der *Quellenfreiheit* stellt sicher, daß ein Systemausgangssignal ursächlich mit einem Systemeingangssignal zusammenhängt; vgl. ggf. Abschnitt 8.2.1 Def. (8-1). Die Voraussetzung der *Zeitunabhängigkeit* stellt sicher, daß das Übertragungssystem zu einer der Form nach vorgegebenen Eingangszeitfunktion stets denselben ausgangsseitigen Funktionsverlauf generiert, unabhängig davon, zu welchem absoluten Zeitpunkt die Eingangsfunktion erscheint; vgl. ggf. die Definition (8-3). Dies bedeutet, daß man eine Eingangszeitfunktion und die zugehörige Ausgangszeitfunktion entlang einer Zeitachse beliebig verschieben kann, ohne daß hierdurch etwa eine Änderung der Form der Ausgangsfunktion entstehen würde.

Die Voraussetzung der *Linearität* erlaubt, über die Möglichkeit der beliebigen zeitlichen Verschiebung eines Eingangssignals hinaus auch das *Superpositionsprinzip* nutzbar zu machen; vgl. ggf. die Definition (8-2). Nach dem Superpositionsprinzip kann ein Eingangssignal beispielsweise additiv in zwei oder mehr (d.h. auch beliebig viele) Teilsignale zerlegt werden, für diese Teilsignale je für sich das zugehörige Teilausgangssignal des Systems berechnet und das Gesamtsignal am Ausgang durch Addition (Superposition) der Teilausgangssignale ermittelt werden.

Dies ist insofern sehr hilfreich und weittragend, als man die Teilsignale, in die man ein mehr oder weniger kompliziertes Eingangssignal zerlegt, nach Möglichkeit so wählen wird, daß sich für sie eine möglichst einfache Berechnung der zugehörigen Teilausgangssignale ergibt. Eine sehr verbreitete und erfolgreiche Methode ist u.a. die Zerlegung komplizierterer Eingangssignale in *sinusförmige Teilsignale*. In diesem Falle ist also zu jedem sinusförmigen Eingangsteilsignal das zugehörige Ausgangsteilsignal zu berechnen und zum Schluß die Superposition dieser speziellen Ausgangsteilsignale zu bilden.

Schließlich muß als Voraussetzung für die Berechenbarkeit von Übertragungsvorgängen die *Stabilität* des Systems erwähnt werden, vgl. ggf. Abschnitt 8.2.1.

Fourierreihen

Allgemein bekannt ist die *Fourierzerlegung* beschränkter und stückweise stetiger *periodischer Funktionen* in sinusförmige Teilfunktionen, vgl. auch Abschnitt 1.4 sowie z.B. [A7], [A8], [A62]:

$$f(t) = a_0 + \sum_{n=1}^{\infty} a_n \cos n\, \omega_0 t + \sum_{n=1}^{\infty} b_n \sin n\, \omega_0 t\,,$$

$$a_0 = \frac{1}{T} \int\limits_{t_0}^{t_0+T} f(t) \cdot dt\,,$$

$$a_n = \frac{2}{T} \int\limits_{t_0}^{t_0+T} f(t) \cdot \cos n\, \omega_0 t \cdot dt\,,$$

$$b_n = \frac{2}{T} \int\limits_{t_0}^{t_0+T} f(t) \cdot \sin n\, \omega_0 t \cdot dt\,.$$

(8-4)

Bei diesem Zerlegungsverfahren hat man dann zu jeder sinusförmigen Teilschwingung des periodischen Eingangssignals die entsprechende Teilschwingung des Systemausgangssignals zu berechnen und dann alle ausgangsseitigen Teilschwingungen zu addieren. Kosinus- und Sinusschwingungen gleicher Frequenz können stets zu *einer* sinusförmigen Schwingung mit einer gewissen resultierenden Amplitude und einem gewissen Nullphasenwinkel zusammengefaßt werden, so daß man, vom konstanten Glied a_0 abgesehen, einfach nur von einem Spektrum sinusförmiger Teilschwingungen mit jeweils einer Amplitude A_n und einem Nullphasenwinkel φ_n auszugehen braucht [A7], [A8], [A181], [A184]:

$$f(t) = a_0 + \sum_{n=1}^{\infty} A_n \sin\left(n\,\omega_0\,t + \varphi_n\right),$$

$$A_n = \sqrt{a_n^2 + b_n^2}, \qquad \varphi_n = \arctan \frac{a_n}{b_n}. \tag{8-5}$$

Systemmodelle physikalischer Einrichtungen müssen *Speichereffekte* und *Dissipationseffekte* (Verlusteffekte) erfassen, vgl. hierzu ggf. Abschnitt 8.2.1. Die mathematische Beschreibung von Speichereffekten erfordert die Einführung der *Integration* und ihrer Umkehrung, der *Differentiation.*

Bei räumlich konzentrierten Systemen tritt eine Integration oder Differentiation nur bezüglich der Variablen „Zeit" in Erscheinung, bei räumlich ausgedehnten Systemen auch bezüglich der Variablen „Ort".

Die Voraussetzung der Zeitunabhängigkeit schließt die Entstehung von Produkt- oder Quotientenbildungen zwischen Signalfunktionen und Parameterfunktionen aus, die Voraussetzung der Linearität läßt nur *Linearkombinationen* zwischen Signalfunktionen zu, jedenfalls soweit das zwischen Systemeingang und Systemausgang beobachtbar ist. Betrachtet man nun sinusförmige Teilschwingungen fester Frequenz, so sind diese gegenüber Integration, Differentiation oder Linearkombinationen forminvariant, d.h. man erhält bei derartigen Operationen stets wieder eine sinusförmige Schwingung der gleichen Frequenz, für die lediglich Amplitude und Phase ermittelt werden müssen. Für periodische Eingangssignale ist das Übertragungsverhalten eines stabilen QLZ-Systems also bestimmt, wenn man für jede Fouriersche Teilschwingung angeben kann, wie das System beim Übertragungsvorgang deren Amplitude und deren Phase verändert. Genau das leistet aber die jedem Studierenden technischer Disziplinen von den Grundlagen der Wechselstromlehre her bekannte *Übertragungsfunktion*

$$\underline{A}\,(j\omega) = \underline{U}_2\,(j\omega) \,/\, \underline{U}_1\,(j\omega)\,,$$

$$u_1\,(t) = \hat{u}_1 \cdot \sin\left(\omega t + \varphi_1\right),$$

$$u_2\,(t) = \hat{u}_2 \cdot \sin\left(\omega t + \varphi_2\right),$$

$$\hat{u}_2 = |A\,(j\omega)|\,\hat{u}_1\,, \qquad \varphi_2 = \varphi_1 + \arg A\,(j\omega)\,. \tag{8-6}$$

Um diesen Begriff der Übertragungsfunktion einfach anwenden zu können, ist es zweckmäßig und darum üblich geworden, die Darstellung Gl. (8-4) mit Hilfe der bekannten Zusammenhänge

$$\cos n\, \omega_0\, t = \frac{e^{j n \omega_0 t} + e^{-j n \omega_0 t}}{2}\,, \qquad \sin n\, \omega_0\, t = \frac{e^{j n \omega_0 t} - e^{-j n \omega_0 t}}{2 j}$$

in die folgende *komplexe Schreibweise der Fourierreihe* umzuformen:

$$f(t) = \sum_{n=-\infty}^{+\infty} \underline{C}_n \cdot e^{j n \omega_0 t}\,; \qquad (8\text{-}7)$$

$$\underline{C}_0 = a_0\,,$$
$$n > 0: \underline{C}_n = \tfrac{1}{2}\,(a_n - j\, b_n)\,,$$
$$n < 0: \underline{C}_n = \tfrac{1}{2}\,(a_n + j\, b_n)\,;$$

$$\underline{C}_n = \frac{1}{T} \int_{t_0}^{t_0+T} f(t) \cdot e^{-j n \omega_0 t} \cdot dt\,. \qquad (8\text{-}8)$$

Mit Hilfe der komplexen Übertragungsfunktion $\underline{A}\,(j\omega)$ läßt sich dann das Übertragungsverhalten eines stabilen QLZ-Systems für periodische Vorgänge allgemein so beschreiben:

$$\underline{C}_n = \frac{1}{T} \int_{t_0}^{t_0+T} f_1(t) \cdot e^{-j n \omega_0 t} \cdot dt\,, \qquad (8\text{-}9)$$

$$f_2(t) = \sum_{n=-\infty}^{+\infty} \underline{A}\,(j n \omega_0) \cdot \underline{C}_n \cdot e^{j n \omega_0 t}\,. \qquad (8\text{-}10)$$

Spiegelprinzip

Zeitfunktionen $f(t)$ sind reelle Funktionen; ein komplexer Ausdruck der Form Gl. (8-7) oder (8-10) muß also stets auf ein reelles Ergebnis führen. Dies ist nur möglich, wenn sowohl die Koeffizienten $\underline{C}_n$ als auch die Übertragungsfunktion $\underline{A}(j\omega)$ für Frequenzwerte gleichen Betrages, aber entgegengesetzten Vorzeichens konjugiert komplexe Werte annehmen,

$$\underline{C}\,(-n\,\omega_0) = \underline{C}^*\,(+n\,\omega_0)\,,$$
$$\underline{A}\,(-j\,n\,\omega_0) = \underline{A}^*\,(+j\,n\,\omega_0)\,. \qquad (8\text{-}11)$$

Periodizität

Die Annahme einer periodischen Eingangsfunktion impliziert, daß diese Funktion im gesamten Bereich $-\infty \leqslant t \leqslant +\infty$ existent ist. Ist eine Funktion vor einem gewissen Zeitpunkt t_1 identisch null, und setzt danach ein sich periodisch wiederholender Funktionsverlauf ein, so ist der Vorgang nicht in strengem Sinne periodisch, sondern einmalig. Das Übertragungsverhalten eines Systems gegenüber einem derartigen Vorgang kann deshalb durch die vorstehenden Ansätze noch nicht vollständig richtig wiedergegeben werden.

FFT-Analyse

Zur praktischen Durchführung der Berechnungen nach den Gleichungen (8-4) sind Näherungen entwickelt worden, die sich heute auf Mikrorechnern schnell genug ausrechnen lassen, um auf einem Bildschirm Fourierzerlegungen periodischer Funktionen im Echtzeitbetrieb zeigen zu können. Nach den Anfangsbuchstaben der englischen Bezeichnung *„Fast Fourier Transform"* nennt man derartige Geräte *„FFT-Analysatoren"* [A241]: typische Ausführungen können gegenwärtig Spektren bis etwa 100 kHz erfassen. Sollen zeitlich nicht begrenzte Vorgänge analysiert werden, so muß ein *„Abtastfenster"* festgelegt werden, dessen Inhalt man sich dann für die numerische Analyse periodisch wiederholt denkt.

Fouriertransformation

Man kann nun die Frage untersuchen, ob die vorstehend wiedergegebenen Zusammenhänge dadurch auf nichtperiodische, also *einmalige* Vorgänge anwendbar gemacht werden können, daß man die Periodendauer der betrachteten Vorgänge gegen unendlich wachsen läßt und untersucht, inwieweit sich für die aufgeführten Beziehungen existierende Grenzwerte ergeben [A8], [A62], [A181], [A184]. Unter gewissen (beschränkenden) Voraussetzungen über die Integrierbarkeit der zugelassenen Zeitfunktionen im unendlichen Intervall $-\infty \leqslant t \leqslant +\infty$ hat sich gezeigt, daß die Beziehung Gl. (8-9) in die sog. *Fouriertransformation*

$$\underline{F}_1(j\omega) = \int\limits_{-\infty}^{+\infty} f_1(t) \cdot e^{-j\omega t} \cdot dt \,, \qquad (8\text{-}12)$$

die Beziehung (8-10) entsprechend in

$$f_2(t) = \frac{1}{2\pi} \int\limits_{-\infty}^{+\infty} \underline{A}(j\omega) \cdot \underline{F}_1(j\omega) \cdot e^{j\omega t} \cdot d\omega \qquad (8\text{-}13)$$

übergeht.

Das Spiegelprinzip nimmt entsprechend die folgende Form an:

$$\underline{F}(-j\omega) = \underline{F}^*(+j\omega) \,,$$
$$\underline{A}(-j\omega) = \underline{A}^*(+j\omega) \,. \qquad (8\text{-}14)$$

Mit Hilfe der Fouriertransformation kann also das Übertragungsverhalten eines stabilen QLZ-Systems berechnet werden, so lange alle vorkommenden Zeitfunktionen im unendlichen Intervall $-\infty \leqslant t \leqslant +\infty$ integrierbar sind und für das System eine Übertragungsfunktion $\underline{A}(j\omega)$ angegeben werden kann, welche ursprünglich nur das Übertragungsverhalten gegenüber periodischen sinusförmigen Vorgängen zu beschreiben vermochte.

Weitere historische Entwicklung

Im Laufe der historischen Entwicklung der Systemtheorie hat man nun zunächst eine Reihe willkürlicher Annahmen über den Verlauf von Übertragungsfunktionen $\underline{A}(j\omega)$ gemacht, insbesondere voneinander unabhängige Annahmen über den Betragsverlauf $|\underline{A}(j\omega)|$

und den Phasenverlauf arg $\underline{A}$ (jω), lediglich unter Beachtung des Spiegelprinzips, und damit für verschiedene charakteristische Systemeingangsfunktionen grundlegende „Verzerrungserscheinungen" berechnet. Diese Methodik hat beispielsweise zu Begriffen wie „Amplitudenverzerrungen" („Dämpfungsverzerrungen") und „Phasenverzerrungen" geführt [A167]. Sehr bekannt geworden ist z.B. die Erkenntnis, daß eine abrupte Begrenzung des Übertragungsbereiches eines Tiefpaßfilters,

$$|\underline{A} \, (j\omega)| = \begin{cases} A_0 & \text{für} \quad 0 \leqslant |\omega| \leqslant \omega_g \, , \\ 0 & \text{für} \quad \omega_g < |\omega| < \infty \, , \end{cases}$$

$$\arg \underline{A} \, (j\omega) = b\,\omega \, , \tag{8-15}$$

bei sprung- oder impulsförmiger Eingangszeitfunktion grundsätzlich eine auffällig oszillierende Ausgangszeitfunktion ergibt [A167]. Eine umfassende Zusammenstellung der so entwickelten grundlegenden Aussagen über das Verhalten linearer zeitunabhängiger Übertragungssysteme findet man in einem berühmt gewordenen klassischen Lehrbuch von Küpfmüller [A167], eine kurzgefaßte Zusammenstellung der für meßtechnische Anwendungen besonders wichtigen Gesichtspunkte (neben anderen Informationen) z.B. in [A171], [E154].

Soweit dadurch eine besonders einfache mathematische Darstellungsmöglichkeit erreicht wird, findet man Argumentationen auf der Basis willkürlich angenommener Übertragungsfunktionen bis heute auch in moderneren Darstellungen der Signalübertragungstheorie, z.B. in [A172].

Kausalitätsproblem

Gibt man Übertragungsfunktionen $\underline{A}$ (jω) willkürlich vor, so muß man damit rechnen, daß daraus hergeleitete Folgerungen dem Verhalten physikalischer Einrichtungen in gewissen Punkten grob widersprechen. Insbesondere beobachtet man hierbei oft eine Verletzung des *Kausalitätsprinzips*: Eine auf dieser Basis berechnete Systemantwortfunktion weist dann endliche Werte bereits in Zeitpunkten auf, in denen die zugrunde liegende Eingangszeitfunktion noch identisch null ist, also noch gar nicht erschienen ist; die „Wirkung" erscheint vor der „Ursache". Besonders deutlich zeigt sich das bei allen Diskussionen über den „idealen Tiefpaß" nach der Definition (8-15), vg. z.B. [A167], [A172].

Solche Ergebnisse bereiten dem kritisch lesenden, aber systemtheoretisch noch unerfahrenen Studierenden erfahrungsgemäß große Schwierigkeiten, und man sollte sie deshalb in moderneren Darstellungen der Systemtheorie nach und nach verlassen [A168].

Hilbert-Transformation

In modernen Darstellungen der Systemtheorie wird gezeigt, daß zwischen der (frequenzabhängigen) *Dämpfung* und der *Phase* einer Übertragungsfunktion ein Zusammenhang besteht, der durch eine sog. *Hilbert-Transformation* berechnet werden kann. Wo es jedoch vor allem um die Lösung praktischer meßtechnischer Aufgabenstellungen geht, kann die Berücksichtigung des Kausalitätsprinzips sehr viel einfacher durch Beschränkung auf Netzwerke aus konzentrierten Elementen erreicht werden.

Netzwerke aus konzentrierten Elementen

Zur Diskussion meßtechnischer Probleme wird man mathematische Modelle physikalischer Einrichtungen in der Regel dadurch entwickeln, daß man die physikalische Einrichtung in Funktionselemente aufgliedert, denen sich mit guter Näherung idealisierte *konzentrierte Netzwerkelemente* wie ideale Widerstände, ideale Speicher und ideale gesteuerte Quellen zuordnen lassen, welche dann entsprechend dem in der Einrichtung gegebenen funktionellen Zusammenwirken zu *Netzwerken aus konzentrierten Elementen* zu vermaschen sind; vgl. hierzu ggf. Abschnitt 8.2.1. Derartige Modellbildungen werden dem physikalischen Phänomen des *Energieflusses* gerecht, ihre Antwortfunktionen müssen deshalb auch dem Kausalitätsprinzip entsprechen, und damit auch alle Übertragungsfunktionen $\underline{A}$ (jω), die durch Analyse eines Netzwerks aus konzentrierten Elementen gefunden worden sind oder durch ein derartiges Netzwerk realisiert werden können, vgl. Abschn. 8.2.3.

Laplace-Transformation

Die Fouriertransformation hat hinsichtlich der praktischen Anwendung einige Nachteile, die sich insbesondere aus dem zweiseitigen Integrationsintervall $-\infty \leqslant t \leqslant +\infty$ ergeben. Bei physikalisch realen Problemstellungen können Eingangszeitfunktionen in der Regel auf den Bereich $0 < t \leqslant \infty$ beschränkt werden. Damit läßt sich die Fouriertransformation einmal auf diesen Bereich beschränken, und zum anderen kann zur Verbesserung der Konvergenz des Integrals die zu transformierende Zeitfunktion mit $e^{-\sigma t}$ ($\sigma > 0$) multipliziert werden. An die Stelle von Gl. (8-12) tritt dann die Beziehung

$$\underline{G}\,(\mathrm{j}\omega) = \int\limits_{0}^{\infty} f_1(t) \cdot e^{-\sigma t} \cdot e^{-\mathrm{j}\omega t} \cdot \mathrm{d}t \; .$$

Es ist naheliegend, dies in der Form zu schreiben

$$\underline{G}\,(\sigma, \mathrm{j}\omega) = \int\limits_{0}^{\infty} f_1(t) \cdot e^{-pt} \cdot \mathrm{d}t$$

und damit eine verallgemeinerte, *komplexe Frequenzvariable*

$$p = \sigma + \mathrm{j}\omega \tag{8-16}$$

einzuführen. Die so definierte Funktion

$$L_1(p) = \int\limits_{0}^{\infty} f_1(t) \cdot e^{-pt} \cdot \mathrm{d}t \tag{8-17}$$

nennt man die *Laplace-Transformierte* oder *Bildfunktion* von $f_1(t)$. Korrespondierend mit dem Begriff der komplexen Frequenz p kann das Übertragungsverhalten eines linearen, zeitunabhängigen Systems dann auch durch eine *verallgemeinerte Übertragungs-*

funktion $A(p)$ beschrieben werden, und es ergibt sich schließlich anstelle von Gl. (8-13) [A62], [A61], [A181], [A184]:

$$f_2(t) = \frac{1}{2\pi j} \int_{\sigma - j\infty}^{\sigma + j\infty} A(p) \cdot L_1(p) \cdot e^{pt} \cdot dp \quad \text{für} \quad t > 0,$$

$$f_2(t) = 0 \quad \text{für} \quad t < 0. \tag{8-18}$$

Ein Vorteil der so entwickelten Darstellungsweise ist, daß zur Berechnung des Integrals Gl. (8-18) sehr hilfreiche Methoden der *Funktionentheorie* benutzt werden können [A62], [A61]. Hierdurch ist es gelungen, ausführliche Tabellen von Funktionenpaaren im Bild- und Zeitbereich für den praktischen Gebrauch bereitzustellen [A61], [A62]. Außerdem werden bestimmten Operationen im Zeitbereich durch die Transformation Gl. (8-17) äquivalente Operationen im Bildbereich zugeordnet, die vielfach gerade in wichtigen Fällen eine erhebliche Vereinfachung von Zusammenhängen erlauben. Als besonders wichtige Operationskorrespondenzen seien hier die einer *einfachen* und *zweifachen Differentiation* und einer *einfachen Integration* zitiert [A61], [A62]:

$$f(t) \circ\!\!-\!\!\bullet L(p),$$

$$\frac{df(t)}{dt} \circ\!\!-\!\!\bullet pL(p) - f(0), \tag{8-19}$$

$$\frac{d^2 f(t)}{dt^2} \circ\!\!-\!\!\bullet p^2 L(p) - pf(0) - f'(0), \tag{8-20}$$

$$\int_0^t f(\tau) \, d\tau \circ\!\!-\!\!\bullet \frac{1}{p} L(p). \tag{8-21}$$

Die Laplace-Transformation ist mittlerweile eines der wichtigsten Hilfsmittel der (kausalen) Systemtheorie geworden, insbesondere für die Behandlung von Netzwerkproblemen (vgl. Abschnitt 8.2.3); eine Einarbeitung in die Anwendung der Laplace-Transformation muß deshalb jedem interessierten Studierenden sehr empfohlen werden [A62], [A184], [A190].

Bemerkung zur Schreibweise

In der elektrotechnischen Literatur wird die eingeführte komplexe Frequenzvariable meist mit p bezeichnet, in der mathematischen Literatur in der Regel mit s.

Zum Begriff „Übertragungsfunktion"

DIN 19 229 schlägt vor, das Wort „Übertragungsfunktion" nur für $A(p)$ im Sinne des Zusammenhanges nach Gl. (8-18) zu verwenden und den Sonderfall $A(j\omega)$ im Sinne der komplexen Zeigerrechnung oder der Fouriertransformation nach Gl. (8-13) als „Frequenzgang" zu bezeichnen.

Distributionen

Bei der Behandlung technischer Probleme ist es oft vorteilhaft, auch unstetige Zeitfunktionen und insbesondere sog. „Pseudofunktionen" wie den *Diracstoß* benutzen zu können. Hierfür bedarf die Theorie der Laplace-Transformation einer gewissen Erweiterung auf dem Boden der sog. „Distributionsanalysis". Es ist sehr empfehlenswert, hierzu einige Grundlagen zu studieren [A184], [A185], [A168].

Duhamelsches Integral

Approximiert man die Eingangszeitfunktion durch eine Folge von *Sprungfunktionen*, und charakterisiert man das Systemverhalten durch seine *Sprungantwort* (auch *Übergangsfunktion* genannt, so führt die Formulierung des Superpositionsgedankens auf das sog. *Duhamelsche Integral*, mit dessen Hilfe die Systemantwort auch ohne Zuhilfenahme des Frequenzverhaltens berechnet werden kann [A168].

Superpositionsintegral

Ein anderer Ansatz geht davon aus, die Eingangszeitfunktion durch eine Folge gewichteter *Stoßfunktionen* zu approximieren und das System durch seine *Stoßantwort* (auch *Gewichtsfunktion* genannt) zu charakterisieren. Die Systemantwort zu einer beliebigen Eingangszeitfunktion läßt sich dann mit Hilfe des sog. *Superpositionsintegrals* berechnen [A168], [A172].

Zeitbereich und Frequenzbereich

Zwischen der Beschreibung des Übertragungsverhaltens eines stabilen QLZ-Systems im Zeitbereich durch das Duhamelsche Integral bzw. das Superpositionsintegral und der Beschreibung im Frequenzbereich durch eine Übertragungsfunktion $\underline{A}$ (jω) bzw. A (p) bestehen enge Zusammenhänge, die stets einen wechselseitigen Übergang zwischen den verschiedenen Darstellungsmöglichkeiten erlauben [A168].

▶ **8.2.3 Netzwerke aus konzentrierten Elementen**

Sehr häufig wird man die Funktion einer physikalischen oder technischen Einrichtung durch ideale, lineare, konzentrierte und zeitunabhängige Elemente annähern können, wie sie für den Bereich der Elektrotechnik in den Bildern 8-4 und 8-5 auszugsweise dargestellt sind.

Diese Elemente sind entsprechend dem im realen System bestehenden Funktionszusammenhang zu vermaschen. Die auf diese Weise entstehenden *Netzwerke aus konzentrierten Elementen* sind unter den vorstehenden Voraussetzungen — und natürlich unter Ausschluß unabhängiger Quellen — eine Unterklasse der quellenlosen, linearen und zeitunabhängigen Systeme.

Zur Herleitung eindeutiger Aussagen über das Übertragungsverhalten müssen derartige Netzwerke *abgeschlossen* sein, vgl. Abschnitt 8.2.1. Der Netzwerkbegriff ist nicht auf elektrotechnische Einrichtungen beschränkt, sondern auch auf andere physikalische oder technische Einrichtungen anwendbar, wenn man sinngemäß entsprechende Grundzweipole (ggf. auch sinngemäß entsprechende gesteuerte Zweipole) definiert. Für die Definition der Grundzweipole ist entscheidend, daß das energetische Verhalten der zugrunde liegenden physikalischen Elemente im Prinzip richtig dargestellt werden muß, vgl. Abschnitt 8.2.1. Die Beschränkung auf elektrische Netzwerkelemente muß hier der gebotenen Kürze wegen erfolgen. Die in Bild 8-5 dargestellten gesteuerten Quellen nennt man in der Netzwerktheorie auch „*aktive Elemente*", weil sie in unbegrenztem Umfang Energie abgeben (auch aufnehmen) können, im Gegensatz zu den „*passiven Elementen*" in Bild 8-4, welche entweder nur Energie „verbrauchen" (R) oder höchstens so viel Energie abgeben, wie ihnen zuvor zugeflossen ist (Speicher C, L, M).

Ohmscher Widerstand

$$u = i \cdot R \qquad i = G \cdot U \qquad G = 1/R$$

Ideale Induktivität

$$u = L \cdot \frac{di}{dt} \qquad i(0) = i_{L0}$$

$$\text{,,Anfangsbedingung''}$$

$$i(t) = i_{L0} + \frac{1}{L} \int\limits_0^t u(\tau) \cdot d\tau$$

Ideale Kapazität

$$i = C \cdot \frac{du}{dt} \qquad u(0) = u_{C0}$$

$$\text{,,Anfangsbedingung''}$$

$$u(t) = u_{C0} + \frac{1}{C} \int\limits_0^t i(\tau) \cdot d\tau$$

Gegeninduktivität M

$$u_1 = L_1 \frac{di_1}{dt} + M \frac{di_2}{dt} \qquad i_1(0) = i_{L1,0}$$

$$u_2 = M \frac{di_1}{dt} + L_2 \frac{di_2}{dt} \qquad i_2(0) = i_{L2,0}$$

u, i sind Zeitfunktionen!

Bild 8-4 Einige ideale, lineare, konzentrierte elektrische Netzwerkelemente mit festen Parametern (sog. „passive" Elemente).

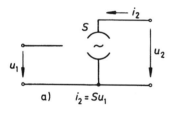

a) $\quad i_2 = S u_1$

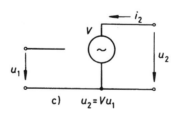

c) $\quad u_2 = V u_1$

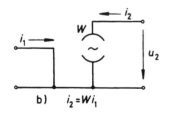

b) $\quad i_2 = W i_1$

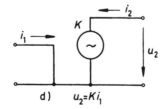

d) $\quad u_2 = K i_1$

Bild 8-5 Symbolische Darstellung idealer gesteuerter Quellen:

a) Ideale spannungsgesteuerte Stromquelle,

b) ideale stromgesteuerte Stromquelle,

c) ideale spannungsgesteuerte Spannungsquelle,

d) ideale stromgesteuerte Spannungsquelle.

Energieloser Anfangszustand:

$u_C(0) = 0,$

$i_L(0) = 0.$

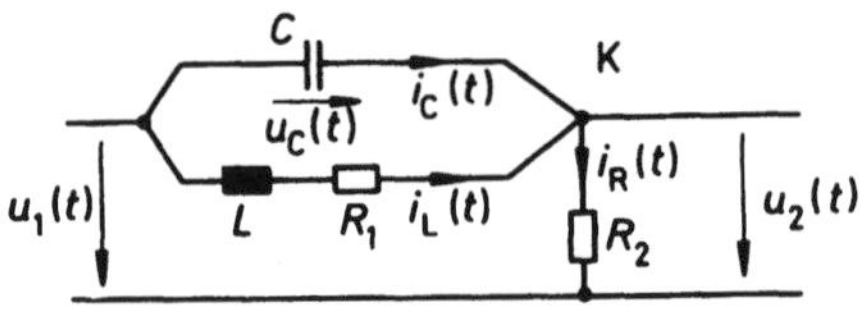

a) Knotengleichung in K: $i_c(t) + i_L(t) - i_R(t) = 0.$

Zweiggleichungen: $u_1(t) - u_2(t) = \dfrac{1}{C} \int\limits_0^t i_C(\tau) \cdot d\tau;$

$u_1(t) - u_2(t) = L\dfrac{d}{dt}i_L(t) + R_1 i_L(t); \; u_2(t) = R_2 i_R(t).$

b) Laplace-Transformation: $I_C(p) + I_L(p) - I_R(p) = 0.$

$U_1(p) - U_2(p) = \dfrac{1}{pC}I_C(p); \; U_1(p) - U_2(p) = (pL + R_1)I_L(p); \; U_2(p) = R_2 \cdot I_R(p).$

c) Übertragungsfunktion:

$$A(p) = \frac{U_2(p)}{U_1(p)} = \frac{p^2 LCR_2 + pCR_1R_2 + R_2}{p^2 LCR_2 + p(CR_1R_2 + L) + (R_1 + R_2)} = \frac{Z(p)}{N(p)}$$

Bild 8-6 Beispiel zur Netzwerkanalyse; Sonderfall des energielosen Anfangszustandes.

Bild 8-6 zeigt ein in seiner Art für die hier zu erläuternde Klasse typisches Beispiel aus sog. „passiven" Elementen. Für derartige räumlich konzentrierte Netzwerke gelten die aus der Elektrotechnik bekannten *Kirchhoffschen Gleichungen* (Knotengleichung, Maschengleichung). Setzt man für das Beispiel Bild 8-6 einen energielosen Anfangszustand der Speicher C und L voraus, so führt die Anwendung der Kirchhoffschen Gleichungen mit Berücksichtigung der Definitionen in Bild 8-4 auf die Zusammenhänge in Bild 8-6a. Wendet man darauf, wieder unter Berücksichtigung des energielosen Anfangszustandes, die *Laplace-Transformation* an, insbesondere die Operationskorrespondenzen (8-19) und (8-21), so gelangt man zu den Gleichungen Bild 8-6b. Man erkennt, daß die Laplace-Transformation das zuvor entstandene „*Integro-Differentialgleichungssystem*" auf ein algebraisches Gleichungssystem reduziert!

Das gilt auch dann, wenn die Anfangsbedingungen an den einzelnen Energiespeichern nicht ausnahmslos null sind! Man unterscheide von den „Anfangsbedingungen" an den Energiespeichern die „Anfangswerte" der Systemantwortfunktionen [A168].

Löst man das unter der Voraussetzung verschwindender Anfangsbedingungen durch eine ansonsten vollständige Schaltungsanalyse gefundene charakteristische, algebraische Gleichungssystem nach $U_2(p)/U_1(p)$ auf, so erhält man für das in Betracht gezogene Eingangs-Ausgangs-Paar die Systemübertragungsfunktion $A(p)$ im Sinne von Gl. (8-18). Man kann leicht weiter folgern, daß die Übertragungsfunktion $A(p)$ eines Netzwerks aus linearen, zeitunabhängigen, konzentrierten Elementen im allgemeinen Falle eine *gebrochen rationale Funktion* von p ist. Dies bedeutet, daß Analyse- und Syntheseprobleme auf dem Boden der Theorie der rationalen Funktionen, im Vergleich zu manchen anderen mathematischen Problemstellungen also relativ einfach bearbeitet werden können. Es ist deshalb von großem praktischen Wert, einige grundlegende Arbeitsmethoden der Netzwerktheorie zu studieren [A187], [A186].

Pole und Nullstellen

Die Wurzeln des Nennerpolynoms von A (p) nennt man auch die *Pole* (Unendlichkeitsstellen), die Wurzeln des Zählerpolynoms die *Nullstellen* der Übertragungsfunktion. Zeichnet man die Lage der Pole und Nullstellen in eine komplexe Ebene $p = \sigma + j\omega$ ein, so erhält man das sog. *Pol-Nullstellen-Schema* (P-N-Schema); dieses ist anschaulicher Ausgangspunkt verschiedener Syntheseverfahren [A187]. Man beachte, daß die Bezeichnungsweise in manchen Lehrbüchern oder Aufsätzen vom Kehrwert $1/A$ (p) der Übertragungsfunktion ausgeht, so daß die Begriffe Pol und Nullstelle ihre Bedeutung vertauschen! Sogenannte *Wurzelortskurven* beschreiben die Verschiebung von Polen oder Nullstellen in der p-Ebene in Abhängigkeit von einem sich ändernden Parameter.

Siebschaltungen

Das zentrale Thema umfassenderer oder spezialisierter Werke der Netzwerktheorie ist die Synthese von Siebschaltungen (Filtern), wie sie vor allem in der Nachrichtenübertragungstechnik benötigt werden [A169], [A175], [A176], [A183], [A188], [A189].

▶ **8.2.4 Dynamische Meßfehler und Korrekturmöglichkeiten**

Übertragungsverzerrungen

Der Umstand, daß der Signalfluß – und damit verbunden der Energiefluß – durch ein Netzwerk hindurch von einem Eingang zu einem Ausgang hin mit Zwischenspeichereffekten in den energiespeichernden Grundzweipolen verbunden ist, hat zur Folge, daß eine Ausgangszeitfunktion in der Regel einen anderen zeitlichen Verlauf hat als die sie verursachende Eingangszeitfunktion. Man spricht in diesem Zusammenhang von *Übertragungsverzerrungen* oder auch – mit Bezug auf die meßtechnischen Konsequenzen – von *dynamischen Meßfehlern*, die durch die Übertragungsverzerrungen entstehen. Beispiele für derartige dynamische Fehler sind bereits in verschiedenen vorangegangenen Abschnitten aufgeführt: In Abschnitt 2.1.5 ist das *Einstellverhalten eines elektromechanischen Anzeigers* beschrieben. Die Problemanalyse führt auf die lineare Differentialgleichung (2-26). Der streng genommen erst für $t \rightarrow \infty$ geltenden stationären Lösung überlagert sich ein Ausgleichsvorgang, der bei geringem Dämpfungsgrad ξ des Systems sogar oszillierenden Charakter zeigt, obwohl das Eingangssignal lediglich sprungartigen Charakter zeigt, nämlich einen Sprung des elektromagnetisch erzeugten Drehmoments von 0 auf M_e im Zeitpunkt $t = 0$. Ein weiteres Beispiel einer verzögerten und oszillierenden Sprungantwort sieht man in Bild 5-10 am Beispiel eines *Tiefpaßfilters* mit sog. „maximal flachen Frequenzgang" nach Butterworth. Im Falle der Erregung von Übertragungseinrichtungen mit periodischen und speziell mit sinusförmigen Eingangssignalen zeigt sich das Auftreten von dynamischen Übertragungsverzerrungen auch im eingeschwungenen Zustand, nämlich in den Darstellungen von Betrag und Phase der Übertragungsfunktion, in der Praxis meist kurz als *Frequenzgang* des Betrages (auch Amplitudenfrequenzgang) und der Phase (auch Phasenfrequenzgang) bezeichnet. Man sieht hierzu Beispiele in Bild 6-38 für einen *Schwingwegaufnehmer* und in Bild 6-39 für einen *Schwingbeschleunigungsaufnehmer*. Auffallend sind die starken Resonanzüberhöhungen bei geringem Dämpfungsgrad ξ; sie stehen in einem engen Zusammenhang mit den oszillierenden Erscheinungen in der Sprungantwort eines dämpfungsarmen Systems [A181].

Eine ausführlichere tabellarische Zusammenstellung typischer Übertragungsverzerrungen findet man in [A171], [E154], die allerdings nur teilweise netzwerktheoretisch fundiert und zum anderen Teil durch nichtkausale Ansätze begründet sind [A167], [A172], vgl. Abschnitt 8.2.2.

Korrektur

Ein wichtiger Anwendungsbereich netzwerktheoretischer Arbeitsmethoden in der Meßtechnik ist die *Korrektur des dynamischen Übertragungsverhaltens* von Meßeinrichtungen. Hierzu soll an einem Beispiel die grundsätzliche Methodik dargestellt, andererseits aber auch auf Grenzen der Korrekturmöglichkeiten hingewiesen werden.

Beispiel Dämpfungskorrektur

Betrachtet sei ein *Schwingbeschleunigungsaufnehmer* nach dem Systemkonzept Bild 6-36, mit einem gemäß einer technischen Ausführung nach Bild 6-37a, b oder c zum inneren Relativweg $x_A(t)$ proportionalen Ausgangssignal

$$u_A(t) = A \cdot x_A(t) \,.$$

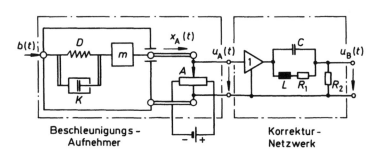

Bild 8-7

Dämpfungskorrektur eines Schwingbeschleunigungsaufnehmers durch ein nachgeschaltetes Korrekturnetzwerk entsprechend Bild 8-6.

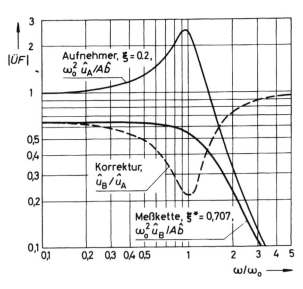

Die meßtechnisch zu erfassende Beschleunigung $b(t)$ ist definiert durch

$$b(t) = \frac{d^2}{dt^2} x_1(t) \, .$$

Damit erhält man aus der Differentialgleichung (6-18)

$$\frac{m}{A} \frac{d^2 u_A}{dt^2} + \frac{k}{A} \frac{du_A}{dt} + \frac{D}{A} u_A = -m\,b(t)$$

und nach Anwendung der Laplace-Transformation, insbesondere Gl. (8-19) und (8-20), unter der Voraussetzung verschwindender Anfangsbedingungen

$$p^2 U_A(p) + \frac{k}{m} p\, U_A(p) + \frac{D}{m} U_A(p) = -A\,B(p) \, , \qquad \frac{U_A(p)}{B(p)} = \frac{-A}{p^2 + \frac{k}{m} p + \frac{D}{m}} \, .$$

Mit den Abkürzungen nach (6-19) erhält man die standardisierte Schreibweise

$$\frac{U_A(p)}{B(p)} = \frac{-A}{p^2 + 2\,\xi\,\omega_0\,p + \omega_0^2} = \frac{-A}{N_A(p)} \, . \qquad (8\text{-}22)$$

Schreibt man dieses Ergebnis in der Form

$$-\frac{U_A(p)}{A\,B(p)} = -\frac{X_A(p)}{B(p)} = \frac{1}{\omega_0^2\,[1 + 2\,\xi\,p/\omega_0 + (p/\omega_0)^2]} \, ,$$

so gelangt man nach Spezialisierung auf $p = j\omega$ zu den Gleichungen (6-30) und (6-31) für den eingeschwungenen Zustand bei sinusförmiger Erregung und von da weiter zu den Diagrammen in Bild 6-39.

In der Praxis tritt häufig der Fall auf, daß ein technischer Beschleunigungsaufnehmer einen zu geringen Dämpfungsgrad ξ aufweist und man diesen Mangel auch nicht durch konstruktive Maßnahmen beheben kann. Angenommen beispielsweise, es wäre $\xi = 0{,}2$; dann ergibt sich nach Bild 6-39 in der Nähe der Eigenfrequenz $f_0 = \omega_0/2\pi$ eine starke Resonanzüberhöhung des Meßumformer-Ausgangssignals.

Damit ist auch ein oszillierendes Verhalten bei sprung- oder stoßartiger Erregung verbunden [A181], [A171].

Um diesen Nachteil zu beheben, wäre es nach Bild 6-39 angebracht, den Dämpfungsgrad ξ z.B. auf $\xi^* = 0{,}707$ zu erhöhen. Diese Aufgabe läßt sich nun beispielsweise dadurch lösen, daß man zu dem Beschleunigungsaufnehmer ein Netzwerk nach Bild 8-6 in Kette schaltet, vgl. Bild 8-7. Bringt man die im Bild 8-6 hergeleitete Übertragungsfunktion $A(p)$ auf die Form

$$A(p) = \frac{p^2 + \frac{R_1}{L} p + \frac{1}{LC}}{p^2 + \left(\frac{R_1}{L} + \frac{1}{CR_2}\right) p + \frac{R_1 + R_2}{LCR_2}} = \frac{Z_K(p)}{N_K(p)} \, , \qquad (8\text{-}23)$$

so gilt für die Übertragungsfunktion der Kettenschaltung (bei Entkopplung durch den angedeuteten Trennverstärker, eine ideale spannungsgesteuerte Spannungsquelle mit der Spannungsverstärkung V = 1)

$$A_{ges}(p) = \frac{U_B(p)}{B(p)} = \frac{U_A(p)}{B(p)} \cdot \frac{U_B(p)}{U_A(p)} = \frac{-A}{N_A(p)} \cdot \frac{Z_K(p)}{N_K(p)} \, , \qquad (8\text{-}24)$$

und man sieht, daß das Nennerpolynom $N_A(p)$ der Übertragungsfunktion des Aufnehmers gegen das Zählerpolynom $Z_K(p)$ des Korrekturnetzwerks gekürzt werden kann, wenn man dafür sorgt, daß beide Polynome gleiche Koeffizienten annehmen:

$$\frac{R_1}{L} = 2\,\xi\,\omega_0, \quad \frac{1}{LC} = \omega_0^2 , \tag{8-25}$$

$$A_{ges}(g) = \frac{-A}{N_K(p)} = \frac{-A}{p^2 + \left(\dfrac{R_1}{L} + \dfrac{1}{CR_2}\right)p + \dfrac{R_1 + R_2}{LCR_2}} . \tag{8-26}$$

Damit ist zunächst einmal das Nennerpolynom mit dem unerwünscht niedrigen Dämpfungsgrad ξ beseitigt, und es muß nun verlangt werden, daß das neue Nennerpolynom $N_K(p)$ den gewünschten größeren Dämpfungsgrad ξ^* annimmt:

$$\frac{R_1}{L} + \frac{1}{CR_2} = 2\,\xi^*\,\omega_0^*, \quad \frac{R_1 + R_2}{LCR_2} = \omega_0^{*2} . \tag{8-27}$$

Aus den Forderungen (8-25) und (8-27) müssen die Elemente des Korrekturnetzwerks berechnet werden. Da eine Spannungsübertragungsfunktion nur von den Verhältnissen der Elemente zueinander abhängt, müssen die absoluten Werte dadurch festgelegt werden, daß man *ein* Element der absoluten Größe nach willkürlich vorgibt; wir wollen hier die Kapazität C willkürlich festsetzen. Dann verbleiben nur noch drei berechenbare Elemente, man kann also mit Sicherheit nicht vier Forderungen erfüllen; entsprechend der gegebenen Aufgabenstellung verzichten wir auf die Vorgabe der neuen Eigenfrequenz ω_0^*. Dann erhält man für die Netzwerkelemente:

$$L = 1/\omega_0^2 C, \quad R_1 = 2\,\xi/\omega_0 C, \tag{8-28}$$

$$R_2 = \frac{1}{\omega_0 C} \cdot \frac{\xi(2\,\xi^{*2} - 1) \pm \sqrt{\xi^2(2\,\xi^{*2} - 1)^2 - (\xi^2 - \xi^{*2})}}{2(\xi^2 - \xi^{*2})} . \tag{8-29}$$

Für unsere Zahlenwerte $\xi = 0{,}2$ und $\xi^* = 0{,}707 = 1/\sqrt{2}$ ergibt sich

$$L = \frac{1}{\omega_0^2 C}, \quad R_1 = \frac{0{,}4}{\omega_0 C}, \quad R_2 = \frac{0{,}7372}{\omega_0 C}, \tag{8-30}$$

und man sieht, daß die Korrektur mit dem vorgeschlagenen Netzwerk realisierbar ist, da sich für alle Netzwerkelemente positiv reelle Werte ergeben. Für die neue Eigenfrequenz ergibt sich aber zwangsweise

$$\omega_0^* = 1{,}242\,\omega_0 . \tag{8-31}$$

Um den Korrekturvorgang anschaulich zu machen, sind in dem Diagramm in Bild 8-7 auch die Frequenzabhängigkeiten der Beträge der beteiligten Übertragungsfunktionen dargestellt; man sieht, daß der Verlauf der Korrekturfunktion eben gerade so beschaffen ist, daß die Produktbildung mit der Aufnehmer-Übertragungsfunktion zu dem dargestellten „geebneten" Verlauf der Gesamtübertragungsfunktion führt.

Um die dimensionsbehafteten Frequenzgänge $\hat{u}_A/\hat{b}$ und $\hat{u}_B/\hat{b}$ graphisch darstellen zu können, sind sie durch *Normierung* auf A/ω_0^2 dimensionslos gemacht worden.

Eigenfrequenzkorrektur

In dem vorangegangenen Beispiel hat das Korrekturnetzwerk nicht nur den Dämpfungs-grad ξ der Meßeinrichtung verändert, sondern nach Gl.(8-31) auch die Eigenfrequenz $f_0 = \omega_0/2\pi$. Es war allerdings nicht möglich, die neue Eigenfrequenz frei zu wählen, weil die Zahl der Bauelemente und damit die Zahl mathematisch verfügbarer Freiheitsgrade nicht groß genug war. Natürlich könnte man durch Wahl eines geeigneten Korrekturnetz-werkes mit mehr Freiheitsgraden dafür sorgen, daß neben dem resultierenden Dämpfungs-grad auch die resultierende Eigenfrequenz frei gewählt werden kann, und dann z.B. die Forderung stellen, daß der Dämpfungsgrad $\xi^* = 0{,}707$ *und* die neue Eigenkreisfrequenz $\omega_0^* = 3\,\omega_0$ sein soll. Auf diese Weise hätte man die *Bandbreite* der gesamten Meßkette gegenüber der verfügbaren Bandbreite des Schwingbeschleunigungsaufnehmers verdrei-facht.

Könnte man die Bandbreite aber nun auch um den Faktor 10 oder mehr vergrößern? Dem sind zwar keine mathematischen, sehr wohl aber physikalische Grenzen gesetzt, deren Ursache bereits bei einer genaueren Betrachtung des vorangegangenen Beispiels erkennbar wird.

Man betrachte hierzu die Korrekturfunktion Gl. (8-23). Für $p = j\omega \rightarrow \infty$ erhält man $A(\infty) = 1$, dagegen für $p = j\omega \rightarrow 0$:

$$A(0) = \frac{1/LC}{(R_1 + R_2)/(LCR_2)} = \frac{\omega_0^2}{\omega_0^{*2}} = \frac{R_2}{R_1 + R_2}, \tag{8-32}$$

$$\frac{A(0)}{A(\infty)} = \left(\frac{\omega_0}{\omega_0^*}\right)^2 = \frac{R_2}{R_1 + R_2}. \tag{8-33}$$

Erhält man bei einem derartigen System zweiten Grades eine Eigenfrequenzerhöhung um den Faktor ω_0^*/ω_0, so verursacht das Korrekturnetzwerk bei tiefen Frequenzen eine Signaldämpfung um den Faktor $(\omega_0^*/\omega_0)^2$! Eine Eigenfrequenzerhöhung um den Fak-tor 10 würde bei tiefen Frequenzen eine Signaldämpfung um den Faktor 100 zur Folge haben! Dadurch würde das Nutzsignal gegenüber im physikalischen System auftretenden Störsignalen in sehr ungünstiger Weise abgesenkt werden. Fügt man zum Ausgleich dieser Korrekturdämpfung einen Verstärker ein, so würden u.a. dessen Stör- und Rauschsignale dem Meßsignal zusätzlich überlagert, und die praktische Anwendung der Korrekturmaß-nahme könnte u.U. an einem nicht mehr ausreichenden Nutzsignal/Störsignal-Verhältnis scheitern.

Weitere Realisierungsschwierigkeiten können durch den stets nur endlich großen Dynamikbereich (Aussteuerbereich) elektronischer Verstärker entstehen, vgl. Abschnitt 2.2.5.

Daß die vorstehend erwähnte „Korrekturdämpfung" grundsätzlich unvermeidbar ist, kann man sich auch bereits anhand von Bild 8-7 anschaulich klarmachen. Die Erhöhung der Eigenfrequenz des Ge-samtsystems kommt dadurch zustande, daß der oberhalb der ursprünglichen Eigenfrequenz des Auf-nehmers einsetzende Übertragungsabfall durch den im gleichen Bereich dann wirksam werdenden Übertragungsanstieg des Korrekturnetzwerks ausgeglichen wird. Da bei einem passiven Netzwerk für eine Spannungsübertragungsfunktion stets $A(\infty) \leqslant 1$ gilt, kann der benötigte Übertragungsanstieg bei hohen Frequenzen nur erreicht werden, wenn man für $\omega \rightarrow 0$ eine Gl. (8-33) entsprechende Grund-dämpfung vorsieht. Mit Verstärkerschaltungen kann natürlich hier ein Ausgleich erreicht werden, z.B. auch durch sog. „aktive Filter" (vgl. Abschnitt 2.2.9 und 5.2.1) [A191], [A192], [A193], jedoch um den bereits erwähnten Preis der Störpegelerhöhung. Ausführlichere Darstellungen zum Problem des Korrigierens und der physikalischen Meßgrenzen findet man in [A171], [E154].

Weitergehender Ausblick

Die praktische Anwendung netzwerktheoretischer Korrekturmaßnahmen erfordert natürlich die Erarbeitung eines gewissen Erfahrungsumfangs über prinzipiell geeignete Netzwerke [A187]. Korrekturnetzwerke können teilweise auch spulenlos ausgeführt werden, z. B. unter Einbeziehung sog. Doppel-T-*RC*-Vierpole und aktiver *RC*-Filter [A192], [A193], [E155], [E62], [E63], [E64], [A101]. Zusammenstellungen häufig benutzter Korrekturnetzwerke findet man in ausführlicheren Lehrbüchern der Regelungstechnik, der Laplace-Transformation und der Analogrechentechnik [A62], [A194], [A195], [A87]. Die Netzwerktheorie hat natürlich auch systematische Synthesemethoden zur Herleitung von Netzwerkstrukturen entwickelt [A196], die jedoch in der Regel eine aufwendigere Einarbeitung erfordern und teilweise nicht auf Schaltungen geringsten Aufwandes führen.

Rechnerische Korrekturen

Wird das Übertragungsverhalten einer Meßkette durch einen mathematischen Ausdruck approximiert, und ermittelt man ausreichend viele numerische Werte (Abtastwerte) der Systemausgangsfunktion, so kann im Prinzip natürlich eine Rückrechnung auf die Systemeingangsfunktion durchgeführt werden. Bei Systemen unbeschränkter Dämpfung kann jedoch stets nur eine beschränkte Reproduktionsgenauigkeit erreicht werden, bei Systemen beschränkter Dämpfung dagegen – im mathematischen Prinzip – die Genauigkeit einer Reproduktion der Eingangszeitfunktion beliebig gesteigert werden [A168].

Informationstheorie

Zusammenhänge zwischen Meßtechnik, Systemtheorie und *Informationstheorie* werden in [A171], [E154], [E156] angesprochen.

▶ **8.2.5 Meßtechnisch günstige Übertragungssysteme**

Im vorigen Abschnitt wurde als Beispiel ein Übertragungssystem zweiten Grades diskutiert. Allgemeinere Fälle können auf Übertragungsfunktionen höheren Grades führen, oder es kann erforderlich sein, für Filterzwecke (vgl. Abschnitt 3.10.5 und 5.2.1) Übertragungsfunktionen höheren Grades zu benutzen. In diesem Falle stellt sich die Frage, ob es für bestimmte meßtechnische Aufgabenstellungen optimale Übertragungsfunktionen gibt.

Sinusanalysen

Ist die Aufgabe gestellt, eine übertragende Einrichtung mit periodischen, sinusförmigen Schwingungen anzuregen und dabei den *Betrag* der Systemübertragungsfunktion über einen größeren Frequenzbereich hinweg zu ermitteln, so wird es natürlich zweckmäßig sein, dafür zu sorgen, daß die benutzte Meßeinrichtung über den interessierenden Frequenzbereich hinweg eine Übertragungsfunktion mit möglichst konstantem Betrag aufzuweisen hat. Generiert eine Einrichtung periodische, sinusförmige Schwingungen, so wird man an eine Meßeinrichtung zur Bestimmung der *Amplitude* dieser Schwingungen die gleiche Forderung zu stellen haben. Erfüllt wird diese Forderung durch Übertragungsfunktionen mit „*maximal geebnetem Betrag*" [E161]. Eine Standardlösung dieser Art für den *Tiefpaßfall* ist die allgemein bekanntgewordene Übertragungsfunktion nach *Butterworth* [E162], vgl. auch Bild 5-10. Dimensionierungsangaben hierzu findet man heute in zahlreichen Publikationen; es werden beispielsweise die Koeffizienten des Nennerpolynoms der Übertragungsfunktion angegeben, oder die Polstellen in der p-Ebene, oder sogar komplette schaltungstechnische Lösungen [A176], [A187], [A188], [A189], [A192], [E157], [A81].

Eine besondere Eigenart der Tiefpaßfunktion nach Butterworth ist, daß ihre Polstellen in der p-Ebene auf einem Halbkreis liegen.
Polstellenverteilungen entlang einer Halbellipse führen auf sog. Tschebyscheff-Tiefpaßfunktionen [A176], [A187], welche wegen der im Durchlaßbereich zugelassenen Welligkeit jedoch für meßtechnische Anwendungen weniger geeignet sind.
Sollen im Rahmen einer Sinusanalyse Phasenwinkel gemessen werden, so ist es wünschenswert, daß die Übertragungsfunktion der Meßeinrichtung in dem zu erfassenden Frequenzbereich frequenzproportionales Phasenmaß zeigt,

$$\varphi(\omega) = K \cdot \omega \,, \tag{8-34}$$

damit man leicht auf den Phasenwinkel des gemessenen Vorgangs zurückrechnen kann. Diese Forderung ist bei Butterworth-Tiefpässen nicht erfüllt, wohl aber bei den nachfolgend erwähnten Filterfunktionen mit geebneter Gruppenlaufzeit. Die Forderung $\varphi(\omega) = 0$ ist nicht realisierbar.

Selektivanalyse

Die vorstehende Aufgabenstellung ist nicht zu verwechseln mit der Aufgabe, ein Frequenzgemisch auf die darin enthaltenen Sinuskomponenten hin zu analysieren; hierfür benötigt man abstimmbare Schmalbandfilter oder äquivalente Verfahren, vgl. Abschnitt 3.7.

Impulsvorgänge

Sollen *impulsartige Vorgänge* – insbesondere Sprungfunktionen und Rechteckimpulse – von einer Meßeinrichtung möglichst formgetreu wiedergegeben werden, so sind Übertragungsfunktionen mit maximal geebnetem Betragsverlauf denkbar ungünstig, also auch Butterworth-Tiefpaßfilter, weil sie in ihrer Sprung- oder Impulsantwort stark oszillierende Überschwingerscheinungen zeigen, vgl. Bild 5-10. Für die Impulsmeßtechnik sind Filterfunktionen wünschenswert, deren Sprungantwort kein oder höchstens ein vernachlässigbar kleines Überschwingen zeigt. Systemtheoretische Untersuchungen haben gezeigt, daß man diese Forderung dadurch mit guter Näherung erfüllen kann, daß man der sog. *Gruppenlaufzeit*

$$\tau_g = -\frac{d\varphi(\omega)}{d\omega} \tag{8-35}$$

einen *maximal geebneten Verlauf* gibt, was gleichbedeutend mit der Forderung ist, daß die Phasenfunktion $\varphi(\omega)$ selbst über einen möglichst weiten Frequenzbereich hinweg linear von der Frequenz abhängt, wie in Gl. (8-34). Eine besonders bekannt gewordene Lösung dieser Art stellt für den Tiefpaßfall die sog. „*Besselsche Übertragungsfunktion*" dar [E158]; auch hierfür findet man heute in der Literatur zahlreiche Dimensionierungsunterlagen [A187], [A188], [A189], [E158], [A81]. Übertragungsfunktionen mit günstigem Einschwingverhalten bei Impulsvergängen zeigen jedoch einen über einen weiten Frequenzbereich „abgerundeten" Verlauf des Betrages der Übertragungsfunktion [A167]. Es ist deshalb nicht möglich, zugleich günstiges Impulsverhalten und maximal flachen Betragsverlauf der Übertragungsfunktion zu realisieren, sofern man sich nicht mit einem groben Kompromiß zufrieden geben will. Aus diesem Grunde werden Meßgeräte für die

Analyse dynamischer Vorgänge oft mit einer Umschaltmöglichkeit zwischen „frequenz-gangoptimalem" (z.B. Butterworth-) und „einschwingoptimalem" (z.B. Bessel-) Verhalten versehen, z.B. [E86].

Gaußsche Übertragungsfunktion

Eine andere sehr bekannt gewordene Lösung geht von vornherein von der Erkenntnis aus, daß der Betrag der Übertragungsfunktion einschwingoptimaler Systeme – wie gesagt – einen „abgerundeten", im Falle der Darstellung über der positiven *und* negativen Frequenzachse sozusagen „glockenförmigen" Verlauf haben muß [A167]; diese Eigenschaft hat in besonderem Maße die sog. *„Gaußsche Übertragungsfunktion"*, deren Betragsverlauf der Form der sog. „Gaußschen Fehlerfunktion" entspricht [A188], [A189], [A197].

Impulsfilter

Eine katalogartige Zusammenstellung verschiedener Übertragungsfunktionen mit günstigem Einschwingverhalten findet man in [A100].

Frequenztransformation

Tiefpaßfunktionen können durch sog. *„Frequenztransformationen"* in Hochpaß-, Bandpaß- oder Bandsperrenfunktionen transformiert werden [A187]. Bandpaßfilter werden in der Meßtechnik – außer bei der Selektivanalyse – in Einrichtungen benötigt, die mit einer Trägerfrequenz arbeiten, derart, daß ein zu erfassender dynamischer Vorgang dann der Trägerschwingung z.B. als Amplitudenmodulation aufgeprägt ist, vgl. z.B. Abschnitt 6.2 und 6.3. Bandpaß- oder Bandsperrenfunktionen, die durch Frequenztransformation aus einer Tiefpaßfunktion gewonnen wurden, zeigen in Abhängigkeit von der Frequenz eine sog. „geometrische Symmetrie"; damit ist gemeint, daß z.B. der Betragsverlauf nur über einer logarithmisch geteilten Frequenzachse symmetrisch erscheint, nicht jedoch über einer linear geteilten Frequenzachse. Hiermit sind komplizierte, unübersichtliche Einschwingvorgänge verbunden [A85].

Arithmetisch-symmetrische Bandpaßfilter

Für Trägerfrequenzsysteme der Meßtechnik sind Bandpaßfunktionen mit „arithmetisch-symmetrischer Übertragungsfunktion" optimal, deren Einschwingverhalten bezüglich der Modulation tiefpaßäquivalent ist [A172]. Hierbei können sowohl maximal flache Betragsfunktionen als auch Bandpaßfunktionen mit optimalem Impulsverhalten realisiert werden [E159], [E160].

Allpässe

Es ist möglich, Übertragungsfunktionen zu realisieren, die in Abhängigkeit von der Frequenz wohl eine Phasenänderung $\varphi(\omega)$ zeigen, jedoch keine Betragsänderung; man nennt sie *„Allpaßfunktionen"* und benötigt sie zuweilen zur Korrektur von Phasengängen [A168]. Die umgekehrte Forderung, eine Frequenzabhängigkeit des Betrages einer Übertragungsfunktion ohne eine Phasenänderung zu erreichen, ist nicht realisierbar [A168].

Optimalfiltertheorie

Setzt sich die Eingangsfunktion eines Filtersystems aus zwei Zeitfunktionen $f_1^{(1)}(t)$ und $f_1^{(2)}(t)$ zusammen,

$$f_1(t) = f_1^{(1)}(t) + f_1^{(2)}(t),$$

und soll z.B. die Ausgangsfunktion $f_2(t)$ möglichst identisch mit der Eingangsfunktion $f_1^{(1)}(t)$ sein, dagegen $f_1^{(2)}(t)$ weitestgehend unterdrückt werden, so ist es möglich, hierfür mit Hilfe der *„Wiener-schen Optimalfiltertheorie"* eine optimale Übertragungsfunktion $\underline{A}_F(j\omega)$ zu berechnen und diese durch eine Netzwerkübertragungsfunktion anzunähern [A168].

Filteralgorithmen

Angesichts der mittlerweile erreichten weiten Verbreitung von Digitalrechnern werden Filteraufgaben heute auch oft durch geeignete Rechenprogramme auf der Basis sog. *Filteralgorithmen* gelöst, wobei sich natürlich auch viele neuartige Anwendungsmöglichkeiten eröffnen [A198], [A199], [A200], [A208].

Selektivanalyse

Erwähnenswert ist, daß die häufige Aufgabe der Selektion eines Sinussignals vorgegebener Frequenz aus einem Rauschsignal oder einem Störsignalgemisch durch das vergleichsweise einfache Konzept des „*Lock-In-Verstärkers*" in den meisten praktisch vorkommenden Situationen fast ebenso gut und manchmal besser gelöst wird, als das durch nur mit größerem Aufwand zu realisierende Algorithmen nach mathematischen Optimierungskriterien erreicht werden kann [E163], vgl. auch Abschnitt 5.2.1.

8.2.6 Abtastung und Digitalisierung

Eine *Abtasteinrichtung* entnimmt einem Größenverlauf zu bestimmten Zeitpunkten Abtastwerte und speichert sie zum Zwecke einer anschließenden Signalverarbeitung, vgl. z.B. Abschnitt 4.8 und Bild 4-34. Der Grund für die Einführung einer Abtasttechnik ist in der Regel entweder, daß ein und dieselbe Signalverarbeitungseinrichtung für mehrere Meßkanäle eingesetzt werden soll (vgl. z.B. Bild 7-2), oder daß die Signalverarbeitung nicht so schnell folgen kann, wie sich die zu erfassende Größe ändert (z.B. bei Sampling-Oszilloskopen, vgl. Abschnitt 5.1.8), oder daß eine Analog-Digital-Umsetzung einer Meßgröße erreicht werden soll, bei der ein Einzelwert auch jeweils erst nach einer gewissen Umsetzzeit verfügbar ist, vgl. Abschnitt 5.5.5.

Abtasttheorem

Bei der Abtastung periodischer Signale stellt sich die Frage, in welchen höchstzulässigen Zeitabständen Δt_A abgetastet werden muß, wenn eine in dem Vorgang enthaltene höchste Frequenz f_g noch erfaßt werden soll, d.h. der Vorgang aus den Abtastwerten bis zur höchsten darin enthaltenen Frequenz hinauf rekonstruierbar sein soll. Shannon hat gezeigt, daß hierfür das sog. *Abtasttheorem*

$$\Delta t_A \leqslant 1/2 f_g \tag{8-36}$$

bzw.

$$f_A \geqslant 2 f_g \tag{8-37}$$

erfüllt sein muß. Die Abtastfrequenz f_A muß also mindestens doppelt so groß sein wie die höchste zu erfassende Frequenz, oder anders gesagt, die höchste zu erfassende Frequenz muß mindestens zweimal je Periode abgetastet werden [A171], [A172], [A186].

Aliasing-Fehler

Voraussetzung für eine einwandfreie Reproduzierbarkeit ist, daß oberhalb der Frequenz $f_A/2$ tatsächlich keine weiteren Frequenzanteile mehr vorhanden sind. Andernfalls kann bei der Reproduktion die Existenz einer tieferen Frequenz vorgetäuscht werden, welche im Originalvorgang in Wahrheit nicht vorhanden ist; man nennt dies den „*Aliasing-Fehler*". Im allgemeinen wird man die Bandbegrenzung durch ein vorgeschaltetes Tiefpaßfilter sicherstellen. Bei Sampling-Oszilloskopen wird jedoch gerade dieser in Abtastsystemen sonst unerwünschte Effekt ausgenutzt, vgl. Abschnitt 5.1.8, ebenso beim Stroboskop.

Differenzengleichungen
Z-Transformation

Zur mathematischen Behandlung dynamischer Vorgänge in Abtastsystemen bedient man sich vorteilhafterweise sog. *Differenzengleichungen* und einer Weiterentwicklung der Laplace-Transformation, der sog. *Z-Transformation* [A201], [A202], [A203], [E164], [E165], [E166], [A186].

Digitalisierung

Wird mit einem Abtastprozeß noch ein Digitalisierungsprozeß verbunden, so kommt zu der zeitlichen *Diskretisierung* durch den Abtaster noch die durch den kleinsten möglichen Ziffernschritt des A/D-Umsetzers verursachte *Quantisierung* und damit verbunden ein sog. *Quantisierungsrauschen* hinzu, vgl. auch Abschnitt 1.7 und 2.2.8.

Nähere Informationen über derartige Probleme findet man in der Literatur über *Abtastregler* und über *digitale Filter* [A154], [E164], [A208].

8.2.7 Bandbreite, Anstiegszeit, Impulsdauer

Im Abschnitt 8.2.5 ist erwähnt, daß Übertragungssysteme mit impulstechnisch günstigem Einschwingverhalten, also oszillations- und zumindest nahezu überschwingfreier Sprungantwort, im Frequenzbereich einen weitgehend abgerundeten Verlauf des Amplitudenfrequenzganges zeigen müssen, und daß die ,,Gaußsche Übertragungsfunktion'' eine geeignete systemtheoretische Idealisierung hierfür ist. Da eine dementsprechende Bemessung insbesondere bei der Frequenzgangkonzeption von *Oszilloskopen* zugrunde gelegt werden muß, sind einige sich aus der Theorie der Gaußschen Übertragungsfunktion ergebenden Folgerungen für jeden Oszilloskopbenutzer so wichtig und hilfreich, daß sie hier wiedergegeben werden sollen.

Gaußsche Übertragungsfunktion

Wir übernehmen die *Gaußsche Übertragungsfunktion* zunächst in der Schreibweise von *Küpfmüller* [A167], drücken aber die dort benutzte allgemeine Konstante α sofort durch die 3dB-Grenzkreisfrequenz ω_g aus, bei der Betrag der Übertragungsfunktion bekanntlich auf $A_0/\sqrt{2}$ abgefallen sein soll, vgl. Abschn. 4.1:

$$A(\omega) = A_0 \cdot e^{-\alpha \omega^2} = A_0 \cdot e^{-\ln\sqrt{2} \cdot (\omega/\omega_g)^2} . \tag{8-38}$$

Bild 8-8a zeigt den ,,stark abgerundeten'' Verlauf dieser idealisierten Betragsfunktion. Wir wollen uns nun direkt mit dem *Impulsverhalten* eines derart abstrahierten Übertragungssystems befassen.

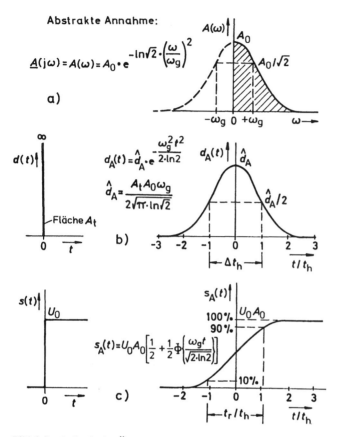

Abstrakte Annahme:

a)

$$\underline{A}(j\omega) = A(\omega) = A_0 \cdot e^{-\ln\sqrt{2}\cdot\left(\frac{\omega}{\omega_g}\right)^2}$$

b)

$$d_A(t) = \hat{d}_A \cdot e^{-\frac{\omega_g^2 t^2}{2\cdot\ln 2}}$$

$$\hat{d}_A = \frac{A_t A_0 \omega_g}{2\sqrt{\pi\cdot\ln\sqrt{2}}}$$

c)

$$s_A(t) = U_0 A_0 \left[\frac{1}{2} + \frac{1}{2}\Phi\left(\frac{\omega_g t}{\sqrt{2\cdot\ln 2}}\right)\right]$$

Bild 8-8 a) *Gaußsche Übertragungsfunktion* als (stark abstrahierte) Beschreibung eines impulsoptimalen, d. h. oszillations- und überschwingfreien Übertragungssystems.
b) Stoßfunktion $d(t)$ und Stoßantwort $d_A(t)$ mit Halbwertsbreite Δt_h.
c) Sprungfunktion $s(t)$ und Sprungantwort $s_A(t)$ mit Anstiegszeit t_r.

Stoßfunktion $d(t)$

Im Abschnitt 4.1 haben wir schon einmal die Reaktion eines Tiefpaß-R-C-Gliedes auf einen Rechteckimpuls diskutiert, indem wir den Rechteckimpuls aus zwei Sprungfunktionen additiv zusammensetzen, vgl. Bild 4-2. In der Systemtheorie interessiert man sich sehr für die Frage, wie ein Übertragungssystem auf einen *zeitlich extrem kurzen* Impuls reagiert. Würde man den Rechteckimpuls bei konstanter Höhe immer schmaler werden lassen, so würde für $\Delta t \to 0$ der Flächeninhalt und damit auch die Antwortfunktion eines Tiefpaßsystems verschwinden. Um dem zuvorzukommen, muß man den Impuls bei konstant bleibendem Flächeninhalt kürzer werden lassen, d. h. also seine Höhe entsprechend anwachsen lassen. Im Grenzfalle $\Delta t \to 0$ entsteht so eine abstrahierte Testfunktion, die unendlich kurz und unendlich hoch ist, aber einen vorab definierten Flächeninhalt A_t hat, vgl. Bild 8-8b; sie wird *Stoßfunktion $d(t)$* genannt. Arbeitet man mit Größengleichungen und geht man beispielsweise von einem elektrischen Spannungsimpuls aus, so hätte

A_t die Dimension „Voltsekunden" (Vs). Führt man vor dem Grenzübergang eine Normierung derart herbei, daß $A_t = 1$ wird, so heißt die dann entstehende dimensionslose Testfunktion *Dirac-Impuls* oder *Delta-Impuls* $\delta(t)$. Wir ermitteln nun mit Hilfe der *Fourier-Transformation* Gl. (8-12) die zugehörige *Spektralfunktion:*

$$\underline{D}(j\omega) = \int_{-\infty}^{+\infty} d(t) \cdot e^{-j\omega t} \cdot dt = A_t. \tag{8-39}$$

Stoßantwort $d_A(t)$

Die Spektralfunktion einer Stoßfunktion hat also die bemerkenswerte Eigenschaft, daß in ihr *alle Frequenzen mit gleichem Gewicht* enthalten sind! Führt man die Stoßfunktion (rechnerisch) dem Eingang eines Übertragungssystems zu, so blendet dieses aus dem Konstantspektrum einfach seine eigene Übertragungsfunktion aus, was dann im Falle einer Gaußschen Übertragungsfunktion folgendermaßen aussieht, wenn wir bei der Formelzeichenwahl elektrische Spannungen annehmen:

$$\underline{U}_2(j\omega) = \underline{U}_1(j\omega) \cdot A(j\omega) = \underline{D}(j\omega) \cdot A(\omega) = A_t A_0 \cdot e^{-\ln\sqrt{2}\cdot(\omega/\omega_g)^2}. \tag{8-40}$$

Die ausgangsseitige Spektralfunktion muß nun nach Gl. (8-13) in die ausgangsseitige Zeitfunktion rücktransformiert werden:

$$u_2(t) = d_A(t) = \frac{1}{2\pi} \int_{-\infty}^{+\infty} A_t A_0 \cdot e^{-\ln\sqrt{2}\cdot(\omega/\omega_g)^2} \cdot e^{j\omega t} \cdot d\omega$$

$$= \frac{1}{2\pi} \int_{-\infty}^{+\infty} A_t A_0 \cdot e^{-\ln\sqrt{2}\cdot(\omega/\omega_g)^2} \cdot \cos\omega t \cdot d\omega$$

$$= \frac{1}{\pi} \int_{0}^{+\infty} A_t A_0 \cdot e^{-\ln\sqrt{2}\cdot(\omega/\omega_g)^2} \cdot \cos\omega t \cdot d\omega.$$

Durch zwei nacheinander einzuführende Substitutionen bringen wir diese Integralformel auf eine in der mathematischen Literatur bekannte Form:

$$\ln\sqrt{2}\cdot(\omega/\omega_g)^2 = x^2 \;;\; \frac{\omega_g \cdot t}{\sqrt{(\ln\sqrt{2})}} = 2a \;;$$

$$d_A(t) = \frac{1}{\pi} \cdot A_t A_0 \cdot \frac{\omega_g}{\sqrt{(\ln\sqrt{2})}} \cdot \int_{0}^{+\infty} e^{-x^2} \cdot \cos 2ax \cdot dx.$$

Eine Originallösung dieses Integrals erfordert Kenntnisse der Funktionentheorie; der hier gebotenen Kürze wegen ziehen wir eine bekannte Integraltafel zu Rate, [A234], Abs. 337,3:

$$\int\limits_{0}^{+\infty} e^{-x^2} \cdot \cos 2ax \cdot dx = \frac{1}{2} \cdot e^{-a^2} \cdot \sqrt{\pi}.$$

Nach kurzer Restrechnung ergibt sich damit dann für die *Stoßantwort eines Gaußschen Übertragungssystems:*

$$d_A(t) = \frac{A_t A_0 \omega_g}{2\sqrt{(\pi \cdot \ln\sqrt{2})}} \cdot e^{-\frac{\omega_g^2 t^2}{2 \cdot \ln 2}}. \tag{8-41}$$

Man erkennt, daß die Stoßantwort eines Gaußschen Übertragungssystems wiederum durch eine Gaußsche Fehlerfunktion beschrieben wird; in der mathematischen Literatur sagt man hierzu auch, daß die Gaußsche Fehlerfunktion bezüglich der Fouriertransformation *selbstreziprok* ist. Formal erreicht die berechnete Stoßantwort Gl. (8-41) ihr Maximum bei $t = 0$, und klingt von da ausgehend nach beiden Seiten hin monoton ab, vgl. Bild 8-8b, sie widerspricht also formal gesehen dem *Kausalitätsprinzip.* Dieser Begleiteffekt stark abstrahierter Ansätze wurde schon im Abschnitt 8.2.2 angekündigt und wird am Ende dieses Abschnittes nochmals diskutiert.

Halbwertsbreite Δt_h

Die Stoßfunktion ist die zeitlich kürzeste Testfunktion, die überhaupt denkbar ist; demgemäß ist die eben berechnete Stoßantwort der kürzeste Impuls, der aus einem Gaußschen Übertragungssystem jemals herauskommen kann! Damit wird die im Bild 8-8b definierte *Halbwertsbreite der Gaußschen Stoßantwort* zu einer wichtigen praktischen Orientierungsgröße. Aus Gl. (8-41) ergibt sich hierfür nach kurzer Rechnung der folgende Zusammenhang zwischen *3dB-Grenzfrequenz* f_g und *Halbwertsbreite* Δt_h:

$$\boxed{\Delta t_h = 2 t_h = \frac{\sqrt{2} \cdot \ln 2}{\pi \cdot f_g} = \frac{0,312}{f_g}}. \tag{8-42}$$

Sprungfunktion $s(t)$

Nun kehren wir wieder zum Begriff der *Sprungfunktion* zurück, den wir schon im Abschnitt 4.1 in Form eines Spannungssprunges von 0 auf U_0 zur Zeit $t = 0$ angesprochen haben. Normiert man die Sprungfunktion auf ihre Höhe, die wir hier weiter U_0 nennen wollen, so erhält man den *Einheitssprung* $\sigma(t)$. Wie man sich leicht überlegen kann, besteht zwischen Einheitssprung $\sigma(t)$ und Dirac-Impuls $\delta(t)$ der Zusammenhang

$$\sigma(t) = \int\limits_{-\infty}^{t} \delta(\tau) \cdot d\tau. \tag{8-43}$$

Benutzt man die entsprechenden *nicht normierten* Testfunktionen, so muß hierbei die folgende *Umnormierung* erfolgen:

$$s(t) = \frac{U_0}{A_t} \int\limits_{-\infty}^{t} d(\tau) \cdot d\tau \;.$$ (8-44)

Sprungantwort $s_A(t)$

Für lineare Übertragungssysteme gilt aufgrund des Superpositionsprinzips ein entsprechender Zusammenhang *zwischen Sprungantwort* $s_A(t)$ *und Stoßantwort* $d_A(t)$, vgl. z. B. [A167]·

$$s_A(t) = \frac{U_0}{A_t} \int\limits_{-\infty}^{t} d_A(\tau) \cdot d\tau \;.$$ (8-45)

Setzt man hier die Stoßantwort nach Gl. (8-41) ein, so ergibt sich für die *Sprungantwort eines Gaußschen Übertragungssystems* zunächst:

$$s_A(t) = \frac{U_0 A_0 \omega_g}{2\sqrt{(\pi \cdot \ln\sqrt{2})}} \int\limits_{-\infty}^{t} e^{-\frac{\omega_g^2 \tau^2}{2 \cdot \ln 2}} \, d\tau \;.$$

Hier führen wir wiederum zwei Substitutionen ein, die das Integral auf eine in der mathematischen Literatur bekannte Form reduzieren:

$$\frac{\omega_g^2 \tau^2}{2 \cdot \ln 2} = \xi^2 \;, \qquad \frac{\omega_g \cdot t}{\sqrt{(2 \cdot \ln 2)}} = x \;;$$

$$s_A(t) = \frac{U_0 A_0}{\sqrt{\pi}} \int\limits_{-\infty}^{x} e^{-\xi^2} \, d\xi = \frac{U_0 A_0}{2} \left[\frac{2}{\sqrt{\pi}} \int\limits_{-\infty}^{0} e^{-\xi^2} \, d\xi + \frac{2}{\sqrt{\pi}} \int\limits_{0}^{x} e^{-\xi^2} \, d\xi \right] \;.$$

Die im Klammerausdruck an zweiter Stelle stehende Funktion

$$\Phi(x) = \frac{2}{\sqrt{\pi}} \int\limits_{0}^{x} e^{-\xi^2} \, d\xi$$ (8-46)

heißt „*Gaußsches Fehlerintegral*" und kann Tabellenbüchern entnommen werden, z. B. [A235], [A236]; dort findet man auch den speziellen Wert des an erster Stelle stehenden Summanden:

$$\frac{2}{\sqrt{\pi}} \int\limits_{-\infty}^{0} e^{-\xi^2} \, d\xi = 1 \;.$$ (8-47)

Damit kann also die Sprungantwort des Gaußschen Übertragungssystems unter Bezugnahme auf die Tabellierung des Gaußschen Fehlerintegrals wie folgt angegeben werden:

$$s_A(t) = U_0 A_0 \left[\frac{1}{2} + \frac{1}{2} \Phi \left\{ \frac{\omega_g \cdot t}{\sqrt{(2 \cdot \ln 2)}} \right\} \right].$$

(8-48)

Anstiegszeit t_r

Mit Hilfe eines Tabellenwerkes kann jetzt die Sprungantwort gezeichnet werden, vgl. Bild 8-8c, und auch *die Anstiegszeit von 10 % auf 90 % des Endwertes* ermittelt werden; man erhält dann:

$$\boxed{t_r = \frac{0,34}{f_g}}.$$

(8-49)

Kettenschaltungen

Die (rückwirkungsfreie) *Kettenschaltung* zweier Gaußscher Übertragungssysteme ist wieder ein Gaußsches Übertragungssystem; dabei addieren sich die Quadrate der Kehrwerte der Grenzfrequenzen:

$$A_{ges}(\omega) = A_1 \cdot e^{-\ln\sqrt{2} \cdot \frac{\omega^2}{\omega_{g1}^2}} \cdot A_2 \cdot e^{-\ln\sqrt{2} \cdot \frac{\omega^2}{\omega_{g2}^2}}$$

$$= A_1 A_2 \cdot e^{-\ln\sqrt{2} \cdot \omega^2 \left(\frac{1}{\omega_{g1}^2} + \frac{1}{\omega_{g2}^2} \right)}$$

$$= A_1 A_2 \cdot e^{-\ln\sqrt{2} \cdot \left(\frac{\omega^2}{\omega_g^2} \right)}$$

mit

$$\frac{1}{\omega_g^2} = \frac{1}{\omega_{g1}^2} + \frac{1}{\omega_{g2}^2} \; ; \quad \frac{1}{f_g^2} = \frac{1}{f_{g1}^2} + \frac{1}{f_{g2}^2}.$$

(8-50)

Dieser Zusammenhang hat nach Gl. (8-42) und Gl. (8-49) die Konsequenz, daß sich die *Halbwertsbreiten der Stoßantworten* und die *Anstiegszeiten der Sprungantworten* zweier (rückwirkungsfrei) in Kette geschalteten Gaußschen Übertragungssysteme *quadratisch addieren:*

$$\Delta t_h^2 = \Delta t_{h1}^2 + \Delta t_{h2}^2 \; ; \quad t_r^2 = t_{r1}^2 + t_{r2}^2.$$

(8-51)

Impulsverbreiterung

In der Anwendungspraxis hat man es oft mit einer Folge von Kettenschaltungen impulstechnisch optimierter Teilschaltungen zu tun, von denen dann jede einzelne eine Annäherung eines Gaußschen Übertragungssystems darstellt. Arbeitet man nun an einer einzelnen Teilschaltung einer derartigen Kette, so beachtet man als Eingangssignal oft eine abgerundete Impulsform ähnlich Gl. (8-41) bzw. Bild 8-8b, mit einer Halbwertsbreite, die wir hier

Δt_E nennen wollen. Hat die betrachtete Teilschaltung annähernd Gaußsches Verhalten und eine bekannte Halbwertsbreite Δt_r ihrer Stoßantwort, so können wir nach Gl. (8-51) die *Halbwertsbreite des zugehörigen Ausgangsimpulses* angeben, indem wir unterstellen, daß der Eingangsimpuls die Stoßantwort eines davor liegenden Gauß-Systems mit der Halbwertsbreite Δt_E ist:

$$\boxed{\Delta t_A^2 = \Delta t_E^2 + \Delta t_h^2}. \qquad\qquad (8\text{-}52)$$

Anstiegsverzögerung

Beobachtet man am Eingang eines Übertragungssystems mit annähernd Gaußscher Charakteristik und der Anstiegszeit t_r einen Impulsanstieg mit annähernd der Form nach Gl. (8-48) bzw. Bild 8-8c und der Anstiegszeit t_E, so gilt nach der entsprechenden Argumentation für die zu erwartende *Anstiegszeit t_A des Ausgangssignals:*

$$\boxed{t_A^2 = t_E^2 + t_r^2}. \qquad\qquad (8\text{-}53)$$

Anwendung bei Impuls-Oszilloskopen

Eine *praktisch häufig vorkommende Nutzanwendung:* Auf dem Bildschirm eines Oszilloskops mit der Eigenanstiegszeit t_r liest man als Anstiegszeit von 10 % auf 90 % einer Impulsflanke die Zeit t_A ab; dann ist die tatsächliche Anstiegszeit der beobachteten Impulsflanke *kürzer*, nämlich

$$t_E = \sqrt{(t_A^2 - t_r^2)}. \qquad\qquad (8\text{-}54)$$

Bild 8-9 zeigt ein von SOLARTRON publiziertes Nomogramm zur raschen Auswertung von Gl. (8-54). Je nach vorliegenden Zahlenwerten kann entweder die Maßstabsgruppe A oder die Maßstabsgruppe B benutzt werden. Beispiel: Oszilloskop-Anstiegszeit $t_r = 30$ ns; auf dem Bildschirm abgelesene Anstiegszeit $t_A = 50$ ns; legt man nun ein Lineal über die entsprechenden Punkte der linken und der mittleren Skala, so liest man auf der zugehörigen rechten Skala $t_E = 40$ ns ab! Das Diagramm kann natürlich wegen der formalen Gleichartigkeit von Gl. (8-53) und Gl. (8-52) auch für Halbwertszeiten von Impulsen mit annähernd Gaußscher Form nach Gl. (8-41) bzw. Bild 8-8b benutzt werden, wenn man der linken Skala die Halbwertsbreite Δt_h der Stoßantwort des Oszilloskops zuordnet, der mittleren Skala Δt_A und der rechten Skala Δt_E.

Abstraktion und Realität

Die hier wiedergegebene Theorie zur „Gaußschen Übertragungsfunktion" ist ein *historisches Kapitel* der Systemtheorie [A167], insofern als der Ansatz nach Gl. (8-38) nicht berücksichtigt, daß für eine dem *Kausalitätsprinzip* gerecht werdende oder *realisierungsfähige* Übertragungsfunktion $\underline{A}(j\omega)$ stets ein zwingend vorgegebener Zusammenhang zwischen *Betrags- und Phasenfunktion* oder *Realteil- und Imaginärteilfunktion* eingehalten werden muß, vgl. Abschn. 8.2.2; daher rührt auch der merkwürdige Umstand, daß die berechneten Zeitfunktionen sich über ein Intervall $-\infty \leqslant t \leqslant +\infty$ erstrecken, was natürlich für ein realisierbares System nicht gültig sein kann. Die historische Herleitung macht es aber möglich, auf relativ *kurzem* Wege schaltungsunabhängige Zusammenhänge zwischen *Bandbreiten, Anstiegszeiten und Impulsdauern* herzuleiten, und wird dadurch *legalisiert,* daß alle Fallstudien an realisierbaren Näherungen die Aussagen der Gleichungen (8-42), (8-49), (8-52) und (8-53) recht genau bestätigen, wie übrigens auch schon

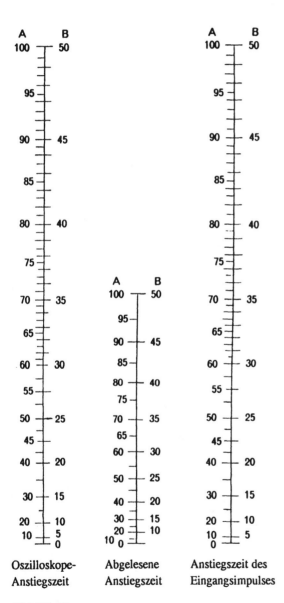

Oszilloskope-   Abgelesene   Anstiegszeit des
Anstiegszeit   Anstiegszeit   Eingangsimpulses

Bild 8-9 Nomogramm zur Umrechnung der auf einem Oszilloskop-Bildschirm abgelesenen Anstiegszeit in die tatsächliche Anstiegszeit des Eingangssignals unter Zugrundelegung eines Gaußschen Sprungantwortverhaltens; nach *Solartron Laboratory Instruments Ltd.*

die im Abschn. 4.1 für das R-C-Tiefpaß-Glied ermittelte Anstiegszeit nach Gl. (4-7); sehr lesenswert ist hierzu die Studie [E46].

Die Betragsfunktion Gl. (8-38) kann auch gar nicht exakt realisiert werden, denn derartige Versuche führen entweder direkt zu einer gegen Unendlich wachsenden Phasen- und Laufzeitfunktion, oder zu einer rationalen Übertragungsfunktion $A(p)$ vom Grade Unendlich. Erst nach Reduzierung der Anforderung auf eine rationale Übertragungsfunktion $A(p)$ von endlich hohem Grad bleiben Phasen- und Laufzeitfunktion sowie Realisierungsaufwand beschränkt. Dann aber beobachtet man auch stets die gute Übereinstimmung mit den vorstehend hergeleiteten Kenngrößen.

Hinweis

Man beachte die geringen Unterschiede zwischen den Maßstabsfaktoren in Gl. (4-7), (8-42) und (8-49)!

* 8.3 Zustandsbestimmung

Zustandsbestimmung

Die *Zustandsbestimmung* befaßt sich mit der Ermittlung innerer, nicht direkt meßbarer Zustandsgrößen (bzw. Zustandsvariablen, vgl. Abschnitt 8.2.1), aus äußeren, meßbaren Größen. Mathematisch ist hierbei also die Aufgabe gestellt, innere Zeitfunktionen $x_1(t)$, $x_2(t)$ usw. bis $x_n(t)$ zu berechnen, und zwar rückwärts („regressiv") aus davon abhängigen meßbaren Funktionen $f_i(x_1, x_2, ..., x_n)$. Im Prinzip ist diese Aufgabenstellung aus der „Gaußschen Ausgleichsrechnung für vermittelnde Beobachtungen" bekannt, vgl. z.B. [A12]. Die Durchführung einer derartigen „Regression" erfordert eine genaue Systembeschreibung, also ein festliegendes Modell für den Zusammenhang zwischen den inneren Zustandsgrößen und den äußeren Meßgrößen. Die Beschreibung des Systems erfolgt in der Regel in Form gewöhnlicher oder partieller Differentialgleichungen, die dann vorteilhafterweise in sog. „vektorieller Form" dargestellt werden, vgl. z.B. [A165].

Beispiele

Typische Beispiele für derartige Zustandsbestimmungen wären etwa Temperaturmessungen im Inneren von Reaktoren oder Verbrennungsmotoren, wobei man Temperaturaufnehmer eben nur außen in der Gehäusewand unterbringen kann und dann auf die Innentemperatur extrapolieren muß, Neutronenflußverteilungen in Kernreaktoren, u.a.m. [E151].

Parameterbestimmung

Im Falle der Systembeschreibung durch Differentialgleichungen unterscheidet man zwischen den zeitabhängigen Größen und ihren zeitlichen Ableitungen, also den *Systemzustandsgrößen*, und den *Systemparametern*, welche die Koeffizienten der Differentialgleichungen darstellen bzw. festlegen. Zuweilen sind nicht Zustandsgrößen gesucht, sondern Systemparameter, beispielsweise wenn ein Systemmodell zwar der Struktur nach bekannt ist, aber einzelne Koeffizienten seines Differentialgleichungssystems erst noch bestimmt werden müssen, etwa durch Messung mit bestimmten Testfunktionen oder durch Zuhilfenahme eines einstellbaren Bezugsmodells [E151]; in diesem Falle spricht man von einer *Parameteridentifikation* oder einer *Parameterschätzung*.

Zustandsbeobachter

In dem Falle, daß die meßbaren Größen *deterministisch* sind, nennt man einen Rechenalgorithmus zur Bestimmung der inneren Zustandsgrößen einen *Zustandsbeobachter*.

Kalman-Bucy-Filter

Im Falle *stochastischer* Meßgrößen kann man mit Hilfe des sog. *Kalman-Bucy-Filters* eine *Zustandsschätzung* errechnen [A199], [A200], [E167].

Diagnose

Eine besondere Entwicklungsrichtung ist die der *Diagnose* oder *Detektion.* Hier geht es darum, aus den meßbaren Größen nicht einfach nur auf innere Zustandsgrößen zu schließen, sondern eine *Entscheidung* herbeizuführen, ob ein bestimmter möglicherweise zu erwartender Umstand vorliegt oder nicht. Der wichtigste Anwendungsbereich dieser Art ist die *Schadenserkennung* oder *Schadensfrüherkennung* [E151].

Literatur

Eine etwas ausführlichere Übersicht findet man in [E151], eine umfassende Darstellung des Fachgebietes in [A204].

* 8.4 Erkennungsprobleme

Mustererkennung

Die Weiterentwicklung des Diagnoseprinzips (Abschnitt 8.3) führt zur *Erkennung* oder *Identifikation* von *Mustern* aufgrund der Prüfung einer Anzahl von *Merkmalen,* welche mathematisch durch vieldimensionale Vektoren auszudrücken sind. Bei zahlreichen Automatisierungsaufgaben geht es z.B. darum, bestimmte Objekte, Bilder oder Geräusche oder auch Systemzustände oder Systemparameter zu erkennen. Typische Beispiele wären etwa die optische Qualitätskontrolle von Stanzteilen oder die Erkennung von gesprochenen Worten. Es gibt bereits eine Reihe theoretisch durchdachter Methoden, vgl. z.B. [A205], doch ist die Entwicklung des Fachgebietes im ganzen z.Z. noch sehr im Fluß [E151].

Parameterbestimmung

Ein demgegenüber etwas abgegrenzter, schon in Abschnitt 8.3 erwähnter Bereich ist die *Parameterermittlung* und *Strukturerkennung* von Systemen, die insbesondere im Zusammenhang mit dem Betrieb *adaptiver Systeme* (vgl. Abschnitt 8.5) benötigt wird, in der Literatur aber vielfach ebenfalls als Erkennung oder Identifikation bezeichnet wird [A206]. Dieser Bereich ist mittlerweile recht ausführlich durchforscht. Eine erste Einführung mit zahlreichen Literaturhinweisen findet man in [A206].

* 8.5 Adaptive Systeme

Ein *adaptives* oder *selbstanpassendes* System hat die Fähigkeit, sein funktionelles Verhalten an sich unvorhersagbar ändernde Bedingungen oder Parameter automatisch anzupassen, in der Weise, daß stets eine optimale Verhaltensweise erreicht wird. Dies ist besonders in der Regelungstechnik von großer Bedeutung, wo sich insbesondere Strukturelemente oder Parameter von *Regelstrecken* in nicht vorhersagbarer Weise ändern können. Die automatische Anpassung der Verhaltensweise des *Reglers* ist dann oft schon deshalb erforderlich, weil sonst die Stabilität des Regelkreises in Frage gestellt werden könnte, meist hat die Adaptation aber darüber hinaus den Sinn, das statische und dynamische Verhalten des Reglers ständig optimiert zu halten.
Typische Beispiele adaptiver Regelungen sind etwa Flugregelungen, bei denen sich die Streckenparameter mit Geschwindigkeit und Flughöhe stark verändern, oder Triebwerksregelungen, deren Streckeneigenschaften sich mit dem barometrischen Druck, der Fluggeschwindigkeit oder der Luftfeuchte stark ändern [A206].

Grundfunktionen

Ein adaptives Regelsystem muß im wesentlichen folgende *Grundfunktionen* realisieren [A206]:

1. Die *Identifikation* (identification) oder *Erkennung*, durch die der zeitvariable Zustand eines Systems fortlaufend erfaßt wird.

2. Den *Entscheidungsprozeß* (decision), in dem die durch die Identifikation gewonnene Information über den realen Zustand des Systems mit einem erwünschten idealen Zustand verglichen und entschieden wird, welche Maßnahmen angebracht sind, um sich auf den idealen Zustand hinzubewegen.

3. Die *Modifikation* (modification, actuation) des Reglers, der sich aufgrund des Entscheidungsprozesses in vorgeschriebener Weise ändern muß.

Elementares Beispiel

Zur weiteren Erläuterung sei ein elementares Regelsystem nach Bild 8-10a betrachtet [A206]. Die Regelstrecke möge die Streckenübertragungsfunktion $K_S \cdot A_S(p)$ haben, der Regler die Reglerübertragungsfunktion $K_R \cdot A_R(p)$. Der Streckenübertragungsfaktor K_S möge in nicht vorhersagbarer Weise zeitlich langsam veränderlich sein, $K_S = K_S(t)$. Werden diese Änderungen zu groß, so wird sich i.a. das Zeitverhalten des Regelkreises in störender Weise verändern; beispielsweise kann unter gewissen Umständen ein oszillierendes Verhalten oder sogar Instabilität auftreten. Um dies zu verhindern, soll nun durch eine adaptive Regelung dafür gesorgt werden, daß der Vorwärtszweig des Regelkreises stets die konstante Gesamtverstärkung $V_0 = K_0 K_R$ beibehält, unabhängig davon, wie groß der Streckenübertragungsfaktor $K_S(t)$ wird. Hierfür sei das Regelsystem gemäß Bild 8-10b um einen Adaptionszusatz erweitert, welcher aus einem *Streckenmodell* mit der festen Übertragungsfunktion $K_0 \cdot A_S(p)$, einem *Dividierer* und einem *Multiplizierer* besteht. Der Dividierer ermittelt aus den Aus-

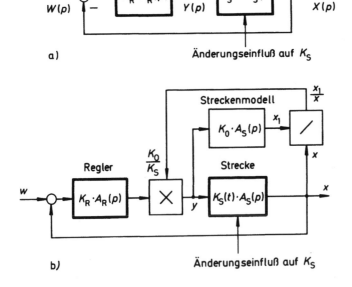

Bild 8-10

Elementares Beispiel für ein adaptives Regelsystem, nach [A206].

gangsfunktionen $x_1(t)$ und $x(t)$ für hinreichend langsam veränderliche $K_S(t)$ das Verhältnis K_0/K_S und stellt den Multiplizierer so nach, daß der quasistatische Gesamtverstärkungsfaktor

$$V_0 = K_R \cdot (K_0/K_S) \cdot K_S(t) = K_R K_0$$

konstant bleibt, obwohl $K_S(t)$ nicht konstant ist. Die *Identifikation* wird hier durch den Vergleich der Streckenausgangsgröße x mit der Modellausgangsgröße x_1 erledigt. Der *Entscheidungsprozeß* besteht aus der Erkenntnis, daß in Abhängigkeit von x_1/x der Gesamtverstärkungsfaktor umgekehrt proportional nachgestellt werden muß. Die *Modifikation* wird durch den Multiplizierer erreicht.

Literatur

Eine ausführlichere Einführung in das Gebiet der adaptiven Regelung sowie zahlreiche Literaturhinweise findet man in [A206], [A207].

Zusammenfassung zu Kapitel 8

1. Die wichtigsten Strukturelemente zusammengesetzter Systeme sind die Kettenstruktur, die Parallelstruktur und die Kreisstruktur. Soll der Umstand berücksichtigt werden, daß in physikalischen Einrichtungen Energie übertragen wird, so ist es zweckmäßig, Systeme als Netzwerke aus Grundzweipolen darzustellen, welche ein typisiertes und idealisiertes energetisches Verhalten zeigen: Ideale Grundzweipole sind Quellen, Speicher oder Widerstände. Daneben gibt es eine Reihe wichtiger vierpoliger Netzwerkelemente, wie z.B. gesteuerte Quellen. Netzwerktheoretische Begriffsbildungen sind nicht etwa auf die Elektrotechnik beschränkt, sondern auch auf andere Bereiche der Physik und Technik anwendbar.

2. Für die praktische Anwendung hat die Klasse der linearen, zeitunabhängigen Systeme die größte Bedeutung erlangt. Das hier geltende Superpositionsprinzip hat in Verbindung mit der Voraussetzung der Zeitunabhängigkeit die Entwicklung und Anwendung verschiedener sehr aussagefähiger mathematischer Methoden ermöglicht, beispielsweise der Fourierzerlegung, der Fouriertransformation und der Laplace-Transformation. Die Laplace-Transformation ist für die Lösung praktischer systemtheoretischer Aufgabenstellungen insofern sehr nützlich, als sie es erlaubt, das Übertragungsverhalten von Systemen energielosen Anfangszustandes durch den einfachen Begriff der Übertragungsfunktion $A(p)$ darzustellen und ausführliche Tabellenwerke mit Funktions- und Operationskorrespondenzen zwischen Zeit- und Frequenzbereich zu benutzen. Bei den Netzwerken aus konzentrierten, linearen, zeitunabhängigen Elementen ist die Übertragungsfunktion $A(p)$ eine gebrochen rationale Funktion. Durch geeignete Verfügung über Zähler- und Nennerpolynome kann ein vorgegebenes Übertragungsverhalten realisiert oder ein nicht optimales Verhalten einer Teileinrichtung durch Kettenschaltung eines geeigneten Korrekturnetzwerks verbessert werden. Maximal flachen Frequenzgang des Betrages zeigt die Übertragungsfunktion nach Butterworth, optimales Impulsverhalten die Besselsche oder Gaußsche Übertragungsfunktion. Für Systeme mit optimalem Impulsverhalten (also z.B. für impulsoptimal dimensionierte Oszilloskope) gilt mit guter Näherung stets der gleiche Zusammenhang zwischen 3 dB-Bandbreite und Anstiegszeit, nämlich $t_r = 0{,}34/f_g$. Abtastung und Digitalisierung verursachen eine zeitliche Diskretisierung bzw. eine darstellungsmäßige Quantisierung.

3. *Die Zustandsbestimmung befaßt sich mit der Bestimmung innerer, nicht direkt meßbarer Größen, aus äußeren, meßbaren Größen. Für die Durchführung einer derartigen
„Regression" benötigt man eine genaue Systembeschreibung, in der Regel in Form
gewöhnlicher oder partieller Differentialgleichungen.*

4. *Die Erkennungs- oder Identifikationstheorie befaßt sich einerseits mit der Erkennung
von Mustern aufgrund der Prüfung einer Anzahl von Merkmalen, zum anderen aber
auch mit der fortlaufenden Bestimmung zeitlich veränderlicher Systemparameter.*

5. *Adaptive Systeme haben die Fähigkeit, ihr funktionelles Verhalten an sich unvorhersagbar ändernde Bedingungen oder Parameter automatisch anzupassen. Die automatische Anpassung erfordert eine Identifikation des jeweiligen Systemzustandes, einen
Entscheidungsprozeß zur Festlegung der erforderlichen Anpassungsmaßnahme, und
schließlich eine dem Ergebnis der Entscheidung entsprechende Modifikation des
Systemzustandes.*

Literatur zu Kapitel 8

[A62] *Ameling, Laplace-Transformation*, eine ausführliche Einführung in Fourierreihe, Fouriertransformation und Laplace-Transformation unter Berücksichtigung des mathematischen und
historischen Hintergrundes, mit zahlreichen Beispielen und einem ausführlichen Tabellen-
anhang.

[A163] *Ostrovskij, Elektrische Meßtechnik*, war lange Zeit das einzige systemtheoretisch orientierte
meßtechnische Lehrbuch in deutscher Sprache.

[A164] *Kronmüller, Methoden der Meßtechnik*, ein ausführliches modernes Lehrbuch zur Systemtheorie der Meßtechnik.

[A165] *Schwarz, Einführung in die moderne Systemtheorie*, ein hilfreiches Lehrbuch insbesondere
für die erstmalige Einarbeitung in die Systemtheorie in Zustandsvariablen.

[A167] *Küpfmüller, Die Systemtheorie der elektrischen Nachrichtenübertragung*, ein berühmt ge-
wordenes klassisches Lehrbuch, mit angehängten Hinweisen auf die moderne Entwicklung.

[A168] *Wunsch, Moderne Systemtheorie*, eine sorgfältig formulierte Übersicht über den modernen
Stand der Systemtheorie, welche beispielsweise auch das Kausalitätsprinzip konsequent berücksichtigt.

[A169] *Wunsch, Theorie und Anwendung linearer Netzwerke*, eine Zusammenstellung des heutigen
netzwerktheoretischen Standardwissens in zwei Bänden.

[A170] *Wolf, Lineare Systeme und Netzwerke*, ein Studienbuch mit einer Auswahl des grundlegend
wichtigen Wissens.

[A171] *Woschni, Meßdynamik*, eine gut lesbare Einführung in die Theorie dynamischer Messungen.

[A172] *Lüke, Signalübertragung*, eine Darstellung des Fachgebietes unter nachrichtentechnischen
Gesichtspunkten, unter gelegentlichem Rückgriff auf nichtkausale Systembeschreibungen.

[A174] *Feldtkeller, Einführung in die Vierpoltheorie*, eine umfassende klassische Zusammenfassung
der Vierpoltheorie.

[A175] *Feldtkeller, Einführung in die Siebschaltungstheorie*, eine klassische Zusammenfassung der
sog. Wellenparametertheorie für den Entwurf von Filtern.

[A176] *Bosse, Einführung in die Synthese elektrischer Siebschaltungen*, eine knapp formulierte Einführung in die sog. Betriebsparametertheorie des Filterentwurfes unter Beschränkung auf
Reaktanznetzwerke.

[A179] *Philippow, Nichtlineare Elektrotechnik*, eine umfassende Zusammenstellung von Methoden zur Analyse von Schaltungen mit nichtlinearen Elementen.

[A181] *Göldner, Mathematische Grundlagen für Regelungstechniker*, ein sehr gut lesbares Lehr- und Übungsbuch, insbesondere für die erstmalige Einarbeitung in die mathematischen Grundlagen der System- und Netzwerktheorie.

[A184] *Greuel, Mathematische Ergänzungen und Aufgaben für Elektrotechniker*, ein sehr empfehlenswertes Übungsbuch.

[A186] *Kaufmann, Dynamische Vorgänge in linearen Systemen der Nachrichten- und Regelungstechnik*, eine sehr gut lesbare Einführung in die Theorie linearer Systeme und Netzwerke.

[A187] *Stewart, Theorie und Entwurf elektrischer Netzwerke*, eine ausführliche, sehr verständlich geschriebene Einführung in die Netzwerktheorie, insbesondere für die erstmalige Einarbeitung, mit zahlreichen Übungen.

[A189] *Zverev, Handbook of Filter Synthesis*, ein katalogartiges Nachschlagewerk für die Filtersynthese.

[A190] *Löhr, Beispiele und Aufgaben zur Laplace-Transformation*, ein empfehlenswertes Übungsbuch, z.B. zum Gebrauch neben [A62].

[A191] *Vahldiek, Übertragungsfunktionen*, ein Arbeitsbuch im Taschenbuchformat.

[A201] *Doetsch, Anleitung zum praktischen Gebrauch der Laplacetransformation und der Z-Transformation*, ein fundamentales Anleitungs- und Tabellenwerk.

Literaturverzeichnis

A. Bücher

[1] Platon, Sämtliche Werke, Band 5, herausgegeben von F. Otto, E. Grassi, G. Plamböck. Rowohlt, Hamburg, 1959. S. 126.

[2] Toeller, H., Forschung und Lehre auf dem Gebiet der Metrologie. Herausgegeben von der Deutschen Forschungsgemeinschaft, Bad Godesberg, 1964.

[3] Vieweg, R., Maß und Messen in kulturgeschichtlicher Sicht. Steiner-Verlag, Wiesbaden, 1962.

[4] Winter, F. W., Die neuen Einheiten im Meßwesen. Girardet, Essen, 2. Aufl. 1974.

[5] Bender, D., Pippig, E., Einheiten – Maßsysteme – SI. Vieweg, Braunschweig 1973.

[6] Stille, U., Messen und Rechnen in der Physik. Vieweg, Braunschweig 1961.

[7] Philippow, E., Grundlagen der Elektrotechnik. Akad. Verlagsgesellsch., Leipzig 1975.

[8] Guillemin, E. A., Mathematische Methoden des Ingenieurs. Oldenbourg, München 1966.

[9] Lüke, H. D., Signalübertragung. Springer, Berlin 1975.

[10] Beneking, H., Praxis des elektronischen Rauschens. Bibl. Inst., Mannheim 1971.

[11] Bittel, H., Storm, L., Rauschen. Springer, Berlin 1971.

[12] Zurmühl, R., Praktische Mathematik für Ingenieure und Physiker. Springer, Berlin 1965.

[13] Baule, B., Die Mathematik des Naturforschers und Ingenieurs, Band II, Ausgleichs- und Näherungsrechnung. Hirzel, Leipzig 1956.

[14] Bronstein, I. N., Semendjajew, K. A., Taschenbuch der Mathematik. Verlag Harri Deutsch, Zürich.

[15] Grave, H. F., Grundlagen der Elektrotechnik I und II. Akademische Verlagsgesellschaft, Frankfurt 1971.

[16] Bartak, H. W., Elektrische Meßgeräte und ihre Anwendung in der Praxis. Richard Pflaum Verlag, München 1973.

[17] Palm, A., Hunsinger, W., Münch, G., Elektrische Meßgeräte und Meßeinrichtungen. Springer, Berlin 1963.

[18] Pflier, P. M., Jahn, H., Elektrische Meßgeräte und Meßverfahren. Springer, Berlin 1965.

[19] Stöckl, Winterling, Elektrische Meßtechnik. Teubner, Stuttgart 1968.

[20] Merz, L., Grundkurs der Meßtechnik, Teil 1. Oldenbourg, München 1974.

[21] Bräuning, G., Gewöhnliche Differentialgleichungen. Verlag H. Deutsch, Zürich 1975.

[22] Neumann, H., Das Messen mit elektrischen Geräten. Springer, Berlin 1960.

[23] Dosse, J., Elektrische Meßtechnik. Akad. Verlagsges., Frankfurt a. M. 1973

[24] Müseler, H., Schneider, Th., Elektronik. Hanser, München 1975.

[25] Dabrowski, G., Bauelemente der Elektronik. AT-Fachverlag GmbH., Stuttgart 1974.

[26] Kaden, H., Wirbelströme und Schirmung in der Nachrichtentechnik. Springer, Berlin 1959.

[27] Heck, C., Magnetische Werkstoffe und ihre technische Anwendung. Hüthig-Verlag, Heidelberg 1975.

[28] Weichmagnetische Werkstoffe. Vacuumschmelze GmbH Hanau, FS-M7.

[29] Magnetische Abschirmungen. Vacuumschmelze GmbH Hanau, FS-M9.

[30] Feldtkeller, R., Theorie der Spulen und Übertrager. Hirzel-Verlag, Stuttgart 1958.

[31] Feldtkeller, R., Tabellen und Kurven zur Berechnung von Spulen und Übertragern. Hirzel-Verlag, Stuttgart 1958.

[32] Küpfmüller, K., Einführung in die theoretische Elektrotechnik. Springer, Berlin 1973.

[33] Zinke, O., Widerstände, Kondensatoren, Spulen und ihre Werkstoffe. Springer, Berlin 1965.

[34] Grimm, E., Elektrisches Messen in Theorie und Praxis. Verlag „Der Elektromonteur", Aarau (Schweiz), 1976.

[35] Zastrow, D., Elektrotechnik. Vieweg, Braunschweig 1977.

[36] Müller-Schwarz, W., Grundlagen der Elektrotechnik. Siemens 1969.

[37] Jüttemann, H., Grundlagen des elektrischen Messens nichtelektrischer Größen. VDI-Verlag, Düsseldorf 1974.

[38] Rint, C., Handbuch für Hochfrequenz- und Elektrotechniker, Band III. Verlag für Radio-Foto-Kinotechnik, Berlin 1954.

[39] Meinke, H., Gundlach, F. W., Taschenbuch der Hochfrequenztechnik. Springer, Berlin 1968.

[40] Lipinski, K., Das Oszilloskop. VDE-Verlag, Berlin 1976.

[41] Tietze, U., Schenk, Ch., Halbleiter-Schaltungstechnik. Springer, Berlin 1971.

[42] Bauer, R., Die Meßwandler. Springer, Berlin 1953.

[43] Schumny, H., Digitale Datenverarbeitung. Vieweg, Braunschweig 1975.

[44] Tafel, H. J., Einführung in die digitale Datenverarbeitung. Hanser, München 1971.

[45] Weber, W., Einführung in die Methoden der Digitaltechnik. AEG-Telefunken, Berlin 1970.

[46] Dirks, Ch., Krinn, H., Microcomputer. Berliner Union u. Kohlhammer, Stuttgart 1976.

[47] Helke, H., Gleichstrommeßbrücken, Gleichspannungskompensatoren und ihre Normale. Oldenbourg, München 1974.

[48] Helke, H., Meßbrücken und Kompensatoren für Wechselstrom. Oldenbourg, München 1971.

[49] Fricke, H. W., Das Arbeiten mit Elektronenstrahl-Oszillographen. Geyer, Bad Wörishofen 1969.

[50] Borucki, L., Dittmann, J., Digitale Meßtechnik. Springer, Berlin 1971.

[51] Pflier, P. M., Elektrizitätszähler. Springer, Berlin 1954.

[52] Krönert, J., Meßbrücken und Kompensatoren, Band 1. Oldenbourg, München 1935.

[53] Wirk, A., Thilo, H. G., Niederfrequenz- und Mittelfrequenz-Meßtechnik für das Nachrichtengebiet. Hirzel, Stuttgart 1956.

[54] Wijn, H. P. J., Dullenkopf, P., Werkstoffe der Elektrotechnik. Springer, Berlin 1967.

[55] Siemens AG, Bauelemente, Technische Erläuterungen und Kenndaten für Studierende, April 1977.

[56] NMR and EPR Spectroscopy, Pergamon Press 1960.

[57] Schneider, F., Plato, M., Elektronenspin-Resonanz. Thiemig, München 1971.

[58] Kronmüller, H., Nachwirkung in Ferromagnetika. Springer, Berlin 1968.

[59] Schaefer, E., Magnettechnik. Vogel-Verlag, Würzburg 1969.

[60] Wagner, K. W., Elektromagnetische Wellen. Birkhäuser, Basel 1953.

[61] Doetsch, G., Anleitung zum praktischen Gebrauch der Laplace-Transformation. Oldenbourg, München 1956.

[62] Ameling, W., Laplace-Transformation. Bertelsmann Universitätsverlag, Düsseldorf 1975.

[63] Steinbuch, K., Rupprecht, W., Nachrichtentechnik. Springer, Berlin 1967.

[64] Fricke, H., Lamberts, K., Schuchardt, W., Elektrische Nachrichtentechnik. Teubner, Stuttgart 1971.

[65] Kaden, H., Impulse und Schaltvorgänge in der Nachrichtentechnik. Oldenbourg, München 1957.

[66] Zinke, O., Brunswig, H., Hochfrequenz-Meßtechnik. Hirzel, Stuttgart 1959.

[67] Geschwinde, H., Die Praxis der Kreis- und Leitungsdiagramme in der Hochfrequenztechnik. Franzis-Verlag, München 1959.

[68] Müllender, R., Höchstfrequenztechnik. Berliner Union, 1978.

[69] Meinke, H. H., Felder und Wellen in Hohlleitern. Oldenbourg, München 1949.

[70] Zinke, O., Brunswig, H., Lehrbuch der Hochfrequenztechnik I. Springer, Berlin 1973.

[71] Weissfloch, A., Schaltungstheorie und Meßtechnik des Dezimeter- und Zentimeterwellengebietes. Birkhäuser, Basel 1954.

[72] Rothammel, K., Antennenbuch. Franckh, Stuttgart 1968.

[73] Schütte, K., Index mathematischer Tafelwerke und Tabellen. Oldenbourg, München 1966.

[74] Jahnke, E., Emde, F., Tables of Functions. Darin Verzeichnis weiterer Tafeln. Dover Publications, 1945.

[75] Flegler, E., Einführ. in die Hochspannungstechnik. Braun, Karlsruhe 1964.

[76] Morrison, R., Grounding and Shielding Techniques in Instrumentation. Wiley, New York 1967.

[77] Burr-Brown, Applications of Operational Amplifiers, Third-Generation Techniques.

[78] Warner, A., Erläuterungen zu den Bestimmungen für die Funk-Entstörung von Geräten, Maschinen und Anlagen für Nennfrequenzen von 0 bis 10 kHz. VDE-Schriftenreihe Heft 16, VDE-Verlag, Berlin 1965.

[79] Jesse, G., Störspannungen. Hartmann & Braun Firmenschrift L 3490.

[80] Groll, H., Mikrowellen-Meßtechnik. Vieweg, Braunschweig 1969.

[81] Tietze, U., Schenk, Ch., Halbleiter-Schaltungstechnik. Springer, Berlin 1976.

[82] Römisch, H., Berechnung von Verstärkerschaltungen. Teubner, Stuttgart 1974.

[83] Beuth, K., Schmusch, W., Grundschaltungen der Elektronik, Elektronik 3. Vogel-Verlag, Würzburg 1976.

[84] Bishop, G. D., Einführung in lineare elektronische Schaltungen. Vieweg, Braunschweig 1977.

[85] Peters, J., Einschwingvorgänge, Gegenkopplung, Stabilität. Springer, Berlin 1954.

[86] Arnolds, F., Elektronische Meßtechnik. Berliner Union, Stuttgart 1976.

[87] Hart, H., Einführung in die Meßtechnik. Vieweg, Braunschweig 1978.

[88] Bergtold, F., Schaltungen mit Operationsverstärkern, Band 1 und 2. Oldenbourg, München 1975.

[89] Bergtold, F., Umgang mit Operationsverstärkern. Oldenbourg, München 1975.

[90] Ulrich, D., Grundlagen der Digital-Elektronik und digitalen Rechentechnik. Franzis, München 1973.

[91] Texas Instruments GmbH., Das TTL-Kochbuch. Freising, 1972.

[92] Quartly, C. J., Schaltungstechnik mit Rechteckferriten. Philips Fachbuchverlag, Hamburg 1965.

[93] Texas Instruments Deutschland GmbH., Applikationsbuch 1.

[94] Wüstehube, J., Integrierte Halbleiterschaltungen. Valvo GmbH., 1966.

[95] Glaser, W., Kohl, G., Mikroelektronik. Vogel-Verlag, Würzburg 1970.

[96] Osborne, A., Einführung in die Mikrocomputertechnik. te-wi Verlag München, 1977.

[97] Morris, N. M., Einführung in die Digitaltechnik. Vieweg, Braunschweig 1977.

[98] Böhmer, E., Elemente der angewandten Elektronik. Vieweg, Braunschweig 1979.

[99] Steudel, E., Wunderer, P., Gleichstromverstärker kleiner Signale. Akad. Verlagsges. Frankfurt 1967.

[100] Herrmann, O., Jess, J., Schüßler, W., Zur Auswahl optimaler impulsformender Netzwerke. Forschungsber. des Landes NRW, Nr. 1081, Westdeutscher Verlag Köln 1962.

[101]   Straßburger-Nöring, E., Abgleichbarkeit empfindlichkeitsgünstiger RC-Verstärkerfilter zweiten Grades mit einem einzigen Operationsverstärker. Diss. RWTH Aachen, Inst. für Techn. Elektronik, 1979.

[102]   Rohde & Schwarz, Elektronische Meßgeräte und Meßsysteme, Katalog 1978.

[103]   Siemens, Nachrichtenmeßgeräte, 14. Ausgabe 1977/78.

[104]   Hewlett Packard, 1970 Electronics for Measurement, Analysis, Computation.

[105]   Hewlett Packard, Electronic Instruments and Systems 1979.

[106]   Wehrmann, W., Einführung in die stochastisch-ergodische Impulstechnik. 1973.

[107]   Siemens, Elektrische Meßgeräte und Meßeinrichtungen, 1973.

[108]   Best, R., Theorie und Anwendungen des Phase-locked Loops. AT-Fachverlag GmbH., Stuttgart, 1976.

[109]   Lange, W. R., Digital-Analog/Analog-Digital-Wandlung. Oldenbourg, München 1974.

[110]   Sheingold, D. H., Analog-digital conversion handbook. Analog Devices, Norwood, Massachusetts 1972.

[111]   Zielinski, Erzeugung von Zufallszahlen. Verlag H. Deutsch, Frankfurt 1978.

[112]   Gorski-Popiel, J., Frequency Synthesis: Techniques and Applications. IEEE, New York 1975.

[113]   Jüttemann, H., Grundlagen d. elektr. Messens nichtelektr. Größen. VDI-Verlag, Düsseldorf 1974.

[114]   Kronmüller, H., Barakat, F., Prozeßmeßtechnik I. Springer, Berlin 1974.

[115]   Niebuhr, J., Phys. Meßtechnik, Bd. I u. II. Oldenbourg, München 1977.

[116]   Samal, E., Elektr. Messung v. Prozeßgrößen. AEG-Telefunken Handbücher Bd. 17. Elitera-Verlag, Berlin 1974.

[117]   Rohrbach, Ch., Handbuch für elektr. Messen mechanischer Größen. VDI-Verlag, Düsseldorf 1967.

[118]   Profos, P., Handbuch der industriellen Meßtechnik. Vulkan-Verlag, Essen 1974.

[119]   Norton, H. N., Handbook of Transducers for Electronic Measuring Systems. Prentice-Hall, Englewood Cliffs 1969.

[120]   Harvey, G. F., ISA Transducer Compendium, Pt. 1–3. IFI/Plenum, New York 1969.

[121]   Merz, L., Grundkurs der Meßtechnik, Teil 2: Das elektrische Messen nichtelektrischer Größen. Oldenbourg, München 1973.

[122]   Haug, A., Elektronisches Messen mechanischer Größen. Hanser, München 1969.

[123]   Potma, T., Dehnungsmeßstreifen-Meßtechnik. Philips, Hamburg 1968.

[124]   Erler, W., Walter, L., Elektrisches Messen nichtelektrischer Größen mit Halbleiterwiderständen. VEB Technik, Berlin 1973.

[125]   Holzmann, G., Dreyer, H. J., Technische Mechanik, Teil 3, Festigkeitslehre. Teubner, Stuttgart 1968.

[126]   Decker, K. H., Technische Mechanik, Band 2, Festigkeitslehre. Hanser, München 1970.

[127]   Winkler, J., Bucher, E., Massow, H., Kölbel, E., Technische Mechanik für Ingenieurschulen, Band 2, Festigkeitslehre. Deutsch, Frankfurt 1973.

[128]   Thiel, R., Elektrisches Messen nichtelektrischer Größen. Teubner Studienskripten Nr. 67, Stuttgart 1977.

[129]   Horn, K., Über phasenselektive Demodulation unter besonderer Berücksichtigung von Ringmodulatoren. Diss. TH Aachen, 1964.

[130]   Peter, K., Digitales Betriebsmeßverfahren für die elektrische Wiegetechnik mit Dehnungsmeßstreifen-Kraftmeßdosen. Diss. TH Aachen, 1965.

[131]   VDI-Bericht Nr. 137, Präzisionsmessungen mit Dehnungsmeßstreifen für Kraftmessung und Wägung. VDI, Düsseldorf 1970.

[132]   Siemens AG, Messen in der Prozeßtechnik. Karlsruhe 1972.

[133]   Philippow, E., Taschenbuch Elektrotechnik, Band 1, 4. Auflage 1968, VEB Verlag Technik Berlin.

[134]   Orlicek, A. F., Reuther, F. L., Zur Technik der Mengen- und Durchflußmessung von Flüssigkeiten. Oldenbourg, München 1971.

[135]   Rockschies, J., Möglichkeiten zur Verbesserung der Übertragungseigenschaften von mechanischen Schwingungsmeßumformern. Diss. TH Aachen, 1967.

[136]   Das internationale Einheitensystem (SI). Vieweg, Braunschweig 1977.

[137]   VDI-Bericht Nr. 198, Technische Temperaturmessung. VDI, Düsseldorf 1973.

[138]   Roling, E., Meßtechnik, Einführung und Anwendung. Hartmann & Braun, Firmenschrift L 3350.

[139]   Weichert, L., Temperaturmessung in der Technik. Lexika-Verlag, 1976.

[140]   Kochen, G., Praxis der Durchflußmessung von Gasen, Dampf und Flüssigkeiten. Hartmann & Braun Firmenschrift L 790.

[141]   Wunderer, P., Fechner, D., pH-Wert und Redox-Potential. Hartmann & Braun Firmenschrift L 3413.

[142]   Elektrische Meßgeräte für den Umweltschutz. Herausgegeben vom Fachverband Meßtechnik und Prozeßautomatisierung im ZVEI, Frankfurt 1973.

[143]   Karthaus, H., Engelhardt, H., Physikalische Gasanalyse, Grundlagen. Hartmann & Braun Firmenschrift L 3410.

[144]   Sugden, T. M., Kenney, C. N., Microwave Spectroscopy of Gases. Van Nostrand, London 1965.

[145]   Zöllner, W. D., Anwendung der Phasenmodulation zur Frequenzregelung eines Mikrowellenoszillators in einem Gaskonzentrationsmeßgerät. Diss. TH Aachen, 1976.

[146]   Schneider, F., Plato, M., Elektronenspin-Resonanz. Thiemig, München 1971.

[147]   Hartmann, W., Meßverfahren unter Anwendung ionisierender Strahlung. Handbuch der Meßtechnik in der Betriebskontrolle, Band 5. Akad. Verlagsges., Leipzig 1969.

[148]   Bauer, K., Neumann, E., Der Explosionsschutz in elektrischen meß-, analysen- und regelungstechnischen Anlagen. Hartmann & Braun AG, Dokumentation PD 11, 1974.

[149]   Flosdorff, R., Hilgarth, G., Elektrische Energieverteilung. Teubner, Stuttgart 1975.

[150]   Denzel, P., Grundlagen der Übertragung elektrischer Energie. Springer, Berlin 1966.

[151]   Leonhard, W., Einführung in die Regelungstechnik: Lineare Regelvorgänge. Vieweg, Wiesbaden 1972.

[152]   Merz, L., Grundkurs der Regelungstechnik. Oldenbourg, München 1976.

[153]   Schäfer, O., Grundlagen der selbsttätigen Regelung. Franzis, München 1957.

[154]   Latzel, W., Regelung mit dem Prozeßrechner. Bibliograph. Institut, Mannheim 1977.

[155]   Fleck, K., Explosionsschutz in der Elektrotechnik für energie- und leittechnische Anlagen. VDE-Verlag GmbH., Berlin und Offenbach 1983.

[156]   Olenik, Wettstein, Rentzsch, BBC-Handbuch für Explosionsschutz. 2. Aufl., Essen, Girardet-Verlag, 1983.

[157]   Krist, Th., Grundwissen Umweltschutz. Technik-Tabellen-Verlag Fikentscher & Co, Darmstadt 1974.

[158]   König, H. L., Unsichtbare Umwelt. Moos Verlag München, 1975.

[159]   Novickij, P. V., Knorring, V. G., Gutnikov, V. S., Frequenzanaloge Meßeinrichtungen. VEB Technik Berlin, 1976.

[160]   Günther, B., Die Datenverarbeitung als Hilfsmittel des Ingenieurs. Werner-Verlag, Düsseldorf 1971.

[161]   Hofer, H., Datenfernverarbeitung. Springer, Berlin 1973.

[162] Schumny, H., Taschenrechner + Mikrocomputer Jahrbuch 1980. Vieweg, Braunschweig und Wiesbaden, 1979.

[163] Ostrovskij, L. A., Elektrische Meßtechnik. VEB Technik Berlin, 1974.

[164] Kronmüller, H., Methoden der Meßtechnik. Schnäcker-Verlag, Karlsruhe 1979.

[165] Schwarz, H., Einführung in die moderne Systemtheorie. Vieweg, Braunschweig 1969.

[166] Peschel, M., Modellbildung für Signale und Systeme. VEB Technik Berlin, 1978.

[167] Küpfmüller, K., Die Systemtheorie der elektrischen Nachrichtenübertragung. Hirzel, Stuttgart 1974.

[168] Wunsch, G., Moderne Systemtheorie. Akad. Verlagsges., Leipzig 1962.

[169] Wunsch, G., Theorie und Anwendung linearer Netzwerke, Teil I und II. Akad. Verlagsges., Leipzig 1961/1964.

[170] Wolf, H., Lineare Systeme und Netzwerke. Springer, Berlin 1971.

[171] Woschni, E. G., Meßdynamik. Hirzel, Leipzig 1972.

[172] Lüke, H. D., Signalübertragung. Springer, Berlin 1979.

[173] Peschel, M., Wunsch, G., Methoden und Prinzipien der Systemtheorie.

[174] Feldtkeller, R., Einführung in die Vierpoltheorie. Hirzel, Zürich 1953.

[175] Feldtkeller, R., Einführung in die Siebschaltungstheorie. Hirzel, Stuttgart 1956.

[176] Bosse, G., Einführung in die Synthese elektrischer Siebschaltungen. Hirzel, Stuttgart 1963.

[177] Taft, W. A., Fragen der Theorie elektrischer Netzwerke mit veränderlichen Parametern. Akad. Verlagsges., Leipzig 1960.

[178] Freund, E., Zeitvariable Mehrgrößensysteme. Springer, Berlin 1971.

[179] Philippow, E., Nichtlineare Elektrotechnik. Akad. Verlagsges., Leipzig 1971.

[180] Föllinger, O., Nichtlineare Regelungen I bis III. Oldenbourg, München 1969/1970.

[181] Göldner, K., Mathematische Grundlagen für Regelungstechniker. Verlag H. Deutsch, Frankfurt 1969.

[182] Schüssler, H. W., Netzwerke und Systeme I. Bibliograph. Inst., Mannheim 1971.

[183] Mitra, S. K., Analysis and Synthesis of Linear Active Networks. Wiley, New York 1969.

[184] Greuel, O., Mathematische Ergänzungen und Aufgaben für Elektrotechniker. Hanser, München 1972.

[185] Dobesch, H., Sulanke, H., Zeitfunktionen. VEB Technik, Berlin 1966.

[186] Kaufmann, H., Dynamische Vorgänge in linearen Systemen der Nachrichten- und Regelungstechnik. Oldenbourg, München 1959.

[187] Stewart, J. L., Theorie und Entwurf elektrischer Netzwerke. Berliner Union, Stuttgart 1958.

[188] Humpherys, D. S., The Analysis, Design and Synthesis of Electrical Filters. Prentice Hall, Englewood Cliffs 1970.

[189] Zverev, A. I., Handbook of Filter Synthesis. Wiley, New York 1967.

[190] Löhr, H. J., Beispiele und Aufgaben zur Laplace-Transformation. Vieweg, Braunschweig 1979.

[191] Vahldiek, H., Übertragungsfunktionen. Oldenbourg, München 1973.

[192] Vahldiek, H., Aktive RC-Filter. Oldenbourg, München 1976.

[193] Huelsman, L. P., Theory and Design of Active RC Circuits. McGraw-Hill, New York 1968.

[194] Schüssler, H. W., Über die Darstellung von Übertragungsfunktionen und Netzwerken am Analogrechner. Forschungsber. d. Landes NW Nr. 1009, Westdeutscher Verlag, Köln 1961.

[195] Rockschies, J., Möglichkeiten zur Verbesserung der Übertragungseigenschaften von mechanischen Schwingungsmeßumformern. Diss. TH Aachen, 1967.

[196] Rupprecht, W., Netzwerksynthese. Springer, Berlin 1972.

[197] Fritzsche, G., Entwurf linearer Schaltungen. VEB Technik, Berlin 1962.

[198] Jazwinsky, A. H., Stochastic Processes and Filtering Theory. Academic Press, London 1970.

[199] Brammer, Siffling, Kalman-Bucy-Filter. Oldenbourg, München 1975.

[200] Brammer, Siffling, Stochastische Grundlagen des Kalman-Bucy-Filters. Oldenbourg, München 1975.

[201] Doetsch, G., Anleitung zum praktischen Gebrauch der Laplacetransformation und der Z-Transformation. Oldenbourg, München 1967.

[202] Zypkin, J. S., Differenzengleichungen der Impuls- und Regeltechnik. VEB Technik, Berlin 1956.

[203] Vich, R., Z-Transformation. VEB Technik, Berlin 1963.

[204] Eykhoff, P., System Identification – Parameter and State Estimation. Wiley, New York 1974.

[205] Meyer-Brötz, Schürmann, Methoden der automatischen Zeichenerkennung. Oldenbourg, München 1970.

[206] Weber, W., Adaptive Regelungssysteme I. Oldenbourg, München 1971.

[207] Weber, W., Adaptive Regelungssysteme II. Oldenbourg, München 1971.

[208] Schüssler, H. W., Digitale Systeme zur Signalverarbeitung. Springer, Berlin 1973.

[209] Schlitt, H., Stochastische Vorgänge in linearen und nichtlinearen Regelkreisen. Vieweg, Wiesbaden 1967.

[210] Warner, A., Einführung in das VDE-Vorschriftenwerk. VDE-Verlag, Berlin 1983.

[211] Naumann, G., Meiling, W., Stscherbina, A., Standard-Interfaces der Meßtechnik. VEB Technik Berlin 1980.

[212] Neufang, O., Lexikon der Elektronik. Vieweg, Braunschweig/Wiesbaden 1983.

[213] Schuon, E., Wolf, H., Nachrichten-Meßtechnik. Springer, Berlin 1981.

[214] Theorie und Praxis der Logikanalyse. Verlag Markt & Technik, Haar 1981.

[215] Klein, Einführung in die DIN-Normen. Beuth-Verlag, Berlin 1980, 1989.

[216] Das internationale Einheitensystem (SI). Übersetzung der vom Internationalen Büro für Maß und Gewicht herausgegebenen Schrift "Le Systeme International d'Unites (SI)". Vieweg, Braunschweig, vgl. jeweils die neueste Auflage.

[217] Piotrowski, A., IEC-Bus. Franzis, München 1982.

[218] Walz, G., Grundlagen und Anwendungen des IEC-Bus. Verlarg Markt und Technik, 1982. ISBN 3-922120-22-9.

[219] Hofmann, D., Handbuch Meßtechnik und Qualitätssicherung. Vieweg, Braunschweig und Wiesbaden 1983.

[220] Krieg/Heller/Hunecke, Leitfaden der DIN-Normen. Teubner, Stuttgart 1983.

[221] Bauer, K., Göldner, H. D., Neumann, E., Der Explosionsschutz in elektrischen, meß-, analysen- und regelungstechnischen Anlagen. Hartmann & Braun AG, Dokumentation 01 Pd 11−4, 1985.

[222] Schwab, A. J., Elektromagnetische Verträglichkeit. Springer, Berlin 1991; darin umfangreiches Schrifttumsverzeichnis.

[223] Beermann, D., Günther, B., Schimmele, A., Eigensicherheit in explosionsgeschützten MSR-Anlagen. VDE-Verlag, Berlin 1988.

[224] Mäusl, R., Schlagheck, E., Meßverfahren in der Nachrichten-Übertragungstechnik. Hüthig-Verlag, 2. Aufl., 1991.

[225] Bludau, W., Gündner, H. M., Kaiser, M., Systemgrundlagen und Meßtechnik in der optischen Übertragungstechnik. Teubner Studienskripten, 1985.

[226] Grimm, E., Nowak, W., Lichtwellenleiter-Technik. Hüthig-Verlag, Heidelberg, 1989; mit umfangreichem Literaturverzeichnis.

[227] Geckler, S., Lichtwellenleiter für die optische Nachrichtenübertragung. Springer, Berlin 1987.

[228] Kersten, R. Th., Einführung in die optische Nachrichtentechnik. Springer, Berlin 1983.

[229] Unger, H. G., Optische Nachrichtentechnik. Hüthig, Heidelberg 1984.

[230] Heinlein, W., Grundlagen der faseroptischen Übertragungstechnik. Teubner, Stuttgart 1985.

[231] NTG Fachbericht 75: Meßtechnik in der optischen Nachrichtentechnik. VDE-Verlag, Berlin 1980.

[232] NTG Fachbericht 89: Lichtwellenleiterkabel. VDE-Verlag, Berlin 1985.

[233] Hoffmann, K., Eine Einführung in die Technik des Messens mit Dehnungsmeßstreifen. Herausgeber: Hottinger Baldwin Messtechnik GmbH, Darmstadt, 1987 (nicht im Buchhandel).

[234] Gröbner, W., Hofreiter, N., Integraltafel, Zweiter Teil, Bestimmte Integrale. Springer, Wien 1961.

[235] Jahnke-Emde-Lösch: Tafeln höherer Funktionen. Teubner, Stuttgart 1969.

[236] US-Dept. of Commerce, National Bureau of Standards: Handbook of Mathematical Functions with Formulas, Graphs and Mathematical Tables. Applied Mathematics Series 55, 2. Printing, Washington 1964.

[237] Rohde & Schwarz, Meßgeräte und Meßsysteme, Katalog 1990/91.

[238] Haeder, W., Gärtner, E., Die gesetzlichen Einheiten in der Technik. Beuth-Verlag, 5. Auflage, 1980.

[239] Kafka, G., Basiswissen der Datenkommunikation. Franzis-Verlag, 1987.

[240] Schnell, G., Sensoren in der Automatisierungstechnik. Vieweg, Braunschweig 1991.

[241] Brigham, O., FFT. Schnelle Fourier-Transformation. Oldenbourg-V., 4. Aufl. 1989.

[242] Gilson, W., Stand und Entwicklung der Prozeßleittechnik. VDE-Verlag, 1986.

[243] Gilson, W., ISDN - das dienste-integrierende digitale Fernmeldenetz als Kommunikationssystem der Zukunft. VDE-Verlag 1986.

[244] Gellißen, H. D., Adolph, U., Grundlage des Messens elektrischer Größen. Hüthig, Heidelberg 1995.

[245] Seibt, Artur, Handbuch Oszilloskoptechnik. Elektor-Verlag, Aachen 1995.

[246] Rahmes, Dietmar, EMV Rechtsvorschriften und ihre Anwendung in der Praxis. Franzis-Verlag, München 1993.

[247] Fischer, P., Balzer G., Lutz, M., EMV-Störfestigkeitsprüfungen. Franzis-Verlag, München 1993.

[248] Sutter, X., Gerstner, A., EMV-Meßtechnik von A–Z. Franzis-Verlag, 85586 Poing, 1994.

[249] Rodewald, Arnold, Elektromagnetische Verträglichkeit. Vieweg, Braunschweig 1995.

[250] Kahmann, M. (Hrsg.), Elektrische Energie elektronisch gemessen (Meßgerätetechnik – Prüfmittel – Anwendungen). VDE-Verlag, Berlin 1994.

[251] Dose, Wolf Dieter. Explosionsschutz durch Eigensicherheit. VDE-Verlag und Vieweg, Braunschweig 1993.

B. Sammlungen

[1]   DIN-Normen und Normen und Normenentwürfe. Beuth-Verlag, Berlin und Köln.

[2]   DIN-Taschenbuch 22, Einheiten und Begriffe für physikalische Größen, 1990. Beuth-Verlag, Berlin und Köln.

[3]   VDE-Vorschriftenwerk. VDE-Verlag GmbH, Berlin.

[4]   VDI-Richtlinien, VDI-Handbücher. Beuth-Verlag, Berlin und Köln.

[5]   VDI/VDE 2600, Metrologie (Meßtechnik). Beuth-Verlag, Berlin und Köln.

[6]   Referateorgan „Elektrisches Messen mechanischer Größen", Bundesanstalt für Materialprüfung (BAM) Berlin, Fachgruppe Meßwesen und Grundlagen der Versuchstechnik.

[7]   DIN Taschenbuch 514, Graphische Symbole für die Elektrotechnik; Schaltzeichen. Beuth-Verlag, Berlin und Köln.

[8]   Feltron Microcomputer-Information. Feltron, 5210 Troisdorf, Postfach 1169.

[9]   DIN-Taschenbuch 505, Funk-Entstörung. Beuth-Verlag, Berlin und Köln.

[10] DIN-Taschenbücher 515–517, Elektromagnetische Verträglichkeit 1–3. Beuth-Verlag, Berlin und Köln.

[11] Jeiter, W., Nöthlichs, M., Explosionsschutz elektrischer Anlagen. Erich Schmidt Verlag, Berlin 1980 ff.

[12] DIN Taschenbuch 202: Formelzeichen, Formelsatz, Mathematische Zeichen und Begriffe. Beuth-Verlag, Berlin und Köln, 1984.

[13] Sacklowski, A., Einheitenlexikon. Entstehung, Anwendung, Erläuterung von Gesetz und Normen. Neu bearbeitet von P. Drath. Reihe Beuth-Kommentare, Beuth-Verlag, 1986.

C. Verzeichnisse

[1]   DIN-Katalog für technische Regeln. Beuth-Verlag, Berlin und Köln.

[2]   VDE-Schriftenreihe 2: VDE-Vorschriftenwerk, Katalog der Normen (Jahresausgaben mit Nachträgen). VDE-Verlag, Berlin.

[3]   Freeman, H. G., Wörterbuch technischer Begriffe mit 4300 Definitionen nach DIN. Beuth-Verlag, Berlin und Köln, 3. Aufl. 1983.

[4]   Weddi, U., Gewußt wo – Literaturbeschaffung leicht gemacht. Elektronik 1984, H. 10, S. 87-92.

[5]   BAPT-Referenzliste der EMV-Prüfbereiche (hier: Version 1.2, Stand 25.10.94); Außenstellenübersicht des BAPT und Anschriften in [A246].

D. Zeitschriften

[1]   PTB-Mitteilungen Forschen + Prüfen. Amts- und Mitteilungsblatt der Physikalisch-Technischen Bundesanstalt. Erscheint zweimonatlich. Vieweg-Verlag, Braunschweig.

[2]   Technisches Messen – tm – früher: Archiv für Technisches Messen. Erscheint in monatlichen Lieferungen und kann nach Sachgruppen aufgegliedert in Lose-Blatt-Form archiviert werden. Oldenbourg-Verlag, München.

[3]   Eine längere und aktuelle Liste von für die elektrische Meßtechnik und die elektrische Messung nichtelektrischer Größen wichtigen Zeitschriften findet man in jeder Ausgabe von [B 6].

E. Aufsätze

[1]   Die sieben Basiseinheiten des „Système International" (SI), Aufsatzserie in PTB-Mitteilungen 85 (1975) H. 1, S. 3-52.

[2]   Poleck, H., Anwendungen der Statistik in der praktischen Meßtechnik. Zeitschr. f. Instrumentenk. 75 (1967) H. 5, S. 147 - 154.

[3]   Wagner, S., Zur Behandlung systematischer Fehler bei der Angabe von Meßunsicherheiten. PTB-Mitteilungen 79 (1969) H. 5, S. 343-347.

[4]   Bezugloff, I. I., Kompensations-Voltmeter für sehr genaue Gleichspannungsmessungen. Elektronik 1963, H. 10, S. 299-301.

[5]   Julie, L., A Universal Potentiometer for the Range from One Nanovolt to Ten Volts. IEEE Transact. Instr. a. Measurem. IM-16 (1967) 3, S. 187-191.

[6]   Schlinke, H., Entwicklung induktiver Präzisionswechselspannungsteiler für 16 bis 500 Hz sowie deren Fehlerbestimmung. Messtechnik 1970, H. 3, S. 52-60.

[7]   Hill, J. J., An Optimized Design for a Low-Frequency Inductive Voltage Divider. IEEE Transact. Instr. a. Measurem. IM-21 (1972) 4, S. 368-372.

[8]   MacMartin, M. P., Kusters, N. L., The Application of the Direct Current Comparator to a Seven-Decade Potentiometer. IEEE Transact. Instr.a.Measurem.IM-17 (1968) 4, S.263-268.

[9]   Kusters, N. L., Der Stromkomparator und seine Anwendung bei der Messung großer Wechsel- und Gleichströme. Meßtechnik 1968, S. 250-257.

[10]   Fliege, N., Aktive Filter: Eigenschaften und Anwendungen. Nachrichtent. Ztschr. 24 (1971) 11/12, S. K176-179, K193-199.

[11]   Hildebrand, P., Spulen für die Messung zeitlich veränderlicher Magnetfelder. Frequenz 27 (1973) H. 12, S. 335-341.

[12]   Feldtkeller, R., Die Formänderung der Hystereseschleife von Transformatorenblech beim magnetischen Kriechen. Zeitschr. f. angew. Phys. 4 (1952), 8, S. 281-284.

[13]   Rommel, K., Modulationsfreier Gleichstrom-Trennverstärker. Archiv f. Techn. Messen, Z 634-19, Lfg. 454, 1973, H. 11.

[14] Lüttich, R., Peridat-Trennwandler, Eigenschaften und Anwendung. BBC-Nachrichten 56 (1974) H. 1–2, S. 12–16.

[15] Klein, G., Zaalberg van Zelst, J. J. , Allgemeine Betrachtungen über Differenzverstärker. Philips Techn. Rdsch. 61 (1960) H. 11, S. 403–410.

[16] Weber, F., Störspannungsanalyse mit Netz- und Störsimulatoren. Elektronik 1976, H. 8. S. 39–42.

[17] Balslev, I., Hougs, E., Filter for continuous averaging. Journal of Physics E: Scientific Instruments, 7 (1974) 10, S. 821–822.

[18] Meyer-Brötz, G., Kley, A., Zum Problem der Gleichtaktunterdrückung bei Transistor-Differenz-Verstärkern. Nachrichtent. Ztschr. 19 (1966) H. 2, S. 65–69.

[19] Meyer-Brötz, G., Beerboom, F., Breitbandiger Gleichspannungs-Differenzverstärker mit hoher Gleichtaktunterdrückung. Int. Elektron. Rdsch. 22 (1968) H. 11, S. 295–298.

[20] Bergmann, K., Zur Ermittlung und Festlegung der Stabilitätsreserve gegengekoppelter Verstärker, Frequenz 1965, S. 15.

[21] Meyer-Brötz, G., Die Dimensionierung des Frequenzgangs von breitbandigen Operationsverstärkern. Elektron. Rechenanl. 1964, S. 178.

[22] Bergmann, K., Transistorisierte Bausteine analogwertübertragender Gleichspannungsverstärker. Frequenz 1966, S. 302.

[23] Fränz, K., Kley, A., Lehnert, F., Meyer-Brötz, G., Die Aufteilung der Gegenkopplung in mehrstufigen Breitbandverstärkern. Arch. d. elektr. Übertragung, 1965, S. 393.

[24] Vonarburg, H., Eingangs- und Ausgangsimpedanzen sowie stabilisierte Verstärkungsgrößen gegengekoppelter Verstärker. Arch. d. elektr. Übertragung 1967, S. 96.

[25] Milkovic, M., Beitrag zur vereinfachten Berechnung gegengekoppelter Verstärker. Nachrichtent. Ztschr. 1967, S. 194.

[26] Gölz, H., Gegenkopplungsschaltungen für integrierte Verstärker. Nachrichtent. Ztschr. 1968, S. 370.

[27] Donaubauer, F., Lucius, H., Negele, G., Rechenverstärker. Elektronik 1966, S. 175 ff. einschl. Arbeitsblatt Nr. 6.

[28] Richmann, P., Elektronik bei Präzisionsmessungen elektrischer Größen im Frequenzbereich 0 bis 100 kHz. Ztschr. f. Instrumentenkunde 1967, S. 91.

[29] Turban, K.-A., Ein Vorschlag zur schnellen Amplitudenmessung. Arch. f. techn. Messen ATM, Blatt V 3332-2, 1975.

[30] Gerling, W., Zur einfachen Realisierung von phasenselektiven Gleichrichtern. Frequenz 1967, S. 165.

[31] Mundl, W. J., Peak-reading instrument with instantaneous response for use at l.f.; Electronic Engineering, Sept. 1968, S. 485.

[32] Turban, K.-A., Ein Vorschlag zur schnellen Amplitudenmessung. Arch. für Techn. Messen ATM, Blatt V 3332-2, 1975, S. 119.

[33] Meyer-Ebrecht, D., Schnelle Amplitudenregelung harmonischer Oszillatoren. Diss. TH Braunschweig, 1974.

[34] Groszkowski, J., The interdependence of frequency variation and harmonic content, and the problem of constant frequency oscillators. Proc. IRE 1933, S. 958.

[35] Akcasu, Z., Amplitude limitation in LC-Oscillators. Wireless Engineer 1956, S. 151.

[36] Baxandall, P. J., Transistor sine-wave LC oscillators. Proc. IEE, 1959, 106 B, Suppl. 16, S. 748.

[37] Mehta, V. B., Comparison of RC networks for frequency stability in oscillators. Proc. IEEE 1965, S. 296.

[38] Bergmann, K., Stabilität und Störverhalten verzögert amplitudengeregelter Oszillatorsysteme vom Bandpaßtyp. Arch. f. Elektronik u. Übertragungstechn. AEÜ 1971, S. 231.

[39]   Bergmann, K., Stabilität und Störverhalten verzögert amplitudengeregelter Oszillatorsysteme vom Allpaßtyp. Arch. f. Elektron. u. Übertragungst. AEÜ, 1971, S. 521.

[40]   März, K., Phasen- und Amplitudenschwankungen in Oszillatoren. Arch. d. Elektr. Übertrag. AEÜ, 1970, S. 477.

[41]   Adler, R., A study of locking phenomena in oscillators. Proc. IRE, 1946, S. 351.

[42]   Huntoon, R. D., Synchronization of oscillators. Proc. IRE, 1947, S. 1415.

[43]   Fack, H., Theorie der Mitnahme. Frequenz 1952, S. 141.

[44]   Heinlein, W., Müller, C., Injektionssynchronisierung von Transistoroszillatoren. Frequenz 1968, S. 250.

[45]   Jochen, P., Injektionssynchronisation von Oszillatoren. Nachrichtentechn. Ztschr. 1970, S. 537.

[46]   Wolf, H., Über den Zusammenhang zwischen Bandbreite und Anstiegszeit. Elektronik. Oktober 1963.

[47]   Wolf, H., Zeitablenkschaltungen für Elektronenstrahloszillografen. Elektronik, Februar 1964.

[48]   Nelson, J. E., Einführung in die Technik der Differenzverstärker von Oszillografen. Sonderdruck Rohde & Schwarz Vertriebs-GmbH., Köln.

[49]   Quick, P., Praxis der Logikanalyse. Elektronik 1979, H. 7, S. 55–59.

[50]   Logikanalysatoren in Theorie und Praxis. Bauelemente der Elektrotechnik 1978, H. 6. S. 19–24.

[51]   Jacklitch, E. S., Logic analyzer grabs 32 lines of data at rates to 100 MHz. Electronic Design 1978, H. 19, S. 71–74.

[52]   Meyer-Brötz, G., Kley, A., Aufbau von Gleichspannungs-Differenzverstärkern mit hoher Gleichtaktunterdrückung. Int. Elektron. Rdsch. 1964, H. 11, S. 607.

[53]   Meyer-Brötz, G., Modulatoren zur Umsetzung sehr kleiner Gleichspannungen in Wechselspannungen. Telefunken-Zeitung 1959, S. 189.

[54]   Meyer-Brötz, G., Eigenschaften und Anwendungen von Flächentransistoren als Schalter. Telefunken-Zeitung 1960, S. 85.

[55]   Vogelsberg, D., Transistoren als phasenselektive Gleichrichter. Frequenz 1963, S. 133.

[56]   Meyer-Brötz, G., Die Dimensionierung des Frequenzganges von breitbandigen Operationsverstärkern für Gleichspannungs-Analogrechner. Elektron. Rechenanlagen 1964, S. 178.

[57]   Praglin, J., Messungen im Nanovolt-Bereich. Ztschr. f. Instrumentenkunde 1967, H. 8, S. 247.

[58]   Jaeger, R. C., Hellwarth, G. A., A Differential Zero-Correction Amplifier. IEEE Journal of Solid-State Circuits, June 1973, S. 235.

[59]   Dragotinov, A., Driftarmer Breitband-Operationsverstärker. Elektronik 1973, H. 9, S. 315.

[60]   Vogt, H., Der Operationsverstärker als Summierer, Ladungsverstärker und Integrator. Int. Elektron. Rdsch. 1969, H. 8, S. 201.

[61]   Thomson, W. E., Networks with Maximally-Flat Delay. Wireless Engineer, October 1952, S. 256.

[62]   Bergmann, K., Eysen, S., RC-Verstärkerfilter zweiten Grades mit einem einzigen Operationsverstärker und minimalem Verstärkungseinfluß. Arch. f. Elektron. u. Übertragungst., 1974, S. 288.

[63]   Bergmann, K., Straßburger-Nöring, E., RC-Verstärkerfilter zweiten Grades mit frequenzabhängigem Operationsverstärker und minimalem Verstärkungseinfluß. Arch. f. Elektron. u. Übertragungst., 1976, S. 172.

[64]   Bergmann, K., Eysen, S., Minimierung des Rauschens von RC-Verstärkerfiltern zweiten Grades mit einem einzigen Operationsverstärker. Arch. f. Elektronik u. Übertragungst., 1975, S. 421.

[65]   Meyer-Ebrecht, D., Meßumformer für frequenzanaloge Instrumentierungssysteme. ETZ-B 1972, Heft 10, S. 243.

[66] Meyer-Ebrecht, D., Bethe, K., Hoefert, R., Lemmrich, J., Signale frequenzanalog dargestellt. Elektronik 1976, H. 6, S. 36.

[67] Dürbeck, B., Digitales Gütefaktormeßgerät QDM. Neues von Rohde & Schwarz Nr. 45 (Okt./ Nov. 1970), S. 20.

[68] Gossel, D., Frequenzanalogie. ETZ-A 1972, H. 10, S. 577.

[69] Hammer, D., Elektronische Messung verrauschter Signale. Glas- u. Instrumententechnik 1975, H. 5, S. 413, H. 9, S. 778.

[70] Schwarze, H., Wolschendorf, K., Der Lock-in-Verstärker in der Laborpraxis. Glas- u. Instrumententechnik 1974, H. 10, S. 968.

[71] Williams, D. R., Lock-in amplifier uses single IC. Analog Dialogue 1974, H. 1, S. 18.

[72] Meyer, D., Ein Verfahren zur Umformung von Meßgrößen in Frequenzen. Philips Techn. Rdsch. 1968, H. 3/4, S. 131.

[73] Meyer, D., Präzisions-R-f-Umformer für frequenzanaloges Messen mit DMS. VDI-Berichte 137, 1970, S. 41.

[74] Steinhauer, J., Elektromechanische Waagen mit frequenzanalogen Meßwertwandlern. Regelungstechn. Praxis 1973, H. 3, S. 65.

[75] Tränkler, H. R., Ein linearer harmonischer Meßoszillator. ETZ-B 1973, H. 9, S. 220.

[76] Hoffmann, Betrachtungen über Wirkungsweise und Verwendbarkeit von Meßgeräten mit digitaler Anzeige. Messen u. Prüfen, April 1972, S. 213.

[77] Richman, P., A new absolute AC voltage standard. IEEE International Convention Record, Part 5, March 1963, S. 170.

[78] Skehan, B. J., Design of an Amplitude-Stable Sine-Wave Oscillator. IEEE Journal of Solid-State Circuits, Sept. 1968, S. 312.

[79] Frühauf, T., Die Technik der Frequenzsynthese. Elektronik 1973, H. 4, S. 133.

[80] Harms, L., Wirkungsweise und Anwendung von Phasen- und Frequenzregelkreisen – eine Übersicht. Nachrichtentechnik – Elektronik 1975, H. 8, S. 296.

[81] Becker, C., Neueres Ergebnisse auf dem Gebiet von Zeit und Frequenz. Kleinheubacher Berichte Bd. 18 (1975), herausgegeben vom Fernmeldetechnischen Zentralamt Darmstadt, S. 45.

[82] Becker, G., Aussendung und Empfang des Zeitmarken- und Normalfrequenzsenders DCF 77, PTB-Mitteilungen 1972, H. 4, S. 224.

[83] Becker, G., Hetzel, P., Kodierte Zeitinformation über den Zeitmarken- und Normalfreuqenzsender DCF 77, PTB-Mitteilungen 1973, H. 3, S. 163.

[84] Becker, G., Rohbeck, L., Ein Normalfrequenz-Quarzoszillator, nachgesteuert vom Sender DCF 77. Elektronik 1975, H. 2.

[85] Wehrmann, W., Stochastisch-ergodische Meßmethoden. Elektronik, 1973, H. 9, S. 307.

[86] Bergmann, K., Rockschies, J., Fortschritte in der Konzeption und Entwicklung von Gerätesystemen für die elektrische Messung mechanischer Größen, Teil 1: Trägerfrequenzverfahren. Meßtechnik 1972, S. 63–72.

[87] Riedhof, D., Zur Referenzphaseneinstellung bei Trägerfrequenz-Meßverstärkern. HBM Meßtechnische Briefe 1974, H. 1, S. 8–10.

[88] Holbein, G., Induktiver Tauchankergeber. Diss. Ruhr-Universität Bochum 1973.

[89] Die DMS-Technik, Daten und Hilfsmittel. Hottinger Meßtechnik GmbH., Darmstadt 1967.

[90] Hoffmann, K., Über die Ermittlung von Kenngrößen metallischer Dehnungsmeßstreifen. Archiv f. techn. Messen ATM, Blatt V 1372-3 (Febr. 1976), S. 65–68.

[91] Hoffmann, K., Über den Nutzen der VDI/VDE-Richtlinie 2635 für die Anwender von Dehnungsmeßstreifen. VDI-Berichte Nr. 271, VDI-Verlag, Düsseldorf 1976. S. 31–39.

[92]   Ort, W., Eine neue Technologie zur Herstellung von Dünnfilm-Dehnungsmeßstreifen für den
       Aufnehmerbau. Hottinger Meßtechnische Briefe 1977, H. 1, S. 7–11.

[93]   Ort, W., The Latest in Foil Strain Gages versus Thin Film Strain Gages. VDI-Berichte Nr. 313,
       1978, S. 285–289.

[94]   Bretschi, J., Linearisierung von Meßumformern, demonstriert am Beispiel von Halbleiter-
       Dehnungsmeßstreifen. Techn. Messen ATM, 1976, H. 7/8, S. 223.

[95]   Bretschi, J., Ein piezoresistiver Halbleiter-Meßumformer. Feinwerktechnik & Meßtechnik
       1975, H. 7, S. 333.

[96]   Bretschi, J., Meßumformer mit integrierten Halbleiter-DMS. Techn. Messen ATM, Bl. J 135-30,
       1976, H. 6, S. 181.

[97]   Bretschi, J., Temperaturstabilisierung von integrierten piezoresistiven Halbleiter-Meßumfor-
       mern. Feinwerktechnik & Meßtechnik 1976, H. 7, S. 335.

[98]   Becker, H., Die Gleichstrombrücke als Meßwertumformer. Arch. f. Techn. Messen ATM,
       Blatt J 910-6 bis 9, 1966, S. 17.

[99]   Haug, A., Brückenschaltungen für Dehnmeßstreifen und ihr Abgleich. Arch. für Techn. Messen
       ATM, Bl. J. 135-23 bis 27, 1967, S. 201, 1970, S. 67.

[100] Nydegger, K., Fehlerquellen beim Messen mit Dehnmeßstreifen und ihre Beseitigung. Arch. f.
       Techn. Messen ATM, Bl. J 135-21 bis 25, 1966, S. 125, 1967, S. 251.

[101] Kowalski, H. C., Prospectus of a New Method for Determining Cumulative Fatigue Damage:
       Dual-Element Fatigue-Life Gage. ISA Transactions 1972, S. 358–368.

[102] Panizza, G. A., Dally, J. W., Predicting Failures with Conducting-polymer Fatigue-damage
       Indicators. Experimental Mechanics 1973, H. 1, S. 7–13.

[103] Mickelsen, R. A., Thin-Film Structural Fatigue Gage. 1975 Int. Microelectronic Symposium,
       Orlando, Fla., USA, S. 436–442.

[104] Bandin, O. L., Gusenkov, A. P., Sharshukov, G. K., Small High-Elongation Foil Strain Gages
       as Fatigue-Damage Indicator. VDI-Berichte Nr. 313, 1978, S. 291–296.

[105] Dorschner, H. W., Der phasenempfindliche Gleichrichter als Filter im Vergleich zu mathe-
       matisch optimalen Methoden. Technisches Messen (tm) 1979, H. 1, S. 25–31, Z142-5.

[106] Wittchen, Th., Lock-In-Verstärker mit multiplizierendem Digital/Analog-Umsetzer. Elek-
       tronik 1979, H. 15, S. 42.

[107] Beckers, J. H., Zur Wahl von Gleichspannungs- oder Trägerfrequenzverfahren beim elek-
       trischen Messen mechanischer Größen. VDI-Zeitschrift 1970, S. 1352–1354 und 1421–1425.

[108] Gearhart, C. A., McLinn, J. A., Zimmermann, W., Simple high-stability potentiometric ac
       bridge circuits for high-resolution low-temperatur resistance thermometry. Rev. Sci. Instrum.
       1975, S. 1493-1499.

[109] Bergmann, K., Rockschies, J., Fortschritte in der Konzeption und Entwicklung von Geräte-
       systemen für die elektrische Messung mechanischer Größen, Teil 2: Gleichspannungsverfah-
       ren und Betriebsmeßtechnik. Meßtechnik 1972, S. 89–98.

[110] Nobis, W., Trägerfrequenz-Meßverstärker mit automatischem Nullabgleich. Elektronik 1966,
       S. 365–369.

[111] Keller, H. W., Piezoresistive Druckaufnehmer. messen + prüfen/automatik, Februar 1974,
       S. 89–92.

[112] Sassenfeld, F., Ein neuer 5 kHz-Trägerfrequenz-Meßverstärker im System 3000: KWS 3080.
       HBM Meßtechnische Briefe 1974, H. 2, S. 30–32.

[113] Haberzettl, G., Grundsatzbetrachtungen zur Konstruktion von Membrandruckaufnehmern
       mit Dehnungsmeßstreifen. Feinwerktechnik & Meßtechnik 1979, H. 3, S. 117–119.

[114] Bekanntmachung über Temperaturskalen vom 1. Dez. 1970. PTB-Mitteilungen 1/71.

[115] Schley, U., Thomas, W., Die thermodynamische Temperaturskala und ihre Darstellung.
       PTB-Mitteilungen 1/75, S. 33.

[116]   Herzog, H., Weigel, H., Temperaturmessung mit Widerstandsthermometer und linearisiertem Meßumformer. Regelungstechn. Praxis u. Prozeß-Rechent. 1972, H. 5, S. 162–164.

[117]   Haeusler, J., Zur Dimensionierung von Widerstandsthermometern mit temperaturproportionaler Ausgangsgröße. Arch. f. Techn. Messen (ATM) 1973, Nr. 4, S. 69–72.

[118]   Banko, M., Cejvan, F., Offenlegungsschrift 2 412 969, Deutsches Patentamt, 1974.

[119]   Leopold, H., Jorde, Ch., Linearisierung von Sensorfunktionen bei Analog/Digital-Umsetzung. Elektronik 1976, H. 4, S. 45–46.

[120]   Nösel, H., Moderne Technologien zur elektrochemischen Messung des Gelöstsauerstoffes im wäßrigen Milieu. Messtechnik 1973, S. 15–22.

[121]   Nösel, H., Kritische Untersuchungen über die Genauigkeit und Zuverlässigkeit membranpolarometrischer O_2-Messungen in der Abwasserpraxis. Die Wasserwirtschaft 1969, S. 260–267.

[122]   Protronic-Video-Leitzentrale. Firmenschrift Hartmann & Braun AG, 6.79.

[123]   Luft, Wasser, Erde. Informationsschrift der Philips GmbH., 7050-02-4410-13.

[124]   Kreuzer, M., Eine Vielstellenmeßanlage mit FET-Schaltern. HBM Meßtechnische Briefe 12 (1967), H. 1, S. 4 ff.

[125]   Wasgestian, I., Die Kirchenverschiebung von Most aus meßtechnischer Sicht. HBM Meßtechnische Briefe 13 (1977), H. 3, S. 58–63.

[126]   Kalis, H., Klinck, M., Landvogt, G., Lemmrich, J., Schröder, G., Frequenzanaloges Prozeßführungssystem. Elektronik 1974, H. 10, S. 361–364.

[127]   Schroth, G., Vogler, G., Einfluß von Rauschstörungen auf frequenzanaloge Meßsignale. Messen-Steuern-Regeln 17 (1974) H. 12, S. 424–428.

[128]   Tränkler, H. R., Meßwerterfassung auf der Basis frequenzanaloger Signaldarstellung. ATM Archiv f. Techn. Messen, Blatt J 077-7, 1975, Lfg. 474/475, S. 133-138.

[129]   Fedders, B., Diekman, P., Meßwerte als Frequenz übertragen erhöhen Störsicherheit. Elektronik 1976, H. 3, S. 97–98.

[130]   Hascher, W., Im Blickpunkt: Telemetrie. Elektronik 1979, H. 24, S. 45–54.

[131]   Harper, R. E., Reichenbach, F. M., A computer based system for processing dynamic data. Proc. of the 23d Internat. Instrumentation Symposium, 1.–5.5.77, Las Vegas, USA; erhältlich über [B6].

[132]   Schweizer, G., Mall, M., Das CAMAC-System, ein Schritt zur standardisierten Prozeßperipherie. Regelungstechn. Praxis und Prozeß-Rechentechnik 1973, H. 6, S. 136–143.

[133]   Ottes, J. G., Wichtige Spezifikationsänderungen des CAMAC-Systems. Elektronik 1974, H. 9, S. 327–329.

[134]   Andreiev, N., The Search for the Standard Control Signal Bus. Control Engineering, March 1975, S. 43–46.

[135]   Walze, H., Bus-System für die Prozeßlenkung (PDV-Bus). Elektronik 1979, H. 20, S. 53–56, H. 21, S. 69–74.

[136]   Buxmeyer, E., Pilotinstrumentierung des PDV-Busses. Elektronik 1979, H. 24, S. 93–99.

[137]   Kluttig, R., Wolfonder, E., Universelles PDV-Bus-Interface. Elektronik 1979, H. 25, S. 73–81.

[138]   Klaus, J., Wie funktioniert der IEC-Bus? Elektronik 1975, H. 4, S. 72–78, H. 5, S. 73–78.

[139]   Klein, P. E., Wilhelmy, H. J., Der IEC-Bus. Elektronik 1977, H. 10, S. 63–74.

[140]   Köhler, H., Interface-Moduln für den IEC-Bus. Elektronikpraxis 1977, Nr. 5, ab S. 7.

[141]   Exalto, J. P., The HEF 4738 V IEC Bus interface circuit. Valvo Techn. Inform. für die Industrie 040, 1. Okt. 1978.

[142]   Motorola Firmenschrift: Getting Aboard the 488-1975 Bus.

[143]   Ehnert, D., Das Zeitverhalten einer IEC-Bus-Version für größere Entfernungen. Elektronik 1978, H. 4, S. 62–64.

[144] Künzel, R., Das State-Diagramm. Elektronik 1973, H. 2, S. 47–52, H. 3, S. 97–100.

[145] Knoblock, D. E., Loughry, D. C., Vissers, Ch. A., Insight into interfacing. IEEE Spectrum, Mai 1975, S. 50–57.

[146] Richter, M., Das Zustandsdiagramm und seine Anwendung beim IEC-Bus. Elektronik 1977, H. 2, S. 55–71.

[147] Marganitz, A., Entwurf von synchronen Schaltwerken mit Zustandsdiagrammen. Elektronik 1977, H. 7, S. 73–74, H. 8, S. 83–84.

[148] Schreier, H. J., Rechnergesteuerte Meßautomaten für die Nachrichtentechnik. Frequenz 1974, H. 7, S. 178–183.

[149] Klaus, J., Programmierbare Vielstellen-Meßanlage nach dem „Partyline-System". Elektronik 1972, H. 10, S. 331–333.

[150] Taggesell, M., Hewlett-Packard Interface Bus. Firmenschrift, Frankfurt/M., Juli 1978.

[151] Mesch, F., Systemtheorie in der Meßtechnik. Technisches Messen atm, 1976, H. 4, S. 105–112, V00-10.

[152] Butterweck, H. J., Frequenzabhängige nichtlineare Übertragungssysteme. Arch. d. elektr. Übertrag. (AEÜ) 1967, H. 5, S. 239–254.

[153] Finkelstein, L., Watts, R. D., Mathematical models of instruments – fundamental principles. J. Phys. E: Sci. Instrum., Vol. 11, 1978, S. 841–855.

[154] Woschni, E. G., Dynamics of measurement – relations to system and information theory. Journal of Physics E: Scientific Instr., 1977, H. 11, S. 1091–1092.

[155] Moschytz, G. S., A General Approach to Twin-T Design. The Bull System Techn. Journ., 1970, S. 1105–1149.

[156] Zipser, L., Hofmann, D., Über meßinformationstheoretische Aspekte der Meßtheorie. Messen, Steuern, Regeln 1977, H. 2, S. 62–66.

[157] Schliessmann, H., Die Synthese von Tiefpässen nach Butterworth durch aktive Filter. Elektron. Rdsch. 1963, H. 5, S. 227.

[158] Thomson, W. E., Networks with maximally-flat delay. Wireless Engineer, Oct. 1952, S. 256–263.

[159] Wunsch, J., Breitbandige Bandpässe mit arithmetischer Symmetrie des Betrages und der Gruppenlaufzeit. Hochfrequenzt. u. Elektroakustik 1968, H. 3, S. 112–116.

[160] Szentirmai, G., A group of arithmetically symmetrical band-pass filter functions. IEEE Transact. on Circuit Theory, 1964, S. 109–118.

[161] Novak, M., Frequenzfilter mit flacher Amplitudencharakteristik im Durchlaßbereich. Wiss. Ztschr. d. Hochsch. f. Elektrot. Ilmenau 8 (1962) 1, S. 47–52.

[162] Butterworth, S., On the Theory of Filter Amplifiers. Experim. Wireless, 1930, October, S. 536–541.

[163] Dorschner, H. W., Der phasenempfindliche Gleichrichter als Filter im Vergleich zu mathematisch optimalen Methoden. Techn. Messen tm, 1979, H. 1, S. 25–31.

[164] Darre, A., Digitale Filter und Z-Transformation. Siemens Entwicklungsberichte, 31. Jg., Sonderheft Sept. 1968, S. 37–41.

[165] Darre, A., Einige Beispiele zur Anwendung von Differenzengleichungen. Frequenz 1962, H. 7, S. 262–270.

[166] Darre, A., Analyse periodisch getasteter Netzwerke. Frequenz 1966, H. 1, S. 29–33.

[167] Endrass, H., Heinecke, P., Anwendung des „iterativen erweiterten" Kalman-Filters. Regelungstechnik 1976, H. 3, S. 86–88.

[168] Klein, P. E., Wie entsteht eine Norm? Elektronik 1979, H. 9, S. 35–42, H. 10, S. 66–70.

[169] Cordes, H. F., Das Eich- und Kalibrierwesen in Deutschland. Elektronik 1983, H. 13, S. 83–86.

[170] Langheld, E., Praxis der stochastischen Rechentechnik. Elektronik 1979, H. 25, S. 43–48, H. 26, S. 39–42.

[171] Lobjinski, M., Bermbach, R., Meßinstrument zur stochastischen Effektivwertmessung. Elektronik 1982, H. 14, S. 37–40.

[172] Grimm, L., Hinken, J. H., Spannungsnormale mit Josephson-Element. Elektronik 1983, H. 13, S. 105–108.

[173] Ramm, G., Hochauflösende Wechselstrom-Meßbrücke für Widerstände. Elektronik 1983, H. 13, S. 101–104.

[174] Cordes, H. F., Auf dem Wege zur dauernden Genauigkeit. Elektronik 1983, H. 13, S. 93–97.

[175] IEC-Bus: Grundlagen, Technik, Anwendungen. Elektronik Sonderheft Nr. 47, Franzis-Verlag München 1980.

[176] Arnoldt, M., Atomare Frequenz- und Zeitstandards. Elektronik 1980, H. 16, S. 53–59.

[177] Gottlob, M. P., Physik des Speicheroszilloskops. Elektronik 1980, H. 4, S. 81–84.

[178] Danzeisen, K., Meßempfänger ESH2 und Feldstärkemeßgerät HFH2 für 10 kHz bis 30 MHz. Neues von Rohde & Schwarz Nr. 87, Herbst 1979, S. 4–7.

[179] Stecher, M., Wolle, J., Automatischer Meßempfänger ESH3 für 10 kHz bis 30 MHz. Neues von Rohde & Schwarz Nr. 89, Frühjahr 1980, S. 8–12.

[180] Bergmann, K., Mack, D., IEC-Bus-Interface zur Meßbereichseinstellung und Meßwertabfrage – eine Standardlösung. Taschenrechner- und Mikrocomputer-Jahrbuch 1981, S. 207–212. Vieweg, Braunschweig/Wiesbaden 1980.

[181] Cordes, H. F., Kleine Pegel – große Probleme. Elektronik 1983, H. 3, S. 77–79.

[182] Oehme, F., Popp, H., Der Transientenrecorder in der Signalanalyse. Elektronik 1983, H. 15, S. 67–72.

[183] Walze, H., VLSI-Baustein steuert Datenübertragung nach dem PDV-Protokoll. Elektronik 1983, H. 7, S. 58–62.

[184] Meppelink, J., Elektromagnetische Verträglichkeit elektrischer Einrichtungen. Elektronik 1983, H. 10, S. 78–84.

[185] Frühauf, T., Busgesteuerte Generator/Analysator-Logikmeßplätze. Elektronik 1983, H. 8, S. 95–98.

[186] Klasche, G., Bunter Bus-Basar. Elektronik 1982, H. 10, S. 3.

[187] Rudyk, M., VME-Bus. Elektronik 1982, H. 10, S. 90–96.

[188] Enger, E., Neues vom VME-Bus. Elektronik 1983, H. 5, S. 12.

[189] Renz, R., Universeller 68000-VME-μC bietet Minicomputer-Leistung. Elektronik 1983, H. 12, S. 57–60.

[190] Bondiek, R., Freyhardt, W. E., Rückstreu-Dispersionsmeßgerät für die Glasfaserproduktion. Nachrichtentechn. Ztschr. 36 (1983), S. 438–441.

[191] Wostbrock, J.-F., Brahm, T., Pleßmann, K. W., Konfektionierung von Rechnerbussen. Elektronik 1990, H. 12, S. 88.

[192] Hascher, W., et al., Integration in der Meßtechnik. Elektronik 1990, Fortsetzungsfolge ab H. 18, S. 99.

[193] Hauser, N., Flexible Kommunikation in VME-Systemen. Elektronik 1990, H. 20, S. 64.

[194] Bullacher, J., Futurebus+: Der Weg in die Zukunft. Elektronik 1990, H. 20, S. 50.

[195] Patzke, R., Der ganz andere Feldbus. Elektronik 1990, H. 12, S. 116.

[196] Dörstel, B., Der Profibus rollt in die Praxis. Elektronik 1991, H. 11, S. 95.

[197] Decker, R., Offene Standards braucht das Land. Elektronik 1990, H. 21, S. 80.

[198] Winkler, H., Sercos interface auf dem Weg zum Standard. Elektronik 1991, H. 6, S. 116.

[199]   Bent, R., Schnurbusch, W., Wiele, W., Viele Feldbusse für alle Anwendungen? Elektronik 1991, H. 7, S. 166.

[200]   Lawrenz, W., „Auto-Busse" in der Industrie. Elektronik 1990, H. 12, S. 134.

[201]   Rockrohr, Ch., Wichtige Kriterien für Lokale Netzwerke. Neues von Rohde & Schwarz, Nr. 109, Frühjahr 1985, S. 28.

[202]   Höltgen, R., Welches ist denn schon das richtige Netz? Elektronik 1990, H. 24, S. 68.

[203]   Brozovic, V., Token-Bus-Netz im praktischen Einsatz. Elektronik 1990, H. 12, S. 122.

[204]   Dienstintegrierendes Digitalnetz ISDN. Siemens telcom report, 8. Jahrgang, Sonderheft Februar 1985.

[205]   Furtner, W., Turbo-Tool für den Meßtechnik-Programmierer. Elektronik 1991, H. 19, S. 126.

[206]   Melder, W., Grothstück. St., Meßtechnik-Software: die „Oberfläche" ist entscheidend. Elektronik 1991, H. 19, S. 130.

[207]   Melder, W., Erfassen, Analysieren, Überwachen und Darstellen mit PC-gestützter Meßtechnik. messen & prüfen 1991, H. 7/8, S. 316.

[208]   Lemme, H., Die Sensoren der 90er Jahre. Elektronik 1991, H. 7, S. 142.

[209]   Fromberger, J., Feldbusfähige, intelligente Sensoren. messen & prüfen 1991, H. 7/8, S. 332.

[210]   Kuntz, W., Mores, R., Intelligente Sensoren und Aktoren. Elektronik 1991, H. 18, S. 58.

[211]   Litz, L., INTERKAMA 89: Prozeßleitsysteme - Stand der Technik und Trends. Automatisierungstechn. Praxis atp, Bd. 32 (1990), H. 4, S. 168.

[212]   Schneider, J. M., Einmoden-Lichtwellenleiter. Elektronik 1990, H. 19, S. 86.

[213]   Ludolf, S., Digitale Übertragung mit Lichtwellenleitern. Elektronik 1991, H. 13, S. 72; 3 Fortsetzungen.

[214]   Crawford, Myron L., Generation of Standard EM Fields Using TEM Transmission Cells. IEEE Transactions EMC-10, 1974, No. 4, S. 189–195.

Sachwortverzeichnis

Abbildungsvorgang 80
Abgleich 116, 122, 208, 288
Abgleichautomaten 413
Abgleichbarkeit 121
Abgleichbedingung 116, 120, 128
Abklingverfahren 290
Abschlußbedingung 63, 422
Absolut-Aufnehmer 326
Absolutwegmessung 354
Absorberhallen 184
Absorptionsleistungsmesser 286
Absorptionsverfahren 372
Abstandsaufnehmer 325
Abtastung 232, 445
Abweichung 24, 25, 26, 27, 28
Abweichungseinflüsse 69
AC 82
Adaptive Systeme 455
Addierer 222
Addition 99
Aktoren 320
Aliasing-Fehler 445
Allpässe 444
Amplitudenspektrum 17, 142
Analog-Digital-Umsetzer 75, 305
Analoge Messung 22, 130
Analogwertspeicher 232
AND 230
Anpasser 22, 53
Anpassung 312
Anstiegszeit 198, 446
Anstiegsverzögerung 452
Anzeige 22, 298
Anzeigefehler 29
Anzeiger 22, 34, 49, 78
Anzeigespeicher 301
Anzeigeverstärker 78, 272
Apertur 411
Arbeitsmessung 102, 377
Arbeitspunktkontrolle 141
Astabile Kippschaltung 241
Astigmatismus 80
Aufnehmer 22, 67, 319
Ausgeber 22, 34, 78, 87, 89, 262
Ausgleichsleitung 362
Ausschlagsmethode 21, 335
Ausschlagsverfahren 21, 335
Aussteuergrenzen 64, 282
Automatik 81

Bandbreite 64
Bandpaßfilter 76, 279, 281, 444
Bandsperre 125, 281
Barkhausensprünge 171
Barton-Zelle 346
Basiseinheiten 8, 10
Batteriespeisung 66
Bauelemente 123, 288
Bauformen 49, 73
BCD-Code 75
BCD-Zähler 295, 297
Begrenzung 64, 225
Belastungsgrenzen 54, 59, 61, 63
Beschleunigungsmessung 355
Betriebsübertragungsmaß 139
Betriebsverstärkung 218
Bildschirmterminal 89
Bildspeicherung 270, 271
Bimetallmeßwerk 42
Bistabile Kippschaltung 235, 236
Blindleistung 106, 109, 110
Bode-Diagramme 225
Breitbandspannungsmesser 284
Breitbandverstärker 209
Brückenabgleich 288, 334
Brückengleichrichter 95, 284
Brückenschaltungen 116, 120, 124, 330
Brummspannungen 172
Bursts 189
Bussysteme 403
Bürde 71

CAMAC 403
CCITT 3
CE 182
CEN 3
CENELEC 3, 182
Chopperbetrieb 83, 267
Chopperstabilisierung 278
Chopperverstärker 276
Chromatograph 372
CISPR 3, 182
Code 75
Computer-Oszilloskop 271
Crest-Faktor 19, 282, 309
CR-Hochpaß 201

Dämpfung 38, 41, 43, 140, 154, 159, 292, 438
Dämpfungskorrektur 438

Datenbussysteme 403
Datenverarbeitung 400
Datenverstärker 275
DC 82
Dehnung 327
Dehnungsmessung 328
Dehnungsmeßstreifen 67, 329
Dekodierung 298
D-Flip-Flop 241
Diagnose 455
Diagramme 31
Differentiation 204
Differenzdruck 346
Differenzierer 223
Differenzsignal 174, 177
Differenzspannungsmesser 310
Differenzverstärker 65, 66, 175, 177, 178, 212,
    224, 274
Digital-Analog-Umsetzer 75, 304
Digitale Messung 22, 30, 130
Digitalisierung 74, 304, 446
Digitalmultimeter 308
Digitaloszilloskop 271
Digitalspeicher 233
Digitalvoltmeter 78, 86, 307
Dimension 9
DIN-Normen 3
Dispersion 409
Distributionen 434
DKE 3
DMS 329
Dreheisenmeßwerk 40
Drehmagnetmeßwerk 39
Drehspulmeßwerk 37
Drehstrom 14, 108
Drehstromzähler 111
Dreieck-Generatoren 250
Druckaufnehmer 347
Drucker 89
Druckmessung 344
Druckmeßmembran 346
Duhamelsches Integral 434
Durchflußmesser 352
Durchgangsleistungsmesser 286

Effektivwert 18, 41, 95, 96, 282
EG-Konformitätserklärung 182
EG-Konformitätszeichen 182
Eichen 24
Eichleitung 62
Eigenabweichung 29
Eigenfrequenzkorrektur 441
Eigensicherheit 391, 393

Ein/Ausgabe-Baustein 264
Einflußeffekt 29
Eingangsgröße 220
Einheiten 5, 10, 11
Einheitengleichungen 6
Einheitensysteme 8, 9
Einheitssignale 380
Einmalablenkung 270
Einmodenfaser 408
Einpunktvariable 425
Einschuboszilloskop 83, 268
Einschwingverhalten 49, 87, 280
Einstellverhalten 49, 87
Einstrahlung 176
Einstreuung 172
Eisenverluste 147
Elektrodynamisches Meßwerk 44
Elektronenstrahlröhre 78
Elektrostatisches Meßwerk 42
ElexV 386
Emitterfolger 214
Empfindlichkeit 24, 117, 364
EMV 180
EMV-Meßräume 184
EMV-Meßverfahren 184
EMV-Normen 182
EMV-Prüfaufgaben 186
EMV-Recht 181
EMV-Schutzziele 181
EMVG 181
Energieabrechnung 378
Energiemessung 102, 377
Energiezähler 47, 48, 104, 108
Erdkapazität 127
Erdsymmetrie 340
Erdung 73, 126, 127, 174
Erdunsymmetrisch 65
Ereigniszähler 85, 294
Erkennungsprobleme 455
Ermüdungsindikatoren 334
Erregung 145
Ersatzschaltbild 57, 58, 59, 61, 70, 112
ESD 188
Ethernet 403
ETSI 3
Ex 387
Explosionsschutz 386

Faserdämpfung 409
Faserdispersion 409
Feder-Weg-Systeme 327
Fehler 25
Fehlergrenzen 28, 29, 30, 50

Fehlerortung 166
Fehlerquellen 224
Feldbus 402
Feldkraft 35, 36
Fernmessung 396
Feuchtemessung 366
FFT 430
Filter 76, 125, 196, 279
Filteralgorithmen 445
Flanke 81
Flip-Flop 236, 237, 239, 241
Fluß 143
Flußvariable 423
Fluxmeter 39
Focus 80
Formelzeichen 19
Formfaktor 19
Fourierreihen 427
Fouriertransformation 431
Frequenzabhängigkeit 122
Frequenzanalyse 314
Frequenzanalogie 384
Frequenzaufbereitung 313
Frequenzbereich 434
Frequenzdekaden 313
Frequenzgang 137, 225, 357, 433
Frequenzmessung 85, 130, 287, 298
Frequenznormale 316
Frequenz-Spannungs-Umformer 304
Frequenzsynthese 313
Frequenztransformation 444
Frequenzvergleich 131
Frequenzverhältnis 300
Frequenzvervielfacher 211
Fünfleiterschaltung 343
Funktionsformer 312
Funktionsgeneratoren 250, 312

Galvanispannung 170
Galvanometer 39
Gasanalyse 371, 391
Gasentladungsdetektor 373
Gasspurenanalyse 373
Gatterschaltungen 229, 239
Gaußsche Übertragungsfunktion 198, 444, 446
Gefahrenzonen 387, 393
Gegeninduktivitätsmessung 115, 126
Gegenkopplung 218
Gegenkraft 36
Gegentaktsignal 177
Genauigkeitsklassen 29, 50
Geschichtliches 2, 9
Geschwindigkeitsmessung 355

Gesteuerte Quellen 435
Gesteuerte Zweipole 426
Glasfaser 408
Glaselektrodenkette 368
Gleichlauf 79
Gleichrichter 67, 95, 226, 284
Gleichrichtwert 95, 96
Gleichspannungsabriegelung 203
Gleichspannungsmesser 284
Gleichspannungsquellen 310
Gleichspannungsverstärker 274
Gleichstromquellen 311
Gleichstromwandler 73
Gleichtaktsignal 173, 177
Gleichtaktunterdrückung 179
Gleichvorgang 12
GPIB 402
Gradientenfaser 408
Grenzfrequenz 202
Grenzwellenlänge 410
Größen 5
Größengleichungen 6
Größensysteme 8
Grundschwingungsgehalt 19
Gruppenlaufzeit 409
GTEM-Zellen 185
Günstige Systeme 442
Gütefaktor 290

Haarhygrometer 367
Halbleiterzähler 375
Halbwertsbreite 449
Hall-Effekt 145
Harmonisierung 181, 387
Hellsteuerung 263, 270
Hilbert-Transformation 432
Hilfsenergie 21
Hilfsgeräte 21
Hitzdrahtmeßwerk 41
Hochpaß 201
Horizontalablenkung 264
HP-IB 413
Hygrometer 367
Hysterese 146, 235

IEC 3, 182
IEC-Bus 403
IEEE-488 402
Impedanzmessung 290
Impulsbreite 301
Impulsdauer 198
Impulsechoverfahren 167
Impulsfilter 444

Impulsgeneratoren 312
Impulsmindestdauer 198, 443
Impulsübertragung 443
Impulsverbreiterung 451
Impulsvorgang 14
Induktion 144
Induktionsmeßwerk 45, 48
Induktionswirkung 129
Induktionszähler 45
Induktive Aufnehmer 321
Induktivitäten 58, 112
Informationstheorie 442
Infrarotbereich 408
Inhomogenität 412
Inkremental-Aufnehmer 325
Integration 199
Integrierer 222
Integrierte Schaltung 253
Intensität 80
Invertierender Verstärker 222
I/O-Adapter 258
ISDN 403
ISO 3
Isolation 171
Isolierverstärker 276

JK-Flip-Flop 239
Justieren 24

Kalibrieren 24
Kalibrierung 264
Kalman-Bucy-Filter 455
Kamera 89
Kapazitäten 60, 112
Kapazitätseinfluß 339
Kapazitive Aufnehmer 324
Kathodenstrahlröhre 78
Kausalitätsprinzip 422, 431
Kelvin-Brücke 118
Kennlinien 140
Kettenschaltung 451
Kippschaltungen 233
Klasse 29, 50
Klirranalysator 142
Klemmenbezeichnungen 71
Klirrfaktor 19, 142, 287
Kommutierungskurve 147
Kompensationsmethode 335
Kompensationsschreiber 87
Kompensatoren 116, 119, 129
Komplementärfolger 214
Konformitätserklärung 182
Konformitätszeichen 182, 387

Koordinatenschreiber 88
Korrektion 28
Korrektur 438, 442
Korrelatoren 287
Kraftvariable 423
Kraftwirkung 35
Kreuzspulmeßwerk 43
Kriechgalvanometer 39

Ladungsverstärker 279
Lagerung 38
Laplace-Transformation 432
LC-Generatoren 311
LC-Oszillator 249
Leckströme 171
Leistungsfaktor 130, 134
Leistungsmesser 45, 48, 102
Leistungsmessung 102, 285
Leitfähigkeit 370
Leitungen 148
Leitungskenngrößen 148, 156, 157
Lichtleitfaser 408
Lichtwellenleiter 408
Lineare Systeme 426
Linearisierung 284, 360, 361, 362, 366
Linearität 420
Linearweg 320
Linienschreiber 87
Lissajous'sche Figur 132, 133
Literatur 33, 91, 192, 261, 318, 376, 412, 413, 458
Lithium-Chlorid-Feuchtemesser 367
Lochstreifenausgabe 89
Lock-In-Verstärker 338, 445
Logarithmierung 245
Logikanalysatoren 272
Lokale Netze 403
Luftfeuchte 366

Magnetbandausgeber 89
Magnetik 143
Maßstab 82
Materialfeuchte 367
Mehrbereichsinstrumente 99
Mehrfachmeßwerke 111
Mehrkanal-Oszilloskop 268
Mehrphasenvorgänge 14
Mengenmessung 349
Mengenzähler 349
Messen 21
Meßabweichung 24, 25, 26, 27, 28
Meßabweichungskurve 28
Meßanfang 23

Meßautomaten 408
Meßbereich 23
Meßbereichsanpassung 98
Meßbereichserweiterung 98, 103, 107, 111
Meßbrücken 116, 120, 289
Meßeinrichtung 21
Meßempfänger 283
Meßempfindlichkeit 24, 117, 364
Meßende 23
Meßergebnis 21, 25
Meßfedern 333
Meßgeräte 21, 23
Meßgleichrichter 67, 95, 226, 284
Meßgröße 21
Meßinstrument 23
Meßkette 23
Meßleitung 160
Meßmembran 345
Meßmethode 21
Meßprinzip 21, 34
Meßprotokoll 31
Meßsignal 21
Meßspanne 23
Meßumformer 22, 66, 302
Meßumsetzer 22, 73, 302
Meßverfahren 21
Meßverstärker 64, 272
Meßwandler 22, 67
Meßwerk 23, 37
Meßwerkschreiber 87
Meßwert 21
Meßwertspeicher 90
Metrologie 5, 12
Mikroprozessoren 255
Mikrorechner 255
Mikrovoltmeter 284
Mischer 212
Mischvorgang 12
Mischstrom 108
Mittelwerte 12, 18, 25, 69, 200
Mode 408
Modellbildung 421
Monomodefaser 408
Monostabile Kippschaltung 242
Motorzähler 48
Multimodefaser 408
Multiplizieren 281
Multiplizierer 245
Mustererkennung 455

NAND 231
Nebeneffekte 56, 60, 127
Nebenwiderstände 98

Nennbereiche 72
Nenngebrauchsbereich 29
Netzwerke 418, 423, 426, 432, 434
Netzwerkanalysator 294
NICHT-Glied 231
Nichtinvertierender Verstärker 221
Nichtlineare Systeme 420, 422
Niveau 81
Nomogramm 453
NOR 231
Normale 24, 60, 62, 310
Normalelemente 77
Normalwandler 71
Normalwiderstände 53
Normen 2
NOT 231
Nullabgleich 336
Nullabgleichsmethode 21
Nullabgleichsverfahren 21
Nullpunktstabilisierung 278
Nulldetektor 284
Nullstellen 437
Nur-Lese-Speicher 254

Oberschwingungen 18
Oberschwingungsgehalt 19
ODER-Gatter 229
Ohmnormale 58
Operationsverstärker 216
Operationsverstärkerschaltungen 221, 225, 279
Optimalfilter 444
OR 229
Ortskurven 113
Oszillatoren 249
Oszilloskop 78, 83, 262
Ovalradzähler 351

Parameterbestimmung 454, 455
PARTYLINE 401
PC 400
PDV-Bus 402
PEGAMAT 401
Periodendauermessung 85, 86, 300
Periodischer Vorgang 12
Permeabilität 147
Personal-Computer 400
Phasenmaß 140
Phasenmessung 130, 132, 294
Phasenselektive Gleichrichtung 337
Phasenspektrum 18, 143
pH-Wert 368
PIA 258
Piezoelektrische Aufnehmer 348

Piezospannung 170
Plotter 89
Polaritätsseparator 226
Polaritätswender 228
Polarometrische Zelle 370
Polkraft 35
Polstellen 437
Potentialausgleich 394
Potentialklammerung 206
Potentialtrennung 176, 393
Potentiometer 320
Präzisionsgleichrichter 226
Präzisionsmeßsender 312, 313
Präzisionsmeßtechnik 309
Prozeßführung 380, 381
Psychrometer 367
PTB 12
Punktschreiber 89

QLZ-Systeme 421
Quadrieren 281
Quantisierung 22, 30
Quantisierungsabweichung 30
Quarzoszillatoren 250
Quellen 425
Quellenfreiheit 449
Querankeraufnehmer 324
Quotientenmeßwerk 44, 48

Radioaktivität 373
Radizieren 281
RAM 253
Räumliche Ausdehnung 420
Rauschen 19, 171, 287
Rauschgeneratoren 313
Rauschvorgang 19
RC-Breitbandverstärker 209
RC-Generatoren 311
RC-Hochpaß 201
RC-Oszillator 249
RC-Tiefpaß 196
Rechengeräte 77, 283
Rechenschaltungen 223
Rechteckgeneratoren 250
Redoxpotential 370
Referenzbedingungen 29
Reflektometer 163
Reflektometrie 160
Reflexion 151
Reflexionsfaktor 152, 157
Registrierkamera 89
Reihenspannung 73
Relativabweichung 24

Relativweg 320
Resonanz-Frequenzmesser 131
Resonanzleitung 163
Resonator 163
Restspannungen 122
Richtkoppler 163
Richtungsanzeige 107
Ringmodulator 339
ROM 255
RS-485 402
RS-Flip-Flop 236
Rückstreumeßplatz 411
Rückwirkung 419

Sägezahngenerator 252
Sägezahnumsetzer 305
Sampling-Oszilloskop 272
Sampling-Technik 165
Sauerstoffgehalt 370
Schalthysterese 235
Scheinleistung 108
Scheinwiderstand 112, 113, 123, 137
Scheitelfaktor 18
Schirmung 126, 129, 174, 275, 308
Schleifdrahtmeßbrücke 117
Schleifenschwinger 39
Schmalbandverstärker 211
Schmitt-Trigger 233
Schreiber 87
Schreib-Lese-Speicher 253
Schutzleiter 176
Schutzringkondensator 62
Schutzschirm 175, 275
Schutzvorkehrungen 71, 73, 176, 215, 247, 386
Schwingkreisverfahren 114
Schwingungen 172
Schwingungsaufnehmer 353
Sechsleiterschaltung 342
Selbstkorrektur 103, 107
Selektivanalyse 434, 443, 445
Selektive Spannungsmesser 285
Sensoren 320
Sicherheitsbarrieren 394
Siebschaltungen 437
Signaltrennung 179
Siliziummeßzelle 347
Sinnbilder 49
Sinusanalyse 442
Sinusgeneratoren 249, 250
Sinusvorgang 12
SI-System 10
Skalenanzeige 22
Skalierung 97

Spannung 146, 328
Spannungsfolger 222
Spannungs-Frequenz-Umformer 302
Spannungsklemmen 54
Spannungsmesser 283
Spannungsmessung 93
Spannungspfad 44
Spannungsquellen 247
Spannungsregler 247
Spannungsrichtige Messung 94
Spannungsteiler 62, 63, 207
Spannungswandler 69, 98, 129
Spannungszustand 327
Speicher 90, 232, 425
Speicheroszilloskop 270, 271
Spektralfunktion 143, 431
Spinresonanz 373
Spitzenwert 95, 96
Spitzenwertablöser 233
Sprungantwort 450
Sprungfunktion 449
Sprungvorgang 14
Spulenschwinger 39
Staatsinstitute 12
Stabilisierung 219
Stabilität 81, 422
Standardabweichung 25
Stochastisch 287, 422
Störsignale 64, 169
Störaussendung 183, 184
Störfestigkeit 183, 184, 186, 187, 188
Stoßantwort 448
Stoßfunktion 447
Stoßspannungen 188
Strahllage 82
Strahlungsthermometer 366
Strahlweite 411
Streukapazität 61, 64, 127
Strombegrenzung 215, 248, 310
Stromklemmen 54
Strommessung 93
Strompfad 44
Stromquellen 247
Stromregler 248
Stromrichtige Messung 94
Stromwandler 69, 98, 130
Stromwärme 36
Strukturbilder 416
Stufenprofilfaser 408
Stufenumsetzer 305
Subtrahierer 222
Superpositionsintegral 434
Surges 188

Synthesizer 313
Systemklassen 419, 420
Systemstrukturen 415, 426
Systemtheorie 414
Szintillationszähler 375

Teilklirrfaktor 19
Telemetrie 396
TEM-Wellenleiter 186
TEM-Zellen 185
Temperaturkompensation 213, 325, 331
Temperaturmessung 359
Temperaturskalen 359
T-Flip-Flop 237
Thermoelemente 362
Thermospannung 169
Thermoumformer 67
Thomson-Brücke 117
Tiefpaß 196
Token 403
Torschaltungen 228
Trägerfrequenz 335
Trägheit 38
Transfer-Standards 311
Transformator 68, 126
Transientenspeicher 271
Triggerung 79, 81, 85, 233, 243, 252, 267

Übergangsvorgänge 14
Überlastungsschutz 100, 104, 107
Übersteuerung 64, 282
Übertrager 69, 126
Übertragungsfunktion 9, 437, 446
Übertragungsglied 22
Übertragungsmaß 139
Übertragungsstrecke 22
Umladeverfahren 130
Umweltschutz 384
UND-Gatter 230
Universalzähler 86, 298
Unsicherheit 32

Vakuummeßtechnik 349
Varianz 25
VDE 3
VDE-Bestimmungen 4
VDE-Richtlinien 4
VDE-Vorschriften 4
VDI 3
Vektorvoltmeter 294
Vereinheitlichung 423
Vergleich 94
Vergleichsstellen 364

Verhältnisgleichrichter 322
Verlustfaktor 290
Verstärker 64, 138, 221, 272
Verstärkerfilter 279
Verstärkertechnik 209
Verträglichkeit 180
Vertrauensgrenzen 26
Vertrauensniveau 26
Verfahrensmeßtechnik 378
Vertikalablenkung 262
Vervielfacher 211
Verzerrungen 437
Verzögerungsleitung 263
Verzögerungsschaltung 244
Vibrationsmeßwerk 48
Video-Leitsysteme 381
Vielbereichsinstrumente 99
Vielkanalmeßtechnik 397
Vielstellenmeßtechnik 365, 398, 399
Vierpole 137, 417
Vierpolmeßgeräte 288, 310
Vierpoltheorie 423
Vorsätze 11
Vorschriften 2
Vorwiderstände 98
VW-Flip-Flop 237

Wagnerscher Hilfszweig 128
Wandler 22, 67, 98
Wärmeleitfähigkeitsverfahren 371
Wasseranalyse 368
Wasserbehandlung 385
Wattmeterkonstante 104
Wechselbetrieb 267
Wechselspannungsverstärker 273
Wechselvorgang 12
Wegmessung 320
Wellengeschwindigkeit 150
Wellenwiderstand 151, 158
Wheatstone-Brücke 116
Widerstände 53, 56, 425
Widerstandsdekaden 53, 58
Widerstandselemente 54

Widerstandskopplung 174
Widerstandsmessung 94, 117
Widerstands-Periodendauer-Umformer 303
Widerstandsthermometer 359
Wien-Robinson-Brücke 125
Wirbelströme 36, 45, 47
Wirkdruck 352
Wirkleistung 105, 108, 109
Wobbler 290

XY-Oszilloskop 265, 268
XY-Schreiber 88

YT-Schreiber 88

Zähler 45, 48, 85, 294, 375
Zählerkonstante 47
Zeigerdiagramme 69
Zeitabhängige Systeme 422
Zeitbasis 264, 268
Zeitbereich 434
Zeitfunktionen 12
Zeitintervallmessung 301
Zeitnormale 316
Zeitunabhängige Systeme 420
Zenerbarrieren 394
Zerhackerstabilisierung 278
Zerhackerverstärker 276
Ziffernanzeige 22
Z-Transformation 446
Zündschutzarten 388
Zungenfrequenzmesser 131
Zustandsbestimmung 454
Zustandsvariable 425
Zweikanaloszilloskop 83, 266
Zweipole 137
Zweipolmessung 140, 288, 309
Zweipolmeßgeräte 288
Zweipunktvariable 425
Zweirampenverfahren 305
Zweistrahloszilloskop 83, 265
Zweitor 418
Zwischenspeicher 301